KB093798

도시철도운영총론

서울특별시도시철도공사 곽 정 호 ◆ 編著

GoldenBell

Preface

인생 2막을 설계하면서...

청운의 꿈을 안고 전북 정읍에서 서울로 올라와 철도에 몸 담은지 어느덧 40년이 지났다. 철도문화가 나의 가치관과 맞지 않아 많은 날들을 가슴앓이 했던 20대 시절, 그리고 철도청, 서울지하철공사, 도시철도공사 순으로 재직하는 동안 일어났던 수많은 일들이 주마등처럼 스치고 지나간다.

미당 서정주 선생께서 자화상이란 시를 통해서 "스물세 해 동안 나를 키운 건 팔 할이 바람이다."라고 노래하였 듯 육십여 해 동안 나를 키운 건 칠 할이 철도이다. 나는 그 동안 철도를 통해서 많은 것을 배웠고, 가정의 행복과 자아실현이라는 보람을 얻을 수 있었다. 이러한 철도는 나에게는 참으로 소중하고 고마운 존재이다.

돌이켜보면, 오늘이 있기까지 많은 분들의 도움이 있었다. 나는 선배님들의 가르침과 배려로 철도운전분야 간부로서 활동할 수 있었고, 철도분야 근무 40년을 마무리하며 『도시철도운영총론』을 집필할 수 있었다.

지면을 빌려 밝히고 싶은 것은 서울지하철공사에 재직하시면서 전동차에 관한 지식을 전수해주신 「김광겸 · 오미호 · 김장운」교수님, 그리고 운전계획에 관한 지식을 사사해주신 친형님 같은 「최한식」소장님께 진심으로 감사드린다.

천학비재한 식견을 세상에 내놓기까지 망설임과 설레임의 교차였다. 다행히 반전의 기회라면 '철도차량운전면허제' 도입으로 철도관련 대학교, 교육훈련기관 등이 활성화되면서 「도시철도운영총론」이 하나의 학문으로 뿌리를 내리기 시작했다는 것이다.

참고로 본 책의 집필 기조는 열차운행이라는 사실을 기반으로, 경험적 소산의 요소들을 이론화하는 귀납적 방식으로 논리를 전개하였다. 또한 '제3장 운전계획 및 승무계획'과 '제4장 도시철도관제시스템'은 우리나라 철도운전분야에서 최초로 체계있게 이론화를 하겠다는 책임감을 가지고 집필하였다.

내용적으로 부족한 부분에 대해서는 『도시철도운영총론』이 응용학문으로 자리매김하도록 학구적인 후배들이 보완해주길 바라는 마음이다.

끝으로 공사 직원으로서 1급까지 승진하고, 퇴직을 목전에 둔 현재까지 맡은 바 소임을 다할 수 있도록 배려해주신 서울도시철도공사 김기춘 사장님께 진심으로 감사드린다. 또한 탈것 문화의 전당 「골든벨」에서 졸고를 흔쾌히 출판을 허락하신 김길현 대표와 직원 모두에게 고마움을 표하며 저를 아는 모든 분들께 항상 평화가 함께 하길 하느님께 기도를 드리면서 서두로 갈음한다.

대망의 새해를 품고

石井, 郭 政 昊(곽정호)

Contents

차 례

제2장 **운전이론**

제3장 운전계획 및 승무계획

제1장

전동차 구조 및 기능

제1절 전동차 일반

전기에너지를 사용하여 움직이는 차량을 **전기동차**라 하며, 일반적으로 전기동차를 줄여서 **전동차**라 한다. 전동차는 위치를 이동시키는 힘을 발생하는 동력차량을 분산 연결하여 운행하므로 EMU(Electric Multiple Unit) 차량으로 분류된다.

이러한 전동차는 전기에너지를 사용하므로 친환경 교통수단에 해당하고, 대량수송이 가능한 구조이므로 도시교통 운송수단으로 사용되고 있다. 따라서 각종 기능도 도시교통의 수송특성에 적합하도록 설계되어 있다. 본 절에서는 전동차의 일반적 사항에 대하여 설명한다.

1.1. 전동차 특성

전동차는 도시교통 수송용 차량으로 개발되어 발전해왔다. 따라서 도시교통의 수송특성인 안전운행, 조밀한 운행간격, 대량수송, 역간 짧은 거리, 종착역에서 반복투입 등에 적합하도록 다음과 같은 특성을 가지고 있다.

(1) 동력발생 차량이 분산되어 있다.

전동차는 2량부터 10량까지 차량을 연결하여 하나의 편성 단위로 운행한다. 편성으로 조성된 전동차는 축당 중량 등을 감안하여 적정하게 동력발생 차량을 분산배치 연결하여 편성되어 있다. 이렇게 동력발생 차량이 분산되어 있기 때문에 고가속 · 고감속 운전이 가능하고, 차량 고장 발생 시 최소한의 동력을 발휘하여 자력으로 이동이 가능하다.(경전철의 경우 1량으로 운행하는 경우도 있음.)

(2) 고가속 · 고감속 운전이 가능하다.

도시철도 노선의 도심부의 정거장간 거리는 1km 내외로 매우 짧다. 이렇게 짧은 역간 거리를 고속으로 운행하기 위해서는 출발 후 수초 이내에 최고속도까지 상승이 가능해야 하므로 높은 가속 성능이 발휘되어야 한다. 또한 정차할 때에도 수초 이내에 정차할 수 있는 높은 감속 성능이 발휘되어야 한다.

따라서 전동차의 편성은 대부분 연결차량의 1/2을 동력발생 차량으로 분산 배치되게 연결하여 차륜과 레일과의 점착력 한계로 인한 견인력의 제한요인을 극복하고 고가속·고감속 운전이 가능하며, 이러한 전동차의 고가속·고감속 성능은 결과적으로 표정속도와 운행밀도 등에 영향을 준다.

(3) 집중제어 기능이 구비되어 있다.

전동차는 동력발생 차량이 분산되어 있으므로 동력발생에 필요한 각종 장치들도 분산되어 있다. 또한 열차로 운행되기 위해서 필요한 출입문과 실내등을 포함한 각종 등기구류, 냉난방 장치도 각 차량마다 분산 장착되어 있다. 이렇게 차량마다 분산 장착되어 있는 많은 종류의 기기들은 한 곳에서 제어하는 것이 효과적이다.

따라서 전동차는 연결된 모든 차량에 장착된 기기를 운전실에서 일괄제어가 가능하도록 설계되어 있다. 이렇게 분산된 기기를 한 곳에서 제어하는 방식을 **집중제어**라고 한다. 한편, 여러 차량에 있는 기기를 한데 묶어 총괄하여 제어한다고 해서 **총괄제어**라고도 한다. 이러한 집중제어방식은 위치가 다른 곳에 분산되어 있는 기기를 동시에 제어할 수 있고, 한 곳에서 제어 결과에 대한 감시를 할 수 있는 장점이 있어 매우 유용하게 사용되고 있는 제어방식이다.

(4) 우수한 열차자동보호(ATP) 기능이 구비되어 있다.

도시철도 노선은 대량수송 수단이므로 열차가 고밀도로 운행된다. 또한 철도교통은 도로교통과 달리 운행하는 길(진로)이 제한적이다. 따라서 전동차가 열차로 운행될 때에는 반드시 안전운행을 하기 위해서 지시신호를 위반하는 경우 또는 지시속도를 초과하여 운행할 경우에는 시스템에 의해서 경보가 울리고, 자동으로 제동을 체결하여 감속하거나 정지시키기 위해서 전동차에는 열차운행을 보호하는 *ATS장치 또는 **ATC장치가 탑재되어 있다.

---

*ATS장치 : 열차자동정지장치(Automatic Train Stop System)
**ATC장치 : 열차자동제어장치(Automatic Train Control System)

⑸ 출입문 연동기능 및 운행중 열림 시 자동정지 기능이 있다.

도시교통 수송의 가장 기본적인 특성은 대량 수송수요이다. 특히 출퇴근시간대 교통수요가 집중적으로 발생되므로 집중 발생되는 수송수요를 원활하게 흡수할 수 있는 구조와 기능을 갖추어야 한다. 따라서 전동차는 출퇴근 시간대에 정거장에서 수많은 승객들이 짧은 시간 동안 하차하고, 승차할 수 있도록 각각의 차량마다 좌·우에 각각 3~4개씩 많은 출입문이 설치되어 있다.

그리고 승객들이 승하차를 하면서 승객 또는 소지품 등 다양한 물건이 출입문에 끼일 수 있고, 만약 열차 출입문에 승객 또는 물건 등이 끼인 채로 운행을 하면 사고로 이어질 수 있기 때문에 연결된 차량의 모든 출입문이 닫히지 않은 상태에서는 운전자가 추진취급을 하여도 출력이 나지 않도록 추진제어회로에 출입문 닫힘상태가 연동되어 있으며, 또한 운행중에 출입문이 열리면 승차하고 있는 승객들이 열차 밖으로 떨어져 크게 다칠 우려가 있으므로 운행중에 출입문이 열리면 즉시 자동적으로 제동이 체결되는 기능을 갖추고 있다.

⑹ 운전자 안전장치가 장착되어 있다.

운전중 운전자가 신체적 이상으로 갑자기 정신을 잃고 쓰러지거나 또는 졸음 등으로 열차의 제어기능을 상실하는 상황에 대비하여 전동차에는 운전자의 활동 신호(Signal)가 입력되지 않으면, 즉시 경고음을 울리고 이후에도 설정된 시간(5~10초) 동안 운전자의 반응이 확인되지 않으면 자동으로 제동을 체결하여 열차를 정지시켜 안전을 확보하는 장치가 설치되어 있다. 이 안전장치를 운전자 안전장치(Dead Man Switch 또는 Driver Safety Device)라 한다.

⑺ 차량 운용효율이 높다.

앞에서 설명한 바와 같이 도시교통의 특성인 대량수송 수요를 처리 할 수 있는 수송력을 제공하기 위해서 도시철도 노선은 동시에 많은 인원을 승차할 수 있는 구조의 차량이 분(分)단위 간격으로 많은 횟수를 운행한다. 따라서 종착역에 도착한 열차 대부분은 즉시 반대선 방향의 열차로 투입 운행되는 방식으로 전동차가 운용된다.

위와 같은 운행 여건에 부합되게 전동차는 어느 방향으로도 즉시 운행이 가능하도록 양쪽 끝단에 운전실이 설치된 차량을 연결하여 운행하고 있으며, 이러한 운용방식과 편성구성으로

차량운용 효율이 높다.

참고로 전동차는 편성된 차량에 2개소의 운전실이 존재하여도 양쪽 운전실에서 모두 제어를 한다면 제어에 혼란을 가져오기 때문에 한 곳 운전실에서만 제어되는 기능이 발휘되도록 설계되어 있다. 그리고 전동차 편성 양쪽 끝단에 운전실이 있으므로 이를 구분하기 위해서 한 쪽 끝단을 「A」end, 다른 쪽을 「B」end로 부른다.

도시철도 운영기관 현장에서는 양쪽 끝단을 차량 번호를 기준으로 0대 운전실, 100대 운전실로 부르기도 한다.

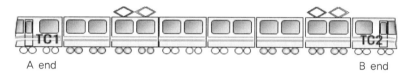

[그림 1-1] 전동차 끝단 구분

1.2. 전동차 종류

교통수단의 운반구를 구분할 때 가장 먼저 「사용용도」를 기준으로 그리고 동일한 용도인 경우에는 「운반구의 적재량 규모」등으로 구분하고 있으며, 전동차도 규격, 형식 및 구조·기능 등을 기준으로 다음과 같이 구분하고 있다.

(1) 규격 및 형식에 의한 구분

도시철도 차량인 전동차를 국토교통부 고시인 「도시철도차량 표준화 규격」에 의하여 「중량전철」·「경량전철」로 구분한다.

① 중량전철에서는 전동차의 차체 크기를 기준으로 다음과 같이 구분한다.

구 분	제어차(Tc)	중간차(M·T)
대형전동차 (A형)	148명 (좌석48명, 입석100명)	160명 (좌석54명, 입석106명)
중형전동차 (B형)	113명 (좌석 42명, 입석71명)	124명 (좌석48명, 입석76명)

② 경량전철에서 전동차의 형식 및 차체 구조 등에 따라서 다음과 같이 구분한다.

- 철제차륜형
- 선형유도전동기형(Linear Induction Motor)
- 자기부상형
- 고무차륜형
- 모노레일형

참고로 국가에서 전동차의 규격을 표준화하였다. 이는 도시철도 노선의 건설이 확대되고, 기술발달로 신교통시스템 도입이 예상되므로 이를 대비하여 다음과 같은 목적으로 도시철도차량을 제작할 때 각종 장치를 정해진 성능과 규격으로 제작하도록 권고한 것이다.

- 반복개발로 인한 자원낭비 방지
- 노선의 건설계획단계에서 전동차 표준규격을 반영 다른 시스템과 부조화로 인한 시행착오 방지
- 전동차의 장치별 검사방법 등 유지관리 기준의 객관화로 철도산업의 경쟁력 강화

⑵ 사용 전원 형태에 의한 구분

전동차에 공급받아 사용하는 전기에너지의 형태에 따라 다음과 같이 구분한다.

- 교류전용 전동차(AC 전동차)
- 직류전용 전동차(DC 전동차)
- 교직류 전동차(AD 전동차)

도시철도 노선의 동력용으로 사용하는 전기에너지 형태는 통일되지 않고 교류와 직류 모두를 사용하고 있다. 이렇게 교류 또는 직류를 공통으로 사용하고 있는 이유는 노선마다 건설 주체와 건설시기가 다르고 당시의 기술 수준 등 한계 때문이다.

예를 들면 우리나라 최초의 지하철 노선인 서울지하철 1호선 노선 중, 서울특별시에서 건설한 지하구간인 청량리역~서울역 구간은 직류구간이고, 철도청에서 건설한 지상구간은 회기~성북역, 남영역~인천·수원 구간은 교류구간이다.

이와 같이 구간별로 건설주체가 다르고, 1970년대 중반 그 당시에는 지하구간에 교류전원을 사용할 경우 주파수로 인하여 전자유도 현상 발생으로 지하구간에 부설되어 있는 통신망에 통신장애가 발생하는데 이를 감소시킬 수 있는 기술력이 부족하였기 때문이다.

⑶ 속도 제어방법에 의한 구분

전동차의 속도는 장착된 견인전동기의 회전수에 비례한다. 따라서 열차의 속도제어는 바로 견인전동기의 속도를 제어하는 것이다. 견인전동기의 속도제어 방법에는 장착된 전동기 형식에 따라 차이는 있지만 기본적으로 전동기에 공급되는 전압의 세기와 주파수에 의해 결정된다. 따라서 전동차의 견인전동기에 공급되는 전력의 전압세기 및 주파수를 제어하는 방법에 따라 다음과 같이 구분한다.

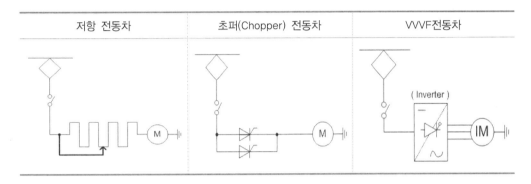

[그림 1-2] 속도 제어방법에 의한 전동차 구분

① 저항 전동차

견인전동기에 공급되는 전원의 전압을 저항으로 조절하여 속도를 제어하는 전동차

② 초퍼(Chopper) 전동차

반도체 소자인 사이리스터(Thyristor) 등을 활용하여 견인전동기에 공급되는 전원을 Chopper방식으로 전압을 조정하여 속도를 제어하는 전동차

③ VVVF(Variable Voltage Variable Frequency)전동차

반도체 소자인 GTO 등을 활용하여 견인전동기에 공급되는 전압과 주파수를 조정하는 전동차이다. VVVF 전동차 중 직류구간만 운행 가능한 전동차는 「DCV전동차」라하며, 교류·직류구간 모두 운행이 가능한 전동차는 「ADV전동차」라 한다. 현재 철도차량 제2종 운전면허시험 대상 전동차는 ADV전동차로서 서울지하철 4호선과 직통 운전하는 과천선 구간인 당고개역에서 오이도역 구간을 운행하는 전동차이다.

1.3. 전동차 편성

전동차는 여러 대의 차량을 조합하여 하나의 편성으로 운용하고 있다. 보유한 차량을 열차로 운용할 수 있도록 일정 단위로 묶었다는 의미로 **편성**(엮을 編, 이룰 成)이라 한다. 이렇게 전동차를 여러 대의 차량을 조합하여 하나의 편성으로 운용하는 것은 앞에서 설명한 바와 같이 도시철도의 수송특성에 부합하는 기능을 발휘하기 위해서이다.

(1) 차량의 구분

전동차는 여러 대의 차량을 조합한 편성 단위로 운행하고 있으며, 조성된 차량은 각각 독립된 기능을 보유하고 있으므로 그 형식 및 기능에 따라 다음과 같이 구분한다.

① **제어차**(Tc차, Trailer control Car)

　운전실이 있고 동력을 발생하지 않는 차량

② **동력차**(M차, Motor Car)

　운전실이 없고 견인전동기가 장착되어 동력을 발생하는 차량

③ **부수차**(T차, Trailer Car)

　운전실이 없고 동력을 발생하지 않는 차량

④ **제어동력차**(Mc차, Motor control Car)

　운전실이 있고 견인전동기가 장착되어 동력을 발생하는 차량

편성으로 조성된 차량 중에 동일 차종에 대하여 연결위치를 구분하기 위해서 또는 동일 차종이라도 장착된 일부 기기가 차이가 있을 때에는 이를 구분하기 위해서 차종 기호에 1, 2, 3 숫자를 붙여 다음과 같이 구분한다.

- TC차 : TC1차, TC2차
- M차 　: M1차, M2차
- T차 　: T1차, T2차, T3차

과천선을 운행하는 코레일 소속 전동차는 동력차인 M차 중 집전장치를 장착한 차량은 M′차량으로 구분하고 있다.

(2) 편 성

전동차의 편성은 비상시 등에 자력으로 운전할 수 있는 기능을 발휘할 수 있도록 2개 유닛 (Unit) 이상으로 조성한다. 그리고 편성을 몇 량으로 조성할 것인가는 노선의 수송수요에 상응하는 합리적인 수송력 제공정도로 결정된다.

편성의 조성량 수별 차종 구성은 다음과 같다.

① 4량 편성(2M2T)

② 6량 편성(3M3T) : 서울지하철 8호선

③ 8량 편성(4M4T) : 서울지하철 5·6·7호선

④ 10량 편성(5M5T) : 서울지하철 4호선

⑤ 10량 편성(5M5T) : 수도권 과천선

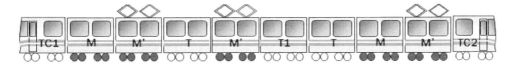

* 범례) ◇ : 집전장치　● : 동력발생 차량

[그림 1-3] 전동차 편성

(3) 유닛(Unit)

전동차 편성을 조성하는 최소단위의 차량 조합을 **유닛**(Unit)라고 한다. 이러한 유닛은 필요시 1개 유닛으로 응급운전이 가능해야 하기 때문에 최소한의 동력이 발휘될 수 있도록 다음의 기능을 구비하여야 한다.

- 배터리(Battery) : 전동차 최초 기동에 필요한 전원
- 집전장치 및 추진장치 : 집전 기능 및 동력발생 기능
- 보조전원장치 : 각종 전장품 전원 공급장치
- 보조 및 주공기압축기 : 기기제어 및 제동용 압축공기 생성장치

1.4. 전동차 에너지원(전차선)

(1) 개 요

현재 도시철도 운영기관에서 전동차 에너지원으로 사용하고 있는 전차선 전원을 다음과 같다.

① **교류구간** : AC 25,000V, 60Hz

② **직류구간** : DC 1,500V, DC 750V

그리고 제3궤조 방식을 채택하고 있는 경량전철의 선형유도전동기 형식, 철제차륜형식의 전동차와 노면전차의 에너지원은 「도시철도차량 표준규격」에 DC 750V를 사용하도록 고시되어 있다.

(2) 전차선 전원형태 비교

구 분	교류(AC 25,000V, 60Hz)	직류(DC 1,500V)
변전소	고압 송전으로 전압강하에 의한 전력손실이 적다. 약 30~50km 구간을 송전이 가능하므로 변전소 수가 줄어든다.	송전 시 전압강하에 의한 전력손실이 발생한다. 약 10~20km 구간을 송전이 가능하므로 변전소 수가 많아진다.
전차선	고압 사용으로 전류가 낮으므로 전차선 굵기가 경량화된다.	전압이 낮아 전류가 크므로 전차선 굵기가 중량화된다.
유도 장애	주파수가 존재하므로 유도장애를 유발한다.	주파수가 없기 때문에 유도장애를 유발하지 않는다.
보호 설비	사용하는 전류값이 적으므로 사고전류 판별이 용이하다. 고압인 관계로 애자 등 절연설비가 규모가 커진다.	사용하는 전류값이 크므로 사고전류 판단 및 보호설비가 복잡하다. 애자 등 절연설비 규모는 작아진다.
기타	고압이므로 절연 이격거리가 커야하기 때문에 터널의 단면적이 커진다.	교류에 비하여 저압이므로 절연격리거리가 적어 터널의 단면적을 줄일 수 있다.

(3) 전차선 구분(Section)

전기철도에서는 전동차가 다니는 곳에는 반드시 전차선이 설치되어 있어야 한다. 그러나 필요시 구간을 나누어 단전하여야 하고, 또한 전기 특성상 전기적으로 연결되지 않도록 절연구간이 존재하여야 한다. 따라서 전차선은 모두 연결되어 있지만 전기적으로 달리하는 구분(Section)구간이 존재한다.

이러한 구분구간을 기능으로 분류하면, 다음과 같이 2가지로 구분할 수 있다.

① **절연구간**(Dead Section)

전차선 사이에 일정거리 만큼 절연체를 삽입하여 완벽하게 절연

② **에어 섹션**(Air Section)

전차선 사이를 절연체로 연결하고, 각각의 전차선마다 옆의 도체에 연결하여 양쪽 전차선간 전기적 격리가 가능하고, 열차 운행 시에는 전동차의 PAN 자체에 의해서 양쪽 구간이 통전

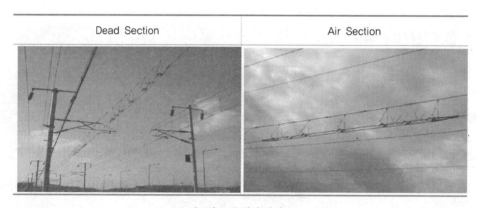

[그림 1-4] 섹션 장치

(4) 교직섹션(사구간)

전차선 전원이 교류⇆직류로 변경되는 곳은 전기형태가 다르기 때문에 확실하게 절연되어야 한다. 따라서 이 구간에는 66m의 사구간 또는 절연구간(Dead Section)이 설치되어 있다. 이 구간을 **교직섹션**이라고 한다.

교직섹션 구간은 무가압 절연구간이므로 전동차가 전기에너지를 수전 받지 못한다. 따라서 열차가 이 구간을 통과할 때 축전지 전원을 사용하는 기기를 제외하고 모두 정지된다. 그리고 열차는 타력에 의해 움직인다.

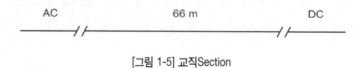

[그림 1-5] 교직Section

(5) 교교섹션

교류전원은 위상이 존재하므로 변전소가 다른 전선이 연결되면 선간 전압이 크게 변동되므로 반드시 전기적으로 격리하여야 안전하다. 따라서 동일한 교류구간이라도 전원을 공급받는 변전소가 다른 구간은 절연을 위해 22m의 절연구간(Dead Section)이 설치되어 있다. 이 절연구간을 **교교섹션**이라 한다.

[그림 1-6] 교교Section

교교섹션 구간은 무가압 절연구간이므로 전동차가 전기에너지를 수전 받지 못한다.

(6) 직류구간 섹션

직류전기는 위상이 없으므로 변전소 구분없이 병렬로 전차선 전원공급이 가능하다. 따라서 송전과정에서 손실로 인한 전압강하 방지대책으로 전차선 급전계통을 병렬로 운영하고 있다. 다만, 단전구간 범위 운영 및 작업 시 단전구역 범위구분 등으로 전차선을 전기적으로 구분할 필요가 있기 때문에 해당 개소에 구분장치를 설치하여 운용하고 있다.

[그림 1-7] FRP 섹션장치

이러한 구분장치의 설치위치는 전동차가 상시 정차하지 않는 구역에 설치하고 있으며, 전차선의 급전구간이 분명히 구분되도록 전차선간 표준간격을 300mm이다. 다만 부득이한 경우에 한하여 200mm까지로 한다. 직류구간의 구분장치의 종류로는 본선구간은 에어 섹션(Air Section)을 사용하고 있으며, 차량기지 내는 FRP(Fiberglass Reinforced Plastics) 섹션을 사용하고 있다.

제2절 도시철도차량 안전기준

교통수송의 최대사명인 안전을 확보하기 위해서 운반구에 해당하는 도시철도차량의 구조 및 기능이 매우 중요하므로 국가에서 도시철도 이용자의 안전을 보장하기 위해서 법령으로 도시철도차량의 구조 및 장치의 안전운행에 필요한 기준을 정하여 운영하고 있다.

이렇게 정해진 도시철도차량의 안전기준은 전동차 안전운행을 위한 기본적인 기준으로서 반드시 정해진 안전기준을 설계에 반영하여 제작하여야만 국토교통부에서 시행하는 전동차의 형식 승인을 통과할 수 있다. 그러므로 현재 도시철도 운영기관에서 운행되고 있는 모든 전동차는 안전기준이 적용되어 제작되었다.

따라서 본 절에서는 전동차 구조와 기능 등을 공부하는데 도시철도차량의 안전기준이 매우 유익하므로 운전자에게 필요한 부분에 대하여 설명한다.

2.1. 일반적 안전기준

도시철도의 건설자 및 운영자는 궤도시설물·토목구조물 및 지상신호장치 등과의 상호 연관성을 고려하여 도시철도차량을 발주하거나 운영하여야 한다. 아울러 도시철도의 건설자 또는 운영자는 동 안전기준규칙에서 정하는 기준의 시행에 필요한 세부시행세칙을 정할 수 있으며, 세부시행세칙을 정한 때에는 국토교통부장관에게 이를 보고하여야 한다.

2.2. 차량한계 등의 안전기준

(1) 차량한계

직선 궤도 위에서의 차량한계는 다음 [그림 1-8]과 같다. 경량전철의 차량한계는 특별시장·

광역시장·도지사·특별자치도지사가 별도로 정할 수 있다.

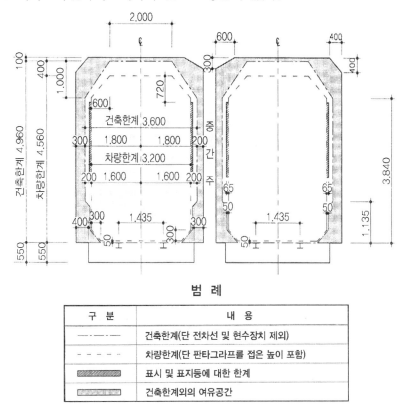

범 례

구 분	내 용
—·—·—	건축한계(단 전차선 및 현수장치 제외)
- - - - -	차량한계(단 판타그래프를 접은 높이 포함)
▨▨▨▨	표시 및 표지등에 대한 한계
▨▨▨▨	건축한계외의 여유공간

[그림 1-8] 서울지하철 9호선 지하구간 건축 및 차량한계

여기서 차량이 곡선 궤도 위의 중심선에서 어느 한쪽으로 기울게 되는 경우에는 해당 곡선의 건축한계에 적용된 확대된 치수를 가산한 범위 이내이어야 한다.

⑵ 총중량

차량의 총중량은 정상적인 운전이 가능한 상태의 차량 자체만의 중량인 공차중량과 승객 및 화물의 중량을 합한 중량으로 하며, 정해진 축중 및 분포하중은 다음 기준에 적합하여야 한다.

① 정차중인 상태에서 차량의 축중은 다음 기준을 초과할 수 없다.
- 전동차 : 16톤 이하
- 경량전철 : 13.5톤 이하
② 자기부상 차량의 경우 분포하중은 1m당 2.8톤 이하여야 한다.

(3) 표지

도시철도 차량에는 도시철도의 휘장, 차량번호 및 제작연월일, 공차중량을 표시하여야 한다.

2.3. 화재 안전기준

(1) 화재예방을 위한 기준

① 차량의 차체 및 실내설비는 해당하는 재료는 불에 타지 않는 불연재료를 사용하여야 한다.

② 차량의 차체 중 차체구조 및 외장재와 실내설비 중 내장판, 의자, 통로연결막, 바닥재 및 단열재는 불연재료를 사용하거나 차체구조 및 차량실내·외설비의 화재안전 시험방법 및 기준에 적합한 재료를 사용하여야 한다.

③ 실내설비의 성질상 불연재료를 사용할 수 없는 경우에는 관계법령에 따라 시험한 결과 또는 국제적으로 인정된 시험방법에 의한 연소성 시험에 합격한 재료를 사용하여야 한다.

④ 차체에 배선되는 전선은 위 ③항의 재료를 사용하여야 하고, 필요한 경우 전선관 또는 차단막으로 보호되어야 한다.

⑤ 차량에 배선된 전선과 차량에 설치된 장비는 차량의 제동 시 발생하는 불꽃으로부터 보호되어야 한다.

⑥ 불꽃발생 및 발열위험이 있는 기기는 그 사이가 절연되도록 일정한 간격으로 분리되어 설치되거나 필요한 경우 불연재료를 사용한 차단막이 설치되어야 한다.

⑦ 하부틀의 하부를 지나는 배관 및 전선은 차체 바닥으로부터 기름 또는 인화성 물질이 스며들지 못하도록 설치되어야 한다.

⑧ 차량의 실내외에 광고물을 게시 또는 부착하는 경우 액자형 광고틀·광고물 보호덮개·광고물 지지대 등은 불연재료를 사용하여야 한다.

(2) 화재대피를 위한 구조

① 차량의 출입문은 화재발생 등 비상시에 승객이 용이하게 대피할 수 있도록 수동으로 열 수 있는 구조이어야 한다.

② 차량에는 축전지 전원으로 작동될 수 있는 다음의 장치를 구비하여야 한다.

- 승객과 운전자간의 비상연락장치(완전 무인운전 도시철도차량의 경우에는 승객과 관제실간의 비상연락장치)
- 화재상황을 알릴 수 있는 방송장치 또는 경보장치
- 비상등

③ 운전실에는 산소호흡기·들것·확성기·손전등·방독면을 각각 1개 이상 비치하여야 한다. 운전실에 장비를 비치하기 어려운 경우에는 운전실과 연결된 차량 내부에 비치할 수 있다.

⑶ 소화기

① 소화기는 운전실에는 1개 이상, 객실에는 2개 이상을 승객이 용이하게 발견하여 사용할 수 있는 위치에 비치하여야 한다.

② 소화기는 일반화재 능력단위 4 이상, 유류화재 능력단위 5 이상, 전기화재에 적응성이 있고, 방사거리는 3m 이상이어야 한다.

③ 소화기 인근에는 정전 시에도 소화기의 위치가 쉽게 식별될 수 있도록 축광식 표지를 부착하여야 한다.

④ 소화기의 보관함은 소화기를 쉽게 사용할 수 있도록 덮개가 없는 개방형으로 설치하여야 한다.

2.4. 전기 안전기준

① 전기장치는 인체에 대한 감전과 화재발생 위험을 방지할 수 있도록 설계 및 설치하여야 한다.

② 교류 600V 이상을 사용하는 전기장치에는 사람이 보기 쉬운 위치에 고전압 및 위험 표시를 하여야 한다.

③ 차량에는 운전 및 유지보수 시에 전원을 차단 또는 분리시킬 수 있는 장치를 구비하여야 하고, 오조작에 의한 위험을 최소화하기 위한 주의표시가 있어야 하며, 잠금 기능을 갖추어야 한다.

④ 전기회로 및 전자회로는 내부회로 또는 외부회로의 합선 및 다른 전기장치의 고장 등이 발생한 경우에 대비하여 회로차단기능 또는 보호동작회로기능 등을 갖추어야 한다.

⑤ 회로차단 또는 분리를 위하여 동작되는 장치는 그 동작 상태를 알 수 있는 지시 또는 경보 기능을 갖추어야 한다.

⑥ 철제차륜을 사용하는 도시철도차량의 경우 정상전류 및 예측할 수 있는 고장전류에 대응할 수 있도록 구동 주행장치에는 모든 차축에 부수 주행장치에는 각각의 주행장치마다 1축 이상에 접지기구를 설치하여야 하며, 고무차륜을 사용하는 경량전철 차량이나 자기부상 차량의 경우 승강장 등에서 접지가 이루어 질 수 있도록 접지기구를 설치하여야 한다.

⑦ 인체에 접촉하여 감전 등 상해를 줄 수 있는 장치나 기기표면에는 보호접지가 되어 있어야 한다.

⑧ 전압 및 전류의 순시변화율이 높은 전선이나 전기부품은 다른 부품이나 전선과 이격 또는 차폐시키거나 필터 등을 사용함으로써 전자유도간섭을 최대한 억제하여야 한다.

2.5. 차체 안전기준

(1) 구조체의 강도 등

① 구조체는 차량의 사용 내구연한까지 안전하게 운행될 수 있는 강도를 지녀야 한다.

② 구조체에는 균열 · 훼손 · 부식 및 리벳 부분의 느슨해짐 또는 용접부의 균열이 있어서는 아니 된다.

③ 구조체의 하부틀의 변형은 10mm 미만이어야 한다.

④ 구조체를 구성하고 있는 철판류의 부식 · 노후 및 마모 등이 승객의 안전에 영향을 미치지 아니하여야 한다.

⑤ 통로 연결막의 부식 · 균열 및 표면의 벗겨짐 등이 승객의 안전에 영향을 미치지 아니하여야 한다.

(2) 출입문

① 출입문 장치는 승객들이 가하는 하중과 운행중에 작용하는 하중을 견딜 수 있는 구조이

어야 한다.

② 출입문에 고정창을 설치하는 경우에는 안전유리를 사용하여야 한다.

③ 출입문에 근접하여 설치하는 설비는 상해의 위험을 최소화하도록 설계하여야 한다.

④ 차량에는 비상시 승객용 출입문을 외부에서 수동으로 열 수 있는 **외부개방장치**와 비상시 승객용 출입문을 차량 내부에서 수동으로 열 수 있는 **내부개방장치**를 각각 구비하여야 한다.

⑤ 승객용 출입문의 가장자리는 사람의 손 또는 옷이 걸리지 아니하는 구조이어야 한다.

⑥ 승객용 출입문이 서로 맞닿는 부위는 문이 완전히 닫혔을 때 틈이 없어야 한다.

⑦ 승객용 출입문은 닫힌 상태에서 차체 밖으로 돌출되어서는 아니 된다.

⑧ 외부개방장치는 차량구조에 따라 레일 면으로부터 1.26m 이상, 1.5m 이하 높이의 차량의 바깥쪽 벽에 설치하고, 내부개방장치는 승객용 의자 밑이나 승객용 출입문의 안쪽 옆벽에 설치하여야 한다.

⑨ 승객용 출입문의 안쪽 옆벽에는 비상시 문을 여는 방법이 설명되어 있고 내부개방장치가 설치된 곳을 향하여 방향표시가 되어 있는 안내표지를 부착하여야 한다. 이 경우 안내표지와 내부개방장치 사이에는 광고물 등을 부착하거나 설치하여서는 아니 된다.

⑩ 내부개방장치와 외부개방장치의 덮개에는 승객이 그 위치를 쉽게 알 수 있도록 위치표지를 각각 부착하여야 하며, 위치표지는 축광식 표지로 한다.

⑪ 승강장에 승하차용 출입문이 설치된 경우 승객용 출입문은 승강장 승하차용 출입문과 상호 연계하여 작동되어야 한다.

(3) 냉난방장치 및 환기설비

① 냉난방장치는 파손 시 유해물질이 객실내부로 유입되지 아니하는 구조이어야 한다.

② 객실에는 운전실에서 한꺼번에 제어할 수 있는 환기설비를 설치하여야 한다.

(4) 운전실 및 비상탈출구

① 운전실 내부의 장비 또는 장치는 급격한 가감속시 모서리나 돌출부에 운전자가 다치지 아니하도록 설치하여야 한다.

② 운전실에는 비상시를 대비하여 1개 이상의 비상탈출구가 있어야 하며, 승객이 쉽게 탈출할 수 있는 구조이어야 한다. 다만, 비상대피로가 전 노선에 설치되어 있는 구간을 운행

하는 경량전철과 노면전차형식의 경량전철 운전실에는 비상탈출구를 설치하지 아니할 수 있다.

③ 운전실과 객실 사이에는 운전실 안쪽으로 열 수 있고 잠금장치가 설치된 칸막이문을 설치하여야 한다.

④ 운전실의 전면유리창에는 먼지 · 비 · 눈 등 운전에 방해되는 물질을 제거하는 장치를 설치하여야 한다.

⑤ 운전실의 전면유리창에는 햇빛 또는 전조등에 의한 운전자의 눈부심을 막기 위한 장치를 설치하여야 한다. 이 경우 색깔이 들어 있는 유리를 사용하는 때에는 신호의 색깔이 변색된 것처럼 보이지 아니하도록 하여야 한다.

⑥ 운전실의 유리는 안전유리를 사용하여야 한다.

(5) 운전 데스크

① 운전 시 사용되는 모든 장치는 운전자의 시야 범위 안에 있어야 하며 운전자가 혼동하거나 어려움 없이 제어할 수 있도록 주요장치를 배치하여야 한다. 다만, 완전무인운전방식의 도시철도차량의 경우에는 그러하지 아니하다.

② 운전 데스크에는 수동운전 시 운전자의 졸음 · 질병 및 부주의 등으로 발생할 수 있는 위험을 방지하기 위한 장치를 설치하여야 한다.

③ 운전선택스위치 및 출입문선택스위치 등 중요한 스위치는 운전자가 쉽게 확인할 수 있어야 한다.

④ 자동 열차운전 관련기기 및 제동장치 등의 고장 시에는 시각 및 청각신호가 운전자에게 통지되어야 하며, 고장시의 조치사항이 나타나야 한다.

⑤ 자동열차운전 관련기기 및 제동장치 등의 고장 시 발생하는 청각신호는 운전실 내부 소음에도 불구하고 명확히 들을 수 있어야 한다.

⑥ 수동조작식 조정장치를 설치하는 경우에는 개별 조정장치의 식별이 쉽도록 표시를 하여야 하며 적절한 조명을 설치하여야 한다.

(6) 차량 연결장치

① 차량 연결장치는 주어진 온도 및 기후조건 하에서 운행중 발생하는 하중을 견딜 수 있는

강도를 가져야 한다.

② 차량 연결장치는 수평하중과 수직하중이 낮게 유지되도록 설치하여야 한다.

③ 연결장치는 정확한 결합여부가 시각적으로 확인되는 구조이어야 한다.

④ 연결장치에는 가감속시 연결장치가 분리되지 아니하도록 풀림방지장치를 설치하여야 한다.

⑤ 연결장치에는 스프링을 사용하여서는 아니 된다. 단, 부득이 스프링을 사용할 필요가 있는 경우에는 스프링의 절단 및 파손으로 인하여 연결장치의 기능이 방해받지 아니하도록 하여야 한다.

2.6. 신호보안장치 안전기준

① 신호보안장치는 지상의 신호설비와 적합하게 동작되어야 한다.

② 신호보안장치는 자기진단기능 및 페일세이프(Fail-Safe) 기능을 가져야 하고, 고장 시 경고신호를 제공하여야 하며, 잘못된 신호정보를 전달하지 아니하도록 설계하여야 한다.

③ 자동열차제어장치는 이중구조로 구성하여야 한다.

④ 자동열차제어장치는 열차운행을 시작하기 전에 제한속도신호 검지시험을 시행할 수 있는 기능을 가져야 하며, 열차운행중 제한속도신호가 일정시간 이상 입력되지 아니하면 열차를 정지시키는 기능을 가져야한다.

⑤ 자동열차제어장치는 제한속도신호와 실제속도신호를 비교하여 실제속도가 제한속도를 일정범위 이상 초과하면 과속으로 판단하여 열차를 제한속도 이하로 감속시키는 기능을 가져야 한다.

⑥ 자동열차제어장치는 자동 또는 무인운전 시 해당모드의 설정조건과 일치하지 아니하면 열차를 정지시키는 기능을 가져야 한다.

⑦ 자동열차제어장치는 역전기의 위치와 열차의 운전방향이 일치하지 아니하면 열차를 정지시키는 기능을 가져야 한다.

⑧ 자동열차제어장치는 속도검지기의 기능을 감시하여야 하며, 고장을 검지한 때에는 열차를 정지시키는 기능을 가져야 한다.

2.7. 종합제어장치 안전기준

(1) 종합제어장치

① 종합제어장치를 구성하는 컴퓨터간의 정보전송 계통은 페일세이프(Fail-Safe)기능을 가져야 한다.

② 편성제어컴퓨터는 고장이 발생한 경우 정상으로 작동하는 편성제어컴퓨터가 그 기능을 대체 수행 할 수 있도록 구성되어야 한다.

③ 출입문은 차량제어컴퓨터의 고장으로 인하여 해당차량에 대한 감시 또는 제어기능이 상실된 경우에는 인접한 차량에 의하여 제어될 수 있어야 한다.

④ 편성제어컴퓨터의 기억장치에 저장된 열차운행 관련 내용은 지워지지 아니하도록 하여야 한다.

⑤ 종합제어장치는 열차의 운전을 직접 제어하는 주간제어기 등의 신호를 주기적으로 감시하여야 하며, 주간제어기의 신호오류 등 고장 발생 시 운전자에게 경보 또는 지시할 수 있도록 설계하여야 한다.

⑥ 종합제어장치는 운전자의 조작을 최소화 하도록 전기장치를 제어하여야 한다.

⑦ 종합제어장치는 고장 시 오작동 신호가 출력되지 아니하고, 그 기능이 정지되어야 한다.

⑧ 편성제어컴퓨터 및 차량제어컴퓨터는 장치 고장 시 고장의 영향범위가 최소화될 수 있도록 구성하여야 한다.

(2) 운행상태 확인장치

① 열차의 운행상태를 운전자가 즉시 확인할 수 있도록 운전실에 버저 · 램프 또는 모니터를 설치하여야 한다.

② 모니터에 표시되는 신호는 고장의 중요도에 따라 구분되어야 하며, 이를 운전자가 쉽게 인식하고 이해할 수 있어야 한다.

(3) 열차 운행 기능

① 종합제어장치는 열차가 출고할 때 출발전시험을 할 수 있도록 설계하여야 한다.

② 종합제어장치는 수동 · 자동 및 무인운전상태에서 열차가 후진하지 아니하는 기능을 가

져야 한다.

③ 종합제어장치는 차량기지 및 비상운전 상태에서 후진 시 제한속도를 초과하지 아니하는 기능을 가져야 한다.

④ 신호보안장치 등이 위 사항의 기능을 수행하는 경우에는 종합제어장치에서 해당 기능을 생략할 수 있다.

(4) 출입문 제어

① 종합제어장치는 열차 운행중에 출입문이 열리면 열차가 정지되도록 하여야 한다.

② 차량에는 역 출발 시 출입문을 닫기 전에 승객에게 안내할 수 있는 장치를 설치하여야 한다.

③ 출입문은 출입문을 닫을 때 장애물이 끼어 닫히지 아니하면 다시 열리는 구조이어야 한다.

④ 승객의 운송중에는 출입문이 모두 닫히지 아니한 상태에서 열차가 운행되지 아니하는 구조이어야 한다.

⑤ 신호보안장치 등이 위 사항의 기능을 수행하는 경우에는 종합제어장치에서 해당기능을 생략할 수 있다.

(5) 무인운전

① 무인운전은 다음의 기준에 적합하여야 한다.
- 승객과 관제실간에 통신장치를 구축할 것
- 열차운행중에 제동장치의 성능을 주기적으로 감시할 수 있도록 종합제어장치와 신호보안장치가 상호작용할 것
- 열차의 출입문이 열린 상태에서는 열차가 출발되지 아니하도록 할 것

② 관제실에는 무인운전의 안전 확보를 위하여 운행중인 모든 차량을 감시할 수 있는 장치를 설치하여야 한다.

③ 신호보안장치 등이 위의 기능을 수행하는 경우에는 종합제어장치에서 해당기능을 생략할 수 있다.

2.8. 기타장치 안전기준

(1) 통신장치

① 통신장치는 열차 내에서 메시지를 안전하게 송수신할 수 있는 기능을 가져야 한다.

② 통신장치에는 비상시에도 전원을 안정적으로 공급할 수 있어야 한다.

③ 승객과 운전자 또는 관제실간의 통신장치는 다음 기능을 구비하여야 한다.

• 승객이 간단하고 신속하게 통신장치를 사용할 수 있을 것

• 운전자가 통화중인 승객의 위치를 확인할 수 있을 것. 다만, 무인운전 도시철도차량의 경우 관제실에서 자동으로 해당 차량을 식별할 수 있도록 하여야 한다.

• 통신장치 주변에는 차량번호판이 부착되어 승객이 비상사태가 발생한 차량을 운전자 또는 관제실에 신속하게 알릴 수 있을 것

• 승객과 운전자 또는 관제실과의 쌍방향통신이 가능할 것

• 객실 바닥면으로부터 1.2m 이하 높이에 설치할 것

• 차량 1량당 2개 이상 설치할 것

• 승객이 운전자에게 통화하려고 한 때부터 10초 안에 운전자가 응답하지 아니하는 경우에는 관제실과 자동으로 연결되어 통화를 할 수 있도록 할 것

• 통신장치 인근에 통신장치의 사용방법을 설명하는 안내표지를 부착하되 이를 축광식 표지로 할 것

• 운전자와 관제실간의 모든 통신장치는 비상시에도 작동될 수 있도록 보호되어야 한다.

④ 통신장치는 비상시 승객 및 운전자 또는 관제실과 통신을 할 수 있는 기능을 가져야 한다.

⑤ 열차는 안전운행을 위하여 별도의 무선통신장치를 갖추어야 한다.

(2) 비상정지설비

① 운행중인 열차에 화재 · 탈선 · 충돌 등 비상상황이 발생하였을 경우 열차를 정지시킬 수 있는 비상정지설비를 설치하여야 한다.

② 비상정지설비는 동일선로를 운행중인 2이상의 열차가 비상제동거리내로 접근할 수 없

도록 정지시킬 수 있는 성능을 갖추어야 한다.

③ 비상정지설비는 다음 중 하나의 방식으로 반대선로를 운행하는 열차를 정지시킬 수 있는 성능을 갖추어야 한다.

- 사고 발생 열차의 운전자가 인근에서 운행하는 열차에 비상경보를 발한 경우 이를 수신한 운전자가 열차를 정지시키는 방식
- 사고 발생 열차의 운전자가 인근에서 운행하는 열차를 직접 정지시키는 방식
- 관제실에서 사고가 발생한 상황을 인지하여 사고가 발생한 열차의 인근에서 운행하는 열차를 직접 정지시키는 방식

(3) 열차운행정보의 전송설비

① 열차에는 열차에 고장 또는 사고가 발생한 경우 그 원인을 분석할 수 있도록 운행정보가 기록되어야 하고, 관제실 또는 차량관리소 등에 자동으로 운행정보가 전송되어 저장되는 설비를 갖추어야 한다. 다만, 실시간으로 운행정보를 관제실에 기록하여 고장 또는 사고원인을 분석할 수 있는 경우에는 그러하지 아니할 수 있다.

② 운행정보는 동종사고의 재발방지를 위한 자료로 활용할 수 있도록 보존·관리하여야 한다.

제3절 주회로 장치

본 절에서는 전동차가 전차선으로부터 전기에너지를 수전 받아 추진력 발생까지의 범위에 장착된 장치별 구조와 기능에 대하여 설명한다.

3.1. 주회로 장치 개요

(1) 주회로

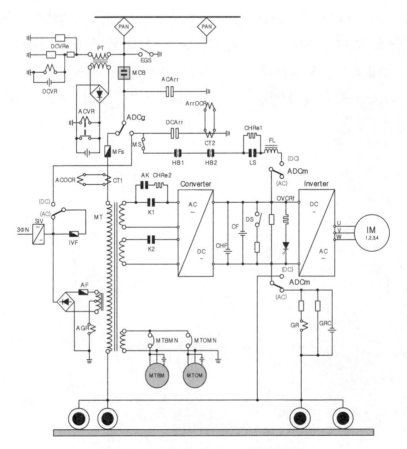

[그림 1-9] 서울지하철 4호선 ADV전동차 주회로

주회로 범위는 전차선으로부터 전기에너지를 수전받는 집전장치에서부터 에너지 변환장치인 견인전동기까지 회로상에 장착된 기기들이다. 이러한 주회로 기기는 M차 지붕 위에 기기별로 부착되어 있거나 또는 기능별로 구분 Box 단위로 차량 상판(床板) 밑에 부착되어 있다.

⑵ 주회로 장치의 기본기능

전동차의 주회로 장치는 기본적으로 전차선으로부터 공급되는 특고압 또는 고압 전원을 안전하게 수용하고, 또한 수전 받은 전기에너지를 효과적으로 운동에너지로 변환 제어할 수 있도록 다음과 같은 기능을 구비한 기기 등으로 구성되어 있다.

- 전차선으로 전기를 수전 받는 집전장치
- 특고압 및 고압계통 이상에 대비한 각종 안전장치
- 주회로 구성 및 차단하는 각종 차단기 · 접촉기 · 절환기
- 차단기 · 접촉기의 제어 및 보호 등을 위한 검지장치
- 과전압 · 과전류 등으로부터 주회로 장치 및 각종 소자들을 보호하기 위한 보호장치
- 전력변환장치 제어 및 보호를 위한 검지기

⑶ 주회로 기기의 구분

교직류 전동차는 AC25,000 V가 공급되는 교류구간과 DC1,500 V가 공급되는 직류구간을 운행하기 때문에 두 종류의 전원을 모두를 수용할 수 있도록 공급전원의 형태에 맞게 주회로를 교류측 또는 직류측으로 선택하고 구성할 수 있는 기능을 갖추어야 한다.

또한 공급되는 전원의 형태와 주회로의 구성이 일치하지 않으면 각종 기기들이 전기적 충격에 의하여 소손되므로 공급전원의 형태와 주회로 구성을 일치하게 취급하지 않으면 주회로가 구성되지 않는 기능을 구비하여야 한다. 그리고 교류구간에서는 견인전동기에 전원을 공급하는 인버터에 직류전원을 공급하기 위해서 주변압기, 컨버터 등이 장착되어 있다.

따라서 교직류 전동차는 위와 같은 다양한 기능을 갖추어야 되기 때문에 주회로에 많은 기기들이 장착되어 있으며, 이를 제어하는 제어회로도 복잡하다.

주회로 기기를 사용 구간별로 나누면 아래 표와 같다.

주회로 기기	AC, DC구간	AC구간	DC구간
집전장치	집전기	–	–
안전장치	비상접지스위치 방전스위치	–	주회로단로기
주회로 구성장치	주차단기 교직 절·전환기	접촉기 보조접촉기 충전저항기	고속도회로차단기 라인스위치 충전저항기
검지장치	계기용변압기 직류계기용변압기 U·V·W상 변류기	변류기 교류변류기	변류기 직류변류기
보호장치	주회로차단기 과전압방전장치	교류피뢰기 주휴즈 접지계전기	고속도회로차단기 직류피뢰기 ArrOCR
전력 변환장치	인버터	주변압기 컨버터	–
에너지 변환장치	견인전동기	–	–
기타장치	–	주변압기송풍기· 오일펌프	필터리액터 충전케패시터

3.2. 집전장치

(1) 개 요

전동차의 집전장치는 전차선으로부터 전기에너지를 수전받는 장치이다. 운전자가 Pan상승 (PanUS), Pan하강(PanDS) 버튼을 취급하면 전자밸브를 여·소자시켜 압축공기로 제어한다. 집전기가 전차선으로부터 전기에너지를 수전 받지 못한다면 차량에 적재된 배터리전원 외의 모든 전원 상실로 동력발생 중단은 물론 각종 서비스 기기들이 동작할 수 없으므로 전동차로서 역할을 하지 못하게 된다.

(2) 집전기 구비조건

집전장치는 차량의 구조, 최고속도 등에 영향을 미치는 중요한 장치이며, 다음 조건을 구비하여야 한다.

- 상승 및 하강 작용이 신속하고 정확하여야 한다.
- 집전용량이 우수하여야 한다.
- 접촉저항이 적고 아크발생이 적어야 한다.
- 집전 부위의 마모가 적고, 전차선을 마모시키지 않아야 한다.
- 전차선 높이변화에 대응하여 일정한 상승력을 유지하여야 한다.
- 무게가 가볍고 공기저항이 적어야 한다.
- 강우(降雨) 및 강설 시에도 본래의 기능이 발휘되어야 한다.
- 유지보수가 용이하고, 보수 기회가 적게 발생하여야 한다.

(3) 집전기 종류

전기 철도차량에 장착된 집전기는 일반적으로 그 형태에 따라 다음과 같이 구분하고 있다.
- Trolley Pole
- Bugel
- Pantograph
- Single Arm Type Pantograph

아래 [그림 1-10]처럼 트롤리 폴(Trolley Pole)은 막대 같은 봉이 위로 솟구친 형태의 집전기이며, 뷰겔(Bugel)은 집전기의 형태가 활 모양처럼 휘어진 형태이다. 이들 집전기는 약 30km/h 정도의 낮은 속도로 운행하는 전차(Tram) 등에 주로 장착되어 있다.

Trolley Pole	Bugel

[그림 1-10] 노면전차용 집전기

그러나 고속으로 운행하는 전동차에는 높은 속도에서도 항상 집전기가 전차선에 밀착상태를 유지하여야 되므로 마름모 2개가 조합된 형태의 팬터그래프(Pantograph)가 장착되어 있다. 이러한 팬터그래프는 우리나라의 도시철도의 최초 노선인 서울지하철 1호선을 운행하는 전동차부터 현재까지 전동차(중량철도)에 장착되어 사용해오고 있으며, 약호로 Pan 또는 PANTO라고 부른다. 기술발달로 2011년 철도기술연구원에서 개발한 *차세대 전동차**에는 KTX 차량에 장착된 집전기와 같은 형태인 싱글암형(Single Arm Type)팬터그래프를 부착하였다.

Pantograph	Single Arm Pantograph	Collector Shoe

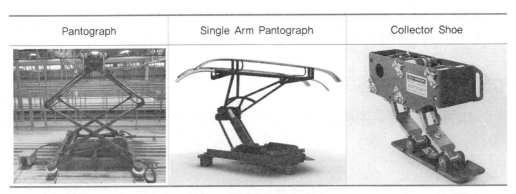

[그림 1-11] 전동차 집전기의 종류

참고로 3궤조 방식을 채택하고 경전철 노선의 전동차의 집전기는 동력발생 차량마다 직사각형 형태의(약 10×30cm) 집전판을 2개 이상씩 설치하여 스프링 장력으로 3궤조에 밀착시켜 집전한다. 그리고 집전기 구분은 접촉형태에 따라 상면 접촉식, 하면 접촉식, 측면 접촉식으로 구분하고, 집전기를 습판체(Collector Shoe)라고 부른다.

(4) 구조 및 작용

도시철도 차량에 장착된 Pan의 구조는 대부분 대동소이하므로 서울지하철 4호선을 운행하는 ADV전동차의 Pan을 기본으로 설명한다. ADV전동차는 M차마다 지붕 위에 Pan이 2개씩 장착되어 있으며 다음과 같은 특징을 가지고 있다.

- 전차선 높이 고·저 변화에 대하여 항상 원활한 접촉이 유지되도록 설계되었다.
- 하부들을 상호 교차시켜 버티는 힘을 강하게 하면서 전체 형상을 소형화하였다.

---

*차세대 전동차 : Advanced Urban Transit System
 집전기를 상승시키는 동력원을 압축공기에 의하지 않고 전자력과 스프링 장력으로 이용하는 방식으로 개선되어 ACM(보조공기압축기)이 불필요하여 장착되지 않았다.

- 강우, 강설 및 한파 등에 대비하여 주요 작동부분은 커버를 설치하고 실린더는 고무 다이어프램 방식을 채택하였다.

그리고 Pan은 **틀조립체**, **습판체**, **작용실린더**, **주스프링**, **공기압력스위치** 등으로 구성되어 있으며 작용은 다음과 같다.

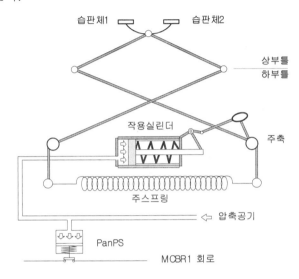

[그림 1-12] Pan 구조 이해도

① **틀조립체**

틀조립체는 상부틀과 하부틀로 구분되어 있고, 상부틀을 경량화하여 전차선 접촉 성능에 영향을 주지 않도록 하였으며, 하부틀은 상부틀보다 길이를 길게 하여 지렛대 원리로 압상력이 증가되도록 하였고, 진동과 비틀림에 견딜 수 있도록 설계되었으며, 하단부는 주축에 취부되어 있다.

② **습판체**(Collector Shoe)

전차선에 직접 접촉하여 전기를 수전하는 부품으로서 Pan에는 2개의 습판체가 지지암에 취부되어 안정되게 4개소를 지지하고 있고, 전차선과 직각으로 평행을 유지하면서 수전 받도록 평행스프링과 그리고 습판체에 전달되는 진동을 흡수하도록 벨로우즈스프링 등이 부착되어 있다.

이러한 습판체는 중심부에는 동합금인 주습판이, 주습판 좌우에는 알루미늄 합금인 보조습판이 연결되어 있고, 양쪽 끝단에는 가이드 혼이 일정한 길이만큼씩 연결되어 2열로 구성되어 있다. 그리고 전차선의 마모를 줄이기 위해서 습판체 2열 사이에 고체윤활제 역할을 하는 탄소막대가 부착되어 있다.

③ **작용실린더 및 주스프링**

작용실린더 내부에는 하부틀을 접는 방향 즉 Pan을 하강시키는 방향으로 작용하는 강한 장력을 가진 하강스프링이 내장되어 있으며 압축공기에 의해 제어된다. 운전자가 Pan을 상승하기 위해서 PanUS를 누르면 작용실린더에 압축공기가 투입되어 하강스프링을 압축시켜 하강스프링의 장력이 작용하지 못하도록 하고, 하부틀 하단부에 장착된 주스프링 장력에 의하여 Pan이 상승한다.

하강은 운전자가 PanDS를 누르면 작용실린더에 투입되었던 압축공기가 배기로 배출되므로 하강스프링의 장력과 Pan 자체 중량에 의하여 하강하게 된다.

- Pan 상승 = 공기압력 + 주스프링 〉 하강스프링
- Pan 하강 = 주스프링 〈 하강스프링 + Pan 자중

④ **PanPS**(Pantograph Pressure Switch)

Pan 상승 또는 하강 작용은 결과적으로 작용실린더에 압축공기의 투입 또는 배출에 의해서 결정된다. 따라서 작용실린더에 압축공기가 투입되는 라인에 압력스위치를 설치하여 공기압력의 설정치 이상에서 스위치가 ON동작하게 한다.

그리고 이 스위치에 붙어 있는 전기접점을 활용하여 전기회로를 구성하거나 차단하게 하여 Pan의 상승 또는 하강상태를 인식하도록 하고 또한 각종 기기의 제어회로에 Pan 상승 및 하강 조건이 반영되도록 하였다.

이러한 역할을 하는 PanPS의 동작압력 설정 값은 전동차별로 약간의 차이가 있으나 대부분 공기압력 $4.3kg/cm^2$ 이상에서 ON되고, $4.0kg/cm^2$ 이하가 되면 OFF된다.

(5) 제 원(ADV전동차)

구 분	제 원	구분	제원
조작방식	전자공기식	접은 높이	280mm
상승 동작원	압축공기	최저작용 높이	530mm
하강 동작원	스프링 장력	표준작용 높이	1,000mm
상승시간	12±2초	최고작용 높이	1,380mm
하강시간	5±1초	돌방(돌출) 높이	1,480mm

3.3. 계기용변압기(Potential Transformer)

(1) 개 요

교직류 전동차는 전동차의 운행위치에 따라 형태가 다른 전원을 공급 받기 때문에 현재 운행하고 있는 위치에서 교류전원이 공급되는지, 직류전원이 공급되는지를 시스템으로 정확하게 확인하여 주회로 제어에 반영할 수 있어야 한다. 이렇게 운행구간에 대한 전원형태를 시스템으로 구분하는 장치가 계기용변압기(PT)이다. 따라서 PT는 교직류 전동차에 한하여 장착되어 있다.

그리고 PT는 Pan이 상승되면 즉시 전차선의 급전유무와 공급전원의 형태를 감지하여 주회로를 구성하는 주회로차단기(MCB) 제어 등에 반영되어야 하기 때문에 주회로 구성 순서로 보면 MCB 이전에 설치되어 있다.

(2) 구 조

PT는 Pan이 설치되어 있는 차량(M차 또는 M'차)의 지붕 위에 장착되어 있으며, 명칭처럼 변압기의 일종으로서 **변압기**, 저

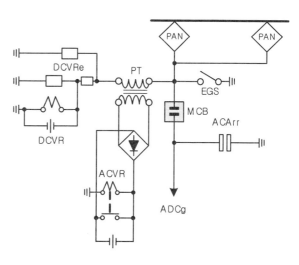

[그림 1-13] PT 이해도

항기, **계전기** 등으로 구성되어 있다.

(3) 기 능

PT는 공급전원의 형태에 맞게 주회로가 구성 되도록 Pan을 상승하면 해당구간 전원에 따라 변압기의 원리를 이용하여 자동적으로 다음과 같이 전압계전기를 여자 · 소자 시킨다.

- 교류전원 공급 중인 구간 → ACVR(AC Voltage Relay) 여자
- 직류전원 공급 중인 구간 → DCVR(DC Voltage Relay) 여자
- 전차선 정전 또는 무가압 구간 → ACVR 소자, DCVR 소자

PT는 이렇게 전차선의 전원 형태와 동일하게 ACVR 또는 DCVR를 여자시켜 해당 계전기의 접점을 활용하여 주회로 구성에 핵심 역할을 담당하는 MCB 제어회로 등에 조건으로 작용하는 기능을 담당하고 있다.

▶ **PT 기능**
- MCB 제어회로에 가선전원 형태 및 상태 반영
- EGS 제어회로에 가선전원 형태 및 상태 반영
- CITR(가선정전 시한계전기) 제어회로에 가선 상태 반영

3.4. 비상접지스위치(Emergency Ground Switch)

(1) 개 요

비상접지스위치(EGS)는 M차 지붕 위에 설치되어 있으며 비상접지제어스위치(EGCS)를 취급하면 동작하여 전차선을 대지로 접지시키는 기능을 한다.

(2) 구 조

EGS는 운전실 또는 M차 객실 내의 분전함에 설치된 EGCS를 취급하면 [그림 1-14]와 같이 전자변(EGSV)이 여자되어 작용 실린더에 압축공기가 투입되므로 스프링 장력을 이기고 피스톤을 우측으로 밀어 레버를 움직여 레버에 부착된 이동극을 고정극에 접촉시켜 전차선을 대지로 연결하는 접지회로가 구성된다.

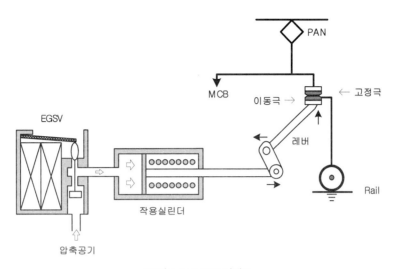

[그림 1-14] EGS 이해도

그리고 EGCS를 복귀하면 EGSV가 소자되어 작용실린더에 유입된 압축공기가 대기로 배출되므로 스프링 장력에 의하여 피스톤이 좌측으로 움직이기 때문에 이동극이 고정극에서 떨어져 EGS가 복귀된다.

(3) 기 능

교류구간에서 전차선에는 AC 25,000V의 특고압이 흐른다. 이렇게 고압전기가 흐르는 전차선에 다른 물체가 접촉하였을 때는 큰 아크(Arc)가 발생하고 또한 감전사고가 발생하므로 매우 위험하다. 따라서 열차 운행중 전차선 일부분이 늘어져 있어 전차선이 전동차 차체에 닿을 염려가 있을 경우 운전자가 EGCS를 취급하여 전차선을 단전(斷電)시켜 안전을 확보할 때 사용하는 기기이다.

운전자가 EGCS를 취급하면 EGS가 동작하여 전차선 → Pan → 대지로 접지(Earth)회로가 구성된다. 이렇게 구성된 회로에 별다른 저항이 존재하지 않기 때문에 대전류가 흐르게 되고, 전차선에 대전류가 흐르면 변전소에 설치된 검지기에 과전류가 검지되므로 보호장치가 동작하여 자동적으로 해당 변전소의 출력측에 설치된 *HSCB가 차단되어 전차선이 단전된다.

---

*HSCB(High Speed Circuit Breaker) : 고속도차단기

(4) 제어회로

EGS는 비상시 취급하는 기기이므로 취급이 용이하고, 취급 후 복귀전까지는 동작된 상태를 유지하여야 한다. EGCS는 전·후 운전실 또는 M차 객실 분전함 내에 각각 설치되어 있고, 어느 곳에서든지 EGCS를 취급하여도 EGS가 동작하도록 회로가 설계되어 있다.

운전자가 EGCS를 취급하면 먼저 전차량 인통선인 EGSV 인통선을 가압시키고, EGS가 장착된 차량마다 교류구간에 한하여 EGSV와 EGSR이 여자된다. 그리고 지속적으로 EGSV, EGSR이 여자상태를 유지하여 접지회로를 구성하도록 EGS 보조점점(a)을 활용하여 자기유지회로를 구성되도록 설계되어 있다.

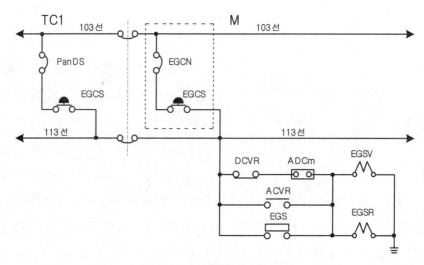

[그림 1-15 ADV전동차 EGS 제어회로]

EGS가 교류구간에 한하여 동작되도록 제어회로가 설계되어 있는 것은 교류구간은 카테나리 방식이라서 전차선이 늘어질 우려가 있지만, 직류구간은 대부분 강체가선방식이므로 전차선이 늘어질 우려가 없고, 또한 교류구간에 비하여 높은 전류를 사용하므로 EGS 동작 시 궤도회로에 높은 전류가 흘러 다른 시스템에 미치는 피해가 발생하기 때문이다. 그리고 EGCS는 유지형 푸시 버튼이므로 일단 취급을 하면 누름상태가 그대로 유지한다. 따라서 EGS를 복귀하려면 EGCS 자체에 표시된 Reset 화살표 방향으로 돌려주면 복귀된다.

(5) EGCS 취급시 주의사항

EGCS 취급으로 전차선이 대지로 접지되는 현상이 발생하면 변전소와 연결하는 부급전선 등에 높은 전압이 형성되어 레일을 중심으로 부설된 각종 신호설비 및 통신설비에 전기적 충격을 가해져 대규모 장애가 유발될 우려가 있다. 필자 경험에 의하면 우리나라에 최초로 전동차가 도입된 수도권 전철 개통 해인 1974년도에 운전자가 실수로 EGCS를 취급하여 대규모 운행 장애가 발생한 사례가 있었다. 따라서 EGCS 취급은 전차선이 늘어져 있어 전동차에 승차하고 있는 승객을 보호하여야 할 긴박한 상황을 제외하고 절대로 취급해서는 안된다.

또한 불가피하게 EGCS를 취급하였을 경우, EGS는 아크 취소기능이 없기 때문에 동작하면서 강한 아크에 의해 이동극과 가동극의 접촉부분이 용착된다. 이러한 용착현상이 발생하면 EGCS를 복귀하여도 접지상태가 그대로 유지되므로 전차선 급전이 불가한 상황으로 발전된다. 따라서 EGCS 취급 후 전차선 급전이 불가할 경우 EGCS를 취급한 차량의 Pan을 인위적으로 하강조치를 하여야만 전차선 급전이 가능함을 기억하기 바란다.

3.5. 주차단기(Main Circuit Breaker)

(1) 개 요

주차단기(MCB)는 정상적으로 주회로를 구성 또는 차단하는 역할과 주회로에 과전류 또는 과전압이 유입되는 등 이상 현상 발생 시 주회로 장치들을 보호하기 위해서 주회로를 신속히 차단하는 사고차단 역할을 담당하는 기기이다.

교류구간에서는 정상차단과 사고차단 역할을 하고, 직류구간에서는 주회로를 개폐하는 개폐기 역할을 한다. 이러한 MCB는 ADV전동차에서 매우 중요한 역할을 하는 장치이므로 자세히 설명한다.

(2) 구 조

MCB는 Pan이 설치되어 있는 차량(M차 또는 M'차) 지붕 위에 장착되어 있으며, 진공차단부, 조작부, 보조스위치 등으로 구성되어 있다.

① **진공차단부**

MCB는 고전압을 차단하고 연결하는 장치이므로 전기적으로 확실하게 차단상태가 유지되도록 진공차단기 방식이다.

이렇게 진공차단기 기능이 발휘되도록 진공차단부가 있고, 진공차단부는 [그림 1-16]과 같이 진공이 유지되는 원통형 절연 유리관을 보호애자가 감싸고 있다. 내부는 주회로를 개폐하는 접점인 고정전극과 가동전극이 설치되어 있고, 가동전극은 절연 유리관을 관통하여 금속 벨로우즈로 취부되어 있으며, 개폐동작 시 벨로우즈의 신축에 의해 기밀이 유지된다.

[그림 1-16] 주차단기 형상

② **조작부**

조작부는 가동전극의 개·폐 동작을 하도록 원동력을 발생시키는 투입코일(전자변), 증폭변, 작용실린더, 차단코일 등과 발생된 동력으로 가동전극을 원활하게 움직이게 하는 레버(Lever), 지지레버, 패드 플레이트(Pad Plate), 봉(Rod), 급속차단스프링(Quick Break Spring), 혹 레버(Hook Lever) 등의 기계부품들로 구성되어 있다. 또한 MCB 투입에 압축공기를 이용하므로 습기가 존재하기 때문에 동파방지용 히터가 설치되어 있다.

③ **보조점점**

조작부 내에 MCB 투입, 차단상태를 각종 제어회로에 활용하기 위하여 보조접점이 설치되어 있다.

(3) 투입동작

MCB 투입은 MCB-C(MCB Close Coil)이 여자되면 밸브가 열려 소량의 제어용 압축공기(CR)가 배관으로 유입된다. 이렇게 유입된 압축공기가 증폭변 상부에 작용하면 증폭변의 하부변이 열리게 되므로 하부변 입구에 대기하고 있던 압축공기가 신속히 작용실린더로 많은 양이 유입되어 피스톤을 밀어 올림으로서 투입레버가 상승한다.

투입레버가 상승하면, 지지레버에 의해 상승 동작이 수평 동작으로 전환되어 로드에 전달되고, 로드에 전달된 힘은 가동전극을 밀어 고정전극을 접촉시켜 MCB가 투입된다. 그리고 MCB 투입상태를 각종 제어회로에 활용하기 위해서 보조접점 'a' 접점이 연결된다.

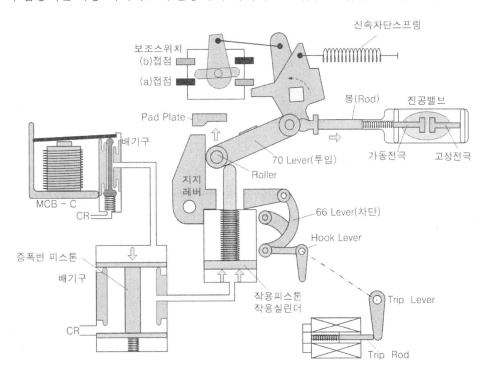

[그림 1-17] 주차단기 투입 · 차단 동작 이해도

이렇게 MCB가 투입되면 MCB-C 코일 소자된다. MCB-C 코일이 소자되면 작용실린더에 유입된 압축공기가 증폭변 대기구로 배출되므로 작용실린더 피스톤은 스프링 힘에 의해 하강한다. 그러나 일단 상승된 레버는 지지레버와 패드 플레이트(Pad Plate)에 끼인 상태를 유지하여 계속 가동전극을 밀어주므로 MCB는 투입상태를 유지한다.

이와 같이 MCB가 투입 후 압축공기를 대기로 배출하고, 기계적 힘에 의해 투입상태를 유지하고 있는 것은 차단 시 신속하게 차단하기 위해서이다.

(4) 차단동작

MCB-T(MCB Trip) Coil이 여자되면 MCB는 차단된다. MCB-T가 여자되면 전자력으로 트립로드(Trip Rod)를 밀어서 트립 레버(Trip Lever)를 회전시킨다. 트립 레버가 회전하면 지지레버를 고정하고 있는 훅 레버가 아래쪽으로 이동하고, 차단레버 우측으로 이동하게 되므로 지지레버를 자유롭게 해준다.

따라서 급속차단스프링(Quick Break Spring) 장력에 의해 이동전극을 잡아 당겨 고정전극에서 떨어지게 함으로서 주회로가 개방된다. 그리고 MCB 차단상태를 각종 제어회로에 활용하기 위해서 보조접점 'b' 접점이 연결된다.

3.6. 교직절환기(AC-DC Change-Over Switch)

(1) 개 요

교직절환기(ADCg)는 Pan이 장착되어 있는 차량(M차 또는 M'차) 지붕 위에 설치되어 있다. 운전실데스크에 설치된 교직절환스위치(ADS)의 선택 위치에 따라 차량 하부 AC 콘박스 내부에 설치되어 있는 교직전환기(ADCm)와 함께 동작하여 주회로를 AC측 또는 DC측으로 구성해주는 스위치 기능을 담당하는 기기이다.

(2) 구 조

ADCg는 압축공기에 의해서 작동되고 **회로전환부**와 **조작부**로 구성되어 있으며, 회로전환부는 AC고정접촉부, DC고정접촉부, 가동접촉부(Blade)와 지지애자 등으로 구성되어 있다. AC고정접촉부, DC고정접촉부, 가동접촉부 3개가 정삼각형 형태로 배치되어 있으며, 압축공기의 힘으로 가동접촉부를 움직여서 AC고정접촉부 또는 DC고정접촉부에 연결된다.

조작부는 2개의 전자변(AC용, DC용), 작용실린더, 조작레버, 링크와 가동접촉부가 원활하게 가동해주는 스프링 등으로 구성되어 있다. 그리고 ADCg의 연결위치를 각종 제어회로에 활용할 수 있도록 조작레버와 연동해서 움직이도록 조작 로드(rod)에 보조스위치가 연결되어 있다.

[그림 1-18] 교직절환기

(3) 작 동

ADCg는 구조적으로 스위치 역할을 하는 기능만 가지고 있다. 그러므로 반드시 주회로에 전원공급이 차단상태에서만 작동되어야 한다. 따라서 MCB 차단상태에서만 작동되도록 제어회로가 설계되어 있다.

교류구간에서 직류구간으로 진입하기 위해서 운전자는 교직섹션 진입 전에 운전실 데스크에 설치된 ADS를 AC위치에서 DC위치로 전환하면 다음 절차에 의하여 작동된다.

① 제어회로 기능에 의하여 MCB 즉시 차단

② AC용 전자변 소자 → 작용실린더 AC측 연결방향으로 작용하던 압축공기 대기로 배출

③ DC용 전자변 여자 → 작용실린더 DC측 연결방향으로 압축공기 유입 → 피스톤 이동
 → 피스톤 로드(Piston Rod)에 연결된 조작레버 동력전달

④ 조작레버의 링크장치 이동으로 AC고정접촉부에 접촉되어 있던 가동접촉부(Blade)가 회전 → DC고정접촉부 연결 → 주회로를 DC측으로 구성

이러한 절차에 의하여 ADCg가 작동되어 주회로는 DC측으로 구성되지만, AC구간에서 또는 무가압 구간에서 DCVR이 여자되지 못하기 때문에 MCB는 차단상태를 유지하다가, 열차가 DC구간에 진입하게 되면, DCVR이 여자되는 차량부터 순차적으로 MCB가 투입되어 주회로에 전원이 공급된다.

직류구간에서 교류구간으로 진입할 때에도 운전자가 데스크에 설치된 ADS를 DC위치에서

AC위치로 전환하면 DC용 전자변이 소자되고, AC용 전자변이 여자되어 가동접촉부(Blade)가 DC고정접촉부에서 AC고정접촉부로 이동되어 주회로를 AC측으로 구성한다.

3.7. 피뢰기(Arrester)

(1) 개 요

모든 ADV전동차에는 주회로에 과전압 유입에 대한 보호장치로 교류피뢰기(AC Arrester)와 직류피뢰기(DC Arrester)가 있다. 이 보호장치는 Pan이 장착된 차량 지붕 위에 장착되어 있다.

그리고 경험에 의하면 AC피뢰기와 DC피뢰기는 아크 취소장치가 없기 때문에 동작할 때 큰 소음이 발생하고, 한번 동작하면 용착되어 복귀가 되지 않는다. 이렇게 동작 후 복귀되지 않으면 MCB를 투입할 때마다 전차선 단전현상이 발생한다.

따라서 AC피뢰기 또는 DC피뢰기가 동작하여 복귀되지 않을 때에는 해당차량의 MCB가 투입되지 않도록 응급조치(해당차량 Pan 하강 또는 MCBN1 · 2 차단)를 한 후에 정상차량의 MCB를 투입하여 MCB가 투입된 차량의 동력만으로 응급운전을 하여야 한다.

참고로 운영기관의 전차선 단전 시 급전기준은 다음과 같다.
- 즉시 1차 급전 → 1분후 2차 급전 → 원인규명 후 3차 급전

(2) 교류피뢰기(ACArr)

AC피뢰기는 전동차가 교류구간 운행중 설계치 이상 전압 즉, 낙뢰 등 서지전압(전압이 급상승하는 현상)이 유입되어 동작하면 전차선을 대지로 접지시키는 방전회로가 구성하는 역할을 한다. 이렇게 방전회로가 구성되면 과전류가 흐르기 때문에 변전소의 고속도차단기(HSCB)가 차단되어 전차선이 단전된다.

따라서 AC피뢰기 동작 시 MCB 차단은 MCB제어회로 기능에 의한 사고차단이 아니고 전차선 단전(ACVRTR 소자)에 의해서 차단된다. 그리고 AC피뢰기 동작 시 결과적으로 EGS 동작과 동일하게 전차선 단전 현상이 발생하는데 어느 장치가 동작했는지를 구별방법은 해당장치의 주회로 라인상 설치위치에 따라 동작시기에 다르기 때문에 다음과 같이 구별이 가능하다.

Pan만 상승된 상태에서 전차선 단전이 발생하면 EGS동작에 의한 것이고, MCB 투입 후 즉

시 전차선 단전이 발생하면 AC피뢰기 동작에 의한 것이다. 또한 AC피뢰기가 복귀되지 않은 상태에서 MCB를 투입하면 투입할 때마다 전차선 단전 현상이 반복 발생한다. 따라서 MCB를 투입할 때 전차선 단전현상이 발생하면 자신이 운전하고 있는 차량의 AC피뢰기 동작으로 판단하고 응급조치를 하여야 한다.

(3) **직류피뢰기**(DCArr)

DC피뢰기가 직류측 주회로 라인에 설치되어 있지만 직류구간과 교류구간에서 모두 보호장치로 동작한다. DC피뢰기가 동작하면, CT2(계기용 변압기)를 활용 ArrOCR이 여자되어 MCB 사고차단을 하고, 한편으로는 전차선을 대지로 연결하는 방전회로를 구성하여 변전소의 HSCB를 차단하여 전차선을 단전시키는 방식으로 주회로를 보호한다.

[그림 1-19] 직류 피뢰기

① **직류구간에서 동작**

직류구간은 대부분 지하구간이라서 낙뢰의 영향을 받지 않고, 또한 공칭전압이 1,500V이므로 급격한 전압이 인가되어도 DC피뢰기 동작 설계값에 한참 미달하기 때문에 거의 동작하지 않는다.

만약 DC피뢰기가 동작하여 ArrOCR이 여자 되어도 DCVRTR이 소자된 상태에서만 MCB 사고차단이 되도록 제어회로가 설계되어 있기 때문에 직류구간에서는 MCB 사고차단이 이루어지지 않는다.

따라서 직류구간에서 DC피뢰기가 동작하면 먼저 전차선을 대지로 접지시켜 전차선 단전현상이 발생하므로 MCB는 전차선 정전에 의해 차단이 되는 것이다. 즉, 직류구간에서 주회로에 항상 대전류가 흐르기 때문에 MCB가 사고차단을 하지 않는 것이다.

DC피뢰기 동작 후 전차선이 급전되면, MCB 투입 취급하여 정상 투입되면 괜찮지만 만약 재차 전차선 단전현상이 발생하면 DC피뢰기가 용착된 것으로 판단하고 응급조치를 하여야 한다.

② **교류구간에서 동작**

DC피뢰기가 주회로 직류측 라인에 설치되어 있지만 교류구간에서도 동작한다. 교류구간에서 동작하는 경우를 살펴보면, 주회로를 직류측으로 설정하고 MCB가 차단되지 않은 상태로 교류구간을 진입하는 교류모진(交流冒進)을 하였을 경우에 교류구간의 전차선 전압이 25,000V이므로 무조건 DC피뢰기가 동작한다.

이렇게 DC피뢰기가 동작하여 ArrOCR이 여자되면 MCB 사고차단이 된다. 물론, 직류구간에서 교류구간으로 연결되는 교직섹션 구간이 무가압 상태이므로 이 구간을 통과할 때 DCVRTR 소자에 의하여 MCB가 차단되기 때문에 운전자가 ADS를 취급하지 않더라도 교류모진 현상이 발생하지 않는 것이 원칙이다. 그러나 MCB 진공파괴 또는 기계적 고착 등으로 MCB가 차단이 되지 않을 경우에는 교류모진 현상이 발생한다.

따라서 교류모진이 발생한 경우에는 MCB 사고차단이 효과가 없기 때문에 전차선을 대지로 접지되게 하여 전차선을 정전시켜 주회로를 보호하도록 설계되어 있는 것이다.

3.8. 주휴즈(Main Fuse)

(1) 개 요

교류구간 운행중 주회로에 과전류가 유입될 경우 주변압기(MT)는 물론 주변압기 2차측에 연결된 Converter, 보조전원장치 등이 전기적 충격에 의하여 소손되는 등 피해가 발생한다. 따라서 과전류 유입에 대하여 1차적으로 MCB가 차단되어 주회로를 보호하도록 설계되어 있다. 그러나 MCB 차단이 불가할 경우를 대비하여 주휴즈(MF)가 장착되어 있다.

[그림 1-20] 주 휴즈

(2) 기 능

주회로에 과전류 유입 시 ACOCR이 정상적으로 대응하지 못하거나 또는 MCB 진공이 파괴되어 주회로 차단효과가 없을 때에는 MF가 용손되어 주회로를 보호한다. 운행중 MF 용손 장애가 발생하였을 경우에는 현장에서 응급조치가 불가하므로 편성된 차량 중 정상차량의 동력만으로 응급운전을 하여야 한다.

(3) 보호동작

주회로 과전류에 대한 보호기능은 MCB 제어회로 기능을 활용하여 다음과 같이 1회 동작 시에는 MCB 사고차단으로, 재차 동작 시에는 VCOS를 취급하여 MCB를 개방하여야 한다.

① 1회 동작

CT1 과전류 검지 → ACOCR 여자 → MCB 사고차단 → Reset 취급 → MCB 투입취급 → MCB 투입

② 2회 동작

CT1 과전류 검지 → ACOCR 여자 → MCB 사고차단 → VCOS 취급 → 해당차량 MCB 개방 → MCB 투입취급 → MCB 투입

3.9. 주변압기(Main Transformer)

(1) 개 요

주변압기는 집전기가 장착된 차량의 하부에 장착되어 있으며, 교류구간 운행 시 전차선으로부터 공급받는 AC25,000V를 다른 장치에 사용 가능한 전압으로 강압(降壓)하여 공급하는 역할을 담당한다.

(2) 기 능

서울지하철 4호선 ADV전동차의 주변압기는 M차 하부에 장착되어 있으며 다음 표와 같이 전압을 강압하여 각 장치에 공급한다.

1차권선	2차권선	사용장치	비고
AC 25,000V	855V×2	Converter/Inverter	2-1권선
	1,770V	SIV(보조전원장치)	2-2권선
	229V	MTBM(주변압기 송풍전동기) MTOM(주변압기 오일펌프 전동기)	2-3권선

(3) MTOM · MTBM

주변압기 오일펌프 전동기(MTOM)와 주변압기 송풍전동기(MTBM)는 주변압기 냉각용 부속장치이다. 주변압기는 구조가 외철형 복권변압기이며, 권선간 절연체로 특수 오일을 사용하고 있다. 그리고 변압과정에서 발생하는 열을 모터로 오일을 순환시키고, 순환하는 오일을 송풍기로 열을 식혀 공급하는 오일순환 강제냉각방식으로 냉각시킨다.

따라서 MTOM이 트립(Trip)되면, 오일순환 모터 전원공급 중단 → 오일순환 불가 → 주변압기 내부온도 상승이 된다. 이렇게 내부온도가 상승되면 파열 위험 등이 있기 때문에 MCB제어회로에 MCBOR2를 활용하여 해당 차량의 MCB는 사고 차단되도록 그리고 운전자가 VOCS를 취급하여 MCB를 개방할 수 있도록 제어회로가 설계되어 있다.

(4) 변압기 원리

변압기는 자기적으로 결합된 2개의 코일이 있을 때 어느 한 코일에 전류가 변화하면 다른 코일에 기전력이 유도되는 페러데이의 **전자기유도법칙**이 적용된 전기기기이다.

[그림 1-21]과 같이 한 쪽(1차) 권선(捲線)에 교류 전기를 공급하면 이 전류에 의해 자속이 발생하고, 다른 쪽(2차) 권선의 내부에 있는 철심에서는 자속의 변화를 방해하는 방향으로 자속이 발

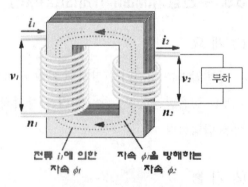

[그림 1-21] 변압기 원리

생하므로 이 자속에 의해 2차 권선에 기전력이 발생하여 전류가 흐르게 된다.

그러나 이때 발생한 전류는 잠시 후에 없어지게 된다. 즉, 1차 권선에 의한 자기장의 크기에

변화가 있어야만 2차 권선에 전류가 유도되기 때문이다. 따라서 계속적으로 2차 권선에 기전력이 발생되기 위해서는 1차 권선에 교류를 흘려주어야 한다.

참고로 2차 권선에 유도되는 전압은 다음식과 같이 권선수에 비례하며, 이를 **변압비**라 한다.

$$\therefore \frac{V1}{V2} = \frac{N1}{N2} \quad (V \text{전압}, \; N \text{권선수})$$

이러한 변압기는 전원의 상수에 따라 단상과 3상 변압기로, 철심의 구조에 따라 내철형, 외철형, 권철심형으로 구분한다. 또한 권선을 하나로 1차권선과 2차권선 공동으로 사용하는 구조이면 단권변압기, 1차권선과 2차권선을 전기적으로 분리된 구조이면 복권변압기라고 한다.

3.10. 컨버터(Converter)

(1) 개 요

Pan이 장착된 차량 하부에 *C/I **박스**가 장착되어 있으며, 이 Box 내부에는 컨버터 · 인버터와 이를 제어하는 추진제어장치(GCU장치) 등으로 구성되어 있다.

컨버터는 전력변환장치로서 GCU장치의 제어에 의해 전동차가 교류구간을 운행중 추진 취급을 할 때 전차선으로 공급받는 AC전기를 DC전기로 변환하여 인버터에 공급하고, 전기제동 체결 시 인버터로부터 공급받는 DC전기를 AC전기로 변환하는 역할을 한다.

- 4호선 ADV전동차 : 입력 AC855V×2 → 출력 DC 1,650V

(2) 구조 및 기능

컨버터는 2개를 병렬로 접속시킨 2상 병렬구조이다. 이렇게 2상 병렬구조인 것은 교류를 직류를 변환하므로 평활한 상태의 직류를 부하 측에 공급하기 위해서이다. 컨버터는 반도체 소자인 다이오드와 GTO 사이리스터(또는 IGBT) 그리고 이들을 보호하기 위한 각종 소자들로 구성되어 있다.

다이오드는 전류를 한 쪽 방향으로 흐르게 하므로 추진 시 교류를 직류로 변환하여 인버터에

---

* C/I 박스 : Converter/Inverter Box

공급하는 역할을 하고, GTO 사이리스터는 제동 시 ON/OFF 스위치 작용을 하여 직류를 교류로 변환시켜 전차선으로 공급하는 역할을 한다. 그리고 GTO 사이리스터 ON/OFF 제어는 *PWM 변조 방식으로 제어한다. 여기서 PWM 변조 제어방식이란 ON/OFF 횟수는 정해져 있는 상태에서 ON/OFF 시간의 폭을 변화시켜 제어하는 방식을 말한다.

[그림 1-22] 컨버터/인버터 Box

3.11. 충전필터 및 과전압 보호기기

(1) 개 요

주회로가 교류측으로 구성 시 컨버터 이후에 설치된 장치 또는 직류측 회로에서 **HB 이후에 설치된 장치에 대한 설명 및 보호기능 등에 대하여 설명한다. [그림 1-23]은 서울지하철 4호선 ADV전동차의 주회로 충방전 과정을 설명하기 위한 블록도이다.

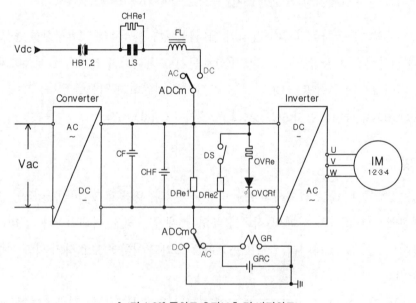

[그림 1-23] 주회로 충전보호 및 방전회로

---

*PWM : Pulse Width Modulation
**HB(High Speed Circuit Breaker) : 전동차에 장착된 고속도차단기

(2) 고주파용 충전용 필터(CHF, High Frequency Capacitor)

CHF는 M차 하부에 장착되어 있는 C/I 박스내에 설치되어 있다. 전기회로상 컨버터와 인버터 중간의 직류부분에서 컨버터에서 출력되는 전원의 고주파 성분을 흡수하는 역할을 한다.

즉, 교류회로에서 커패시터(Capacitor)의 특성을 활용하여 교류를 직류로 변환과정에서 불가피하게 발생하는 고주파 성분인 노이즈(Noise)를 흡수하여 주변장치의 전자유도 간섭을 감소시키기 위해서이다.

(3) 충전용 필터(CF, Filter Capacitor)

CF는 M차 하부에 장착되어 있는 C/I 박스내에 설치되어 있다. 컨버터와 인버터 중간에서 Capacitor의 전기적 특성을 활용하여 직류구간에서는 HB1 · HB2를 투입할 때와 교류구간에서는 인버터가 가동을 시작할 때 주회로에 돌입전류 유입을 억제한다. 또한 순간적으로 주회로 전압강하 시 이를 보상해 주는 등 주회로의 전기흐름에 대한 저수지와 같은 역할을 한다.

이렇게 주회로상에서 전기흐름에 대하여 저수지와 같은 역할을 하는 원리는 CF가 직류구간에서는 FL(Filter Reactor)과 교류규간에서는 MT 2차측 코일과 함께 교류성분에 대하여 리액턴스(Reactance, 교류회로의 합성저항값)를 발생시켜 돌입전류를 억제하기 때문이다.

그리고 순간적인 전압강하 시에는 Capacitor에 충전된 전압이 방출되어 전압을 보상하는 것이다. 이러한 역할은 결과적으로 인버터에 공급되는 직류전기의 잔물결(Ripple) 성분을 흡수하여 평활직류를 공급하여 인버터 소자 등을 보호하기 위해서이다.

(4) 과전압 방전 보호 사이리스터(OVCRf)

OVCRf(Discharging Over Voltage Discharging Thyristor)는 주회로에 과전압 발생 시 주회로 전원을 과전압방전저항기(OVRe)를 통해 방전시키는 역할을 담당한다. 다음과 같은 경우에 GCU 장치 제어에 의해 동작하고 중고장 표시등이 점등되고, 고장차량 개방조건이 되며 리셋을 취급하면 복귀된다.

- GCU내 전원 전압 저하 시
- 주회로(CF양단) 전압이 2,200V 이상 과전압

(5) 접지계전기(GR, Ground Relay)

GR은 M차 하부에 장착된 ACcon BOX 내부에 설치되어 있으며 ADCm 접점에 의해 회로적으로 교류구간 운행 시에만 작동한다. C/I 케이스 외부단자에 누설전압이 기준치 이상 검지되면 GR이 여자되고 GR 'a' 접점에 의해 MCBOR2가 여자되므로 MCB 사고차단이 이루어진다.

그리고 GR이 동작한 경우 1회에 한하여 리셋하여 MCB를 투입하고 재차 동작하면 VCOS를 취급하여 해당차량을 개방한 다음에 MCB를 투입하여 정상적인 차량의 동력만으로 응급 운전하여야 한다.

3.12. 인버터(Inverter)

(1) 개 요

인버터는 반도체 소자를 활용하여 직류를 교류전력으로 변환하는 전력변환장치로서 유도전동기인 견인전동기에 전력을 공급하는 역할을 하며, M차에 하부 C/I 박스 내에 컨버터 등과 함께 장착되어 있다.

(2) 구 조

인버터는 PWM방식의 전압형 인버터이며, 1세트(Set) 인버터에는 병렬로 연결된 4개의 주전동기가 연결되어 있다. 「평활회로부」·「인버터부」·「제어부」로 나누어진다. 「평활회로부」는 직류전압을 안정 평활하게 인버터에 공급하기 위한 L·C 특성을 이용한 회로이며, 「인버터부」는 직류전력을 고속으로 스위칭하여 펄스형태의 교류전력을 만들고, 「제어부」는 인버터를 제어하는 장치이다.

「인버터부」는 [그림 1-24]와 같이 직류전력을 3상 교류로 변환하는 역할을 하므로 기본적으로 3개의 암(Arm)이 있고, 1개 암마다 출력측(전동기 고정자와 연결)을 기준으로 상하로 2개의 전력스위칭 소자인 GTO 사이리스터(또는 IGBT)가 설치되어 있다.

그리고 GTO 소자마다 다이오드가 역병렬로 접속되어 있고, GTO On/Off 동작으로 발생하는 전기적 충격으로부터 GTO 소자를 보호하기 위한 각종 소자 등으로 구성되어 있다.

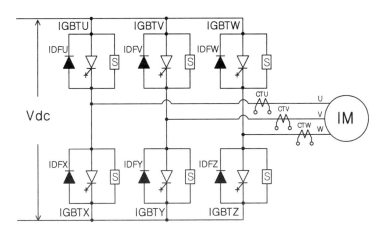

[그림 1-24] 인버터 내부 회로

(3) 기 능

  인버터는 운전자 또는 ATO의 추진지령 또는 제동지령에 따라 추진제어장치(GCU)의 제어에 의해서 직류전력을 교류 가변전압(Variable Voltage), 가변주파수(Variable Frequency) 전력으로 변환시켜 견인전동기에 공급하여 동력을 발생시킨다.

  그리고 제동 시 견인전동기에 역회전력이 발생되도록 전동기의 회전자의 회전축보다 뒤쪽에 회전자장을 형성해 주고, 견인전동기에서 발생된 교류전력을 직류로 변환하여 AC구간에서는 컨버터 또는 DC구간에서는 전차선으로 공급하는 기능을 담당한다.

제4절 추진 제어

본 절에서는 견인전동기에 공급되는 전력을 제어하여 열차가 움직이게 하는 절차 및 추진제 어장치 등에 대하여 설명한다.

4.1. 추진제어 개요

추진제어란 주간제어기(Master Controller)의 취급에 따라 견인전동기에 공급되는 전력을 제어하여 전동차의 가·감속 제어하는 것이다. 차종별로 제작사에 따라 추진제어방식과 추진 제어장치의 명칭은 약간씩 차이가 있으나 VVVF 제어방식의 전동차는 모두 기본적으로 [그림 1-25]와 같이 마이크로 프로세서(Micro Processor)로 제어를 한다.

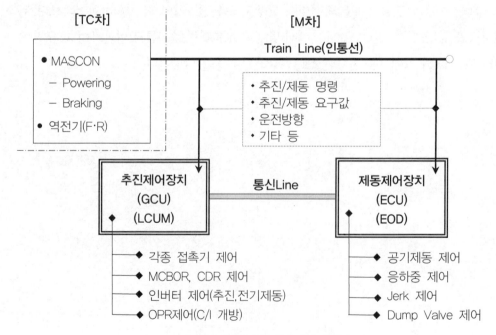

[그림 1-25] 추진 및 제동 제어 이해도

이렇게 마이크로 프로세서를 활용하여 제어명령에 따라 정확하고 효과적인 제어를 하기 위해서 입력 받고 있는 각종 정보(주회로 상태 등)를 연산하여 제어를 실행한다. 또한 출력된 제어결과를 계속 피드백(Feed Back)받아 제어에 반영하는 환류제어를 한다.

4.2. 추진제어장치 안전기준

(1) 보호기능

① 추진제어장치는 이상 전압 또는 고장시의 과도전류에 대하여 적절한 보호기능을 가져야 한다.
② 추진제어장치에 발생한 고장은 종합제어장치 등에 기록 및 표시되어야 한다.
③ 추진제어장치는 일시적인 현상에 의한 고장조건이 사라지고 안전한 상태가 확인된 경우 초기화 기능에 의하여 정상적인 동작이 회복될 수 있어야 한다.

(2) 비상운전

① 추진제어장치에 고장이 발생한 경우 그 고장이 정상부위로 파급되지 않도록 고장 부위는 간단한 조작에 의하여 전기적으로 분리될 수 있는 구조이어야 한다.
② 추진제어장치는 1대가 고장 난 경우에도 정상으로 작동하는 추진제어장치에 의하여 열차의 대피운행이 가능하도록 설계하여야 한다.

(3) 회생제동

회생제동에 의하여 만들어지는 전력은 입력전압에 따라 조절되어야 하며 부족한 제동력은 기초제동력에 의한 보상으로 승차감의 저하없이 제동성능이 유지되어야 한다.

(4) 유도장애의 억제

추진제어장치에 의하여 발생되는 전자기 간섭은 차량의 안전 및 주변장비에 유해한 영향을 주지 아니하도록 차폐되거나 필터 또는 제어기법 등에 의하여 억제되어야 한다.

(5) 인버터

① 전원 차단 시 60V 이상의 충전상태가 5초 이상 유지되는 부품은 사람이 보기 쉬운 위치에 주의표시를 하여야 한다.

② 인버터의 부품 중 외부로부터 발생되는 정전기에 의하여 손상될 수 있는 부품은 점검ㆍ교체 또는 보관 시 정전기에 의한 손상으로부터 보호되어야 한다.

(6) 견인전동기

① 견인전동기는 운행중 설치 볼트가 파손된 경우에도 주행장치에서 분리되지 아니하도록 설치하여야 한다.

② 견인전동기와 그 축에 설치되는 베어링에는 축전류 및 차체로부터의 누설전류 등에 대한 보호방안이 강구되어야 한다.

③ 견인전동기의 전기배선은 물체의 충격 및 차량의 진동에 견딜 수 있도록 내마모성 및 유연성을 가져야 하며, 차체와의 최대상대 변위 시 과도한 구부러짐이 없도록 이를 설치하여야 한다.

④ 견인전동기의 냉각공기 흡입구는 견인전동기 내부에 손상을 야기할 수 있는 이물질의 침투를 방지할 수 있는 구조이어야 한다.

⑤ 견인전동기가 선형유도방식인 경우에는 차량의 운행중 가열되거나 전자기력으로 인하여 먼지가 흡착되더라도 충분한 성능을 발휘할 수 있어야 한다.

4.3. ADV전동차 추진제어

(1) 개 요

전동차의 추진제어장치는 앞에서 설명한 바와 같이 제작사가 다르기 때문에 구조나 기능면에서 약간씩 차이가 있다. 그러나 기본적인 제어 원리의 개념은 동일하다. 따라서 한 종류의 전동차의 추진제어장치의 작동과정 및 기능을 이해하면 모든 전동차의 제어절차를 쉽게 이해할 수 있으므로 본 절에는 서울지하철 4호선을 운행하는 서울메트로의 ADV전동차의 추진제어장치 및 추진절차에 대해서 설명한다.

⑵ 방향 제어

전동차의 추진방향 제어는 운전자의 방향제어기(Direction Controller)의 선택위치에 따라 결정된다. 운전자가 선택한 방향제어기 위치는 [그림 1-26]과 같이 추진제어장치(GCU)에 입력된다.

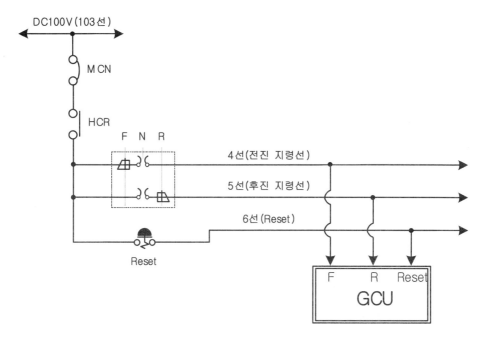

[그림 1-26] 전 · 후진 지령 입력회로

전동차의 견인전동기는 유도전동기이므로 운전방향이 되는 견인전동기의 회전자(Rotor)는 항상 고정자(Stator)가 만들어내는 회전자장의 회전방향으로 회전한다. 따라서 GCU장치에 입력된 방향제어기의 선택위치에 따라 견인전동기에 전력을 공급하는 인버터 GTO의 ON/OFF 순서 제어로 견인전동기에 공급되는 3상 전력의 공급순서를 조정하여 고정자가 만들어 내는 회전자장을 제어하는 방식으로 운전방향을 정한다.

방향제어기 선택 위치별 견인전동기에 공급되는 3상 전력의 공급순서는 다음과 같다.
- 전진(F)위치 선택 : U상 → V상 → W상
- 후진(R)위치 선택 : U상 → W상 → V상

(3) 추진명령 및 요구값

서울지하철 4호선 ADV전동차를 운전하기 위해서 운전자가 주간제어기(MASCON)을 파워링(Powering) 위치로 옮기면, 다음과 같이 2종류의 제어용 신호(Signal)가 발생한다.

- 추진명령 신호 → 추진제어지령선 11선 가압
- 추진요구값 신호 → PWM 신호(34, 35선) 전달

위의 추진명령과 요구값은 해당 지령선을 통해 M차마다 하부에 장착되어 있는 C/I 박스 내부에 설치된 GCU장치에 입력된다. GCU장치는 입력된 추진명령과 요구값을 바탕으로 컨버터와 인버터를 제어하여 전압 및 주파수를 조절하여 견인전동기에 공급하므로 견인전동기가 회전하고 결과적으로 열차는 움직이게 된다.

추진명령 신호를 전달하는 추진지령선(11선) 가압조건 즉, 추진 유효조건을 살펴보면 다음과 같다.

① **추진지령선 ⇒ 11선 가압조건**
- 주간제어기 회로차단기 정상상태 → MCN ON상태
- 전부 운전실 → HCR 여자
- 방향제어기(역전기) → 전진(F) 또는 후진(R) 위치 선택
- 주차제동 완해상태 → PAR(주차제동보조계전기) 소자
- 안전 LOOP 가압상태 → BER(제동비상계전기) 여자
- 운전자안전장치 ON상태 → DMR(운전자안전계전기) 여자
- 모든 출입문 닫힘 상태 → DIR1 · 2(출입문연동계전기) 여자
- 비상제동 완해상태 → EBR(비상제동계전기) 여자
- 제동불완해 미검지 상태 → NRBR(제동불완계전기) 소자
- ATS 정상상태 → BR(제동계전기) 여자
- ATC FSB 제동지령이 없는 상태 → ATCFBR('ATC' FSB제동계전기) 소자
- 보안제동 체결하지 않은 상태 → SBR(보안제동계전기) 소자

유효의 조건 만족 시 추진지령선(11선) → GCU 입력(추진요구값 포함) → 인버터 제어 → 견인전동기 전력공급 → 견인전동기 회전 → 전동차가 움직인다.

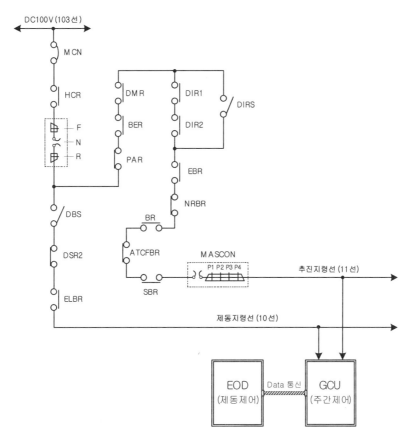

[그림 1-27] ADV전동차 추진지령 및 제동지령 회로

② 추진요구값 ⇒ 34 · 35선 가압조건]

- 주간제어기 회로차단기 정상상태 → MCN ON상태
- 전부 운전실 → HCR 여자

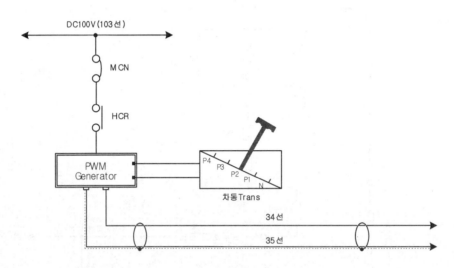

[그림 1-28] ADV전동차 추진요구값 발생

[그림 1-28]과 같이 주간제어기 선택위치에 따라 PWM 신호가 발생하여 34 · 35선을 통해 GCU장치에 입력된다. 주간제어기 선택위치에 따라 PWM신호 주파수는 변화되지 않고, 주파수 1주기의 ON 시간과 OFF 시간 중, ON 시간을 짧게 또는 길게 하는 방식으로 얼마만큼 추진하라는 추진요구값을 전달한다.

(4) 제동지령

제동체결 시 전기제동과 공기제동을 혼합 사용하므로 운전자가 제동제어기로 제동을 체결하면 제동지령선이 가압되고 그리고 얼마만큼 제동을 체결할 것인가 하는 제동요구 값은 3개 인통선(27, 28, 29선) 가압 또는 무가압 하는 방식으로 GCU장치에 전달되어 전기제동력을 제어한다.

여기에서는 제동지령선 가압 조건만 알아보고, 제동요구 값은 제동제어에서 설명한다. 제동지령선의 가압조건은 다음과 같다. [그림1-27] 참조.

▶ 제동지령선 ⇒ 10선 가압조건

- 주간제어기 회로차단기 정상상태 → MCN ON상태
- 전부 운전실 → HCR 여자
- 전기제동차단스위치 정상위치 → DBS ON상태
- 무가압 구간이 아닌 구간 → DSR(Dead Section Relay) 소자
- 전기제동 체결이 가능한 상태 → ELBR(전기제동계전기)여자

ELBR은 제동제어기 B1~B7위치 선택 시 비상제동 체결되지 않은 상태에서 여자하는 ELCR(전기제동차단계전기) 'a' 접점에 의해 여자 한다. 이러한 이유는 비상제동 체결 시에는 제동지령선을 무가압시켜 GCU장치에 제동지령을 입력하지 않는 방법으로 전기제동이 체결되지 않도록 하기 위해서이다.

4.4. 추진제어장치(GCU)

(1) 개 요

4호선 ADV전동차 추진제어장치인 GCU장치는 M차 하부에 장착되어 있는 C/I 박스 내에 설치되어 있다.

GCU장치는 외부에 데이터를 입력받아 이를 중앙처리장치에서 연산하여 출력하는 장치로서 여러 가지 기능이 있지만 인버터 GTO 게이트(Gate) ON/OFF가 주된 기능이기 때문에 추진제어장치(Gate Control Unit)라고 하여 약어로 GCU라 한다.

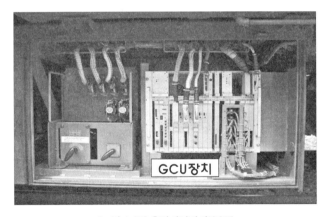

[그림 1-29] 추진제어장치(GCU)

이러한 GCU장치는 중앙처리장치의 기능을 여러 개의 칩 속에 집적시켜 연산 및 제어를 실행할 수 있도록 한 소형의 전자소자인 마이크로 프로세서(Micro Processor)이다.

⑵ GCU장치 기동

GCU장치는 전자기기이므로 전원이 공급되어야 작동되므로 직류모선(DC100V) 전원을 공급받아 자체 전원공급장치인(Power Supply 1 · 2)에서 아래와 같이 변환하여 사용한다.

- PS1 : DC100V → DC24V · AC 26.5V, 400Hz
- PS2 : DC100V → AC 26.5V, 400Hz

그리고 GCU장치에 직류 모선(DC100V) 전원공급은 전차선 급전상태에서만 가능하도록 회로가 설계되어 있다. 이러한 이유는 전차선의 정전상태에서는 GCU장치가 기능수행을 할 필요가 없기 때문에 전차선 정전중에는 전동차에 적재된 배터리에 충전이 불가하므로 GCU장치와 연결된 직류모선 전원을 차단하여 축전지 전압을 보호를 위해서이다.

GCU장치 전원공급 시퀀스(Sequence) 과정은 다음과 같다.

- 전차선 전원 급전상태(ACVRTR 또는 ACVRTR 여자)에서,
  → 가선정전시한계전지(CITR) 여자 : 120초 완방계전기
  → GCU부하접촉기(LCK) 코일 여자
  → 직류모선 100V → GCU입력 / PS1, PS2 입력측 전원공급

전원공급으로 GCU장치가 가동을 시작하면 TGIS 등 주변 장치들과 통신을 하므로 운전자가 운전실에 설치된 TGIS 화면을 통해 주회로 기기의 작동 상태 및 고장유무 등을 파악할 수 있다.

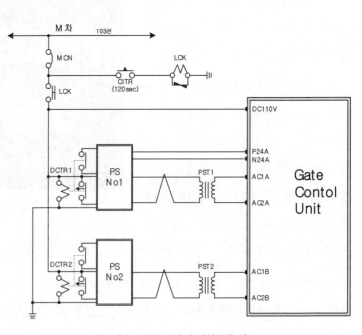

[그림 1-30] GCU장치 전원공급 회로

(3) 기 능

4호선 ADV전동차의 추진제어장치인 GCU장치는 다음과 같은 기능을 담당한다.

- 차단기 및 접촉기 제어
- MT상태 감시
- 컨버터/인버터(Converter/Invertor) 제어 및 감시
- 주회로 보호제어
- 주변장치 통신

① 차단기 및 접촉기 제어

- 교류구간 : AK, K1, K2 투입 및 차단 제어
- 직류구간 : HB1 · HB2, LS 투입 및 차단 제어

② MT상태 감시

- MT 2차측 과전류 감시 : MCBOR여자 → MCB 사고차단 수행
- MT 내부 과온 상태 감시 : MT 온도 95±2℃ 이상
- FL(Filter Reactor)용 Blower Motor 전원 정상공급 여부

③ 컨버터/인버터 제어 및 감시

- 견인전동기 회전력(수) 제어
- 견인전동기 회전방향 제어
- 회생제동 제어
- 회생제동 유효상태 감시(Current Detection Relay 여자)
- 컨버터 온도 감시
- 인버터 온도 감시

④ 주회로 보호제어

- 과전압보호 사이리스터 제어
- 주회로 개방계전기(Open Relay) 제어

⑤ 주변장치 통신

- 제동제어장치와 통신
- TGIS와 통신

(4) 입력 데이터 및 주변장치

GCU장치가 각종 접촉기 및 인버터 등을 정상적으로 정확하게 제어하기 위해서는 다음과 같은 데이터가 입력되고, 주변장치들과 통신한다.

① 운전자 기기취급 데이터

- Direction Controller 선택위치 → F(전진, 4선), R(후진, 5선)
- Master Controller 추진위치 → P(추진지령, 11선)
- Master Controller 추진위치 → PWM(추진요구 값, 34선, 35선)
- Brake Controller 제동위치 → ELB(제동지령, 10선)
- Brake Controller 제동위치 → 제동1~7Step(제동요구값, 27선, 28선, 29선)
- Zero Notch Test Switch 취급 : ZNTS(시험유무, 36선)
- Reset 취급 : Reset(취급유무, 6선)

이렇게 입력되는 운전자의 기기취급 데이터와 주회로 상태 등 정보를 바탕으로 교류구간에서는 AK, K1·K2를 직류구간에서는 HB1·HB2, LS 및 C/I GTO 구동(ON/OFF)을 제어한다.

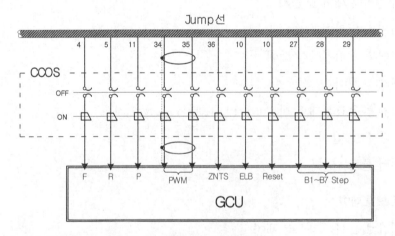

[그림 1-31] GCU장치 입력정보

② 주회로 기기 동작상태 및 정상여부

- 전차선 급전상태 : AC Catenary, DC Catenary
- ADCm 위치 : AC Area(교류구간), DC Area(직류구간)

- 주회로 차단기 및 접촉기 상태 : HB Close, LS Close,

  K1 · K2 Close, AK Close, MCB Close
- 주변압기 과온상태(MTTHR여자) : MTTHR Fault
- FLBMN 차단(FLBMR여자) : FLBMR Fault
- MCBR1 상태(MCBR1여자) : MCB Release

위와 같이 입력되는 데이터를 바탕으로 운전자의 기기취급 데이터를 연산하여 인버터, 컨버터, 주회로 기기의 제어지령을 출력한다.

③ 컨버터 및 인버터 과온 검출

- 인버터 과온(80℃)검출(TH1여자) : Thermal Fault Inv
- 컨버터1 과온(80℃)검출(THC1여자) : Thermal Fault Conv1
- 컨버터2 과온검출(THC2여자) : Thermal Fault Conv2

각각의 온도가 80℃ 이상이면 GTO 구동을 정지하고 HB1 · HB2 또는 K1 · K2를 차단한다.

④ 주회로 전류 · 전압

주회로에 설치된 각종 센서로 주회로의 전압의 세기와 전류값 및 견인전동기에 공급되는 3상전류의 균형상태 등을 검지하여 다음과 같이 C/I제어를 한다.

- DCPT : 주회로의 전압검지 설정치 이상 OVCRf ON 방전
- DCCT : 주회로의 전류검지 설정치(2500A)

  - AC구간 : MCBOR여자 → MCBOR1여자 → MCB 사고차단

  - DC구간 : HBR소자 → HB1 · 2 차단
- ACCT1 · 2 : 컨버터1 · 2 전류값 측정
- CTU · CTV · CTW : 주전동기 전원공급 3상 전류값을 측정

  → 1차 : 3상 전류값 불균형 발생 시 인버터 GTO 구동정지

  → 2차 : MCB 차단 또는 HB1 · HB2 차단

           교류구간에서는 AK, K1 · K2 투입 중지
- PG1 ~ 4 : 주전동기 회전수 검지 공전, 활주제어 반영

⑤ **주변장치**

- TGIS : 주회로 기기상태 정보 제공
- 제동제어장치(ECU) M차, T차 : 혼합제동(회생+공기제동) 제어

⑥ **개방계전기(OPR)**

교류구간에서 MCB 사고차단, K1 · 2 차단 또는 직류구간에서 HB1 · 2 차단되는 보호회로 동작 시 GCU장치는 OPR를 여자시킨다. OPR이 여자되면, [그림 1-32]와 같이 운전실에 중고장 표시등(THFL, Train Heavy Fault Lamp)과 차측등이 점등된다.

그리고 운전자가 차량개방스위치(VCOS)를 취급하면 CCOSR(C/I Cut Out Switch Relay)를 여자시켜 CCOS가 OFF를 절환되어 차량이 개방될 수 있도록 회로를 구성해준다. 만약 VCOS 취급으로 CCOS가 OFF된 경우, 다시 복귀되기 위해서는 수동으로 CCOS를 ON 취급하여야만 복귀된다.

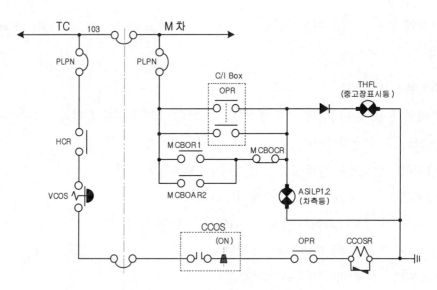

[그림1-32] 개방계전기 역할 및 차량 개방 회로

4.5. 교류구간 주회로 제어

(1) 개 요

컨버터는 C/I 박스 내에 장착되어 있는 GCU장치가 제어한다. GCU장치는 컨버터 · 인버터

등을 제어하기 위해서 역전기 위치·추진·제동 및 요구값·MCB 투입 및 제어상태·전차선
전원상태·교직절환기 위치 등 각종 정보를 입력받아 이를 연산 제어한다.

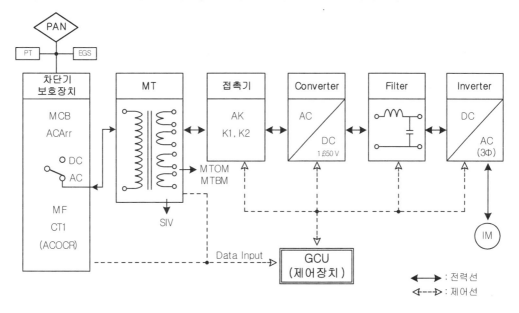

[그림 1-33] 교류구간 제어 블록도

(2) 제어절차

운전자가 추진 또는 제동을 취급하면 해당 신호가 GCU장치에 입력되므로 GCU장치에서는
컨버터에 전원을 공급하기 위해서 다음 순서에 의하여 교류 접촉기를 제어한다.

▶ 교류구간에서 접촉기 제어순서

① 운전자 추진 취급 또는 전기제동 신호 GCU에 입력

② GCU에서 AK 투입지령 출력(AKR여자)

③ AK 투입

④ 충전저항기(CHRe2)를 통해 CF(Fiter Capacitor)에 충전

⑤ GCU에 CF 충전전압 입력 → 설정치 이상 확인

⑥ GCU에서 K1·K2 투입지령 출력(K1R·K2R 여자)

⑦ K1R여자로(AK 투입중인 상태) → K1 투입

　　K2R여자로(AK 투입중인 상태) → K2 투입 컨버터 전원공급 개시

⑧ GCU에서 AK 투입지령 출력 차단(AKR소자)

⑨ AKR 소자로 AK 차단

⑩ AK가 차단되어도 K1 · K2는 자기유지접점으로 투입상태를 유지

이와 같이 먼저 AK를 투입하는 것은 충전저항기를 통하여 입력전원을 감류시켜 CF에 충전한 다음에 K1 · K2 투입하여야만 K1 · K2 투입할 때 아크 발생을 억제하고 돌입전류 등에 의해 주회로 기기를 보호할 수 있기 때문이다. 즉, 충전저항기(CHRe2)와 CF는 돌입전류에 대한 완충역할을 한다. 그리고 컨버터를 정지할 때에는 GCU장치에 입력되는 각종 정보를 연산하여 컨버터에서 직류전기의 출력이 필요 없을 때에 GCU장치에서 K1R · K2R를 소자시켜 K1 · K2를 차단하여 컨버터의 입력전원을 차단한다.

4.6. 직류구간 주회로 제어

(1) 개 요

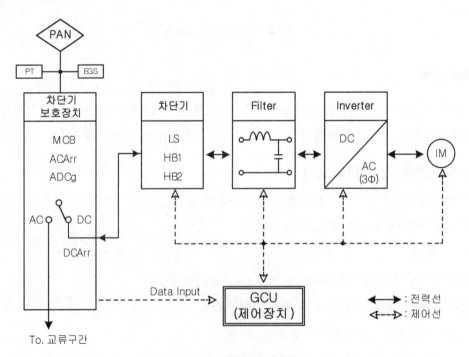

[그림 1-34] 직류구간 제어 블록도

ADV전동차가 직류구간을 운행할 때 직류측 주회로 라인에서 동작하는 기기의 구조, 기능

및 제어과정에 대하여 설명한다. [그림 1-34]와 같이 직류구간에서 주회로를 구성하는 각종 접촉기와 인버터는 GCU장치가 제어한다.

(2) **고속도차단기**(HB1·HB2, High Circuit Breaker)

직류구간에서 주회로를 구성 및 차단하고 필요시 사고차단을 담당하며 M차 하부에 설치된 LB 박스 내부에 장착되어 있다. 주회로에 HB1·HB2 두 개의 차단기가 직렬로 설치되어 있는데 이는 주회로를 확실하게 차단하기 위해서이다. 그리고 투입과 차단 동작은 다음과 같이 GCU장치에 의해 제어되며 동작원은 압축공기를 사용한다.
- 투입 : MASCON 추진 또는 제동 취급 시
- 정상차단 : 추진 또는 제동 Off시, GCU에 보호검지 시
- 사고차단 : 주회로에 1,200A 이상 과전류 검지 시

(3) **주회로스위치**(Line Switch) **제어**

주회로스위치(LS)는 M차 하부에 설치된 LB 박스 내부에 장착되어 있고, 직류구간에서 주회로를 구성할 때 주회로에 감류충전 역할을 담당하며 단순히 스위치 기능만 가지고 있다. 주회로 접촉과 차단 작동은 GCU장치에 의해 제어되며 먼저 HB1·HB2 투입된 다음 LS와 병렬로 설치된 충전저항기(CHRe1)를 통해 감류충전을 한 다음 FC에 일정 전압이 충전되고 나면 GCU 장치의 지령에 의해 LS가 투입되어 충전저항기(CHRe1)를 단락한다.

(4) HB1·HB2 **및** LS **투입순서**

직류구간에서 주회로를 구성하는 접촉기는 GCU장치의 지령에 의하여 다음 순서에 의하여 제어된다.

▶ **직류구간 접촉기 제어순서**
① 운전자 역행 또는 전기제동 신호 GCU에 입력
② GCU에서 HB1·HB2 투입 지령 출력(HBR여자)
③ HB1·HB2 투입
④ LS와 병렬 연결된 충전저항기를 통해 CF에 감류충전

⑤ CF에 충전전압 GCU에 입력 → 설정치 이상 확인

⑥ GCU에서 LS 투입지령(LSWR 여자)

⑦ LSWR 여자, HB1 · HB2 투입 → LS 투입으로 인버터에 전원공급이 개시된다.

이와 같이 HB1 · HB2 투입 후 충전저항기를 거쳐 CF에 충전한 다음에 LS를 투입하여 충전저항기를 단락하는 것은 HB1 · HB2를 투입할 때 HB1 · HB2 자체를 보호하고 돌입 전류에 의한 주회로 기기를 보호하기 위해서이다.

그리고 인버터를 정지할 때에는 GCU장치에 입력되는 정보를 바탕으로 GCU장치에서 HBR을 소자시켜 HB1 · HB2 차단하면 LS가 차단된다.

4.7. 인버터 제어

(1) 개 요

인버터는 운전자 또는 ATO의 추진지령과 제동지령에 따라 제어장치인 GCU장치에 의해 제어되며, 인버터에서 출력되는 3상 교류전력의 전압 및 주파수 제어는 다음과 같이 이루어진다. 서울지하철 4호선을 운행하는 ADV전동차의 인버터 입출력 전압 및 주파수는 다음과 같다.

구 분	입력	출 력	
		전압	주파수
AC구간	DC1,650V	0~1,250V(3Φ)	0~160Hz
DC구간	DC1,650V	0~1,100V(3Φ)	

(2) 추진제어(속도 및 회전력 제어)

GCU장치가 인버터의 GTO ON/OFF 제어로 직류를 교류전원으로 가변전압(Variable Voltage), 가변주파수(Variable Frequency) 형태로 변환하여 견인전동기에 공급하여 속도 및 회전력을 제어한다.

▶ Chopping 제어 ··· Variable Voltage

인버터 각 암(Arm)에 있는 GTO(또는 IGBT) 소자의 ON/OFF 시간 조절로 펄스폭을 변경하여 출력전압을 제어하는 것으로 ON의 펄스폭을 크게 하면 평균전압이 커지고, 작게 하면 평균

전압이 작아진다.

▶ Switching 제어 ··· Variable Frequency

인버터의 각 Arm에 있는 GTO(또는 IGBT) 소자의 ON/OFF 주기를 조절하여 출력주파수를
제어하는 것으로 출력 주파수를 변화시킬 수 있다.

[그림 1-35]와 같이 GTO(또는 IGBT) 소자를 6개의 스위치로 나타내면 항상 3개의 스위치를
ON 시키면서 3상 교류전압을 만들고, 3상 교류의 주파수는 스위치의 ON/OFF 주기속도를 가
변시켜 제어하며, 교류전압의 가감은 스위치의 ON 시간을 가변 제어한다.

그리고 직류전원을 인버터 회로에 가압하여 스위칭을 [그림 1-36]과 같이 일정의 순서로
ON/OFF하면 계자코일 U, V, W는
일정한 순서로 전류의 크기와 전
류의 방향이 변화한다.

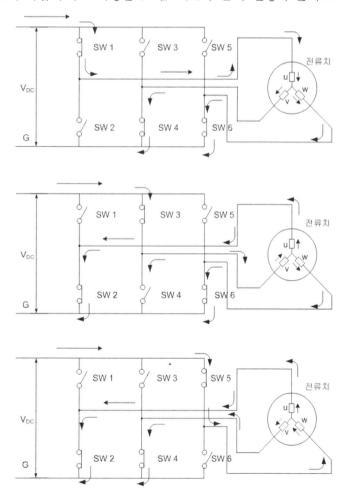

이것을 조금 더 구체적으로 U
상, V상을 예로 설명한다. U-G간
의 전압변화를 보면 반사이클 동
안 스위치 1을 1회마다의 통전시
간(GTO 의 ON, OFF시간)을 0부터
단계적으로 크게 하여 최대치를
갖도록 하고, 단계적으로 작게 하
여 0으로 줄이면 펄스상의 전압이
발생하여 이 평균 실효전압은 교
류 사인파 곡선으로 된다.

이 U상의 전압에 대하여 V상 W
상은 각각 120°의 각도차를 갖고
동일 펄스모양의 전압이 발생하고
교류전압의 사인곡선을 그린다.
U-V상을 예로하면 U상에 대하여

[그림 1-35] 스위치 ON, OFF에 의한 전류 흐름도

V상의 모양은 120°의 위상차가 있고 따라서 U-V상 사이의 전압의 파형은 그 차이가 나고 평균 실효전압은 교류의 사인곡선이 된다.

ON Switch	① 6 ④	① 6 ③	2 6 ③	2 ⑤ ③	2 ⑤ ③	① ⑤ 4	① 6 4	① 6 ③	2 6 ③	2 ⑤ ③	2 ⑤ 4	① ⑤ 4
U상전압	▨	▨				▨	▨	▨				▨
V상전압	▨	▨						▨	▨	▨		
W상전압			▨	▨	▨				▨	▨	▨	

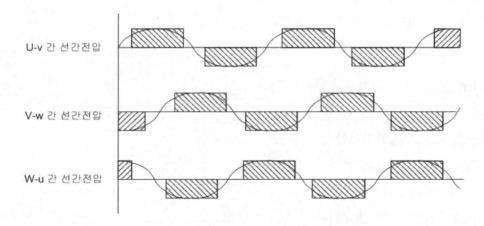

[그림 1-36] GTO(IGBT 동작순서 및 3상 선간 전압 · 전류

따라서 전동기 고정자(Stator)에 교류 3상전원이 공급되므로 회전자장을 형성하고, 이 회전자장에 의하여 회전자(Rotor)에 기전력이 발생하여 회전자장과 같은 방향으로 로터가 회전하고, 회전하는 로터에 차축이 연결되어 있으므로 전동차가 움직인다.

제5절 전동차 기동제어

본 절에서는 전동차가 움직이기 위해서 직류모선 가압하고, 운전실을 선택한 다음, 집전기를 상승시켜 주차단기를 투입하여 전차선으로부터 전원을 공급받아 보조전원장치에서 전력을 변환하여 각종 기기에 전원으로 공급하기까지의 과정에 대하여 해당 제어회로를 바탕으로 설명한다.

5.1. 제어일반

기동제어에 대한 학습을 하기 위해서는 각종 기기에 대한 제어회로를 이해하여야 한다. 따라서 각종 제어회로를 쉽게 이해할 수 있도록 먼저 제어회로 기초지식에 대하여 설명한다.

5.1.1. 제어기초

(1) 개 요

제어(Control)란 기계 · 전기 · 기구 · 장치 · 설비 등의 출력이 원하는 응답으로 동작하도록 조작을 가하는 것이다. 제어는 제어방식, 제어형태, 제어결과 등에 따라 다양하게 분류하고 있으나 대표적인 제어방식에 따라 분류하면 다음과 같이 구분할 수 있다.

① **수동제어**(Manual Control)

제어동작이 인간의 판단과 조작에 의한 제어

② **자동제어**(Automatic Control)

제어동작이 순수하게 센서 등에 의해 기계에 의한 제어

(2) 자동제어

전동차에는 많은 기기들이 여러 차량에 분산되어 있기 때문에 대부분의 기기는 운전자가 해당 스위치를 조작하면 자동적으로 동작되는 자동제어 방식으로 제어된다. 이러한 자동제어는 전기회로 또는 마이크로 프로세서(Microprocessor)를 활용하여 제어 한다.

전기회로를 이용한 자동제어는 계전기의 연동접점, 압력스위치 접점 등을 활용하여 조건이 만족되었을 때 해당 접점이 제어회로를 폐회로 구성해줌으로서, **전자접촉기**(Electronic Magnetic Contactor) 또는 **전자밸브**(Electro Magnetic Valve)를 여자시켜 전자력에 의해 제어대상 기기에 전원을 공급하거나, 공기통로를 제어하여 제어대상 기기가 작동하도록 하고 있다.

마이크로 프로세서를 활용한 자동제어는 제어에 반영하는 여러 가지 조건의 데이터를 입력받고, 제어명령이 입력되면 이를 연산하여 제어명령에 해당하는 지령을 출력하여 전자접촉기 또는 전자밸브의 작용코일 등을 전원이 공급되도록 회로를 구성해 줌에 따라 제어대상 기기를 작동하도록 제어를 한다.

(3) 소자 및 여자

자동제어에 활용되는 계전기·전자접촉기·전자밸브 등의 작동원은 전자력이다. 이들 기기에는 작용코일이 철심에 감겨 있으며 작용코일에 전원이 공급되면 전자력이 발생된다. 따라서 작용코일에 전원이 공급되면 여자 상태이고, 전원이 차단되면 소자상태이다.

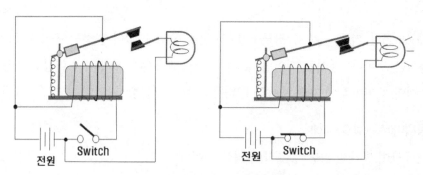

[그림 1-37] 계전기 소자, 여자 이해도

- 여자(勵磁) : 작용코일에 전원공급으로 자력이 발생하여 제어를 하고자 하는 작동을 하는 상태
- 소자(消磁) : 작용코일에 전원차단으로 자력이 소멸되어 제어를 하고자 하는 작동을 하는 상태

5.1.2. 원격제어

(1) 개 요

전동차의 경우 차량마다 동일한 기기들이 분산 설치되어 있으므로 이들 기기는 운전실에서 원격제어(또는 집중제어)한다. 전동차에서 원격제어는 다음과 같은 두 가지 제어방식을 활용하고 있다.

- Relay Interface 제어
- Data Communication 제어

(2) Relay Interface 제어

원격제어가 실행되기 위해서는 연결된 모든 차량에 전기선을 깔아 놓고, 이 전기선에 전원을 가압하거나 또는 무가압 상태로 하는 방식으로 해당 기기를 제어하는 신호(제어명령)를 전달한다. 철도에서는 이렇게 전 차량에 배선된 전기선을 「**인통선**(引通線)」이라 한다. 인통선 전원의 ON·OFF 방식으로 제어명령을 전달하는 과정을 살펴보면 다음 절차와 같다.

① 운전자가 A기기를 동작시키는 해당 스위치를 누른다.

② A에 해당하는 계전기가 여자 된다.

③ A계전기의 접점에 의해서 A인통선에 전원공급 회로가 구성되어 전원이 공급된다.

④ A인통선에 전원이 공급되면 A기기 작동 제어명령이 연결된 모든 차량에 전달된다.

⑤ 차량마다 A기기를 작동시키는 회로구성으로 A기기가 작동한다.

여기서 각 차량별로 필요시 A기기 작동에 필요한 조건들을 추가로 반영하도록 제어회로 구성할 수 있다.

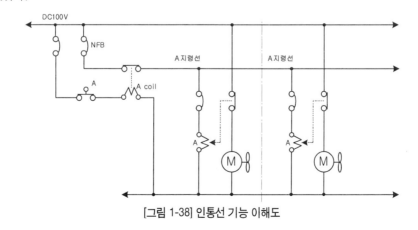

[그림 1-38] 인통선 기능 이해도

[그림 1-38]과 같이 계전기 접점을 활용하여 해당 인통선 전원을 ON · OFF하여 제어명령을 전달하는 제어방식을 릴레이 인터페이스제어라 하며 다음과 같은 특징이 있다.

▶ Relay Interface 제어 특징

- 제어명령의 독립성 유지로 정확한 명령전달이 가능하고, 고장발생시 추적이 용이하다.
- 계전기를 많이 사용하므로 유지보수 기회가 많이 발생한다.
- 전력소모가 많고 공간을 차지한다.

(3) Data Communication 제어

각종 기기의 제어에 컴퓨터를 활용하는 전동차의 경우 제어명령 전달을 인통선을 사용하지 않고 컴퓨터간 통신에 의하여 전달하며, 그 절차는 다음과 같다.

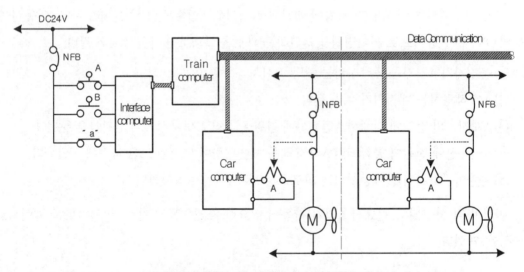

[그림 1-39] Data Communication 제어 이해도

① 운전자가 A기기를 작동시키는 해당 스위치를 누른다.
② A기기 작동에 해당하는 신호가 컴퓨터에 입력된다.
③ 컴퓨터에서는 A기기 작동 지령조건을 연산하여 이상이 없으면 A기기 작동지령 신호를 출력한다.
④ 전동차 내부 통신망(IVDC)을 통해 연결된 모든 차량의 컴퓨터에 A기기 작동 지령 신호가 입력된다.

⑤ 차량마다 컴퓨터에서 A기기 작동신호를 출력하여 A기기를 작동시킨다.

[그림 1-39]와 같이 컴퓨터를 활용하여 차량 간 내부통신으로 제어명령을 전달하는 방식을 Data Communication제어라 하며 다음과 같은 특징이 있다.

▶ **Data Communication 제어 특징**

- 다양한 제어명령을 용이하게 전달할 수 있다.
- 제어명령 발생 및 출력에 다양한 조건 포함이 용이하다.
- 피드백(Feedback) 기능 및 감시 기능 구사가 용이하다.
- 유지보수 기회가 적고, 전력소모가 적어 경제적이다.
- 릴레이 인터페이스 방식에 비하여 제어명령 전달 신뢰성 낮다.

최근 제작되는 전동차에는 컴퓨터가 많이 장착되어 있다. 따라서 대부분의 제어명령 전달 방식이 Data Communication 제어 방식으로 변화되고 있는 추세이다. 그러나 열차운행에 중요한 영향을 미치는 중요기기에 대한 제어명령은 독립성 및 신뢰성 확보가 필수적이므로 Relay Interface 제어 방식을 사용하고 있다.

아래 [그림 1-40]은 원격제어 개념에 대한 이해를 돕기 위해서 컴퓨터로 제어하는 서울지하철 7호선 전동차의 통신망 구성도이다. 참고하기 바란다.

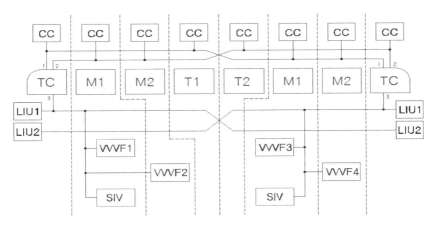

· TC(Train Computer) : 전동차 전체시스템 제어 및 감시 컴퓨터
· CC(Car Computer) : 해당차량 장착된 기기제어 및 감시 컴퓨터
· LIU(Local Interface Unit) : 운전자와 Computer와 인터페이스 담당

[그림 1-40] 원격제어 계통도

5.1.3. 회로도

(1) 개 요

물이 관을 따라 계속 순환하려면 관이 서로 이어져 있어야 하듯이 전기기기가 계속 작동하기 위해서는 전류가 계속 흐를 수 있도록 도선이 서로 연결되어 있어야 한다. 이와 같이 도선이 서로 연결되어 전류가 흐를 수 있는 것을 **전기회로**라 한다.

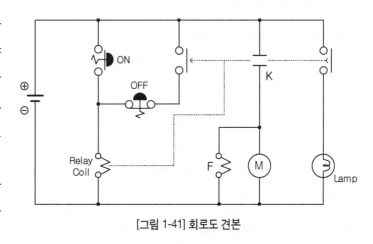

[그림 1-41] 회로도 견본

전기회로에는 각종 기기들이 설치되어 있고 또한 해당 기기를 작용시키는 작용 코일까지 전기가 공급되는 과정에는 여러 가지 조건들을 포함하고 있다. 이러한 전기회로와 각종 기기들의 구성과 조건들을 모든 사람들이 공유할 수 있도록 지정된 간단한 기호 등으로 나타내고 이것을 선으로 연결하여 나타낸 그림을 **전기회로도**라고 한다.

(2) 기기별 기능 및 회로도 표시기준

전동차의 각종 기기를 원격제어 하기 때문에 제어에 필요한 다양한 종류의 부품이 사용된다. 따라서 회로도 이해에 필요한 부품의 기능과 해당 부품에 대하여 회로도에 표시하는 기호를 설명한다.

① **회로차단기**(No Fuse Breaker)

시스템 설계 원칙 중 페일 소프트(Fail Soft) 원칙이 있다. 이 원칙은 시스템을 설계함에 있어 한 부분의 고장발생이 전체로 확산되지 않도록 설계하는 원칙이다. 전동차에도 이러한 페일 소프트 원칙이 반영되어 있다. 따라서 각종기기 구동 및 제어회로에 고장이 발생하였을 경우 전체로 확산되지 않도록 기능별로 세분하여 수많은 회로로 나누어 설계되어 있다. 그리고 기본적으로 모든 전기회로에는 과전류로부터 보호를 목적으로 입력 측에 퓨즈를 설치하여야 하는데 전동차 제어회로에 퓨즈를 설치하였을 경우에 만약 용손 된다면 신속한 응급조치가 불가하다.

따라서 전동차에는 제어회로에 고장이 확산되지 않도록 기능별 구분된 각각의 회로마다 퓨즈 대용으로 회로차단기(No Fuse Breaker)를 사용하고 있어 분전함 내에 수많은 회로차단기가 설치되어 있고, 이러한 회로차단기의 형상 및 회로도에서 표시하는 기호는 다음과 같다.

NFB	표시기호
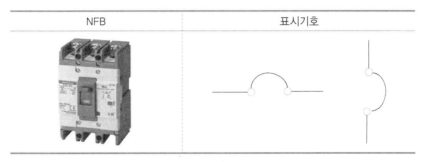	

[그림 1-42] 회로차단기

회로차단기는 해당회로에 과전류가 유입되었을 때, 열에 의해서 차단되도록 바이메탈을 이용한 형식과 전자력에 의해서 차단되는 형식 등 2가지 종류가 있다. 구조가 [그림 1-42]와 같이 상하로 ON · OFF 할 수 있는 스위치 형태이기 때문에 과전류 유입으로 트립(Trip) 시에 복귀가 용이하고, 손잡이로 회로를 개폐할 수 있는 장점이 있다.

② **계전기**(Relay)

계전기는 전자력에 의해 동작된다. 코일에 전기를 공급하면 전자력이 발생하여 스프링 힘을 이기고 동작편을 잡아당겨 전기회로를 구성하고 또는 차단하는 스위치의 일종으로서 동작편에 붙어 있는 접점을 활용하여 회로 구성조건 또는 인통선 가압조건 등으로 사용된다. 이러한 계전기는 작용코일과 접점부로 나누어지고 회로도에 기호로 표시할 때에는 [그림 1-43]처럼 작용코일, 접점을 나누어 표시한다.

작용Coil   접점

[그림 1-43] 회로도에서 계전기 표시기호

회로도에서 전원공급으로 계전기가 여자상태에서 회로를 연결하는 접점을 'a'접점, 전원차단으로 계전기가 소자상태에서 회로를 연결하는 접점을 'b'접점이라 한다.

계전기	"a" 접점, NO연동	"b" 접점, NC연동
	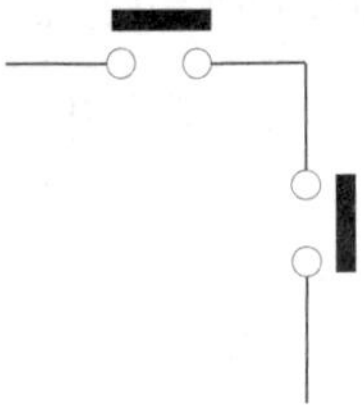	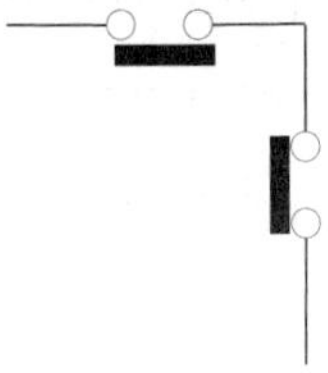
접점으로 전기회로를 구성·차단한다.	여자상태에서 회로를 구성한다.	소자상태에서 회로를 구성한다.

[그림 1-44] 계전기 접점(연동) 표시 기준

계전기의 'a' 접점과, 'b' 접점을 회로도에 표시할 때 전기가 공급되지 않는 상태를 표시하는 것을 원칙으로 하기 때문에 'a' 접점은 항상 회로가 개방되어 있는 접점이므로, NO연동(Normal Open)이라 하고, 'b' 접점은 항상 회로가 닫혀 있는 접점이므로 NC연동(Normal Close)이라고 한다. 회로도에는 [그림 1-44]와 같이 표시한다.

③ **전자접촉기**(Electro Magnetic Contactor)

전자접촉기는 전자력으로 접점을 개폐하는 기구로서, 전동기 등의 동력부하 회로 등 필수적으로 사용된다.

전자접촉기	주접점 표기	보조접점 표기
	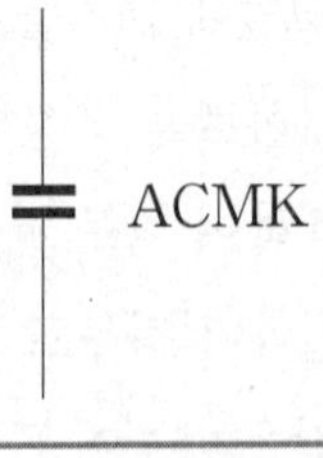 ACMK	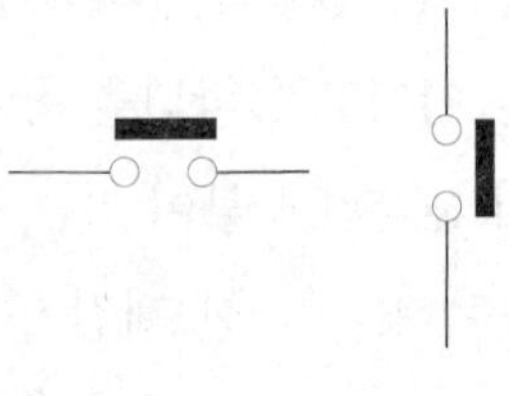

[그림 1-45] 접촉기 연동 표시

동작원리는 계전기와 같이 전자력에 의해 동작하며, 접점은 주접점과 보조접점으로 나뉘어져 있다. 주접점은 부하의 전원을 개폐하는 역할을 담당하고, 보조접점은 계전기와 동일하게 제어회로 등에 사용된다. 이러한 전자접촉기는 약어로 'K' 또는 'MC'로 표시하고 있다.

④ 각종 스위치

회로에는 자동제어를 하기 위해 많은 스위치가 활용되고 있으나 전동차에서 주로 많이 사용하는 스위치에 대하여 설명한다.

• 푸시버튼(Push Button)

푸시버튼은 누름 단추식 스위치로서 필요시 운전자가 손으로 누르면 회로를 구성하거나 차단하는 기기이다. 종류로는 한번 누르면 그 상태를 그대로 유지하는 유지형 푸시버튼과 누르고 있는 동안만 동작하는 복귀형 푸시버튼이 있다.

• 셀렉터 스위치(Selector Switch)

로터리 스위치(Rotary Switch)라고도 하며, 손잡이를 좌우 회전하여 ON/OFF하거나, 필요한 위치를 선택하는 스위치이다. 선택위치에 따라 회로 접점을 구성하고 차단하는 스위치로서 여러 개의 접점 중 1개의 접점을 선택하는 회로에 많이 사용하고 있다.

• 한계 스위치(Limit Switch)

어떤 기계장치가 일정한 한계위치나 상태에서 작동하여 회로 구성하거나 차단하는 스위치이다.

• 압력스위치(Pressure Switch)

명칭과 같이 설정된 압력이 되면 접점이 ON 또는 OFF되어 회로를 구성하거나 차단하는 스위치이다.

• 온도스위치(Temperature Switch)

온도가 설정치에 도달했을 때 동작하는 스위치로서 설정온도에 도달하면 접점이 ON 또는 OFF되어 회로를 구성하거나 차단하는 스위치이다.

| Push Button  | Selector Switch  | Limit Switch  | Pressure Switch  |

[그림 1-46] 각종 스위치

(3) 논리회로 기호

IC칩 등 반도체 소자를 사용하는 무접점 회로에서 신호처리 표시에 사용하는 논리회로 기호는 다음과 같다.

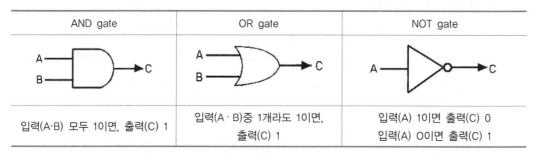

AND gate	OR gate	NOT gate
입력(A·B) 모두 1이면, 출력(C) 1	입력(A · B)중 1개라도 1이면, 출력(C) 1	입력(A) 1이면 출력(C) 0 입력(A) 0이면 출력(C) 1

[그림 1-47] 논리회로 기호

5.2. 전동차 기동순서

전동차의 기동순서는 차종에 따라 약간씩 차이가 있다. 차이가 발생하는 것은 마스터 컨트롤러 형식(Master Controller Type)이 One Handle 또는 Two Handle인지에 따라서 기기를 작동시키는 신호가 다르기 때문이며, 또한 일부 전동차의 경우 보조공기압축기의 구동스위치를 Pan상승 스위치와 함께 사용하도록 설계되어 있기 때문이다. 따라서 취급절차상 운전자의 취급사항만 조금 다를 뿐 기기의 작동순서는 동일하므로 서울지하철 4호선 운행중인 ADV전동차를 기준으로 기동순서를 살펴보면 다음과 같다.

▶ **서울지하철 4호선 ADV전동차 기동순서**

순서	취급사항	작 동 순 서(현상)
①	제동제어기 투입	→ 직류모선(103선) 가압
②	방향제어기 선택	→ 운전실 선택(전부TC차 HCR여자, 후부TC차 TCR여자)
③	ACMCS 취급	→ 기기 작동용 압축공기 생성(Pan상승, ADCg작동, MCB투입)
④	PanUS 취급	→ Pan 상승(ACVR/DCVR 여자)
⑤	(ADS 위치확인)MCBCS 취급	→ MCB 투입으로 주회로 구성(전차선 전압계 현시여부 확인)
⑥	자동으로	→ 보조기기적용계전기 여자(ADV차에 한함) → SIV 구동 : AC380V, 60Hz 생성 　- 주공기압축기 구동 　- AC220, 110V 전원 사용 가능 　- Battery충전(TR3 → 103선 가압)

⑥번 사항은 운전자가 취급하는 것이 아니고 제어회로에 의하여 자동으로 이루어진다. 이렇게 정상적으로 기동을 마치고 나면 AC전원을 사용하는 각종 등(燈)이 점등되고, 압축공기가 충기되기 시작한다.

5.3. 직류모선 가압제어

(1) 개 요

직류모선(103선, 일부 차종 19선)은 전동차의 각종 제어회로 및 제어용 컴퓨터에 전원을 공급하는 전원으로서 제어의 모태가 되는 인통선이다. 따라서 직류모선 가압제어는 전동차를 기동시키는 최초의 취급으로서 TC차 하부 등에 적재된 배터리 전원이 직류모선에 공급되도록 「축전지접촉기(BatK)」 투입을 제어하는 회로이다.

(2) 제어방법

직류모선을 가압시키는 방법은 차종별 주간제어기의 형식에 따라 다음과 같다.
- Two Handle Type : 제동제어기 핸들 삽입
- One Handle Type : 방향제어기(Direction Controller) 전진 또는 후진위치 선택

마스트 컨트롤러가 추진과 제동 취급용으로 구분된 Two Handle Type인 경우 운전취급절차상 운전자가 전동차 운전실을 떠날 때 제동제어기 핸들을 취거해서 떠나고, 전동차를 기동시킬 때는 제동을 풀기 위해서는 반드시 제동제어기 핸들을 삽입하여야 하므로 제동제어기 핸들을 투입하면 전동차를 기동하겠다는 행위로 보고 제동제어기 핸들을 삽입할 때 직류모선이 가압되도록 제어회로가 설계되어 있다.

그리고 주간제어기 1개로 추진 · 제동취급을 하는 One Handle Type인 경우 주간제어기가 운전제어대에 고정되어 있기 때문에 운전자가 방향제어기(또는 역전기)를 전진 또는 후진위치로 선택하였을 때 전동차를 기동하겠다는 행위로 보고 방향제어기 선택 시 직류모선이 가압되도록 제어회로가 설계되어 있다.

(3) 제어회로

직류모선 가압회로가 차종마다 약간씩 상이하다. 따라서 [그림 1-48]은 직류모선 가압회로의 기본개념을 설명하기 위해서 논리회로 기호를 표현한 이해도이다.

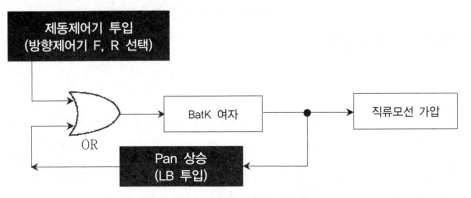

[그림 1-48] 직류모선 가압회로 이해도

즉, 직류모선에 BAT 전원이 공급되기 위해서는 최초로 제동제어기 핸들 투입(또는 방향제어기 전진·후진 위치 선택)하면 BatK가 투입되어 직류모선에 전원이 가압된다. 그리고 기동 후에는 Pan 상승(일부차종은 LB 투입)상태에서 제동제어기 핸들을 취거(방향제어기 중립위치)하여도 BatK가 여자상태를 유지하므로 직류모선은 가압상태를 유지한다.

이렇게 Pan 상승상태 또는 LB투입 상태에서 BatK가 투입상태를 유지하도록 회로가 설계되어 있는 것은 운행중 운전실 교환 등의 사유로 운전자가 제동제어기를 취거(방향제어기 중립위치)하여도 직류모선에 전원공급으로 기동상태를 유지하기 위해서이다.

한편 직류모선 가압 후 Pan 상승, 주차단기 투입, 보조전원장치 가동 순으로 전동차 기동이완료되고 나면, 직류모선의 전원공급은 보조전원장치에서 변환된 AC380V, 60Hz를 충전모듈에서 DC100V로 정류, 변압하여 공급하고 배터리에 충전된다.

[그림 1-49] 회로도는 4호선 ADV전동차 직류모선 가압회로이다.

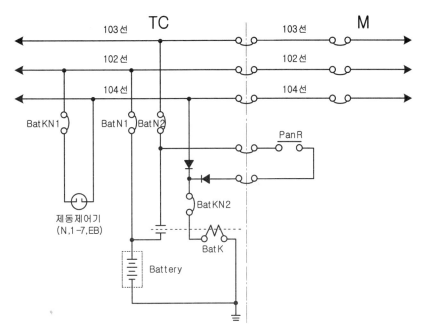

[그림 1-49] ADV전동차 직류모선 가압회로

5.4. 운전실 선택 제어

(1) 개 요

대부분의 전동차는 2량 이상의 차량을 조합하여 편성 단위로 운행한다. 그리고 종착역 도착 후, 반대방향 열차로 운행되어야 하므로 양쪽 끝단에 운전실이 구비되어 있다. 이렇게 전후부에 운전실이 2개가 있기 때문에 어느 한 쪽 운전실에서만 기기 제어가 가능하고, 인통선에 전원을 공급하는 일관성있는 제어가 되어야 한다. 일관성 있는 제어를 하기 위해서 전기회로를 활용하여 한 쪽 운전실을 전부 운전실(Master)로, 다른 쪽 운전실을 후부(Salve) 운전실로 결정하는 제어가 운전실 선택회로이다.

(2) 운전실 선택 절차

운전자가 제동제어기를 투입하면 해당 운전실에서 제어를 하겠다는 행위이므로 전·후부 운전실 선택이 결정된다.(One Handle Type인 경우 방향제어기 취급 운전실)

제동제어기를 취급한 운전실의 TC차는 HCR여자로 전부운전실로 결정되고, 반대편 TC차는 TCR여자로 후부 운전실로 결정된다.

- 전부 운전실 TC차 : HCR(Head Control Relay) 여자
- 후부 운전실 TC차 : TCR(Tail Control Relay) 여자

(3) 제어회로

4호선 ADV전동차 운전실 선택회로이다.

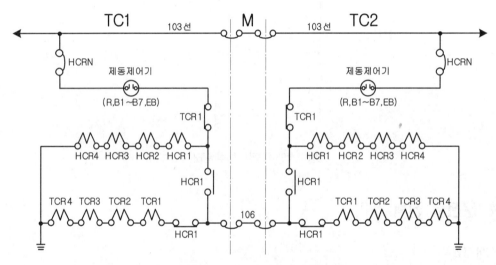

[그림 1-50] ADV전동차 운전실 선택 회로

참고로 무인운전을 하는 전동차의 경우 유인운전(有人運轉)을 하는 전동차와 같이 운전자가 방향제어기를 취급할 수 없기 때문에 방향제어기가 중립(Neutral)위치에 있어야만 무인모드가 유효하도록 설계되어 있다. 그러므로 무인모드에서 방향제어기의 취급으로 전부 또는 후부운전실을 결정할 수 없다.

따라서 무인운전을 하는 전동차는 운전실 선택이 필요한 정해진 장소에 한하여 지상 신호장치에서 「운전실 선택 신호」가 제공되면, 차상 ATC장치가 수신 받아 다음 순서로 전·후부 운전실이 선택된다.

① 열차가 정해진 위치에 도착(지상 ↔ 차상 간 통신 가능 장소)
② 차상에서 TB(Train Berth)정보송출 → 지상신호장치 수신

③ 지상신호장치 TB정보 수신 후 → Key-Up 신호 송출

④ 차상 ATC장치 Key-Up 신호 수신되면 Key-Up 릴레이 여자 또는 Key-Up 신호 처리

⑤ KUR 'a' 접점에 의해 해당 TC차 HCR 여자

⑥ HCR 'a' 접점에 의해 반대편 TC차 TCR 여자

5.5. 보조공기압축기 제어

(1) 개 요

보조공기압축기(Auxiliary Compressor Motor)는 전동차가 최초로 기동되기 위해서는 집전기, 교직절환기, 주차단기 작동에 필요한 압축공기를 생성하는 공기압축기이다. 이러한 역할을 하는 보조공기압축기는 집전기가 장착된 차량 객실 내 의자 밑에 설치되어 있으며 직류모선 전원으로 구동된다.

참고로 2011년 하반기 철도기술연구원에 시범 제작한 차세대 전동차에는 주회로 기기의 작동원에서 압축공기를 사용하지 않고 전자력으로 사용하도록 설계되어 있어 ACM이 장착되어 있지 않다.

(2) ACM 제원

- 전동기 : 직류직권전동기 / DC 80V
- 정 격 : 10분
- 압축기 : 수직형 단 실린더 / 공냉식
- ACM-G (governor) 설정
  - ON : 6.5kg/cm² 이하
  - OFF : 7.5kg/cm² 이상

(3) ACM 구동 제어회로

제어회로의 이해를 돕기 위해 ACM 구동 제어회로를 논리회로 기호로 표현하면 다음과 같다.

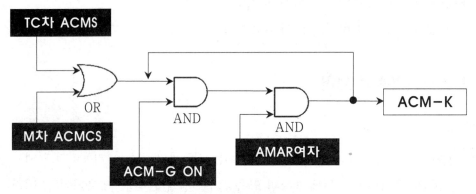

[그림 1-51] ACM구동 제어회로 이해도

운전자가 전·후 운전실 또는 ACM이 설치된 M차 분전함 내에 설치된 보조공기압축기제어스위치(ACMCS)를 누르면 ACM구동접촉기(ACM-K) 코일이 여자되어 구동을 개시하고, 일단 구동이 되면 자기유지회로를 통해서 계속 구동하다가 압축공기 압력이 설정값에 도달하면 공기압력스위치인 ACM-G에 의해서 자동으로 정지된다.

ACM 구동제어는 어느 곳에서든지 한번만 ACMCS누르면 구동되고 구동을 개시한 다음부터는 각각의 ACM별로 ACM-G에 의해서 구동되고 정지된다. 그리고 ACM이 편성 중 어느 한 개라도 구동 중이면 ACMCS 자체에 Lamp가 점등되어 구동중임을 표시해준다.

이렇게 ACM이 구동으로 생성된 압축공기에 의해 Pan 상승, 교직절환기 위치 확정, 주차단기 투입으로 보조전원장치 가동 순으로 전동차 기동이 완료되면, 보조전원장치에서 출력되는 전원(AC 380V, 60Hz)으로 구동되는 대용량의 주공기압축기(Main Compressor Motor)가 구동되어 압축공기를 생성하여 각 장치에 공급된다. 따라서 주공기압축기가 구동되면 ACM-G가 설치된 공기관의 압력이 6.5kg/㎠ 이하로 떨어지지 않기 때문에 ACM은 구동되지 않는다.

그러나 운행중 전차선 단전 등으로 공기압축기가 오랜 시간동안 구동되지 않거나 주공기관이 파열되는 경우에는 ACM-G가 설치된 공기관의 압력이 6.5kg/㎠ 이하로 떨어지므로 ACM이 구동되는 경우가 발생할 수 있다. 만약 이렇게 전동차 기동 후 ACM-G에 의하여 자동으로 ACM이 구동된다면, ACM은 직류모선 전원을 사용하기 때문에 전차선 단전 시에 배터리 과방전으로 전차선 급전 후 기동이 불가한 상황이 발생할 수 있고, 또한 ACM의 정격(약 10분)을 초과하는 구동이 되면 ACM이 소손될 수 있다.

따라서 이러한 현상이 발생하지 않도록 ACM-K 자기유지회로에 보조기기적용계전기(AMAR)의 여자조건을 활용하여 보조전원장치가 정상 구동중일 때는 ACM-K가 여자되지 않도록 회로가 설계되어 있다. 결과적으로 ACM은 최초 기동 시 한번 구동되고, MCB 투입 후에는 구동이 정지하도록 설계되어 있다.

[그림 1-52]는 4호선 ADV전동차 ACM 구동제어회로이다. 참고하기 바란다.

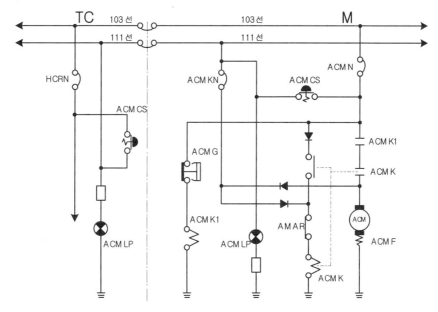

[그림 1-52] ADV전동차 ACM 구동 제어회로

5.6. 보조기기적용계전기

(1) 개 요

보조기기적용계전기(AMAR, Auxiliary Machine Applicable Relay)는 주차단기(MCB)가 투입된 다음에 보조전원장치를(SIV)를 기동하고, ACM 구동제어회로를 차단하는 기능을 담당한다.

(2) 회 로

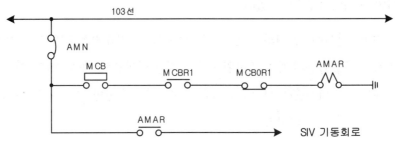

[그림 1-53] ADV전동차 AMAR 여자회로

AMAR은 주차단기가 정상적으로 투입되면 여자한다. 이러한 이유는 주차단기가 투입되어 야만 보조전원장치인 SIV 입력 측에 전원이 공급될 수 있기 때문이다.

또한 SIV가 구동되면 AC380V, 60Hz 출력전원에 의하여 대용량의 주공기압축기가 구동되므로 최초 기동 시 사용하는 용량이 작은 보조공기압축기가 구동되지 않도록 ACM 구동제어회로에 사용된다.

5.7. 팬터그래프 제어

(1) 개 요

각종 전기제품을 사용하기 위해서 해당 전기제품의 플러그를 전기소킷에 꽂아야 하듯이 전동차가 기동되기 위해서는 전차선에 Pan이 접촉되어야 한다. 그러나 전동차의 Pan은 전기제품의 플러그처럼 손으로 소킷에 꽂거나 뺄 수 없기 때문에 압축공기를 활용하여 Pan을 상승시켜 전차선에 접촉하게 하고, 압축공기를 배출, 스프링 장력으로 하강시켜 전차선에서 떨어지도록 하고 있다.

즉, 제어회로를 이용하여 전자밸브(PanV)가 여자되면 작용실린더에 압축공기가 유입되어 Pan이 상승하고, PanV가 소자되면 작용실린더에 유입되었던 압축공기가 대기로 배출되어 Pan이 하강한다.

그리고 전동차에 사용하는 전원은 가정에서 사용하는 전기제품과 달리 고압 또는 특고압을 사용하므로 안전한 조건에서만 Pan 상승 및 하강 제어가 되도록 Pan 제어회로가 설계되어 있다.

⑵ 상승제어

Pan 상승은 전동차 전원공급 여부를 결정하는 중요한 취급이다. 안전을 위해서 전동차의 전부(前部)로 설정된 운전실에서만 상승취급이 가능하도록 회로가 설계되어 있다. 따라서 전부 운전실에서 PanUS를 취급하면 다음 절차에 의하여 Pan이 상승된다.

① Pan 상승제어 인통선(108선) 가압
② Pan이 장착된 모든 차량의 PanR 여자
③ PanR 'a' 접점에 의하여 PanV 여자
④ Pan작용실린더에 압축공기 유입
⑤ Pan 상승

그리고 다음 조건이 만족될 경우에 PanV가 여자될 수 있다. 즉 Pan상승조건은 다음과 같다.

▶ Pan 상승 조건
- 전부 운전실에서 취급 ⇒ HCR 여자
- 주차단기(MCB) 차단상태 ⇒ MCB OFF
- 비상접지스위치(EGS) 정상상태 ⇒ EGSR 소자
- 비상팬터하강스위치(EpanDS) 정상상태
- 주회로개방스위치(MSS) 정상위치
- 직류구간에서 MCBN2 정상상태

Pan상승 제어회로에 위와 같은 조건을 포함되어 있는 것은 부하가 연결되어 있는 상태에서 Pan이 전차선에 접촉하면 아크가 발생하여 전차선 또는 습판이 손상되므로 반드시 MCB 차단된 상태에서만 Pan 상승이 가능하도록 한 것이다.

또한 MSS, EGS, EpanDS 등이 취급된 비정상 상태에서는 Pan을 상승할 필요가 없기 때문이다.

⑶ 상승상태 유지

PanUS는 복귀형 푸시 버튼이므로 운전자가 한번 누르면 Pan이 상승되고, PanUS는 원위치로 복구된다. 그러나 PanDS(Pan하강스위치)를 취급하기 전까지 Pan은 상승상태를 유지한다. 이렇게 Pan이 상승상태를 유지하는 것은 PanR 구조가 상승코일과 하강코일로 구성된 유지계전기(Keep Relay)이기 때문이다.

여기서 유지계전기란 동작용과 복귀용 2개의 코일을 갖추고 있는 계전기로서 동작용 코일이 여자하면 접점이 동작하고, 동작된 접점은 동작용 코일이 소자되어도 동작된 상태를 그대로 유지하고 있다가 복귀용 코일이 여자하면 동작되었던 접점이 복귀되는 계전기이다.

⑷ 하강제어

제어회로로 Pan을 하강시킬 수 있는 경우는 다음과 같이 2가지 방법이 있다.
- PanDS 취급에 의한 하강
- 비상판토하강스위치(EpanDS) 취급에 의한 비상하강

위와 같은 경우에 다음 절차에 의하여 Pan은 하강된다.
① Pan 하강제어 인통선(109선) 가압
② Pan이 장착된 모든 차량의 PanR 소자
③ PanR 'a' 접점에 차단으로 PanV 소자
④ Pan작용실린더의 압축공기 대기로 배출
⑤ Pan 하강

Pan 하강취급은 전차선으로부터 공급전원을 차단하는 것이므로 안전한 취급이다. 그리고 필요시 어느 곳에서든지 하강 취급이 가능하여야 안전하다. 따라서 Pan 상승취급과 달리 전·후부 운전실을 구분하지 않고 어느 쪽 운전실에서도 Pan 하강취급이 가능하다.

또한 직류구간을 운행중 만약에 MCBN2가 차단되었을 경우 MCB 차단제어가 불가하기 때문에 이런 경우를 대비하여 Pan이 하강되도록 회로가 설계되어 있으며, Pan이 전차선에서 떨어지면서 아크가 발생하지 않도록 부하가 차단된 상태에서 즉 MCB 차단상태에서 PanR 하강코일이 여자되도록 제어회로가 설계되어 있다.

그리고 만약 운전자가 전동차 기동을 정지시킬 때 MCB를 차단하지 않고 PanDS나 EpanDS를 취급할 경우에도 PanDS, EpanDS 접점에 의해 주차단기유지계전기(MCBHR)의 차단코일 여자 또는 PanDS 접점, EpanDS 접점으로 MCB제어인통선(교류구간 7선, 직류구간 8선)의 전원 공급을 차단하여 먼저 MCB를 차단하고 Pan하강 제어가 되도록 회로가 설계되어 있다. (MCB

제어회로 참조) [그림 1-54]는 서울지하철 4호선에 운행중인 ADV전동차의 Pan 제어회로이다. 참고하기 바란다.

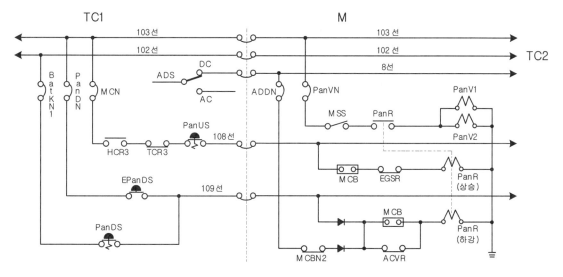

[그림 1-54] ADV전동차 Pan 제어회로

(5) PanDS 취급과 EpanDS 취급의 차이점

평상시 Pan을 하강하고자 할 때 PanDS를 취급하여야 한다. 그러나 전차선 미설치 구간 또는 전차선 단선구간으로 열차가 진입될 경우 등 비상시에 한하여 EpanDS를 취급하여야 한다.

Pan을 하강하는 스위치인 PanDS와 EpanDS는 모두 운전실 내에 설치되어 있지만 설치위치와 구조상 차이가 있다. EpanDS는 비상시 취급하는 스위치이므로 운전자가 신속히 취급할 수 있도록 운전실 데스크 전면부에 설치되어 있고, 구조면에서 PanDS는 복귀형 푸시버튼이지만 EpanDS는 취급상태가 그대로 유지되는 유지형 푸시버튼이다.

이렇게 EpanDS가 유지형 푸시버튼인 것은 EpanDS 취급은 분명히 문제가 발생하여 취급하는 스위치이므로 취급된 상태로 유지되어 있어야만 안전하기 때문이다. 즉 EpanDS 취급 시에는 다른 사람에 의한 Pan상승 취급이 되지 않도록 하기 위해서이다. 따라서 EpanDS가 취급되어 있는 상태에서는 Pan 상승은 불가하므로 버튼 표면부에 표시된 화살표 방향으로 돌려 리셋해주어야 한다. 특히 EpanDS 취급은 전·후 운전실 모두 유효하므로 PanUS 취급 후 Pan이 상승되지 않을 때에는 반대편 운전실의 EpanDS가 취급되었는지를 확인하여야 한다.

5.8. 전압계전기 제어

(1) 개 요

ADV전동차는 교류구간과 직류구간을 병행하여 운행하기 때문에 주회로가 교류구간에서는 교류 측으로 구성되고, 직류구간에서는 직류 측으로 구성되어야 한다. 이렇게 전차선의 전원 형태와 일치되게 주회로를 구성하기 위해서는 전압계전기를 활용하여 각종 주회로 기기의 제어회로 반영한다.

(2) 전압계전기 여자소자

Pan을 상승하면 변압기의 원리를 이용하여 PT에서 공급되는 전원의 형태에 따라 자동적으로 전압계전기가 여·소자된다.

- 교류전원 공급 구간 → ACVR(AC Voltage Relay) 여자
- 직류전원 공급 구간 → DCVR(DC Voltage Relay) 여자
- 전차선 정전 또는 무가압 구간 → ACVR 소자, DCVR 소자

이와 같이 전압계전기가 전차선 전원과 일치되게 여·소자되는 것은 [그림 1-55]와 같이 변압기 원리를 이용하여 교류전원은 주파수가 있기 때문에 전자유도 현상이 발생으로 ACVR이 여자하고, 직류전원은 주파수가 없기 때문에 전자유도 현상이 발생하지 않으므로 DCVR이 여자한다.

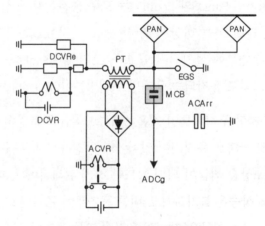

[그림 1-55] ADV 전동차 전압계전기

(3) 전압시한계전기

전동차는 기본적으로 전차선 정전이 발생하면 재기동할 때 주회로를 보호하기 위해서 MCB 가 차단되도록 설계되어 있다. 그러나 전동차가 운행중 순간적으로 전차선 정전과 동일한 현 상이 발생한다. 이러한 현상이 발생할 때마다 MCB가 차단된다면 MCB의 수명 단축은 물론 에 너지가 낭비되므로 이를 방지하기 위해서 전압계전기와 연동되어 동작하는 전압시한계전기 를 활용하고 있다.

▶ **전차선 정전과 동일한 현상**

- 진동 등에 의하여 Pan이 전차선에서 순간적으로 떨어질 때
- AC구간은 변전소가 다른 구간은 전기적으로 연결되지 않도록 전차선간 절연구간을 통 과할 때

여기서 시한계전기란 제어명령보다 여·소자 동작이 일정시간 지연 동작되는 계전기로서 여자 될 때 동작이 지연되는 On Time Delay Relay와 소자될 때 동작이 지연되는 Off Time Delay Relay로 구분한다.

(4) 전압시한계전기 기능

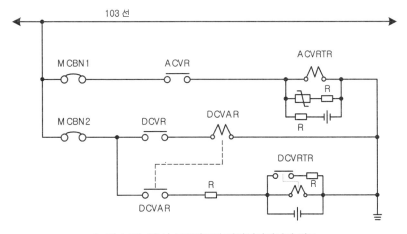

[그림 1-56] 4호선 ADV전동차 전압시한계전기 회로

교류전압시 한계전기(ACVRTR)는 ACVR이 여자되면 직류모선 전원으로 여자된다. 그러나 ACVR이 소자되면 즉시 소자되지 않고 계전기 자체 콘덴서에 충전된 전원으로 약 1.5초 동안 여자상태를 유지하다가 소자된다. 이렇게 1.5초 후에 소자되는 것은 교교 절연구간(AC-AC Section)인 약 22m를 운행할 때 불필요하게 MCB를 차단하지 않기 위해서이다.

직류전압시 한계전기(DCVRTR)는 DCVR → DCVAR이 여자되면 직류모선 전원으로 여자된다. 그러나 DCVR → DCVAR이 소자되어도 계전기 자체 콘덴서에 충전된 전원으로 약 0.7초 동안 여자상태를 유지하다가 소자된다. 이렇게 0.7초 후에 소자되는 것은 직류구간에서 운행중 전차선 구분구간 통과 시 또는 차체 진동 등으로 0.7초 이내의 순간적 전차선에서 Pan이 떨어지는 현상발생 시 불필요하게 MCB를 차단하지 않기 위해서이다.

5.9. 주차단기(MCB) 제어

MCB는 주회로를 구성 또는 차단하는 개폐기 역할과 교류구간에 한하여 과전류 등으로부터 주회로 장치를 보호하기 위한 차단기 기능을 하는 기기이다. 이러한 MCB는 ADV전동차에서 매우 중요한 역할을 하는 핵심기기이므로 제어회로를 바탕으로 자세히 설명한다.

5.9.1. 주차단기(MCB) 투입 및 차단

(1) 주차단기 투입조건

- 직류모선 가압 ⇒ 103선 전원 공급
- 운전실 선택 완료 ⇒ HCR 여자
- 압축공기 확보(최초 기동 시 ACM 충기)
- EPanDS 및 EGCS 정상위치
- Pan 상승 및 전차선 급전 상태 ⇒ ACVR 또는 DCVR 여자
- 전차선 전원형태와 ADS 선택위치 일치
- 관계 제어회로 NFB ON 상태
  MCN, HCRN, MCBN1 · 2, ADAN, ADDN 등

(2) 주차단기 투입 관련 계전기

MCB 제어회로를 쉽게 이해하기 위해서 먼저 MCB 제어회로에서 중요한 역할을 담당하는 계전기의 기능을 설명한다.

- MCBR1(주차단기보조계전기1)

  MCB 투입조건 일부사항 만족 시 여자되는 **MCB 투입용 보조계전기**로서 MCB-C 코일을 여자시키는 회로를 구성하는 역할을 한다.
- MCBR2(주차단기보조계전기2)

  MCB 재투입 방지용 계전기이다. MCB 투입 후 여자되고 한번 여자 후에는 자기유지회로를 구성하여 계속 여자상태를 유지한다. 이렇게 계속 여자상태를 유지하는 것은 정전 또는 사고차단 후 자동으로 MCB 재투입을 방지하는 역할을 하기 위해서이다.

- **MCBCOR(주차단기개방계전기)**

  교류구간에서 MCB 사고차단이 발생하여 리셋을 하였는데 재차 사고차단이 발생하였거나 또는 리셋 효과가 없는 사고차단이 발생하였을 때 차량차단스위치(*VCOS)를 취급하면 해당 차량의 MCBCOR이 여자된다.

  MCBCOR이 여자되면 해당차량의 MCB를 더 이상 투입하지 않도록 하여 주회로 장치의 기기를 보호하는 역할을 한다.

  [VCOS취급 → MCBCOR 여자 → MCBR1 여자 불가]

- **MCBOR1 · 2(주차단기개방계전기1 · 2)**

  MCB 사고차단 등이 발생하였을 때 MCB-T 코일을 여자시켜 MCB를 차단하고, 일단 여자되면 교류구간에서 MCB-C 코일을 여자하지 못하도록 하는 역할을 한다.

(3) MCB 투입제어 순서

운전자가 MCBCS를 취급하면 다음 순서에 의하여 MCB가 투입된다.

① MCBHR 여자 ⇒ 교류구간 7선 가압, 직류구간 8선 가압

② MCBR1 여자 ⇒ MCB-C Coil 여자

③ MCB-C Coil 여자 ⇒ MCB 투입

④ MCB 투입 ⇒ MCBR2여자

   → MCBR2는 여자 후 자기유지회로를 구성하여 여자상태 유지

(4) MCBHR(MCB Holding Relay) 제어

MCBHR은 TC차 분전함 내에 설치되어 있다. 명칭처럼 MCB 투입제어 또는 차단 제어상태를 유지하는 계전기이다. 따라서 투입코일(MCBHR-S)과 차단코일(MCBHR-R)이 일체로 구성되어 있으며, 여자 후 소자되어도 그 상태를 유지하는 킵 릴레이(Keep Relay)이다. [그림 1-57]는 ADV전동차 MCBHR 제어회로이다.

---

* VCOS : Vehicle Cut-out Switch

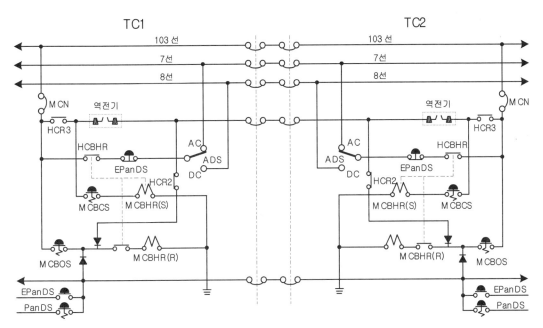

[그림 1-57] MCBHR 제어 및 MCB제어인통선 가압회로

　MCBHR 다음 순서에 의하여 제어되고, MCBHR에 의해서 MCB제어인통선의 가압여부가 결정된다.

① 전부 운전실에서 MCBCS 취급

② MCBHR-(S) 여자(MCN On, EPanDS 정상상태)

③ ADS 선택위치에 따라 MCB제어인통선 가압

　• AC위치 선택 → 7선 가압

　• DC위치 선택 → 8선 가압

④ MCBHR-(S) 소자(자동복귀) → 7선 또는 8선 가압상태 유지

　　이렇게 MCBCS를 취급하여 ADS 선택위치에 따라 해당 MCB제어인통선 가압 후에 MCBHR-(S)가 소자되어도 가압상태를 유지한다.

　　그러나 모든 차량의 MCB차단에 해당하는 MCBHR-(R) 여자 시 또는 7선(또는 8선) 전원 공급 연결선인 1선과 연결이 차단되는 경우 등에는 MCB제어인통선인 7선(또는 8선)이 무가압 상태가 되어 편성된 모든 차량의 MCB는 차단된다.

▶ **모든 차량 MCB 차단되는 경우**

- MCBOS 취급 ⇒ MCBHR-(R)여자
- EPanDS 취급 ⇒ MCBHR-(R)여자(1선 전원공급 차단)
- PanDS 취급 ⇒ MCBHR-(R)여자
- ADS 위치변경 ⇒ MCB제어인통선(7선 또는 8선) 순간 무가압
- 반대편 TC차를 마스터로 선택 ⇒ 기존 TC차 MCBHR-(R) 여자

이와 같이 MCB 투입·차단 제어회로에서 MCBHR을 활용하여 TC차에서 일괄제어 되도록 제어회로를 설계한 것은 다음과 같은 기능을 발휘하기 위해서이다.

▶ **MCBHR 활용으로 발생하는 기능**

- 전부 운전실에서만 MCB 투입 취급이 가능하다.
- 종착역에서 전·후부 운전실 변경 시 MCB 투입상태를 유지한다.
- MCB 사고 차단 시 해당 차량의 MCB만 차단하게 한다.
- MCB 사고 차단된 해당 차량의 MCB 재투입을 방지한다.
- 전부 운전실의 ADS 선택위치가 해당노선의 전차선 전원과 일치하지 않을 경우 동시에 편성된 모든 차량의 MCB를 차단한다.
- 교직섹션 통과 후 통과된 차량 순으로 MCB를 순차적으로 투입한다.

참고로 전차선 정전으로 인한 모든 차량의 MCB 차단은 MCB제어 인통선의 무가압으로 인한 차단이 아니고, 각 차량별로 ACVRTR(또는 DCVRTR) 소자로 차단되는 것이다.

(5) MCBR1 여자 조건

MCB 투입용 보조계전기로서 MCBR1이 여자조건은 다음과 같다.

▶ **교류구간**

- MCBN1 ON → 제어회로로 MCB차단(MCB-T 여자)제어 가능한 상태
- ADCg 교류위치 → 주회로를 교류구간과 일치하게 설정한 상태
- ACVRTR 여자 → 교류구간에서 전차선 급전중인 상태
- DCVRTR 소자 → 직류구간이 아닌 구간

- MCBCOR 소자 → VCOS로 차량을 개방하지 않은 상태
- PanPS 1 · 2 ON → Pan 압력스위치 1개 이상 정상상태

> ⇒ **상기 조건 만족시 MCBR1 여자**

▶ 직류구간

- MCBN2 ON → 제어회로로 MCB차단(MCB-T 여자)제어 가능한 상태
- ADCg 직류위치 → 주회로를 직류구간과 일치하게 설정한 상태
- ACVRTR 소자 → 교류구간이 아닌 구간
- DCVRTR 여자 → 직류구간에서 전차선 급전중인 상태
- PanPS 1 · 2 ON → Pan 압력스위치 1개 이상 정상 상태

> ⇒ **상기 조건 만족 시 MCBR1 여자**

(6) MCB-C 코일 여자 조건

MCB 투입코일 여자조건은 다음과 같다.

▶ 교류구간

- MCBOR1 소자 → 컨버터 정상 상태
- MCBOR2 소자 → MCB 사고차단 관계 계전기 정상 상태
- MCBR1 여자 → MCBR1 여자 조건 만족 상태
- HB1차단 → 고속도회로차단기 차단 상태
- K1, K2 차단 → 접촉기 차단 상태(주변압기 2차측 부하차단)
- MCBR2 소자 → MCB 재투입방지계전기 소자 상태

> ⇒ **상기 조건 만족 시 MCB-C 코일 여자**

▶ 직류구간

- MCBR1 여자 → MCBR1 여자조건 만족 상태
- HB1 차단 → 고속도회로차단기 차단 상태
- K1, K2 차단 → 접촉기 차단 상태(주변압기 2차측 부하차단)
- MCBR2 소자 → MCB 재투입방지 계전기 소자 상태

> ⇒ **상기 조건 만족 시 MCB-C 코일 여자**

이와 같이 MCB-C 코일이 여자되면, 제어공기가 작용 실린더에 유입되므로 압축공기 힘에 의하여 MCB는 투입된다. 그리고 투입 후에는 MCB-C 코일이 소자되어 압축공기는 대기로 배출된다. 그러나 MCB는 기계적 링크장치에 의해 투입 상태를 유지하고 있다.

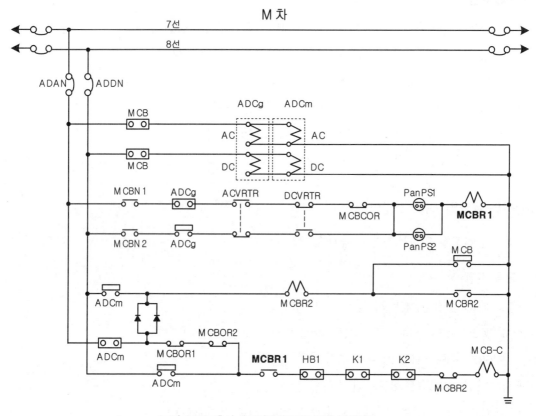

[그림 1-58] 4호선 ADV전동차 MCB 투입 제어회로

(7) MCBR2 여자조건

MCB 재투입방지용계전기인 MCBR2 여자조건은 다음과 같으며, 교류구간과 직류구간이 동일하다.

• MCB투입 → 폐회로 구성으로 MCBR2여자

• MCBR2 여자되면 MCBR2 'a' 접점으로 자기유지회로를 구성하여 MCB 차단 후에도 여자상태 유지한다.

이렇게 MCB 차단 후에도 MCBR2가 여자 상태를 유지하는 것은 일단 MCB가 투입된 다음에 전차선 정전 또는 사고차단 등으로 MCB가 차단되었을 때에 ACVRTR(a) 접점 또는 DCVRTR(a) 접점에 의해 자동으로 재투입되는 것을 방지하기 위해서이다.

따라서 전차선 정전 또는 사고차단 등 MCB가 차단된 경우에는 먼저 MCBOS를 취급하여 MBCHR-(R) 코일을 여자시켜 MCB제어인통선인 7선(또는 8선)을 무가압 상태로 만들어 MCBR2를 소자시킨 다음에 MCBCS 취급하여야 MCB 투입이 가능하다. [그림 1-58]은 ADV전동차 MCB 투입 제어회로를 참고하길 바란다.

(8) MCB 차단제어

MCB 차단은 MCB-T 코일이 여자되어 트립 로드를 밀면 기계적 링크작용을 거쳐 투입상태인 MCB가 차단되므로 MCB가 차단되기 위해서는 반드시 MCB-T 코일이 여자되어야 한다. MCB 차단은 정상차단과 사고차단으로 구분되며, 사고차단은 교류구간에서만 이루어지고, 직류구간에서 사고차단은 HB(고속도차단기)가 담당한다.

MCB 정상차단은 관계자의 차단취급에 의한 차단 또는 전차선 단전으로 제어회로 기능에 의해서 차단될 때이며 사례별 MCB 차단절차는 다음과 같다.

① MCBOS 취급

MCBHR-R여자 → 7선 · 8선 무가압 → MCBR1 소자 → MCB-T 코일 여자 → MCB 차단 → MCB-T 코일 소자

② PanDS 또는 EPanDS 취급

MCBOS 취급과 동일하게 MCBHR-R 여자 → 7선 · 8선 무가압 → MCBR1 소자 → MCB-T 코일 여자 → MCB 차단 → MCB-T Coil 소자

③ ADS 위치 이동

7선 · 8선 무가압 → MCBR1 소자 → MCB-T 코일 여자 → MCB 차단 → MCB-T 코일 소자

④ 전차선 단전

ACVRTR 소자 또는 DCVRTR 소자 → MCBR1 소자 → MCB-T Coil 여자 → MCB 차단 → MCB-T 코일 소자

⑤ PanPS1,2 **압력 부족**(4.2kg/cm² **이하**)

　　MCBR1 소자 → MCB-T 코일 여자 → MCB 차단 → MCB-T 코일 소자

　　앞의 차단 사례 중 MCB제어인통선(7선/8선) 무가압으로 MCBR1이 소자되어 MCB를 차단하는 경우가 있고, 전차선 단전 또는 PanPS1 · 2의 압력부족 시에도 MCB제어인통선은 가압된 상태에서 MCBR1이 소자되어 MCB가 차단되는 경우가 있다.

　　여기서 MCB제어인통선의 가압상태에서 MCBR1만을 소자시켜 차단하는 경우에는 비록 정상차단에 해당하지만 MCBR2가 여자상태를 유지하기 때문에 MCB를 재투입하기 위해서는 먼저 MCBOS를 취급하여 MCBR2를 소자시킨 다음 MCBCS를 취급하여야 MCB 투입이 가능하다.

(9) **직류구간에서 MCB 차단제어**

　　전동차가 직류구간을 운행할 때 MCB는 단순히 개폐기 기능만 담당한다. 따라서 직류구간 운행중 MCB 차단조건은 다음과 같다.

> ▶ **직류구간에서 MCB 차단조건**

- HB 차단상태(직류구간 운행 시 사용)
- IVK(SIV접촉기 계전기) 차단 상태 : SIV 정지 상태

　　직류구간에서 MCB-T 코일 여자회로 라인에 [그림 1-59]와 같이 IVK 'b' 접점과 DCVRTR 'b' 접점이 병렬로 구성되어 있는 것은 IVK의 'b' 접점이 불량한 경우에는 MCB-T 코일을 여자 시킬 수 없기 때문에 MCB 차단이 불가하게 된다. 그러나 무가압 구간에서는 DCVRTR 'b' 접점이 연결되므로 사구간인 교직섹션에서 MCB-T 코일을 여자시켜 MCB 차단을 하기 위해서이다.

　　이와 같은 기능이 발휘되도록 제어회로가 설계된 이유는 전동차가 직류구간에서 교류구간으로 진입 할 때 만약 MCB가 차단되지 못하면 ADCg 제어가 불가하므로 주회로가 직류측으로 구성된 상태로 교류구간을 진입하게 되고 AC25,000V가 직류측 주회로로 유입되는 교류모진으로 주회로 기기가 소손되는 현상을 방지하기 위해서이다.

　　또한 Pan제어회로에서 직류구간 운행중 MCB-T 코일 여자 전원공급용 NFB인 MCBN2가 트립(Trip)되었을 경우에 자동적으로 Pan이 하강되도록 제어회로를 설계한 것도 MCBN2가 트립

되면 MCB 차단제어를 하지 못하게 되므로 Pan을 하강하여 교류모진이 발생하지 않도록 하기 위해서이다. 아래 [그림 1-59]는 4호선 ADV전동차 MCB 차단 및 개방제어회로이다.

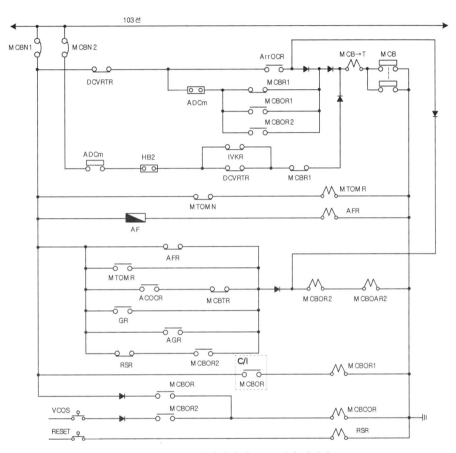

[그림 1-59] MCB 차단제어 및 MCB 개방 제어회로

5.9.2. 주차단기 사고차단

(1) 개 요

인위적인 MCB차단 취급 또는 전차선 단전 등과 관계없이 주회로 충격 전압, 이상전류가 유입되거나 또는 예상될 경우에 주회로 기기를 보호하기 위해서 검지기(Sensor) 또는 관련 계전기의 접점을 활용하여 제어회로 기능으로 MCB를 사고차단 한다.

(2) 사고차단 종류

① MCBOR1(주회로차단기 개방계전기1) 여자 시

- 컨버터에서 2,500A 이상 과전류 검지 ⟶ MCBOR 여자

② MCBOR2(주회로차단기 개방계전기2) 여자 시

- ACOCR(교류과전류계전기) 여자

  - MT 1차측에 120A 이상 과전류 유입

- AGR(보조회로접지계전기) 여자

  - MT 3차측 권선의 중간에 설치된 Tap과 차체 사이 누설전류가 기준치 이상 일 때 여자

- GR(접지계전기) 여자

  - C/I 케이스 외부단자에 누설전압이 기준치 이상 검지

- AFR(보조 휴즈 계전기) 소자

  - MT3차측 AF(보조회로 퓨즈) 용손

- MTOMR(주변압기오일펌프전동기계전기) 여자

  - MTOMN(주변압기오일펌프 NFB) 차단

  - MTOMN 차단되면 오일 모터 펌프(Oil Motor Pump) 정지로 MT 온도상승

③ ArrOCR 동작 시

- 교류모진 등으로 DCArr 동작

위와 같은 사고차단 중 MCBOR2여자(ACOCR 동작 포함)로 MCB 사고차단이 될 때에는 MCBOR2는 MCB 차단 후에도 자기유지회로를 통해 계속 여자상태를 유지하도록 제어회로가 설계되어 있다.

이렇게 MCBOR2가 계속 여자되도록 제어회로를 설계된 목적은 사고차단 후 아무런 조치

를 취하지 않은 상태에서는 MCB가 투입되지 않도록 하기 위해서이다.

따라서 MCBOR2 여자에 의한 MCB 사고차단이 발생하였을 때에는 먼저 운전실 제어대에 설치된 리셋을 실시하여 MCBOR2를 소자시킨   후에 MCBOS → MCBCS를 취급하여야 MCB 투입이 가능하다.

(4) ArrOCR 동작

ArrOCR은 ADCg(교직절환기)가 직류측으로 전환되어 있는 상태 즉, 주회로가 직류측으로 구성되어 있는 상태로 교류구간으로 진입하는 교류모진(交流冒進) 시 CT2에 전원이 인가되면 동작하여 주회로기기를 보호하기 위해서 MCB 사고차단을 한다.

(5) ACOCR 동작 및 제어회로

MT 1차측에 설치된 CT1에 120A 이상 과전류가 유입되면(2차측 6A 이상) ACOCR이 여자되어 MCB 사고차단이 된다. 그리고 ACOCR 동작 시 MCB 사고차단 제어회로 상에 MCBTR(주회로차단기시한계전기, 0.5sec) 'b' 접점이 설치되어 있는데 이는 정상운행중 ACOCR 동작하면 즉시 MCB 사고차단이 되지만, 다음과 같은 경우 0.5초 동안 ACOCR이 동작하여도 MCB 사고차단을 하지 않는다. 이렇게 사고차단을 하지 않는 것은 순간적으로 돌입(Surge) 전류가 유입되는 경우에 한하여 불필요하게 MCB를 사고차단 하지 않기 위해서이다.

▶ ACOCR 동작시 MCB 사고차단을 하지 않는 경우

- MCB 투입할 때
- 단전 후 즉시 급전 시(순간단전)
- 교교섹션 통과할 때

5.9.3. 주차단기 개방

(1) 개 요

주차단기 개방이란 사고차단이 발생한 차량의 주회로 장치를 보호하기 위해서 VCOS를 취급하여 MCB가 투입되지 않게 하는 기능이다.

(2) 취급법

주차단기 개방기능 적용은 MCBOR2 여자로 인한 사고차단이 발생한 경우에 한 한다. 그러나 다음 경우에는 VCOS를 취급 전에 먼저 1회에 한하여 운전실 제어대에 설치된 리셋을 취급하여 자기유지회로로 여자하고 있는 MCBOR2를 소자시키고 MCB를 재투입 한다.

▶ **1차 Reset 취급 → 2차 VOCS 취급하는 경우**

• ACOCR 동작   • GR 동작   • AGR 동작

MCBOR2가 여자 되는 사고차단 원인 중 AF용손(AFR소자)된 경우에는 해당차량의 퓨즈(MF)를 교환을 하여야 하고, MTOMN Trip(MTOMR여자)된 경우엔 직접 회로차단기를 수동으로 ON시켜야만 사고차단 원인이 소멸되므로 1차 조치방법인 리셋을 하여도 아무런 효과가 없다.

따라서 이런 경우에는 즉시 VCOS를 취급하여 해당 차량의 MCB를 개방하고 정상차량의 동력만으로 응급운행을 하여야 한다.

(3) 완전부동취급

MCB를 개방한 상태를 완전부동취급이라고 하며, 부동취급과 완전부동 취급 현상은 다음과 같다.

▶ **완전부동취급**

어느 차량의 MCB를 개방하거나 또는 Pan하강 조치하여 동력발생 불능 및 SIV 구동이 불가한 상태로서 해당차량 Pan하강조치를 **완전부동취급**이라 한다.

▶ **부동취급**

MCB 투입상태이며 HB차단 또는 K1, K2차단으로 동력발생은 불능상태이나 SIV는 구동이 가능한 상태

5.10. 보조전원장치

전차선 전원을 직접 전동차에 장착된 각종기기에 공급할 경우 전압이 높기 때문에 위험성이 크고 또한 비효율적이다. 따라서 보조전원장치를 활용하여 전차선 전원을 적정한 전압으로 강압하고, 전류형태를 변환하여 **공기압축기 · 냉방기 · 난방기 · 객실등**의 전원으로 공급한다.

이러한 보조전원장치를 SIV(Static Inverter)라 하며, 일부 차종에서는 *AIM이라 한다. 그리고 보조전원장치는 각종 기기에 안정적인 양질의 전원을 공급하기 위해서 입력전압이 변동되어도 항상 일정 전압(Constant Voltage), 일정 주파수(Constant Frequency)를 출력하는 CVCF Inverter이다.

5.10.1. 보조전원장치 일반

(1) 보조전원장치 안전기준

① 보조전원장치는 이상 전압 또는 고장시의 과도전류에 대하여 적절한 보호기능을 가져야 한다.
② 보조전원장치에 발생한 고장은 종합제어장치 등에 기록 및 표시되어야 한다.
③ 보조전원장치는 일시적인 현상에 의한 고장조건이 사라지고 안전한 상태가 확인된 경우 초기화기능에 의하여 정상적인 동작이 회복될 수 있어야 한다.
④ 보조전원장치에 고장이 발생한 경우 당해 보조전원장치는 전기적으로 분리되고 정상으로 작동하는 보조전원장치로부터 연장급전이 가능하여야 한다. 연장급전이 시행된 경우 정상인 보조전원장치의 과부하를 방지하기 위하여 보조전원 계통의 부하를 적절하게 조정할 수 있어야 한다.
⑤ 둘 이상의 보조전원장치의 탑재가 불가능한 경량전철의 경우 보조전원장치 제어 인버터의 이중구조화 등의 방법에 의하여 열차의 운행이 가능한 경우에는 단일 보조전원장치의 탑재로 이를 대체할 수 있다.
⑥ 축전지는 발화물질과 최대한 떨어지게 설치 및 보관하여야 한다.
⑦ 축전지함은 축전지로부터 누출되는 가스가 축적되지 아니하도록 환기장치를 설치하거나 자연통풍으로 방출될 수 있도록 설계하여야 한다. 단, 가스가 발생하지 아니하는 축전지를 사용하는 경우에는 그러하지 아니하다.

---

* AIM(Auxiliary Inverter Module) : 보조인버터모듈

⑧ 축전지를 보관할 경우에는 방전으로 용량을 잃지 아니하도록 적절한 보호조치를 강구하여야 한다.

⑨ 축전지는 정전 또는 고장 시 비상조명등 등을 30분 이상 사용할 경우에도 차량을 기동할 수 있는 용량을 가져야 한다. 단, 자기부상차량의 경우 추가적으로 열차가 안전하게 착지할 때까지 부상장치 및 안내장치에 전원을 공급할 수 있어야 한다.

(2) SIV 장착위치

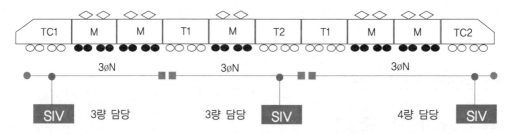

[그림 1-60] SIV 장착위치 및 부하담당 범위

10량으로 조성된 편성의 경우 SIV는 TC1·TC2·T차(T1/T2) 하부에 1대씩 편성 당 총 3대가 장착되어 있으며 [그림 1-60]과 같이 부하를 담당한다.

(3) SIV 성능

구 분		서울메트로 소속 전동차	코레일 소속 전동차
입력 전압	전압	DC 1,500V	DC 1,500V
	보증 범위	DC 900V~1,900V	DC 900V~1,900V
출력전압		AC 380V(+5%, -10%) 주파수 60Hz(±1%) DC 100V	AC 440V, 60Hz 주파수 60Hz(±1%) DC 100V
출력		3상 4선식(중성선)	3상 3선식
정격용량		150KVA	190KVA
제어전원		DC 100V	DC 100V
출력전원 사용개소		· 공기압축기 · 냉·난방장치 · 충전장치→DC100V · AC220V, 60Hz 사용기기 · AC100V, 60Hz 사용기기	· 공기압축기 · 냉·난방장치 · 충전장치→DC100V · AC220V, 60Hz 사용기기 · AC100V, 60Hz 사용기기 · MTBM, MTOM · C/I BM · FLBM

5.10.2. 보조전원장치 제어

(1) 개 요

　　전동차에 장착된 SIV는 제작사 또는 제작 시기에 따라 구조와 기능이 차이가 있다. 그러나 전력변환 원리가 동일하고 기능면에서 큰 차이가 없다. 따라서 대표적인 전동차라고 할 수 있는 교직류 구간을 병행 운전하는 서울지하철 4호선 ADV전동차의 SIV를 이해하면 다른 전동차의 SIV를 쉽게 이해 할 수 있기 때문에 4호선 ADV전동차의 SIV에 대해서 설명한다.

(2) SIV 주회로

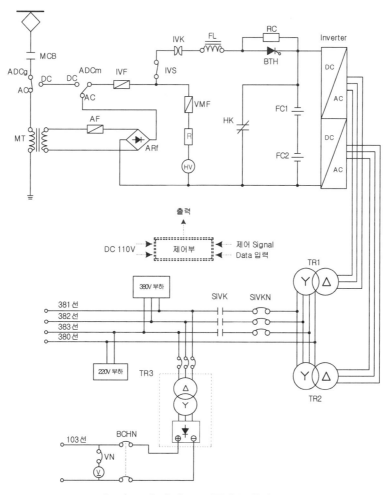

[그림 1-61] 4호선 ADV전동차 SIV주회로

(3) 구성기기의 기능

서울지하철 4호선 운행되고 있는 ADV전동차의 SIV 구성기기별 기능은 다음과 같다.

① **AF**(보조회로 휴즈, Auxiliary Fuse)

교류구간을 운행 할 때 과전류로부터 보조정류기 및 SIV를 보호하기 위한 퓨즈이며, 해당 유닛(Unit) M차 퓨즈 박스에 장착되어 있다.

② **ARF**(보조정류기, Auxiliary Rectifier)

SIV가 장착된 TC차 또는 T2차 하부에 설치되어 있으며, 교류구간 운행 시 주변압기의 SIV용 권선을 통해 공급되는 AC1,770V를 DC 1,500V를 정류하여 SIV에 공급하는 역할을 한다.

③ **IVF**(인버터 퓨즈, SIV Fuse)

직류구간 운행할 때 과전류로부터 SIV를 보호하기 위한 퓨즈이며, 해당 Unit M차 퓨즈 박스에 장착되어 있다.

④ **IVS**(SIV 개방스위치, SIV Switch)

SIV가 설치된 차량에 SIV와 함께 장착되어 있으며 인위적으로 SIV를 개방하고자 할 때 사용하는 스위치이다. 취급 시 SIV 주회로(입력측)가 개방되고 방전회로를 구성한다.

⑤ **IVK**(SIV접촉기, SIV Contactor)

SIV 주접촉기이며, SIV제어부의 지령에 의해 SIV 기동 시 투입되고, SIV 정지 시 차단된다.

⑥ **HK**(방전접촉기, Contactor For High Tension)

SIV가 정지되면 SIV제어부의 지령에 의해 투입되어 방전회로를 구성하여 SIV FC(Filter Capacitor) 등에 충전된 전하를 방전한다.

⑦ **FL**(필터리액터, Filter Reactor)

교류성분에 대하여 전자기 유도현상으로 역기전력이 발생하여 반발하는 코일의 특성(Inductive Reactance)을 활용하여 FC와 함께 입력전류를 평활하게 하는 역할을 한다.

⑧ FC(필터 케페시터, Filter Capacitor)

교류성분에 대하여 저항값이 반비례 하는 교류회로의 축전기의 특성(Capacitive Reactance)을 활용하여 FL과 함께 입력전류를 평활하게 하는 역할을 한다. 그리고 항상 전류를 충전하고 있다가 주회로 전류 변동에 대응하는 역할을 한다.

⑨ RC(충전 저항기, Resister for Charging)

기동할 때 저항으로 FC에 감류 충전하는 역할과 서지전류 유입을 방지하는 기동용 충전 저항기이다.

⑩ BTH(차단용 사이리스터, Blocking Thyristor)

SIV 주접촉기이며 SIV제어부의 지령에 의해 SIV 기동 시 투입되고, SIV 정지 시 차단된다.

⑪ TR1 · TR2(출력용 변압기1 · 2, Output Transformer)

인버터 출력부 AC300V, 60Hz(3상 4선식), 2조를 합성하여 AC 380V, 60Hz 3상 4선식으로 변환하여 부하 측에 공급한다.

⑫ TR3(정류기용 변압기, Rectifier Transformer)

TR3에서 AC380V, 60Hz를 AC76V로 강압하여 충전용정류기에 공급하면 충전용정류기(Rectifier)에서 DC100V로 정류하여 직류모선에 가압하고, 배터리에 충전을 한다.

(4) SIV 기동절차

SIV는 MCB 투입으로 AMAR(보조기기적용계전기)가 여자되면 기동명령이 제어부에 입력되므로 다음 순서에 의하여 기동된다. 그리고 SIV가 기동과 무관하게(IVK 투입 전) 관계 퓨즈(AF 또는 IVF)가 정상상태이면 운전실에 설치된 고전압계기에 전차선 전압이 현시된다.

① 제어부 지령 → HK 차단 및 IVK 투입
② FC1 · FC2 감류충전(일정전류 이상 충전)
③ 제어부 지령 → BTH ON하여 RC단락
④ 제어부 지령 → GTO 구동(ON/OFF)개시
⑤ 제어부에서 정상출력 확인되면 제어부 지령 → SIVK 투입
⑥ SIVK 투입 → 부하측에 전원공급

- TR1 · 2 ⌐ 381, 382, 383선에 AC380V, 60Hz 공급
- TR3 ⌐ 정류기 ⌐ BCHN ⌐ 103선에 DC100V 공급

한편 IVK 투입으로 SIV가 정상으로 가동되면 IVKR(SIV Contactor Relay)가 여자한다. 직류구간을 운행중에 전차선 급전 상태에서는 IVKR이 소자된 상태에서만 MCB-T 코일이 여자되도록 제어회로가 설계되어 있다. 이러한 이유는 전차선 급전중에는 먼저 SIV가 정지된 다음에 MCB가 차단되도록 하여 MCB를 보호하기 위해서이다.

(5) 보호동작

SIV 보호동작은 다음과 같이 경고장과 중고장으로 구분된다.

경고장	중고장
초퍼 과전류, 과전압	AF용손
인버터 과전류, 과전압	IVF용손
출력 과전류, 과전압, 저전압	배터리 충전 이상
콘덴서 분압 이상	온도 이상 상승
제어전원 이상	입력전원 이상

가동 중 경고장에 해당되는 고장이 제어부에 감지되면 즉시 인버터 GTO 구동을 정지한다. 그리고 3초 후에 자동으로 재가동한다. 재가동 후에는 60초 동안 감시시간을 갖는다. 이렇게 재가동으로 AC380V 전원이 정상적으로 출력되면 정상으로 복귀된다. 그러나 재고장이 발생하면 인버터 GTO 구동을 정지하고, IVK를 차단한다.

그리고 AF 및 IVF 용손, 온도이상 상승, 입력전원 이상, 충전계통의 고장인 경우에는 중고장에 해당되므로 즉시 GTO 구동을 정지하고, IVK를 차단하여 SIV를 보호한다.

이러한 중고장이 발생하면 SIV중고장계전기(SIVMFR, 'SIV' Major Fault Relay)가 여자되어 운전실에 ASF(보조전원고장등)고장표시등과 해당 차량의 차측등이 점등된다. 또한 연장급전이 가능하도록 회로를 구성해준다.

5.10.3. 연장급전

(1) 개 요

SIV 고장이 발생하면 AC380V, 60Hz 전원을 사용할 수 없기 때문에 주공기압축기 구동불가, 냉난방 가동불가 등 교류전원을 사용하는 기기의 사용이 불가능 하다. 따라서 이런 경우에 SIV가 정상 unit과 고장 unit간 3상(381선, 382선, 383선, 380선) 전원선을 연결하여 SIV가 정상인 unit으로부터 AC380V, 60Hz를 공급받아 교류전원을 사용하는 절차를 **연장급전**(延長給電)이라고 한다.

(2) 연장급전 취급법

연장급전은 SIV에 전원을 공급하는 M차를 완전부동취급을 하였을 때 또는 SIV 구동이 불가한 경우에 운전자가 전·후 운전실 또는 T2차 설치된 ESPS(연장급전누름스위치)를 취급하면 연장급전이 이루어진다.

그러나 만약 ESPS를 취급하였는데 연장급전이 이루어지지 않으면 SIV가 고장 난 차량의 분전함 내에 설치된 SIVCN(SIV제어전원 NFB)을 차단해주면 연장급전이 이루어진다.

▶ **연장급전이 되는 경우**
- SIV 입력전원을 공급하는 M차의 Pan 상승 불능
- SIV 입력전원을 공급하는 M차의 MCB 투입 불능
- AF(보조 퓨즈) 용손 … 교류구간 운행 시 해당
- IVF(SIV 퓨즈) 용손 … 직류구간 운행 시 해당
- SIV 중고장 발생 … SIVMFR 여자

그리고 연장급전은 반드시 고장이 발생한 unit의 SIVCN이 차단되었을 경우에 한하여 가능하도록 제어회로가 설계되어 있다. 이러한 이유는 AC전기는 위상이 존재하므로 전원 생산처(발전기, 변압기, 컨버터 등)가 같지 않는 전원을 연결할 경우 위상차로 인하여 선간전압 및 상전압이 정해진 출력 기준범위보다 높거나, 낮아져 부하기기에 전기적 충격을 주기 때문이다.

(3) 연장급전 제어회로

연장급전 제어회로 이해를 돕기 위하여 관계되는 기기들에 대한 기능을 설명한다.

① SIV 제어전원(SIVCN, NFB)

SIV 제어장치에 전원(DC100V)을 공급하는 NFB로서 SIVCN이 Trip 상태에서는 해당 unit의 SIV기동이 불가하다. 따라서 연장급전이 이루어지기 위해서는 반드시 고장(SIVK 차단)이 발생한 unit의 SIVCN이 트립되어야만 연장급전이 이루어진다.

운전자가 연장급전을 하기 위해서 ESPS를 취급하는 것은 고장이 발생한 SIV의 SIVCN을 트립하기 위한 것이다.

② 연장급전누름스위치(ESPS, Extension Supply Push Button)

SIV가 장착된 차량에 설치되어 있으며 어느 곳에서든지 운전자가 ESPS를 취급하면 연장급전이 필요한(SIVK 차단상태) Unit의 SIVCN Trip Coil의 여자회로를 구성해줌으로서 SIVCN를 차단되므로 연장급전제어인통선(169a선)이 가압되어 연장급전접촉기 작용코일 여자로 연장급전 이루어진다.

③ 연장급전보조계전기(ESAR, Extension Supply Aux-Relay)

연장급전 사유 발생 시 운전자가 ESPS를 취급하면 여자되어 SIV 중고장(SIVMFR여자) 발생 또는 MCB가 개방(MCBOR2 여자)된 Unit에 한하여 SIVCN 트립 코일을 여자시켜 SIVCN을 차단하는 역할을 한다.

④ 연장급전접촉기(ESK, Extension Supply Contactor)

SIV에서 출력되는 AC380V, 60Hz 3상 전원 Line(381·382·383선)은 Unit간에 분리되어 있어야 정상상태이다. 만약 어느 unit의 SIV 가동 불능 시 인접 unit과 3상 전원 라인을 연결하여야 연장급전이 되는 것이다. 따라서 SIV 고장 등으로 SIVK 차단상태에서 ESPS를 취급하여 SIVCN 트립 상태가 되면 ESK가 여자되어 unit간 3상 전원선을 연결해주는 접촉기이다.

아래 [그림 1-62] 4호선 ADV전동차 연장급전 제어회로이다.

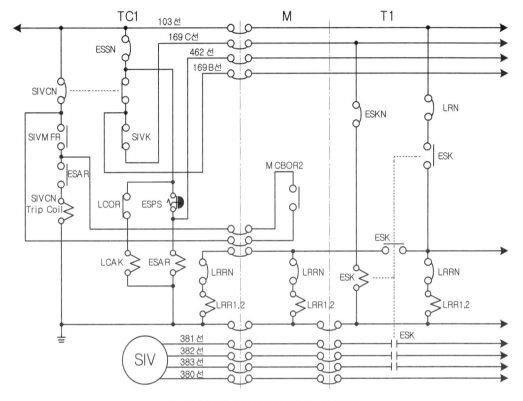

[그림 1-62] ADV전동차 연장급전 제어회로

(4) 연장급전 후 현상

SIV 고장 등으로 연장급전이 이루어지면 결과적으로 한 대의 SIV가 2개 unit의 부하 전원을 담당하게 된다. 이렇게 되면, 정상가동 중인 SIV가 담당하는 부하전원이 2배로 늘어나므로 무리가 가게 되어 시간이 경과하면 정상 SIV가 고장이 발생할 수도 있다. 따라서 부하반감계전기 (LRR)를 활용하여 다음과 같이 부하반감이 이루어진다.

▶ **부하반감 현상**
- 고장 및 연장급전 unit에 해당하는 차량 객실 AC등 1/2 점등
- 고장 및 연장급전 unit에 해당하는 차량 냉방 1/2 가동 가능
- 고장 및 연장급전 unit에 해당하는 차량 난방 350W 사용 불가

그리고 3개 unit 10량으로 조성된 편성에서 2개 unit의 SIV가 고장 등으로 연장급전되어 SIV 1대가 10량 전체 부하를 담당할 경우에는 응급운전만 가능하도록 부하개방 조치가 이루어진다. 부하개방은 방법은 후부 운전실의 부하제어보조접촉기(LCAK)를 차단하여 냉난방 가동제어 및 객실(AC)등 점등제어가 이루어지지 않도록 회로가 설계되어 있다.

▸ 부하개방 절차

① ESK 3개가 모두 여자로 부하개방제어인통선(463선)이 연결되면 전부 TC차에서 전원 공급 Line(463선)을 통해 후부 TC차의 부하개방계전기(LCOR, Load Cut Out Relay)가 여자된다.

② LCOR 여자 → 후부 TC차의 LCAK 소자

③ LCAK 소자 → 객실등 및 냉난방제어회로 전원공급 차단

(5) AC100V 연장급전

최근에 제작되는 전동차는 AC220V, 60Hz 전원을 사용한다. 그러나 과거에 도입된 전동차는 일부 등기구류의 전원으로 AC100V, 60Hz 전원을 사용한다.

AC100V 전원 생성은 AC380V, 60Hz 전원을 단권변압기를 이용하여 AC100V, 60Hz로 강압시켜 다음 기기의 전원으로 사용하고 있다.

- 전조등(HLP2) 1개(다른 1개는 DC100V전원으로 점등)
- 운전실등(CabLP1) 1개(다른 1개는 DC100V전원으로 점등)
- 행선표시기등, 시간표등, AC 콘센트

이와 같이 AC100V, 60Hz 전원은 TC차에서만 사용하고 있다. 만약 단권변압기의 고장 등으로 AC100V, 60Hz 전원을 사용할 수 없을 때 반대편 TC차의 단권변압기에서 발생된 AC100V 60Hz 전원선과 연결하여 사용하는 방법이 AC100V 연장급전이며, 취급법은 다음과 같다.

① 고장난 운전실 TrN(단권변압기회로차단기) OFF

② 전 · 후부 운전실의 TrESN(단권변압기 연장급전차단기) ON

참고로 운행중 AC100V 연장급전 사유발생 시, 즉시 연장급전을 실시하지 않더라도 운행 및 고객서비스 측면에서 별다른 지장이 없다.

제6절 제동장치

모든 교통수단은 사람과 화물을 실어 나르는 위치 이동을 목적으로 하고 있다. 이러한 위치 이동의 목적을 정확히 수행하려면 달리는 주행성능도 중요하지만, 무엇보다도 정지해야 할 위치에 정확하게 정지할 수 있는 제동성능이 더 중요한 요소이다. 왜냐하면, 정지할 수 있는 기능이 없다면 주행 할 필요가 없기 때문이다.

따라서 모든 전동차의 제어회로는 기본적으로 제동을 체결하면 추진(또는 역행)제어회로가 차단되고, 제동취급 중에는 추진제어회로가 구성되지 않도록 제동우선 기능이 적용되어 설계되어 있다. 아울러 전동차의 제동성능은 최고속도를 결정하는 중요한 요소에 해당한다.

▶ 참고사항

도시철도운영기관에서는 제동장치를 제작사 기준으로 KNORR제동장치, NABCO제동장치, WABCO제동장치 등으로 구분하고 있다. 또한 각종 제동장치 교재에 KNORR제동장치와 HRDA제동장치로 구분하여 설명하고 있다. 그러나 현재 NABCO(Nippon Air Brake Corporation)사는 존재하지 않고, WABCO사는 철도차량 제동장치를 제작하지 않고 주로 특장차인 트레일러용 제동장치를 제작하는 회사이다.

그리고 KNORR제동장치도 제동응답이 신속하고, 디지털 및 아날로그 신호를 모두 수용할 수 있는 HRDA(High Response Digital Analog)형 제동장치에 포함된다. 다만, 부품의 구조와 작용절차가 약간의 차이만 있을 뿐, 기본적으로 제동지령 및 작용원리가 동일하다.

따라서 현재 우리나라 도시철도 노선에 운행중인 전동차에 가장 많이 장착되어 있고, 앞으로 신규노선 전동차에 많은 장착이 예상되는 유진기공산업(주)에서 제작한 전기지령제동장치를 기본으로 구조와 기능을 설명하고자 한다.

6.1. 제동장치 개요

제동이란 열차가 갖고 있는 운동에너지를 다른 에너지로 변환시키는 과정에서 발생하는 힘으로 속도를 감속하거나 또는 정지시키는 물리적 상태를 말한다. 이러한 제동력이 발생되는 물리적 상태를 고찰해 보면 차륜 등 점착력(粘着力)을 이용하는 점착방식과 점착력에 의존하지 않는 비점착 방식이 있다. 점착방식에는 「**전기제동장치**」·「**공기제동장치**」가 있으며 모두 전동차에 사용하는 제동방식이다.

비점착 방식에는 자기장을 이용한 「**와전류제동장치**」, 마찰력을 이용한 「**자기장흡착제동장치**」, 풍압력을 이용한 「**공력제동장치**」등이 있다. 그러나 비점착 방식의 제동장치는 강력한 제동력 발생에 한계가 있는 등 점착방식에 비해 비효율적이여서 전동차용 제동장치로 사용하지 않고, 외국에서 보조 제동장치로 사용하는 경우가 있다.

6.2. 전동차 제동장치의 안전기준

전동차의 제동장치는 승객 안전과 열차 안전운행 확보를 위해서 신뢰성 높은 제동장치가 장착되도록 다음과 같이 최소한의 기준이 법령으로 정해져 있다. 이러한 제동장치의 안전기준을 잘 알고 있으면 제동장치의 기능을 이해하는데 많은 도움이 된다.

(1) 기본사항 기준

① 제동장치의 오작동이나 결함이 발생한 경우에도 차량간에 연결되어 있는 배관·전선 및 연결장치 등의 고장이나 승객에게 상해를 입힐 수 있는 충격이 발생되지 않아야 한다.
② 1개 차량의 제동장치가 고장 난 경우에도 다른 차량의 제동장치에 의하여 열차의 제동이 가능하여야 하며, 주공기배관은 열차를 관통하는 연속적인 배관이어야 한다.
③ 제동장치의 각 부품은 운행의 안전에 지장을 주는 홈·균열 또는 기공 등의 결함이 없어야 한다.
④ 고온 및 고압부와 같이 작동 또는 접근에 주의를 요하는 장치·기기 및 부품에는 사람이 보기 쉬운 위치에 주의표시 또는 보호 장치가 있어야 한다.
⑤ 제동장치는 서리 및 먼지 등 오염물질이 제동제어나 안전작동에 영향을 주지 않는 구조이어야 하고, 동파할 경우 열차의 안전운행에 지장을 주는 장치에는 전열기 등 보호장치

를 구비하여야 한다.

⑥ 장치·부품 및 기기간을 격리하는 코크·밸브 및 레버는 식별이 쉬워야 하고, 적절한 위치에 당해 장치의 위치표시 및 작동방향표시가 있어야 한다.

⑦ 코크·밸브 및 레버는 돌발적인 작동이 되어서는 안된다.

(2) 제동성능 기준

① 제동 작용 시에는 운행노선에 따라 정하여진 감속도가 일정하게 유지되어야 한다.

② 정상 제동 시에는 승객에게 불쾌감을 주는 충격·소음 및 진동이 최소화되어야 한다.

③ 열차의 비상제동거리는 운행노선에 따라 정하여진 운행 최고속도에서 600m 이내이어야 한다.

④ 제동장치는 정상 제동 시 제동 작용이 급격히 증가되거나 감소되지 않는 구조이어야 하며, 비상제동 시에는 마찰제동력만으로 열차를 정지시킬 수 있어야 한다.

⑤ 제동장치는 활주방지기능을 갖추어야 하며 활주방지기능이 제동성능에 영향을 주어서는 안된다. 단, 고무차륜을 사용하는 경량전철 차량이나 자기부상차량은 활주방지기능을 설치하지 않을 수 있다.

(3) 제동제어 기준

① 제동제어장치는 승객이나 운전자의 오조작에 의한 손상 및 작동을 방지할 수 있는 구조이어야 한다.

② 제동제어장치는 차량이나 궤도설비의 회로로부터 간섭없이 작동되고, 입력신호와 출력신호는 전기적으로 분리되어야 한다.

③ 제동제어장치의 전원은 다른 장치의 전원과 분리되어야 하며, 전력공급선의 전원이 단절되는 경우에도 제어가 가능하여야 한다.

④ 전원공급의 고장 또는 열차운행에 지장을 줄 수 있는 통신상의 장애가 발생한 경우에도 비상제동 작용이 이루어져야 한다.

(4) 제동작용 기준

① 열차에는 정상적인 제동 작용 외에 긴급 상황 시에도 안전하고 신속하게 작동할 수 있는 비상제동기능이 구비되어야 한다.

② 비상제동에는 전기지령선이 단선될 경우 전 차량에 비상제동이 자동으로 작용하는 페일 세이프(Fail-Safe) 기능이 적용되어야 한다.

③ 운전자 또는 열차제어장치의 비상제동지령, 주제동 압력부족, 열차분리 및 제동제어회로 이상 등과 같은 비정상적인 상황에서는 비상제동기능이 자동으로 작동되어야 한다.

④ 주차제동은 선로의 기울기 3‰ 이하에서 차량을 유치할 수 있는 공차상태로 열차를 지속적으로 정차할 수 있어야 하며, 별도의 보조 장비없이 제동이 될 수 있어야 한다.

⑤ 회생제동, 전자기적 제동, 마찰제동 및 다른 제동기능이 독립적으로 또는 혼합되어 작용될 수 있어야 하며, 혼합되어 작용될 경우에는 각 제동기능 사이의 상호작용이 고려되어야 한다.

⑥ 차량의 중량에 비례하여 제동력을 가감하는 기능을 가져야 하며, 공기스프링의 파손이나 고장 시에도 하중보상이 되어야 한다.

⑦ 제동장치는 차량이 운행기능을 상실한 경우에 동일노선을 운행하는 다른 열차 또는 입환기관차에 의하여 구원제동이 가능하여야 하며, 구원제동 시에도 정상제동 및 비상제동이 가능하여야 한다. 다만, 제동장치가 완해(緩解) 불능인 경우로서 「도시철도운전규칙」에서 정한 속도로 대피선 또는 주박선(駐泊線) 등으로 대피시킬 때에는 예외로 한다.

(5) 기초제동장치 기준

① 제동 마찰재는 불꽃·먼지 및 가스 등의 발생이 적은 재질이어야 하며, 유해물질을 포함하여서는 안된다.

② 제동레버 등 힘을 지탱하거나 전달하는 부품은 충분한 강도를 가져야 한다.

③ 열차의 전차량 제동 후 최종차량의 제동실린더의 압력이 $1\mathrm{kg/cm^2}$가 되는 순간까지의 제동풀림시간은 8초 이내이어야 한다.

④ 열차의 비상제동 시 제동통으로 공기가 유입되는 순간부터 제동실린더의 압력이 최대치의 95%가 되는 순간까지의 제동 충기시간은 5초 이내이어야 한다.

⑹ 압축공기 공급장치 기준

① 주공기배관의 최대압력은 $10kg/cm^2$을 초과하여서는 안되며, 정격압력 이내에서의 공기 압력의 증가 또는 감소가 제동 작용에 지장을 주어서는 안된다.

② 주공기압축기의 설치부분은 충분한 강도를 가져야 하며 진동을 흡수할 수 있는 구조이어야 한다.

③ 주공기압축기의 출구 등 과중한 압력이 발생되는 위치에는 안전밸브 등을 설치하여야 하며, 압력의 측정이 필요한 위치에는 압력계를 설치하여야 한다.

④ 제동장치에 사용되는 압축공기 및 유체는 외부에서 유입되거나 내부에서 발생되는 물 또는 기타 오염물질 등으로부터 영향을 받지 않도록 여과장치 등을 갖추어 보호하여야 한다.

⑤ 압축공기는 안전 작동에 필요한 온도 및 습도가 유지되도록 하여야 한다.

⑥ 주공기압축기는 1대가 고장 난 경우에도 정상으로 작동하는 주공기압축기에 의하여 열차운행에 필요한 공기를 공급할 수 있도록 설계하여야 한다.

6.3. 제동장치 주요부품

전동차 제동장치의 이해를 돕기 위하여 주요부품에 대하여 간단하게 설명한다.

⑴ 주요장치 및 기기

① **공기압축기**(Air Compressor)

각 차량의 제동작용 및 각종기기 동작의 동력원이 되는 압축공기를 만드는 기기

② **제동작용장치**(BOU, Brake Operating Unit)

제동지령을 받아, 제동 실린더의 압력을 제어하는 기기류를 집약한 장치

③ **제동실린더**(BC, Brake Cylinder)

압축공기의 압력을 피스톤 로드를 통해 기초 제동장치에 전달하는 기기

④ **차단코크**(Cut-Out Cock)

공기통로를 개폐하거나 유입된 공기를 대기로 배출하는 코크

⑤ **공기호스**(Air Hose)

공기관의 연결에 사용하는 호스

⑥ **앵글코크**(Angle Cock)

차량 간을 연결하는 공기 호스를 부착하는 아래로 굽은 차단코크

⑦ **호스연결기**(Hose Coupling)

차량 사이에 공기 호스를 연결하는 기기

(2) 압축공기 및 탱크

① **주공기탱크**(Main Air Reservoir)

주공기압축기에서 생성된 압축공기를 저장하는 공기탱크이며, 모든 압축공기의 공급원이 되는 압축공기를 MR공기라 한다.

② **공급공기탱크**(Supply Air Reservoir)

BC 등으로 공급하는 압축공기를 저장하는 공기탱크이며, 제어공기로 공급하거나 또는 기기를 작동하도록 하는 작용공기로 공급해주는 압축공기를 SR공기라 한다.

③ **제어공기탱크**(Control Air Reservoir)

각종기기를 제어하는 압축공기를 저장하는 공기탱크이며, 이 압축공기는 제동부품 등에 유입되어 막판을 작용시켜 작용하는 압력에 비례한 압축공기의 유동을 제어하거나, 전자밸브의 여·소자 제어에 따라 각종 기기를 제어하는 압축공기를 CR공기라 한다.

④ **보안제동공기탱크**(Security Brake Air Reservoir)

보안제동 작용용 압축공기를 저장하는 공기탱크이며, 상용 및 비상제동 사용이 불가할 때 보안제동을 취급하면 일정 값으로 감압되어 BC에 공급하는 압축공기를 SBR공기라 한다.

⑤ **제동관**(BP, Brake Pipe)

압력을 감압하여 제동 지령을 전달하는 열차관으로서, 이 관에 충기되어 있는 압축공기를 제동관 공기(Brake Pipe Air)라 한다.

(3) 밸브(Valve)

① **제동전자밸브**(Brake Magnet Valve)

제동지령에 따라 압축공기를 제동 작용이 일어나도록 공급하는 전자밸브

② **완해전자밸브**(Release Magnet Valve)

제동지령 소멸 시 압축공기를 대기로 배기하는 전자밸브

③ **작용전자밸브**(Application Magnet Valve)

전기지령에 따라 압축공기를 지령결과가 발생하도록 공급하는 전자밸브

④ **억압밸브**(In-Shot Valve)

전공 병용 제동장치에서 전기제동 작동중 BC(제동실린더)의 압력을 일정하게 유지하기 위한 밸브

⑤ **압력조정밸브**(Pressure Regulating Valve)

압축공기를 일정한 압력으로 조정 또는 감압하는 밸브

⑥ **전공변환밸브**(Electro Pneumatic Change Valve)

전기적 입력 신호에 대응한 공기압 출력을 얻는 밸브

⑦ **공전변환기**(Pneumatic Electro Change Converter)

공기압력에 입력 신호에 대응한 전기신호를 출력하는 기기

⑧ **중계밸브**(Relay Valve)

지령 공기압의 변화를 중계하여 대용량의 압축공기의 공급, 배출 등을 하는 밸브

⑨ **복식중계밸브**(Compound Relay Valve)

동일한 지령의 공기압에 대하여 2종 이상의 다른 공기압을 얻는 중계밸브

⑩ **응하중밸브**(Load Valve)

차량의 적재 중량에 대응하여 제동력을 자동으로 가감하는 밸브

⑪ **축중밸브**(Load Sensing Valve)

차량의 적재 중량을 공기압으로 변환하여 응하중 밸브로 전달하는 밸브

⑫ **활주방지밸브**(Anti-Skid Valve)

제동 작용 중 활주가 생겼을 때 다른 곳으로부터의 지령에 의하여 제동실린더의 압력을 내려서 활주를 방지하는 밸브

6.4. 제동장치 종류

철도분야에서 제동장치는 다음 기준으로 구분하고 있다.

- 제동력 발생원에 의한 구분
- 사용용도에 의한 구분
- 제어방식에 의한 구분

(1) 제동력 발생원에 의한 구분

제동력 발생 매개체를 기준으로 하는 구분으로서 대표적인 분류방식이며 「**전기제동장치**」·「**공기제동장치**」·「**수제동장치**」 등이 있다.

① **전기제동장치**

전기제동장치는 견인전동기를 발전기화하여 열차의 운동에너지를 전기에너지로 변환하는 과정에서 발생하는 힘을 제동력으로 사용하는 제동장치로서 발생된 전기에너지의 소비 형태에 따라 다음과 같이 구분한다.

- 회생제동(Regenerative Brake)

발생된 전기에너지를 전차선으로 공급하는 제동
- 저항제동(Dynamic Brake)

발생된 전기에너지를 저항을 통해 열로 소비하는 제동

일부에서는 저항제동을 발전제동으로 구분하고 있으나 발전제동(發電制動)이란 전기를 일으키는 제동이라는 뜻이므로 전기제동과 같은 의미이다. 따라서 발전제동보다는 전기제동으로 표현하는 것이 옳다.

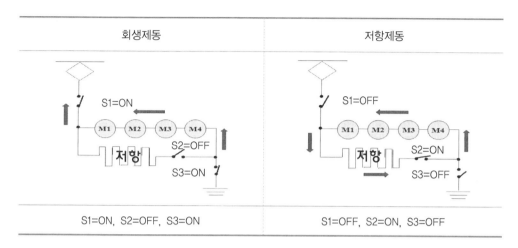

회생제동	저항제동
S1=ON S2=OFF S3=ON 저항	S1=OFF S2=ON S3=OFF 저항
S1=ON, S2=OFF, S3=ON	S1=OFF, S2=ON, S3=OFF

[그림 1-63] 전기제동 종류

② **공기제동장치**

공기제동장치는 압축공기를 매개체로 활용한다. 압축공기를 BC에 유입시켜 기계장치를 움직여서 열차의 운동에너지를 마찰에 의한 열(熱) 에너지로 전환시키는 과정에서 발생하는 힘을 제동력으로 사용하는 제동장치로서, 제동력 작용방식에 따라 다음과 같이 구분한다.

- 답면제동(踏面制動, Tread Brake)장치
  기초제동장치가 바퀴가 레일과 닿는 면에 압착하는 마찰에 의한 제동
- 디스크 제동(Disk Brake)장치
  기초제동장치가 차축에 달린 원판(Disk)을 압착하는 마찰에 의한 제동

답면 제동장치	디스크 제동장치

[그림 1-64] 공기제동장치의 종류

이러한 공기제동장치는 기계장치로 움직여서 제동력을 얻기 때문에 **기계제동장치**라고
도 한다. 그리고 공기제동장치에 사용되는 기계장치를 **기초제동장치**라고 한다.

③ **수제동**(手制動)**장치**

사람의 힘으로 핸들을 돌려 체인 및 기초제동장치를 활용하여 차륜 등을 압착하는 제동
장치로서 주로 주차제동으로 사용하는 수용(Hand)제동이다. 그러나 1990년대 중반 이
후 제작된 전동차부터 스프링 장력을 이용한 주차제동을 사용하고 있다.

(2) 사용 용도에 따른 구분

사용 용도에 따라 다음과 같이 제동종류를 구분한다.

① **상용제동**(Service Brake)

운전자 또는 시스템으로 상시 사용하는 제동

② **비상제동**(Emergency Brake)

긴급 시 운전자가 제동을 체결하거나 또는 운전자의 취급과 관계 없이 체결조건 발생 시
시스템적으로 체결되는 제동

③ **정차제동**(Holding Brake)

시스템기능에 의하여 열차속도가 정지 상태로 검지될 때 체결되는 제동

④ **보안제동**(Security Brake)

일반적인 제동장치 고장에 대비 제어계통과 압축공기 계통이 독립된 최후의 보류 제동

⑤ **주차제동**(Parking Brake)

주차 시 스프링 장력으로 체결되는 제동

(3) 제어방식에 의한 구분

제동 작용이 발생하도록 제어하는 방식에 따라 다음과 같이 제동장치를 구분한다.

- 직통공기제동장치
- 자동공기제동장치
- 전자직통공기제동장치
- 전기지령제동장치

① **직통공기제동장치**

제동변(制動弁) 취급에 의해 압축공기를 제동변을 통해서 직접 **직통공기관**(SAP, Straight Air Pipe)을 경유 각 차량의 BC에 유입시켜 제동을 체결하는 제동장치이다.

직통공기제동장치는 구조가 간단한 장점이 있으나 SAP관이 파열되면 제동체결이 불가하고, 연결된 차량의 위치에 따라 제동체결 시차가 발생하는 단점이 있다. 이러한 단점 때문에 철도차량의 제동장치로 단독 사용을 하지 않고, 단점을 보완할 수 있는 다른 제동장치와 함께 사용하는 재래식 제동장치이다.

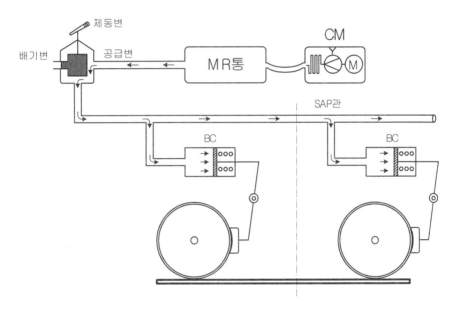

[그림 1-65] 직통공기제동장치 이해도

② **자동공기제동장치**

자동공기제동장치는 항상 **제동관**(BP, Brake Pipe)에 압축공기를 유입시켜 놓고 있다가 제동변으로 BP관의 압축공기를 대기로 배출시키면 보조공기통의 저장된 압축공기가 제어장치를 통해서 BC에 유입되어 제동을 체결하는 제동장치이다.

따라서 각 차량마다 제어장치와 보조공기통을 장착해야 하므로 제동장치의 구조가 복잡하고, 다시 제동을 사용하기 위해서는 BP관에 압축공기를 충기하여야 하는 단점이 있다. 그러나 열차 분리 시 BP관도 파열되므로 자동으로 제동이 체결되고, 직통공기제동장치와 비교 시 연결된 차량의 제동체결 시차가 적게 발생하는 등의 장점이 있

다. 이러한 장점 때문에 철도의 여객열차, 화물열차 등에 주로 장착된 대표적인 제동
장치이다.

그리고 철도에서 제동체결을 "감압하였다." 라고 표현하는데 이는 과거에 대부분의
철도차량에는 자동공기제동장치가 장착되어 있었으며, 자동공기제동장치는 BP관의
압축공기를 대기로 배출하는 감압을 하여야만 제동 작용이 발생하였기 때문에 유래
된 것이다.

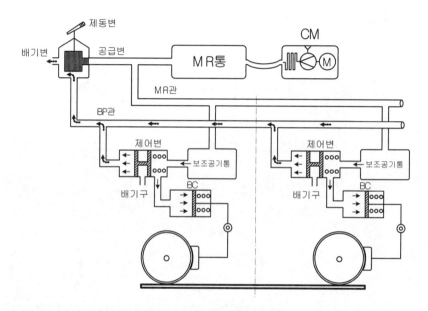

[그림 1-66] 자동공기제동장치 이해도

③ **전자직통공기제동장치**

전자직통공기제동장치는 직통공기제동장치를 전자제어방식으로 개량한 제동장치이다.
제어과정을 살펴보면 운전실에 설치된 제동변을 취급하면 제어공기 압력이 생성되고,
이 압력에 의해 제동변 취급위치에 비례하는 제동지령선 또는 완해(緩解) 지령선의 전기
회로를 구성하거나 차단하는 방식으로 연결된 모든 차량에 제동지령 또는 완해지령이
전달된다. 이러한 제동지령과 완해지령은 차량별로 장착된 제동전자밸브(Brake Magnet
Valve) 또는 완해전자밸브(Release Magnet Valve)를 제어하여 BC에 압축공기를 유입하
거나 배출시키는 방식으로 제동을 체결하고 완해한다.

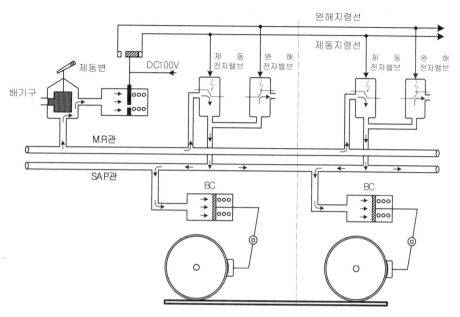

[그림 1-67] 전자직통공기제동장치 이해도

전자직통공기제동장치는 제어매체를 전기신호로 활용하기 때문에 압축공기를 전달매체로 하는 다른 제어방식의 제동장치와는 비교할 수 없을 정도로 제동체결 응답성이 우수하다. 또한 제동제어에 전기회로를 사용하므로 전기제동과 병용제어가 용이하여 하중변화에 대응하여 제동력의 세기를 가감할 수 있는 응하중 기능을 적용할 수 있는 장점이 있다.

그러나 제동제어회로에 이상발생시 제동체결 기능을 상실하는 직통공기제동장치의 제어원리를 기본으로 하고 있기 때문에 비상시 자동적으로 제동이 체결되는 백업용 제동장치를 갖추어야 하고 또한 전기회로를 사용하므로 약간은 복잡한 단점을 갖고 있다.

이러한 전자직통공기제동장치의 장점은 도시철도 차량의 특성에 매우 적합하기 때문에 단점을 보완하여 도시철도 노선 운영 초기에 도입된 전동차에 많이 장착되어 사용되고 있다.

참고로 우리나라 최초로 운행된 서울지하철 1호선 AD전동차에 전자직통공기제동장치(*SELD형)가 장착되었다. 이러한 전자직통제동장치는 최초로 미국 웨스팅하우스사에

---

*SELD형 : Straight Electro magnetic Load Dynamic형

서 개발하여 발전한 제동시스템이다.

④ **전기지령제동장치**

전기지령제동장치는 제동지령 신호 발생을 전자직통공기제동장치와 다르게 제동변 대신에 전기회로를 연결, 차단하는 스위치 역할을 하는 제동제어기로 제동제어용 전기신호를 발생시킨다. 그리고 제동제어 신호는 「**제동체결**」·「**제동요구값**」명령으로 제어를 한다. 이러한 제동제어 명령은 제동제어장치(ECU)를 통해 각 차량마다 설치된 전공변환밸브를 제어하며, 전공전환밸브에서 제어명령에 비례한 압축공기를 BC에 유입시켜 제동을 체결하고, 또는 BC에 유입된 압축공기를 배기구를 통해 대기로 배출시켜 완해 한다.

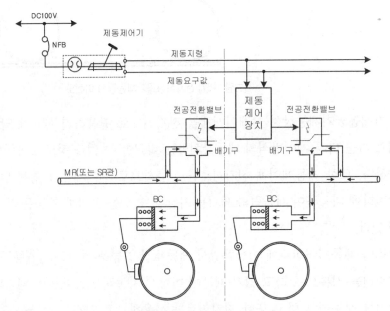

[그림 1-68] 전기지령제동장치 이해도

전기지령제동장치의 장·단점은 다음과 같으며, 장점은 전동차 제동장치로서 매우 적합하여 최근 도입되는 모든 전동차의 제동장치로 사용되고 있다.

▸ **전기지령제동장치의 장점**

- 운전자의 제동조작이 간단하며 정밀제어가 가능하다.
- 자유롭게 제동력을 가감할 수 있다.
- 제동 응답성이 매우 신속하다.

- 전기제동(회생제동)과 공기제동의 혼합제어가 용이하다

- 다양한 부가기능 제어가 용이하다.

  - 응하중 기능, 저크(Jerk)제한 기능, 활주방지 기능

  - 제동력 부족검지 및 제동 불완해 검지 기능

- 제동 작용결과 등에 대한 모니터가 용이하다.

▶ **전기지령제동장치의 단점**

- 제동지령선 단선 등에 대비한 백업용 제동기능을 추가로 확보해야 한다.

- 제동제어용 전원이 필요하다.

- 제동제어에 필요한 복잡한 전기회로 구성이 필요하다.

참고로 전기지령제동장치를 장착할 경우, 주간제어기에 밸브 기능이 필요 없고, 스위치 기능만 구비하여 전기신호를 발생하면 제동제어가 가능하기 때문에 하나의 제어기(손잡이)로 추진제어와 제동제어 취급을 하는 One Handle방식의 주간제어기가 적용되기 시작하였다.

6.5. 공기제동 작용이론

전동차는 전기제동과 공기제동을 사용하고 있다. 전기제동에 관한 이론은 운전이론 또는 주회로 장치에서 설명하고, 여기에서는 공기제동 작용이론을 설명한다.

(1) 공기제동 작동원 발생

공기제동에서 제동 작용을 발생시키는 작동원은 압축공기의 압력(P) 변화이다. 즉, 각종 제동부품의 상·하부 막판의 압력변화로 밸브(변, 弁)를 열거나, 닫게 하여 압축공기의 유동을 제어하고, 최종적으로는 BC에 압축공기를 유입시켜 피스톤으로 차륜 등에 제륜자를 압착시켜 제동 작용이 일어나게 한다.

$$\therefore 압력(P) = \frac{F}{A}\,[kg/\text{cm}^2]$$

위 압력 식에서 F(힘) 또는 A(단면적)을 증감하면 압력(P)이 변화되므로 철도차량에서는 다

음과 같은 방법으로 공기제동 작용을 일으키는 작동원을 발생시킨다.

① **용적차**

압축공기를 담는 용기의 크기 차이로 작동원 발생

② **면적차**

압력이 작용하는 면적의 크기 차이로 작동원 발생

③ **시간차**

압축공기의 유입시간을 조절하여 작동원 발생

(2) 공기제동 3작용

공기제동장치 부품 중 작동원을 일으키기 위해서는 압축공기를 유입하거나, 배출시켜야 하며, 때로는 그 상태가 유지되도록 공기의 통로를 열고 닫아야 한다. 철도분야에서는 이렇게 3가지 작용을 하는 밸브를 **삼동변**이라고 한다. 따라서 전동차 제동장치에 장착된 중계밸브의 예를 들어 공기제동 3작용을 설명한다.

① **공급작용**

공급작용은 [그림 1-69]처럼 하부막판 아래쪽에 미세한 제어공기(a)를 유입시켜 상부에 있는 공급밸브를 열리게 하여 압축공기(b)가 제동실린더 또는 작동실린더(이하 BC라함)로 공급(C)되도록 제어함으로서 원하는 작용을 일으키는 과정이다. 이러한 공급작용을 **충기** 또는 **제동작용**이라 한다.

② **유지**(Lap)**작용**

앞에서 설명한 공급작용이 정지되는 과정이다. 공급공기가 BC 등에 요구량만큼 유입되고 나면, 상부의 공급밸브를 닫는 과정이다. 공급작용으로 공급밸브가 열리면 공급공기가 BC로 유입되고, 한편으로는 미세한 공기관(졸림구)을 통해 하부막판 위쪽으로도 유입되기 때문에 그동안 하부막판 아래쪽에서 위쪽으로 작용하고 있는 제어공기압력과 등압이 형성된다.

이렇게 하부막판에 등압이 형성되면 공급밸브 상부에 있는 스프링 힘에 의하여 공급밸브가 닫혀 유입통로가 차단되므로 BC에 더 이상 공급공기가 유입되지 않고 또한 유입된 압축공기는 그 상태가 유지된다. 이러한 작용을 유지(Lap)작용이라고 한다.

③ **풀림(완해)작용**

완해작용은 BC에 공급공기를 유입시켜 제동작용을 마친 다음에 이를 푸는 작용이다. 공급밸브 상부에 장착된 스프링 힘에 의해 공급밸브가 닫힌 상태에서 하부막판에 작용하였던 제어공기를 대기로 배출시키면 변봉이 아래쪽으로 작용한다. 변봉이 아래쪽으로 이동하면 BC의 공기통로가 변봉의 배기통로를 통하여 대기로 연결된다. 따라서 BC에 유입되어 제동작용을 했던 작용공기가 대기로 배출되므로 완해 된다.

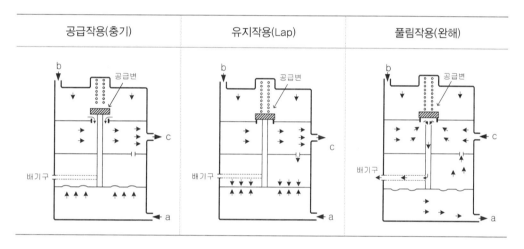

| 공급작용(충기) | 유지작용(Lap) | 풀림작용(완해) |

[그림 1-69] 공기제동 3작용

6.6. 상용제동(Service Brake)

(1) 개 요

운전 중 상시 사용하는 제동이므로 상용제동(常用制動)이라고 한다. 모든 제동의 종류 중 기본이 되는 제동으로서 최고 3.5km/h/s 감속도 범위 내에서 차종에 따라 7단 또는 무단으로 제어된다.

(2) 상용제동 제어특성

현재 도시철도 노선에 운행되고 있는 대부분의 전동차에는 전기지령제동장치가 장착되어 있다. 전기지령제동장치는 전기회로를 사용하기 때문에 제동응답 시간이 매우 신속하다.

그리고 제동력 제어를 2개 차량(M차+T차)을 1개 단위로 묶어 회생제동력 이용을 최대화하고 있으며, 다음과 같은 고도화된 기능을 발휘하여 승차감 향상 및 제동효율 향상, 적정 제동력을 체결한다.

① 상용제동을 체결하면 추진제어가 차단된다.
② 일괄교차 제어방식(Cross Blending)에 의한 혼합제동을 체결한다.
  - M차+T차 단위로 회생제동과 공기제동을 혼합 체결
  - M차의 회생제동력으로 M차 공기제동력과 T차 공기제동력 일부 또는 전부 분담
③ 응하중 제어를 한다.
  승객 하중변동에 감응하는 공기스프링 압력신호를 제동출력 연산에 반영하여 항상 동일한 감속력을 유지한다.
④ Jerk제한 제어를 한다.
  제동력의 상승을 지연시켜 충격발생을 방지한다.
⑤ FSB 제동체결 시 제동력 부족 검지기능이 작용한다.
⑥ 활주방지(Anti-Skid) 제어를 한다.
⑦ 제동불완해 여부를 검지하고, 강제 완해취급이 가능하도록 한다.

(3) 상용제동 제어 계통도

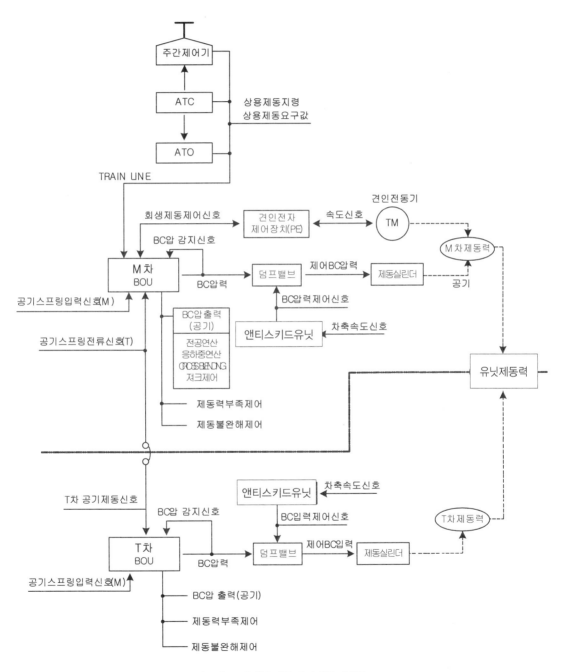

[그림 1-70] 상용제동 제어계통 이해도

(4) 상용제동 지령 및 작용

전기지령제동장치는 운전자가 제동취급을 하거나 ATO장치에서 제동지령이 출력되면, 발생된 제동지령이 인통선을 통해서 추진제어장치에 입력되어 전기제동이 체결되고, 한편으로는 *제동제어장치에 입력되어 공기제동을 체결한다.

이러한 제동지령 전달 및 제동체결 절차는 다음과 같다.

① 운전자(또는 ATO) 제동취급 → 제동지령 발생
② 제동지령 → 인통선을 통해 각 차량에 전달
- 추진제어장치에서 전기제동 제어
- 제동제어장치에서 공기제동 제어
③ 제동유닛(M차+T차)는 다음 순서로 제동을 체결한다.
- M차 회생제동력으로 분담 가능 시 M차 회생제동 체결
- M차 회생제동력으로 부족분은 T차의 공기제동 체결
- M차 회생제동력 + T차 공기제동력으로 부족분은 M차 공기제동체결
- M차 회생제동 실효 시 M차 및 T차의 공기제동 체결

(5) 제동지령 발생

① 제동지령은 다음과 같이 발생한다.
- One Handle 방식 : MASCON을 제동위치로 이동
- Two Handle 방식 : 제동제어기를 제동위치로 이동
- ATO운전 : ATO장치에서 제동지령 출력
- ATC : FSB 지령출력

② **제동지령의 종류**

제동취급 시 제동지령은 2가지 신호가 발생한다. 하나는 제동을 체결하라는 **제동명령**(Command)과 다른 하나는 얼마만큼의 제동을 체결할 것인지 하는 **제동요구값**(Demand)이다. 전동차마다 형식에 따라 약간의 차이는 있으나 제동명령과 제동요구값

---

*제동제어장치는 제동지령을 입력 받아 제동 작용을 수행하고, 제동수행결과를 Feed Back하는 전자장치로서 차종에 따라 ECU(Electronic Control Unit) 또는 EOD(Electronic Operating Device)라고 부른다. 본 교재에서는 ECU로 통일하여 사용한다.

으로 사용하는 지령 종류는 다음과 같다.

- 제동명령 : 인통선 10선 ON/OFF 방식
- 제동요구 값(Demand)
  - 인통선 3선(27, 28, 29선) ON/OFF 방식
  - PWM 신호(34, 35선 활용)

▶ 인통선 3선(27, 28, 29선) 제동요구값

Two Handle 방식을 채택하고 있는 전동차에서 제동요구 값 지령으로 디지털 신호를 사용한다. 제동요구값은 7스텝(Step)으로 제어하며, 스텝별 인통선 가압은 아래 표와 같다.

*인통선	완해	1Step	2Step	3Step	4Step	5Step	6Step	7Step
27선	–	○		○		○		○
28선	–		○	○			○	○
29선	–				○	○	○	○

제동스텝 요구값은 3비트(bit)는 8개의(2^3) 신호를 발생시키므로 제동요구 값을 제동제어기 위치에 따라 완해, 1~7스텝까지 총 8개의 위치를 구별한다.

▶ PWM(Pulse Width Modulation)방식 제동요구 값

One Handle 방식을 채택하고 있는 전동차는 제동요구값 지령으로 아날로그 신호를 사용하며, 무단 제어한다. 포텐셔미터(Potentiometer)를 활용하여 제동제어기 선택위치에 비례한 전류 값을 발생시키고, 이렇게 발생한 전류값을 암호기(Encoder)에 입력시켜 PWM 신호를 만들어 34선, 35선 인통선을 통하여 ECU 등에 입력하는 방식으로 제동요구값을 전달한다.

(6) 상용제동 체결 및 완해

제동지령계통에서 발생된 제동명령과 요구값이 ECU(또는 EOD)에 입력되면, 응하중 제어등 각종 부가기능 제어를 반영한 다음, M차와 T차가 각각 얼마만큼의 공기제동을 체결한 것인

---

*전동차의 각종 제어회로에서 사용하는 인통선 번호가 동일하므로 회로도를 공부하는데 이해를 돕기 위해서 인통선을 번호로 표기하였다.

지「공기제동력 패턴」지령을 출력한다. 이 지령에 따라 다음과 같이 공기제동이 체결되고, 완해된다.

▶ 상용제동 체결절차

① ECU에서 출력되는「**공기제동력패턴지령**」에 따라 EPV(전공변환밸브 또는 제동전자밸브)가 여자된다.

② EPV가 여자되면「**BC압력제어공기**」가 중계밸브 하부작용실로 유입된다.

③ 중계밸브 하부작용실에 유입된「BC압력제어공기」의 압력에 의하여 중계밸브 상부의 공급변이 열린다.

④ 중계밸브 상부의 공급변이 열리면 상부 공급변에 대기하고 있던 공급공기가 BC에 유입된다. 이렇게 BC에 유입되는 공기를 **제동작용공기**라 한다.
「제동작용공기」의 량은 중계변 하부막판실에 작용한「BC압력 제어공기」압력에 비례한다.

⑤ BC에 유입된「제동작용공기」압력에 의해 피스톤 로더(Piston Rod)와 기초제동장치를 통해 브레이크슈(Brake Shoe)를 차륜 등에 압착시켜 제동력이 발생된다.

▶ 상용제동 완해절차

① ECU에서 출력된「공기제동력패턴지령」이 소멸되면 EPV가 소자된다.(또는 완해전자밸브가 여자된다.)

② EPV가 소자되면 제동체결 시 중계밸브 하부작용실로 유입되었던「BC압력제어공기」가 EPV의 배기구(또는 완해전자밸브 배기구)를 통해서 대기로 배출된다.

③ 중계밸브 하부작용실에 유입되었던「BC압력제어공기」가 대기로 배기됨에 따라 중계밸브 상부의 공급변은 스프링 힘에 의해 닫히고, BC 공기통로와 중계밸브 배기구와 연결된다.

④ BC에 유입되었던「제동작용공기」가 중계밸브 배기구를 통해서 대기로 배출된다.

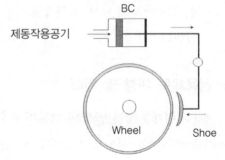

[그림 1-71] 공기제동 체결

⑤ BC의 복귀스프링의 힘에 의해 브레이크슈(Brake Shoe)가 차륜 등에서 떨어져 제동이 완해된다.

6.7. 비상제동(Emergency Brake)

(1) 개 요

비상제동은 운행중 긴급히 정차가 요구되는 상황이 발생하였을 때 운전자가 제동제어기 또는 비상제동스위치(EBS)를 취급하면 체결된다. 그리고 열차분리 시 또는 안전상 긴급히 열차의 정차가 필요한 조건 발생 시 전기회로의 기능을 활용하여 자동적으로 체결된다. 이러한 비상제동은 긴급한 상황에서 제동이 체결되므로 제동거리를 최대한 짧게 하기 위해서 높은 감속도가 발휘된다. 대부분의 전동차 비상제동 감속도는 4.5km/h/s 이상이다.

(2) 비상제동 제어 특성

전동차의 비상제동 제어개념은 차종별로 약간의 차이는 있으나 기본적으로 다음과 같은 제어원리가 적용되어 있다.

① **비상제동제어선은 루프(Loop)형태이며, 페일세이프(Fail Safe) 원칙을 적용하였다.**

비상제동제어선은 연결된 모든 차량을 왕복하는 루프(Loop)형태(31선, 32선)의 구조이다. 이러한 루프형태의 비상제동제어선은 운전자의 비상제동 취급 외 열차 분리 시, 안전상 비상정차 조건 발생할 때 자동적으로 비상제동을 체결하도록 해준다.

그리고 비상제동제어선은 페일세이프 원칙을 적용하여 가압된 상태가 비상제동밸브 여자상태이며, 완해상태로서 정상이고, 무가압 상태가 되면 비상제동밸브가 소자되어 비상제동이 체결된다.

② **비상제동제어선의 전원공급은 전부 TC차에서만 가능하다.**

비상제동제어선은 연결된 모든 차량을 왕복하는 루프형태이기 때문에 양쪽 TC차에서 전원을 공급한다면, 필요시 비상제동제어선을 무가압 상태로 할 수 없어 비상제동체결이 불가능해진다. 따라서 비상제동제어선에 전원공급은 전부 TC차에서만 공급하도록 회로가 설계되어 있다. 이러한 사유로 운전실 교환 중에는 전부운전실 선택계전기가 소자되므로 비상제동이 체결된다.

③ 비상제동 체결 시 추진제어 회로가 차단된다.

비상제동이 체결되면 전기회로를 활용하여 추진 중에는 추진기능이 차단되고, 비상제동 체결상태에서 추진취급 시 효력이 발생하지 않는다.

④ 비상제동은 공기제동만 체결된다.

전기제동과 공기제동 혼합체결 시 제어오류가 발생하면 제동 작용이 지연될 우려가 있고, 이런 경우에는 제동거리가 길어지므로 이러한 현상 발생을 근본적으로 차단하기 위해서 비상제동 시에는 공기제동만 체결된다.

⑤ 저크(Jerk)제한 기능이 차단된다.

비상제동 체결지령 지연으로 인한 제동거리 증가를 방지하기 위하여 저크제한 제어를 하지 않는다.

⑥ 차량별로 독립된 응하중 제어를 한다.

응하중 제어를 할 때 전자제어방식보다는 기계제어방식이 신뢰도가 높고, 차량별로 하중 차이가 있다. 따라서 비상제동 체결 시 응하중 제어는 각각의 차량마다 장착된 BOU 내 응하중밸브에서 개별로 이루어진다.

⑦ 비상제동 백업 기능이 발휘된다.

비상제동 체결 시 어떠한 경우라도 비상제동력이 확보되도록 비상제동 백업 기능이 발휘된다. 즉, 안전루프가 무가압 상태에서 비상제동밸브 고장 등으로 비상제동이 체결되지 않을 경우에는 상용제동력을 제어하는 ECU(또는 EOD)에서 상용제동계통으로 비상제동에 해당하는 제동력의 제동을 체결한다.

⑧ 비상제동이 체결되면 일단 정차하여야 완해가 가능하다.

비상제동은 운전자 취급 외 열차 안전상 비상정차 조건 발생 시 자동적으로 제동이 체결되는 제동이다. 따라서 운전자 취급 이외의 비상제동이 체결되었을 때에는 반드시 정차하기 위해서 비상제동이 체결되면 정차하여야만 완해가 가능하도록 제어회로가 설계되어 있다. 전동차별로 적용사례는 다음과 같다.

⑨ **비상제동 차단기능이 있다.**

비상제동은 여러 가지 조건 발생 시 체결되는 제동이므로 관련기기의 고장에 대비하여 안전루프의 전원공급을 직결시키는 비상제동차단스위치(EBCOS)가 설치되어 있다. EBCOS를 취급한 경우에는 운전자가 취급하는 제동제어기로만 비상제동을 체결할 수 있다.

⑶ 비상제동이 체결되는 경우

비상제동 체결원인은 차종에 따라 약간씩 상이하나 기본적으로 다음의 경우에 비상제동이 체결되도록 안전루프 회로가 설계되어 있다.

① **주간제어기 비상제동 취급**

운전자가 취급하는 비상제동으로서 전부 운전실에서만 취급이 유효하고 EBCOS 취급 시에도 비상제동 체결이 가능하다.

② **비상제동스위치**(EBS) **취급**

전 · 후 운전실 모두 취급이 가능하다. 후부운전실의 EBS는 철도차량의 *차장변의 기능을 수행한다.

③ **ATS 또는 ATC의 비상제동 지령**

열차운행중 안전조건을 위반할 때 ATS장치 또는 ATC장치에서 비상제동지령을 출력하여 체결한다. 전부 운전실의 ATS장치 또는 ATC장치에서만 작용이 유효하고, 고장시를 대비하여 바이패스(By-Pass) 할 수 있는 기능이 있다.

④ **주공기압력 저하**(MRPS 동작)

열차를 최종적으로 정차시키는 제동 작용의 작동원이 압축공기이다. 따라서 압축공기가 부족하면 정차에 지장이 우려되므로 압축공기가 일정값 이하(6.5kkg/㎠)가 되면 미

---

*차장변 : 운전자 외 사람(차장 포함)이 비상제동을 취급할 수 있는 기구

리 비상제동을 체결하여 안전을 확보하도록 제어회로가 설계되어 있다.

⑤ **구원운전조작스위치(RMS 또는 ROS) 오취급**

차량고장으로 자력으로 움직이지 못할 경우에 다른 전동차로 견인을 하여야 한다. 이런 경우 고장차와 견인차의 제동제어와 추진제어가 하나의 운전실에서 총괄제어하기 위해서 차량간 점퍼선(12심)을 연결하고, 회로가 구성되도록 구원운전조작스위치를 취급하여야 하는데 이 스위치가 비정상적으로 취급되어 있으면 안전 루프 회로가 폐회로 구성이 불가하여 비상제동이 체결된다.

그리고 이 스위치는 구원차를 앞 뒤 어느 방향에서도 연결할 수 있으므로 전 · 후 운전실 모두 안전루프 회로에 영향을 준다.

⑥ **열차 분리**

열차가 분리되면 안전루프 회로가 폐회로를 구성하지 못하므로 모든 차량의 비상제동 전자밸브가 소자되어 비상제동이 체결된다.

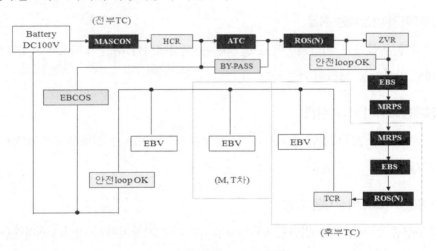

[그림 1-72] 안전루프회로 이해도

⑦ **운전자 안전장치 동작(DMS)**

운전자의 상태를 확인하는 장치로서 DMS(Dead Man Switch)를 일정 시간(5초)동안 누르지 않을 경우에 비상제동을 체결한다. 그러나 ATO가 장착된 차종은 수동운전을 할 경우에 한하여 작동이 유효하고 DSD(Driver Safety Device)가 동작 시 일단 경보를 울린 다음 10초 후에 FSB를 체결한다.

⑧ 안전루프 회로 전원공급 차단

- 운전실 교환 중 또는 어떠한 사유 등으로 운전실 선택이 결정되지 않거나 취소되어 HCR 및 TCR이 소자되었을 때
- 안전루프회로의 전원공급 회로차단기(BVN)가 차단되었을 때
- 배터리 저전압 시

(4) 4호선 ADV전동차 비상제동 회로

안전루프회로의 이해를 돕기 위해서 안전루프회로에 영향을 주는 접점에 해당하는 계전기 및 기기들에 대한 기능을 4호선 ADV전동차를 예를 들어 설명한다.

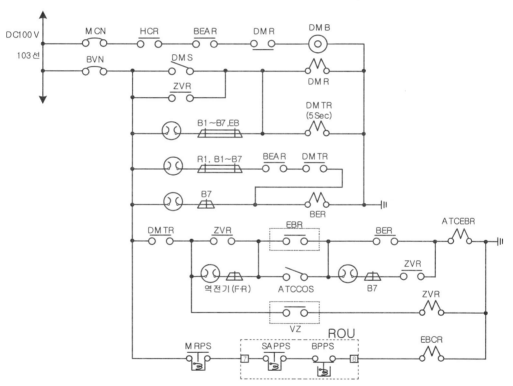

[그림 1-73] 4호선 ADV전동차 비상제동 관련회로

① BER(제동비상계전기, Brake Emergency Relay)

여자상태에서 비상제동이 완해되며, 여자되는 경로는 다음과 같이 2가지이다.

- 제동제어기 B7 위치

- 제동제어기 완해 · B1~B7위치, BEAR(비상제동보조계전기) 여자, DMTR(Dead Man Time Relay) 여자

운행중에는 제동제어기가 비상제동 이외 위치에서 여자한다. 그리고 비상제동 체결 후에는 제동제어기가 7스텝 위치에 있어야만 여자가 가능하다. 따라서 비상제동이 체결되면, 일단 열차가 정차하도록 제동제어기를 7스텝위치로 하여야만 비상제동이 완해된다. 또한 운전자가 운전 중 MASCON에 부착된 DMS를 누르지 않으면 5초 후 DMTR 'a'접점이 떨어지므로 BER이 소자되어 안전루프회로 라인에 설치되어 있는 BER 'a' 접점이 떨어지므로 비상제동이 체결된다.

즉, BER은 운전자안전장치에 의한 비상제동 체결기능과 비상제동이 체결되었을 때에는 열차가 일단 정차하도록 제동제어기 7step위치 선택여부를 확인하는 기능을 담당한다.

② **ES**(비상스위치, Emergency Switch)

이 스위치는 구원 연결할 때 구원차와 고장차간 12심 점퍼(Jumper)를 연결하고, 연결된 12심이 차량간 폐회로를 구성하여 제동제어가 총괄제어 되도록 취급하는 스위치이다. 선택위치는 다음과 같이 3개 위치가 있다.

- N위치 : 정상위치
- S위치 : VVVF 전동차와 연결 시 선택하는 위치
- K위치 : 코레일 저항전동차와 연결 시 선택하는 위치

따라서 ES가 운행상황에 적합하게 선택되어 있지 않으면 안전루프 회로 라인에 설치되어 있는 ES접점(N, K 위치에서만 연결)이 차단되어 비상제동이 체결된다. 그리고 전·후 운전실의 ES위치는 모두 안전 루프 회로에 영향을 준다.

ES는 구원운전을 할 때 고장차와 구원차간 안전루프 회로를 총괄제어 기능을 담당하는 스위치이기 때문에 비정상으로 취급되어 있을 때 비상제동이 체결되는 것이다.

③ **ATSEBR**(ATS비상제동계전기, ATS Emergency Brake Relay)

ATSEBR은 소자상태가 정상상태이다. ATSEBR은 ATS지령에 의한 비상제동을 체결하는 기능을 담당한다. ATS장치에서 비상제동 지령발생 시 여자되므로 안전루프회로 라인에 설치되어 있는 ATSEBR 'b' 접점이 떨어지므로 비상제동이 체결된다. 무여자 상태가 정상이므로 전부운전실의 ATSEBR만 안전루프 회로에 영향을 준다. 고장에 대비하여 바이

패스(By-Pass)할 수 있는 ATSCOS가 있고, 이를 취급하면 ATS에 의한 비상제동 체결이 무효화 된다.

④ **ATCEBR**(ATC비상제동계전기, ATC Emergency Brake Relay)

ATCEBR은 여자상태가 정상상태이다. ATC 비상지령에 의한 비상제동을 체결하는 기능을 담당한다. ATC장치에서 비상제동 지령발생 시 EBR이 소자되므로 EBR 'a' 접점이 떨어져 ATCEBR도 소자된다. 이렇게 ATCEBR이 소자되면 안전루프회로 라인에 설치되어 있는 ATCEBR 'a' 접점이 떨어지므로 비상제동이 체결된다.

TCR 'a' 접점과 병렬로 설치되어 있어 전부운전실의 ATCEBR만 안전루프회로에 영향을 준다. 고장에 대비하여 바이패스할 수 있는 ATCCOS가 설치되어 있으며, 이를 취급하면 ATC지령에 의한 비상제동 체결은 무효화 된다. 그리고 ATCEBR은 일단 소자되면, ATC 장치의 EBR이 여자하여도 즉시 여자되지 않고, 다음과 같은 조건이 만족되어야만 여자된다.

- 열차 정지상태 → ZVR 여자
- 비상제동 확인 Action → 제동제어기 7step 위치 선택

그러나 일단 여자된 다음에는 속도와 관계없이 DMS정상상태, 안전루프회로 정상복귀로 제동비상계전기(BER) 여자상태에서는 제동제어기 7step에 위치와 관계없이 여자상태를 유지한다.

⑤ **EBCR**(비상제동제어계전기, Emergency Brake Control Relay)

EBCR은 여자상태가 정상상태이다. 어떤 사유로 MR압력 $6.5kg/cm^2$ 이하로 떨어지거나, 또는 구원 운전할 때에 한하여 직통제동관압력스위치(SAPPS)가 $4.3kg/cm^2$ 이상이거나 또는 제동관압력스위치(BPPS)가 $3.0kg/cm^2$ 이하로 떨어지면 소자된다.

이렇게 EBCR이 소자되면 안전루프회로 Line에 설치되어 있는 EBCR 'a' 접점이 떨어지므로 비상제동이 체결된다. 전·후 운전실의 EBCR 모두 안전루프회로에 영향을 준다. 그리고 고장 시에는 EBCOS를 취급하면 바이패스되어 비상제동이 완해된다.

⑥ **EBS**(비상제동스위치, Emergency Brake Switch)

EBS는 운전실 데스크에 설치되어 있다. 운전자 이외 관계자가 비상제동을 체결하고자

할 때 취급하는 비상제동스위치이다. EBS를 취급하면 안전루프회로에 설치되어 있는 EBS 접점이 떨어져 비상제동이 체결된다.

취급사유 소멸 시에는 복귀하면 된다. 그러나 취급 후 복귀하여도 열차가 정차하기 전까지 안전루프회로의 전원공급이 불가(BER여자 될 때까지)하므로 비상제동 체결상태가 유지된다. 이 스위치는 안전루프회로 라인에 해당 스위치 접점이 설치되어 있기 때문에 전·후 운전실 모두 안전루프회로에 영향을 준다. 그리고 고장 시에는 EBCOS를 취급하면 바이패스되어 비상제동이 완해된다.

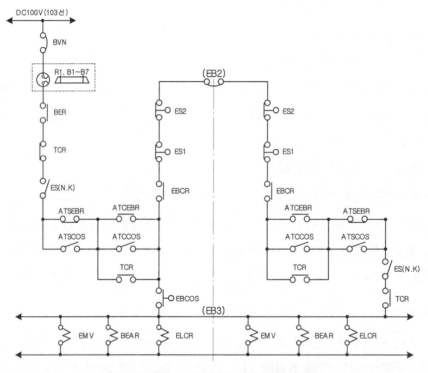

[그림 1-74] 4호선 ADV전동차 비상제동 제어회로

⑦ **EBCOS**(비상제동차단스위치, Emergenc Brake Cutout Switch)

EBCOS는 어떤 사유로 비상제동이 완해되지 않을 때 안전루프회로를 직결하는 스위치이다. 회로적으로는 EBCR(비상제동제어계전기)와 EBS(비상제동스위치)를 바이패스 하는 기능을 한다. 따라서 운전 중 EBCR 또는 EBS에 의한 비상제동이 복귀되지 않을 경우, EBCOS를 사용하면 비상제동을 완해할 수 있다. 그리고 EBCOS를 취급한 경우에는 MR 압력이 설정치 이하로 떨어지거나, EBS를 취급해도 비상제동 체결이 불가능하다.

(5) 비상제동 체결 및 완해

비상제동은 공기제동만 체결되며 체결절차 및 완해절차는 다음과 같다.

▶ 비상제동 체결절차

① 비상제동 체결조건에 의하여 안전루프(31선, 32선)에 전원공급이 차단되면, 모든 차량 하부에 장착된 BOU 내 설치된 비상제동전자밸브(EBV 또는 EMV)가 소자된다.

② EBV가 소자되면 「BC압력제어공기」가 중계밸브 하부작용실로 유입된다.

③ 「BC압력제어공기」의 압력에 의하여 중계밸브 상부의 공급변이 열린다.

④ 중계밸브 상부의 공급변이 열리면 상부 공급변에 대기하고 있던 공급공기가 BC에 유입 되어 비상제동력을 발생시킨다. BC에 유입되는 「제동작용공기」의 량은 중계변 하부 막판실에 작용한 「BC압력제어공기」의 압력에 비례한다.

⑤ 「제동작용공기」 압력에 의해 피스톤 로드를 움직이고, 기초제동장치를 통해 브레이크 슈를 차륜 등에 압착시켜 비상제동력이 발생 한다.

▶ 비상제동 완해절차

① 열차가 정차한다.(제동제어기를 7step으로 한다)

② 비상제동 체결원인이 소멸되면 안전루프(31선, 32선)에 전원이 공급된다. 각 차량 BOU 내 설치된 EBV(또는 EMV)가 여자한다.

③ EBV가 여자되면 중계밸브 하부작용실에 유입되었던 「BC압력제어공기」가 EBV 배출구 로 통해서 대기로 배기된다.

④ 중계밸브 하부작용실에 유입된 「BC압력제어공기」가 대기로 배기됨에 따라 중계밸브 상부의 공급변은 스프링 힘에 의해 닫히고, BC 공기통로와 중계밸브 배기구가 연결된 다.

⑤ BC에 유입되었던 「제동작용공기」가 중계밸브 배기구를 통해서 대기로 배출된다.

⑥ BC의 복귀스프링 힘에 의해 브레이크슈가 차륜 등에서 떨어져 비상제동이 완해된다.

6.8. 정차제동(Holding Brake)

(1) 개 요

정차제동은 열차가 역의 경사진 선로에서 출발할 때 중력에 의해 뒤로 밀리는 현상(Roll Back)을 방지하기 위한 제동이다. 주간제어기가 Two Handle Type의 전동차는 수동운전 시 경사진 선로를 출발할 때에는 차량의 미세한 후진 움직임에 대해서 운전자의 경험에 의한 조작 기술로 원활한 출발이 가능하다.

그러나 주간제어기 One Handle Type의 전동차의 경우 경사진 선로에서 출발할 때 밀리는 현상(Roll Back)이 발생될 수 있고, 특히 ATO운전(무인모드 또는 자동모드)시 경사진 선로에서 미세한 움직임에 대하여 시스템으로 감지하는 데에는 한계가 있기 때문에 열차가 정차 중에는 확실한 제동력을 유지하고 경사진 선로에서 원활한 출발이 가능하도록 시스템에 의한 정차제동 기능 확보가 필수적이다.

(2) 정차제동 제어 특성

① 정차제동은 지령선을 ON/OFF하는 1단 제어방식이다.
② 열차속도 검지에 의해서 자동으로 제동지령이 출력된다.
③ 응하중 제어가 적용된다.
④ 제동력은 FSB 제동력의 약 70%이다.(수동모드인 경우 약 30%)
⑤ 정차제동과 다른 제동이 동시에 체결되면 제동력이 높은 제동이 체결된다.
⑥ 정차제동은 추진지령(Propulsion Signal)이 발생하면 완해된다.
⑦ 정차제동 제어계통에 이상발생 시 정차제동 지령선을 전기적으로 차단할 수 있는 정차제동차단스위치(HBCOS)가 설치되어 있다.

(3) 정차제동 체결 조건

다음과 같은 체결조건 만족 시 정차제동체결 신호를 발생시켜 정차제동을 체결한다.
• 열차속도 약 3km/h 이하에서 주간제어기가 OFF위치에 있을 때
• 객실 출입문이 열려 있을 때

정차제동 완해는 수동운전 시에는 주간제어기를 파워링 위치로 옮기거나 ATO 운전 시에는

파워링 신호가 출력되면 완해된다. 그리고 정차제동이 전기적 결함 등으로 완해되지 않을 때는 열차를 운전을 할 수 없으므로 HBCOS를 취급하여야 한다.

(4) 정차제동 체결 및 완해

정차제동은 상용제동과 마찬가지로 전부 TC차에서 발생된 정차제동체결 신호가 인통선을 통해 M차 ECU에 전달되면 체결되고 정차제동 지령이 소멸되면 완해된다.

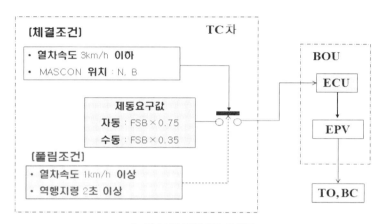

[그림 1-75] 정차제동 이해도

▶ **정차제동 체결절차**

① 전부 TC차에서 정차제동체결 신호 발생

② 인통선을 통해 M차 ECU로 전달

③ ECU에 정차제동체결 신호가 입력되면 응하중값을 포함 FSB제동력의 70%에 해당하는 「정차제동패턴지령」 출력

④ ECU에서 출력된 「정차제동패턴지령」에 의하여

→ M차 EPV에서 「BC압력제어공기」 생성

→ T차 EPV에서 「BC압력제어공기」 생성

⑤ 각 차량별로 중계밸브에서 「BC압력제어공기」 압력에 비례하여 BC에 유입된 「제동작용공기」에 의해 제동력 발생

▶ **정차제동 완해절차**

① ECU에서 「정차제동패턴지령」 소멸

② 각 차량의 EPV 배기구로 중계밸브의 「BC압력제어공기」 배기

③ BC의 「제동작용공기」가 중계밸브 배기구로 배기

④ BC의 복귀스프링 힘에 의해 브레이크슈가 차륜에서 떨어져 정차제동이 완해된다.

6.9. 보안제동(Security Brake)

(1) 개 요

보안제동장치는 상용제동과 비상제동을 사용하지 못할 경우를 대비하여 설치된 제3의 제동 장치이다. 따라서 보안제동장치는 제어계통과 압축공기통을 포함한 공기계통이 다른 제동장 치들과 독립되어 있다.

(2) 보안제어 제동 특성

① 전기지령선을 ON/OFF하는 1단 제어방식이다.

② 제어계통과 공기계통이 다른 제동과 독립되어 있다.

③ 전·후 운전실 모두 제동취급이 가능하다.

④ 보안제동이 체결되면 추진회로가 차단된다.

⑤ 보안제동 체결 시 운전실 데스크에 「보안제동표시등」이 점등된다.

⑥ 응하중 기능이 적용되지 않으며 제동력은 고정값(BC압력 $4kg/cm^2$)이 작용되도록 설계되어 있다.

⑦ 상용제동 또는 비상제동과 병합 체결된다. 동시에 체결 시 요구값이 높은 제동력이 작용한다.

(3) 보안제동 체결 및 완해

보안제동을 체결하지 않은 상태에서는 보안제동인통선(33선)이 무가압 상태이므로 각 차량마다 보안제동장치함 내에 설치된 보안제동전자밸브(SBMV)도 무여자 상태이다. 이런 상태가 정상상태이며, 보안제동 체결은 다음순서에 의해 체결되고 완해된다.

① 보안제동스위치(SBS) ON 취급

② 보안제동스위치 접점에 의해 보안제동인통선 가압

③ 각 차량마다 SBMV 여자

④ SBMV 여자되면 4kg/cm²의 압축공기가 복식체크밸브를 경유, BC에 유입되어 제동력 발생. (보안제동 체결 시 항상 4kg/cm²의 압축공기가 BC에 유입되는 것은 MR 압력을 약 9 kg/cm²을 보안제동장치함 내 설치된 압력조정밸브에서 4kg/cm²으로 감압 후 SBMV 입구에 대기하고 있다가 SBMV 여자 되면 BC로 유입되기 때문이다.)

⑤ 보안제동스위치(SBS)를 복귀(OFF)하면 보안제동지령이 소멸되고 SBMV가 소자되므로 BC에 유입되어 제동 작용을 한 압축공기는 SBMV의 배기구를 통해 대기로 배출되므로 완해된다.

(4) 보안제동 체결 계통도

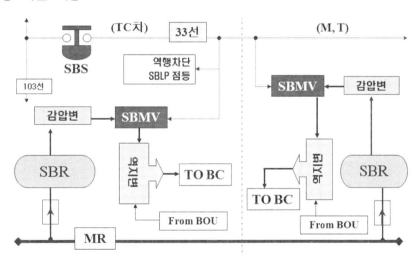

[그림 1-76] 보안제동 체결계통 이해도

6.10. 주차제동(Parking Brake)

(1) 개 요

주차제동은 전동차를 차량기지 또는 본선 유치선 등에서 기동정지 상태로 유치할 때 자동 구름을 방지하기 위해서 체결하는 제동이다.

(2) 주차제동 계통도

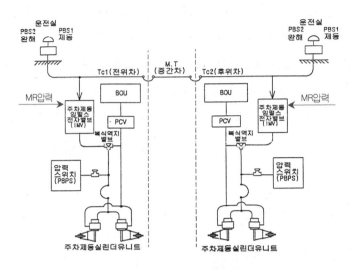

[그림 1-77] 주차제동 계통 이해도

(3) 주차제동제어 특성

① 제동지령선, 완해지령선이 독립된 2개 지령선 제어방식이다.

② 전·후 운전실에서 제동체결과 완해취급이 가능하다.

③ 스프링 장력에 의한 제동체결, 압축공기 완해방식이다.

④ 주차제동전자밸브 오동작에 대비하여, 주차제동전자밸브 자체에 수동취급 조작기구가 설치되어 있다.

⑤ TC차마다 2개의 주차제동실린더가 장착되어 있다. TC차 운전실측 대차에 축당 1개씩 2개가 설치되어 있으며 다른 제동과 함께 체결되지 않는 구조로 설계되어 있다.

⑥ 주차제동 체결유무가 추진제어장치와 인터페이스된다. 주차제동의 체결유무 정보가 열차종합제어장치(TCMS) 또는 열차감시장치(TGIS) 등과 인터페이스되어 주차제동이 체결된 상태로 운전하지 못하도록 추진제어회로에 연동되어 있고 주차제동이 체결상태를 표시해준다.

⑦ 주차제동실린더에 수동완해고리가 설치되어 있다.

주공기통 압력이 없거나 공급되지 않을 때에도 주차제동이 체결되는 기계적 결함에 대비하여 주차제동을 강제완해할 수 있도록 제동실린더에 수동완해고리가 설치되어 있다.

(4) 주차제동장치 구성

① 주차제동스위치(PBS1 · 2)

운전실에 설치되어 있으며, 주차제동체결스위치(PBS1)와 주차제동완해스위치(PBS2)로 구분되어 있다.

② 주차제동전자밸브(IMV)

주차제동전자밸브는 2개 전자밸브(제동밸브, 완해밸브)가 하나로 조립되어 있다. 주차제동체결스위치(PBS1)를 누르면 제동밸브가 여자되어 주차제동실린더의 압축공기를 대기로 배출한다. 주차제동완해스위치(PBS2)를 누르면 완해밸브가 여자되어 MR공기를 주차제동실린더에 공급한다. 이러한 주차제동전자밸브는 해당 스위치를 누르는 동안 잠깐 동작하여 제동 또는 완해작용하고 곧바로 소자된다. 이렇게 짧은 시간동안만 동작하기 때문에 IMV(Impulse Magnetic Valve)라고 한다.

그리고 제어전원의 단선 또는 전자변이 고장났을 경우에도 손 또는 발로 제동을 체결하고, 완해취급을 할 수 있도록 수동조작기구가 있으며, 수동취급이 용이하도록 전자밸브가 운전실 내에 설치되어 있다.

③ 복식역지변(DCHV)

주차제동 체결 시와 다른 제동체결 시를 구분하여 제동실린더로 유입되는 공기통로를 열어주는 역지밸브로서 주차제동과 다른 제동이 함께 체결되면 압력이 높은 쪽만 공급하는 역할을 한다.

④ 주차제동압력스위치(PBPS)

주차제동 공기계통의 공기압력을 체크하는 압력센서이다. 설정 값에 따른 신호를 TCMS에 제공(또는 추진회로 구성접점)하고, 설정치보다 압력부족 시 주차제동이 체결된 것이므로 추진회로를 차단하는 기능을 한다.

• 설정압력 : ON 4.5kg/㎠ / OFF 3.5kg/㎠

⑤ **주차제동실린더**

TC차 앞쪽 대차에 장착된 2개의 제동실린더가 주차제동실린더로 사용된다. 주차제동실린더가 별도로 있는 것이 아니고 1개의 제동실린더로 압력 작용실을 구분하여 주차제동과 다른 제동의 제동실린더로 사용한다. 그리고 기계적 고장 등을 대비하여 수동완해고리가 설치되어 있다. 수동완해고리를 당기면 압축공기없이 주차제동이 완해된다. 수동완해고리는 주차제동실린더에 압축공기가 공급되면 정상위치로 복귀된다.

⑸ 주차제동 체결 및 완해

주차제동의 체결 및 완해절차는 다음과 같다.

▶ **주차제동 체결절차**

주차제동체결스위치(PBS1)를 누르면 전·후부 TC차의 IMV의 제동밸브가 여자되어 MR 공급을 중단하고, BC의 주차제동실에 유입되었던 압축공기를 대기로 배출한다. 따라서 BC의 주차제동실 내부의 스프링 장력에 의하여 주차제동이 체결된다.

또한 오랜 시간동안 기동정지 상태인 경우 MR계통 압력저하 및 주차제동 작용계통의 공기압력이 자연 소모되면 스프링 장력에 의하여 주차제동이 체결된다.

▶ **주차제동 완해절차**

주차제동완해스위치(PBS2)를 누르면 전·후부 TC차 IMV의 완해밸브가 여자되어 MR관에서 BC의 주차제동실로 공기통로가 열려 MR이 BC의 주차제동실 내부에 유입되어 스프링을 누르므로 주차제동이 완해된다.

6.11. 제동작용장치(BOU, Brake Operating Unit)

(1) 개 요

BOU는 제동작용장치로서 제동지령을 받아 제동 작용이 일어나도록 BC의 압력을 제어하는 기기들을 집약 설치한 장치이며, 모든 차량 하부에 장착되어 있다.

| 4호선 전동차 | 5호선 전동차 | 7호선 전동차 |

[그림 1-78] 차량하부에 장착된 BOU함

참고로 서울지하철 5호선 전동차는 BCU(Brake Control Unit)라고 한다.

(2) BOU 종류

BOU는 내부에 설치된 기기는 제작사별로 약간씩 다르고 또한 차량별로 차이가 있다.
제작사 기준 차량별 BOU(또는 BCU) 형식은 아래 표와 같다.

제 작 사	M차용	T차용	비고
유진기공산업(주)	YN70M	YN70T	BOU
KNORR-BREMSE	KBRM-P	KBGM-P	일부 전동차 BCU
참고사항	· YN(유진), 70 (노선, 개발순서 등), M(M차용), T(T차용) · KB 크노르브램스, RM(M차용), GM(T차용), P(Pneumatic)		

이러한 BOU는 제작사별 기능 차이보다는 제동력이 M차 + T차 단위로 제어되기 때문에 M차용과 T차용의 차이를 알아야 한다.

① 유진기공산업(주) 제동작용장치(BOU)

[그림 1-79]의 전기지령제동장치의 BOU는 1990년대 초반에 서울지하철 4 · 7 · 8호선 전

동차에 장착된 「전류제어형」BOU이다.

구동차(M차) BOU	부수(T차) BOU
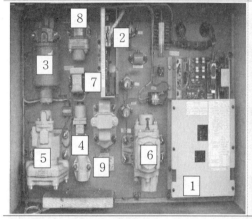	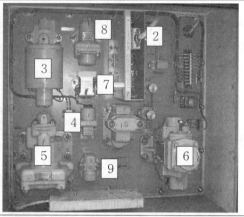

[그림 1-79] 전기지령제동장치(유진기공제동장치) BOU함

그러나 기술발달로 1990년대 중반부터는 「센서피드백형」으로 개량되어 6호선 전동차에 장착되었으며, 이후 보안제동장치가 모듈화 되어 BOU함에 설치되는 등 점차 소형, 경량화되는 추세이며, 최근에는 콤팩트(소형)화된 BOU가 개발되고 있다.

[그림1-80] 서울지하철 6호선 전동차용(센서피드백형) BOU

② KNORR-BREMSE제동장치

KNORR-BREMSE 제동장치는 [그림 1-81]과 제동제어장치인 ECU가 BCU함 내에 설치되어 있지 않고, 별도의 독립된 함 내에 설치되어 있다.

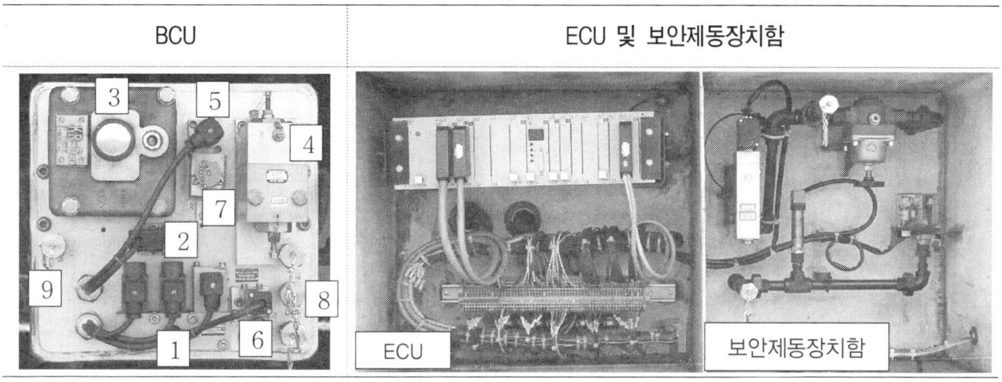

BCU	ECU 및 보안제동장치함

[그림 1-81] KNORR-BREMSE 제동장치

③ **차종별 BOU내의 부품명칭**

유진기공산업(주)	KNORR-BREMSE
① 제동전자유닛(ECU)	① 전공변환변(EPV)
② 공전변환기(PEC)	– 제동/완해전자밸브, 압력변환기
③ 전공변환밸브(EPV)	② 비상제동전자밸브(EMV)
– 제동·완해전자밸브	③ 중계밸브(RV)
④ 비상제동밸브(EBV)	④ 응하중밸브(LV)
⑤ 중계밸브(RV)	⑤ 압력변환기
⑥ 응하중밸브(LV)	⑥ 압력스위치
⑦ 복식역지밸브(DCHV)	⑦ BC압력 측정기
⑧ 강제완해밸브(CRV)	⑧ 압력 측정부(CV1,CV2,CV3)
⑨ Y절환밸브(YTV)	⑨ AS압력 측정부

(3) BOU 기기 및 기능

전기지령제동장치의 BOU의 기기별 기능은 다음과 같다.

① **제동제어장치**(ECU, Electronic Control Unit)

ECU는 M차에만 설치되어 있다. 열차제어시스템의 추진제어장치와 통신을 하며, 제동지령이 입력되면 제동 작용이 일어나도록 다음과 같은 기능을 수행한다.

- M차, T차의 공기제동력패턴 발생(BC압력 제어)
  - 혼합제동 체결 및 크로스 블랜딩(Cross Blending) 제어

- 응하중 제어
- 인 쇼트(In shot) 패턴 생성
- 정차제동 패턴 발생
- 추진제어장치와 통신(혼합제동 제어)
- 열차감시(TGIS) 또는 열차제어시스템(TCMS)와 통신

- 저크(Jerk)제한 제어
- 히스테리시스(Hysteresis) 보정

② **공전변환기**(PEC, Pneumatic-Electro Converter)

공기압력을 전기신호로 변환하는 기능을 하는 장치로서 M차, T차에 모두 설치되어 있으며 다음과 같은 기능을 수행한다.

- 제동불완해 감시
- 제동력 부족 감지
- BC압력을 전기신호로 변환 → 추진제어장치로 전송
- 공기스프링 압력 전기신호로 변환 → M차 ECU로 전송

- 강제완해 수행

KNORR-BREMSE 제동장치에서는 압력변환기에서 공기압력을 전기신호로 변환하여 ECU에 전달하여 제어한다.

③ **전공변환밸브**(EPV, Electro Pneumatic Change Valve)

전기신호를 받아 신호의 크기에 비례한 압축공기를 생성하는(통로 개방) 밸브로서 ECU에서 「공기제동력패턴지령」이 입력되면 중계밸브 하부작용실로 「BC압력제어공기」를 유입시키는 기능을 한다. 이렇게 중계밸브 하부작용실로 유입되는 「BC압력제어공기」량은 ECU에서 출력되는 「공기제동력패턴지령」값에 비례한다. 그리고 「공기제동력패턴지령」이 소멸되면 중계밸브 하부작용실로 유입되었던 「BC압력제어공기」를 대기로 배출하는 기능을 한다.

KNORR-BREMSE제동장치는 ECU로부터 제동지령이 출력되면 제동전자밸브가 여자되어 「CV1압력(BC압력제어공기)」을 생성하여 중계변 하부작용실로 유입시켜 제동 작용이 발생하도록 한다. 한편 제동전자밸브에서 생성된 CV1압력은 압력변환기에서는 전기신호로 변환되어 ECU에 전달한다.

ECU에서는 제동지령 값과 압력변환기에서 입력되는 CV1압력에 비례한 전기신호 값을 비교하여 제동지령 출력을 제어한다. 즉, 제동요구 값에 해당하는 CV1압력의 전기신호

값이 입력되면 제동전자밸브를 소자시킨다. 이러한 상태가 유지(Lap)상태이다. 그리고 완해지령이 ECU에 입력되면, 완해전자밸브를 여자시켜 CV1압력을 대기로 배출시킨다.

참고로 압력변환기의 공기압력 제어범위는 0~10kg/cm²이며, 공기압력에 비례한 전기신호는 선형적으로 2~12V로 변환되어 ECU에 전달된다.

④ **비상제동밸브**(EBV, Emergency Brake Valve 또는 EMV)

안전 Loop에 전원공급이 차단되는 비상제동이 체결되면 EBV는 소자되어 중계밸브 하부작용실로 「BC압력제어공기」가 유입되도록 공기통로를 개방해주는 기능을 한다. 그리고 안전 Loop에 전원이 공급되면 중계밸브 하부작용실로 유입되었던 「BC압력제어공기」를 대기로 배기하는 역할을 한다.

⑤ **중계밸브**(RV, Relay Valve)

중계밸브는 실제로 제동 작용이 발생되도록 압축공기를 BC에 유입시키고 또는 배출하는 기능을 한다.

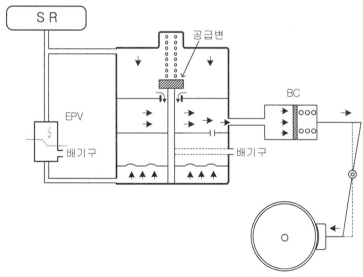

[그림 1-82] 중계밸브 이해도

중계밸브는 하부작용실에 유입되는 「BC압력제어공기」에 의해 상부 공급변이 개방되고, 상부 공급변이 개방되면 대기하고 있던 공급공기가 즉시 BC에 유입되어 제동 작용이 일어난다. 이렇게 BC에 유입되는 공기를 「제동작용공기」라 한다. 그리고 하부작용실에 유입되었던 「BC압력제어공기」가 EPV 배기구로 배출되면 상부 공급변은 닫치고,

BC공기통로와 중계밸브 배기구가 연결되어 제동실린더에 유입되었던 「제동작용공기」가 대기로 배출되어 제동 작용이 완해된다.

이러한 중계밸브는 모든 철도차량 제동장치에 장착되어 있으며, 제동체결 시 BC에 유입되는 「제동작용공기」를 증폭시키는 역할을 한다. 즉, 제동체결을 위해서 압축공기를 제어함에 있어 많은 양의 공기를 제어하는 것보다 적은 양의 공기를 제어하는 것이 신속하고 정확하게 제어할 수 있기 때문에 제동지령에 의해 EPV 또는 제동전자밸브에서 생성되는 「BC압력제어공기」는 소량의 공기를 제어하고, 중계밸브를 통해서 많은 양의 「제동작용공기」를 신속하게 BC에 유입시키는 것이다.

⑥ **응하중밸브**(LV, Load Valve)

응하중밸브는 비상제동 시 하중에 비례하는 제동력을 발휘할 수 있도록 공기스프링 압력을 입력받아 「응하중작용공기」를 생성한다. 응하중밸브는 항상 하중에 비례한 「응하중작용공기」를 생성하여 비상제동전자밸브 입구에 대기하고 있다가 비상제동전자변이 소자되면 즉시 중계밸브 하부 작용실로 유입시켜 제동 작용이 일어나도록 한다.

이러한 응하중밸브는 공기스프링 파손 등으로 응하중밸브에 유입되는 공기스프링의 압력이 없을 때를 대비하여 비상제동 시 최소한 공차상태의 제동력은 확보되는 구조로 설계되어 있다. 참고로 상용제동 및 정차제동 체결 시 응하중 제어에 제동유닛으로 구성된 2개 차량의 평균하중을 반영하기 위해서 ECU에서 출력되는 제동패턴 지령에 의해 이루어진다. 차종별 공차 만차 시 응하중 압력은 다음과 같다.

차종	공차	만차	비고
부수차(T차)	2.10kg/c㎡	3.95kg/c㎡	
구동차(M차)	2.20kg/c㎡	4.05kg/c㎡	

⑦ **복식역지밸브**(DCHV, Double Check Valve)

복식역지밸브는 좌·우 두개 통로의 압축공기 중 압력이 높은 쪽 통로와 제3의 통로를 연결해주고, 좌·우는 통로의 압축공기가 넘어가지 않도록 막아주는 역지기능을 가진 밸브이다. 좌·우 통로 중 한쪽 통로는 보안제동체결 시 압축공기가 유입되는 통로이며 다른 한쪽 통로는 일반제동(상용제동 또는 비상제동 등) 체결 시 「제동작용공기」가 유입되는 통로이다. 제3의 통로는 BC와 연결되는 통로이다. 즉, 복식역지밸브는 보안제동과 다른 제동의 통로를 구분해 주는 기능을 하는 밸브이다.

그리고 역지기능이 있고, 항상 좌·우 통로 중 압력이 높은 쪽을 제3의 통로와 연결해 준다. 때문에 상용제동 또는 비상제동 체결 중 보안제동과 중복 체결 시에는 「제동작용공기」압력이 보안제동 작용 압력인 4.5kg/cm² 보다 낮으면 보안제동 통로로 추가분의 제동 작용공기가 BC로 유입된다. 따라서 제동을 중복체결 시에는 항상 더 높은 제동력을 요구하는 제동력이 작용된다.

⑧ **강제완해밸브**(CRV, Compulsion Release Valve)

운전실 데스크에 설치된 강제완해스위치(CPRS)를 누르면 강제완해밸브가 여자하여 SR 압력으로 Y절환밸브 배기구를 동작시켜 BC의 「제동작용공기」 공급 라인과 Y절환밸브 배기구 통로를 연결시켜 BC에 남아 있는 「제동작용공기」를 대기로 배출시킨다.

KNORR-BREMSE 제동장치는 CRV와 Y절환밸브가 없기 때문에 제동불완해 검지 시 강제완해스위치(CPRS)를 취급하면 「제동작용공기」는 덤프밸브를 통해 배기된다.

⑨ **Y절환밸브**(YTV, Y형 Transfer Valve)

평상시에는 중계밸브에서 BC로 공급되는 「제동작용공기」의 단순한 통로 역할을 하다가 제동불완해가 검지되어 운전자가 강제완해스위치(CPRS)를 취급하면, CRV가 여자되어 압축공기의 유입으로 배기구가 개방되어 BC에 남아 있는 「제동작용공기」를 대기로 배출하는 기능을 한다.

⑩ **압력스위치**

KNORR-BREMSE 제동장치 BCU함 내에 설치된 압력스위치는 비상제동전자밸브의 작동 상태를 검지하여 ECU에 전송하는 기능을 한다. 즉 비상제동체결 시 「BC압력제어공기」압력이 6.5kg/cm² 이상에 ON되어 ECU에 전송하는데 ON되지 못하면 비상제동 체결이 실패된 것으로 판단하여 상용제동 계통으로 비상제동력에 해당하는 제동을 체결한다.

⑪ **BC압력 측정기 및 압력 측정부**(CV1, CV2, CV3)

제동장치 검사 및 정비 작업 시 압력게이지를 사용하여 해당 라인의 공기압력을 측정하는 압력검지용 Plug이다. 이러한 압력측정기 등은 차종에 따라서 BCU함 내부 또는 BOU함 뒷면에 설치되어 있다.

⑫ **압력변환기**

KNORR-BREMSE 제동장치의 압력변환기는 공기압력을 전기신호로 변환하는 장치이다. 정밀한 제동제어를 하기 위해서 다음과 같은 각종 압력을 전기신호로 변환하여 ECU에 입력하여 제동제어에 반영한다.

구분	공기압력	전기신호	비 고
CV압력	0~10kg/cm²	2~12V	BC압력제어공기
응하중압력	0~8.0kg/cm²	2~10V	응하중작용공기
SAP압력	0~4.5kg/cm²	2~6.5V	보안제동작용공기
BC압력	0~5.0kg/cm²	2~7V	제동작용공기

6.12. 제동전자제어장치(ECU)

ECU는 제동지령을 입력받아 제동 작용이 발생하도록 하는 기능을 하는 전자제어장치이다. 그리고 추진제어장치의 제작사와 제동장치의 제작사가 다르기 때문에 이들 장치간 데이터 통신 인터페이스 역할을 하면서 다음과 같이 제동과 관련된 주요 제어기능을 발휘한다.

(1) 공기제동력 패턴 Signal 발생

제동요구 값이 ECU에 입력되면, 응하중 값을 반영하여 어느 정도의 제동력을 체결할 것인가 하는 「제동력패턴」신호를 발생한다. 이 신호는 해당 제동유닛인 M차와 T차별로 각각 구분되어 출력된다. 그 이유는 전기제동과 공기제동을 혼합체결하고, 제동유닛으로 구성된 차량간 크로스 블랜딩(Cross Blending) 제어를 하기 때문이다.

이러한 「제동력패턴」 신호는 저크(Jerk)제한 제어와 크로스 블랜딩 제어를 반영 후, 다시 M차와 T차 각각 얼마만큼 공기제동을 체결할 것인지 하는 「공기제동력패턴」 신호를 생성한다. 이렇게 생성된 「공기제동력패턴」 신호는 다시 히스테리시스 보정 값과 인쇼트 패턴을 반영하여 M차와 T차의 전공변환밸브(EPV)에 전달되어 공기제동력(BC압력)이 발생되도록 한다.

(2) 응하중 제어

응하중 제어는 상용제동과 비상제동, 정차제동에 적용된다. 공기스프링의 압력신호를 제동출력에 연산하는 방식으로 제어한다. 따라서 승객하중이 변동되어도 운전자의 제동체결 요구량에 비례한 제동 감속도(제동시간, 제동거리)가 항상 일정하게 유지되기 때문에 안전한 정차 및 정위치 정차를 유리하게 한다.

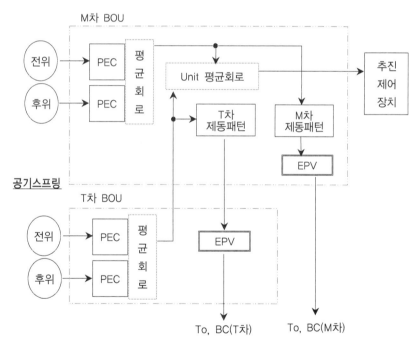

[그림 1-83] 응하중 제어 이해도

작용 과정을 살펴보면, [그림 1-83]과 같이 공기스프링의 압력변화를 공전변환기(PEC) 기기를 활용하여 출력제동력에 반영한다.

- 2개 대차의 공기스프링 평균압력 적용
- 회생제동 실효 시에도 각 차량별 독자적인 기능발휘

• M · T차 고유의 응하중 신호를 이용 정밀제어 기능 발휘

그리고 만일 공기스프링이 파손되거나 공전변환회로의 출력이 공차 신호보다 낮을 때는 공차의 80%를 적용하고, 공전변환회로 출력이 만차신호보다 높을 때는 만차의 120% 이하를 적용하도록 설계되어 있다.

▶ **응하중 제어 순서**

① 승객 하중변화 → 대차에 장착된 공기스프링 압력변화

② 공기스프링 압력(전 · 후 대차) → 공전변환기에서 전기신호 발생

③ 공전변환기의 전기신호 → 차량별 평균값 산출

④ 차량별 평균값 → 제동유닛(M+T차) 평균값 산출

　차량별 평균값 → 해당 차량 공기제동 출력에 반영

⑤ 제동유닛(M+T차) 평균값 산출 → 추진제어장치로 전달

　→ 추진제어장치에서는 추진제어시 반영

(3) 저크제한 제어

상용제동을 체결할 때 승차감을 개선하기 위해서 0.8m/s³ 크기로 감속도 상승을 제한하는 기능이다. 공기제동 체결 초기 제동체결 형식을 스텝패턴(Step Pattern)에서 램프패턴(Ramp Pattern)으로 변화되도록 제어하는 것이다. 상용만제동(Full Service Brake)을 체결할 때 감속도를 어느 정도를 제한하는지 고찰해 보면 다음과 같다.

FSB 감속도 : 3.5km/h/s → m/s²로 변환하면 0.97m/s²가 된다.

여기서 저크란 속도를 한 번 더 미분한 것이므로 감속도를 저크로 나누면 다음과 같은 값이 산출된다.

$$\therefore \frac{FSB}{Jerk} = \frac{0.97 m/s^2}{0.8 m/s^3} = 1.2125 s$$

즉, FSB를 체결하면 3.5km/h/s까지의 감속도 형성을 1.2125초 동안 지연시키는 것이다. 이러한 현상을 그래프로 표현하면 [그림 1-84]와 같다. 이러한 저크제한 제어기능은 비상제동을 체결 시에는 신속한 감속이 요구되므로 적용하지 않고 상용제동에서만 적용한다.

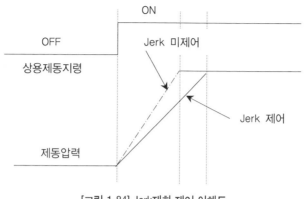

[그림 1-84] Jerk제한 제어 이해도

(4) BC압력 히스테리시스 보정기능

EPV(또는 제동밸브)는 코일에 전기를 공급하여 전자력을 발생시켜 BC압력을 생성한다. 이렇게 EPV의 작용코일이 여자 · 소자를 반복하다보면, 작용코일에는 잔류자기가 남게 된다. 이러한 잔류자기는 결과적으로 제어지령에 정확하게 비례하는 BC압력을 생성하지 못하고 남아있는 잔류자기만큼 편차가 발생하게 된다.

따라서 이를 보정하는 기능이 히스테리시스 보정 기능이다. ECU에서 히스테리시스 보정제어 결과 [그림 1-85]와 같이 제동체결 또는 완해 시 BC압력의 생성 곡선은 일치한다.

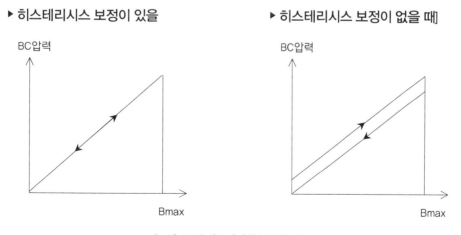

[그림 1-85] 히스테리시스 보정 비교

(5) 인 쇼트(In Shot)기능

인 쇼트 기능이란 상용제동 체결 중 회생제동에서 공기제동으로 전환 시 공기제동 체결지연으로 인한 제동효과 감소를 방지하기 위하여 회생제동 작용 중에 BC의 행정 지연시간을 고려하여 BC 내의 압력을 일정부분 유지해주는 기능이다.

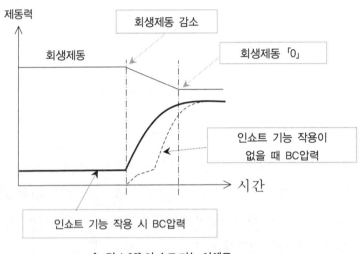

[그림 1-86] 인 쇼트 기능 이해도

6.13. 제동력 부족검지

제동력 부족검지는 공전변환기(PEC)에서 담당한다. 상용만제동(FSB) 체결 중 전기제동이 체결되지 않은 상태에서 PEC에 피드백되는 BC의 압력이 시간 경과 후까지 설정치 이상 확보되지 않으면 제동력이 부족한 것으로 판단하고 해당 차량에 한하여 비상제동이 체결된다.

이러한 제동력부족검지 여부를 판단하는 설정값은 제동장치의 제작사 또는 제작시기에 따라 약간씩 차이가 있으며, 대표적인 제동장치 제작사별로 구분 시 다음 표와 같다.

구 분	유진기공제동장치	KNORR-BREMSE
설정시간(초)	3.5초	2.5초
제동실린더 압력	1.4kg/㎠	1.5kg/㎠
기능 작용	해당차량 비상제동체결	해당차량 비상제동체결, 또는 제동 유닛 구성된 다른차량에서 부족분 감당

6.14. 제동불완해 및 강제완해

제동 완해 후 5초 경과한 상태에서 BC의 압력이 1kg/㎠ 이상 남아 있을 때 제동불완해로 판단하고 추진제어회로를 차단하며, 제동불완해 상태임을 알려주기 위해서 운전실 모니터에 표시해주고, 제동불완해표시등을 점등해준다.

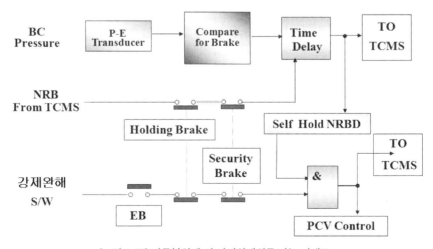

[그림 1-87] 제동불완해 시 강제완해취급 기능 이해도

제동불완해 검지는 상용, 비상, 정차, 보안제동의 체결지령이 없는 상태에서 유효하며, 제동불완해가 검지되면 운전자가 운전실 데스크에 설치된 강제완해스위치를 취급하면 BC에 남아 있던 압력은 다음과 같이 대기로 배출된다.

- 유진기공 제동장치 : 해당차량 CRV여자, Y절환밸브로 배출
- KNORR-BREMSE 제동장치 : 해당차량 덤프밸브로 배출

6.15. 활주방지장치(Anti-Skid Control Equipment)

(1) 개 요

활주방지장치란 자동차의 전자제어 ABS시스템(Anti-lock Braking System)처럼 제동체결 시 차륜과 레일 사이의 점착상태를 감지하여 유효한 제동력을 유지하도록 제어하는 시스템이다.

활주방지 제어는 상용제동, 비상제동, 보안제동 체결상태에서 작용한다. 어느 차축에서 활주현상 또는 공전현상 발생으로 감속도 신호가 설정치를 초과하면 활주방지장치에서 해당 대차의 BC에서 제동력으로 작용하고 있는 압축공기를 대기로 배출하여 제동력을 감소시켜 레일과 차륜간 점착력을 확보하고, 점착력이 형성되면 다시 BC에 압축공기를 공급하여 제동효과를 유지해주는 기능을 한다.

(2) 장치 구성 및 기능

앤티스키드제어장치는 다음과 같은 부품으로 구성되어 있으며 부품별 기능은 다음과 같다.

① **속도센서**(Speed Sensor)

차축별 속도를 측정하여 ASCU에 제공한다.

② **압력제어밸브**(PCV, Pressure Control Valve)

덤프 밸브(Dump Valve)라고도 하며 ASCU 제어에 의해 BC 압력공기를 배기 또는 공급한다.

③ **안티스키드제어유닛**(ASCU, Anti-Skid Control Unit)

마이크로 프로세서로서 4개의 차축속도의 변화율(감속도)를 계산하고, 대차의 압력제어밸브(PCV)를 제어한다.

⑶ 스키드 감지와 재점착 제어

차종마다 제어방식에는 약간씩 차이가 있으나 기본적으로 3km/h 이상 속도에서부터 다음과 같이 제어한다.

① 감속도와 가속도 감지 제어

공전이나 활주가 어떤 차축에서 발생하여 감속도값이 설정값을 초과하면 ASCU에서 해당 대차의 BC 내의 압축공기를 배기시킨다. 이렇게 압축공기를 배기함으로서 제동력이 감소되고, 해당 차축의 차륜과 레일 사이에 재점착이 형성된다. 재점착 형성으로 차축의 속도가 신속하게 상승하고 속도상승 설정 값이 확인되면 ASCU에서 해당 대차의 BC에 압축공기를 다시 공급시킨다.

② 속도차 감지 제어

4개의 차축의 속도 중 가장 높은 속도와 기준속도를 비교 연산한다. 차축간 속도차가 설정된 한계치를 초과하면 ASCU에서 해당 대차의 BC 내의 압축공기를 배기시킨다. 이러한 동작으로 속도차가 설정 값 이하가 되면 해당 대차의 BC에 압축공기를 다시 공급시킨다.

③ 안전연동

완전 재점착 감지까지 소요되는 시간이 설정시간을 초과하는 경우 열차가 정지할 때까지 제어를 차단한다.

▶ 앤티스키드 제어 설정 값
- 각 차축의 스키드 설정 값 : $\beta \geq 20 km/h/s$
- 유효 감속도 감지의 차축간 속도차 설정 값 : $V_{\max} - V \geq 5 km/h$
- 모든 차축 동시 스키드 설정값 : $\beta \geq 10 km/h/s$
- 속도차 감지 설정값 : $V_{\max} - V \geq (0.1 \times V_{\max} + 3)km/h$
- 재점착 감지 설정값 : $V_{\max} - V \leq 3 km/h$
- 재스키드 감지 설정값 : $\beta \geq 3 km/h/s$
- 비정상 스키드 감지시간 : $T = 5\sec$

6.16. 주공기압축기

(1) 개 요

주공기압축기(CM, Compressor Motor)는 각종 기기 제어에 필요한 압축공기를 생성하는 장치로서 TC1·2차 및 T2차 하부에 장착되어 있다. 공기압축기는 기본적으로 Unit당 1대가 장착되므로 10량, 3개 Unit로 조성된 편성은 3대의 주공기압축기가 장착되어 있다.

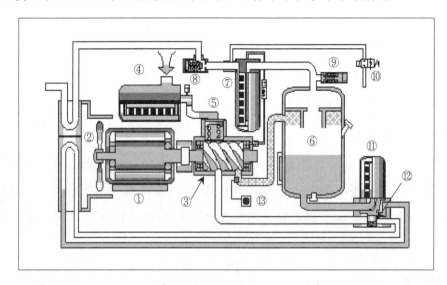

① 전동기	② 냉각팬 및 냉각기	③ 압축기 불럭
④ 공기필터	⑤ 흡입부 역지변	⑥ 오일탱크
⑦ 오일분리기	⑧ 토출변	⑨ 안전변
⑩ 릴리프밸브	⑪ 오일여과기	⑫ 온조조절기
⑬ 온도계		

[그림 1-88] 스크루 공기압축기

주공기압축기는 전동차 차종에 따라 약간씩 차이가 있으나 대부분의 전동차는 SIV에서 출력된 AC 380V, 60Hz 전원으로 전동기가 구동되고, 전동기 회전축에 달린 스크루에 의해 오일로 밀폐하여 압축공기를 생성한다.

[그림 1-88]과 같은 스크루방식의 공기압축기는 과거의 피스톤 압축방식의 공기압축기보다 소음이 적고, 경량이며, 압축공기 생성에 효과적인 장점 때문에 최근 도입되는 전동차에는 모두 스크루방식의 공기압축기가 장착되고 있다. 스크루를 통해서 압축된 공기와 공기압축을 위해서 밀폐용으로 사용되는 오일은 팬을 구동하여 냉각시키는 강제 냉각방식을 채택하고 있다.

(2) 제 원

4호선 ADV전동차의 스크루방식 주공기압축기 제원은 다음과 같다.

전동기	압축기
• 형식 : 3상 농형 유도전동기	• 공기토출량 : 1,600ℓ/min±10%
• 전원 : AC380V, 60Hz	• 토출압력 : 9kg/cm²
• 회전수 : 1750rpm	• Oil 용량 : 8ℓ~10ℓ
• 극수 : 4극	• CM-Governor : 8~10kg/cm²
• 용량 : 15KW	• 안전변 압력 : 11kg/cm²

(3) 기동 제어

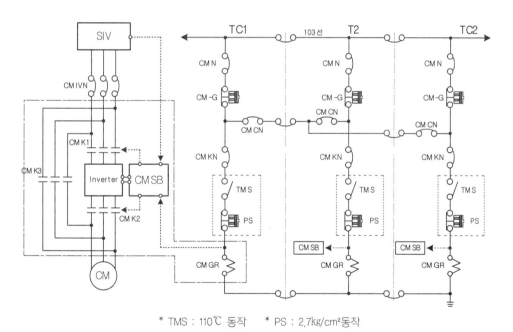

* TMS : 110℃ 동작   * PS : 2.7kg/cm²동작

[그림 1-89] 주공기압축기 제어회로

주공기압축기는 자체 기동장치(CMSB)에 의해서 제어된다. 그리고 운행중 압축공기의 사용 정도에 따라 조압기(Governor)에 의해서 제어되므로 수시로 기동과 정지를 반복한다. 이렇게 주공기압축기가 기동과 정지를 반복할 때마다 전동기 전원공급 주회로에 설치되어 있는 공기

압축기접촉기(CMK)가 투입되고, 차단된다면 전기적 충격에 의해서 수명단축은 물론 소손되거나 용착되는 고장이 발생될 수 있다.

따라서 이러한 문제점이 발생되지 않도록 하기 위해서 CMK1,2는 주회로를 구성 해주는 역할만 하고, 주회로에 인버터를 장착하여 GTO 게이트 ON/OFF 제어로 전동기에 전원을 공급하거나 차단하는 방식으로 주공기압축기의 구동을 제어한다.

또한 주공기압축기를 기동할 때 인버터에서 전동기에 공급되는 주파수를 제어하여 점진적으로 회전속도를 상승시키는 소프트 스타트(Soft Start) 제어를 한다. [그림 1-89]는 4호선 ADV 전동차의 주공기압축기 제어회로이다.

▶ 기동절차

① SIV 전원발생 3초 후 공기압축기시한계전기(CMTSR)가 여자하면 CMSB 지령에 의해 CMK1·2가 투입된다.

② 편성 중 어느 하나 유닛이라도 CM-G ON상태이면 공기압축기조압기계전기(CMGR)이 여자되고, 이 정보가 CMSB에 입력된다.

③ CMGR 정보가 CMSB에 입력되면, 인버터 GTO를 ON/OFF 제어를 하여 전동기에 전원이 공급되므로 CM이 기동된다.(이때 인버터에서 전동기에 공급되는 전원의 주파수를 제어하여 점진적으로 구동속도가 상승되도록 제어한다.)

④ 이후부터는 CM-G 설정 값에 의해서 인버터 GTO ON/OFF 제어로 공기압축기가 구동과 정지를 반복한다.

⑤ 어떤 사유로 SIV로부터 전원 출력이 없으면 CMSB 지령에 의해 인버터 GTO 구동을 정지하고 CMK1·2를 차단한다.

⑥ 다시 연장급전 또는 SIV 기동으로 CMSB에 SIV의 전원 출력이 감지(CMTSR 여자)되면, CMSB 지령에 의해 CMK1·2가 투입되고, 기동절차에 의하여 기동된다.

▶ CMSB 고장 시 바이패스 기동

주공기압축기 기동장치인 CMSB가 고장으로 CMK1·2 및 인버터 제어가 불가할 경우에는 5초 후에 자동적으로 CMK3가 투입되어 AC380V 전원을 인버터를 경유하지 않고 직접 전동기에 공급하여 주공기압축기를 구동시킨다.

(4) 보호기능

주공기압축기가 구동 정지되는 보호기능은 다음과 같다.

- SIV 출력 AC 280V 이하 → CMLVR 소자(320V 이상 여자)
- 압축기 온도과열(110℃) → TMS(온도스위치) 동작
- 압축기내 압력 상승(2.7kg/cm²) 이상 → PS동작

(5) 동기구동 제어

주공기압축기를 효과적으로 사용하기 위해서 압축공기 생성이 필요할 때 유닛별 구분하여 제어하지 않고, 편성에 있는 모든 주공기압축기가 동시에 구동하고, 정지하도록 제어를 하는 것을 **동기구동제어**라고 한다. 따라서 주공기압축기는 편성 중 어느 1개의 CM-G가 ON 설정 값인 8kg/cm²가 되면 모두 구동되며, 어느 1개의 CM-G라도 OFF 설정 값인 10kg/cm²에 도달하지 않으면 다 같이 구동하도록 [그림 1-89]와 같이 CMCN(주공기압축기 제어회로 차단기)를 활용하여 모든 유닛의 공기압축기제어회로가 연결되도록 제어회로가 설계되어 있다.

(6) 각종 압력스위치 설정 값

4호선 ADV전동차의 각종 압력스위치 설정값은 아래 표와 같다.

구 분	설정값(kgf/cm²)	설치위치	기 능
CM-G	ON 8.0±0.1 OFF 10±0.1	주공기통 ↔ MR 본관	주공기압축기 부하 제어
ACM-G	ON 6.5±0.1 OFF 7.5±0.1	보조공기압축기 ↔ 판타 공기통	보조공기압축기 부하제어
MRPS	ON 7.5±0.1 OFF 6.5±0.1	주공기관(MR)	주공기 압력 부족시 비상제동 체결
PBPS	ON 4.5±0.1 OFF 3.5±0.1	주차제동전자밸브 ↔ 제동통	주차제동 공기압력 부족시 추진회로 차단
PanPS	ON 4.7±0.1 OFF 4.2±0.1	Pan전자밸브 ↔ Pan	주차단기 투입불가
압력 조정 밸브	CR 5.0±0.1	주공기통 ↔ 제어공기통	출입문제어 압력 조정
	Pan 5.0±0.1	보조공기압축기통 ↔ Pan 공기통	Pan제어 압력 조정
	SB 4.0±0.1	보안제동장치함	보안제동력 압력 조정

6.17. 구원운전(Rescue Operating)

(1) 개 요

열차 운행중 차량고장 발생으로 자력으로 운행이 불가할 경우에 다른 전동차 또는 철도동력차로 견인하는 것을 **구원운전**이라고 한다. 이러한 구원운전 취급방법은 차종별로 상이하므로 기본원리를 중심으로 설명한다. 그리고 구원운전을 하는 경우는 크게 보면 다음 2가지의 경우가 있다.

- 추진력 발생이 불가한 경우
- 제동력을 상실한 경우

(2) 구원운전 스위치

구원운전 관련 스위치는 차종에 따라 다음과 같다.
- 도시철도공사 전동차 : ROS(Rescue Operating Switch)
- 4호선 ADV 전동차 : RMS(Rescue Mode Select Switch)
  ES(Emergency Switch)

여기서 구원운전 관련스위치의 취급법은 해당 노선에 운행하는 전동차의 차종이 몇 종인지에 따라서 달라진다. 동일한 차종만 운행하는 노선의 전동차는 선택위치가 정상 또는 구원위치로 단순하다. 특히 단일차종만 운행하는 서울지하철 5호선의 경우에는 ROS가 설치되어 있지 않고 「12심 점퍼(Jumper)선」만 연결하면 구원차와 고장차간 인터페이스가 이루어져 총괄제어와 운전자 간에 연락이 가능하도록 설계되어 있다.

그러나 여러 종류의 차종이 운행하는 노선의 경우에는 운행 차종 수만큼 선택위치가 늘어나고 복잡해진다. 이러한 이유는 차종에 따라 제동관련 제어명령으로 사용하는 신호의 종류와 제어명령이 전달되는 인통선 구조 및 가압조건이 다르기 때문이다.

(3) 구원운전 취급법

구원운전을 할 때에는 전기회로의 기능을 활용하여 고장차와 구원차간 어느 한 쪽에서 필요에 따라 제동을 체결하면, 자동적으로 추진제어가 차단되고, 고장차가 제동기능이 정상적이면 고장난 전동차도 제동이 체결되어야 한다.

그리고 구원차와 고장차의 운전자간 연락이 가능하도록 통신라인이 연결되어야 한다. 또한 단일차종만 운행하는 노선에서는 어느 한쪽 전동차에서 추진제어취급을 할 경우, 추진력 발생이 가능한 차량은 추진력을 제어하는 총괄제어가 이루어져야 한다.

만약 이러한 총괄제어가 이루어지지 않는다면, 어느 한쪽에서 제동을 체결하고, 다른 차량에서는 추진력이 발휘되는 불균형이 발생하여 열차의 중간부분이 부상(浮上)하여 탈선하거나, 차량이 분리되는 병발사고가 발생할 수 있으므로 구원운전을 할 때에는 반드시 고장차와 구원차간 총괄제어가 이루어지도록 구원운전취급을 하여야 한다.

구원운전취급법은 1차로 고장차와 구원차간 제동제어와 추진제어가 총괄제어가 되고, 운전자간 통신이 가능하도록 「12심점퍼선」을 연결하고, 2차로 12심점퍼선을 통해서 제동관련 제어회로와 통신라인 등의 전기회로가 구성되도록 「구원운전스위치」를 취급하여야 한다.

4호선 ADV전동차의 경우에는 「비상스위치」도 함께 취급하여야 하며 전동차(노선)별 구원운전스위치의 취급기준은 다음과 같다.

▶ 7 · 8호선용 DCV전동차 구원운전 시 취급기준

기기	선택위치	사 용 시 기
ROS	정상위치	정상 운행
	구원위치	구원 연결할 때

▶ 4호선 ADV전동차 구원운전 시 취급기준

기기	선택위치	사 용 시 기
RMS	1위치	VVVF 전동차 상호간 구원운전을 할 때
	2위치	VVVF 전동차가 AD저항 전동차를 구원운전을 할 때
	3위치	디젤기관차가 VVVF 전동차를 구원운전을 할 때
	4위치	AD저항 전동차가 VVVF 전동차를 구원운전을 할 때
ES	N위치	정상운전
	K위치	AD저항 전동차, 디젤기관차와 구원운전 할 때
	S위치	VVVF 전동차가 동력운전 불능으로 구원운전할 때

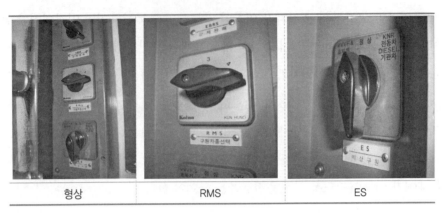

형상	RMS	ES

[그림 1-90] 4호선 전동차 구원운전스위치

(4) 12심 점퍼선

구원운전을 할 때 연결하는 「12심점퍼선」은 차종에 따라 선별 기능이 약간씩 차이가 있다. 차이가 나는 이유는 제동관련 제어명령으로 사용하는 제어선의 기능 또는 제어 신호의 종류가 다르기 때문이다. 그러나 동일 노선을 운행하는 전동차는 차종과 무관하게 그 기능이 같다. 차종별 핀의 기능은 다음과 같다.

PIN	4호선 ADV전동차		7 · 8호선 DCV전동차(GEC)	
	선번호	기 능	선번호	기 능
1	151선	제동(-) 귀선	18선	제동(-) 귀선
2	27선		31선	안전루프(EB1선)
3	28선	상용제동 요구값	32선	비상제동(EB3선)
4	29선		33선	보안제동지령
5	32선	안전루프(EB3선)	11선	추진지령
6	100선	DC제어(-) 귀선	7선	제동지령
7	–	예비선	16선	DC제어(-) 귀선
8	31선	비상제동(EB2선)	501	예비
9	10선	제동지령	34선	PWM 신호(Encoder) 제동 및 추진 요구값
10	164선	Buzzer 회로	35선	
11	72선	PA(방송) 제어회로	76선	PA(방송) 제어회로
12	73선		77선	

(5) **구원작용장치**(Rescue Operating Unit)

전동차가 최초로 운행 노선에 반입될 때 철도 동력차(디젤기관차 등)에 의해서 견인되어 반입된다. 그리고 철도동력차와 전동차 운행을 함께하는 광역전철노선에서는 철도동력차에 의해서 구원 연결할 경우가 발생한다. 이렇게 철도동력차에 의해서 전동차가 견인될 때에 철도동력차에서 전동차의 제동제어가 가능하도록 해주는 어댑터(Adopter)장치가 필요하다.

이 Adopter장치를 **구원작용장치**(ROU)라 한다. 이 장치는 철도동력차의 BP관, MR관 등이 연결되며, 철도동력차에서 제동취급 시 변화되는 제동관의 공기압력을 전기신호로 변환하여 전동차에 제동지령을 할 수 있는 역할을 한다. 이러한 ROU장치는 철도동력차와 운행을 공유하는 노선을 운행하는 전동차(서울지하철 4호선 ADV전동차)에는 고정식으로 장착되어 있고, 전동차만 운행노선을 운행하는 전동차에는 최초로 반입할 때 임시로 적재하여 사용하고 철거하므로 ROU장치가 부착되어 있지 않다.

제7절 운전보안장치

철도교통의 사명은 안전·정확·신속이다. 철도 교통수단은 특성상 제한된 공간에서 고밀도 운행을 하는 대중교통 수단이다. 따라서 철도에서는 열차 및 차량이 안전하게 운행할 수 있도록 각종 시스템을 활용하고 있는데 이러한 시스템을 **운전보안장치**라 한다.

본 절에서는 운전보안장치 중 운전자 취급과 밀접한 관계가 있는 「열차자동정지장치」·「열차자동제어장치」·「열차자동운전장치」에 대한 기능과 취급절차를 중심으로 설명한다.

7.1. 운전보안장치 개요

도시철도운전규칙에 운전보안장치란 열차 및 차량의 안전운전을 확보하기 위한 장치로서 다음의 장치로 정의되어 있다.

- 폐색장치(Block System)
- 신호장치(Signal System)
- 연동장치(Interlocking System)
- 선로전환장치(Point 또는 Switch System)
- 경보장치(Warning System)
- 열차자동정지장치(Automatic Train Stop System)
- 열차자동제어장치(Automatic Train Control System)
- 열차자동운전장치(Automatic Train Operation System)
- 열차종합제어장치(Total Traffic Control System)

이러한 운전보안장치는 전자·정보통신 기술발달로 개별 기기의 개념을 벗어나 통합 시스템으로 발전해가고 있는 추세이다. 예를 들면, ATC시스템 적용 노선에서는 폐색장치·신호장치·연동장치가 하나의 시스템으로 구성되어 있거나, 독립되어 있어도 네트워크를 구성하여 데이터 통신을 통해 각각의 기능을 발휘한다.

7.2. 운전보안장치 특징

운전보안장치는 기본적으로 열차 및 차량의 운행진로·운행속도 등에 대한 안전을 보장하는 역할을 하는 설비로서 다음과 같은 특징을 구비하고 있다.

(1) 이중계(다중계) 기능

운전보안장치에 고장이 발생할 경우 사람이 개입하여 폐색취급과 수신호를 현시하고, 수신호에 따라 열차가 운행한다. 그리고 운전자의 규범적 의지에 따라 제한된 운행속도를 준수하여야 한다. 이렇게 열차의 안전운행을 사람의 취급과 규범적 의지에 의존할 경우 인적오류로 인하여 정시운행은 물론 안전운행 확보에 한계가 있다.

따라서 이렇게 열차 운행관련 취급을 사람에게 의존하는 상황 발생을 최소화하기 위해서 중요한 기능을 하는 기기는 주장치(Main)와 보조장치(Auxiliary)로 구성되어 있다. 이러한 이중계 구성은 시스템이 정상일 때에는 항상 주장치가 활성 상태로 기능을 담당한다. 보조장치는 대기상태를 유지하고 있다가 주장치가 고장발생으로 기능을 발휘하지 못할 경우 자동으로 활성화되어 기능을 담당한다.

(2) 페일세이프(Fail-Safe)기능

페일세이프(Fail-Safe)란 절대 안전개념이다. 즉, 운전보안장치에 고장이 발생하였을 때 가장 안전한 측으로 작동하는 기능이다. 예를 들면, 차상 ATC장치는 고장이 발생하면 열차보호기능이 상실되므로 안전을 위해서 자동으로 비상제동이 체결되어 열차를 정지시키는 기능이 발휘되도록 설계되어 있다. 이러한 기능을 페일세이프(Fail-Safe) 기능이라고 한다.

(3) 취급·동작 및 고장내용 기록

운전보안장치는 열차 안전운행에 영향을 미치는 중요한 설비이기 때문에 사고 또는 장애발생 시 정확한 원인규명을 위해 언제, 어떤 취급을 하였으며, 어떻게 동작하였는지 등 취급기록과 작동기록이 유지되어야 한다. 운전보안장치가 기계식인 경우에는 중요 취급사항에 대하여 취급자가 대장에 기록하는 방법으로 관리되어 왔으나 전자식 운전보안장치는 각종 취급사항과 동작결과, 고장내용이 자동으로 저장되고 필요시 프린터로 출력이 가능한 기능이 갖추어져 있다.

7.3. 운전보안장치 종류

(1) 폐색장치(Block System)

철도차량은 자동차와 달리 제한된 선로(길)로 운행되고, 조향(操向)기능이 구비되어 있지 않다. 또한 차량 중량이 무겁고, 차륜과 레일 사이에 점착력이 낮아 제동거리가 길다. 따라서 철도차량의 운행특성을 반영하여 열차가 안전하게 운행할 수 있도록 운행구간을 일정한 거리로 나누고, 나눈 구간에 1개 열차만 운행하도록 제한하고 있다.

이와 같이 열차가 안전하게 운행할 수 있도록 나눈 구간을 **폐색구간**(Block Section)이라고 한다. 즉, 폐색구간은 열차의 충돌 및 추돌을 방지하기 위해서 1개 열차만 진입하도록 일정한 거리로 분할한 선로 구간이며, 폐색구간에 1개 열차만 진입시키기 위해서는 먼저 해당 폐색구간에 다른 열차 또는 장애물의 점유 유무를 확인하고, 확인된 결과를 운전자 또는 운행시스템에 전달하여야 한다. 이렇게 폐색구간에 열차의 점유 유무를 확인하고, 확인결과를 열차운행 통제에 활용하는 제반장치를 **폐색장치**라 한다.

폐색장치는 폐색구간 내 열차 등의 점유유무에 대한 확인절차와 그 결과를 나타내는 방식에 따라 명칭이 정해진다. 예를 들면, 궤도회로를 통해서 폐색구간 내 열차의 점유여부를 확인하여, 그 결과를 시스템에 의해서 자동으로 선로 변에 설치된 신호기에 현시해주는 방식을 **자동폐색장치**(*ABS)라 하고, 운전실 제어대에 장착된 차내신호기에 현시해주는 방식을 **차내신호폐색장치**(**CBS)라고 한다.

이러한 폐색장치에 대한 설명은 고정폐색방식(Fixed Block System) 에 관한 설명이다. 그러나 정보통신기술 발달로 최근에는 폐색구간을 일정한 거리로 나누어 고정하지 않고 TRS(Train Radio System)또는 ***RFID 등을 활용하여 연속적으로 열차의 운행위치 추적, 수집된 정보를 바탕으로 앞뒤 열차 간 안전거리를 유지하도록 열차운행을 제어하는 이동폐색방식(****MBS)이 활발히 도입되고 있는 추세이며, 이동폐색방식에서 사용되는 폐색장치는 무선통신을 기반으로 하기 때문에 *****CBTC System이라 한다.

---

*ABS : Automatic Block System
**CBS : Cab Signalling Block System
***RFID : Radio Frequency Identification
****MBS : Moving Block System
*****CBTC : Communications Based Train Control

(2) 신호장치(Signal System)

신호장치란 열차 및 차량이 안전하게 운행하도록 운전조건 등의 정보를 제공하여 선로 이용률의 극대화로 수송능률을 향상시키기 위한 설비이다. 따라서 단순히 신호기만이 아닌 신호를 현시하거나 제공하기 위해서 신호기계실에 설치된 각종 설비가 모두 신호장치에 포함된다.

도시철도 노선 중 ATC시스템이 구축된 노선의 경우 본선구간은 운전실 제어대에 설치된 ADU(Aspect Display Unit)에 신호가 현시되는 차상신호장치를 사용하고 있다. 그리고 신호기에 현시되는 신호는 색(色) 또는 숫자로 열차가 운행하여야할 속도를 지시하므로 이를 지시속도(또는 지령속도)라고 한다.

참고로 도시철도 노선에서 차상신호방식을 도입한 본선구간에는 신호기는 없고, 운전자에게 개통된 진로에 대한 정보를 제공하는 신호기 형태의 진로개통표시기를 부설하여 운영한다.

| 신호기 | 선로전환기 |

[그림 1-91] 신호기 및 선로전환기

(3) 연동장치(Interlock System)

연동장치란 신호기 또는 선로전환기 등에 대한 작동을 전기적 또는 기계적으로 상호 연관시켜 정해진 조건 및 작동순서가 일치될 때 동작하도록 하는 장치이다.

정거장과 차량기지 구내에는 많은 선로전환기와 신호기가 설치되어 있고, 열차의 도착, 출발 및 차량의 이동으로 빈번히 신호취급 기회가 발생한다. 따라서 취급자의 주의력에만 의존하여 선로전환기 및 신호 취급할 경우 오취급으로 인한 사고발생 우려가 있다. 이러한 문제점을 보완해주기 위해서 연동장치가 사용되며 연동장치는 다음과 같이 분류한다.

① **기계연동장치**

역구내 신호 설비인 신호기, 선로전환기, 신호취급레버 등이 인력에 의해 수동식으로 동작되고 기기들 상호간 연쇄도 기계적으로 이루어지는 장치로서 재래식 연동장치.

② **전기(계전)연동장치**

역구내 신호기, 선로전환기, 궤도회로 장치를 일정한 순서에 따라 계전기에 의해 조작반에서 제어하고 표시회로를 구성하여 열차 운행의 보안도와 신뢰성이 높은 연동장치.

③ **전자연동장치**(EIS, Electronic Interlocking System)

마이크로프로세서, 컴퓨터 등을 이용하여 연동논리회로를 소프트웨어, 전자Logic회로로 구성하며, 조작반을 모니터, 키보드(마우스)방식으로 개량된 연동장치이다.

기기구성의 경량화 및 중앙전산처리장치(CPU)의 2중화로 신뢰도와 안정성이 매우 우수한 장치로서 고장내용 등이 자동 기록·저장되는 등 유지보수 관리가 유리하다. 이러한 많은 장점 때문에 1990년대 중반부터 신규노선은 물론 신호시스템 개량 시 전자연동장치로 설치하고 있다.

(4) 선로전환장치(Point 또는 Switch System)

열차 및 차량의 진로를 변경하는 개소에는 하나의 선로에서 다른 선로로 분기하는 분기기가 설치되어 있다. 이러한 분기기를 전환시키는 장치가 선로전환기[그림 1-91]이다. 선로전환기는 분기기의 첨단레일(Tongue rail)을 정위(定位) 또는 반위(反位)로 전환하여 주는 장치로서 **해정, 전환, 쇄정 작용**을 한다. 동작 제어명령이 입력되면 쇄정상태를 해정하고 동작간을 움직여 첨단 레일을 전환시켜 기본 레일에 밀착시킨다. 그리고 열차 및 차량의 진동 등에 견딜 수 있도록 쇄정한다.

선로전환기는 항상 개통 해두는 방향을 **정위**(Normal Position)라 하고, 그 반대 방향을 **반위**(Reverse Position)라고 하며, 정위 결정은 다음 기준에 의해 정한다.

- 본선과 본선 또는 측선과 측선의 경우는 주요한 방향
- 단선에서 상하본선은 열차의 진입하는 방향
- 본선과 측선과의 경우에는 본선의 방향

- 본선 또는 측선과 안전 측선(피난선 포함)의 경우에는 안전 측선의 방향
- 탈선 선로전환기는 탈선시키는 방향

(5) 경보장치(Warning System)

경보장치란 열차가 주의를 요하거나 또는 위험구역에 접근하면 경보음을 울려 위험을 인식하도록 하고, 경우에 따라서 열차가 위험구역에 진입하면 자동으로 비상제동이 체결되어 정차시키는 장치이다.

철도의 대표적인 경보장치는 열차 등이 건널목에 접근하게 되면 자동차 또는 보행자가 건널목 내로 진입을 하지 않도록 자동으로 경보 및 차단기를 하강하는 건널목 경보장치가 있다. 도시철도 노선에서는 열차가 정거장에 접근하게 되면 승강장에 경보가 울려 승강장에서 대기 중인 승객의 주의를 환기시키는 경보장치가 있으며, 또한 고속철도 노선에는 터널 내에서 작업하는 보수자 및 순회자의 안전을 위해서 열차가 터널 내로 접근 시 일정시간 전에 알려주는 터널경보장치 등이 있다.

(6) 열차자동정지장치(ATS, Automatic Train Stop System)

열차가 지상에 설치된 신호기의 현시상태 즉 지시속도를 초과하여 운전하거나 또는 정지신호 현시구간을 진입하였을 때 자동으로 열차를 정지시키는 장치이다. 자동열차정지장치는 지시속도 위반여부를 감시하는 기능이 신호기 설치위치에서만 동작되는 「점제어식」과 다음 신호기까지 연속적으로 감시기능을 발휘하는 「연속제어식(또는 속도조사식)」이 있다.

(7) 열차자동제어장치(ATC, Automatic Train Control System)

ATC 장치는 필수적(Vital)인 개념의 **ATP**(Automatic Train Protection) 기능과 비필수적(Non Vital)인 개념의 **ATO**(Automatic Train Operation)기능 및 **ATS**(Automatic Train Supervision) 기능을 갖춘 종합적인 열차제어장치이다. 자세한 기능에 대하여 뒤에서 상세하게 설명한다.

(8) 열차자동운전장치(ATO, Automatic Train Operation System)

열차 운전을 운전자의 기기조작에 의하지 않고 지상·차상의 열차자동제어장치로 수행하는 장치이다. ATO장치는 주변 시스템으로부터 열차 운전에 필요한 정보를 입력받아 입력된

정보를 연산 처리하여 가 · 감속 및 정위치 정차 제어를 수행하는 장치이다.

(9) **열차종합제어장치**(TTC, Total Traffic Control System)

열차종합제어장치는 노선에 운행중인 모든 열차의 운행상황을 대형표시반(Large Display Panel)에 표시해 주며, 자동으로 진로를 제어하고 열차 스케쥴을 관리하며, 필요시 열차운행 진로를 수동제어가 가능한 장치로서 주요 기능은 다음과 같다.

- 열차 다이어그램(Diagram) 작성 및 변경
- 열차 운행상태 실시간 정보 표시
- 열차 진로 및 간격 제어
- 정거장 모니터
- 전력계통 상태 표시 · 감시 및 제어
- 각종 설비 상태 표시 · 모니터 및 제어

이러한 TTC시스템은 최근 경전철 도입과 더불어 실시간 열차상태 정보 전송감시 및 원격 제어는 물론, 역 통과(정차)기능, 열차 운전제한(임시 속도제한) 기능, 승차권 판매 · 집계 기능 까지 갖춘 시스템으로 발전하고 있는 추세이다. TTC시스템에 대하여 유럽 등에서는 ATS(Automatic Train Supervision)라 부르고 있으며, 종합관제센터는 OCC(Operation Control Center)라고 한다.

7.4. 궤도회로(Track Circuit)

(1) 개 요

철도에서 자동폐색식 또는 차내신호폐색식을 채택하고 있는 노선에서는 신호기가 방호하는 구간에 다른 열차 등이 없는지를 확인하는 방법으로 궤도회로를 활용한다. 따라서 궤도회로를 이해하여야 ATS장치 또는 ATC/ATO장치의 기능을 이해할 수 있으므로 궤도회로에 대하여 설명한다.

(2) 궤도회로 원리

열차 및 차량이 운전할 때 해당구간에 진입 가 · 부를 지시하는 신호기에 신뢰할 수 있는 신호가 현시되기 위해서는 반드시 해당 신호기가 방호하고 있는 구간에 다른 열차 등이 없는지를 궤도회로를 통해서 확인하여야 한다.

궤도회로는 레일을 전기회로의 일부분으로 사용하여 차량의 차축에 의해 전기회로를 단락 또는 개방함으로써 열차 등의 유무를 검지하여 신호 제어 정보로 사용하는데 이렇게 열차의 유무검지에 궤도의 일부분에 해당하는 레일을 사용하기 때문에 **궤도회로**라 한다.

궤도회로는 [그림 1-92]와 같이 궤도를 적당한 구간으로 구분하고, 구분된 경계지점을 절연시켜 전기적으로 분리한다. 그리고 한 쪽은 전원을 연결하고 다른 한 쪽에는 계전기를 연결시켜 놓고 레일에 전원을 공급한다. 궤도회로 내에 열차가 없을 때는 공급전원은 궤도회로를 통하여 계전기가 여자한다. 그러나 해당 궤도에 열차가 진입하면 열차의 차륜과 차축에 의해 전기회로를 단락(연결)시켜 계전기가 소자된다.

이렇게 열차의 점유여부에 따라 여·소자되는 계전기를 **궤도계전기**(TR, Track Relay)라 하며, 궤도계전기의 여자 또는 소자 상태에 따라 해당 구간 내에 열차 등의 존재 유무를 판단하는 것이다. 그리고 한류장치는 차축에 의해 궤도회로가 단락될 때 과전류가 흐르는 것을 방지하기 위하여 설치되어 있다.

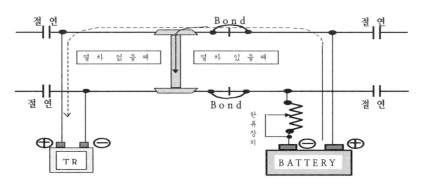

[그림 1-92] 궤도회로 원리

(3) 궤도회로의 종류

철도에서 궤도회로는 사용전원, 회로구성방법, 절연유무방법 등에 의하여 분류하고 있다. 여기에서는 궤도회로의 이해를 돕기 위해서 필요한 궤도회로만을 대상으로 설명한다.

① **직류궤도회로**

열차검지용 전원을 [그림 1-92]와 같이 직류(DC) 전원을 사용하는 직류궤도회로로서 주로 전철구간이 아닌 구간에 부설되어 있다.

② **교류궤도회로**

열차검지용 전원을 교류(AC)전원을 사용하는 궤도회로로서 주로 전기철도 구간과 장대레일 설치구간에 부설되어 있다.

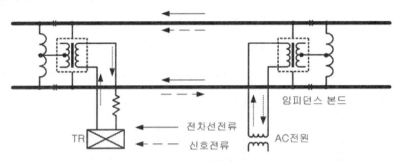

[그림 1-93] 교류 궤도회로 원리

③ **AF**(Audio Frequency) **궤도회로**

열차검지용 전원으로 교류전원을 사용하고, 사용하는 교류전원의 주파수가 사람이 들을 수 있는 가청주파수(16~20,000Hz)를 사용하기 때문에 **AF(가청주파수)궤도회로**라고 한다. 전차선 귀선용 전류와 신호전원용 전원에 대하여 전기회로적으로 구분되도록 궤도회로의 경계지점마다 임피던스 본드를 설치하여 전차선 귀선전류는 다음 궤도회로 구간으로 보내고, 열차검지용 전원(궤도주파수)은 해당 궤도회로 내에만 흐르게 하는 방식의 궤도회로이다.

이러한 AF궤도회로는 차상신호시스템을 채택하고 있는 노선에 매우 적합한 궤도회로로서 열차검지기능 뿐만 아니라 선행열차와의 운행간격, 해당 열차의 지시속도, 차량운행 정보 등을 디지털 정보전송방식으로 차량에 송신하여 안전운행을 가능하게 해주는 장치이다. 주요 구성요소는 동조유닛(TU, Tuning Unit), 커플링유닛(CU, Coupling Unit), 정합변성기(MT, Matching Transformer), AF본드(AF Impedance Bond)로 되어 있다.

④ **PF**(Power Frequency) **궤도회로**

열차검지용 전원으로 상용전원 주파수인 60Hz를 사용하는 궤도회로로서 폐색구간의 전기적 구분 경계로 사용하는 미니본드 대신에 CU(Coupling Unit)와 운전실(Cab)전용 루프가 설치되어 있다. ATC 폐색시스템을 사용하는 노선에서 분기기 구간 또는 차량기지에 부설하여 사용하는 궤도회로이며, **상용주파수궤도회로**라고도 한다.

⑤ **코드 궤도회로**(Code Track Circuit)

궤도에 흐르는 신호 전류를 소정 횟수의 코드(부호)수로 단속(斷續)하고 이 코드(code) 전류가 코드 계전기를 동작시킨 다음 복조기를 통하여 정규의 코드수일 때에만 코드 반응 계전기를 동작시키는 궤도회로이다. 궤도회로 제어 거리의 증대, 궤도 단락 감도 향상, 미세한 전류에 의한 잘못된 동작을 방지해 주는 특징이 있고, 제어 방식으로는 무극 코드를 사용하는 방식과 유극 코드를 사용하는 두 가지 방식이 있다.

7.5. ATS(Automatic Train Stop)장치

(1) 개 요

열차는 반드시 신호기에 현시되는 지시속도를 준수하면서 운행하여야만 안전운행이 보장된다. 지시속도에 대한 준수를 운전자에게만 의존할 경우 만약 운전자가 지시속도를 위반한다면 충돌, 추돌 등의 사고가 이어질 수 있다. 따라서 열차 운행중 운전자가 지시속도를 위반할 경우에 자동으로 제동을 체결하여 열차를 정지시키는 장치가 ATS장치이다. 이와 같은 역할을 하는 ATS장치는 궤도회로상의 열차 유무를 검지하여 상설신호기인 폐색신호기 등에 자동으로 신호를 현시하는 자동폐색장치(ABS) 구간에서 사용하는 운전보안장치이다.

(2) ATS장치 구성

ATS장치는 지상에서 제공되는 지시속도를 인지하고 인지된 지시속도와 열차의 실제속도와 비교하여 이를 위반 시 열차를 정지시키는 장치로서 「지상장치」와 「차상장치」로 구성되어 있다.

지상장치는 신호기에 현시되는 지시속도의 정보를 열차(차상장치)로 전송하기 위한 정보 송신기로서 선로에 설치되어 있는 「지상자」이다. **차상장치**는 지상자에서 전송한 정보를 열차에서 수신하기 위한 차상 안테나 역할을 하는 발진주파수를 수신하는 「차상자」와 열차의 주행속도 측정용 「속도발전기」그리고 각종상태를 표시해주는 표시등을 현시하고, 지시속도와 주행속도를 비교 연산처리하고 필요시 경보음을 울려주며, 제동지령을 출력하는 「ATS Frame」으로 구성되어 있다.

- 차상자
- 속도발전기
- ATS Frame

ATS Frame은 [그림 1-94]와 같이 **전원부**, **수신기부**, **운전논리부**, **계전기부**로 구성되어 있다.

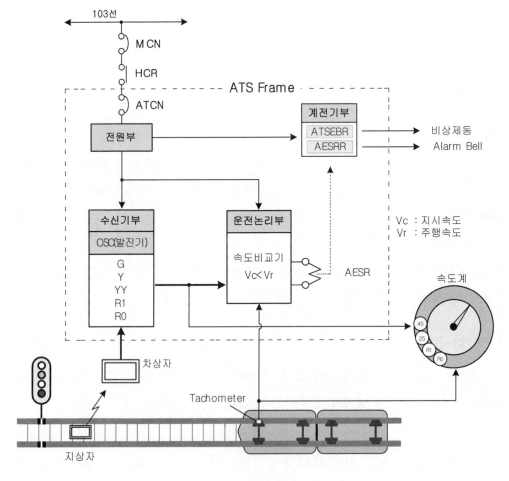

[그림 1-94] ATS장치 블록도

(3) ATS장치 기능

자동폐색식(Automatic Block System) 적용구간에서 열차보호 기능은 지시속도 45㎞/h 이하에서만 작용한다. 왜냐하면, 45㎞/h를 초과하는 지시속도에서는 운전자가 스스로 적당한 속도로 주행할 수 있도록 신호현시 체계운용과 폐색구간 길이가 설계되어 있기 때문이다. 즉, 철도에는 지시속도 45㎞/h 이하부터 속도준수와 정차지점에 대한 관리가 필요하다는 개념이 도입되어 있다. 따라서 지시속도 45㎞/h를 **주의신호**라고 하는 것이다.

ATS장치의 열차운행 보호기능은 다음과 같다.

① 지시속도 위반 보호기능

열차가 진입하는 구간을 방호하는 신호기의 지시속도보다 높은 속도로 진입하거나, 또는 진입 후 지시속도보다 높은 속도로 운전하는 과속(Over Speed) 상태가 되면,

- 즉시 경고음을 울린다.
- 속도계에 운행구간의 지시속도에 해당하는 표시등 점등(해당 속도가 표시되는 빨간색 원형)
- 운전자가 3초 이내에 4스텝 이상 제동을 체결하여 감속하지 않으면 비상제동을 체결한다.

만약에 비상제동이 체결되면 열차가 정차한 후에 제동제어기를 7스텝으로 하여야만 비상제동 완해가 가능하다.

② 정지신호 위반 보호기능

열차가 진입하지 않아야 하는 정지신호 현시구간에 진입을 하면,

- 즉시 비상제동이 체결된다.
- 경고음을 울린다.
- 속도계 「R1 또는 R0」 표시등 점등된다.

비상제동은 열차가 정차한 후에 제동제어기를 7스텝으로 하여야만 비상제동 완해가 가능하다. 그리고 열차를 운전하기 위해서는 상황에 적합하게 「15km/h스위치」 또는 「특수운전스위치(ASOS)」를 취급하여야 계속해서 운행할 수 있다.

③ 정지신호 구간 진입 기능

ATS시스템 적용구간에서 정지신호 현시구간에서는 ATS장치의 보호기능에 의하여 비상 제동이 체결되기 때문에 진입하거나 운행이 불가하다. 따라서 신호장치 고장, 구원운전 등 불가피한 경우에 비상제동 체결을 무효화하고 일정속도 이하로 운행이 가능하도록 해주는 기능이 갖추어져 있다. 이러한 기능이 발휘되기 위해서는 운전자가 「15km/h스위치」, 또는 「ASOS스위치」를 취급하여야 한다.

그리고 ATS시스템 적용구간에서 정지신호 구간은 R1 또는 R0로 구분 운영하고 있으며, 그 차이는 다음과 같다.

- **R1정지신호**(허용 정지신호)

  자동폐색구간에 진행중 폐색신호기의 첫번째 정지신호

- **R0정지신호**(절대 정지신호)

  자동폐색구간에 진행중 연속하여 두 번째 자동폐색신호기의 정지신호 또는 장내, 출발, 입환 신호기의 정지신호

따라서 R1에 해당하는 정지신호 현시구간을 진입하고자 할 때에는 15km/h스위치」를 취급하여야 하며, R0에 해당하는 정지신호 구간을 진입하고자 할 때에는 ASOS를 취급하여야 한다.

④ 「15km/h스위치」 취급

정지(R1)신호 현시 구간을 진입하고자 할 때 또는 정지(R1)신호 구간에서 정차 후 다시 운전하고자 할 때 취급하는 스위치이다. 열차가 정차한 상태, 제동제어기 4스텝 이상에서 「15km/h스위치」를 누르면 **정지후진행모드**(Stop & Proceed)가 설정된다. 정지후진행모드가 설정되면 [그림 1-93]과 같이 ATS장치표시반에 설치되어 있는 「15km/h등」이 점등되고, 비정상상태로 운전하고 있다는 것을 운전자에게 인식시켜 주기 위해서 모드가 무효화 될 때 까지 계속 차임벨(Chime Bell)이 울린다. 정지후진행모드에서 운전속도는 15km/h 이하이며 이를 초과할 경우 즉시 비상제동이 체결된다.

정지후진행모드는 지상자로부터 다른 신호에 해당하는 정보를 수신하면 자동으로 취소된다. 따라서 「15km/h스위치」취급은 1회만 유효하다. 즉, 한번 취급으로 연속해서 정지신호 현시구간을 ATS장치에 의한 비상제동 체결없이 자유롭게 진입할 수 없다. 다시

정지신호 현시구간을 진입하기 위해서는 상황에 적합하게 「15km/h스위치」 또는 「ASOS」를 취급하여야 한다.

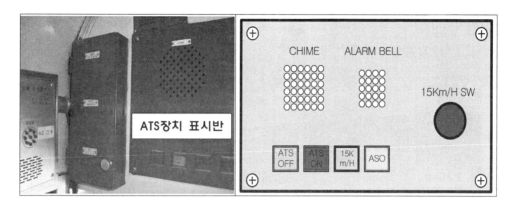

[그림 1-95] ATS장치 표시반

(4) 특수운전스위치(ASOS) 취급

ASOS는 신호장치 고장발생으로 폐색방식을 변경하였을 경우 또는 절대신호에 해당하는 장내, 출발, 입환신호기에 정지신호가 현시되어 있는 구간에 진입할 사유가 발생하였을 때 취급하는 스위치이다. 즉, ASOS는 열차가 진입하고자 하는 구간에 신호장치 고장으로 차상시스템으로는 정지신호 밖에 확인되지 않을 경우에 비상운전을 하기 위한 스위치이다.

따라서 ASOS를 취급하여 비상운전을 할 때에는 다른 방법으로 전방진로에 대한 안전을 보장을 받아야 하기 때문에 반드시 관제사에게 전방진로에 대한 진입을 승인 받은 후에 취급하여야 한다.

이러한 특수운전모드는 정차한 상태, 제동제어기 4스텝 이상에서 「ASOS」누르면 설정된다. 특수운전모드 설정결과는 [그림 1-95]와 같이 ATS표시반에 설치되어 있는 「ASO등」이 점등되고 속도계에 원형의 '45등'이 현시되며, 운전할 수 있는 속도는 45km/h 이하이고 이를 초과할 경우 즉시 비상제동이 체결된다. 특수운전모드는 지상자로부터 다른 신호에 해당하는 정보를 수신하면 자동으로 취소된다. 따라서 「ASOS」취급은 1회만 유효하다.

그러므로 다시 정지신호 현시 구간을 진입할 때에는 상황에 적합하게 절차에 따라 「ASOS」를 취급하여야 한다.

(5) 입환절환스위치(SOCgs)

차량기지 등 ATS 지상설비 비설비 구간에서 운전속도를 25km/h 이하로 제한하기 위해서 설치된 스위치이다. 이 스위치 위치는 운전실 제어대에 설치되어 있으며 [그림 1-96]과 같이 「SO위치」・「NO」 위치가 있다.

[그림 1-96] SOCgs

SO(Shunting Operating)**위치**는 차량기지에서 선택하는 위치로서 운전속도를 25km/h 이하로 제한한다. 운전속도가 25km/h를 초과할 경우 경보벨이 울리고, 운전자가 3초 이내에 제동제어기를 4스텝이상으로 취급하여 감속하지 않으면 비상제동이 체결되어 차량을 정차시킨다.

NO(Normal)**위치**는 본선을 운행할 때 선택하는 위치로서 출고선 시단에서 「SO위치」→「NO위치」로 절환하면 45km가 설정되어 다음 신호기까지 45km/h 이하로 운전할 수 있다.

7.6. ATC(Automatic Train Control)장치

ATC장치는 지상 신호시스템과 연계하여 열차가 점유하고 있는 구간에 대한 폐색상태를 연속적으로 확인하고, 확인된 속도코드(지시속도)를 ADU에 현시하며 자동운전이 가능하도록 지시속도를 ATO장치에 전달한다.

그리고 운전중에는 지속적으로 지시속도의 준수여부를 감시한다. 만약 지시속도를 초과하는 과속운전을 하면, 자동으로 제동체결 지령을 출력하여 감속을 한다. 그리고 이 때 감속도가 부족할 경우에 비상제동 지령을 출력 비상제동을 체결하여 열차를 정지시키는 역할을 하는 장치이다.

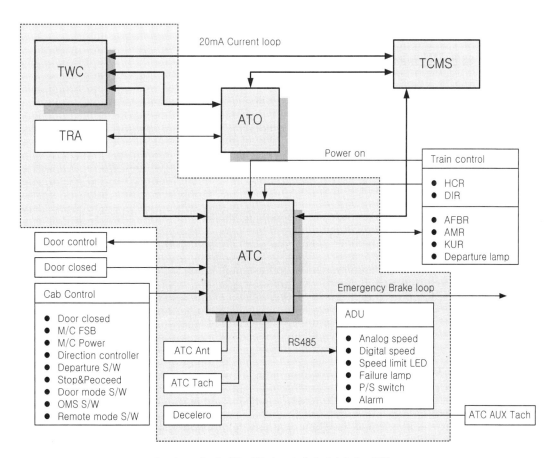

[그림 1-97] 7호선용 전동차 ATC장치 인터페이스 블록도

7.6.1. ATC 시스템 기본기능

ATC 시스템의 기본 기능은 다음과 같다.

구 분	주요기능
ATP(열차보호) 기능 (Automatic Train Protection)	· 열차간격제어 · 진로배정 · 과속방지
ATO(열차자동운전) 기능 (Automatic Train Operation)	· 가감속 및 정속도 제어 · 정위치 정차제어 · 출입문 열림제어
ATS(열차자동감시) 기능 (Automatic Train Supervision)	· 자동진로설정 · 열차식별 확인 · 운전시격 및 열차간격 자동조정 · 역 정차 및 열차 운전제한 · 정보서비스(기록 저장 보관 등)

7.6.2. ATC 속도코드 수신

(1) 개 요

서울지하철 9개 노선 중 3 · 4호선은 ATC장치를 5 · 6 · 7 · 8 · 9호선은 ATC&ATO장치를 채택하고 있다. 차이는 컴퓨터에 의한 자동운전 가능유무만 차이가 있을 뿐, 모두 지시속도를 현시하는 폐색수속에는 ATC장치가 역할을 담당하고 있다. 노선별로 운행하는 전동차는 각각 제작사가 다른 ATC장치를 장착하고 있으나 어떤 ATC장치를 장착하였어도 반드시 지상으로부터 속도코드를 수신 받아야만 ATC장치의 기본 기능인 과속에 대한 보호기능과 정지신호 구간으로 진입 시 자동으로 제동을 체결하는 보호기능이 발휘된다. 따라서 지상 신호장치로부터 속도코드를 수신받는 절차를 잘 알아야 ATC장치를 이해할 수 있으므로 속도코드 수신절차에 대하여 설명한다.

(2) ATC System 노선의 궤도회로

ATC System을 폐색장치로 사용하는 노선은 본선구간은 *AF궤도회로가 설치되어 있고, 분기기 구간 및 기지 구내는 **PF궤도회로가 설치되어 있으며 각각의 궤도회로 기능은 다음과 같다.

---

*AF : Audio Frequency
**PF : Power Frequency

▶ AF궤도회로

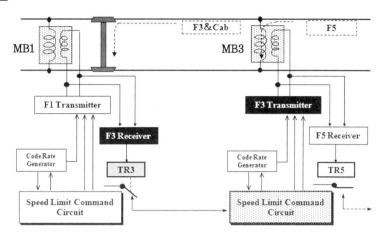

[그림 1-98] AF궤도회로

AF궤도회로는 앞에서 설명한 바와 같이 **교류 궤도회로**이다. 폐색구간의 구분은 물리적으로 구분하지 않고, 미니본드(Mini Bond)를 활용하여 교류전기의 공진회로 특성을 이용 전기적으로 구분한다. 이러한 미니 본드는 [그림 1-98]과 같이 폐색구간의 시단과 종단이 되는 지점에 좌우측 레일 연결하는 형태로 설치되어 있으며, 궤도주파수(열차검지용 전류) 및 Cab Signal의 송수신을 담당한다.

그리고 AF궤도회로에서 차상 ATC장치가 다음 절차에 의하여 지상 신호장치로부터 속도코드를 수신하여 ADU에 지시속도를 현시하고, ATO장치로 지시속도를 전송한다.

① 폐색구간 종단에 설치된 미니본드에서 「**궤도주파수**」를 송신하고 시단에 설치된 미니본드가 수신한다.(MB3 송신 ― MB1 수신)

폐색구간에 열차가 존재하지 않으면 MB1에 「궤도주파수」가 수신되므로 MB1과 연결된 TR3(궤도계전기)가 여자한다.

TR3가 여자 되었다는 것은 해당 궤도에 열차가 없는 것이므로 해당구간에 '열차 없음' 정보를 해당구간은 물론 이전 폐색구간에 송신하는 속도코드를 결정하는 기준 데이터로 사용한다.

② 그러나 [그림 1-98]과 같이 폐색구간에 열차가 존재하면 MB1과 연결된 TR3가 소자된다.

TR3가 소자하면, 해당구간에 열차가 점유하고 있는 것으로 판단 "열차 있음" 데이터로 사용된다.

③ TR3 소자 정보(열차 진입 데이터)가 신호기계실의 제한속도명령회로에 입력되면, **「궤도 주파수＋Cab Signal」**를 MB3로 송신한다.

④ MB3를 통해서 송출되어 궤도회로에 흐르고 있는 「궤도주파수+Cab Signal」을 해당 폐색 구간에 진입한 열차의 차상 ATC장치 안테나가 수신한다.

⑤ 차상ATC장치는 수신된 「궤도주파수+Cab Signal」을 필터링 후 Cab Signal만을 판독하여 수신된 Cab Signal에 해당하는 속도코드를 ADU에 지시속도로 현시해주고, ATO장치로 전달한다.

▶ PF궤도회로

본선 분기부와 차량기지 구내에 부설되어 있는 PF궤도회로는 궤도주파수로 상용주파수인 60Hz(AC 5~10V)를 사용하여 열차 유무를 검지하여 전자연동장치로 궤도점유 정보를 전송한다. 궤도회로에는 열차 유무만을 확인하는 궤도주파수를 전송하고,

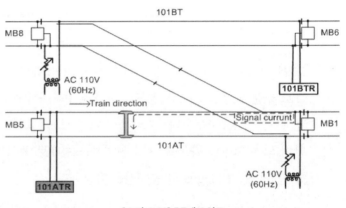

[그림 1-99] PF궤도회로

속도코드는 별도의 Cab Signal 전용 송신루프로 전송된다. 따라서 AF궤도회로에서 폐색구간의 전기적 구분 경계로 사용하는 미니본드 대신에 [그림 1-99]와 같이 CU(Coupling Unit)와 Cab전용 루프가 설치되어 있다.

이러한 PF궤도회로에서는 차상 ATC장치는 다음과 같은 절차에 의하여 지상 신호장치로부터 속도코드를 수신하여 ADU에 지시속도를 현시하고 ATO장치로 지시속도를 전송한다.

① 열차가 분기부에 존재하지 않으면 PF궤도회로의 101ATR(궤도계전기)가 여자하여 해당 구간에 '열차없음' 정보를 MB5 이전 폐색구간에 지시속도가 되는 속도코드 송출 기준데이터로 활용한다.

② 그러나 [그림 1-99]와 같이 열차가 분기부 궤도회로인 101AT에 존재하면 PF궤도회로의 궤도계전기가 소자하게 된다.

101ATR이 소자하면 해당구간에 열차가 점유하고 있는 것으로 판단 '열차 있음' 정보를 MB5이전 폐색구간에 지시속도가 되는 속도 코드송출 기준 데이터로 활용한다.

③ 101ATR 소자 정보(열차 진입 데이터)가 신호기계실의 연동장치에 입력되면 지시속도를 해당열차에 제공하기 위해서 Cab signal(속도코드)를 101ANL용 Cab전용 송신루프에 송신한다.

④ 이후 선행열차와 간격에 따른 속도코드 송출방식은 AF궤도회로와 동일한 방식으로 이루어진다.

(3) 궤도주파수

ATC장치를 폐색장치로 사용하는 노선은 궤도회로의 폐색구간을 물리적으로 구분되지 않고, 미니본드를 사용해 전기적으로 구분하고 있다. 따라서 폐색구간을 전기적으로 구분하기 위해서 폐색구간마다 열차검지용으로 사용하는 궤도주파수를 각각 다른 주파수를 사용하여 인접 궤도회로에 신호간섭을 방지하여야 한다.

궤도주파수는 [그림 1-100]과 같이 하선은 F1·F3·F5·F7을 상선은 F2·F4·F6·F8 주파수를 배정하여 송신측 미니본드를 통해 궤도회로에 송신하고, 수신측 미니본드에서는 해당 궤도회로에 배정된 주파수만을 선별하여 수신함으로써 궤도를 절연하지 않고 독립적인 8종류의 궤도회로를 구성하여 열차의 점유여부를 검지한다.

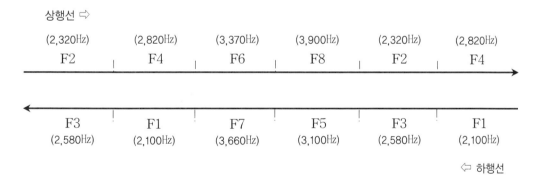

[그림 1-100] 폐색구간별 열차검지용 주파수

(4) 속도코드 송신

열차는 폐색구간의 수신측에서 송신측 방향으로 진행한다. 열차가 폐색구간 내로 진입하면 궤도회로에 흐르고 있는 전류는 차축에 의해 단락되므로 수신측 미니본드에 궤도주파수가 검지하지 못하기 때문에 해당구간의 궤도계전기가 소자된다. 궤도계전기가 소자되면, 신호기계실의 제한속도명령회로에서 반송자 주파수 2개(FL · FH)중 어느 반송자 주파수를 몇 Hz를 송출할 것인지 코드율(Code rate)을 결정한다.

- FL(Frequency Low) : 4,550Hz
- FH(Frequency High) : 5,525Hz

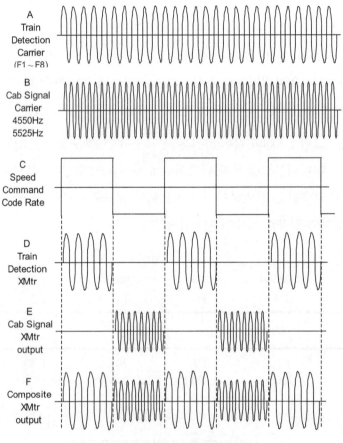

[그림 1-101] 미니본드 출력파형

이렇게 결정된 운전석 신호(Cab Signal)를 [그림 1-101]과 같이 궤도주파수를 발생시키지 않는 나머지 반주기 동안 미니본드를 통해 레일로 송출한다.

- Cab Signal = 속도코드 = 반송자주파수(FL/FH)+코드율(Code Rate)

  65km/h인 경우 = 5,525Hz+4.5Hz

미니본드를 통해 궤도회로에 흐르고 있는 Cab Signal를 ATC장치 안테나에서 수신하여 차내로 전송하면 ATC장치에서 이를 해독하여 사용한다.

(5) ATC 속도코드의 종류

해당 폐색구간의 속도코드는 제한속도명령회로에서 열차 진행방향의 폐색구간의 궤도계전기 상태에 의한 선행열차(先行列車)의 위치 정보와 곡선, 구배 등 선로상태를 반영한 속도코드 배열순에 의하여 연동조건에 따라 결정되며 속도코드의 종류는 다음과 같다.

코드(Hz)율	FL (4,550Hz)	FH (5,525Hz)	비고
2.0	Key-Down	Key-Up	
3.0	정지(01)	기지(25km/h)	
4.5	25km/h	65km/h	
6.83	35Km/h	70km/h	
10.1	45km/h	75km/h	
15.3	55km/h	80km/h	
21.5	60km/h	90km/h	
27.5	좌측 출입문 열림	우측 출입문 열림	

참고로 최근 ATP시스템의 속도체계는 단계별로 정의되지 않고 차상장치가 선행열차와의 거리계산에 의해 속도코드를 수시 제어함.

7.6.3. ATC장치 구성

(1) 개 요

차상 ATC장치는 TC차 운전실 또는 차상 하 등에 설치되어 있으며 주요장치는 고장에 대비하여 이중계로 다음과 같이 구성되어 있다.
- ADU(Aspect Display Unit)
- ATC안테나(ATC Antenna)

- ATC속도계(ATC Tachometer)
- ATC · TWC 프레임(Frame)

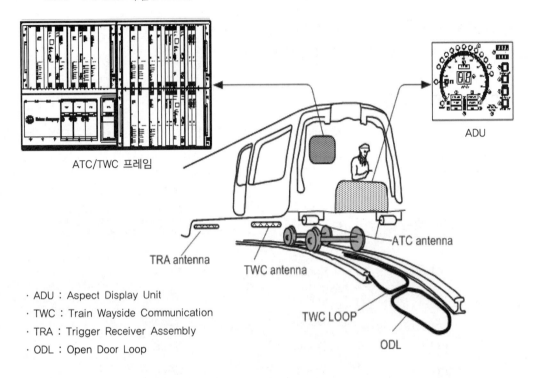

ATC/TWC 프레임

ADU

TRA antenna

TWC antenna

ATC antenna

TWC LOOP

ODL

· ADU : Aspect Display Unit
· TWC : Train Wayside Communication
· TRA : Trigger Receiver Assembly
· ODL : Open Door Loop

[그림 1-102] ATC 차상장치 및 지상장치

(2) ADU(상태 및 속도 표시기)

ATC장치의 각종 상태를 운전자에게 인식시켜 주는 표시장치이다. 전면 표시기, PCB, 경보장치, 전원공급장치로 구성되어 있으며 주행속도, 지시속도, ATC장치 상태 등의 정보가 현시된다.

① 주행속도(실제속도) 표시

0~100km/h 표시가 가능하도록

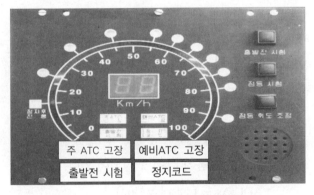

[그림 1-103] 7호선용 전동차 ADU

원형의 속도표시등과 0~99km/h까지 아라비아 숫자로 표시해주는 Seven Segment 속도
표시등이 있고, ADU 내부의 Mini-CPU PCB에 의해 제어되며 적색으로 현시된다.

② **지시속도(제한속도) 표시등**

지시속도표시등은 25, 35, 45, 55, 60, 65, 70, 75, 80, 90km/h까지 총 11개가 있고 원형이
며 황색으로 현시된다. 그러나 「15km/h표시등」은 다른 지시속도표시등과 구분하기 위
하여 사각형 모양이고 적색으로 현시된다. 지시속도표시등은 ADU 내부의 Mini-CPU
PCB에 의해 제어된다.

③ **주·보조 ATC고장 표시등**

주·보조 ATC고장 표시등은 ADU 전면에 설치되어 있다. 이 표시등은 해당 ATC장치의
고장을 나타내며, 적색 Bar형태이고, ATC장치에 의해 직접 제어된다.

④ **정지코드표시등**

정지코드표시등은 ATC장치가 지상으로부터 '0' 속도 코드를 수신 하였을 때 점등되며
황색 Bar형태이다. 이 표시등은 ADU 내부의 Mini-CPU PCB에 의해 제어된다.

⑤ **PDT(출발전시험)표시등**

본 표시등은 출발전시험버턴 취급 시 정상조건 상태에서 적색 표시등이 점등된다.

⑥ **Push-Button**

점등시험버튼은 ADU상의 모든 표시등이 상태를 시험하는 버튼으로써 취급 시 모든 표
시등이 점등되며 버튼을 놓았을 때 모든 표시등은 이전 상태로 되돌아간다. 점등휘도조
절버튼은 ADU 표시등의 선명도를 맞추기 위해 사용된다. 버튼을 누르면 단계적으로 선
명도는 감소하며 4개의 레벨이 있다.

(3) ATC안테나

ATC안테나는 궤도회로 또는 Cab 루프로부터 부호화된 반송자 신호를 수신하는 역할을 담당한다. TC차 차상 하 전두부 차륜 앞단에 설치되어 있다. 레일 상면에서 약 200mm 높이로 설치되어 있다.

| ATC안테나 | Tachometer |

[그림 1-104] 7호선용 ATC 안테나 및 타코미터

(4) ATC 타코미터(Tachometer)

ATC 타코미터는 주보조 2개가 장착되어 있고 TC차 차축의 좌·우측에 각각 설치되어 있다. (차종에 따라 2위 또는 3위 차축) 주 타코미터는 실제 전동차 속도를 결정한다. 속도신호는 120° 위상차를 이용 3개의 출력 신호(채널)을 사용한다.

휠 1회전당 128 펄스가 출력된다. 3개의 출력신호는 전동차의 실제속도, 방향결정 정보로 사용하고 ADU에 현시한다.

보조 타코미터는 3개 채널 중 채널1은 주 타코미터와 속도 비교용으로 사용하고, 채널2는 주 타코미터 고장 시 ADU에 속도 현시용이며, 채널3은 사용하지 않는다.

ATC는 속도 입력의 정확성을 확인하기 위해 주·보조 타코미터의 속도를 확인하며, 이들 차이가 ±5km/h 범위를 벗어나면 고장으로 판단한다. 고장이 탐지되면 ATC비상제동계전기를 소자시켜 전동차를 정지시킨다.

(5) ATC/TWC Frame

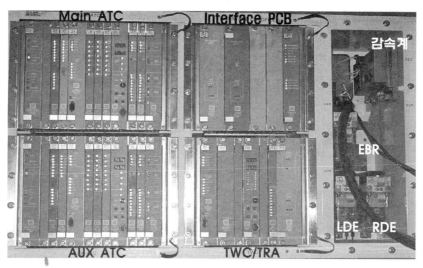

[그림 1-105] 7호선용 ATC/TWC 프레임

    ATC/TWC 프레임은 운전실 내 뒷면에 장착되어 있다. ATC장치의 핵심적인 부분으로써 각각의 PCB별로 탈착이 가능하다. Main ATC와 AUX ATC 구분되어 각각 11장의 PCB로 구성되어 있다.

7.6.4. ATC장치 PCB(Card File) 기능

(1) 구 성

- 조건부전원공급(CPS) PCB
- 타코미터/시험(Tachometer/Test) PCB
- 바이탈 출력(Vital Output) PCB
- 직렬통신제어기(SCC Assembly) PCB
- 바이탈 입력(Vital Input) PCB 3장
- 중앙처리장치(CPU) PCB
- 디코더(Decoder) PCB 2장
- 이중 필터 복조기(Dual filter) PCB

[그림 1-106] 7호선용 ATC장치 카드 파일

(2) PCB 기능

① 조건부 전원공급 PCB(CPS PCB)

Conditional Power Supply PCB로서 DC48V를 DC32V로 변환하여 Vital계전기의 동작용 전원을 제공한다. 이 PCB는 ATC장치의 출력에 Fail-Safe 원칙이 적용되도록 CPU PCB로부터 500Hz 신호가 입력되지 않으면 고장으로 판단, 동작을 정지하여 Vital계전기 여자용 전원의 출력을 차단한다. 따라서 CPU가 비정상일 경우 EBR, LDE, RDE이 계전기가 여자 될 수 없다. 따라서 EBR 소자로 비상제동이 체결된다. PCB 전면에 설치된 LED에 작동상태를 표시한다.

② 타코미터/시험 PCB(TACH/TEST PCB)

이 PCB는 Tachometer로부터 입력되는 펄스를 디지털 데이터로 변환하여 CPU PCB에 제공하고, 출고전시험(PDT)에 사용되는 펄스 변조 캐리어를 생성한다. PDT 수행 중 속도코드 및 ADU에 ATC 고장 경보램프, 비핵심 입출력을 제공하며, PCB 전면에 진단과 시스템 작동상태를 나타내는 LED가 설치되어 있다.

③ **바이탈 출력 PCB**(Vital Output PCB)

CPS PCB로부터 DC32V 전원을 공급받아 Vital 계전기에 해당하는 EBR·LDE·RDE를 제어한다. PDT 수행중 속도코드 시뮬레이션을 제공하는 역할을 한다. PCB 전면에 진단과 시스템 작동상태를 나타내는 LED가 설치되어 있다.

④ **직렬통신제어기 PCB**(SCC PCB)

이 PCB는 ATC, ADU, ATO, TWC, TCMS 시스템 그리고 보조 ATC장치와 데이터 송수신을 위한 직렬통신을 수행한다. ATC장치의 EPROM 설정 데이터의 저장 및 불러오기 그리고 ATC, TWC, ADU 장치의 고장이벤트를 수집한다. PCB 전면에 진단과 시스템 작동상태를 나타내며 LED와 리셋스위치가 있으며, 또한 진단을 위해 휴대용 컴퓨터와 인터페이스 될 수 있도록 RS-232포트가 설치되어 있다.

⑤ **바이탈 입력 PCB**(Vital Input PCB)

ATC장치 내에 3개 바이탈 입력 PCB가 장착되어 있다. 8개의 아날로그 데이터를 입력받아 처리한다. 입력전압은 9~16V 범위이며, PCB 전면에 진단과 시스템 작동상태를 나타내는 LED가 설치되어 있다.

⑥ **중앙처리장치 PCB**(CPU PCB)

CPU PCB는 소프트웨어의 필수적인 기능을 수행하며 기타 PCB 입출력 기능을 수행한다. 이 소프트웨어는 과속보호, 모드 유효확인, 출입문 감시기능, 속도코드의 유효여부, 열차속도, 각종 스위치 위치 등을 입력을 모니터하여 모든 동작에 대한 ATC장치의 상태를 확인하는 중앙처리장치이다.

PCB 전면에 LED와 스위치가 설치되어 있으며, LED에는 시스템 상태에 대한 고장코드를 영문과 숫자로 표시해주고, 스위치는 휠 직경 데이터를 입력하는 기능을 한다. 또한 진단을 위해 휴대용 컴퓨터와 인터페이스 될 수 있도록 RS-232포트가 설치되어 있다.

⑦ **디코더 PCB**(Decoder PCB)

디코더 PCB는 2장의 PCB로 구성되어 있다. Cab Signal 4,550Hz과 5,525Hz의 Code Rate를 각각의 PCB로 분리하여 해독한다. 해독된 속도코드는 속도제한, 출입문 제어 등에 활용하도록 CPU PCB로 전송한다. PCB 전면에 진단과 시스템 작동상태를 나타내는 LED

가 설치되어 있다.

⑧ **이중 필터 복조기 PCB** (Dual Filter PCB)

ATC 안테나를 통해 입력되는 Cab Signal(4,550Hz/5,525Hz) 신호를 필터링하여 펄스신호로 증폭하여 ATC장치 내부에 사용할 수 있도록 Decoder PCB로 출력한다. PCB 전면에 진단과 시스템 작동상태를 나타내는 LED가 설치되어 있다.

7.6.5. ATC장치 열차운행 지원기능

(1) ATC장치의 열차운행 지원기능은 다음과 같다.

- 폐색결과 확인 기능(지시속도 현시 기능)
- 출입문 열림 유효화 기능
- 운전모드 유효조건 감시기능
- 후진속도 제한기능
- 역전기 방향과 운전방향 일치여부 감시기능
- ATC Tachometer 고장유무 감시기능
- 속도코드 수신 상태 확인 기능
- 출고전시험(PDT) 수행 기능

- 과속방지 및 감속상태 확인 기능
- 출입문 상태 감시기능
- 운전실 선택기능

(2) 동 작

전원은 인터페이스 패널(Interface Panel)에 설치된 두개의 전원 공급장치에 의해 전원이 공급된다. CPU PCB는 ATC를 동작시키는 소프트웨어 프로그램을 수행하는 마이크로프로세서이다. 소프트웨어는 ATC 타코미터에서 입력되는 실제 주행속도, 감속계에 의한 감속도, 핵심 입력(Vital Input) PCB를 통해 입력되는 각종 기기상태와 ATC 안테나를 통해 궤도회로에서 제공되는 속도코드를 수신받아 ADU에 정보를 제공하고 SCC PCB를 통하여 ATO장치로 전송한다.

또한 과속조건을 검지하고 운전자 또는 ATO장치가 적절한 속도로 감속하지 못하면 ATC Software는 EBR을 소자시켜 비상제동 체결지령을 출력한다.

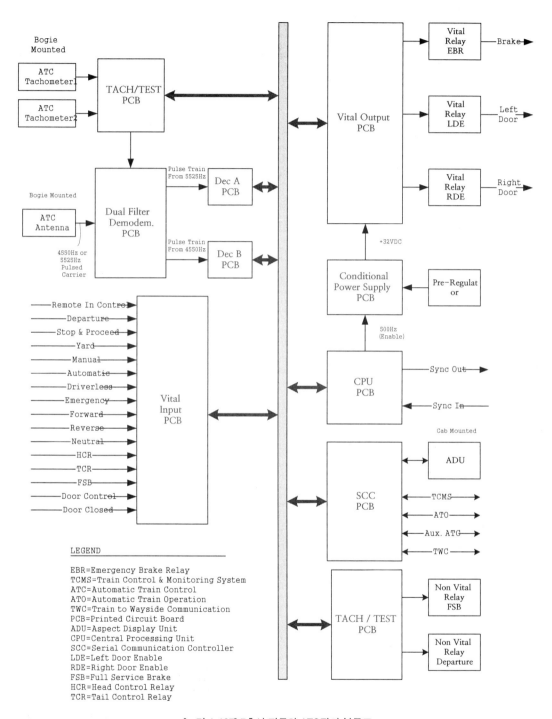

LEGEND

EBR=Emergency Brake Relay
TCMS=Train Control & Monitoring System
ATC=Automatic Train Control
ATO=Automatic Train Operation
TWC=Train to Wayside Communication
PCB=Printed Circuit Board
ADU=Aspect Display Unit
CPU=Central Processing Unit
SCC=Serial Communication Controller
LDE=Left Door Enable
RDE=Right Door Enable
FSB=Full Service Brake
HCR=Head Control Relay
TCR=Tail Control Relay

[그림 1-107] 7호선 전동차 ATC장치 블록도

그리고 지상 신호장치로부터 출입문 열림에 해당하는 속도코드 수신 시 이를 해독하여 LDE (또는 RDE)를 여자시켜 출입문을 개방할 수 있도록 조건을 구성해준다. TACH/TEST PCB는 ATC Tachometer로부터 수신된 펄스를 처리하기 적절한 속도 데이터 워드로 변환하며, 또한 PCB는 출발전시험 동안 사용되는 Dual Filter 복조 PCB로 공급되는 변조된 모의 반송자 출력 코드율을 발생하며, 코드율은 소프트웨어에 의해 제어된다.

ADU는 지시속도 정보를 RS-485 링크를 통하여 SCC PCB로부터 수신 하지만 ATC장치가 고장일 경우에 예비 실제 주행속도 현시 기능을 제공하기 위하여 ATC Tachometer 출력이 직접 ADU에 연결되어 있다. Dual Filter PCB는 ATC 안테나를 통하여 지상으로부터 4,550Hz 또는 5,525Hz의 반송자 주파수를 수신하며 반송자 펄스율에 일치하는 펄스 반복율로 변환하며, 디코더 PCB는 수신된 펄스를 반송자에 따라 펄스율 처리에 적절한 데이터 워드로 변환한다. SCC PCB는 ATC가 TCMS · TWC · ATO 및 보조 ATC 카드화일과 정보를 교환하도록 한다.

만약, ATC장치에 고장이 발생 검지하면 CPU는 전원공급장치로부터 500Hz 공급을 중단하여 바이탈 릴레이인EBR, LDE, RDE를 소자시킨다.

(3) 폐색결과 확인(지시속도 현시) 기능

열차가 궤도를 점유하게 되면 미니본드를 통해 전송된 속도코드를 ATC 안테나가 수신받아 이를 해독하여 수신한 속도코드에 해당하는 지시속도를 ADU에 현시한다. 지시속도는 연속적으로 현시한다. 또한 자동운전 시 목표속도를 결정하여 열차속도를 제어할 수 있도록 지시속도를 ATO장치로 송신한다.

- 수신된 속도코드 해독하여 ADU에 지시속도 현시
- 지시속도를 ATO장치에 전달
- 실제 주행속도를 ADU에 현시

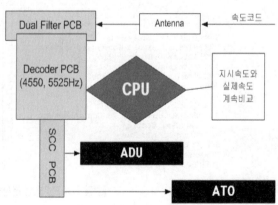

[그림 1-108] 지시속도 현시 블록도

(4) 과속방지 및 감속도 확인 기능

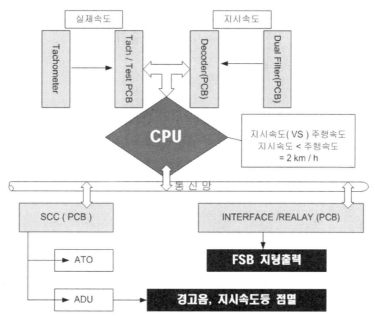

[그림 1-109] 과속검지 블록도

① 과속(Over Speed Condition)방지 기능

운전중 수신된 지시속도와 실제속도를 연속적으로 비교하여 실제속도가 지시속도를 2km/h이상 초과하는 Over Speed Condition이 발생하면 신호조건을 위반한 과속으로 판단하여 경고벨을 울리고 동시에 FSB지령을 출력 제동을 체결하여 감속한다.

▶ ATO운전 시 Over Speed Condition 발생 시 현상

- FSB 지령출력 → FSB 체결
- ADU「지시속도표시등」Flashing
- 과속검지 지령 전달 → ATO장치(추진지령 출력 차단)
- FSB 체결 → 감속으로 실제 주행속도가 지시속도보다 낮아지면 FSB 지령차단 FSB 완해
- FSB 체결결과인 감속상태 확인

▶ **수동운전 시 Over Speed Condition 발생 시 현상 및 조치**

- FSB 지령출력 → FSB 체결
- ADU의 「지시속도표시등」 Flashing 및 경고음 울림
- FSB 체결결과인 감속상태 확인
- 운전자 Action 확인
  - 운전자 → 확인제동 취급(MASCON B7위치 선택)
  - 확인제동 취급 정보가 ATC장치에 입력되면 경보음 정지되고 실제 주행속도가 지시속도 이하가 되면 FSB 지령 차단
  - 운전자가 확인제동 취급을 하지 않으면 주행속도가 지시속도 이하로 떨어져도 과속검지 현상 유지

② **감속상태 확인**

Over Speed Condition 발생으로 ATC 지령에 의해 FSB를 체결하였으나 제동효과가 유효하지 않으면 안전운행이 보장되지 않는다. 따라서 이에 대한 대책으로 Over Speed Condition으로 FSB가 체결되었을 때 정해진 시간 내에 설정값 이상의 감속도가 발휘되는지를 감속계를 통해 확인한다.

만약 FSB 체결 후, 3초 이내에 2.8km/h/s 이상의 감속도 발생이 확인되지 않으면 ATC장치의 EBR이 소자되어 즉시 비상제동을 체결한다. 그리고 열차가 정차할 때까지 비상제동이 유지된다.

전동차 종류에 따라 확인하는 감속도 설정값이 약간씩 차이가 있으나, 모든 전동차의 설정값은 전기제동력만으로 발생할 수 있는 최대 감속도값 이하로 정해져 있다. 또한 Over Speed Condition 발생 시 운전자의 확인Action은 차종에 따라 제동제어기 7스텝(일부 차종 6스텝)으로 정해져 있다.

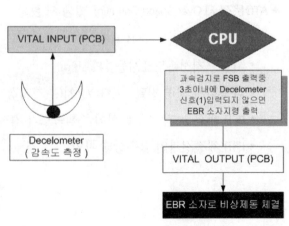

[그림 1-110] 감속도 확인 블록도

(5) 출입문 열림 유효화 기능

열차가 역 정차(TB정보 전송)후 지상 신호장치로부터 ODL을 경유하여 송신되는 좌·우측으로 구분된 출입문 열림코드(속도코드)를 ATC 안테나에서 수신 받는다. 열차속도 5km/h 이하인 조건에서 좌측 출입문에 해당하는 속도코드가 수신되면 *LDE가 여자되고, 우측 출입문에 해당하는 속도코드가 수신되면 **RDE가 여자된다.

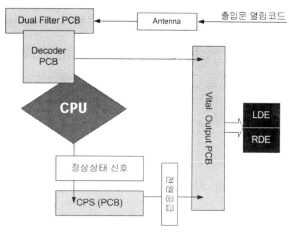

[그림 1-111] 출입문 열림 유효화 기능 블록도

이렇게 LDE(또는 RDE)가 여자되면, 출입문모드S/W의 선택위치에 따라 계전기의 접점을 출입문 제어회로에 연동시켜 출입문을 개방한다.

▶ LDE·RDE 여자 조건

① 무인·자동·수동모드 → 자동열림 선택(출입문모드S/W)

- 열차속도 5km/h 이하
- 정해진 정차위치에 정차
- ODL로부터 출입문 열림코드 수신

② 수동·기지모드 → 수동열림 선택(출입문모드S/W)

- 열차속도 5km/h 이하
- 열차속도 5km/h 이상 즉시 소자

(6) 출입문 상태 감시기능

열차 운전중 출입문이 개방되면 승객 안전에 위험이 초래되므로 ATC장치를 통해서 감시를 한다. 열차 운전중에 ATC장치에 「출입문 닫힘」정보 입력이 차단되면 즉시 ATC장치에서 FSB

---

*LDE(Left Doors Open Enable) : 좌측출입문열림유효계전기
**RDE(Right Doors Open Enable) : 우측출입문열림유효계전기

지령을 출력 제동을 체결하여 열차를 정차시킨다. 그러나 비상모드에서는 감시기능이 발휘되지 않는다.

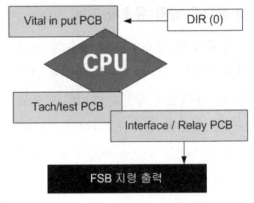

[그림 1-112] 출입문상태블록도

(7) 운전선택 기능

무인모드에 한하여 TTC장치로부터 무인운전 허가가 있을 때 지상 신호장치에서 Key-Up 신호가 출력되면, ATC장치가 운전실을 선택한다.

① **전동차** → TWCC → TWCW → **지상 신호장치**

- Train Berthed
- Driverless Mode
- End In Control

② **지상 신호장치** Key-Down Signal → **궤도회로** → **ATC장치**

▶ **전부 운전실**(A End)

- Key-Down Signal → TCMS
- TCMS Master 기능절체(A End → B End)

▶ **후부 운전실**(B End)

- ATC Power On
- B End TWC 약 수초동안 Data 전송금지

③ **전부 운전실**(A End) → TWCC → TWCW → **지상 신호장치**

- Train Berthed
- Driverless Mode
- Not End In Control

④ **후부 운전실**(B End) → TWCC → TWCW → **지상 신호장치**

- Train Berthed
- Driverless Mode
- End In Control

⑤ **지상 신호장치** → **궤도회로** → **ATC장치**(B End)

- Key—Up Signal → TCMS

⑻ 운전방향 감시기능

방향제어기 위치와 열차의 운전방향이 일치되지 않으면, ATC장치의 EBR이 소자되어 안전 루프 전원공급 차단으로 비상제동을 체결한다.

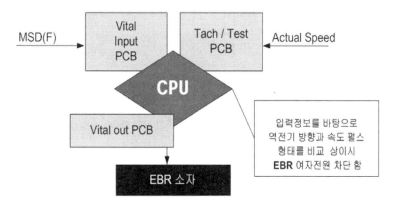

[그림 1-113] 운전방향 감시 블록도

(9) 운전모드 유효조건 감시기능

무인 또는 자동모드 선택 시 방향제어기 및 주간제어기의 선택위치가 해당모드의 설정조건과 일치하지 않으면 모드가 설정되지 않는다. 그리고 ATO 운전중 방향제어기 또는 주간제어기가 정해진 위치를 이탈하면, FSB지령을 출력 제동을 체결하고, ATO 운전은 취소된다.

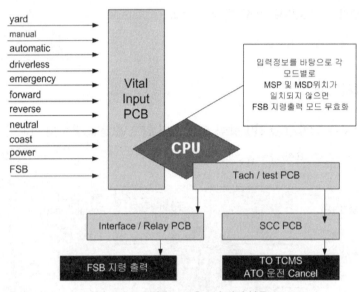

[그림 1-114] 운전모드 유효조건 감시 블록도

(10) 후진속도 제한기능

Yard Mode에서 후진 시 과속운전을 방지하기 위하여 25km/h를 초과하면 ATC장치 EBR이 소자되어 안전루프 전원공급 차단으로 비상제동을 체결한다.

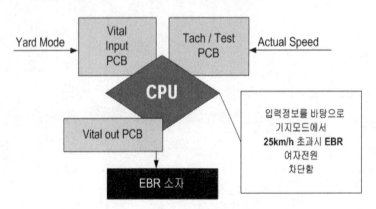

[그림 1-115] 후진속도 제한기능 블록도

(11) 타코미터 감시기능

ATC장치에 입력되는 실제속도의 정확성 보증을 위하여 타코미터의 정상기능 여부를 감시한다. 감시방법은 메인 타코미터와 AUX 타코미터의 입력정보를 비교하여 ±5km/h 차이 발생시 FSB지령을 출력하여 제동을 체결한다.

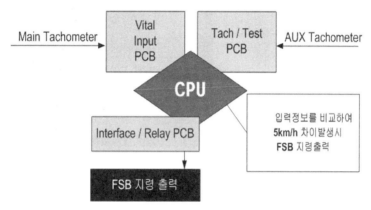

[그림1-116] 타코미터 감시 블록도

(12) 출고전시험

차량기지구내에서 전동차 기동 후, ATC/ATO장치에 대한 기능을 확인하는 시험으로서 다음 조건 만족 시 수행된다.

▶ **시험 조건**

- 열차 정지상태
- 운전모드S/W → 수동모드
- MASCON → FSB 위치

▶ **시험항목**

- ATC에 의한 비상제동 체결여부
- ATC에 의한 FSB체결 여부
- ATC에 의한 좌·우 출입문 열림시험
- 자동모드 설정 시험
- 무인모드에서 운전실 선택기능(KUR 여자)
- 속도코드시험 : 주/보조 ATC 동일하게 시험을 실시한다.

7.7. TWC장치(Train Wayside Communication System)

(1) 개요

자동운전을 하기 위하여 필요한 정보를 지상 신호장치로부터 수신하고 또한 전동차의 상태를 지상 신호장치로 송신하는 무선용 모뎀(Modem)이다.

(2) 구성

다음과 같은 기기로 구성되어 있다.

[그림 1-117] TWC장치

- 직렬 통신제어기(SCC) PCB
- RX/TX PCB
- 전원공급 PCB
- TRA PCB

① 전원공급 PCB

DC100V 전원을 공급받아 TWC · TRA 장치에 DC +12V, −12V 및 +24V 출력전압을 공급한다.

② RX/TX(수신/송신) PCB

전면에 송신기 출력레벨을 조정하기 위한 전위차계가 설치되어 있고, 이 PCB는 Modem 기능을 발휘하며 차상에서 Wayside 통신을 위해 Modem 캐리어 주파수를 생성한다.

③ 직렬 통신제어기(SCC) PCB

SCC PCB는 전면에 10개의 LED가 장착되어 있고, Software 로 제어되며 CPU와 직렬링크 채널상태를 표시한다. 컴퓨터와 인터페이스를 위한 RS-232 포트 및 리셋 스위치가 설치되어 있고 10㎒에서 작동되는 68000 마이크로프로세서가 장착되어 있으며 ATO·ATC· TCMS와 송신 기능을 담당하고 있다.

(3) 인터페이스 데이터(Interface Data)

① 지상 신호장치 → 차상 TWC장치

현재역 및 다음역 코드, 열차번호, 행선역, 다음역 출입문 열림방향, 운전제어 방법, 고정속도, 운전자 인식 요구.

- 차상 TWC장치 → ATO장치

   현재 및 다음역 코드, 운전제어, 고정속도, TWC 케리어 검지

- 차상 TWC장치 → ATC(20mA 전류 루프)

   운전자 인식요구, TWC 케리어 검지, TWC 장애정보

- 차상 TWC장치 → TCMS

   행선역, 다음역 코드, 다음역 출입문 열림방향, 열차번호, TWC상태

② **차상 TWC장치 → 지상 신호장치**

   편성번호, 열차번호 표시, 열차길이, 열차정지, 모든 출입문 닫힘, ATC/ATO 모드, 무인
   운전, 열차상태 비트 0 - 7, TWC 고장상태, TWC 케리어 검지, End in Control

- ATC장치 → 차상 TWC장치

   열차정차(TB), End in Control, 무인운전

- TCMS → 차상 TWC장치

   모든 출입문 닫힘, ATC/ATO모드, 편성번호, 시험시작, 열차번호 표시, 열차길이, 열차
   상태, 전송금지

[그림 1-118] TWC 시스템 데이터 송 · 수신 흐름도

(4) TWC 안테나

   TWC 안테나는 지상 신호장치와 차상 간에 정보를 송수신하는 역할을 담당한다. 차상 TWC
안테나는 TC차 중앙부 근처의 차상 하에 장착되어 있다. 레일 상면에서 안테나 하단까지 거리
가 203.2mm가 되도록 설치되어 있고, 각 안테나 Unit은 두개의 안테나 루프, 하나의 송 · 수신
기로 구성되어 있으며, 전기적 접속은 안테나에서 4Pin Connector로 차폐되고 꼬아진 두선은
TWC 카드화일의 인터페이스 Connector에 연결되어 있다.

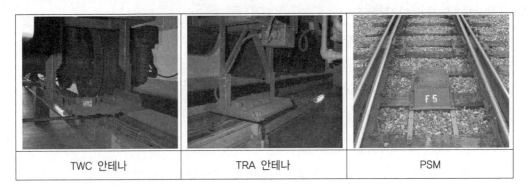

| TWC 안테나 | TRA 안테나 | PSM |

[그림 1-119] TWC · TRA 안테나 및 PSM

7.8. TRA장치(Trigger Receiver Assembly System)

(1) 개요 및 구성

ATO 운전시 정거장 정차위치에 정밀정차를 수행하기 위하여 선로 위에 설치되어 있는 PSM(Precision Stop Marker)을 검지하여 ATO장치에 전달하는 역할을 한다. 즉, ATO장치가 정차 위치까지 남은 거리를 정확하게 연산하여 정차위치에 정밀정차를 수행하도록 지원하는 장치로서 다음과 같은 기기로 구성되어 있다.

- TRA 안테나
- 비주기 증폭기
- TRA PCB

(2) 작동

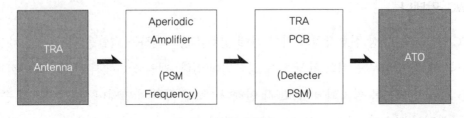

[그림 1-120] TRA 작용도

TRA안테나는 출력측과 입력측에 접속되어 있다. 이 귀환 배치를 통하여 두 안테나의 코일이 PSM과 결합되었을 때에는 PSM에 해당되는 공진 주파수는 비주기 증폭기에서 발진이 계속 유지된다. 이 신호는 비주기 증폭기에서 증폭되어 50%의 Duty Cycle를 가지는 구형파로 변조되어 TRA PCB를 경유하여 ATO장치로 전달되어 정차지점까지의 남은 거리를 정확히 인식하도록 한다.

7.9. PSM(Precision Stop Marker)

PSM은 특정 주파수에 공진하는 유도성−용량성 회로로 구성되어 있다. PSM별 기능 및 건식 위치는 표와 같다.

PSM	설치지점(m) (정위치기준)	역 할	정확도 (m)	비고
1	546	· 본선 열차 정차지점 인식거리	±1.50	109.570㎑
2	108.5	· 〃	±0.30	99.500㎑
3	21.0	· 〃	±0.06	91.5480㎑
4	3.5	· 〃	±0.01	169.560㎑
5	0.5	· 기지→본선으로 진입인식 · 반대방향 PSM 인식방지	±0.50	119.520㎑
6	21.0	· 회차지점 정차위치 인식	±0.30	129.400㎑

PSM5는 2가지 목적으로 사용하고 있다.

- 기지구내에서 본선으로 출고 시 ATO운전 적용 개시
- 양방향으로 운전하는 선로에서 반대 방향용 PSM을 인식 무효화

  PSM5 인식하면 1.5m 범위내의 PSM 1 · 2 · 3 · 4를 인식하여도 무효로 처리한다.

7.10. ATO장치(Automatic Train Operation System)

ATO운전이란 운전자를 대신하여 컴퓨터가 주변장치들과 데이터 인터페이스를 통해서 추진지령 및 제동지령을 출력하여 가·감속제어 및 정위치 정차제어를 하는 방식으로 운전하는 것을 말한다.

이러한 ATO장치는 1인 승무제도를 지원하고, 역간운전을 계획된 운행패턴으로 운전하여 에너지를 절약하고, 부드러운 승차감을 제공할 목적으로 도입되었다.

7.10.1. ATO장치 구성

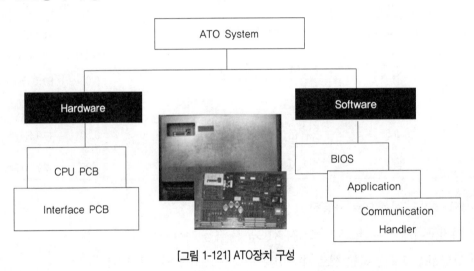

[그림 1-121] ATO장치 구성

(1) **하드웨어**(Hardware)

- CPU Board
- Interface Board

(2) **소프트웨어**(Software)

- BIOS Program
- Communication Handler(통신데이터 분배 프로그램)
- Application Program

7.10.2. ATO장치 동작

(1) 개 요

ATO장치는 조건에 따라 다음 같이 4가지 상태로 구분된다.

- 전원공급 → 수동(Passive)상태
- 운전실 선택 → 활성공전(Active Idle)상태
- 무인 또는 자동모드 선택 → 활성동작(Active-Operating)상태
- 복귀불능 고장 검지 → 고장(Error)상태

(2) 수동(Passive)상태

DC100V 전원이 ATON을 경유 ATO장치의 전원공급기에 공급되면, 전원공급기에서 DC24V 로 변환하여 각종 부품에 공급되어 기동되며 기동 즉시 자기진단 기능시험 및 초기화를 한다. 장치내부에 고장이 없으면 「수동상태」가 유지된다. 따라서 ATO장치 내부의 고장이 없을 경우 직류모선이 가압되면 전·후 TC차에 장착된 ATO장치는 모두 「수동상태」이다.

① **기능시험**

- RAM 및 ROM 검사(응용/Data Base 검사)
- Watch Dog 기능검사

② **초기화**

- RAM 제로 Reset
- 인터럽트 백터 초기화
- 정적데이터 초기화
- 통신 하드웨어 Reset
- 시스템 운영시간 시작
- Watch Dog 개시

③ **작동기능**

- TCMS와 통신
- 자기진단 계속 시행

• ATC 및 TWC장치와 통신

단 ATC 및 TWC장치와 통신을 시도하지만 응답하지 않아도 TCMS로 통신불능 내용을 전달하지 않는다.

(3) 활성공전(Active Idle)상태

수동상태에서 TCMS를 통하여 전부 운전실로 선택된 데이터가 입력되면 장치내부의 기능에 이상이 없을 때 「활성공전상태」로 변경된다. 운전중 전부 TC차 ATO장치는 「활성공전상태」를 유지한다. 이 상태에서는 TCMS · ATC · TWC장치와 통신이 이루어지고 통신상태의 이상유무가 감시되며 고장이 검지되면 TCMS로 고장내용을 전달한다.

(4) 활성동작(Active Operating)상태

ATO장치가 열차속도를 제어하는 상태이다. 무인모드 또는 자동모드를 선택하면 TCMS로부터 ATO Active 신호가 입력되고, 다음 조건이 만족될 때 「활성동작상태」로 변경된다.

• TCMS로부터 ATO Active 신호 전달

• 열차 정차상태

• 주변장치와 통신상태 양호

ATO운전에 필요한 데이터를 입력받기 위하여 TCMS · ATC · TWC · TRA장치와 통신상태가 양호하여야 하며, TWC로부터 유효한 데이터를 수신 받아야만 ATO장치는 다음과 같이 열차속도제어를 수행한다.

① 출발대기

정차지점에 정차 인식 후 TWC로부터 앞으로 운전할 구간에 대한 데이터를 입력받는 과정으로서 새로운 TWC 데이터로 갱신한다.

② 운전상태

ATO장치가 추진지령 또는 제동지령을 출력하여 열차속도를 제어하는 과정으로서 ATC장치로부터 지시속도가 수신되면 주변장치로부터 수신된 데이터를 연산하여 목표속도를 결정한다. 열차속도가 목표속도를 추정하도록 추진 및 제동지령을 TCMS로 출력하여 열차속도를 제어한다. 그리고 ATO장치에 저장된 Track 데이터와 PSM1 · 2 · 3 · 4 수신

데이터를 활용 정차지점까지 「속도/거리」를 산출하여 정차위치에 정차한다.

③ 정거장 정차 인식

열차 속도가 설정치(약 3km/h)이하 상태이고, 정해진 정차지점에 도착하면, 열차정차 (Train Berth) 정보를 ATC장치에 전달한다.

(5) 고장(Error)상태

ATO장치는 「활성동작상태」로 운전중 고장이 검지되면 FSB지령을 출력, 제동을 체결하여 열차를 정차시킨다. 정차 후 정차제동에 해당하는 제동지령을 출력한다. 다음과 같은 경우에 「고장상태」가 된다.

- ATC, TWC, TCMS 및 TRA장치와 통신 오류
- PSM 미인식 및 인식예상과 다른 PSM인식
- ATO장치 하드웨어 및 소프트웨어 오류
- ATO 수행 오류

① ATC, TWC, TCMS 장치와 통신 오류

주변 시스템과 통신링크가 정상적으로 작동하고 있는지를 계속 감시하며 고장이 검지되면 고장내용이 TCMS로 전달된다. 활성동작상태에서 고장이 검지되면 활성공전상태로 전환된다. 통신링크가 정상으로 복귀되면 ATO장치는 작동은 가능하지만 한번 작동이 중단되었기 때문에 운전노선의 데이터(TWC data)가 모두 지워지므로 다시 ATO 운전을 하기 위해서는 다음 TWC 루프상에 열차가 정차하여야 가능하다.

② TRA와 통신 오류

TRA 통신오류로 자동운전을 개시하는 개소에 설치된 PSM5가 검지되지 않을 때, 또는 정차지점에 정확한 정차를 위한 PSM 1·2·3·4가 검지되지 않을 때 고장으로 인식하여, TCMS로 전달되며, ATO장치 작동을 정지시켜 활성공전상태로 전환된다. 다시 활성동작상태로 전환되기 위해서는 PSM4를 검지하여야 한다.

③ PSM 미인식 및 미기대 오류

ATO장치의 트랙 데이터에 의하여 인식이 예상되는 PSM을 검지하지 못할 경우, 또는 예

상하고 있는 PSM이 아닌 다른 PSM이 검지될 경우에 그 내용이 TCMS로 전달되며, 활성 동작상태는 계속 유지된다. 그러나 PSM1, 2를 미검지하여 거리계산 착오로 속도조절 실패를 가져오며, 이때 자동운전은 해제된다. PSM3 · 4를 미검지 시 자동운전은 유지되나 정위치 정차 실패확률이 높다.

④ **ATO장치의 하드웨어 및 소프트웨어 오류**

ATO장치의 상태와 관계없이 가동 중에는 계속 고장여부를 확인하여 고장이 검지되면 고장내용이 TCMS로 전달하며, 고장상태로 전환된다. 고장상태에서 복귀는 ATO장치를 재부팅하여야 된다.

⑤ **ATO 수행 오류**

ATO장치가 정차지점에 정밀정차를 수행하였으나 DLS(Door Loop Size) 1/2 이상 정차지점 범위를 초과하여 정차하였을 때 ATO 수행 오류로 판단하여 고장내용이 TCMS로 전달되며, ATO장치의 작동을 정지하여 활성공전상태로 전환된다.

7.10.3. ATO 인터페이스 데이터

ATO운전을 수행하기 위해 주변 시스템간 상호 인터페이스(Interface)되는 데이터는 다음과 같다.

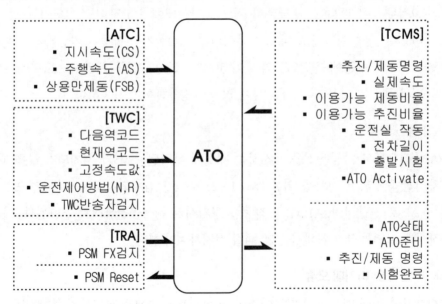

[그림1-122] ATO중심 인터페이스 데이터

7.10.4. ATO장치 열차운행

ATO가 활성공전상태에서 자동 또는 무인모드로 설정하면 ATC장치가 운전모드 유효조건을 판단하여 운전모드 유효정보를 TCMS에 전달하고, 이 정보를 바탕으로 TCMS는 ATO장치로 Active 신호를 전달하면 ATO운전이 시작된다.

(1) ATO 운전조건

- TCMS · ATC · TWC · TRA 통신링크 상태 양호
- TWC로부터 양호한 Data 수신
- 열차가 정지한 상태

위 조건이 만족되면, ATO는 TCMS 및 ATC로 「ATO 운전준비 완료」 신호를 전송하고 출발 대기한다.

(2) TWC 데이터

ATO장치에 다음 역까지 자동운전을 하기 위해서 수신하는 데이터는 다음과 같다.
- 다음 역 코드
- 현재 역 코드
- 고정속도
- 운전 제어방식(회복모드 · 정상모드)

(3) 트랙 데이터(Track Data)

ATO장치가 운행하고자 하는 구간에 Driving Pattern 결정에는 Data Base에 저장된 Track Data를 활용한다. 어느 역을 출발하여 어느 역까지 운행하는 Track Data의 결정은 TWC를 통해 제공되는 데이터에 의해 결정된다. ATO장치에 저장된 Track Data는 다음과 같다.
- 역간거리
- 구간별 속도 Profile(속도코드)
- 역간 선로구배
- PSM 위치

(4) 목표속도(Target Speed) 결정

ATO장치의 목표속도는 아래 데이터를 기초로 하여 결정한다. 그리고 결정된 목표속도 범위 내에서 열차속도를 제어한다.

- ATC로부터 제공되는 **지령속도**
- TWC로부터 제공되는 **고정속도** 및 **운전제어 방법**

ATO장치의 운전제어방법은 회복모드와 정상모드가 있다. 목표속도 결정시 고정속도 값을 정상모드에서 적용하고, 회복모드에서는 적용하지 않는다. 그리고 회복모드에서는 예비감속도 하지 않는다. 운전제어방식별 목표속도 결정값은 표와 같다.

[단위 : km/h]

지시속도		90	80	70	60	45	35	25
Target Speed	정상모드	85	75	65	55	42	32	22
	회복모드	87	77	67	57	42	32	22

(5) ATO운전 절차

자동모드에서 ATO운전 절차에 대하여 설명한다.

① TB Data 송수신(차상ATC → 지상신호장치)

열차가 정차지점에 정차를 완료하면, ATC/ATO장치는 「TB(열차정차, Train Berth)」 데이터를 TWC를 경유 지상신호장치로 전송한다. 그리고 ATO장치는 TWC로부터 유효한 데이터를 받아 드리면 ATO는 활성 동작상태를 유지한다.

② TWC Data 갱신

출발대기 중 TWC를 통해서 지상 신호장치와 통신을 시작하여 자동운전에 필요한 데이터를 수신 받는다. 수신되는 데이터가 변경되면 기 입력된 데이터를 리셋하고 새로운 TWC data를 채택한다.

③ **출입문 열림 속도코드 송수신**(지상 신호장치 → **차상ATC**)

지상신호장치에 「TB」 데이터가 전달되면, 지상 신호장치는 해당역의 출입문 열림방향
에 해당하는 「출입문 열림 속도코드」 를 ODL(출입문열림루프)로 송출한다.

④ **출입문 열림 및 알림등**(Dwell Light) **점등**

ODL로 「출입문 열림 속도코드」 가 송출되면, 정차위치 전방에 설치되어 있는 정차시분
알림등(Dwell Light)이 점등된다. 그리고 ODL로 송출된 「출입문 열림 속도코드」 를
ATC장치가 수신 받아 해당 출입문열림유효계전기(LDE 또는 RDE)」 를 여자시킨다. 이
렇게 LDE(또는 RDE)가 여자되면, 「출입문모드S/W」 의 선택위치에 따라 출입문이 개방
되어 승객들이 승하차를 한다.(출입문모드S/W 위치는 수동열림/수동닫힘, 자동열림/수
동닫힘, 자동열림/자동닫힘이 있다.)

⑤ **속도코드 변경**(출입문 열림 → 진행진로에 대한 속도코드)

정차 시분 종료가 임박해지면 Dwell Light가 점멸된다. 정차시간이 완료되면 지상 신호
장치에서 「출입문 열림코드」 가 진행진로에 대한 「속도코드」로 바뀌어 송출된다.

따라서 Dwell Light가 소등되고, 「출입문모드S/W」가 '자동 닫힘'에 해당하는 위치에 선
택되어 있으면 출입문은 자동으로 닫힌다. 그러나 '수동 닫힘'에 해당하는 위치에 선택
되어 있으면 출입문은 열린 상태를 유지하고 있다가 운전자가 수동으로 「출입문닫힘
S/W」 를 취급하면 출입문이 닫힌다.

⑥ **출발버튼**(Departure Button) **점등 및 취급**

승객 승하차 완료 후 출입문을 닫으면, ATC장치에 「출입문 닫힘」 정보가 입력되고,
ATO장치로부터 준비 신호를 수신하면 ATC장치가 출발버튼을 점등시킨다. 운전자가 출
발버튼을 누르면 ATC장치는 수신된 속도코드에 해당하는 지시속도를 ADU에 현시한다.
그리고 ATO장치로 송신한다.(무인모드에서는 출발버튼 누름 절차가 제외된다.)

⑦ **목표속도**(Target Speed) **결정**

ATO장치에 속도코드가 입력되면, 다음 역까지 운전하기 위해 TWC로부터 수신 받은 데
이터를 바탕으로 저장된 트랙데이터를 꺼내 운전하고자 하는 구간에 대한 목표속도를
결정한다.

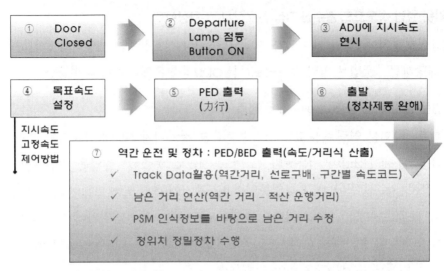

[그림 1-123] ATO운전 절차 이해도

⑧ **역간** Driving Pattern

ATO장치는 설정한 목표속도
와 실제속도를 비교하여 목표
속도보다 실제 주행속도가 낮
을 때 추진지령(PED)을 출력
하고, 주행속도가 높을 때에
는 제동지령(BED)을 출력하
여 가속 및 감속제어를 하는
방식으로 다음 역까지 운전을
한다.

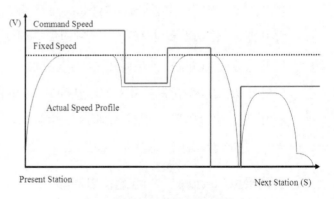

[그림 1-124] 운행패턴 사례

그리고 일단 열차가 역 출발하면 ATO장치는 운전구간을 고정시키고 다음 역 도착까지
TWC로부터 수신되는 모든 데이터를 받아들이지 않는다. 역 출발하여 다음 역까지의
ATC장치는 연속하여 궤도회로를 통하여 속도코드를 수신하고 수신된 속도코드를 바탕
으로 제한속도 유지하면서 ATO장치에 의해 제어된다.

⑨ **정위치 정차**

ATO장치는 ATC에서 제공되는 주행속도 정보를 이용하여 계속 정차지점까지 남은거리를 판단하는 「속도/거리」 식을 바탕으로 제동지령을 출력하여 정해진 정차지점에 정밀 정차를 수행한다.

ATC에서 제공되는 주행속도 정보는 차륜직경 변화 및 스키드/슬립(Skid/Slip) 등이 발생하면 입력정보의 오차가 발생되고, ATO장치가 인식하고 있는 「속도/거리」 식에 의한 정차지점까지 남은 거리가 부정확해진다. 따라서 정차위치에 정밀정차를 수행하기 위하여 정차지점까지 거리를 나타내는 PSM을 활용한다.(PSM은 선로에 고정적으로 설치되어 있으므로 정차지점까지 남은 거리가 변동되지 않는다.)

자동운전중 TRA를 통해서 PSM 인식정보가 ATO장치에 전달될 때마다 정차지점까지의 남은 거리를 판단하고 있는 「속도/거리」 식을 PSM 기준으로 남은 거리로 재조정하여 정차지점에 정확히 정차하도록 제동지령을 출력한다.

열차가 정차위치에 정밀정차 하도록 ATO장치에서 출력되는 제동지령은 짧은 시간 내에 정차시키기 위하여 상용만제동(FSB)지령이 출력되며, 감속정도에 따라 제동력을 감소시켜 부드럽게 열차를 정차시키고, 정차 후 정차제동에 해당하는 제동지령이 출력한다.

이렇게 역 정차위치에 도착하여 출입문 여·닫힘하고, 승객의 승하차를 마친 후, 다음 역으로 운전하는 과정을 반복하면서 ATO운전이 이루어진다. 아래 그림은 ATO장치 동작에 대한 이해를 돕기 위한 참고용 블록도이다.

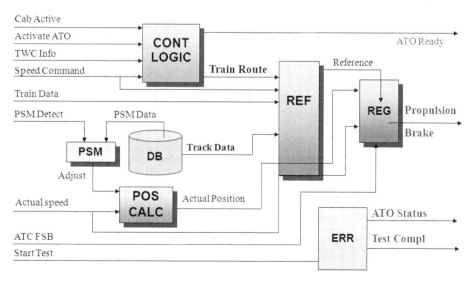

[그림1-125] ATO장치 블록도

7.11. 운전모드

(1) 개 요

ATC/ATO장치가 도입된 노선에서 운전모드는 아래와 같이 5가지 모드로 운전할 수 있으며, 본선을 운행할 때 운전모드는 자동모드 또는 무인모드를 원칙으로 하고 있다.

구분	운전모드	시스템 적용		Mode 설정조건	
		ATC	ATO	방향제어기	MASCON
ATO 운 전	무인모드	Yes	Yes	N	N
	자동모드	Yes	Yes	F	N
수 동 운 전	수동모드	Yes	No	F	–
	기지모드	Yes	No	F·R	–
	비상모드	No	No	F·R	–

운전모드 설정은 운전자가 열차 운행상황에 적합하게 운전모드스위치를 선택하고자 하는 위치에 선택하면 조건 만족 시 설정된다.

(2) 무인모드(Driverless Mode)

- 열차 TWC Loop상에 위치
- 주간제어기(MASCON) 타행위치
- 방향제어기 중립(N) 위치
- 운전모드S/W 무인모드 위치

위 조건이 만족되면, 무인모드 유효신호를 출력하며, 운행경로에 관한 데이터를 수신할 준비가 완료된다. TWC를 통해 「무인모드 승인요청」 데이터가 관제시스템에 전달된다. 관제시스템에 「무인모드 승인요청」 데이터가 전달되면, 관제사용 제어모니터에 「무인모드 허가」, 「무인모드 무허가」 아이콘이 표출된다. 관제사가 「무인모드 허가」 아이콘을 클릭하면 「무인모드 승인」 데이터가 해당열차로 전달된다.

관제사의 「무인모드 승인」 데이터가 해당열차로 전달되면, 운전실 제어대에 설치되어 있는 램프가 내장된 출발버튼(Departure Button)이 점등된다. TWC를 통해 지상 신호장치와 자동운전에 필요한 운행경로 데이터를 정상적으로 송수신하고, 운전자가 출발버튼을 눌러 확인해주면 무인운전이 개시된다.

무인모드에서 열차운행은 계획된 열차운행스케줄에 의해 행선지역까지 운전자 개입없이 ATC/ATO장치에 의해 가·감속 및 정위치 정차제어는 물론 출입문 여·닫힘 제어까지 자동으로 수행된다. 만약에 무인모드로 운행 중 모드설정이 무효화되는 고장이 발생하면 운전자가 개입하여 수동으로 운전하여 다음 역까지 운행하여야 한다.

(3) 자동모드(Automation Mode)

- 열차 TWC Loop상에 위치
- 주간제어기(MASCON) 타행위치
- 방향제어기 전진(F) 위치
- 운전모드S/W 자동모드 위치

위 조건이 만족되면 ATC장치는 AMR(Automation Mode Relay) 여자 또는 자동모드 유효신호를 출력하며 운행경로 데이터를 수신한다.

출입문 여·닫힘 완료 후, 지상 신호장치로부터 진행신호에 대한 속도코드가 수신되면 출발버튼이 점등된다. 운전자가 출발버튼을 눌러 확인 해주면 추진지령을 출력하여 출발한다. ADU에 수신된 속도코드에 해당하는 지시속도가 현시되고, 주행속도가 ADU에 현시된다.

자동모드에서는 각 역마다 출발조건 만족 시 출발버튼이 점등되고 운전자가 출발버튼을 눌러주어야만 주행을 시작한다. 만약에 자동모드로 운행 중 자동모드 설정이 무효화되는 고장이 발생하면 운전자가 개입하여 수동운전으로 다음 역까지 운행하여야 한다.

(4) 수동모드(Manual Mode)

열차 위치와 관계없이 운전자가 운전모드S/W를 「수동모드」 위치로 선택하면 설정된다. 그리고 ADU에 수신된 속도코드에 해당하는 지시속도와 주행속도가 현시된다. 운전자가 MASCON을 사용, 가속하여 속도를 조절하거나, 제동을 체결하여 열차를 정차위치에 정차시킨다. 수동모드로 운전 시 ATC장치는 주행속도를 감시하여 과속 시 FSB를 체결한다.

(5) 기지모드(Yard Mode)

기지모드는 궤도회로로부터 기지모드에 해당되는 속도코드가 수신되거나, 또는 기지구내에 한하여 운전자가 운전모드S/W를 「기지모드」로 선택하면 설정된다. 운전모드S/W의 기지모드 위치는 리턴방식이므로 기지모드를 선택하면 다시 수동모드 위치로 복귀된다.

ADU에 지시속도 '25' 현시되고 실제속도가 현시된다. 그리고 기지모드는 수동모드의 부속모드이므로 운전방법은 수동모드와 동일하다. ATC장치는 주행속도를 감시하여 과속 시 FSB를 체결한다. 기지모드는 다른 속도코드가 수신하면 즉시 취소되고 수신된 속도코드에 해당하는 지시속도가 ADU에 현시된다.

(6) 정지후진행모드(Stop & Proceed Mode)

운전모드선택SW 위치에 존재하는 모드가 아니고, 수동모드 또는 기지모드에서 다음 조건 발생 시 설정된다. 정지코드(01신호), 무 코드(02신호), 열차 정지상태에서 운전자가 「정지후진행버튼」을 누르면 설정된다. 정지후진행모드가 설정되면 15km/h까지 속도 이내에서 운전할 수 있고, 15km/h를 초과하면 즉시 FSB가 체결된다.

ADU에는 '15' 지시속도 및 '정지후진행표시등' 점등되고, 열차의 주행속도가 현시된다. 정지후진행모드로 운전중 유효한 속도코드가 수신되면 즉시 수동모드 또는 기지모드로 전환된다. 정지후진행모드는 수동모드에서 정거장에서 정차 중 출입문 열림에 해당하는 속도코드가 수신되지 않는 상태에서만 설정이 가능하다.

(7) 비상모드(Emergency Mode)

주·보조 ATC장치 모두 결함이 발생되면 비상모드를 선택한다. 비상모드를 선택하면 ATC장치의 비상제동 회로와 출입문 열림 조건 구성회로 등이 바이패스된다. 비상모드는 ATC장치로부터 열차운행을 보호받지 못하므로 폐색방식을 변경하여 운전자의 규범적 의지로 열차운행을 한다. ADU가 정상일 때의 ATC장치의 속도 픽업(Pick Up) 회로 및 통신링크가 정상인 경우에는 ATC장치에서 수신된 실제 주행속도를 현시한다. 그러나 만약 기능에 이상이 있을 경우에는 타코미터에서 직접 수신되는 펄스에 의해 ADU에 실제 주행속도가 현시된다.

7.12. 운전보안장치 발전방향

운전보안장치 기술 변천과정을 살펴보면, 연동장치의 경우 인간의 수작업에 의존한 기계장치에서 1930년대 각종 계전기(Relay)와 시퀀스(sequence)회로를 근거로 한 전기장치로 발전하였고, 1980~1990년대에는 컴퓨터와 마이크로프로세서 등 전자소자를 결합한 전자장치가 실용되어 현재까지 운용되고 있다. 또한 열차위치검지 장치의 경우 1870년대 전기회로를 응용한 절연궤도회로로 출발하여 1980~1990년대에는 가청주파수를 이용한 AF궤도회로를 사용하게 된다. 또한 선후행 열차간 안전거리 확보 기술로 그동안 고정폐색 방식에서 최근에는 Distance to go 및 이동폐색 방식을 도입하고 있다.

그러나 최근 열차운행 제어장치는 과거 지상(地上)제어에서 지능화된 차량(Smart Vehicles)을 근거로 한 차상제어로 이동하는 추세이다. 차상제어의 목적은 각 열차가 차량성능에 맞는 효율적인 운전과 더불어 지상제어설비 역할 비중을 대폭 축소하는데 있다.

최근 도입되는 각 지방자치단체의 경전철의 경우 운전보안장치는 집중화, 소형화 되는 추세이며 CBTC방식에 의한 완전무인 제어방식을 채택하여 경영효율화를 추구하고 있다. 이를 종합적으로 분석하여 볼 때 향후 정보통신 및 컴퓨터 기술 발전과 더불어 차세대 운전보안장치 등장은 계속될 것이다. 국내에서도 최근 한국형 무선통신기반 열차제어시스템(KRTCS) 개발이 한창 진행되고 있으며 이를 뒷받침하기 위해 철도 전용 주파수 확보 등 제반 사항에 대해서도 관심을 기울이고 있다. 향후 운전보안장치의 발전 주기(週期)는 현재보다 더욱 짧아질 것이 확실하며 운행시격 단축, 선로용량 증가, 높은 안전성 확보, 유지보수 효율화 증대 등의 궁극적 목표실현을 계속 지향할 것이다.

▶ **운전보안장치의 기술변화 추이**

구 분	1990~2000년 초반	2000년~현재
제어주체	• 지상(Waysides)	• 차상(Smart Vehicles)
폐색장치	• 고정폐색(固定閉塞)	• 이동폐색(移動閉塞)
열차위치 검지	• 궤도회로	• 지상무선통신 • GPS위성을 이용한 자동추적
궤도회로 역할	• 열차위치검지 • 속도코드전달 • 선로파손검지등	• 선로파손 검지
적용기술	• 전기, 전자, 컴퓨터	• 현재의 기술을 기반으로 한 무선통신, 인공지능기술

제2장

운전이론

제1절 운전이론 기초

본 절에서는 운전이론 개요 및 운전이론의 기초가 되는 단위, 속도, 일 등에 대하여 설명한다.

1.1. 개 요

열차가 주행하고, 정지할 때 힘의 작용 · 시간의 흐름 · 마찰 · 에너지의 변환 등 상호 역학적 작용이 일어나며 이에 따른 여러 가지 물리적 현상이 발생한다. 이러한 물리적인 현상에 대하여 철도분야 운전 관점으로 정리한 이론이 운전이론이며 다음과 같이 활용된다.

첫째, 운전분야의 최상위 업무인 운전계획 업무의 기초이론으로 활용된다.

둘째, 경제적 운전기술의 기초지식으로 활용된다.

셋째, 철도 운전분야의 기술수준을 고급화한다.

따라서 철도운전분야 종사자라면 누구나 운전이론 지식을 습득하고 있어야만 업무 수행 시 정확한 이론 적용과 올바른 운전기술을 발휘할 수 있으며, 이를 통해 철도차량 운전자에게 부여된 사명인 안전운전, 정시운전 및 경제운전 달성과 서비스 향상을 도모할 수 있다.

본 장에서는 도시철도 운전분야 종사자에게 필요한 부분과 제2종 철도차량면허시험 대상 차량인 전동차를 중심으로 한 이론을 설명한다.

1.2. 단위(Unit)

(1) 개 요

우리는 길이, 양, 시간, 속도, 힘, 일 등의 물리량을 나타낼 때 단위를 사용한다. 이렇게 물리량을 표현할 때 단위를 사용하는 것은 그 크기 또는 상태가 어느 정도인지 여러 사람들이 동일하게 공유하기 위해서이다.

국가 간에도 각종 물리량에 대하여 크기 또는 상태 등을 동일한 기준으로 정해놓아야 경제, 과학기술 등 다양한 분야에서 교류가 가능하다. 따라서 세계 국제도량형총회(CGPM)에서 여러 차례 논의를 거쳐 국제적으로 일관성 있는 단위를 사용하기로 결정하여 MKS단위계를 기본으로 하는 국제단위를 정하고 있다. 이러한 국제단위를 SI(The International System of Units)단위라고 부르며, SI기본단위 결정은 국제도량형총회 결의에 의해 승인된다.

우리나라에서도 1961년 계량법을 제정, 공포하면서 SI단위를 법정 계량단위로 채택하였다. 따라서 SI단위에 포함되는 단위는 법정단위이고, SI단위에 포함되지 않는 단위는 비법정단위인 것이다.

(2) SI단위 구분

SI단위는 현재까지 7개의 기본단위가 정해져 있고, 기본단위들을 곱하기와 나누기 등의 수학적 연결을 통해 표현하는 유도단위가 있다. 그 내용은 다음 표와 같다.

구 분	물 리 량	명 칭	기 호
SI 기본단위	길이	미터	m
	질량	킬로그램	kg
	시간	초	s
	전류	암페어	A
	열역학적 온도	켈빈	K
	물질량	몰	mol
	광도	칸델라	cd
SI 유도단위	넓이	제곱미터	m^2
	부피	세제곱미터	m^3
	속력, 속도	미터 매 초	m/s
	가속도	미터 매 초 제곱	m/s^2
	유량	세제곱미터 매 초	m^3 /s
	동점도	제곱미터 매 초	m^2 /s
	파동수	역 미터	m^{-1}
	밀도, 질량밀도	킬로그램 매 세제곱미터	kg/m^3
	비(比) 부피	세제곱미터 매 킬로그램	m^3 /kg
	전류밀도	암페어 매 제곱미터	A/m^2
	자기장 세기	암페어 매 미터	A/m
	(물질량의) 농도	몰 매 세제곱미터	mol/m^3
	휘도	칸델라 매 제곱미터	cd/m^2
	굴절률	하나(숫자)	1*)

*) 기호 "1"은 숫자와 조합될 때 생략된다.

(3) 단위의 접두어

국제도량협회에서는 SI단위의 십진 배수 및 분수를 만드는데 사용하는 접두어를 채택하고 있으며 과학, 기술, 상업 등 모든 분야에서 사용 중인 단위의 접두어는 아래 표와 같다.

인자	접두어	기호	인자	접두어	기호
10^{24}	요타	Y	10^{-1}	데시	d
10^{21}	제타	Z	10^{-2}	센티	c
10^{18}	엑사	E	10^{-3}	밀리	m
10^{15}	페타	P	10^{-6}	마이크로	μ
10^{12}	테라	T	10^{-9}	나노	n
10^{9}	기가	G	10^{-12}	피코	p
10^{6}	메가	M	10^{-15}	펨토	f
10^{3}	킬로	k	10^{-18}	아토	a
10^{2}	헥토	h	10^{-21}	젭토	z
10^{1}	테카	da	10^{-24}	욕토	y

1.3. 스칼라(Scalar)·벡터(Vector)

물리량을 표현할 때, 방향의 구별 없이 하나의 수치(數値)만으로 완전히 표시되는 **스칼라**(Scalar)량이 있고, 수량의 크기와 방향을 사용하여 나타내는 **벡터**(Vector)량이 있다.

스칼라량에는 길이, 질량, 시간, 면적, 부피, 온도, 신장, 속력 등이 해당되며, 벡터량에는 위치, 변위, 속도, 가속도, 힘, 중량, 마찰력 등이 해당된다.

물리학에서 벡터량을 표시할 때에는 문자를 고딕체(강조체 AB, ab)로 사용하든지, 문자 위에 화살표($\vec{a}$)를 붙여서 사용하고 있다. 그러나 운전이론에서는 화살표를 붙이지 않고 그냥 표시한다.

1.4. 물체 이동

어떤 물체가 시간이 지남에 따라 그 위치를 달리 할 때, 그 물체는 운동하고 있다고 하고, 시간이 지나도 위치가 변하지 않을 때는 그 물체는 정지하고 있다고 한다. 물체가 운동을 하여 그 위치를 바꾸었을 때, 위치를 바꾼 경로의 길이를 **이동거리**라 하고, 운동하기 이전의 위치와 이동한 후의 위치 사이의 직선거리를 **변위**라고 한다.

아래 [그림 2-1]에서 물체가 점선의 경로를 따라 A에서 B로 운동하였다고 하면 이동거리는 점선의 길이가 되고, 변위는 $\overrightarrow{AB}$가 된다.

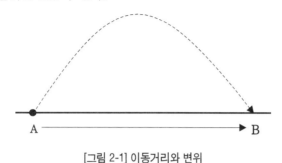

[그림 2-1] 이동거리와 변위

1.5. 속도(Velocity)

속도, 속력 모두 단위시간당 이동한 거리 또는 변위를 나타내는 물리량이다. 그러나 속력은 물체의 빠르기 정도를 나타내는 스칼라량에 해당하며, 속도는 물체의 빠르기와 물체의 운동방향을 함께 나타내는 벡터량이다. 물체가 같은 방향으로 직선운동을 하는 경우에는 속도와 속력의 크기가 같기 때문에 단위는 동일하다.

속도는 거리와 시간의 함수로서 단위시간당 이동한 거리를 나타내므로 다음 식으로 정리된다.

$$\therefore\ 속도[v] = \frac{S}{t}(km/h \text{ 또는 } m/s)$$

속도 산출식을 응용하여 다음과 같이 소요시간과 진행거리를 산출할 수 있다.

$$\therefore\ 소요시간[t] = \frac{S}{v} \qquad\qquad \therefore\ 진행거리[S] = v \times t$$

철도분야에서는 속력과 속도로 구분하여 물리적 현상을 고찰할 필요성이 없기 때문에 운전이론에서는 속력과 속도를 구별하지 않고 속도로 사용한다.

또한 열차의 운행거리는 장거리이기 때문에 운행 소요시간을 초 단위 보다는 시간 단위로 표현하는 것이 열차의 빠르기 정도를 더 쉽게 인식할 수 있다. 따라서 열차의 속도 단위를 m/s로 사용하지 않고 km/h를 사용한다.

문제1 제5001열차가 A역에서 B역간 1,200m를 운행하였는데 A역을 출발하여 50초 후 B역에 도착하였다. 이 열차의 속도 m/s, km/h는 얼마인가?

☞ [풀이] 속도$(v) = \dfrac{S}{t} = \dfrac{1,200m}{50s} = 24m/s$

여기서 $[m/s] \Rightarrow [km/h]$로 변환하면 $24m/s \times 3.6 = 86.4km/h$

▶ **속도단위 변환**

- $(m/s) \Rightarrow (km/h)$ 변환 : $1m/s \times \dfrac{3,600}{1,000} = 3.6\,km/h$

- $(km/h) \Rightarrow (m/s)$ 변환 : $1km/h \times \dfrac{1,000}{3,600} = \dfrac{1}{3.6}\,m/s$

문제2 제5002열차가 평균속도 36km/h로 12km를 주행하는데 이 때 소요된 시간은 몇 분인가?

☞ [풀이] 36km/h $\Rightarrow$ m/s로 변환 $\Rightarrow 36km/h \times \dfrac{1}{3.6} = 10m/s$

$\therefore$ 소요시간$(t) = \dfrac{S}{v} = \dfrac{12km \times 1,000}{10m/s} = 1,200$초 $= 20$분

문제3 제5003열차가 1분 동안 평균속도 60km/h로 진행하였다. 이 열차가 주행한 거리는 몇 미터인가?

☞ [풀이] 60km/h $\Rightarrow$ m/s로 변환 $\Rightarrow 60km/h \times \dfrac{1}{3.6} = 16.667m/s$

$\therefore S = v \cdot t = 16.667m/s \times 60s = 1,000m$

1.6. 가속도

(1) 개 요

열차가 진행할 때 일정한 속도로 주행하는 것이 아니라 정지 상태에서 일정속도까지 가속하고 또는 일정속도에서 정지 상태까지 감속하는 등 속도가 변화하면서 주행한다.

이렇게 단위시간 동안에 일어나는 속도의 변화량을 **가속도** 또는 **감속도**라 하고, 단위는 m/s²를 사용한다.

$$\therefore \text{가속도}[a] = \frac{v2 - v1}{t} \ (m/s^2)$$

- v1 : 처음속도(m/s)
- v2 : 나중속도(m/s)
- t : 소요시간(s)

그리고 속도가 점점 빨라지는 변화정도를 가속도(Acceleration)라고 하고, 기호는 a로 표시한다. 반면 속도가 점점 느려지는 변화정도를 감속도(Deceleration)라고 하며 기호는 d로 표시한다. 단, 가속도와 감속도는 방향만 다를 뿐 단위 시간당 속도의 변화를 나타내는 것이므로 동일한 단위를 사용한다.

일반적으로 많은 영역에서 가속도의 단위로 m/s²를 사용하고 있으나 철도에서는 열차속도 단위를 km/h를 사용하고 있기 때문에 가속도의 단위를 열차속도 변화 상태를 매초 단위로 표시하기 위해서 km/h/s를 사용하고 있다.

그리고 시간의 변화에 대하여 속도의 변화가 없는 상태 즉, 가속 또는 감속이 없는 상태를 **등속운동**이라 하는데 이때의 속도를 등속도 라고 하고, 일정한 가속도로 움직이는 물체의 운동을 등가속 운동이라 한다.

문제4 제5004열차가 10km/h 속도로 운전 중 20초 후에 70km/h 속도가 되었다. 이 열차의 가속도 km/h/s, m/s² 각각 얼마인가?

☞ [풀이] 가속도$(a) = \dfrac{v2 - v1}{t}$

$$= \frac{70km/h - 10km/h}{20s} = \frac{60km/h}{20s} = 3.0km/h/s$$

$$= 3.0km/h/s \times \frac{1}{3.6} = 0.83m/s^2$$

(2) 가속도와 거리의 관계

가속도 1m/s²로 10초간 운동한 물체의 속도는 10m/s라고 하면, 이때 이동한 거리는 50m가 된다. 이와 같은 상태를 그래프로 표시하면 아래 [그림 2-2]와 같다.

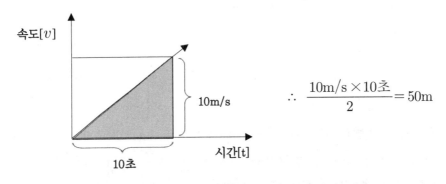

$$\therefore \ \frac{10\text{m/s} \times 10\text{초}}{2} = 50\text{m}$$

[그림 2-2] 가속도 · 거리

여기서 물체의 가속도를 $a(\text{m/s}^2)$, 소요시간을 $t(s)$라고 할 때 이동거리 $S(\text{m})$는 [그림 2-2]의 음영부분의 삼각형 넓이를 구하는 식((밑변×높이)÷2)을 인용하여 다음 식과 같이 유도된다.

$$\text{이동거리}[S] = \frac{v \times t}{2} \, (\text{m})$$

그리고 t초 후에 속도$[v]$는 $a \times t(\text{m/s})$가 되므로,

$$\therefore \text{이동거리}[S] = \frac{(a \times t) \times t}{2} = \frac{a \times t^2}{2} \, (\text{m})$$

이동거리 산출식을 응용하여 다음과 같이 소요시간, 가속도 산출식을 유도할 수 있다.

$$\therefore \text{소요시간}[t] = \sqrt{\frac{2S}{a}} \qquad \therefore \text{가속도}[a] = \frac{2S}{t^2}$$

(3) 가속도와 속도 · 거리 · 시간과의 관계

가속도(a)로 정해진 시간(t) 동안 그 속도(v)를 도달하기까지의 진행한 거리(S)와 관계는 다음 식으로 정리된다.

속도[v] = a×t이므로, 거리[S] = $\dfrac{v \times t}{2}$ 식을 응용하면,

$$\therefore \text{속도}[v] = \frac{2 \times S}{t} \ (m/s)$$

이 식을 응용한 시간 산출식은 다음과 같다.

$$\therefore \text{시간}[t] = \frac{2 \times S}{v} \ (\sec)$$

여기서 속도를 평균속도$[v_a]$라 하면,

평균속도$[v_a] = \dfrac{v2 + v1}{2}$ 이고, 거리[S] = $v_a \times t$이므로

$$\therefore \text{거리}[S] = \frac{v2 + v1}{2} \times t \, (m)$$

문제5 가속도 3.0km/h/s 성능을 가진 전동차가 출발 30초 후 속도km/h는 얼마인가?

☞ [풀이] v2 = v1 + (a×t)

v1 = 0, a = 3.0km/h/s, t = 30초이므로

∴ 속도(v2) = 0 + 3.0km/h/s × 30s = 90km/h

문제6 제5007열차가 60km/h에서 제동을 체결하여 30초 후에 정차하였다.
이 때 평균 감속도(km/h/s)와 제동거리(m)는 얼마인가?

☞ [풀이] 평균 감속도(d) = $\dfrac{v1 - v2}{t} = \dfrac{60 - 0 km/h}{30s} = 2km/h/s$

제동거리(S) = $\dfrac{v1 + v2}{2} \times t = \dfrac{60 + 0 km/h}{2} \times 30s$

$= 60km/h \times \dfrac{1}{3.6} \times \dfrac{1}{2} \times 30s = 250m$

1.7. 각속도

물체가 단위 시간당 원 운동한 크기를 각속도라 하고 '**ω**'로 나타낸다. 아래 [그림 2-3]에서 A 지점에 있던 물체가 회전운동을 하여 시간 경과 후 B지점으로 이동하였을 때의 각속도는 다음과 같다.

$$\therefore 각속도(\omega) = \theta/\mathrm{t}[\mathrm{rad/sec}]$$

각속도에서는 각도(θ)의 단위로 도(°)를 사용하지 않고 rad을 사용하며, 그 각도만큼 회전한 '호'의 길이를 반지름으로 나누어서 구하므로 다음과 같이 정리할 수 있다.

$$\therefore \theta = \frac{\ell}{\mathrm{r}}(\mathrm{rad})$$

따라서 ℓ= r 일 때의 θ가 1rad이 되고, 360°=2π rad이 되며, t초 동안에 1회전하는 물체의 각속도 $\omega = \frac{2\pi}{\mathrm{t}}(\mathrm{rad/sec})$가 된다.

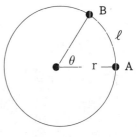

[그림 2-3] 각속도

1.8. 무게

(1) 질량(Mass)

질량은 물체에 포함되어 있는 물질의 고유한 양을 말한다. 질량에는 물체에 일정한 힘을 가할 때 물체가 얻은 가속도를 비교하여 측정한 관성질량과, 물체에 작용하는 중력의 크기와 표준 물체에 작용하는 중력의 크기를 비교하여 측정한 중력질량이 있는데, 같은 물체의 경우 관성질량과 중력질량의 크기는 같으므로 이를 구분하지 않는다.

실제로 질량은 물체가 힘을 받았을 때 그것의 속도와 위치가 변화하는데 대한 저항의 정도이다. 물체의 질량이 클수록 외력에 의한 변화는 적다. 질량은 관성으로 정의되지만 관습적으로 무게로 나타낸다.

(2) 중량(Weight)

일상생활에서는 질량과 중량을 혼동해서 사용하고 있는데, 우리가 무게라고 하는 중량은 질량과는 달리 그 물체의 고유한 양이 아니다.

지구에서 중량이 60kg인 물체를 달에서 측정하면, 10kg정도로 나타난다. 이와 같이 한 물체의 중량이 측정하는 장소에 따라서 그 크기가 다른 것은 각각의 장소에 따라 그 물체에 작용하는 중력(Gravity)이 서로 다르기 때문이며, 중량은 물체의 질량에 작용하는 지구 중력을 곱한 크기로서 다음과 같다.

$$\therefore 중량[W] = m \cdot g\,(kgf)$$

$$\quad\quad\quad \blacklozenge\, m : 질량(mass) \quad \blacklozenge\, g : 중력가속도(m/s^2)$$

질량이 있는 물체는 그에 비례하는 중력을 가지며, 그 중력이 미치는 공간을 중력장이라 한다. 지구의 중력장 내에서 낙하하는 물체에는 **중력가속도**가 작용하며, 그 값은 장소에 따라 약간씩 다르나 $9.8m/s^2$를 사용한다. 중량의 단위를 보통 질량의 단위인 kg으로 사용하고 있으나 물리에서는 킬로그램($1kgf$) 또는 뉴톤(N)으로 나타낸다. 따라서 질량 1kg 물체의 중량을 힘과 가속도의 관계로 정확히 표시하면 $F = m \cdot a$에 의해 다음과 같이 정리할 수 있다.

$$\therefore W = 1kgf\,(질량\ 1kg인\ 물체의\ 중량은\ 1kgf)$$

$$= m \cdot g$$

$$= 9.8(kg \cdot m/s^2)$$

$$= 9.8\ Newton이\ 된다.$$

1.9. 힘(Force)

물체에 힘을 가하면 정지중인 물체는 운동을 하고, 운동중인 물체는 속도가 변한다. 또한 탄성이 있는 물체는 그 모양이 변한다. 이렇게 물체의 운동 상태를 변화시키거나, 모양을 변화시켜 주는 원인이 되는 것을 **힘**(Force)이라 한다.

자연계에는 여러 가지 힘이 있는데 기본적인 힘으로는 중력 · 전자기력 · 핵력이 있고 그 밖의 힘은 이들 기본적인 힘에 의해 나타나는 현상이라고 한다.

물체에 힘이 작용하면, 힘의 방향으로 작용한 힘의 크기에 비례하고, 물체의 질량에 반비례하는 가속도가 발생한다. 이러한 현상을 과학적으로 증명한 뉴턴(Newton)의 제2운동법칙인 가속도법칙에 의하여 힘은 다음과 같이 나타낸다.

$$\therefore \ F = m \ \cdot \ a(kg \cdot m/s^2)$$

힘은 벡터량으로써 질량 1kg 물체의 중량을 1kg중으로 하는 것을 기본으로 하여 사용한다.

$$\therefore \ 1kg중 = 9.8m/s^2$$

SI단위에서는 힘의 단위로 뉴턴(Newton)을 사용한다. 1N은 질량 1kg인 물체에 $1m/s^2$의 가속력을 부여시키는 힘의 크기로 표현된다. 따라서 다음과 같이 정의된다.

$$\therefore \ 1kg중 = 1kg \times 9.8m/s^2 = 9.8N$$

▶ **뉴턴의 운동법칙**

① **운동의 제1법칙** : 관성의 법칙

물체는 외부에서 작용하는 힘, 즉 외력을 받지 않으면 정지하고 있던 물체는 그대로 정지하고, 운동하고 있는 물체는 운동을 계속한다.

② **운동의 제2법칙** : 가속도의 법칙

물체에 힘이 작용하면, 힘의 방향으로 작용한 힘의 크기에 비례하고, 물체의 질량에 반비례하는 가속도가 발생한다.

③ **운동의 제3법칙** : 작용과 반작용의 법칙

한 물체가 다른 물체에 힘을 작용하면, 힘을 받는 물체는 힘을 작용하는 물체와 크기가 같고 방향이 반대되는 힘이 작용한다.

1.10. 일(Work)

물체에 힘이 작용하는 동안 그 힘의 방향으로 물체에 변위가 발생한 경우에 일을 했다고 하며 다음과 같이 나타낸다.

$$\therefore \ 일[W] = F \cdot S(kg \cdot m)$$

• F : 힘(Force)

• S : 거리

일은 스칼라량으로서 단위는 줄(Joule)을 사용한다. 1J은 1N의 힘이 물체에 작용하여 힘의 방향으로 물체를 1m 이동시킬 때의 일의 양을 말한다. 따라서 힘이 작용하였으나 이동이 없는 경우에는 물리적 관점에서 보면, 일을 하였다고 할 수 없다.

1.11. 일률(Power)

일을 할 때 빨리 할 수도 있고, 천천히 할 수도 있으므로 단위시간당 어느 정도의 일을 하였는지를 나타낼 필요가 있다. 이렇게 단위시간당 한 일을 **일률** 또는 **공률**이라 한다.

즉 일률이란, 일의 능률을 측정하는 값이 된다.

$$\therefore 일률(P) = \frac{W}{t}(J/s)$$

　　　　　　　　　　　　　　　　　　　　• W : 일(Work)　　　• t : 시간

우리나라 산업분야에서는 전동기 등에 대한 일률을 나타내는 단위로 주로 불마력(佛馬力)인 PS(Pferde stärke, 독일어) 또는 영마력(英馬力)인 HP(Horse Power)를 사용하고 있다.

그러나 PS, HP 모두 비법정 단위이다. 일률에 대한 법정단위는 **와트**(watt)이다.

여기서 1와트(watt)는 1초 동안에 1J의 일을 할 때의 일률이다.

$$\therefore 1W = 1(J/s)$$

참고로 PS, HP와 와트를 관계를 정리하면 다음과 같다.

$$\therefore 1PS = 75kgf \cdot m/s = 735.5W = 0.986HP$$
$$\therefore 1HP = 550lbf \cdot ft/s = 745.7W = 1.013PS$$

1.12. 에너지(Energy)

에너지란 일을 할 수 있는 힘이나 능력을 말한다. 이러한 에너지는 위치 · 운동 · 열 · 전기 · 화학 · 핵 또는 여러 가지 다른 형태로 존재할 수 있다. 또한 열, 일과 같이 한 물체에서 다른 물체로 이동하는 과정에서 존재하는 에너지도 있다.

에너지의 모든 형태는 운동과 연관되어 있는데, 운동 상태에 있는 모든 물체는 **운동에너지**를 갖는다. 또한 활이나 용수철과 같이 장력이 가해진 기구는 정지해 있더라도 운동을 유발할 수 있는 위치에너지를 갖는다. 이들이 위치 에너지를 갖는 것은 그 물체의 배열상태 때문이다. 따라서 물체의 운동에너지(Kinetic Energy)의 크기는 질량에 비례하고 속도의 제곱에 비례하므로 다음 식과 같이 정리할 수 있다.

$$\therefore 운동에너지[E_k] = \frac{1}{2}m \cdot v^2$$

• m : 질량

• v : 속도

위 식을 통해서 주행중인 열차의 운동에너지는 중량에 비례하고, 속도의 제곱에 비례함을 알 수 있다. 또한 주행중인 열차를 정지시키기 위해서는 해당 열차가 가지고 있는 운동에너지보다 더 큰 다른 에너지(제동력)를 가해야만 열차를 정지할 수 있다.

그리고 물체가 기준 위치와 다른 위치에 있기 때문에 잠재적으로 가지게 되는 에너지를 **위치에너지**(Potential Energy)라고 하며, 위치에너지의 크기는 다음 식과 같이 질량, 중력가속도, 높이에 비례한다.

$$\therefore 위치에너지[E_h] = m \cdot g \cdot h$$

• m : 질량

• g : 중력가속도

• h : 높이

1.13. 마찰력(Frictional force)

(1) 개 요

평면 위에 있는 물체를 움직이기 위하여 힘을 가하면 평면과 물체의 접촉면 사이에는 가한 힘과 반대방향으로 운동을 방해하는 힘인 마찰력이 생긴다. 물체가 움직이지 않는 동안에 생기는 마찰력은 가한 힘의 크기와 같은 크기로 증감한다. 이러한 마찰력은 무한히 증가하는 것이 아니므로 가하는 힘을 계속 증가시키면 물체는 마찰력을 극복하고 움직이기 시작한다.

물체와 평면 사이에 작용하는 접촉면의 수직항력(물체의 중량과 같은 크기로 평면이 물체를 떠받치는 힘)을 R, 마찰력을 f라고 하면, 다음의 식이 성립된다.

$$\therefore 마찰력[f] = \mu \times R$$

• μ : 마찰계수

(2) 마찰계수

마찰계수는 마찰력의 크기와 수직항력(垂直抗力)의 크기와의 비율로서 서로 마찰하는 물체의 재질이나 접촉면의 매끄러운 정도에 따라 값이 달라진다.

마찰력 $f = \mu \times R$ 식에서 μ은 마찰계수이다. 마찰계수는 접촉면의 크기에는 상관없고, 접촉면의 상태에만 관계되어 그 값이 달라지며, 보통 1보다 작다. 운동 중인 물체에 작용하는 마찰은 미끄럼마찰과 회전마찰이 있는데 이를 **운동 마찰력**이라 한다. 운동마찰계수는 정지마찰계수보다 그 값이 약간 적으며, 각 마찰계수의 관계는 다음과 같다.

$$\therefore \text{회전마찰 계수} < \text{미끄럼마찰 계수} < \text{정지마찰 계수}$$

1.14. 압력(Pressure)

(1) 개 요

단위 면적(A)당 가해진 힘(F)을 **압력**이라고 한다. 압력의 크기는 가해진 힘의 크기에 비례하고 힘을 가한 면적에 반비례한다.

$$\therefore \text{압력}[P] = \frac{F}{A} (kg/cm^2)$$

• F : 힘   • A : 면적

압력의 단위를 kg/cm^2, N/m^2, bar 등을 사용하고 있지만 SI단위에서는 Pa(파스칼)을 사용한다. 그러나 철도분야에서는 압력단위를 관습적으로 비법정계량 단위인 kg/cm^2를 사용하고 있다.

각종 압력 단위별 관계는 다음과 같다.

$$\therefore 1Pa = \frac{N}{m^2}$$

$$\therefore 1bar \fallingdotseq 1kg/cm^2 = 10^5 Pa$$

$$\therefore 1mbar = 100Pa = 1hpa$$

(2) 절대압력

진공상태를 기준점으로 나타내는 압력을 절대압력이라 하고, 대기압 상태를 기준점으로 하여 나타내는 압력을 계기압력이라 한다. 따라서 절대압력과 계기압력은 다음과 같은 관계가 있다.

$$\therefore \text{절대압력} = \text{대기압} + \text{계기압력}$$

대기압은 약 1kg/cm^2이므로 절대압력은 다음과 같다.

$$\therefore \text{절대압력} = 1 + \text{계기압력}(\text{kg/cm}^2)$$

제2절 견인력(牽引力)이론

본 절에서는 철도차량용 견인전동기로 사용하는 직류직권전동기와 유도전동기에 대한 동력발생 과정을 설명하고, 견인전동기에서 발생된 동력이 바퀴까지 전달되는 과정에서 일어나는 물리적 현상에 대하여 운전계획 측면에서 설명한다.

2.1. 개 요

철도에서 동력을 가진 차량의 전동기에서 발생된 회전력으로 동륜(動輪)을 회전시켜서 열차를 전진, 가속시키는 힘을 **견인력** 또는 **인장력**이라고 하고, 동력을 발생시키는 전동기를 **견인전동기** 또는 **주전동기**라 한다.

견인력(Tractive Force)은 다른 것을 끌어당기는 힘을 말하고, 인장력은 공간적으로 떨어져 있는 물체가 서로를 끌어당기는 힘과 물체 내의 한쪽 부분이 다른 쪽 부분을 임의의 면에 수직이 되게 끌어당기는 힘을 아울러 이르는 말이다. 따라서 열차를 전진시키는 힘의 작용상태로 보면 견인력이 더 정확한 표현이라고 할 수 있다.그러나 전동차는 기존의 철도 동력차와 달리 동력을 발생시키는 차량을 맨 앞으로 편성하지 않고 중간에 배치하여 열차를 밀고 가는 형태로 움직이므로 **추진력**(推進力, Propulsion Force)이라고도 한다.

따라서 운전이론은 물론 다른 과목을 공부할 때 견인력과 추진력을 동일한 의미로 이해하기 바란다.

2.2. 견인력 · 마찰력 · 열차저항 관계

견인력은 차량의 특성, 차륜과 레일간의 상태, 연결 량 수에 따라 영향을 받으며 이 크기에 따라 열차운전의 제한요소가 결정된다.

기본적으로 동력을 발휘하는 차량(동륜)이 공전(空轉)을 하지 않고 가속 전진하기 위해서는 다음 조건을 만족하여야 한다.

$$\therefore F > T_d > R$$

- F : 동륜과 레일면의 마찰력(점착력)
- T_d : 동륜 견인력
- R : 열차저항

주행중인 열차는 견인력과 열차저항에 크기에 따라 다음과 같은 상태가 나타낸다.
- 가속운전 = $T_d > R$
- 감속운전 = $T_d < R$
- 등속운전 = $T_d = R$

2.3. 견인력 구분

(1) 개 요

열차를 전진, 가속시키는 힘인 견인력은 운전계획상 견인력이 작용하는 개소 또는 견인력을 제한하는 인자에 따라 구분하고 있다.

철도에서 운전계획상 견인력을 구분하는 이유는 다양한 동력차가 존재하기 때문에 이론적으로 정확한 견인력을 산출하여 동력차별로 최대로 견인할 수 있는 견인능력을 정해놓고 운용하기 위해서이다.

그러나 전동차의 경우 견인력이 차종별 별다른 차이가 없이 대동소이 하고, 고정편성으로 운용되기 때문에 노선 개통 전 전동차 성능시험 단계에서 견인력 시험을 실시하여 정상 출력 발생 여부를 확인하고, 개통 후에는 차종별로 정해진 견인력을 산출 운영하지 않고 있다.

⑵ 견인력 구분

① 견인력 작용개소에 의하여 다음과 같이 구분한다.
- 지시견인력
- 동륜주견인력
- 인장봉견인력

② 견인력 제한인자에 의해서 다음과 같이 구분한다.
- 기동견인력
- 점착견인력
- 특성견인력

⑶ 지시견인력

동력차의 구조와 특성에 의한 견인력이다. 예를 들어 디젤전기기관차의 경우 기관에서 발생하는 출력을 말한다.

즉, 최초 발생된 동력이 바퀴까지 전달되면서 기계 부분의 마찰로 인한 손실 등을 고려하지 않고 효율을 100%로 보고 반영한 견인력이다. 따라서 운전계획상 구분하고 있는 견인력 중 가장 큰 값이다.

이렇게 최초 발생되는 견인력을 지시견인력으로 구분하는 이유는 최초로 발생한 동력이 바퀴에 전달되어 견인력으로 작용될 때까지 동력 전달과정에서 에너지 손실이 어느 정도 발생하는지를 정확히 구분하기 위해서이다.

⑷ 동륜주견인력

실제로 동륜과 레일 면간에 작용되는 견인력이다. 즉, 지시견인력의 동력 전달과정에서 내부적으로 발생한 손실을 제외한 견인력을 말한다. 따라서 동륜주견인력은 지시견인력보다 작다.

▶ 동륜주견인력 고찰

동력으로 작용하는 일(P), 속도(v), 시간(t), 동륜주견인력(T_d)라 하면,

① 전동기 1대 회전자가 1회전 할 때 일의 양 P1은 다음식과 같다.

$$P1 = 2\pi \times t (kg \cdot m)$$

② 치차비를 Gr라 하고, 동륜이 1회전할 때 전동기는 Gr회전을 하므로 동륜이 1회전 시 전동기 일의 양 P2는 다음식과 같다.

$$P2 = 2\pi \times t \times Gr (kg \cdot m)$$

③ 동륜이 1회전 할 때 전동차의 일의 양 P3는, 전동기 수 N, 동력 전달효율을 η을 적용하면 다음 식과 같다.

$$P3 = 2\pi \times t \times Gr \times N \times \eta (Kg \cdot m)$$

④ 동륜이 1회전 시 전동차의 일의 양은 다음 식 이므로

$$P4 = T_d \times \pi \times D (Kg \cdot m)$$

위 ③식에 $P4$ 값을 대입하면 동륜주견인력은 다음 식이 성립된다.

$$\therefore \text{동륜주견인력}[T_d] = \frac{2 \times t \times Gr \times N \times \eta}{D} (Kg)$$

따라서 동륜주견인력(T_d)은 동륜직경(D)에 반비례하고, 전동기 회전력, 차차비, 전동기수, 동력전달 효율에 비례한다.

▶ **동륜주견인력과 속도의 관계**

① 동력차의 1시간 일의 양을 P1이라 하면 다음 식이 성립한다.

$$P1 = T_d \times v = T_d \times v \times \frac{1}{3.6} (kg \cdot m/s)$$

② 동력차의 모든 출력을 P2라 하면, 다음 식이 성립한다.

$$P2 = Et \times i \times N \times \eta \times \eta' \times \frac{102}{1,000} (kg \cdot m/s)$$

- Et : 전동기 단자전압
- i : 전동기 공급전류
- N : 전동기 수
- η : 전동기효율
- η' : 치차효율

$$\cdot \frac{102}{1,000} : 102는 \ 중량 \ ton/중력가속도, \ 1,000은 \ km \rightarrow m로 \ 변환$$

따라서 P1=P2이므로, $T_d \times v \times \frac{1}{3.6} = Et \times i \times N \times \eta \times \eta' \times \frac{102}{1,000}$

③ 여기서 전동기 효율, 치차효율 등 각종 효율의 합을 전동차 효율을 K라 하면, 동륜주견인력 산출식은 다음과 같다.

$$\therefore 동륜주견인력[T_d] = 0.3672 \times \frac{Et \times i}{v} \times N \times K(kg)$$

결론적으로 동륜주견인력(T_d)는 속도에 반비례 한다.

문제7 제5009열차가 운전속도 $60km/h$ 상태에서 4개의 견인전동기에 전압 980V, 전류 120A가 공급되고 있다. 전동차효율 92%일 때 동륜주견인력은 얼마인가?

☞ [풀이] 동륜주견인력$[Td] = 0.3672 \times \frac{Et \times i}{v} \times N \times K$ 이므로

$$= 0.3672 \times \frac{980 \times 120}{60} \times 4 \times 0.92$$
$$= 2,648.5(kg)$$

(5) 인장봉견인력

인장봉견인력은 동력차가 부수차인 객차 또는 화차를 견인하고 주행하는 경우 동력차 후부 연결기에 나타나는 유효견인력으로서 견인력 중 가장 작은 견인력이다.

즉, 동력차의 동륜주견인력에서 동력차 자체의 주행저항을 뺀 견인력이므로 열차 주행저항 크기에 따라 그 값이 다르며 다음 식과 같이 표시할 수 있다.

$$\therefore 인장봉견인력[T_e] = T_d - (W \times R)$$

$\cdot\, T_d :$ 동륜주견인력

$\cdot\, W\ \ :$ 동력차 중량

$\cdot\, R\ \ :$ 동력차 주행저항

(6) 기동견인력

열차가 출발하려고 할 때 출발저항에 의해 전동기에서 높은 전력을 요구하게 된다. 이 때 열차저항이 크면 전동기에 큰 기동전류가 흘러 전동기를 소손시킬 우려가 있다. 따라서 전동기의 소손을 방지하기 위해 견인력을 제한하게 되는데 이를 **기동견인력**이라 한다. 또는 **정격 견인력**이라고도 한다.

(7) 점착견인력

전동차는 레일면과 동륜 답면 간의 점착력을 이용하여 움직인다. 그러므로 점착력은 견인력과 함께 매우 중요한 요소이다.

동륜상 중량(W_d), 점착계수(μ), 견인력(T) 일 때, $T = \mu \cdot W_d$의 상태가 최대 견인력의 상태이다. 견인력이 점착력보다 크면 열차는 공전으로 전진하지 못한다. 그러므로 열차의 견인력은 점착력에 의해 제한 받게 되므로 이렇게 점착력에 의해 제한 받는 견인력을 **점착견인력**이라 한다. 따라서 전동차가 공전(slip)을 하지 않기 위해서는 항상 $T \leq \mu \cdot W_d$ 조건이 성립되어야 하며 점착력의 영향을 주는 인자는 다음과 같다.

- 점착계수
- 접촉면 상태
- 속도의 변화
- 축중 이동
- 곡선 통과 시 횡방향 슬립 영향

점착계수 μ의 값은 마찰면, 선로 상태, 레일의 건조, 습한 상태에 의해 변화가 있으며 운전계획상 μ값 산출식 및 일반적으로 10km/h 이하 나타나는 점착계수값은 다음 표와 같다.

운전계획상 μ값 산출식	레일상태	점착계수
$\therefore$ 전동차점착력 $= 0.245 \dfrac{1+0.050\,V}{1+0.100\,V}$ $\therefore$ 기관차점착력 $= 0.265 \dfrac{1+0.114\,V}{1+0.150\,V}$	건조하고, 맑을 때 습한 경우 서리가 내렸을 때 눈이 내렸을 때 기름이 묻어 있을 때	0.23~0.3 0.18~0.20 0.15~0.18 0.15 0.103

* **자료출처 : 철도공학**(盧海출판사, 工學博士 이종득 著)

철도에서는 점착계수 향상을 위해서 동축중의 일시적 변화 유도, 축중 이동방지, 활주방지장치 도입 등을 통하여 점착계수 향상을 위한 노력을 하고 있다.

(8) 특성 견인력

견인전동기의 운전특성에 의하여 제한되는 견인력으로서 동력차의 특성곡선에서 견인력을 산출하여 운전계획에 적용하는 견인력이다. 유도전동기의 예를 들면, 회전력은 공급전압의 제곱에 비례하고, 공급주파수의 제곱에 반비례한다. 또한 슬립(Slip) 주파수에 비례하는데 전동기에 공급되는 전압이 최대치에 도달한 상태에서는 전동기 속도가 빨라지는 만큼 입력전원의 주파수도 빨라지므로 회전력이 감소된다.

이렇게 감소되는 회전전력에 대응하여 슬립주파수를 증가시켜 회전자에 유도되는 유도전류 값을 일정하게 유지시킬 수 있지만, 유도전동기 특성상 슬립률의 한계치를 벗어나면 회전자가 회전자계를 이탈하는 탈조현상이 발생하므로 슬립주파수의 한계를 벗어나지 못한다.

이와 같이 전동기의 특성상 회전력을 제어할 수 없는 범위를 전동기 특성영역이라 하며, 전동기의 특성 때문에 견인력이 제한받기 때문에 **특성견인력**이라 한다.

2.4. 견인력 전달

(1) 개 요

열차가 움직이는 것은 철도차량 하부에 장착된 견인전동기에서 발생된 회전력(수)에 의한 것이다. 자동차는 엔진에서 발생한 회전력(수)을 트랜스미션(Transmission)에서 주행 조건에 알맞게 회전력(수)으로 변환하고 있듯이 철도차량에서도 자동차와 같이 드라이빙 기어에서 회전수를 감속하여 회전력을 증가시키고 있다.

따라서 전동기에서 발생된 동력은 [그림 2-4]와 같은 경로로 바퀴에 전달된다. 이렇게 바퀴에 전달된 회전력은 레일 면과 구름마찰에 의한 회전을 하여 열차가 움직이게 한다.

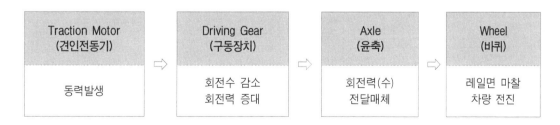

[그림 2-4] 동력전달 과정

(2) 구동장치(Driving Gear)

구동장치는 동력전달장치로서 견인전동기에서 출력된 회전력을 차륜에 전달하는 역할을 담당한다. 기어는 기어 박스에 수용되어 있으며 견인전동기에서 발생한 회전수를 감속시키고, 회전력을 증대시키는 기능을 담당하고 있다.

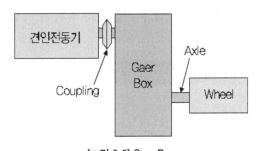

[그림 2-5] Gear Box

구동장치는 소치차와 대치차로 구성되어 있는 데 피니언 기어라고 하는 소치차는 견인전동기에 결합되어 있으므로 구동치차이며, 대치차는 차축에 결합되어 있으므로 피동치차이다.

(3) 치차비

치차비는 대치차와 소치차의 비로서 견인력에 비례하고, 회전수에 반비례하며 다음 식과 같다.

$$\therefore \ 치차비(Gr) = \frac{Z_G \, (대치차 \ 잇수)}{Z_P \, (소치차 \ 잇수)} = \frac{구동기어 \ 회전수}{피동기어 \ 회전수}$$

$$\therefore \ 견인력 = 치차비, \quad 회전수 = \frac{1}{치차비}$$

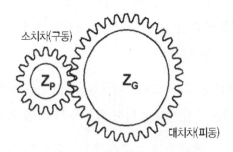

[그림 2-6] 소치차와 대치차

⑷ 치차비와 운전속도의 관계

전동기 회전수와 치차비를 이용한 전동차 속도 산출식은 다음과 같다.

- v : 속도(km/h)
- N : 전동기 회전수(rpm)
- D : 동륜직경(m)
- Gr : 치차비라 하면,

전동기가 1회전하면, 동륜은 1/Gr 회전하므로 1시간동안 동륜의 회전수는 $60 \times N \times \dfrac{1}{Gr}$ 이 된다. 동륜은 1회전 하는 동안 $\pi \times D(m)$ 거리를 진행하므로 1시간동안 진행한 거리는 $\pi \times D \times 60 \times N \times \dfrac{1}{Gr}(m)$가 된다.

여기서 운전속도 v(km/h)이면, 1시간에 $v \times 1,000(m)$를 진행하므로,

$$v \times 1,000 = \pi \times D \times 60 \times N \times \frac{1}{Gr}(m) \ 된다.$$

따라서 위 식을 정리하면

$$\therefore v = \pi \times D \times 60 \times N \times \frac{1}{Gr} \times \frac{1}{1,000}$$

$$= 0.1885 \times \frac{D \times N}{Gr}(km/h)$$

결과적으로 회전력은 치차비에 비례하고, 회전수는 치차비에 반비례 한다. 전동차의 치차비는 일반적으로 7.07(99:14)이다.

> 문제8 치차비 7.07인 전동차에 장착된 견인전동기가 2,500rpm 일 때의 열차속도는?
> (전동차 차륜경을 820mm를 기준으로 한다.)
>
> ☞ [풀이] $\therefore v = 0.1885 \times \dfrac{D \times N}{Gr} = 0.1885 \times \dfrac{0.82 \times 2,500}{7.07} \fallingdotseq 55(km/h)$

(5) 치차비와 견인력의 관계

소치차가 대치차에 작용하는 힘(F1)과 전동기 회전력(T1)의 관계는 회전력을 구하는 식
$T = F \times r$에 의해 다음과 같은 식이 된다.

$$\therefore F1 = \frac{T1}{r1}$$

대치차(동륜)의 회전력(T2)는 다음과 같은 식이 된다.

$$\therefore T2 = F1 \times r2$$

$$\therefore 동륜 회전력[T2] = \frac{T1}{r1} \times r2 = T1 \times \frac{r2}{r1} \times \eta$$

* r1 : 소치차의 반경
* r2 : 대치차의 반경
* η : 전동기 효율

따라서 동륜의 회전력(열차의 견인력)은 전동기의 회전력과 대치차의 크기에 비례하고, 소치
차의 크기에 반비례 한다. 또한 드라이빙기어에 발생하는 마찰에 의한 손실은 효율(η)을 적용해
주어야 한다.

(6) 치차비 선정 시 고려사항

앞에서 언급한 바와 같이 치차비는 운전성능에 큰 영향을 미친다. 따라서 치차비를 선정할
때에는 다음사항을 고려한다.

① 최대허용 회전수

치차비가 클수록 전동기의 회전수가 증가되어야 하기 때문에 고속운전에 제한을 받게 되
므로 사전에 고려하여야 한다.

② 기동견인력

치차비가 작을수록 견인력도 작아지므로 정차후 출발 시 견인력 부족으로 출발하지 못하
는 사례가 없도록 고려하여야 한다.

③ **차량한계 제한**

치차비가 크게 되면 대치차의 직경이 커지므로 정해진 차량한계 범위를 초과하지 않도록 고려하여야 한다.

2.5. 견인전동기의 일률 산출

견인전동기의 회전력은 회전자의 반경 $r(\mathrm{m})$과 그 외주에서 법선방향으로 작용하는 힘 F(N)와의 곱이 된다.

$$\therefore \mathrm{T} = \mathrm{F} \times \mathrm{r} \ (\mathrm{N} \cdot \mathrm{m})$$

전동기가 1회전했을 때 전동기는 T(N)의 힘으로 $2\pi(\mathrm{m})$를 움직인 것이 되므로 $\mathrm{W} = \mathrm{F} \times \mathrm{S}$ 의해 $2\pi \cdot \mathrm{T}[\mathrm{J}]$의 일을 한 것이다.

여기서 전동기의 회전수 N은 rpm이므로 단위시간(초)로 환산하여야 한다.

$$\mathrm{N(rpm)} = \frac{\mathrm{N}}{60}(\mathrm{rps})$$

따라서 전동기의 일률인 출력(P)은 다음 식과 같다.

$$\therefore \text{일률}[\mathrm{P}] = \frac{\mathrm{W}}{\mathrm{S}} = \frac{2\pi \times \mathrm{T} \times \mathrm{N}}{60} = 0.1047\mathrm{T} \times \mathrm{N}(\text{Watt})$$

위 식을 변형하여 회전력 산출식을 정리하면 다음 식과 같다.

$$\therefore \text{회전력}[\mathrm{T}] = \frac{60 \times \mathrm{P}}{2\pi \times \mathrm{N}} = 9.54\frac{\mathrm{P}}{N}(N \cdot m)$$

2.6. 견인전동기(Traction Motor)

전동기는 전기에너지를 운동에너지로 변환하는 장치이다. 전기를 동력원으로 하는 모든 철도차량에는 견인전동기가 장착되어 있다. 이렇게 철도차량에 장착되는 견인전동기는 열차 운전특성에 적합하도록 다음 조건을 구비하여야 한다.

- 기동 시 회전력이 클 것
- 회전수가 적을 때 회전력이 클 것
- 회전수 제어가 쉽고 광범위 할 것
- 전력소비가 적을 것
- 각 전동기 간에 부하의 불균형이 적을 것
- 급격한 전압, 전류의 변동이 있어도 고장이 발생하지 않을 것
- 유지보수 기회를 발생시키지 않을 것

전동기는 여러 종류가 있으나 철도에서는 전통적으로 열차 운전특성에 부합되는 직류직권전동기를 사용해 왔다. 그러나 직류직권전동기는 구조적 특성상 회전하는 전기자에 외부에서 전기를 공급하기 위한 브러시(Brush)가 취부되어 있어야 하고, 이러한 브러시는 일정기간이 지나면 마모되기 때문에 주기적으로 유지보수를 해주어야 하며 또한 고장발생의 취약점이 존재한다.

따라서 최근에는 철도차량에 직류직권전동기보다는 열차운전 특성에 적합한 유도전동기를 많이 사용하고 있다. 철도차량의 견인전동기로 유도전동기 사용이 가능하게 된 것은 전동기에 공급하는 전력상태(전압 및 주파수) 변환이 가능한 전력전자 기술이 발전되었기 때문이다.

2.7. 직류직권전동기

(1) 개 요

직류전원으로 구동되고 전기자와 계자의 결선이 직렬로 연결되어 있어 직류직권전동기라고 하며, 다음과 같은 일반적인 특성을 구비하고 있다.

- 기동 시 회전력이 크다.
- 회전수가 적을 때 회전력이 크다.
- 회전수 제어가 쉽고 광범위하다.
- 회전수가 높을 때 공급전류가 감소되어 전력소비량이 적다.
- 운전 중 전동기간 부하의 불균형이 적다.
- 급격한 전류 전압의 변동에 강하다.

- 정기적으로 브러시(brush) 상태확인 교환 등 유지보수가 필요하다.

(2) 구 조

직류직권전동기는 구조는 기본적으로 계자, 전기자, 보극, 브러시, 전기자를 지지하는 베어링(베어링 브래킷 포함)으로 구성되어 있다.

① **계자**(Field)

계자는 전동기 내부 벽의 철심에 권선을 감아 설치되어 있으며 여기에 직류전기를 공급하여 공극(Air Gap)에 필요한 자속을 만드는 역할을 한다.

② **전기자**(Armature)

전기자는 계자와 함께 자기회로를 구성하도록 전기자 철심과 기전력을 유지하는 전기자 권선, 권선 내에서 발생하는 교류를 직류로 변환하는 정류자로 구성되어 있다.

③ **보극**(補極, Commutating pole)

전동기와 발전기 구조는 동일하다. 다만 에너지의 공급과 출력이 반대이다. 전동기의 경우 전기자 회전에 의해 동력을 얻고 있으나, 계자에서 형성된 자속 내를 전기자가 회전하면서 전기자에 기전력이 발생되어 전기자 회전에 저항하는 힘이 발생된다.

또한 발전기로 작용 시에는 전기자에서 역기전력이 발생한다. 이러한 현상을 전기자 반작용이라고 한다. 따라서 주극(계자와 계자) 사이에 보극을 설치하고 이 보극에 전기자 전류와 반대방향으로 전류를 흐르게 하여, 전기자의 기자력을 소멸시켜 전기자의 반작용이 발생하지 않도록 하는 역할을 한다.

④ **브러시**(Brush)

전동기로 작용할 때에는 외부에서 전기자에 전원을 공급하는 발전기로 작용할 때에는 외부로 전원을 출력하는 기능을 담당하고 있다. 따라서 브러시는 항상 회전체인 전기자 끝단부의 정류자 편에 밀착되어 있어야 한다.

그러므로 브러시는 전기자의 원활한 접촉을 위해 스프링 장력으로 정류자 편에 밀착되어 있고, 브러시의 재질은 마모 윤활성 기능이 필요하므로 탄소질, 흑연질 등으로 구성되어 있다.

이러한 브러시는 소모성 부품이므로 일정기간마다 브러시의 사용한도 여부를 관찰하고, 사용한도가 되었을 때에는 교환 작업과 함께 브러시를 정류자편에 밀착시키는 스프링 장력의 적정여부도 확인하는 등 지속적으로 점검 및 정비 작업을 해야 하는 취약점이 존재한다.

(3) 회전원리

직류전동기는 [그림 2-7]과 같이 자기장 중에 놓인 도체에 직류 전류를 흘리면 플레밍의 왼손 법칙에 의해 도체에 전자력이 발생하여 회전하게 된다.

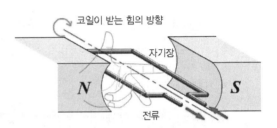

[그림 2-7] 전동기 회전원리

직류전동기는 속도제어가 용이하다는 장점 때문에 전동차, 엘리베이터, 압연기 등과 같이 속도 조정이 필요한 경우에 널리 이용된다.

(4) 회전수

전동기를 회전시키기 위해서 전동기에 공급되는 단자전압(Et)은 역기전력(Ec)과 전압강하(Ir)로 소비되므로 다음 식과 같이 정리할 수 있다.

$$\therefore 단자전압(Et) = 역기전력(Ec) + 전압강하(Ir)$$

여기서 전압강하(Ir)는 전기자전류(Ia)와 전기자 내부저항(Ra)이므로,

$Et = Ec + (Ia \times Ra)$이다. 따라서 역기전력 산출식은 다음과 같이 성립된다.

$$\therefore 역기전력[Ec] = Et - (Ia \times Ra)$$

또한 전기자에 유기되는 역기전력의 세기는 1초간 자계 속을 얼마나 많은 도체가 통과했느냐에 따라 결정되므로 다음 식과 같이 정리할 수 있다.

$$\therefore 역기전력[Ec] = P\varPhi \times \frac{N}{60} \times \frac{Z}{a}(V)$$

• P : 자극수 　　　　• $\varPhi$: 각 자극의 자속수(Wb)

- N : 전기자 회전수(rpm)　　· a : 전기자 코일내 병렬회로 수
　　　　　　　　　　　　　　· Z : 전기자 유효도체수

그리고 전동기 구조에 따라 변화되는 P와 Z/a를 상수(K)로 처리하면 다음 식으로 유도된다.

$$\therefore \text{역기전력}[Ec] = K \times \Phi \times N$$

위 식을 응용하여 회전수는 다음 식으로 산출할 수 있다.

$$\therefore \text{회전수}[N] = \frac{Ec}{K \times \Phi}$$

위 식에 역기전력$[Ec] = Et - (Ia \times Ra)$를 대입하면 회전수 산출식은 다음 식과 같이 유도된다.

$$\therefore \text{회전수}[N] = \frac{Et - (Ia \times Ra)}{K \times \Phi}$$

그러나 전동기 내부저항 값은 극히 적은 $0.01 \sim 0.2\,\Omega$ 정도이고, K값은 전동기에 따라 일정한 값이 정해지는 상수이므로 이를 정리하면 전동기 회전수 산출식은 최종적으로 다음 식과 같이 정리할 수 있다.

$$\therefore \text{회전수}[N] = \frac{Et}{\Phi}\,(\text{rpm})$$

결론적으로 철도차량에 장착된 견인전동기의 회전수는 전동기에 공급되는 전압 즉, 단자전압(Et)에 비례하고, 자속수(Φ)에 반비례한다.

(5) 회전력

전동기의 회전력은 계자의 자속과 전기자에 공급되는 전류에 상승적으로 비례한다. 물체를 회전시키는 힘을 토크(Torque)라고 하므로 전동기의 회전력은 다음 식으로 정리할 수 있다.

$$\therefore \text{견인력}(T) = K \cdot \Phi \cdot I$$

· K : 상수(전동기 구조 특성)

· Φ : 계자 자속 수　　· I : 전기자 전류

① 계자 자속 미포화 상태에서 회전력-자속은 전류 크기에 비례하여 발생하기 때문에 $\Phi \propto I$ 비례하므로 $\Phi = K'I$가 되므로,

$$\therefore \text{견인력}[T] = K \times \Phi \times I = K \times K'I \times I = K \times I^2$$

② 계자 자속 포화 시 회전력은 Φ가 일정하므로 $\Phi = K'$가 된다.

$$\therefore \text{견인력}[T] = K \times \Phi \times I = K \times K' \times I = K \times I$$

정리하면, 직류직권 전동기의 회전력은 계자 자속 미포화시까지는 계자 자속의 세기에 비례하고, 공급전류의 제곱비례 한다. 그러나 계자자속이 포화상태가 되면 계자 자속의 세기에 비례하고, 공급전류에 비례한다.

⑹ 속도 제어방식

전동기에 전원을 가하면 전기자는 계자가 형성하고 있는 자속을 끊으면서 회전하게 된다. 이렇게 전기자가 자속을 끊으면서 회전하게 되면 전기자에 기전력이 발생한다. 이 기전력의 방향은 프레밍의 오른손법칙에 의하여 전동기를 회전시키기 위해서 공급한 공급전류의 방향과 반대방향으로 발생하므로 이를 **역기전력**이라고 한다.

이 역기전력은 공급전류에 저항으로 작용하므로 전동기를 회전시키기 위해서는 이 역기력을 극복할 수 있는 전압을 공급하여 전류를 흐르게 하지 않으면 전류가 흐르지 않게 된다.

따라서 전동기의 회전수는 공급전압에 비례하고 계자자속에 반비례하므로 다음 식이 성립된다.

$$\therefore \text{회전수}[N] = K \frac{V - (Ia \times Ra)}{\Phi}(\text{rpm})$$

- K : 상수(전동기 구조 특성)
- Φ : 계자 자속   V : 단자전압
- Ia : 전기자전류   Ra : 전기자 저항

위 식에서 알 수 있듯이 전동기의 회전수를 변화시키기 위해서는 단자전압(V), 전기자 저항(Ra), 계자자속(Φ)을 변화시키면 된다. 철도에서는 열차속도가 되는 전동기의 회전수를 다음과 같이 단자전압을 조절하거나 또는 계자 자속을 약화시키는 방법으로 제어하고 있다.

① **저항 제어법**

가장 기본적인 전동기 속도제어 방법으로써 전동기의 단자전압의 세기를 조정하는 제어
법이다.

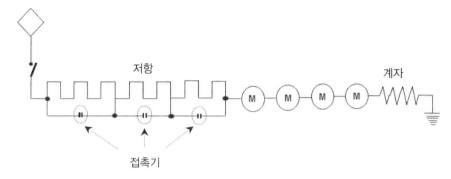

[그림 2-8] 저항제어법

[그림 2-8]과 같이 전동기의 전원 공급라인에 저항을 설치하여 단계별로 접촉기를 투입하
여 저항을 차단하면서 전동기 회전수를 상승시키는 것이다.

철도에서 직류직권전동기가 장착된 차량 중 속도제어를 저항을 이용하여 제어하는 전동
차를 **저항제어차**라고 한다.

② **직병렬 제어법**

기본적으로 저항제어법처럼 전동기에 공급되는 단자전압의 세기를 조정하는 제어법이
다. 이 직병렬 제어법은 2개 이상 전동기를 사용하는 경우에만 적용 가능한 제어법이다.

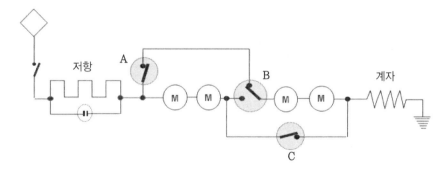

[그림 2-9] 직병렬제어법

철도차량에서 출발 시 저항을 순차적으로 단락해가면서 전동기 단자전압을 높여 가는 방
법으로 속도를 조절하였으나 모든 저항이 단락된 후 즉, 저항제어가 끝난 다음에는 더 이

상 전동기 단자전압을 상승시킬 수 없으므로 [그림 2-9]와 같이 A, B, C 접촉기를 이용하여 4개의 전동기의 결선을 2개씩 나누어 직렬에서 병렬로 바꾸어 전동기의 단자전압을 높여 회전수를 상승시키는 직병렬 제어법을 사용하고 있다.

③ **약계자 제어법**

철도차량의 속도제어 최종단계 제어법이다. 직병렬 제어 후 전동기 단자전압을 상승시킬 수 있는 방법이 없으므로 전동기의 계자자속(Φ)을 감소시켜 전기자에 유기되는 역기전력의 발생을 억제함으로써 회전수를 상승시키는 제어법이다.

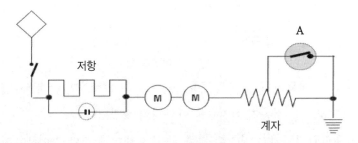

[그림 2-10] 약계자제어법

[그림 2-10]과 같이 계자의 일정부분부터 병렬로 분류회로를 구성해놓고 있다가 약계자 제어 시 A접촉기를 투입하여 계자에 흐르는 전류를 약화시킨다.

이러한 약계자제어법에는 [그림 2-10]과 같이 제어하는 「부분계자법」, 계자와 병렬로 분류저항을 두어 계자전류를 감소시키는 「분류계자법」, 탭을 이용하여 2개의 권선을 직병렬로 제어하는 「계자권선직병렬제어법」 등이 있다.

2.8. 유도전동기(Induction Motor)

(1) 개 요

유도전동기는 교류전동기이다. 교류전동기는 유도전동기, 동기전동기, 정류자전동기로 구분하고 있다. 유도전동기는 단상 전원을 사용하는 단상 유도전동기와 3상 전원을 사용하는 3상 유도전동기로 분류된다.

전동차에 장착된 견인전동기를 정확하게 표현하면 3상 유도전동기이다. 전동기 형식은 회전자(Rotor) 구조가 철심에 봉도체를 넣어 단락환으로 단락한 형태이므로 **농형전동기**에 해당

한다.

유도전동기의 일반적 특성은 다음과 같다.

- 교류전원을 사용하므로 전원공급이 용이하다.

- 구조가 간단하고 튼튼하다.
- 고장이 적고 유지보수 기회가 적다.

- 부하증감에 대한 속도변화가 적다.
- 취급이 간단하고 운전이 쉽다.

(2) 구 조

유도전동기의 주요구성은 고정자, 회전자, 베어링으로 이루어져 있으며, 고정자와 회전자는 전기에너지를 받아 기계적으로 변환하고 베어링은 회전자를 지지한다.

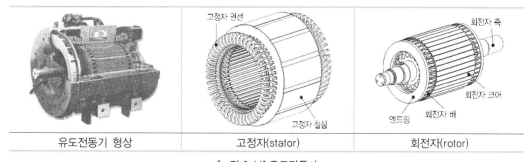

| 유도전동기 형상 | 고정자(stator) | 회전자(rotor) |

[그림 2-11] 유도전동기

이러한 유도전동기는 직류직권전동기와 달리 회전자에 전원을 공급하기 위한 정류자나 브러시가 필요없어 유지보수가 용이하고 고장이 적은 장점이 있어 최근에는 모든 철도차량용 전동기는 유도전동기를 장착하고 있는 추세이다.

(3) 회전원리

유도전동기의 회전원리는 아라고 원판 (D.F Arago 발견자)의 회전원리이다. 오른쪽 [그림 2-12]와 같이 회전 가능한 도체는 다음 순서에 의해 회전한다.

① 자석을 시계방향으로 회전시킨다. 이때 원판은 상대적으로 자기장 사이를 반시계 방향으로 움직이는 것과 같다.

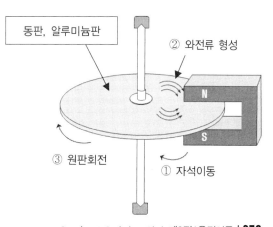

[그림 2-12] 아라고 원판 회전원리 전이론 | **279**

② 따라서 플레밍의 오른손 법칙에 따라 원판의 중심으로 향하는 기전력이 유도된다. 이 기전력은 원판의 중앙으로 흐르는 와전류(맴돌이 전류)를 만든다.

③ 원판의 중앙으로 흐르는 맴돌이 전류는 자기장과 함께 플레밍의 왼손 법칙을 만족하게 되고, 이에 따라 원판은 자석의 이동방향과 동일하게 시계방향으로 회전한다. 즉, 원판은 자석이 회전하는 방향과 같은 방향으로 움직인다. 이 때 원판은 자석보다는 빨리 회전할 수는 없다. 또한 원판이 자석과 같은 속도로 회전한다면 원판이 자석의 자기장을 자를 수 없으므로 원판은 반드시 자석보다 늦게 회전한다. 이것이 유도전동기의 회전원리이다.

전동차에 장착된 유도전동기는 자석을 회전시키는 대신에 인버터에서 3상 교류전기를 고정자에 공급하여 회전 자기장을 만들어 주고 원판 대신에 회전자를 사용하였다.

(4) 회전수

유도전동기의 회전은 회전자계 발생을 기본으로 한다. 고정자권선에 3상 교류를 공급하면 회전자계가 발생된다. 이 회전자계는 회전자에 유도기전력을 발생시켜 또 하나의 회전자계를 발생시킨다. 결과적으로 공극(air gap)에는 2개의 회전자계가 시차를 두고 회전하도록 제어가 되는데 이 두 회전자계의 상호작용에 의하여 회전력이 발생된다.

- 회전자계 속도(Ns) > 회전자 속도(N) : 유도전동기
- 회전자계 속도(Ns) = 회전자 속도(N) : 회전력 소멸
- 회전자계 속도(Ns) < 회전자 속도(N) : 유도발전기

① **동기속도**(synchronous speed)

회전자계의 회전속도를 동기속도(Ns)라 하고, 단위는 일반적으로 rpm으로 표시한다. 주파수, 극수와 동기속도 사이에는 다음의 관계가 있다.

$$\therefore \text{동기속도}[Ns] = \frac{2}{P} \times f \times 60 (\text{rpm}) = \frac{120f}{P}(\text{rpm})$$

• P : 극수   • f : 주파수

앞의 식에서 보듯이 유도전동기의 회전수는 공급전원의 주파수(f)에 비례하고 극수(P)에 반비례 한다.

② **슬립**(slip)

동기속도(Ns)와 회전자 속도(N)의 차이를 슬립이라고 하며 다음 식으로 나타낸다.

$$\therefore 슬립[S] = \frac{Ns - N}{Ns}$$

일반적으로 슬립은 백분율을 사용하므로 다음과 같이 정리된다.

$$\therefore 슬립율[S'] = \frac{Ns - N}{Ns} \times 100(\%)$$

③ **회전자의 속도**(회전자계에 대한 상대 속도)

회전자 속도(N)는 다음 식으로 정리된다.

$$\therefore 회전자 속도[N] = (1 - S) \times Ns\,(rpm)$$

문제9 4극, 3상, 60Hz의 유도전동기가 임의의 부하에 대해 슬립률 5%로 운전될 때 동기속도, 회전자 속도를 구하라.

☞ [풀이] $\therefore 동기속도 = \dfrac{120f}{P} = \dfrac{120 \times 60}{4} = 1,800rpm$

$$\therefore 회전자 속도 = (1 - S)\frac{120f}{P} = (1 - 0.05) \times \frac{120 \times 60}{4} = 1,710rpm$$

(5) 회전력

유도전동기의 고정자(stator)에 전력을 공급하면 회전자계가 발생하고, 회전자(rotor)에 맴돌이 전류가 유기된다. 이렇게 유기된 맴돌이 전류와 회전자계 사이에는 플레밍의 왼손법칙을 만족하게 되므로 회전자가 회전하게 된다. 회전자에 발생하는 회전력은 고정자에서 발생하는 자속(Φ)과 회전자에 유기되는 전류(I_2)에 비례하므로 직류전동기와 마찬가지로 유도전동기의 회전력은 다음식과 같다.

$$\therefore T = K_1 \times \Phi \times I_2$$

• K_1 : 전동기 구조 특성

여기서 고정자 자속(Φ)은 공급되는 전압V에 비례하고, 주파수(f)에 반비례한다.

$$\therefore \Phi = K_2 \times \frac{V}{f}$$

- K_2 : 고정자 구조 특성

또한 회전자 전류(I_2)는 고정자 자속(Φ)과 슬립주파수(fs)에 비례한다.

$$\therefore I_2 = K_3 \times \Phi \times fs$$

- K_3 : 회전자 구조 특성

위 식을 정리하면 유도전동기 회전력은 다음 식과 같이 정리할 수 있다.

$$\therefore 회전력[T] = K(\frac{V}{f})^2 \times fs$$

- K : 전동기 특성

결론적으로 유도전동기의 회전력은 공급전원의 전압에 제곱(V^2) 비례하고, 주파수 제곱(f^2)에 반비례하며, 슬립 주파수(fs)에 비례한다. 또한 전술한 바와 같이 유도전동기의 회전수는 공급전원 주파수(f)에 비례하고 극수(P)에 비례한다.

따라서 유도전동기의 회전력과 회전수를 제어하기 위해서는 전동기의 공급전원을 가변 할 수 있는 가변전압(Variable Voltage), 가변주파수(Variable Frequency) 전력변환장치인 VVVF 인버터가 사용된다.

(6) 유도전동기 속도제어

유도전동기의 토크(Torque)는 다음 식과 같다.

$$\therefore 회전력[T] = K(\frac{Vm}{f})^2 \times fs$$

위 식을 살펴보면 알 수 있듯이 고정 값인 상수(K)를 제외하면, 전동기의 회전력은 전동기의 공급전원의 전압(Vm), 주파수(f)와 슬립주파수(fs)로 변화가 가능하다.

따라서 전동기 회전력을 변화시키는 요인들을 어떻게 조정하느냐에 따라 전동기 제어영역을 구분하고 있으며, 제어영역별 속도변화에 따른 토크, 전압, 슬립주파수의 관계는 [그림 2-13]과 같다.

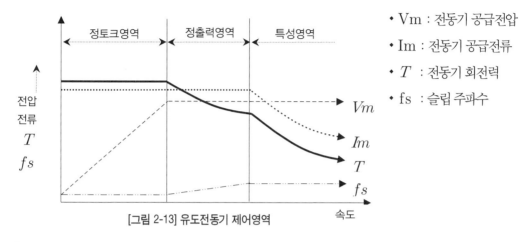

[그림 2-13] 유도전동기 제어영역

- Vm : 전동기 공급전압
- Im : 전동기 공급전류
- T : 전동기 회전력
- fs : 슬립 주파수

① **정토크영역(저속도 영역)**

슬립주파수를 일정하게 유지한 상태에서 전동기 공급전원의 전압과 주파수비(Vm/f)를 유지하면서 전압을 상승시키면 전동기의 속도가 상승하는데 이때 회전력인 토크가 일정하게 유지되는 영역이다. 즉, 전동기 회전력의 산출식에서 아래와 같은 요소를 변화시켜 제어하는 영역이다.

$$\therefore T = K(\frac{Vm}{f})^2 \times fs \text{ 에서 } (\frac{Vm}{f})^2 \text{을 변화}$$

그리고 정토크영역은 다음 식으로 정리 할 수 있다.

$$\therefore \text{회전수}[N] = (1-S)\frac{120 \times f}{P}$$

위 식에서 f1 상승으로 회전수가 상승한다.

회전력$[T] = K(\frac{Vm}{f})^2 \times fs$ 식에서 $(\frac{Vm}{f})^2$ 비율이 일정하므로 회전력이 일정하다.

자속$[\Phi] = K_2 \times \frac{Vm}{f}$ 와 같이 자속이 일정하고, $I_1 = K_3 \times \Phi \times fs$ 식에서 fs 일정하

고 I_1(전동기 공급 전류)도 일정하다.

직류직권전동기의 경우 회전력은 회전수 자승에 반비례하므로 기동 시 회전력은 크지만 전동기 속도가 증가함에 따라 회전력이 급격히 감소하는 단점이 있다. 그러나 유도전동기는 공급할 수 있는 전압의 최대값까지 속도가 상승하면서 회전력이 일정하게 유지되므로 가속능력이 우수하기 때문에 전동차처럼 고가속 기능 발휘가 필요한 용도에 적합한 전동기이다. 따라서 정토크영역은 열차가 출발하여 속도가 약 40km/h 초반 정도까지 최대 견인력 발생을 유지하여 고가속이 발휘되도록 제어하는 영역이다.

② **정출력 영역(중속도 영역)**

정출력 영역(또는 정전력 영역)은 정토크영역에서 전동기에 공급하는 전압이 최대값에 도달하여 더 이상 공급전압을 상승 시킬 수 없을 때 슬립주파수를 상승시켜 회전자 전류를 일정하게 유지시켜 가속을 얻는 영역이다.

공급전압(Vm)이 최고값에 도달하면 회전력은 $T = 1/f$ 만큼 비례하여 급격히 감소하게 되므로 이러한 현상을 억제하기 위해서 f 감소에 비례하여 슬립주파수 fs를 증대시키는 것이다.

정출력 영역의 현상을 정리하면 다음과 같다.

$\therefore Vm \times I_1 = $ 일정하다.

$\therefore I_1 = K \times \dfrac{Vm}{f} \times fs$ 에서 I_1이 일정하게 유지되도록

fs를 f1에 비례하여 증가시킨다.

$\therefore T = K \times \dfrac{Vm \times I_1}{f}$ 식에 의하여 회전력은 $\dfrac{1}{f}$ 만큼 감소한다.

이러한 정출력 영역은 열차속도가 약 40km/h 초반 속도까지 상승 후에 제어되는 영역으로서 열차속도가 어느 정도 상승하였으므로 정토크영역에서 필요로 하는 견인력보다 견인력이 제한되어도 열차의 속도상승이 가능하기 때문에 장착된 견인전동기 구조상 허용하는 범위까지 슬립주파수를 상승시켜 가속상태를 유지하는 영역이다.

③ **특성영역(고속도 영역)**

특성영역은 전동기를 고속 운전하는 영역이다. 정출력 영역에서 전원주파수와 슬립주파수의 변화비를 일정하게 유지시켜 전동기 속도로 제어하였으나, 전동기를 더 빠르게 고속운전을 하기 위해서는 슬립주파수를 고정시킨 상태서 전원주파수를 상승시키는 제어방식이 특성영역이다.

$$\therefore \text{회전력}[T] = K(\frac{Vm}{f})^2 \times fs \text{ 식에서,}$$

Vm과 fs를 일정하게 유지시킨 상태에서 전원주파수인 f을 상승시키면 회전력은 전원주파수 제곱에 반비례하므로 감소하지만 속도는 더 상승하게 된다.

이러한 특성영역은 열차속도가 약 55㎞/h(견인전동기 특성에 따라 약간은 차이가 있음) 정도부터 제어되는 영역이다. 즉, 유도전동기 특성상 더 이상의 공급전원의 전압과 슬립주파수를 상승시키지 못하므로 공급전원의 주파수(f)를 상승시켜 열차가 어느 정도의 속도 상승으로 가지고 있는 운동에너지를 바탕으로 전동기가 발생할 수 있는 최소한의 회전력을 발생시켜 열차의 속도를 상승시키는 제어영역이다.

(7) 운전모드별 특성곡선

유도전동기를 장착한 차량의 경우 가속, 제동모드를 기준으로 제어영역별 전동기에 공급되는 전원의 전압, 전류, 주파수 변화 및 슬립 주파수의 특성곡선은 [그림 2-14]와 같다.

유도전동기는 동일한 기기를 상황에 따라 전동기 또는 발전기로 사용하기 때문에 가속과 제동 시 회전력을 제어하는 요소들의 특성곡선이 거의 차이가 없음을 알 수 있다. 차이가 있다면 특성곡선에는 나타나지 않지만, 가속모드에서는 전원주파수를 증가시켜 제어하고, 제동모드에서는 전원주파수를 감소시켜 제어를 한다. 즉, 제동모드는 부(-)슬립주파수가 되도록 전원주파수를 전동기 회전수보다 낮게 하여 전동기를 발전기로 동작시키는 것이다.

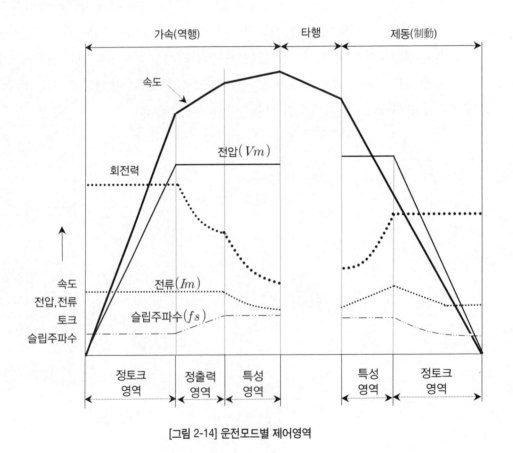

[그림 2-14] 운전모드별 제어영역

[그림 2-15] 4호선 ADV전동차 가속 특성곡선이다. 유도전동기 특성 이해에 참고하기 바란다.

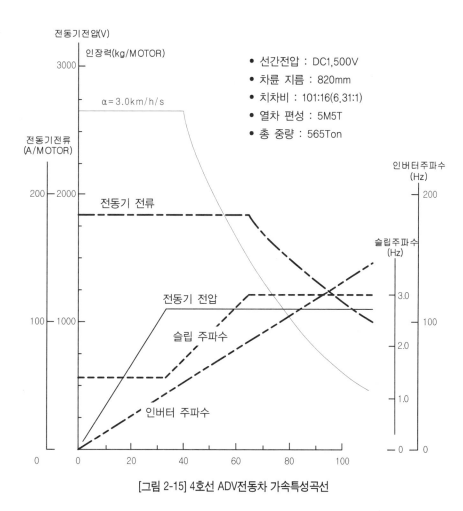

[그림 2-15] 4호선 ADV전동차 가속특성곡선

(8) 속도별 가속력

다음 표는 서울시지하철 5호선에 운행되고 있는 8량 편성(4M, 4T) 전동차의 견인력 성능이다. 참고하기 바란다.

▶ 서울지하철 5호선 전동차 속도별 가속력

속도 (km/h)	견인력 (KN)	전동차 저항 (KN)	가속율 (km/h/s)	시 간 (s)	거 리 (m)
0	400	7,76	3.1	0	0
5	400	8.58	3.1	1.6	1
10	400	9.56	3.1	3.3	4
15	400	10.69	3.1	4.8	10
20	400	11.98	3.1	6.4	18
25	400	13.42	3.1	8	28
30	400	15.02	3.1	9.6	40
35	400	16.77	3.1	11.2	55
40	400	18.67	3.1	12.8	72
45	395	20.74	3.0	14.5	92
50	368	22.95	2.8	16.2	115
55	313	25.32	2.3	18.2	144
60	258	27.85	1.8	20.6	183
65	220	30.53	1.5	23.6	235
70	192	33.36	1.3	27.2	303
75	165	36.35	1.0	31.6	390
80	147	39.5	0.9	36.9	503
85	128	42.8	0.7	43.4	651
90	110	46.25	0.5	51.8	856
95	96	49.86	0.4	63.2	1,153
100	85	53.62	0.3	79.4	1,596

* 자료 근거 : 제작사 정비지침서

2.9. 견인전동기 손실 및 효율

(1) 개 요

전기기기는 전기에너지를 다른 에너지로 변환하는 장치이다. 이렇게 에너지를 변환하면서 공급되는 에너지가 모두 유효한 에너지로 변환되는 것은 아니고, 그 중 일부 에너지는 열·소음 등으로 손실이 발생하는데 그 손실의 종류는 다음과 같다.

- 기계손 : 베어링 마찰손, 브러시 마찰손, 풍손
- 철손 : 히스테리시스손, 와전류손
- 동손 : 계자권선 저항손, 전기자권선 저항손, 브러시의 전기손
- 표류 부하손

손실 중에서 부하전류에 따라 변화하는 것은 가변손 또는 부하손이라 하고, 부하에 무관하게 일정한 손실을 불변손 또는 고정손이라고 한다. 그리고 속도가 일정한 기계에서는 무부하시에 생기는 손실은 일정하기 때문에 불변손을 무부하손이라고도 한다.

부하손에는 동손, 표류부하손이 포함되며, 무부하손에는 철손, 기계손이 포함되나 엄격히 보면 무부하손도 부하에 따라 다소 변화한다.

(2) 손실의 종류

전동기의 손실의 종류를 다음과 같이 구분한다.

① **기계손**(Mechanical loss)

마찰손과 풍손으로서 마찰손은 주로 베어링 및 브러시 접촉부에 생기며, 풍손은 전기자 회전에 따라 주변의 공기와 마찰로 생기는 손실로서 통풍용 날개가 있는 경우 특히 크게 발생한다. 이러한 기계손은 회전수가 일정하며 부하전류에 관계없이 거의 일정하므로 손실의 크기는 회전수에 비례한다.

② **철손**(Core loss)

자기회로 중에서 자속이 시간적으로 변화할 때 발생하는 것으로 히스테리시스손 (Hysteresis loss)과 와전류손(Eddy current loss)으로 나누어진다. 철손은 주로 전기자 철심 표면에 생기며, 그 크기는 전압과 속도에 비례하는데 일반적으로 히스테리시스손과

와전류손의 비는 3.5 : 1이다.

③ **동손**(Copper loss)

회로 중 저항에 의하여 생기는 손실로서 전기자권선, 계자권선 및 보극, 보상권선의 저항손이며, 이외의 브러시와 접촉부분에 생기는 저항손도 포함하며, 저항손이라고도 부른다.

$$\therefore \ 동손[Qc] = I^2 \times R\,(W)$$

       • $I(A)$: 전류   • $R(\Omega)$: 저항

④ **표류부하손**(Stray load loss)

표류부하손은 전기자도체 및 정류자편의 표피효과에 의한 손실, 전기자 반작용에 의한 자속밀도 변화 때문에 증가하는 철손과 각 자극의 자속 불균일로 생기는 전기자 권선내의 순환전류에 의한 동손으로서 실험에 의해 이러한 손실이 있다는 것을 알 수 있으나 하나하나를 구분해서 측정하거나 이론상으로 계산하여 구하는 것은 곤란하다.

(3) 효율

전동기 효율은 공급 에너지와 출력 에너지의 비를 말한다. 효율이 높다는 것은 그 만큼 에너지 변환과정에서 손실이 적다는 것을 의미하므로 효율이 높은 전기기계가 성능이 우수하다고 할 수 있다.

$$\therefore \ 효율(\eta) = \frac{출력}{입력} \times 100(\%)$$

2.10. 정 격

모든 전기기기는 전압, 전류, 속도, 출력 등 해당 기기가 수용할 수 있는 한도가 정해져 있다. 이 한도를 초과하면 손실증대로 효율이 저하되는 것은 물론 온도상승, 정류 불량, 변동률 증가 등 부작용이 발생하여 고장을 유발하게 된다.

따라서 정격이란 해당 전기기기를 안전하게 사용할 수 있는 기준을 말한다. 일반적으로 전기기기의 정격이란 그 기기에 대하여 지정된 조건에서의 사용한도로서 이 사용한도는 보통의

기기에서는 출력으로 나타내며, 이 출력을 **정격출력**(rated output)이라 한다.

여기서 지정조건이라 함은 정격출력을 발생시키기 위한 회전속도, 전압, 전류 등을 말하며, 각각 정격속도, 정격전압, 정격전류 등이라고 부르며, 해당 전기기기의 제작사에 제품 또는 매뉴얼에 명시하도록 되어 있다.

전동기의 정격출력은 정격속도, 정격전압에 있어서 전동기 축에서 발생하는 기계적 유효출력으로서 그 값을 일률인 [W] 또는 [KW]로 나타내며 전기기기의 정격은 그 사용방법에 따라 다음 같이 구분한다.

① **연속정격**

지정조건 하에서 연속 사용할 때 해당 기기의 규격에 정해진 온도상승, 기타 제한조건을 초과하는 일이 발생하지 않는 정격.

② **단시간정격**

해당기기를 정지 상태에서 30분 또는 1시간 등 일정한 시간 동안 지정 조건하에서 사용할 때 그 기기에 관한 규격이 정해진 온도상승, 기타의 제한을 초과하는 정격으로서 연속정격보다 큰 정격 출력을 지정할 수 있고, 열용량 정격이라고도 한다. 견인전동기는 대부분 1시간 정격을 표시하고 있다.

③ **반복정격**

주기적으로 일정한 부하와 정지를 반복하는 전기기기의 정격으로서 부하 시간률(부하시간과 1주기와의 비)로 나타낸다.

④ **공칭정격**

전기기기의 안전도가 더욱 많이 요구되는 분야에서 전기기기의 안전을 보장하기 위한 정격으로서 해당기기의 정격으로 연속 사용하여 온도가 최종 일정치로 된 후, 다시 정격 출력을 초과하는 부하(약 1.5배)나 단시간 정격을 2배 정도를 초과하는 시간을 사용하여도 기기에 지장이 없는 정격

제3절 열차 저항

본 절에서는 열차저항(train resistance)의 종류, 발생인자, 크기 등에 대하여 설명한다.

3.1. 개 요

열차가 진행운동을 하면 반대방향으로 힘이 작용한다. 이렇게 반대로 작용하는 모든 힘을 **열차저항**이라고 한다. 따라서 열차가 전진 가속하려면 반드시 열차저항보다 견인력이 커야한다.

운전계획상 열차저항을 발생형태에 따라 출발저항·주행저항·구배저항·곡선저항·터널저항·가속도저항으로 구분하고 있으며, 출발저항, 주행저항, 곡선저항, 터널저항은 열차의 운동에너지를 손실시키는 손실저항이나, 구배저항 및 가속도저항은 순손실 저항은 아니다.

이러한 열차저항을 발생시키는 인자들은 매우 복잡하나 발생 요소별로 다음과 같이 구분할 수 있다.

① **선로상태**

구배완급, 곡선반경 대소, 궤조형상, 궤조구조, 보수상태

② **차량상태**

차량중량, 차량구조(차체 형상, 차축종류), 보수상태, 윤활유 종류 등

③ **기타**

날씨(晴, 雨, 雪), 기온, 풍속, 운전속도 등

열차저항의 크기는 기본적으로 속도와 중량에 비례하며, 단위는 ton당 중량 (kg/t)으로 표시한다.

3.2. 출발저항(Starting Resistance)

(1) 개 요

열차가 장시간 정차상태로 있다가 출발할 때는 차축과 축수, 치차 등 회전부분에 유막이 파괴되어 금속과 금속이 직접 접촉하게 된다. 이 때 마찰저항이 증대되어 평소보다 큰 견인력이 필요하고, 열차가 출발하여 차축이 회전하게 되면 각 마찰 부위에 유막이 형성되어 마찰저항은 급격히 감소한다. 이렇게 열차가 출발할 때 발생하는 저항을 **출발저항**이라고 한다.

(2) 출발저항 산출

출발저항은 실험에 의하면 열차가 출발할 때 최대치가 되며 열차속도 3km/h 정도까지 감소하다가 열차속도가 상승하면 다시 증가하게 된다.

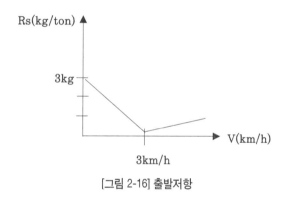

[그림 2-16] 출발저항

출발저항의 크기는 기온, 정차시간 정도에 따라 영향을 받으며, 차량의 종류, 운전 상태에 따라 달라진다.

운전계획상 출발저항값은 정차시간 30 ~ 60초일 때 시험결과 값인 1ton당 3kg(전동차)을 채택하고 있으며, 속도 3km/h이상에서 차축과 축수, 치차 등의 마찰로 발생하는 저항은 주행저항으로 적용한다.

$$\therefore \text{출발저항}[\mathrm{Rs}] = \mathrm{rs} \times \mathrm{W}(\mathrm{kg})$$

- rs : 톤당 출발저항 값$(\mathrm{kg/t})$
- W : 차량 중량(ton)

3.3 주행저항(Running Resistance)

(1) 개 요

열차가 주행할 때 주행방향과 반대로 작용하는 모든 힘을 **주행저항**이라고 한다. 단, 전동기의 효율인 입출력간의 손실, 치차의 전달 손실은 포함하지 않는다.

주행저항은 발생인자가 복잡하여 그 값을 구하는 것이 매우 어렵다. 따라서 전동차를 설계할 때 실험에 의하여 주행저항값을 구해놓고 해당 차량의 성능 매뉴얼에 표시하고 있으며 주행저항은 그 발생 원인에 따라 다음과 같이 기계저항과 속도저항으로 분류하고 있다.

① **기계 저항**
  - 기계부의 마찰 및 충격에 의한 저항
  - 차축과 축수간의 마찰저항
  - 차륜과 레일간의 마찰저항

② **속도 저항**
  - 공기저항
  - 동요에 의한 저항

(2) 주행저항 발생요소

① **기계부분의 마찰·충격에 의한 저항**

견인전동기의 전기자, 동력전달 하는 치차, 축수 등의 부분에서 마찰 혹은 충격에 의하여 발생하는 기계적인 저항으로서 타행운전중에는 주행저항에 포함되고, 추진중에는 동력전달효율로 계산된다.

② **차축과 축수 간의 마찰저항**

차축과 축수 간에서 발생하여 차륜의 회전을 방해하는 마찰력 F는 다음과 같다.

$$\therefore \text{마찰력}(F) = \mu \times W$$

- μ : 차축과 축수간의 마찰계수
- W : 차축상의 중량

차축과 축수 간에 발생되는 마찰력 F는 주행저항의 마찰저항이 된다. 이 마찰저항 R은 다음의 그림과 같이 마찰계수(μ), 차축의 중량(W), 차축의 직경(d)에 비례하고 차륜직경 (D)에 반비례 한다.

$$\therefore \text{마찰저항}[R] = F \times \frac{d}{D} = \mu \times W \frac{d}{D}$$

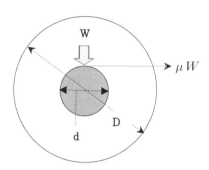

[그림 2-17] 차축과 축수 간의 마찰저항

여기서 마찰계수(μ)는 다음의 인자에 의해 변한다.

차축상 중량(W)이 증가하면 마찰계수는 감소하며 감소율은 중량의 제곱근에 반비례한다. 화물열차의 경우 공차의 1톤 당 주행저항이 영차(盈車)에 비하여 큰 것은 공기저항에 관계가 있으나, 중량의 증가에 따라 μ값이 감소하는 것이 더 큰 원인이다.

마찰계수(μ)의 값은 윤활유의 온도가 높을 경우 적고, 온도가 낮아지면 크다. 마찰계수 (μ)의 값은 출발할 때 최대이고 3~4km/h 전후에서 최소로 되었다가 이후 속도가 상승되면 따라서 증가하게 된다. 그 영향이 속도의 5승근에 비례하고, 시험결과 대략 0.01~0.03 값을 채택하고 있다.

③ **차륜 답면과 레일 면과의 마찰저항**

차륜이 레일 위를 회전할 때 발생하는 회전마찰과 **사행동**으로 인한 활마찰 및 플랜지와 레일간 마찰은 저항으로 작용한다. 선로상태에 의하여 그 값이 달라지지만 속도에 거의 비례하고 또 차량의 중량에 비례한다. 그러나 차축에서의 마찰저항에 비하면 아주 적은

---

*사행동(蛇行動-snake motion)
 궤도 위를 주행하는 철도차량은 곡선을 용이하게 통과하기 위하여 차륜 답면이 2단계 기울기를 가진 구조로 되어 있다. 따라서 열차가 직선구간을 운전할 때는 차륜 답면의 기울기 때문에 좌·우로 움직이면서 진행하게 된다. 이러한 모습이 뱀이 진행하는 모습과 비슷하다고 해서 사행동이라 한다.

값으로서 측정하기 곤란하다. 시험결과에 의하면 대개 ton당 약 0.22kg이다.

④ **차량동요에 의한 저항**

열차 진행 중 전후(rolling), 좌우(pitching), 상하(yawing)로 흔들리는 운동이 발생하기 때문에 생기는 저항으로서 차량의 구조, 정비 상태 및 궤도의 노반상태에 큰 영향을 받는다. 차량의 동요는 속도의 제곱에 비례하며 약 $0.005 \times v^2 \,(\text{kg}/t)$ 전후의 값이 된다. 그리고 차량동요의 원인은 다음과 같다.

▶ **차량동요의 원인**

- 궤도 이음의 상하, 좌우 방향 불일치 및 궤조의 상하 방향의 불균일 항력
- 곡선부에서 원심력 작용
- 풍압
- 차륜 답면의 원추체형

⑤ **공기저항**

열차가 주행할 때 전면(前面)부는 공기와 마찰하고, 후부에는 진공이 형성되어 열차진행을 방해하는데 이런 현상을 공기저항이라 하며, 주로 다음과 같이 발생한다.

    ㉮ 열차의 전면이 받는 공기와 마찰 저항

    ㉯ 열차 주행 중 후부의 공기가 희박해져서 생기는 후부저항

    ㉰ 연결 차량 사이에 공기의 와류로 인한 측면저항

    ㉱ 열차 측면이 받는 공기압력에 의한 측면저항

여기서 ㉮, ㉯, ㉰는 속도의 제곱에 비례하고, ㉱는 속도에 대체적으로 비례한다.

공기저항의 크기는 최전부 차량의 앞면 형상과 단면적, 연결 량 수, 운행속도에 따라 달라지지만 열차중량과 무관하며, 특히 최전부 차량의 전면부 형상에 가장 큰 영향을 받는다.

이러한 공기저항값은 실험결과(고스 박사)에 의하면, 열차의 중간부를 1이라고 가정하면 전면부는 10, 제2위 차량은 0.8, 열차 후부차량은 2.5의 비율로 커진다. 따라서 무풍일 때 공기저항값은 다음의 실험식 값을 적용한다.

- 제1위 차량 = $0.001 \times v^2$
- 최후부 차량 = $0.00026 \times v^2$
- 제2위 차량 = $0.00008 \times v^2$
- 중간 차량 = $0.0001 \times v^2$

실험식에 보듯이 열차의 전부·후부·중간 부분의 공기저항의 크기가 다르다.

열차의 공기저항은 1량으로 구성된 단차(單車)일 때 가장 크고, 열차의 편성이 길어짐에 따라 감소하게 된다.

열차 전면의 공기저항값은 다음 식에 의해 구한다.

$$\therefore\ 공기저항[\text{ra}] = \text{F} \times \text{A} \times (\frac{v^2}{W})$$

- ra : 전면 공기저항
- A : 차량의 단면적(m^2)
- F : 전면의 형상에 의한 계수
- v : 속도(km/h)
- W : 중량(ton)

(3) 주행저항 산출

주행저항의 산출식은 다음과 같다.

$$\therefore\ \text{Rr} = \text{A} + (\text{B} \times \text{v}) + (\text{C} \times \text{v}^2)$$

- Rr : 주행저항(kg)
- v : 속도(km/h)
- A : 속도에 관계없는 인자
- B : 속도에 비례하는 인자
- C : 속도의 제곱에 비례하는 인자

① A에 관계되는 인자

- 기계부분의 마찰저항
- 차축, 축수간의 마찰저항
- 차륜의 회전 마찰저항

② B에 관계되는 인자

- 플랜지와 레일간의 마찰저항
- 충격에 의한 저항

③ C에 관계되는 인자

- 공기저항
- 동요에 의한 저항

전동차 제작사 사양에 의하면 8량으로 조성된 전동차의 경우 지하구간 주행저항은 다음의 식으로 구한다.

$$\therefore \ \text{주행저항} = 1.867 + 0.0359v + 0.000745v^2 \, (kg/t)$$

문제10 중량 150ton의 전동열차가 60km/h의 속도로 지하구간을 주행할 때 총 주행저항 값은?

☞ [풀이] $Rr = 1.867 + (0.0359 \times 60) + (0.000745 \times 60^2)$

$= 1.867 + 2.1540 + 2.682 = 6.703 \, [\text{kg}]$

$= 6.703 \, (\text{kg}/\text{t})$

∴ 총 주행저항 = 톤당 저항 값×중량 = 6.703×150톤

$= 1,005.45 \text{kg}$

3.4. 구배저항(Grade Resistance)

(1) 개 요

열차가 위로 향하는 구배(기울기) 구간을 운행할 때 지구 중력에 의하여 발생하는 저항을 **구배저항**이라 한다.

철도에서 선로의 구배는 열차의 진행방향을 기준으로 오름 방향이면 **상구배**, 내림 방향이면 **하구배**라고 한다. 상구배의 저항값은 (+), 하구배의 저항값은 (-)의 부호를 붙여 사용한다.

(2) 구배저항 산출

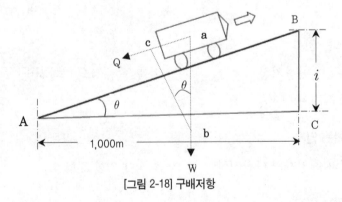

[그림 2-18] 구배저항

구배저항은 중력 작용으로 발생하는 것으로 열차의 중량과 구배 정도에 비례하므로 다음과 같다.

W는 $\triangle \overrightarrow{ab}$, Q는 $\triangle \overrightarrow{ac}$ 이므로 따라서, $Q = W \times \dfrac{ac}{ab} = W \times \sin\theta$

$$\therefore Rg = W \times \sin\theta$$

- Rg : 구배저항(kg)
- W : 열차중량(ton)

그러나 철도에서는 구배율을 수평으로 1,000m 진행하였을 때, 수직으로 상승한 높이의 값인 $\tan\theta$ 값을 사용하며, 단위로는 (‰)을 사용한다.

구배저항의 값을 정확히 구하려면 실주행거리 높이의 값인 $\sin\theta$ 값을 적용하여야 한다. 그러나 철도구간의 구배율이 대체로 낮아서 다음과 같이 $\sin\theta$값, $\tan\theta$값이 차이가 없다.

예를 들면 최급구배인 25‰ 상구배 구간의 θ는 1°30'인 경우,

- $\sin\theta$ = 0.02499
- $\tan\theta$ = 0.025로서 그 차이는 0.00001에 불과하다.

따라서 구배저항을 산출할 때 산출이 용이하도록 철도에서 사용하고 있는 구배율인 $\tan\theta$ 값을 그대로 적용한다.

구배저항의 산출식은 다음과 같다.

$$\therefore 구배저항[Rg] = W \times \tan\theta = W \times \dfrac{i}{1,000}$$

열차 중량의 단위를 kg으로 하면,

$$\therefore Rg = 1,000 \times W \times \dfrac{i}{1,000} = W \times i \,(kg)$$

구배저항을 1톤 당 kg의 크기로 나타내면 $rg = \dfrac{Rg}{W} \,(kg/t)$

그런데 $Rg = W \times i$이므로 $rg = \dfrac{W \times i}{W} = i$

$$\therefore rg = i \,(kg/t)$$

즉, 톤(ton)당 구배저항의 값은 구배의 천분율과 같다. 예를 들면 30‰ 상구배의 구배저항 값은 톤 당 30kg이다. 그리고 하구배인 경우에는 저항으로 작용하지 않고 가속력으로 작용하므로 (-) 부호를 붙여 사용한다. 구배저항은 식은 다음과 같다.

$$\therefore \mathrm{rg} = \pm \, \mathrm{i} \, (\mathrm{kg/t})$$

(3) 기울기가 다른 구배에서 구배저항값 산출

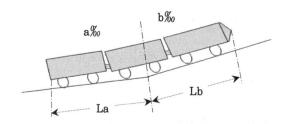

[그림 2-19] 기울기가 다른 구배저항

앞의 [그림 2-19]와 같이 열차가 기울기가 다른 2개 이상의 구배에 걸쳐 있을 때는 각각의 구배상의 구배저항값을 따로 구한 후 이를 합산한다.

- L : 열차 총길이(m)
- La : a‰ 상구배 열차길이(m)
- Lb : b‰ 상구배 열차길이(m)
- W : 열차 총중량(ton) 이라고 하면,

a‰구배의 구배저항은 $\mathrm{a} \times \mathrm{W} \dfrac{\mathrm{La}}{\mathrm{L}} (\mathrm{kg})$, b‰ 구배의 구배저항은 $\mathrm{b} \times \mathrm{W} \dfrac{\mathrm{Lb}}{\mathrm{L}} (\mathrm{kg})$이 된다. 따라서 전체 구배저항(Rg)은 다음과 같다.

$$\therefore \mathrm{Rg} = \left(\mathrm{a} \times \mathrm{W} \frac{\mathrm{La}}{\mathrm{L}}\right) + \left(\mathrm{b} \times \mathrm{W} \frac{\mathrm{Lb}}{\mathrm{L}}\right) = \frac{\mathrm{W}}{\mathrm{L}}(\mathrm{a} \times \mathrm{La} + \mathrm{b} \times \mathrm{Lb})$$

여기서 톤당 평균 구배저항값 $\mathrm{rg}(\mathrm{kg/t})$는

$$\mathrm{rg} = \frac{\mathrm{rg}}{\mathrm{W}} = \frac{\mathrm{W}}{\mathrm{L}}(\mathrm{a} \times \mathrm{La} + \mathrm{b} \times \mathrm{Lb}) \times \frac{1}{\mathrm{W}}$$

$$= \frac{1}{L}(a \times La + b \times Lb)$$

$$= \frac{(a \times La + b \times Lb)}{L}$$

문제11 180톤 열차가 20‰ 상구배를 운전할 때 총 구배저항값은 얼마인가?

☞ [풀이] 구배저항$[Rg] = i = w \times i = 20 \times 180 = 3,600\,(\mathrm{kg})$

3.5. 곡선저항(Curve Resistance)

(1) 개 요

열차가 곡선을 주행하면 저항이 발생하는데 이렇게 곡선 주행할 때 발생하는 저항을 **곡선저항**이라고 한다. 곡선저항이 일어나는 원인은 다음과 같다.

- 대차의 구조상 직진하도록 설치된 차륜이 곡선을 따라 진로를 바꾸려고 할 때 생기는 차륜의 회전(좌↔우)마찰 저항
- 외측궤조와 내측궤조의 길이의 차에 의해 생기는 외측 차륜의 미끄럼 마찰저항
- 원심력의 작용에 의한 플랜지와 외측 궤도간의 마찰저항

따라서 곡선저항의 크기는 다음 인자의 영향을 받는다.

- 곡선반경의 크기
- 속도의 고·저
- 캔트(Cant) 및 슬랙(Slack)량
- 고정 축거
- 플랜지와 레일 간 간격의 크기

(2) 곡선저항 산출

곡선저항을 발생 인자별로 정확히 산출하는 것은 매우 어렵다. 따라서 모리슨 박사의 실험식을 기본으로 대차구조 및 레일간격, 고정축거 등을 대입하여 곡선저항을 산출하고 있다.

▶ **모리손 실험식**

$$\therefore \text{곡선저항}[\text{Rc}] = \frac{1,000 \times \mu \times (\text{G} + \text{L})}{\text{R}}$$

- μ : 차륜과 레일간 마찰계수(0.1~0.3)
- G : 레일간격(m)
- L : 고정축거(m)
- R : 곡선반경(m)

위 식에 전동차의 μ=0.2, G=1.435m, L=2.100(m)를 대입하면 다음 식과 같이 정리된다.

$$\therefore \text{Rc} = \frac{1,000 \times 0.2 \times (1.435 + 2.1)}{\text{R}} = \frac{707}{\text{R}} \fallingdotseq \frac{700}{\text{R}}(\text{kg})$$

따라서 운전계획상 전동차의 곡선저항값은 다음 식과 같다.

$$\therefore \text{Rc} = \frac{700 \times \text{W}}{\text{R}}(\text{kg})$$

$$\therefore \text{rc} = \frac{700}{\text{R}}(\text{kg/t})$$

(3) 환산구배(換算勾配)

구배선이 곡선으로 되어 있든지, 곡선구간의 일부가 구배선인 경우는 이를 환산구배로 하여 계산하는 것이 편리하다. 구배저항과 곡선저항의 합 또는 곡선저항을 구배저항으로 환산한 구배를 **환산구배**라 한다. 이렇게 산출하는 것을 **곡선보정**(curve compensation)이라고도 한다.

$$\therefore \text{환산구배 저항}(\text{Rg}') = \left(\frac{700}{\text{r}} \times \frac{1}{\text{L}}\right) \pm \text{Rg}(\text{kg/t})$$

- r : 곡선반경(m)
- L : 구배구간 길이(m)
- l : 곡선구간 길이(m)
- Rg : 구배저항(kg/t)

곡선 전체가 구배일 경우에는 l=L이 되므로,

$$\therefore 환산구배 저항(Rg') = \frac{700}{r} \pm Rg$$

문제12 150톤 열차가 3‰ 상구배를 운전할 때 총 구배저항값과 250R 곡선을 운전할 때 발생하는 곡선 저항 값 중 어느 것이 더 큰 저항값인가?

☞ [풀이] ① 구배저항[rg] $= i(kg/t) = 3(kg/t) \times 150(t) = 450(kg)$

② 곡선저항[rc] $= \frac{700}{r} = \frac{700}{250} = 28(kg/t) \times 150(t) = 420kg$

따라서 250R 곡선저항보다 3‰ 구배저항값이 더 크다.

3.6. 터널저항(tunnel resistance)

(1) 개 요

열차가 터널 내를 주행할 때는 터널 내에서 발생하는 풍압에 의하여 공기저항이 증가된다. 이렇게 터널 풍압변화로 증가되는 저항을 **터널저항**이라 한다. 터널저항은 터널 단면의 형상, 크기, 길이, 열차 속도 등에 의하여 변화된다.

(2) 터널저항 산출

철도에서 운전계획상에서는 100m 이상의 터널에 대하여 터널저항을 적용하고 있으며 그 값은 다음과 같다.

$$\therefore 터널저항(Rt) = rt \times W$$

• rt : ton당 터널저항(kg/t)

• W : 열차중량(ton)

터널저항은 실험식에 단선터널은 2(kg/t)을 복선터널은 1(kg/t)로 정하여 적용하고 있다. 그러나 도시철도 노선의 경우 해당 노선의 운행차량을 설계할 때 터널 주행 시 발생하는 주행저항값을 성능계산에 반영하고 있으므로 터널저항값을 별도로 취급하지 않는다.

3.7. 가속도저항(acceleration resistance)

(1) 개 요

열차가 열차저항만큼의 견인력이 있으면 등속도(정속운전)로 주행하게 된다. 이러한 등속 상태에서는 속도를 높이기 위해서 추가 견인력이 필요하다. 이 견인력을 가속력이라 한다.

즉, 열차를 가속시키려면 등속도로 운전할 때와 달리 여분의 견인력이 필요한데 이것을 일종의 저항으로 간주하여 **가속도저항**이라고 한다. 따라서 가속도저항은 출발저항, 주행저항, 곡선저항과는 달리 모두 손실되는 것이 아니라 일부가 열차의 운동에너지로 축적된다.

(2) 가속도저항 산출 기초식

① 속도 · 거리 · 시간 산출식

$$\therefore 속도(v) = \frac{S}{t} \quad \therefore 거리(S) = v \times t \quad \therefore 시간(t) = \frac{S}{v}$$

② 평균속도 · 가속도 · 소요시간 · 종속도 산출식

$$\therefore 평균속도(v') = \frac{v1 + v2}{2} \qquad \therefore 가속도(a) = \frac{v2 - v1}{t}$$

$$\therefore 소요시간(t) = \frac{v2 - v1}{a} \qquad \therefore 종속도(v2) = v1 + (a \cdot t)$$

- v1 : 최초속도
- v2 : 종속도

③ 주행거리 산출식

최초속도(v1)에서 종속도(v2)가 될 때까지 주행한 거리(S) 산출식은 다음과 같다.

$$\therefore S = 평균속도 \times 소요시간 = v' \times t \ 이므로$$

$$= \frac{v1 + v2}{2} \times t \cdots (v'를 \ 평균속도 \ 산출식을 \ 대입)$$

$$= \frac{v1+v2}{2} \times \frac{v2-v1}{a} \cdots (\text{t를 가속도의 소요시간 산출식을 대입})$$

$$= \frac{v1^2-v2^2}{2a}$$

위 식에서 속도 단위를 km/h에서 m/s로 바꾸면,

$$\therefore S = \frac{v1^2-v2^2}{2a} \times \frac{1}{3.6} = \frac{v1^2-v2^2}{7.2a}(m)$$

⑶ 열차 가속에 필요한 힘(견인력) 산출

열차의 가속력은 운동법칙으로 구할 수 있다.

$$\therefore F = m \times a = \frac{W}{g} \times a$$

- F : 가속에 필요한 힘(kg)
- a : 가속도(m/s^2)
- m : 열차의 질량
- W : 열차의 중량(ton)

힘 단위(kg)와 열차중량의 단위(ton)를 (kg)으로 일치시켜서 힘(F)의 크기를 구하면,

$$\therefore F = \frac{W \times 1,000}{g} \times a$$

$$= \frac{1,000}{9.8} \times W \times a = 102 \times W \times a\,(kg)$$

또한, 열차 가속도의 단위$(km/h/s)$와 중력가속도의 단위를(m/s^2) 일치 시켰을 때의 견인력 $F(kg)$은

$$\therefore 견인력[F] = 102 \times W \times a \times \frac{1}{3.6} = 28.33 \times W \times a\,(kg)$$

따라서 열차 중량 1ton당 필요한 견인력 $f(\mathrm{kg/t})$

$$\therefore f = \frac{F}{W} = \frac{28.33W \times a}{W} = 28.33 \times a \,(\mathrm{kg/t})$$

⑷ 부가 관성중량

질량이 같은 물체에 가속력을 발생시키기 위해서 철도차량과 같이 회전 부분을 가속하여 직선운동을 하는 경우에는 사람이 공을 던지는 것과 같이 직접 그 운동을 일으키는 운동에 비해 더 큰 힘이 소모된다.

이는 동력 전달효율과는 별개로서 직진운동의 형태로 가속되는 열차의 가속력을 회전부분에 가속시켜서 얻을 때 일부가 회전력으로 축적되기 때문이다. 즉 관성질량이 중력질량보다 더 크게 된다.

그러므로 철도차량의 회전부분(차륜, 대치차, 소치차, 전동기 회전자 등)을 가속시키는 '**여분의 힘**'은 직선운동으로 진행하는 열차의 가속도와 감속도를 감하는 요소로 작용하게 된다.

따라서 철도차량의 견인력을 구할 때는 관성질량이 중력질량 보다 더 커진 만큼 추가로 소요되는 힘을 중량으로 환산하여 실제 중량에 더해 주어야 한다. 이렇게 중량의 더한 부분을 **회전부분의 부가 관성중량**이라하며, 운전계획상 일반열차는 6%, 전동차는 편성당 9%를 부가한다.

일반열차의 가속도저항 산출식은 아래와 같으며,

$$\therefore f = 28.33 \times (1+0.06) \times a = 30.02 \times a \fallingdotseq 30 \times a\,(\mathrm{kg/t})$$

전동차의 가속도저항 산출식은 다음과 같다.

$$\therefore f = 28.33 \times (1+0.09) \times a = 30.88 \times a \fallingdotseq 31 \times a\,(\mathrm{kg/t})$$

결론적으로 전동차의 가속도저항 산출식은 다음과 같다.

$$\therefore 가속도저항[ra] = 31 \times a\,(\mathrm{kg/t})$$

⑸ 가속도저항과 속도변화와 소요시간 관계

- v1 : 가속 전 속도(km/h)
- v2 : 가속 후 속도(km/h)
- t : 가속에 소요된 시간(min) 이라 하면,

$$f = 31 \times a \text{ 식에 } a = \frac{v2 - v1}{t} \text{ 식을 대입하면,}$$

$$\therefore f = 31 \times \frac{v2 - v1}{60t} = \frac{0.517(v2 - v1)}{t} \text{ 식이 된다.}$$

가속력 f = 31 × a 열차가 정차상태에서 출발하였다면 v1 ='0'이므로 소요시분 산출식은 다음 식과 같다.

$$\therefore \text{소요시분}[t] = \frac{0.517 \times v2}{f} (\min)$$

⑹ 가속도저항과 속도변화와 소요거리의 관계

- v1 : 가속 전 속도(km/h)
- v2 : 가속 후 속도(km/h)
- S : 가속 후 속도까지 소요거리(m) 이라 하면,

$$f = 31 \times a \,(kg/t) \text{식에 } a = \frac{v2^2 - v1^2}{7.2s} \,(m/s^2) \text{식을 대입하면,}$$

$$\therefore f = 30.88 \times \frac{v2^2 - v1^2}{7.2s} = 4.29 \times \frac{v2^2 - v1^2}{s} \text{ 식이 된다.}$$

가속력 f = 31 × a 을 가지고 있는 열차가 정차상태에서 출발하였다면 v1 = '0'이므로 다음 식과 같이 정리된다.

$$\therefore f = 4.29 \times \frac{v2^2 - v1^2}{S} = 4.29 \times \frac{v^2}{S}$$

따라서 위 식을 응용하면 소요거리 산출식은 다음 식과 같다.

$$\therefore \text{소요거리는}[S] = \frac{4.29 \times v^2}{f} \, (m)$$

문제13 5호선을 운행 중인 제5017열차가 중량 200ton인 상태에서 답십리역을 출발하여 30초 후 75 km/h 속도가 되었다. 이 열차의 가속도(km/h/s), 가속도저항(kg), 주행거리(m)를 구하라?

☞ [풀이] ① 열차의 0km/h에서 75km/h까지 상승하는데 30초가 소요되었으므로,

$$\therefore \text{가속도}(a) = \frac{75\,(\text{km/h})}{30\,(\text{s})} = 2.5\,(\text{km/h/s})$$

② 톤당 가속력은 $f = 31 \times a$이므로,

가속도저항$(ra) = 31 \times 2.5 = 77.5$

$\therefore$ 총 가속도저항 값은 200ton×77.5=15,500kg

③ 소요거리는$(S) = \dfrac{4.29 \times v^2}{f} \, (m)$ 산출식을 활용하면,

$$\therefore \text{주행거리는}(S) = \frac{4.29 \times v^2}{f} = \frac{4.29 \times 75^2}{77.5} = \frac{24,131}{77.5} \fallingdotseq 312m$$

제4절 제동 이론

본 절에서는 철도차량의 제동 작용과정에서 발생하는 물리적 현상에 대하여 열차의 제동거리 산출을 기준으로 설명한다.

4.1. 개 요

열차의 속도를 감속시키거나 또는 열차를 정차시키는 힘인 제동력은 열차가 갖고 있는 운동에너지의 변환과정에서 얻는다.

철도차량의 제동은 마찰제동과 전기제동을 사용하고 있는데 마찰제동은 운동에너지를 마찰에 의한 열에너지로 변환시키는 과정에서 소요되는 힘을 제동력으로 사용하는 것이고, 전기제동은 운동에너지를 전기에너지로 변환시키는 과정에서 소요되는 힘을 제동력으로 사용하는 것이다.

- 마찰제동 : 운동에너지 ⇒ 열에너지
- 전기제동 : 운동에너지 ⇒ 전기에너지(회생제동, 저항제동)

4.2. 제동장치의 구비조건

위치를 이동하는 운반구는 먼저 움직이는 상태에서 정지시킬 수 있는 기능이 확보되어야만 움직일 수 있다. 철도차량 역시 위치를 이동시키는 힘인 견인력 발휘보다 정지시킬 수 있는 제동력 발휘가 우선한다. 예를 들면 모든 전동차는 제동기능이 작용하면 자동적으로 견인기능이 차단되도록 제어회로가 설계되어 있는데 이는 견인력보다 제동력 확보가 우선이기 때문이다.

따라서 열차 또는 차량으로 운행되기 위해서는 반드시 운행 특성에 적합한 확실한 제동력이 발휘되는 신뢰성 높은 제동장치를 구비하여야 한다. 철도차량의 일반적 제동장치의 구비조건은 다음과 같다.

- 연결된 차량 및 차륜에 균등하게 제동력이 가해져야 한다.
- 상용제동 체결 시 원활하게 제동력을 증감시킬 수 있어야 한다.
- 비상제동 체결 시 신속히 제동을 체결할 수 있어야 한다.
- 장시간 제동체결 시 일정한도 이상 온도가 상승되지 않아야 한다.
- 제동력은 축중(軸重)의 수용 한도 기준을 넘지 않아야 한다.
- 제동을 체결하지 않을 때는 제동력이 0(Zero) 상태여야 한다.
- 열차가 분리되었을 때는 자동적으로 비상제동이 체결되어야 한다.

4.3. 제동원력

철도차량에서 제동제어 및 제동 작용에는 압축공기를 활용하고 있다. 전동차의 경우 운전자가 제동을 체결하면 전공전환밸브에서 제동체결 요구 값에 비례하는 「제동제어용압축공기」를 만들어 내고, 제동제어용 압축공기에 비례하는 「제동작용용압축공기」를 제동통에 공급하여 제동력을 발생시킨다. 이러한 제동제어 및 작용과정에는 주로 액추에이터(actuator)를 활용하고 있는데 압력차, 용적차, 시간차를 이용하여 액추에이터를 작동시키는 방법으로 제동제어를 한다.

(1) 제동통 정미(유효)압력

제동통에 「제동작용용압축공기」가 유입되면 유입된 압축공기의 힘으로 피스톤이 움직여 차륜에 제륜자를 압착시켜 제동 작용이 일어난다. 그러므로 제동통에 유입된 압축공기량과 제동통 체적의 곱이 제동원력이다.

그러나 제동통의 구조가 피스톤 등의 부품들로 구성되어 있기 때문에 제동통에 공급된 모든 압축공기의 압력은 제륜자를 누르는 힘으로 유효하게 작용하지 않고 제동풀림 시 피스톤의 복귀기능을 하는 리턴스프링의 압력과 피스톤 로드 등 부품과의 마찰로 약간은 반감된다. 따라서 이렇게 반감되는 압력을 제외하고 순수하게 제동력으로 작용하는 압력을 **정미(正味)압력** 또는 **유효압력**이라고 한다.

이러한 정미압력은 철도차량에서는 삼동변(제동장치 부품)을 활용하여 제동관의 공기압력을 감압함으로써 보조공기통에 충기되어 있던 압축공기를 제동통에 유입시켜 제동 작용을 일으키는 자동제동장치에서 다음과 같이 적용하고 있다.

$$정미(유효)압력[Pe] = 2.5r - 0.4(상용제동)$$

- r : 제동관 감압량(kg/cm^2)
- 0.4 : 리턴스프링의 압력(0.35)+피스톤 로드 마찰압력(0.05)

그러나 전동차는 철도차량과 다르게 제동관 압력을 감압하는 방식으로 제동 작용을 일으키지 않고, 또한 제동통이 다이어프램(Diaphragm) 방식으로서 내부에 리턴스프링이 없으며, 차륜과 제륜자간 일정한 간격(구동차 약10mm, 부수차 약15mm)를 유지시켜 주는 「자동간격조정기」가 설치되어 있다. 그러므로 전동차에서는 정미(유효)압력을 적용하지 않는다.

(2) 제동원력 산출

제동력은 제동통 압력의 고저, 제동통 피스톤 직경 및 행정의 대소, 제동 배율, 기계효율 등에 의하여 광범위하게 변화한다.

제동원력이란 「제동작용용압축공기」가 제동통에 유입되어 제동통 단면적에 작용하는 힘을 말하며 다음 식으로 산출한다.

$$\therefore 제동원력 = 제동통 체적 \times 제통통압력 = \frac{\pi \times D^2}{4} \times P\,(kg)$$

- D : 제동통 직경
- P : 피스톤에 작용하는 유효압력(kg/cm^2)

제동원력은 제동통 단면적과 제동통 압력(BC압력)의 크기에 의하여 변화한다.

문제14 직경 160mm인 제동통에 BC압력이 $3.5kg/cm^2$ 작용할 때 제동원력은?

☞ [풀이]   제동원력 $= \dfrac{\pi \times D^2}{4} \times P = \dfrac{3.14 \times 16^2}{4} \times 3.5 = 703kg$

4.4. 제동배율

제동통 유입되는 압축공기 유입량만으로 제동력을 증가시키는 데는 한계가 존재한다. 전동차를 포함한 철도차량에서는 제동통에서 발생된 힘이 최종적으로 차륜을 압착하는 제륜자에 작용될 때까지 기초제동장치의 정자(지렛대)에 의해 제동력을 확대하고 있다. 이렇게 제동력이 확대된 비율을 **제동배율**이라 하며 다음 식과 같다.

$$\therefore 제동배율[\mathrm{E}] = \frac{제동압력(제륜자 1개압력)}{제동원력(제동통 1개 압력)}$$

여기서 제동압력은 다음 식으로 산출 가능하다.

$$\therefore 제동압력 = 제동원력 \times 제동배율$$

참고로 전동차 차종별 제동배율은 아래 표와 같다.

5호선(DCV) 전동차		4호선(ADV) 전동차	
Driving Bogie	Trailer Bogie	Driving Bogie	Trailer Bogie
4.47	3.2	–	–

제동체결 시 충격없이 부드럽게 감속되기 위해서는 연결된 모든 차량에 균등한 제동력이 작용되어야 한다. 그러나 전동차의 경우 연결된 차량마다 장착된 기기가 다르기 때문에 차종마다 자중(自重)에 차이가 있다. 일반적으로 제동거리는 중량에 비례하므로 차종별 제동배율을 달리하여 결과적으로 제동력의 세기가 같도록 하기 위해서 차종별 제동배율을 다르게 하고 있는 것이다.

4.5. 제동압력

제동압력은 제륜자가 차륜을 누르는 힘을 말하며 다음 식으로 정리된다.

$$\therefore 제동압력[\mathrm{P}'] = 제동원력 \times 제동배율 \times 제동통수 \times 효율$$

$$= \frac{\pi \times \mathrm{D}^2}{4} \times \mathrm{P} \times \mathrm{E} \times \eta \times \mathrm{n}'$$

- D : 제동통 직경
- P : 제동통압력(kg/cm^2)
- E : 제동배율 • n : 제동통수 • η' : 효율(85~90%)

4.6. 제동효율

제동통에서 발생한 힘이 제륜자에 전달되어 차륜을 압착하기까지 기초제동장치를 경유하게 되는데, 기초제동장치를 구성하고 있는 부품에는 여러 가지 핀들이 존재하므로 핀들의 마찰로 인해 손실이 발생된다. 따라서 제동압력을 구할 때 손실되는 부분을 반영하여야 하므로 제동원력과 제동배율을 곱한 값과 실제로 나타나는 제동압력과의 비를 **제동효율**이라고 한다.

제동효율은 정차상태와 진행상태일 때의 값이 차이가 난다. 그 이유는 정지 마찰계수가 운동 마찰계수 보다 크기 때문이다. 제동효율은 시험결과에 따라 정차상태에서는 80~85%, 운전중에는 90% 값을 채택하고 있다.

4.7. 제동율

제동력을 크게 하려면 제륜자 압력을 크게 하면 된다. 그러나 제륜자 압력을 제한없이 무조건 크게만 하면 차륜이 활주하여 제동력은 오히려 감소되게 된다. 따라서 제륜자 압력은 차륜이 활주하지 않는 범위 내로 제한하여야 하며 이 범위를 **제동율**이라고 한다.

전동차의 제동율 표준치는 아래 표와 같다.

구 분	상용제동(%)	비상제동
구동차	95%	122%
부수차	90%	115%

일반적으로 제동율은 차륜이 레일을 누르는 압력(중량)과 제륜자가 차륜을 누르는 압력(제동압력)과의 비로서 다음과 같다.

$$\therefore \text{제동률} = \frac{\text{제륜자 압력}}{\text{축 중량}} \times 100(\%) \cdots \text{차륜 1개의 제동률}$$

$$\therefore \text{축제동률} = \frac{\text{제륜자 압력(관계)}}{\text{축 중량}} \times 100(\%) \cdots \text{차축 1개의 제동률}$$

$$\therefore \text{차량제동률} = \frac{\text{전 차량 제륜자 압력}}{\text{전차량 축 중량}} \times 100(\%) \cdots \text{차량 1량의 제동률}$$

4.8. 제동력

(1) 제동력

운전중인 열차의 속도를 낮추기 위해 제동 작용으로 얻은 힘을 제동력이라 하며 다음 식과 같다.

$$\therefore \text{제동력}[B] = P' \times f \ \text{또는} \ [Bm] = P' \times fm$$

- P' : 제륜자 압력(kg/cm^2)
- f : 마찰계수
- fm : 평균 마찰계수

(2) 감속력

열차의 속도를 낮추는 요소로서 제동력 외에 구배저항이나 주행저항 등 열차저항도 작용한다. 따라서 제동력과 열차저항 합이 감속력이며, 감속력은 다음 식과 같다.

$$\therefore \text{감속력}[Fd] = P' \times f + (Rr + Rg + Rc)$$

$$\text{또는 평균 감속력}[Fdm] = P' \times fm + (Rrm + Rg + Rc)$$

- Rr : 주행저항
- Rrm : 평균 주행저항
- Rg : 구배저항
- Rc : 곡선저항

(3) 하구배에서 등속도 운전에 필요한 제동력

열차가 하구배에서 제동을 체결하면서 운전 중일 때 열차에 작용되는 힘의 관계를 보면, 구배저항은 속도를 증가시키고, 감속력(제동력+주행저항)을 감소시킨다.

따라서 열차가 등속도로 운전하기 위해서는 다음과 같아야 한다.

$$\therefore \ Rg = B + Rr + Rc$$

* B : 제동력   * Rg : 구배저항

* Rr : 주행저항   * Rc : 곡선저항

(4) 점착력과 최대 제동력

공기제동은 차륜과 제륜자간 마찰력을 이용하는데 제동력이 차륜과 레일간 점착력보다 크면 차륜은 미끄러지게 된다. 이렇게 미끄러지는 상태를 스키드(Skid) 현상이라 한다. 스키드 현상이 발생하면 제동효과는 감소되며, 차륜 답면은 찰상(Flat) 된다. 찰상은 승차감을 나쁘게 하고 차륜의 피로를 촉진하는 등 차량운행에 나쁜 영향을 미친다.

따라서 스키드 현상이 발생하지 않도록 하기 위해서는 최대 제동력을 항상 점착력보다 같거나 작게 해야 하므로 다음 식이 성립된다.

$$\therefore \ P \cdot f \leq \mu \cdot W$$

* P : 제륜자가 차륜을 누르는 힘

* f : 차륜과 제륜자간 마찰계수

* W : 제동축상 중량(kg)

* μ : 점착계수

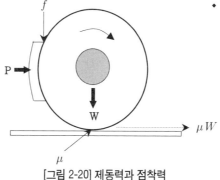

[그림 2-20] 제동력과 점착력

최대 제동력은 활주가 일어나기 직전의 제동력을 말한다. 즉 점착력과 동일한 제동력이다. 최대 제동력으로 제동을 취급하면 제동거리는 단축되지만, 레일면의 상태가 불량한 경우 활주가 일어나기 때문에 오히려 제동거리가 연장되므로 특별한 경우 이외에 취급하는 것은 바람직하지 않다.

참고로 전동차 필요에 따라 최대제동력을 유지하고 스키드 발생을 방지할 목적으로 하중변화에 따라 제동력을 가감하는 **응하중 기능**이 있으며, 점착계수 변화에 대응하여 제동력을 가감하는 **활주방지 기능**을 갖추고 있다.

4.9. 차륜과 제륜자간 마찰 관계

제동을 체결하여 차륜의 회전을 정지시키려면 차륜의 회전방향과 반대방향으로 힘을 작용시켜야 한다. 그러나 마찰제동은 제륜자가 차륜 답면을 수직으로 누르는 활동마찰의 형태로서 마찰력을 발생시켜 제동 작용을 한다.

차륜의 회전을 정지시키는 힘인 제동력[B]은 항상 제륜자에 작용하는 힘[P]보다 적다. 이는 차륜과 제륜자간 마찰계수 때문이다. 따라서 마찰계수는 다음 식으로 나타낸다.

$$\therefore \text{마찰계수}[f] = \frac{\text{제동력}[B]}{\text{제륜자에 작용하는 힘}[P]}$$

마찰계수[f] 값은 대략 0.1~0.4 정도이며, 다음의 여러 가지 조건에 따라 변화된다.
- 재료 및 강도에 따른 변화
- 온도 및 제동시간에 따른 변화
- 제륜자의 크기 및 형상에 따른 변화
- 마찰면의 상태에 따른 변화
- 제륜자 압력의 강약에 따른 변화
- 속도에 따른 변화

(1) 재료 및 강도에 따른 변화

제륜자와 차륜의 재질에 따라 결정되는 것으로서 시험결과에 의하면 다음과 같다.

- 철과 철 : 0.44   • 동과 철 : 0.32   • 강과 강 : 0.351~0.365

따라서 제동효율을 좋게 하려면 차륜과 제륜자를 모두 철로 만들면 되지만 재질상 마모가 심하기 때문에 부적당하다.

또한 차륜과 제륜자 모두들 강으로 하면 역시 차륜의 마모가 심하기 때문에 차륜은 강재, 제륜자는 철재로 하여 제륜자가 먼저 마모되게 하여 제륜자를 교환하고 있는 것이다.

(2) 온도 및 제동시간에 따른 변화

마찰제동은 차륜의 회전력을 열에너지로 전환하여 제륜자에서 흡수하여 대기 중으로 방출하는 것으로서 제륜자는 항상 열에너지를 흡수하기 쉬운 상태에 있는 것이 좋다. 즉, 제륜자는 저온 상태일수록 제동 작용이 좋다.

마찰계수는 저온 상태에서 크며, 온도가 증가하면 감소한다. 하절기 보다 동절기에 제동효과가 더 좋은 것은 이런 이유이다. 제동 초기에는 제륜자가 냉각되어 있어서 마찰계수가 크지만, 제동시간이 오래 지속 될수록 제륜자가 열을 많이 발생하므로 마찰계수가 감소된다. 따라서 제동체결 시간이 길어지면 제동효과는 떨어지게 된다.

(3) 제륜자의 크기 및 형상에 따른 변화

제륜자가 넓으면 단위 면적당 작용하는 압력이 작고, 방열 면적이 넓어져서 온도상승이 지연된다. 따라서 마찰계수는 비교적 크다.

한편 제륜자의 형상은 방열과 관계가 있으므로 방열이 잘 되는 형상으로 하여 마찰계수가 낮아지는 정도가 낮도록 하고 있다.

(4) 마찰면의 상태에 따른 변화

제륜자와 차륜 답면 사이의 접촉면은 직접 에너지가 이동되는 부분으로서 같은 크기의 제륜자라면 접촉면이 클수록 마찰계수가 크다.

따라서 제륜자의 마찰면이 요철을 형성하고 있으면 접촉면이 작아서 마찰계수가 매우 낮아진다. 국부적 돌기가 있으면 그 부분에서만 에너지의 이동이 있기 때문에 빨리 고열로 되어 마찰계수가 떨어지는 것이다. 신품 제륜자의 제동효과가 일정기간 동안 불량한 것은 이와 같은 이유이다.

⑸ 제륜자 압력의 강약에 따른 변화

복식 제륜자는 단식 제륜자의 절반가량의 힘으로 같은 제동력을 작용 시킬 수가 있다. 제륜자 압력이 크면 온도 상승이 빨라져서 마찰계수가 저하된다. 따라서 복식 제륜자 차륜당 가능한 한 제륜자 수를 많게 하여 제륜자 1개당의 압력을 적게 하기 위한 것이다.

⑹ 속도에 따른 변화

마찰계수는 속도가 높을수록 감소하고, 낮을수록 증가된다. 따라서 정지 순간이 가까워지면 마찰계수의 증가로 제동력이 크게 증가하여 열차에 충격을 주게 된다. 높은 속도에서 제동을 체결한 후 제동스텝을 조정하지 않고 열차를 정차시킬 경우 마찰계수의 증가로 제동력도 증가되므로 정차 직전 큰 충격이 발생되기 때문에 이를 방지하기 위해 계단완해 취급을 하는 것이다.

철도에서는 속도에 따른 평균 마찰계수를 실험식을 활용하여 산출하고 있으나 도시철도운영기관에서는 그 활용이 없으므로 생략한다.

4.10. 축중 이동(軸重移動)

최대 제동력은 마찰계수의 영향 외 축중의 영향을 받는다. 따라서 최대 제동력은 열차 운전 상태에 의해 변화되는 축중 이동을 고려하여야 한다.

일반적으로 차량이 정지 상태에 있으면, [그림 2-21] 과 같이 차축마다 균등하게 중량을 부담하고 있지만, 가속, 감속 중에는 차량중량의 이동현상이 발생하여 앞, 뒤에 위치한 차축이 부담하는 축중량이 변하게 되는데 이러한 현상을 **축중 이동**이라 한다.

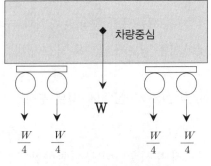

[그림 2-21] 차축의 중량부담

이러한 축중 이동이 발생하는 이유는 차량의 중심은 가속력 또는 제동력이 작용하는 위치보다 위에 있기 때문인데 이는 관성에 의하여 출발할 때에는 뒷부분에, 제동을 체결할 때에는 앞부분에 중량이 더 많이 가해지기 때문이다.

따라서 견인력, 제동력을 설계할 때 축중 이동으로 인한 차륜의 점착력이 최저가 되는 가장 앞부분의 차륜 또는 가장 뒷부분의 차륜을 기준으로 설계하고 있다고 한다.

자료에 의하면 전동차의 경우 최대 15% 축중 이동이 있으므로 최대 견인력, 최대 제동력을 계산할 때 축중 이동을 고려하여 총 중량의 약 85%를 **점착중량**으로 산정한다.

4.11. 제동거리 산출

(1) 개 요

열차의 제동거리는 공주거리와 실제동거리의 합이다.

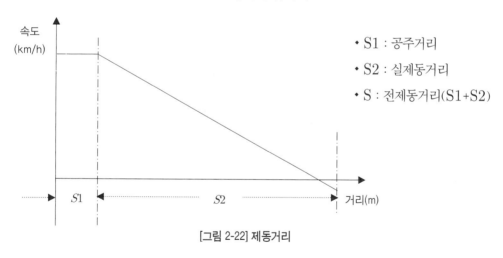

- S1 : 공주거리
- S2 : 실제동거리
- S : 전제동거리(S1+S2)

[그림 2-22] 제동거리

(2) 공주시간 · 공주거리

철도차량의 경우 연결량 수가 길고, 제동 작용원으로 압축공기를 이용하기 때문에 운전자가 제동을 체결하면 즉시 제동 작용이 발휘되지 않는다. 즉 제동체결 명령전달 및 「제동작용용압축공기」 생성 등으로 일정한 시간(초단위)이 소요된다.

이렇게 제동체결 명령 후, 제동 작용이 일어나기까지의 소요되는 시간을 **공주시간**이라 하고,

공주시간 동안 주행한 거리를 **공주거리**라 한다.

① 공주시간

현재 일부 도시철도노선에 운행중인 전동차의 공주시간은 다음과 같다.

5호선(DCV) 전동차		4호선(ADV) 전동차	
상용제동	비상제동	상용제동	비상제동
1.2초	1.0초	–	–

이러한 차종별 공주시간은 설계값이 적용되었는지 제작단계에서 확인하고 있으며 그 값은 정비지침서에 공개한다.

② 공주거리 산출

공주거리 산출은 다음 식과 같다

$$\therefore 공주거리[S1] = v \times t \times \frac{1}{3.6}(m)$$

- v : 제동 초속도(km/h)
- t : 공주시간(sec)

문제15 5호선 운행 중인 제5125열차가 80km/h의 속도에서 상용만제동을 체결하였다. 이 때 공주거리를 구하라?

☞ [풀이] $\therefore 공주거리[S1] = v \times t \times \frac{1}{3.6}$

$$= 80km/h \times 1.2sec \times \frac{1}{3.6}$$

$$= 66.7m$$

(3) 감속력에 의한 실제동거리

에너지는 일을 할 수 있는 능력으로서 어떤 형태로든 보존이 되고, '일' 한 결과는 물체의 에너지 변화량을 나타난다.

따라서 제동력을 가하여 열차가 가진 운동에너지를 전환시킨 양을 측정하면 제동거리 및 제동에 소요된 시간 등을 산출할 수가 있다. 철도차량의 마찰제동은 열차가 가지고 있는 운동에너지가 제동이 체결되기 시작해서부터 열차가 정지할 때까지 열에너지로 전환이 일어난다.

이렇게 운동에너지가 열에너지로 전환되는 동안에 주행한 거리를 **실제동 거리**라 하고, 그때 소요된 시간을 **실제동 시간**이라 하며 다음과 같이 산출한다.

① 운동에너지$[E_k] = \dfrac{1}{2}mv^2$이다. 따라서 열차가 가진 운동에너지는,

$$\therefore \text{열차의 운동에너지}[E_k] = \frac{1}{2}mv^2\,(1+\alpha)$$

- E_k : 운동에너지$(\mathrm{kg \cdot m})$
- m : 열차의 질량(ton)
- v : 열차의 속도$(\mathrm{km/h})$
- α : 부가 관성 계수

② 주행 중인 열차를 제동을 체결하여 $S(\mathrm{m})$ 진행 후 정지하였다면 감속력이 한 일의 양은 다음과 같다.

$$\therefore W(\text{일}) = F \times S = Fdm \times S\,(\mathrm{kg \cdot m})$$

- Fdm : 평균 감속력

③ 이렇게 일의 양은 감소된 열차의 운동에너지의 크기와 같으므로,

$$\therefore E_k(\text{열차의 운동에너지}) = W(\text{열차 감속력})$$

$$= Fdm \times S = \frac{1}{2}mv^2$$

$$\therefore \text{거리}[S] = \frac{1}{2} \times \frac{m \times v^2}{Fdm}$$

④ 여기서 단위를 $(\mathrm{ton}) \Rightarrow (\mathrm{kg})$으로, $(\mathrm{km/h}) \Rightarrow (\mathrm{m/s})$로 하면,

m을 $\dfrac{W}{g} \times 1{,}000 = \dfrac{W \times 1{,}000}{9.8}$ 으로 하고,

v^2를 $v^2 \times \dfrac{1}{3.6}$로 대입하면,

$$\therefore \text{거리}[S] = \frac{1}{2} \times \frac{m \times v^2}{Fdm} = \frac{\dfrac{1,000W}{9.8} \times (\dfrac{v}{3.6})^2}{2Fdm}$$

$$= \frac{3.937 \times W \times v^2}{Fdm}(m)$$

⑤ 위 결과 식에 중량(W)에 부가관성중량의 표준값인 일반열차 6%, 전동차 9% 중량을 가산하면 제동거리 산출식은 다음 식으로 정리된다.

$$\therefore \text{일반열차 실제동거리}[S2] = \frac{3.937 \times W \times v^2}{Fdm}(1 + 0.06)$$

$$= \frac{4.17 \times W \times v^2}{Fdm}$$

$$\therefore \text{전동차 실제동거리}[S2] = \frac{3.937 \times W \times v^2}{Fdm}(1 + 0.09)$$

$$= \frac{4.29 \times W \times v^2}{Fdm}$$

결과적으로 실제동거리는 열차의 중량에 비례하고, 제동 초속도에 제곱 비례하며, 감속력에 반비례 한다.

위 식에서 Fdm을 열차 중량 1ton당 감속력(fdm)으로 변환하면,

$\therefore$ 일반열차의 실제동거리[S2] 산출식은 다음과 같다.

$$= \frac{4.17 \times W \times v^2}{Fdm}$$

$$= \frac{4.17 \times W \times v^2}{\dfrac{fdm}{W}}$$

$$= \frac{4.17 \times v^2}{fdm}$$

∴ 전동차의 실제동거리[S2] 산출식은 다음과 같다.

$$= \frac{4.29 \times W \times v^2}{Fdm}$$

$$= \frac{4.29 \times W \times v^2}{\dfrac{fdm}{W}}$$

$$= \frac{4.29 \times v^2}{fdm}$$

⑥ 전동차의 감속력 Fdm을 제동력과 열차저항으로 적용하여 정리하면 다음 식과 같다.

$$\therefore 거리\,[S2] = \frac{4.29 \times v^2}{\dfrac{pt}{w} \times fm + (Rrm \pm Rg + Rc + Rt)}\,(m)$$

- pt : 전 제륜자 압력
- fm : 평균마찰계수
- Rrm : 평균 주행저항
- Rg : 구배저항
- Rc : 곡선저항
- Rt : 터널저항

문제16 전동차의 60km/h 속도로 주행 중 제동을 체결하였다. 이때 평균 감속력이 100kg/ton으로
열차를 감속시킨다면 실제동거리는 얼마인가?

☞ [풀이] ∴ 실제동거리$[S2] = \dfrac{4.29 \times v^2}{fdm} = \dfrac{4.29 \times 60^2}{100} = 154.4m$

문제17 80km/h 속도로 주행 중인 전동차가 제동을 체결하여 250m 진행 후 정지하였다 이때 평균
감속력은 얼마인가?

☞ [풀이] $S = \dfrac{4.29 \times v^2}{fdm}$ 식을 응용하면 $fdm = \dfrac{4.29 \times v^2}{S}$

$$fdm = \frac{4.29 \times v^2}{S} = \frac{4.29 \times 80^2}{250} = 109.8kg/t$$

⑷ 감속도에 의한 실제동거리 산출

실제동거리를 산출함에 있어 앞에서 설명한 '**감속력**'에 의한 산출방법이 실제동거리에 영향을 미치는 요소들이 모두 반영되므로 정확하다. 그러나 감속력을 정확하게 산출하기가 어렵고, 전동차의 경우 제작 설계 단계에서 성능계산으로 통하여 비상제동 및 상용만제동 작용 시 발휘되는 감속도가 제공된다.

- 비상제동(Emergency Brake) : 4.5km/h/s 이상
- 상용만제동(Full Service Brake) : 3.5km/h/s 이상

또한 모든 전동차에는 중량변화에 관계없이 항상 일정한 감속도가 발휘되도록 응하중 기능이 적용되어 있다. 따라서 대부분의 운영기관에서는 전동차 제작사에서 제공된 감속도 값을 활용하여 다음과 같이 실제동거리를 산출하고 있다.

① 속도, 소요시간, 거리의 산출식은 다음과 같다.

$$\therefore \text{속도}[v] = \frac{S}{t}\,(m/s) \quad \therefore \text{소요시간}[t] = \frac{S}{v}\,(\sec) \quad \therefore \text{거리}[S] = v \times t\,(m)$$

② 속도가 변화되는 물체의 평균속도는 다음 식으로 산출된다.

$$\therefore \text{평균속도}[v'] = \frac{v2 + v1}{2}\,(km/h)$$

③ 또한 속도의 변화에 대한 가속도는 다음 식으로 산출된다.

$$\therefore \text{가속도}[a] = \frac{v2 - v1}{t}\,(km/h/s)$$

④ 위 가속도 산출식에서 소요시간 산출은 다음 식으로 변환할 수 있다.

$$\therefore \text{소요시간}[t] = \frac{v2 - v1}{a}\,(\sec)$$

⑤ 여기서 실제동거리 산출은 속도가 변화되는 물체에 대한 거리를 산출하는 것이므로 거리 산출식($S = v \times t$)에 v를 평균속도 산출식으로 대입하고, t를 가속도 산출식에서 변환된 식을 대입하면 다음 식으로 정리된다.

$$\therefore \ \text{거리}[S2] = v \times t = \frac{v2 + v1}{2} \times \frac{v2 - v1}{a} = \frac{v2^2 - v1^2}{2a}$$

⑥ 위 식에서 실제동거리 산출은 제동 체결 당시 제동초속도(v2)는 존재하지만 열차가 정지한 상태에서 v1은 0km/h이므로 다음 식으로 정리된다.

$$\therefore \ \text{거리}[S2] = v \times t = \frac{v2^2 - v1^2}{2a} = \frac{v^2}{2a}$$

• v : 제동초속도[km/h]

⑦ 전동차의 속도 단위는(km/h)이고, 가속도 단위는(km/h/s)이므로 (m/s)로 환산하면 다음 식으로 된다.

$$\text{거리}[S2] = \frac{v^2}{2a} = \frac{v^2}{2a} \times \frac{1}{3.6}$$

$$= \frac{v^2}{7.2a}$$

⑧ 여기서 가속도와 감속도는 동일한 성질이나 다만 방향성이 다르므로 가속도[a]를 감속도[d]로 바꾸어 주면 전동차 감속도에 의한 실제동거리 산출식은 다음 식과 같다.

$$\therefore \ \text{실제동거리}[S2] = \frac{v^2}{7.2 \times \text{감속도}[d]} \, (m)$$

문제18 전동차의 60km/h 속도로 주행 중 감속도 3.5km/h/s 발생하는 상용만제동을 체결하였을 경우 실제동거리는 얼마인가?

☞ [풀이] $\therefore \ \text{실제동거리}[S2] = \dfrac{v^2}{7.2 \times \text{감속도}(\beta)} = \dfrac{60^2}{7.2 \times 3.5} = \dfrac{3,600}{25.2} = 142.8m$

(5) 전제동거리 산출

열차운전 중 제동을 체결하여 얻고자 했던 속도까지 도달할 때까지 진행한 거리를 제동거리 또는 **전제동거리**라고 한다.

따라서 제동거리는 공주거리와 실제동거리의 합이 된다.

$$\therefore \text{전제동거리}[S] = S1 + S2\,(\text{m})$$

① 감속력에 의한 전제동거리 산출식은 다음 식과 같다.

$$\therefore S = S1 + S2 = \frac{v \times t}{3.6} + \cfrac{4.29 \times v^2}{\cfrac{pt}{w} \times fm + (Rrm \pm Rg + Rc + Rt)}$$

$$= \frac{v \times t}{3.6} + \frac{4.29 \times v^2}{\text{감속력}(Fdm)}$$

② 감속도에 의한 전제동거리 산출식은 다음 식과 같다.

$$\therefore S = S1 + S2 = \frac{v \times t}{3.6} + \frac{v^2}{7.2 \times \text{감속도}(d)}\,(\text{m})$$

③ 구배를 운전할 때 전제동거리 산출

앞의 식은 평탄한 선로를 기준으로 한 전제동거리 산출식이다. 그러나 열차가 구배선을 운전할 때는 구배저항에 의해 하구배에서는 가속력이 작용하고 상구배에서는 감속력이 작용한다.

구배저항은 다른 열차저항(주행, 곡선, 터널 등)에 비하여 제동거리에 미치는 영향이 매우 크므로 제동거리에 반영하여야만 정확한 제동거리를 산출할 수 있다.

힘[F] = m × a에서 가속도[a] 대신, 감속도[d]를 적용하고, 전동차의 가속도저항값을
F = 31 × d(kg/t)에서

$$\therefore \text{감속도}[d] = \frac{F}{31}$$

따라서 구배저항에 의한 감속도 d는 다음과 같이 나타낼 수 있다.

$$\therefore \text{구배저항 감속도}[d] = \frac{F}{31} = \pm \frac{i}{31}$$

• i : 구배크기

여기서 열차중량 1ton당 감속도[d]만큼의 감속력을 얻는데 필요한 힘 F는 열차중량 1ton당 열차의 가·감속에 작용하는 힘인 구배저항과 같은 요소가 된다.

이것을 평탄선의 전제동거리 산출식에 적용시키면 구배선에서 전제동거리 산출식은 다음 식과 같다.

$$\therefore S = \frac{v \times t}{3.6} + \frac{v^2}{7.2 \times (d \pm \frac{i}{31})} \, (m)$$

문제19 전동차가 10‰ 하구배를 80km/h의 속도로 운전 중 비상제동을 체결하였다. 이 때 전제동거리는?

☞ [풀이] 비상제동거리=공주거리+실제동거리

$$\therefore \text{전제동거리}[S] = \frac{v \times t}{3.6} + \frac{v^2}{7.2 \times (d \pm \frac{i}{31})}$$

$$= \frac{80 \times 1.0}{3.6} + \frac{80^2}{7.2 \times (4.5 - \frac{10}{31})}$$

$$= \frac{80}{3.6} + \frac{80^2}{7.2 \times (4.5 - \frac{10}{31})}$$

$$= 22.22 + 212.69$$

$$\fallingdotseq 235m$$

⑹ 제동거리 산출 간이식

철도에서는 다양한 차종이 존재하고 기후, 차량의 상태, 레일 상태 등 제동거리에 영향을 미치는 많은 변화요인이 존재한다.

따라서 상황에 따른 모든 조건을 반영하여 제동거리를 산출하는 것은 어려움이 많고, 또한 철도차량은 제동거리가 긴 특수성 때문에 어느 정도 오차가 발생하여도 제동거리 활용에는 별다른 문제점이 없으므로 긴급히 제동거리 산출이 필요한 경우에는 개략적으로 제동거리를 산출할 수 있는 다음의 간이식을 활용하고 있다.

$$\therefore \text{여객열차 전제동거리}[S] = \frac{v^2}{20}(m)$$

$$\therefore \text{화물열차 전제동거리}[S] = \frac{v^2}{14}(m)$$

4.12. 제동시간 산출

제동시간은 열차를 세우기 위해 제동체결을 개시한 때부터 열차가 정지할 때까지의 시간으로서 공주시간에 실제동시간을 합한 시간이다.

$$\therefore \text{제동시간}[t] = \text{공주시간}(t1) + \text{실제동시간}(t2)$$

가속도$[a] = \dfrac{v2 - v1}{t}$ 식을 활용하여 가속도 대신에 감속도$[d]$를 적용하면 다음 식이 된다.

$$\therefore \text{감속도}[d] = \frac{v2 - v1}{t} \qquad \therefore \text{감속시간}[t] = \frac{v2 - v1}{d}$$

위 식에 $F = 31 \times d$, 감속도$[d] = \dfrac{F}{31}$ 식을 대입하면,

$$\therefore \text{실제동시간}[t2] = \frac{31 \times (v1 - v2)}{F}$$

여기서 F 감속력은 제동력과 열차저항으로 정확히 나타내면,

$$감속력[F] = \frac{Pt}{w} \times fm + (Rrm \pm Rg + Rc + Rt) 이므로,$$

$$\therefore 실제동시간[t2] = \frac{31 \times (v1 - v2)}{\frac{pt}{w} \times fm + (Rrm \pm Rg + Rc + Rt)}$$

감속력[F]를 평균 감속력 Fdm으로 하면,

$$\therefore 실제동 시간[t2] = \frac{31 \times (v1 - v2)}{fdm}$$

따라서 제동시간의 산출식은 다음 식으로 정리된다.

$$\therefore 제동시간[t] = t1 + t2 = (\frac{S}{v} \times \frac{1}{3.6}) + \frac{31 \times (v1 - v2)}{fdm}$$

4.13. 전기제동

(1) 개 요

철도차량의 전기제동은 역행 시와 반대로 열차가 갖고 있는 운동에너지를 전기에너지로 변환하여 열차 속도를 감속시킨다. 전기제동은 전기에너지가를 생산시키므로 발전제동 또는 전기제동 특성상 부드럽게 강한 제동력이 발휘된다고 하여 다이내믹 제동(Dynamic Brake)이라고 한다. 전기제동은 발전된 전기의 소모 형태에 따라 다음과 같이 구분한다.

- 회생제동 : 발전된 전기를 다른 부하의 전원으로 사용
- 저항제동 : 차량 하부 장착된 저항을 통해 열에너지로 방출

그리고 전기제동은 전동기를 발전기로 이용하므로 최대 전기제동력은 전동기가 낼 수 있는 최대 견인력의 크기 이하가 된다. 즉, 가속도 3.0km/h/s 전동차의 전기제동 최대 감속도는 3.0km/h/s 이하인 것이다.

따라서 전기제동으로 발휘할 수 있는 최대 감속도 이상의 제동체결 요구 시 전기제동으로 감당할 수 없는 범위의 감속도분의 제동력은 공기제동이 담당한다.

(2) 직류직권전동기 전기제동 작용

직류전동기와 발전기는 구조상 차이가 없다. 구조적으로 차이가 없기 때문에 전동기, 발전기 구분하지 않고 **직류기**라고 부르기도 한다.

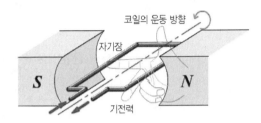

[그림 2-23] 직류발전기 원리

다만 발전기는 전동기와 반대로 [그림 2-23]과 같이 외부 힘으로 자기장 내의 코일을 회전시키면 플레밍의 오른손법칙에 의해 코일에 기전력이 유기된다. 즉 운동에너지를 전기에너지로 변환하는 것이다.

따라서 전동차에 장착된 견인전동기가 발전기로 작용하여 열차가 가지고 있는 운동에너지를 전기에너지로 변환하면서 소요되는 힘에 의해서 제동효과가 일어나 열차 속도를 감속시키는 것이다.

(3) 유도전동기 전기제동 작용

유도전동기 역시 발전기의 구조가 동일하다. 다만 전동기와 발전기의 차이는 회전자장의 형성위치에 따라 결정된다. 고정자에서 발생하는 회전자장을 회전자(Rotor)의 회전방향 앞에 형성하여 견인력이 발생되므로 전동기이고, 회전자장을 회전자의 회전방향 뒤에 형성시켜 회전자에 역회전력을 일으켜 회전자의 회전을 억제하는 힘인 제동력으로 작용하게 하면 발전기인 것이다.

이렇게 발전기로 작용하는 과정에서 회전자에 유기되어 발생된 전기는 전원 측으로 되돌려주고 그 일부는 다시 고정자로 공급하여 회전자장을 만드는데 사용한다.

(4) 전기제동 특성

철도차량에서 전기제동은 기계적 제동장치의 최대 약점인 부품의 마모나 마찰면의 발열현상이 발생되지 않고 또한 충격이 발생하지 않는 장점이 있는 우수한 제동이다. 그러나 열차의 운동에너지가 존재하는 때에만 제동효과가 발휘되므로 전기제동만으로 열차를 완전히 정지시키지 못하는 단점이 있다.

이러한 단점을 보완하기 위해서 차종에 따라 차이가 있으나 약 5㎞ 정도의 속도에서 전기제동이 소멸되면 공기제동을 작용시켜 열차를 정지시키는 기능을 갖추고 있다.

또한 대부분의 전동차는 전기제동 체결 중 회로구성 실패 등으로 제동효과가 일어나지 않을 경우 제동거리가 길어지는 문제점이 발생될 수 있으므로 보완책으로 비상제동을 체결하였을 때에는 처음부터 전기제동은 작용하지 않고 공기제동만 작용하도록 설계되어 있다. 그리고 VVVF 속도제어 방식의 전동차의 경우 상용제동 체결 시 전기제동이 우선적으로 작용되도록 설계되어 있으며, 요구한 감속력 보다 전기 제동력이 부족할 경우에만 공기제동으로 보충하는 크로스 블랜딩(cross blending) 기능이 적용되어 있다.

다음 페이지의 표는 서울시지하철 5호선에 운행되고 있는 8량 편성(4M, 4T) 전동차의 제동력 성능이다. 참고하기 바란다.

▶ 서울지하철 5호선 전동차 속도별 제동력 변화

속도 (km/h)	전 기 제동력 (KN)	공 기 제동력 (KN)	전동차 저 항 (KN)	전 체 제동력 (KN)	감속율 (km/h/s)	제 동 시 간 (s)	제 동 거 리 (m)
100	30	370	53.62	454	3.64	0	0
95	46	354	49.86	450	3.60	1.4	37
90	62	348	46.25	456	3.64	2.8	73
85	81	330	42.8	454	3.64	4.2	106
80	100	310	39.5	450	3.60	5.6	138
75	131	290	36.35	457	3.64	7	168
70	163	255	33.36	451	3.60	8.4	196
65	194	230	30.53	455	3.64	9.8	222
60	225	205	27.85	458	3.67	11.2	246
55	256	175	25.32	456	3.64	12.6	268
50	288	140	22.95	451	3.60	14	288
45	319	110	20.74	450	3.60	15.4	306
40	350	85	18.67	454	3.64	16.8	322
35	350	90	16.77	457	3.64	18.2	334
30	350	90	15.02	455	3.64	19.6	348
25	350	90	13.42	453	3.64	21	359
20	350	90	11.98	452	3.60	22.4	368
15	350	90	10.69	451	3.60	23.8	375
10	350	90	9.56	450	3.60	25.2	380
5	350	95	8.58	454	3.64	26.6	383
0	0	450	7.76	458	3.67	28	384

* 자료 근거 : 제작사 정비지침서

제5절 운전이론 응용

본 절에서는 운전이론을 응용한 견인정수 사정, 선로용량 산출, 경제적 운전법 등에 대하여 설명한다.

5.1. 구배의 종류

(1) 개 요

동력차의 견인정수를 지배하는 요소 중 가장 큰 영향을 미치는 요소가 선로 기울기인 구배이다.

이러한 구배는 해당선로를 운행하는 차량의 견인력을 초과하여 연결하였을 때 견인력 부족으로 정해진 운전속도를 유지하지 못하고, 경우에 따라 열차가 중력에 의하여 아래로 구르는 현상이 발생할 수 있다.

따라서 운전계획상 선로의 기울기를 다음과 같이 구분하여 업무에 반영하고 있다.

- 표준구배(Standard Maximum Grade)
- 사정구배(Ruling Grade)
- 최급구배(Maximum Grade)
- 타력구배(Momentum Grade)
- 환산구배(Equivalent Grade)
- 보조구배(Assisting Grade)

그러나 도시철도구간에서는 전동차가 고정편성으로 운행되고, 견인력 성능이 우수한 전동차가 운행되므로 구배를 종류별로 구분하여 관리하지 않는다.

다만, 정거장 밖의 본선구간 선로의 기울기의 최대치 기준을 「도시철도건설규칙」에 35‰ 이하로 건설하도록 제한하고 있으며, 개통 전에 해당노선에 운행되는 전동차의 형식시험 과정에서 최급 구배에서 정상적으로 운행할 수 있는지를 알아보기 위해 견인력 성능시험을 실시하고 있다.

(2) 표준구배(Standard Maximum Grade)

운전계획상 역 사이마다 설정된 구배로서 역간에 임의 지점간의 1km 연장거리 중 가장 급한 상구배이다. 역간 표준구배를 정하는 이유는 동력차별로 견인정수 사정에 반영하기 위해서이다.

(3) 사정구배(Ruling Grade)

사정구배란 어느 구간을 운전할 때 최대의 견인력을 발휘하여 운전해야 되는 구배를 말한다. 즉 어떠한 구간을 운행할 때 해당 열차 속도등급에 맞는 균형속도를 유지하면서 운행하기 위해서 열차가 최대로 견인 할 수 있는 견인정수를 제한하는 구배이다. 한편으로는 구배크기가 견인정수를 지배한다고 하여 **지배구배**라고도 한다.

이러한 사정구배는 반드시 그 구간의 최급구배값이 아니다. 최급구배라 할지라도 그 길이가 짧으면 열차가 달리던 속도를 이용하여 비교적 쉽게 구배를 올라갈 수 있기 때문이다.

이렇게 구배 운행 시 타력에 영향을 받으므로 동일한 운전구간 일지라도 구배 진입 전 정거장을 통과하는 열차와 정차하는 열차는 사정구배값을 다르게 적용하기도 한다.

(4) 최급구배(Maximum Grade)

열차 운행 구간 중 실제로 기울기가 가장 심한 구배를 말한다.

(5) 타력구배(Momentum Grade)

사정구배보다 기울기가 더 심한 구배라도 그 연장 길이가 짧아 열차의 타력에 의하여 통과할 수 있는 구배를 말한다.

(6) 환산구배(Equivalent Grade)

구배 중에 곡선이 존재하는 구간은 열차의 저항이 구배저항값에 곡선저항값을 더한 값이 된다. 이렇게 곡선저항값을 구배값으로 환산하여 반영하였다고 **환산구배**라고 한다.

또한 일부에서는 곡선저항값과 동등한 구배량 만큼 최급구배를 완화시키기 위하여 곡선저항값을 선로구배로 환산하여 그 값만큼 실제의 선로구배에 가산 보정하였다고 **보정구배**(Compensated Grade)라고도 한다.

(7) 보조구배(Assisting Grade)

철도구간 중 영동선, 태백선 등 극히 심한 구배가 존재하는 구간에는 동력차 외 보조기관차를 연결하여 견인력 또는 제동력을 확보하고 있다. 이렇게 보조기관차를 사용하는 구배를 **보조구배**라 한다.

5.2. 견인정수

(1) 개 요

철도에서 견인정수란 열차속도 종별(속도등급)로 정해진 균형속도 이상으로 운전하면서 끌고 갈 수 있는 중량(연결 량 수)이다.

이러한 견인정수 값의 표시는 **환산량수법**, **실제량수법**, **실제톤수**, **수정톤수법**, **인장봉하중법** 등이 있으며 단위는 차중율로 표시한다.

철도에서 견인정수를 운용하고 있는 것은 다양한 동력차와 노선이 존재하고, 노선에 따라 선로의 기울기, 곡선 등 선로형태는 물론 역간거리도 천차만별이기 때문이다.

따라서 사전에 열차의 속도종별, 동력차별, 구간별로 계획된 운전시분 범위 내로 정상운행이 가능한 견인량수를 정해놓은 것이다.

그러나 도시철도 노선에는 성능이 우수한 전동차가 고정편성으로 운용되기 때문에 견인정수를 운영하지 않고 있다.

(2) 환산량수법

현재 철도에서 사용 중인 견인정수의 값을 나타내는 기준이다. 차량중량을 기준중량과 나눈 비로써 차량중량을 기준중량으로 비교하여 환산하였다고 하여 **환산량수법**이라고 한다. 환산량수는 다음 식으로 산출한다.

$$\therefore \ 환산량수(Wg) = \frac{차량중량(W)}{기준중량(Ws)}$$

철도에서 채택하고 있는 차종별 기준중량은 다음과 같다.

- 동력차 : 30ton
- 객차(동차 포함) : 40ton
- 화차 : 43.5ton

예를 들면 8000대 전기기관차로 중앙선인 제천 ~ 청량리 구간을 운행하는 보통여객열차의 견인정수가 환산20량이라면, 40ton×20량이므로 800ton을 연결할 수 있다. 따라서 하중(자중+적재하중) 32ton인 객차 25량을 연결하고 운행할 수 있다는 것이다.

참고로 적재하중은 승객 1인당 75kg 기준, 승차율 150%, 좌석 지정열차는 승차율 100%를 적용한다.

(3) 실제량수법

실제량수법은 차량 수 그대로 견인정수 00량으로 표시한다. 단일 차종만 보유하고, 항상 적재중량이 일정한 때 적용하는 방식이다. 그러나 현재의 철도에는 차량의 크기와 중량이 다르므로 적용이 불가한 방식이다.

전동차의 경우 단일 차종으로 고정편성으로 운영하고 있고, 전동차가 발휘할 수 있는 견인력은 여유가 있기 때문에 견인정수라고 표현하지 않고 편성당 연결 량 수를 6량 편성, 8량 편성, 10량 편성으로 부르고 있는데 이런 방식을 **실제량수법**으로 보면 된다.

(4) 실제톤수법

견인정수의 표시를 객화차의 실제 중량을 바탕으로 표시하는 방법이다. 열차저항이 중량에 반드시 비례하는 것이 아니므로 동일한 중량의 열차라도 견인력이 달라질 수 있으며, 실제 중량을 구하기도 곤란하기 때문에 사용하지 않고 있다.

(5) 수정톤수법

객화차의 주행저항은 중량에 비례하는 부분과 중량과 무관한 부분으로 나누어진다. 수정톤수법은 객화차의 주행저항이 전부 중량에 비례하는 것으로 가정하고 같은 저항값을 적용하여 연결량 수를 정하는 법이다.

(6) 인장봉하중법

인장봉하중법은 동력차의 인장봉견인력과 가속도 저항을 제외한 열차저항이 대응하게 되는 객화차의 수를 견인정수로 표시하는 방법이다. 즉, 미리 차종별로 주행저항을 측정하여 표로 작성해 놓고 차량을 연결할 때 인장봉견인력과 열차저항이 대등하게 되는 객화차의 량 수를 연결하는 것이다. 이상적인 방법이긴 하나 활용이 복잡하다는 단점이 있어 실무에 적용하지 않고 있다.

5.3. 견인정수 사정(查定)의 요소

(1) 개 요

견인정수를 사정할 때 고려하는 요소는 다음과 같다.
- 열차의 사명
- 선로의 형태 또는 상태
- 선로의 유효장 및 승강장 길이
- 동력차의 성능 및 조건
- 기온
- 경제적 운전

(2) 열차의 사명

동력차가 원활하게 끌고 갈 수 있는 무게에 해당하는 견인정수를 정함에 있어 가장 중요한 것은 해당 열차의 사명이다.

왜냐하면, 동력차에 연결된 객화차의 량 수(중량)에 따라 운전속도가 달라지기 때문이다. 따라서 열차의 사명을 감안하여 수송력을 크게 할 것인지 아니면 운전속도를 높게 할 것인지를 결정해야 하며 이는 견인정수 사정에 가장 중요한 고려사항이다.

여기서 열차의 사명이란, 맡겨진 임무를 의미하고 있으므로 해당열차의 수송목적이 여객수송, 화물수송인가 또한 특급, 완행인지를 의미한다.

(3) 선로의 형태 또는 상태

① 상구배의 정도 및 그 길이

견인정수 사정에 가장 많은 영향을 주는 요소는 상구배이다. 중력에 의한 구배저항으로 더 많은 견인력이 필요하므로 열차별로 계획된 운전시간 범위 내에 운행하기 위해서 기울기의 고저와 그 길이 등을 견인정수 사정에 반영한다.

② 곡선 및 터널

열차저항에서 설명한 바와 같이 열차 주행 시 곡선과 터널은 열차저항을 증가시키고, 특히 곡선의 경우 레일 면과 차륜의 점착형태가 변화하고, 터널의 경우에는 공기저항을 증대하게 하고, 레일면의 습기 존재로 점착력을 감소시키므로 견인정수 사정에 반영한다.

③ 선로의 등급(궤도 정비 상태)

철도에서는 선로를 1, 2, 3, 4등급으로 나누고 있고, 선로등급에 따라 정비기준도 약간씩 차이를 두고 관리하고 있다. 이러한 차이는 선로의 등급에 따라 열차 주행저항의 차이가 발생한다. 아울러 궤도정비 상태가 좋지 않으면 진동발생, 차륜과 레일면과의 점착력이 감소하게 되어 주행저항이 증대되므로 견인정수 사정 시 선로등급 및 궤도의 정비상태를 반영하고 있다.

④ 하구배의 길이

하구배는 제동거리를 길게 한다. 따라서 규정적으로 하구배 열차속도를 제한하고 있다. 긴 하구배에 견인정수를 늘리면 열차의 중량이 증가하고, 철도차량에서 사용하고 있는 자동제동장치 특성상 제동력이 감소하기 때문에 안전운행에 영향을 끼친다. 따라서 견인정수 사정에 하구배 길이를 반영하는 것이다.

(4) 선로의 유효장 및 승강장 길이

동력차의 견인성능이 아무리 우수할지라도 열차에 연결하는 객차 또는 화차의 량 수를 무제한을 늘릴 수 없다.

왜냐하면, 열차가 정거장에 정차중일 때 연결량수가 많아 정거장 선로의 길이 내로 수용하지 못하면 연결된 일부 화차가 다른 선로에 지장을 주고, 특히 여객열차의 경우 운행 노선의 정거장 승강장 길이가 벗어난 량 수를 연결하고 운행하면 승객들의 승하차가 원활하지 못하기 때문이다. 따라서 견인정수를 사정하는데 있어서 정거장의 선로 유효장 및 승강장 길이에 영향을 받는다.

참고로 정거장에는 상본선, 하본선, 부본선, 측선 등 여러 개의 선이 있고 각각의 선마다 그 길이가 다르다. 선의 총길이(차량한계표 내방)에서 여유분으로 화차 1.5량의 길이를 감한 길이가 유효장이다.

유효장은 차량을 안전하게 유치할 수 있는 길이인데 몇 미터로 표시하는 것이 아니라 화차를 기준으로 몇 량으로 표시하기 때문에 유효장이라고 한다.

(5) 동력차 성능과 조건

견인력은 동력차의 성능에 따라 결정되므로 견인정수를 사정함에 있어 동력차의 성능은 물론 다음과 같은 요소들을 반영하여야 한다.

- 사용 연료의 효율 : 열효율 저하로 인한 기관출력 저하
- 전차선 전압 : 전압강화로 인한 견인전동기 출력 저하
- 전동기 정격 : 정해진 정격 초과로 인한 온도 상승 한도
- 사정구배 등에서 출발할 수 있는 조건 : 운전중 부득이 정차한 경우 어떠한 조건에서도 자력으로 출발할 수 있어야 한다. 운행구간의 사정구배 등에 출발할 수 있는 견인정수를 책정해야 한다.

(6) 기 온

하절기, 동절기에 따라 동력차의 성능, 열차저항 등이 달라진다. 계절적으로 견인효율을 비교해보면 동절기보다 하절기가 양호하다. 기온의 고려는 이러한 계절적 견인효율 차이를 견인정수 사정에 반영하는 것이다. 그러나 현재 기온은 견인정수 사정에 적용하지 않고 있는 요소이다.

(7) 경제적 운전

열차의 운행횟수, 구간운전시분 등을 감안하여 동력차의 최대 견인력 발휘에 사용되는 연료 또는 전력에 대해 효과적으로 절약 가능한지 여부를 견인정수 사정에 반영하는 것이다.

5.4. 속도종별(속도등급) 및 균형속도

열차마다 여객, 화물, 또는 급행, 완행 등 수송목적이 다르므로 운전속도가 차등화되어 있다. 따라서 속도종별을 다음 표와 같이 21종으로 구분하여 속도종별로 균형속도를 정하고, 정해진 균형속도가 유지되는 범위 내에서 견인정수를 정하고 있다.

구 분	갑(甲)	을(乙)	병(丙)	정(丁)	비 고
고속(高速)	185	–	–	–	[단위km/h]
특(特)	105	100	95	90	고속,
급(急)	85	80	75	70	특 · 갑,을,병,정
보(普)	65	60	55	50	급 · 갑,을,병,정
					보 · 갑,을,병,정
혼(混)	45	40	35	30	혼 · 갑,을,병,정
화(貨)	25	20	18	15	화 · 갑,을,병,정

* 철도공학(노해출판사) – 공학박사 이종득 著 참조

균형속도는 열차가 상구배를 운행할 때 구배저항 등 열차저항이 견인력보다 클 경우 열차속도는 떨어지게 되는데 이렇게 열차속도가 떨어지게 되면 다시 견인력이 증대되고 열차저항은 감소되기 때문에 어느 정도 속도에서 견인력과 열차저항이 동일하게 되어 균형을 이루게 되며 이러한 상태의 속도를 **균형속도**라고 한다.

5.5. 선로용량

(1) 개 요

선로용량이란 해당 선로의 화물 및 승객을 실어 나를 수 있는 수송능력을 나타내는 값으로

서 수송계획 자료로 활용하기 위해서 산출한다. 즉, 1일 운전 가능한 최대 열차운행 횟수로서 단선구간은 편도용량을 복선구간은 상, 하행선 각각 선별로 열차 횟수를 표시하며 선로용량은 다음과 같이 구분한다.

- 설계용량
- 운용용량

설계(한계)용량은 운영기준을 반영하지 않고 시스템의 기능으로 소화할 수 있는 최대 열차 운행 횟수를 말한다. 역간 운행소요시분과 시격을 기준으로 1일 열차가 운행할 수 있는 총 횟수이다.

운용(실용)용량은 운영상 발생하는 요인에 해당하는 열차운행 유효시간, 보수시간, 지연시간, 운전취급 등을 반영한 선로용량으로서 실질적인 선로용량이다.

이러한 선로용량은 과거에는 노선이 단선으로 교행 발생, 대피 발생, 재래식 신호·폐색시스템 운용으로 폐색취급시간 발생 등의 요인에 의해서 선로 이용에 제한을 받기 때문에 해당 선로의 수송능력이 어느 정도인지를 정확히 파악하기 위해서 많이 활용해왔다.

그러나 현재는 대부분의 단선노선이 복선화되었고, 신설 노선은 모두 복선으로 건설되고 있으며, 최첨단 고기능을 구비한 신호·폐색시스템이 도입 운영되기 때문에 노선의 수송능력을 파악하는 데는 선로용량보다 최소운행시격이 더 핵심적이며 합리적인 방법이다. 따라서 철도에서 오래 전부터 수송능력 파악에 활용한 선로용량에 대하여 간단하게 설명한다.

(2) 선로용량 산출

선로용량은 기본적으로 수요에 의해 영향을 받으나 다음 요소에 의하여 결정된다.

- 선로형태(단선, 복선)
- 열차속도(운전시분)
- 열차 속도등급 종별 차이 및 운행순서
- 신호·폐색시스템 수준(열차운행 제어시스템 수준)
- 운영조건(열차운행 유효시간, 선로보수시간, 열차 여유시분)

선로용량 산출할 때 저속운행, 고속운행 차량 상호간 최소운전시격 등을 반영하여야 하는 등 약간은 복잡한 산출식들이 있다.

그러나 현대 철도는 최첨단 설비로 건설되기 때문에 노선의 기능상 수송수요를 충분히 소화할 수 있는 수송능력을 구비하게 된다.

따라서 선로용량보다는 신속성 정도가 더 중요한 관점의 대상이고, 산출식에 적용하고 있는 각종 기준값이 정확한 수치이기보다는 관례적으로 적용 해오고 있는 값이므로 선로용량 산출에 이러한 식들이 사용되고 있구나 하는 정도로 알고 있기 바란다.

① **단선구간 선로용량 산출**

단선구간의 선로용량 산출식은 다음과 같다.

$$\therefore 단선구간 선로용량(N) = \frac{f \times T}{t + C}$$

- N : 선로용량(상하선 열차 총 운행횟수)
- f : 선로 이용률(여객, 화물 혼용운행 구간 60% 적용)
- T : 1,440분(24시간×60분)
- t : 1개 열차의 역간 운전시분(분)
- C : 폐색 소요시분(자동폐색식 1~1.5분, 통표폐색식 2.5분 적용)

② **복선구간 선로용량 산출**

복선구간에서는 속도종별이 다른 열차가 운행되므로 속도종별이 다른 열차의 대피시간을 반영하여야 한다. 복선구간의 선로용량 산출식은 다음과 같다.

$$\therefore 복선구간 선로용량(N) = \frac{f \times T}{hv' + (r + u + 1)v}$$

- N : 선로용량(상하선 열차 총 운행횟수)
- f : 선로 이용률(여객, 화물 혼용운행 구간 60%)
- T : 1,440분(24시간×60분)
- h : 속행하는 고속열차의 상호 운행시격
  (일반적으로 4~6분 적용)
- r : 정거장에서 선착한 저속열차와 후착 고속열차 간 필요한 최소운행시격
  (일반적으로 3~4분 적용)

・u : 정거장을 선발하는 고속열차와 후발하는 저속열차간 필요한 최소운행시격(일반적으로 2.5분 적용)

・v : 고속열차 운행회수 비 $\left(\dfrac{\text{설정된 고속열차 운행횟수}}{\text{설정된 편도열차 운행횟수}}\right)$

・v' : 저속열차 운행회수 비 $\left(\dfrac{\text{설정된 저속열차 운행횟수}}{\text{설정된 편도열차 운행횟수}}\right)$

노선에는 다양한 속도종별의 열차가 운행되므로 위식에서 고속열차 운행횟수 기준은 「혼갑」속도 이상의 열차를, 저속열차 운행횟수는 「혼을」속도 이하를 적용하고 있다.

③ **전동차 전용 노선의 선로용량**

㉠ 전동차 전용 노선의 선로용량의 산출식은 다음과 같다.

$$\therefore \text{전동차 전용노선 선로용량}(N) = \frac{f \times T}{h}$$

・f : 선로이용률(75%)

・h : 운행시격(분)

㉡ 상·하행 선로용량은 다음 식과 같다.

$$\therefore \text{전동차 전용노선 복선 선로용량}(N) = 2 \times \frac{f \times T}{h}$$

(3) 선로이용률

선로이용률은 선로용량을 산출하기 위한 기초자료로서 1일 24시간동안 열차운행이 가능한 시간의 점유비율로서 다음의 요인에 의한 결정된다.

・해당노선의 열차종별의 다소
・역간 거리 및 운전시간 장단에 따른 지연정도
・여객열차와 화물열차의 운행 횟수비
・계획 선로 유지보수 시간
・불용시간 등

이러한 선로이용률 산출식은 다음과 같다.

$$\therefore \text{선로이용률}(f) = \frac{t_{run}}{T} \times 100 (\%)$$

* f : 선로 이용률
* T : 1,440분(24시간×60분)
* t_{run} : 열차운행 가능시분

철도에서 여객, 화물열차가 혼용 운행하는 노선의 선로이용률을 60%로, 전동차 전용노선의 선로이용률을 최대 75%를 적용하고 있다.

그러나 전동차 전용노선의 경우 열차운행 가능시간이 하루 24시간 중 19.5시간(05:30 ~ 24:00)으로서 선로 이용률이 약 80%이다.

따라서 많은 철도분야 서적에 나열하고 있는 선로이용률은 현실과 맞지 않는 과거의 자료임을 참고하기 바란다.

5.6. 경제적 운전

(1) 개 요

수송이란 승객 또는 화물을 대상으로 빠른 시간에 안전하게 위치이동을 시켜주고 그 대가로 운임을 받는 것이다. 따라서 어떤 수송수단이든 운반구의 이동과정은 생산 활동에 해당된다.

이러한 생산 활동에는 여러 형태의 비용이 발생된다. 특히 수송수단의 특성상 운반구 이동에 사용하는 에너지 사용비용의 점유율이 매우 높으므로 모든 운송사업체에서는 주요 경영정책으로 운반구 이동에 사용하는 에너지 절약을 추진하고 있다.

따라서 철도 운송기관에서도 운반구의 이동에 사용되는 에너지 절약을 위해서 많은 노력을 경주하고 있으며 대표적인 절약방법이 경제적 운전이다.

경제적 운전은 운전계획 및 열차의 운전취급 그리고 차량 유지보수 측면도 함께 생각하여야 한다. 그러나 여기에서는 운전이론을 바탕으로 수동운전을 전제로 열차의 운전취급 측면만을 설명한다.

⑵ 운전시간 준수와 에너지 소비 관계

열차는 구간마다 운행에 소요되는 운전시간이 정해져 있다. 이러한 운전시간은 해당구간의 선형, 신호시스템의 기능, 차량의 특성 등을 반영하여 최적의 경제적 운전이 되도록 설정하였기 때문에 역간 정해진 운전시간을 준수하는 운전취급 방법이 가장 경제적인 운전취급법이다.

현재 도시철도 운영기관 중 ATO시스템을 도입하여 자동운전을 하는 노선에서는 역간마다 에너지 소비가 가장 적게 설정된 운전시간 범위 내에서 고정속도(Fixed Speed) 값을 지정하여 운영하고 있다.

이렇게 구간마다 고정속도를 운영하고 있는 것은 회복모드를 제외하고는 설정된 운전시간 범위 내에서 고정속도 이하로 운전을 하기 때문에 [그림 2-24]의 A부분만큼 속도를 상승시키지 않는다.

따라서 원으로 표시된 부분만큼 가속(또는 역행)시간 단축 및 제동취급 단축으로 에너지를 절약한다.

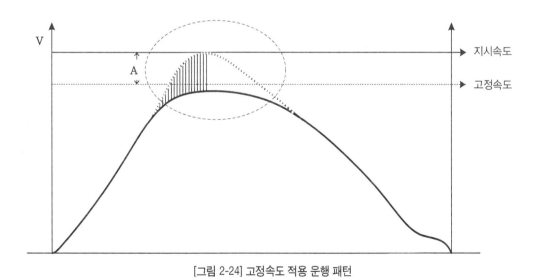

[그림 2-24] 고정속도 적용 운행 패턴

⑶ 고속운전과 에너지 소비 관계

역간 운전 시 정해진 운전시간 보다 더 빠른 시간 내에 주행하려고 고속운전을 하게 되면 열차속도를 상승시켜야 하고, 더 많은 시간동안 견인력을 발휘해야 하므로 불필요한 전력을 소비하게 된다.

따라서 정해진 운전시간을 준수하지 않는 불필요한 고속운전을 하는 것은 가장 많은 에너지를 낭비하는 운전취급법이다.

또한 고속운전은 열차가 정해진 시각보다 역에 일찍 도착하고, 일찍 출발하는 결과로 이어지기 때문에 승객과의 약속인 정시성을 준수하지 못하게 되므로 승객의 불만을 유발하게 된다. 결론적으로 운전자의 불필요한 고속운전이 가장 나쁜 운전취급이라 할 수 있다.

(4) 회복운전과 에너지 소비 관계

열차 지연 시 회복운전의 경우에는 분명한 목적이 있으므로 불필요한 고속운전에 해당하지 않는다. 그러나 회복운전을 위해서는 고속운전이 필수적이기 때문에 역시 에너지 소비가 커질 수밖에 없다. 따라서 운전자는 열차가 지연되지 않도록 노력하여야 한다. 그러나 열차지연은 운전자의 의지와 무관하게 여러 가지 외부요인에 의해서 발생한다.

열차 지연은 에너지 소비 증가는 물론 계획대로 열차가 운행하지 못하여 안전운행을 저해하므로 철도관계자 모두는 열차 지연예방 노력이 필요하며, 이러한 열차지연 예방활동은 에너지 절약 활동의 일환으로 볼 수 있다.

(5) 저속운전과 에너지 소비 관계

역간 운전 시 견인전동기에 전력을 공급하는 가속취급 시간을 짧게 하고 타행(惰行)으로 운전하는 방법을 통해 저속운전을 하게 되면 고속으로 운전할 때 보다 에너지 소비가 적다.

그러나 역 구간마다 설정된 운전시간을 초과하는 저속운전을 하게 되면 열차는 지연되고 지연에 따른 회복운전을 하여야 되기 때문에 결과적으로 에너지 소비가 증가하게 된다. 또한 저속운전을 하기 위해서 해당구간의 가속취급 횟수를 표준치 보다 더 많이 취급 한다면 오히려 지정된 속도로 운전하는 것 보다 전력낭비를 가져오게 된다. 따라서 운전시간의 여유가 있을 경우에 해당구간의 표준 가속취급 횟수를 초과하지 않는 범위 내에서 가속취급을 하면서 저속운전을 하면 에너지 절약 효과를 얻을 수 있다.

그러나 필자의 경험에 의하면, 평상시보다 저속으로 운전을 하는 경우 운전자 대부분은 반복적으로 가속취급을 하는 경향이 있다.

이러한 반복적 가속취급으로 에너지를 낭비하지 않기 위해서는 열차 운전시간의 여유가 있을 때에는 역간에서 저속운전으로 여유시간을 소비하지 말고, 정거장에서 정차시간을 늘려 승객 승하차에 여유시간을 흡수하는 것이 에너지 절약 및 안전운행 측면에서 바람직하다.

(6) 고감속 제동취급과 에너지 소비 관계

고감속의 제동취급을 하면 제동거리가 짧아지고 운전시간도 단축된다. 아울러 전기제동 체결도 양호하게 작용한다. 따라서 이러한 고감속 제동취급 자체만으로도 에너지 절약효과가 있으며, 간접적으로도 운전시간 단축을 통해 열차지연을 방지하고 여유 있는 운전시간을 확보함으로써 가속취급 횟수를 줄일 수 있는 여건을 마련할 수 있기 때문에 에너지 절약에 효과적이다.

그러나 고감속만으로 열차를 정지시키는 경우 만약 제동취급 시기를 놓치거나 다른 사유로 정지위치를 지나치게 된다면 정지위치를 조정하기 위해 추가로 가속취급을 해야 하므로 오히려 에너지를 낭비하는 결과를 초래할 수 있다.

따라서 열차를 정차시키기 위해서 제동취급을 할 때에는 각종 변수에 의해 제동력의 감소변화에 대응할 수 있는 여분의 제동력을 남겨 놓은 상태에서 고감속도를 얻을 수 있는 제동취급이 에너지 절약은 물론 안전한 운전취급법이라고 할 수 있다.

이렇게 에너지 절약에 효과적인 안전한 제동취급의 기술은 쉽게 숙달되는 것이 아니라 운전자 스스로가 오랜 기간 동안 제동체결 후 감속도의 변화에 관심을 기울이면서 감각적으로 몸에 익히도록 제동취급 기술을 연마해야지 습득할 수 있는 기술이다.

참고로 앞에서 언급한 만약을 대비해 남겨 놓은 여분의 제동력을 포켓 제동력(Pocket Brake Force)이라고 한다.

(7) 저감속 제동취급과 에너지 소비 관계

저감속의 제동취급을 하면 제동거리가 길어지고, 운전시간도 길어지게 되며, 전기제동 실패율도 높아진다. 따라서 저감속 제동취급은 고감속도 제동취급보다 에너지 절약 측면에서 비효율적이라고 할 수 있다.

이러한 저감속 제동취급 정도가 설정된 운전시간을 지연시키지 않는 범위라면 기기 등의 마모는 증가할 수 있지만 에너지 소비에는 큰 차이가 없다.

그러나 지나친 저감속 제동취급으로 열차가 지연된다면 어느 구간에서든지 반드시 회복운전을 해야 하므로 에너지 소비가 증가하는 결과를 초래하게 된다. 따라서 운전자는 정상 감속도로 열차를 정차시킬 수 있도록 꾸준히 운전기량을 연마해야 한다.

(8) 경제적 운전 제한요소

경제운전을 제한하는 요소는 속도를 제한하는 경우이다. 선로의 곡선, 기울기 등으로 인한 속도제한 구간 등은 표준 운행패턴 작성 시 반영되므로 경제운전을 제한하는 요소로 볼 수 없고, 일시적인 임시 서행 또는 속도제한 개소 등이 경제적 운전을 제한하는 요소이다.

이러한 일시적인 임시서행, 속도제한 개소 등은 열차가 구간별 에너지 절약을 위한 표준 운행패턴대로 운행하지 못하게 하기 때문이다.

(9) 경제적 운전 취급법

① 기본 운전법

도시철도 운행구간은 역간 거리가 대략 1㎞ 내외로서 철도구간에 비하여 짧은 거리이다. 따라서 역간 운행 시 운전취급은 대부분 가속 → 타행 → 제동 순으로 취급하고 있다. 이러한 취급에 의한 열차운행패턴인 운전선도(Run Curve)는 [그림 2-25]와 같다.

물론 운행구간의 선로 기울기, 곡선 등의 유무에 따라 가속시간을 더 많이 하거나, 짧게 하여 타행을 시작하는 속도를 조절하기도 한다. 또한 부득이한 경우에는 타행 중 일정속도 이하가 되면 다시 가속하여 일정속도까지 상승 후 타행으로 진행하다가 제동을 체결한다.

기본적인 운전취급 절차를 살펴보면 출발 시 최대 가속력이 발휘되도록 가속취급을 하여 일정 속도에 도달하면 A지점에서 타행으로 운행한다. 정차지점까지 남은 거리를 감안하여 B지점에서 초제동을 체결하여 낮은 감속도의 제동취급으로 발생한 충격을 흡수하고, 다시 C지점에서 제동성능 및 남은거리 등을 감안하여 큰 감속도가 작용되도록 제동을 체결한다.

제동체결 후에는 열차의 감속상태를 주의 깊게 관찰하면서 운전하다가 열차속도가 약 15km/h 이하가 되면 저속에서 감속도로 인한 충격이 발생하지 않도록 D지점에서 1~2회에 거쳐 단계적으로 제동력을 낮춤으로써 열차가 정해진 위치에 부드럽게 정차하도록 제동취급을 한다.

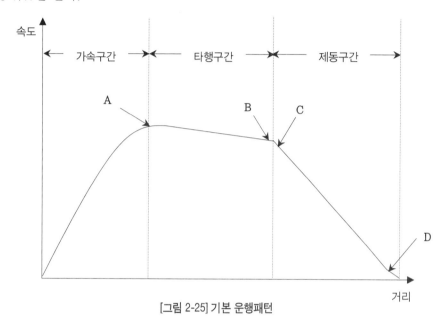

[그림 2-25] 기본 운행패턴

② **효과적인 경제운전 취급**

경제적 운전이란 역간 운전 시 가급적 가속취급 시간을 짧게 하거나, 가속취급 횟수를 줄이는 것이다. 또한 정지할 때에는 제동취급을 안전한 범위 내에서 큰 감속도로 정지하는 것이라 할 수 있다.

따라서 역을 출발하여 어느 정도의 속도까지 가속할 것인지, 정지할 때에는 어느 위치, 어느 정도의 속도에서 제동을 체결할 것인지가 경제적 운전의 성패를 결정하는 요소이다.

가속취급과 제동취급의 기준이 되는 속도의 크기는 선로구조에 영향을 받지만 무엇보다도 설정된 운전시간에 가장 많은 영향을 받는다.

왜냐하면, 계획단계에서 컴퓨터 프로그램을 활용하여 해당구간의 제한속도, 선로구조, 동력차의 성능을 반영하여 에너지 소비량과 가장 효율적인 소요시간을 산출, 역간 운전시간을 설정하였기 때문이다.

이러한 역간 운전시간을 기초로 각 운영기관마다 구간별로 표준운전선도를 제작하여 운전업무에 활용하고 있다.

표준운전선도에는 역을 출발해서 어느 정도의 속도까지 가속을 하고, 어느 구간에서 얼마의 속도까지 타행운전을 하고, 어느 위치에서 제동을 체결하는지 도시(그림)화 되어있다. 즉, 구간별로 경제적 운전에 가장 효과적인 운행패턴이 작성되어 있다. 따라서 운전자는 자신이 운행을 담당하는 노선에 대한 표준운전선도의 내용을 정확히 습득하여 표준운전법과 같이 운전하도록 꾸준히 노력해야 한다.

③ **선로 상태 등 숙지**

열차를 표준운전선도의 운행패턴대로 운전하기 위해서 양호한 차량상태, 양호한 신호시스템 기능, 선로 조건, 앞 열차와 안전거리 확보 등 여러 가지 조건들이 만족되어야 한다.

그러나 이러한 요소들이 일정한 상태로 있지 아니하고 변화하기 때문에 항상 표준운전선도처럼 운전을 할 수 있는 것은 아니다.

따라서 철도차량 운전자는 자신이 운전을 담당하는 구간에 대한 선로상태, 폐색구간별 신호 조건, 제한속도 개소, 임시서행 개소 등을 반드시 숙지하고 있어야만 이를 운전취급에 반영하여 경제적 운전은 물론 안전한 운전을 할 수 있는 것이다.

이러한 필요성 때문에 철도안전법령에 승무구간이 변경되었을 경우에 선로상태를 익히도록 일정거리 또는 일정시간 이상 실무수습을 하도록 규정되어 있는 것이다.

④ **앞 열차와 적정 거리 유지**

도시철도 노선은 열차 운행간격이 조밀하므로 열차 간 안전거리 유지에 ATC시스템 기능을 활용하고 있다. ATC시스템은 지시속도보다 열차속도가 빠른 과속상태(Over Speed Condition)가 되면, 안전 확보를 위해서 자동적으로 상용만제동을 체결하는 기능이 있다. 따라서 운전자는 항상 앞 열차가 어느 위치에 있는지 염두에 두고 안전거리 기준 이하로 가까워지지 않도록 적절한 속도로 운전하여야 경제적 운전을 할 수 있다.

만약 운전자가 앞 열차의 위치를 염두에 두지 않고 적당히 저속으로 운전하다가 앞 열차와 안전거리가 기준이하로 가까워지면 해당구간의 지시속도는 정지신호로 바뀌고 이때 열차속도는 정지신호 이상 속도이기 때문에 과속상태로 자동적으로 제동이 체결된다. 이런 경우에는 다시 가속취급을 해야 하므로 불필요하게 에너지가 소비되고 아울러 충격이 발생하므로 승차감을 해치게 된다.

제3장

운전계획 및 승무계획

제1절 운전계획 개요

철도의 기본사명은 승객을 목적지까지 안전하고, 신속하고, 정확하고, 또한 쾌적하게 수송하는데 그 목적이 있다. 운전계획은 수송수요를 예측하고 선형 및 전동차 특성 등에 따른 운전곡선도(Run Curve)를 제작하여 이것을 기초로 최적의 수송력을 창출하여 운용효율을 극대화시키는데 있다.

본 절에서는 운전계획의 기초가 되는 운전계획 수립원칙, 적용순위, 수송수요, 혼잡도, 운행시격 등을 설명한다.

1.1. 운전계획 정의

운수업을 영업행위 관점으로 보면 화물 또는 고객의 위치를 변경해주는 상품을 판매하는 업종이다. 도시철도 운영기관 역시 운수업종의 하나로서 고객의 위치를 변경해주는 상품을 판매하는 업종이라고 할 수 있다. 고객의 위치변경 상품은 열차가 운행되어야 생산되기 때문에 열차운행 자체가 고객의 위치를 변경해주는 상품인 것이다.

이와 같이 상품에 해당하는 열차운행은 운전계획에 의해서 이루어지므로 운전계획을 사실적으로 표현하면, 「위치변경의 상품을 만드는 종합계획」이라 할 수 있다. 그리고 모든 상품은 그 가격을 결정함에 있어 상품을 만들어 내는데 소요되는 비용 즉, 제조원가가 매우 중요하다.

운전계획도 회사 내의 제반 시설·설비의 자원과 인적자원을 활용하여 열차운행이라는 상품을 만들어내므로 결과적으로 수송원가에 막대한 영향을 미치는 중요한 경영활동이다. 따라서 운전계획을 정확하게 정의하면 『수송수요에 대응하는 합리적인 수송력을 제공하는 경영활동』이라고 할 수 있다.

아울러 본 책에서는 그동안 철도 운전분야에서 관습적으로 사용해오던 운전시격을 **운행시격**으로 바로 잡아 사용하고자 한다. 사전에 "운전이란 기계나 자동차 따위를 움직여 부림" 으로, "운행이란 정하여진 길을 따라 차량 따위를 운전하여 다님" 으로 정의되어 있으며, 또한 열차의 배차간격을 운전자 측면으로 보면 운전시격으로 볼 수 있겠지만, 이용 승객의 관점에서 보면 운행시격이 더 합리적인 표현이라고 판단되기 때문이다.

1.2. 운전계획 수립원칙

열차가 운행되기 위해서는 반드시 차량이 존재하여야 하고, 동시에 열차운행에 기반이 되는 제반 시설·설비 및 인력이 존재하여야 한다.

따라서 운전계획 수립 시 차량·시설·설비의 규모와 기능은 물론 운전을 담당하는 소요인력을 검토·반영하여야 한다. 또한 도시철도 운영기관의 설립목적인 공공의 복리증진 및 기업으로서 이윤 달성의 경영방침이 반영되어야 한다. 이러한 운전계획을 합리적으로 수립하기 위해서는 반드시 다음의 원칙이 순서대로 적용되어야 한다.

첫째, 운행노선의 시설·설비의 규모 및 기능 범위 내에서 운전계획을 수립하여야 하는 『**제한성 수용원칙**』 이다.

예를 들면, 열차운행을 제어하는 신호시스템의 기능이 앞·뒤 열차의 간격을 최소 3분까지 수용할 수 있는데 이를 무시하고 운행시격을 2분으로 설정한다면 열차가 정상적으로 운행될 수 없다. 또한 속도 제한요인이 존재하여 운행하는데 90초가 소요되는 구간을 80초로 설정하였다면 이 구간을 운행하는 모든 열차는 항상 지연운행되어 정상적인 열차운행이 이루어지지 못하게 된다.

이렇게 열차운행을 제한하는 요인들을 운전계획 수립 시 최우선으로 반영하지 않으면 열차운행에 혼란을 가져오게 되므로 반드시 각종 제한요인을 반영하여야 한다.

둘째, 도시철도 수송수단은 대중 교통수단이다. 대중 교통수단을 운영하는 기관은 공공의 복리증진을 목적으로 설립, 운영하고 있다. 따라서 발생하는 수송수요를 수용할 수 있도록 운전계획을 수립하여야 하는 『**수송수요 수용원칙**』 이다.

예를 들면 도시철도의 수송 특성상 출근시간대 수송수요가 집중 발생하는데 집중 발생되는 수송수요를 흡수할 수 있는 수송력이 제공되지 못한다면 수송파동이 발생하게 된다. 이러한 수송파동은 이용 승객에게 큰 불편을 안겨 주고, 또한 열차가 계획대로 운행되지 못하고 지연이 누적되어 대중 교통수단이 기본적으로 갖추어야 하는 정시성과 쾌적성 기능을 상실하는 결과를 가져오게 된다. 따라서 정시성 및 쾌적성을 유지하는 대중 교통수단의 역할을 담당 할 수 있도록 수송수요에 대한 수용이 가능한 운전계획이 수립되어야 하는 것이다.

셋째, 현재 도시철도 운영기관은 지방자치단체 투자기관인 지방 공기업이거나 또는 민간 기업들이 도시철도 건설·운영을 목적으로 자본을 출자하여 설립한 특수목적법인(Special Purpose Company)에 속하는 운영주식회사 형태의 기업이다. 그러므로 기업 활동을 통한 이윤 확보도 매우 중요하다. 따라서 불필요한 열차운행으로 수송원가가 상승되지 않도록 운전계획을 수립하여야 하는 『효율성 확보원칙』이다.

예를 들면 수송수요가 계절, 요일, 시간에 따라 다르므로 변화되는 수송수요에 대응하는 탄력적인 수송력을 제공하여 과다 수송력 제공으로 인한 동력용 에너지와 자원이 낭비되지 않기 때문이다.

결론적으로 운전계획은 제한성 수용원칙, 수송수요 수용원칙, 효율성 확보원칙 순을 적용하여 수송수요에 대응하는 수송력이 제공되도록 수립하는 것이 가장 합리적이라 할 수 있다.

1.3. 운전계획 적용범위

(1) 개 요

교통의 3요소는 **교통수단, 교통시설, 이용자**(수송수요)이다. 이러한 3요소가 균형을 유지하여야 교통의 기능을 발휘할 수 있다. 여기서 교통수단과 교통시설은 관리주체의 귀속물로써 수송수요의 수용한계 등을 감안하여 그 규모와 기능을 결정하게 된다.

(2) 노선 규모 및 기능 결정

교통수단, 교통시설, 수송수요의 유기적인 균형유지를 위해서 노선의 건설계획 단계부터 다음사항에 대한 검토가 이루어져야 한다.

- 영업시간 범위
- 최소운행시격
- 1일 열차운행 횟수
- 차량 보유 편성수
- 열차 운행제어 설비의 기능 수준
- 각종 운전설비의 규모 · 형식 · 부설 위치
- 소요인력 및 확보대책

위와 같은 검토사항은 운전계획을 통해서 검토가 가능하고, 또한 운영중 운전 관련시설 및 설비의 개량이 필요할 때 운전계획을 활용하여 검토가 가능하다.

(3) 운전계획 범위

운전계획의 범위는 다음과 같다.
- 열차계획 : 운행 소요시간, 열차운행스케줄 설계 등에 관한 계획
- 차량계획 : 차량선정, 보유량, 차량 운용 등에 관한 계획
- 설비계획 : 역 · 분기기 위치 선정, 배선 구조 등에 관한 계획
- 인력계획 : 소요인원 산출, 인원확보, 양성 등에 관한 계획

1.4. 정거장

(1) 개 요

철도 교통수단에서 정거장(驛)은 영업활동의 시작과 마침이 이루어지는 장소이다. 그리고 정거장에는 각종 운전설비가 부설되어 있으므로 운전계획 수립에 중요한 기준이 되는 요소이다. 정거장을 일반적으로 건설 위치에 따라 「지하역」 또는 「지상역」으로 구분하고, 운전측면에서는 다음과 같이 구분한다.

(2) 기능에 의한 구분

① **일반역** : 여객을 취급하는 역으로서 운전설비가 없는 역
② **운전취급역**(연동역) : 여객 취급 및 운전설비가 부설된 역
③ **차량기지** : 차량 유치, 차량검사, 정비 등을 실시하는 장소

(3) 운전계획상 구분

① **시발역**(Originating Station)

해당 열차의 행선지에서 최초 출발하는 역

② **종착역**(Terminating Station)

해당 열차의 행선지에서 최종 도착역

③ **회차역**(Turning Train Station)

운전계획상 도착한 열차를 반대 운전방향으로 회차(回車)하는 역

④ **종단역**(Terminal Station)

노선의 형태상 선로의 최종단에 위치하여 열차가 출발 또는 종착하는 역, 종단역은 선로 구조에 따라 관통식(貫通式)과 두단식(頭端式)으로 구분한다.

⑤ **중간역**(Intermediate Station)

시발역 및 종착역 이외 역

⑥ **환승역**(Transfer Train Station)

다른 노선의 열차 또는 행선지가 다른 방향의 열차와 환승이 이루어지는 역

⑦ **유치역**(Detrained Car Station)

차량을 유치하는 역

⑧ **분기역**(Conjunction Station)

두개 노선 이상의 선로가 접속하는 운전설비를 구비한 역

1.5. 수송수요

(1) 개 요

수송수요는 운전계획 및 영업계획 수립의 기초가 되는 예상 수송량이다. 이러한 수송수요는 해당노선의 제반 시설 및 설비의 규모는 물론, 열차운행 횟수, 운행 속도 등을 결정하는 가장 중요한 기초적 요인이다.

따라서 수송수요는 건설비는 물론 운영비에 막대한 영향을 미치므로 정확한 수송수요가 예측되도록 신중을 기하여야 한다.

(2) 수송수요 예측 기준

수송수요 예측에 관한 기준은 국토교통부 고시(제2010-715호)인 「도시철도 정거장 및 환승·편의시설 보완 설계 지침」에 다음과 같이 정해져 있다.

① 정거장별 수송수요는 정거장 내 각종 시설의 규모 뿐 아니라 정거장 전체의 규모를 결정하는데 중요한 요인이 된다.

② 정거장별 수송수요는 도시철도기본계획 수립지침(국토교통부 고시)에서 제시된 목표연도 내에 이용수요가 최대가 될 것으로 예상되는 첨두시간대의 수송수요를 기준으로 함을 원칙으로 한다.

③ 수송수요는 운전계획과 동시에 정거장의 계획을 위한 중요 적용요소로서, 합리적 절차에 따라 예측된 장래 수요를 적용함을 원칙으로 하며, 해당 노선과 관련하여 향후 연계 노선 및 환승 계획이 있을 시에는 이를 충분히 반영한 장래 통행량을 활용하도록 한다.

(3) 수송수요와 도시철도의 건설기준

국토교통부에서 2009. 9. 23 시행된 「도시철도의 건설과 지원에 관한 기준」에서 정한 수송수요와 도시철도 건설기준은 다음과 같다.

① 중량전철 건설기준

중량전철 건설은 인구 1,000,000명 이상 도시로 한정한다. 그러나 다음과 같이 교통수요가 있을 경우에는 예외로 한다.

[교통수요] 시간·방향당 첨두시 최대 혼잡구간 수송수요가 개통 후 10년 이내에 40,000~20,000명 수준으로 예측되는 간선 노선을 원칙으로 하되 수요산정은 다음과 같이 한다.

- 1편성 8량 × 20회 × 160명 × 혼잡도150% = 38,400명
- 1편성 6량 × 20회 × 128명 × 혼잡도150% = 23,040명

② 경량전철 건설기준

경량전철 건설은 인구 500,000명 이상 도시로 한정한다. 그러나 다음과 같이 교통수요가

있을 경우에는 예외로 한다.

[교통수요] 시간·방향당 첨두시 최대 혼잡구간 수송수요가 개통 후 10년 이내에 10,000 명 수준으로 예측되는 노선을 원칙으로 하되 수요산정은 다음과 같이 한다.

- 1편성 4량 × 20회 × 100명 × 혼잡도150% = 12,000명

⑷ 기본계획의 수송수요

도시철도 노선을 건설하고자 하는 시·도지사는 「도시철도법」 제3조의2에 의거 해당 「도시철도기본계획」을 수립하여야 한다.

이러한 「도시철도기본계획」에는 해당 노선 건설에 대한 경제성 및 타당성 검토가 포함되어야 하므로 모든 도시철도 노선을 건설할 때에는 전문기관에 의뢰 종합적인 교통량 조사·분석을 실시하여 해당 도시교통권역의 특성·교통현황 및 장래의 교통수요를 예측하고 있다.

따라서 「도시철도기본계획」에는 앞의 [정거장별 수송 수요] 표와 같이 수송수요 예측자료에서 정거장을 기준으로 일별·시간대별 구분하여 제공되므로 도시철도 건설계획 단계에서는 「도시철도기본계획서」에 제공되는 수송수요를 바탕으로 운전계획을 수립한다.

▶ 정거장별 수송 수요

역명	상 행(시점~종점)				하 행(종점~시점)				재차인원	
	직승차	환승승차	직하차	환승하차	직승차	환승승차	직하차	환승하차	상행	하행
계										

(단위 : 인/일, 인/시)

⑸ 운영기관의 수송수요 예측

도시철도 노선 건설 후 운영을 하다보면 「도시철도기본계획」에 제공된 수송수요의 예측자

료는 대부분 실제 교통량보다 많게 책정되어 있는 경우가 관례적이다. 이러한 이유는 해당노선 건설의 타당성을 확보하기 위해서 또는 건설기간 동안 교통 환경여건이 변화하였기 때문이다.

따라서 운전계획 수립 시 노선 개통 이후에는 「도시철도기본계획」에 제공된 수송수요의 예측자료는 참고자료로 활용하고, 역무자동화기기(AFC)를 통하여 수집되는 정거장별 유입·유출 인원, 시간대별 통행량 등의 교통량 데이터를 수송수요 자료로 활용하고 있다.

그러나 하루 중 출·퇴근 목적통행으로 가장 교통량이 많아 붐비는 시간대는 07:30~08:30 인데, 역무자동화기기에 수집되는 교통량 데이터는 시간단위(07:00~08:00~09:00)로 수집되고 있기 때문에 열차운행시격의 기준이 되는 분단위로 세분화된 정확한 수송수요를 운전계획에 적용하기가 어려운 문제점이 있다. 운영기관에서는 이러한 문제점을 보완하기 위해서 자체적으로 열차 내 혼잡도 조사를 실시하여 사실적인 수송수요의 정도를 파악하고 있다.

참고로 수송수요 발생 및 변화 요인은 다음과 같다.

- 자연요인 : 인구, 생산, 소비 등의 사회적 및 경제적 상황의 변화
- 유발요인 : 운행횟수, 속도, 차량수, 운임 등 자체 수송의 변화
- 전가요인 : 타 교통수단과 연계수송 특성 및 환승체계 특성 등
- 시간요인 : 출퇴근, 등하교 등
- 계절요인 : 하계휴가, 방학, 연휴 등

(6) 교통량 조사

수송수요는 운전계획에 중대한 영향을 미치는 인자이므로 참고로 수송수요 산출에 근간이 되는 교통량 조사 및 분석기법의 종류를 간단히 설명하고자 한다.

① 시계열분석법

시간적 경과에 따른 과거의 변동을 통계적으로 분석하고 장래의 예측을 행하는 방식

② 요인분석법

어떤 현상과 몇 개의 요인변수와의 관계를 분석하고, 그 관계로부터 장래수요를 예측하는 방식

③ **원단위법**

대상지역을 여러 개 교통 구역(Zone)으로 분할하여 원단위 결정에서 장래수요를 예측하는 방식

④ **중력모델법**

두 지역 상호간 교통량이 양 지역의 수송수요원의 크기에 비례하고, 양지역 간 거리에 반비례하는 원리를 적용하여 예측하는 방식

⑤ **OD(Origin Destination)표 작성법**

각 지역의 여객 또는 화물의 수송경로를 몇 개의 구역(Zone)으로 분할하고, 각 구역(Zone) 상호간 교통량을 출발과 도착 양면에서 작성한 OD표를 기초하여 수요를 예측하는 방식

(7) 도시 교통량 현황 분석기준

도시 교통량 분석기준은 아래 표와 같다.

구 분	분 석 내 용
통행실태	• 총통행량 및 증감추이 • 목적별 통행량 및 증감추이 • 수단별 통행량 및 증감 추이
대중교통 운행실태	• 대중교통수단 종류, 노선현황, 운행횟수, 수송인원, 주행속도, 혼잡률 • 택시보유대수, 수송인원, 주행속도 등 운행실태 • 도시철도 노선현황, 역별 승하차인원, 운행시격, 열차편성 및 운행횟수, 혼잡도 등 운송실태
주요 가로 및 교차로 소통실태	• 구간별 교통량 및 주행속도 현황 (1일 교통량, 첨두시간교통량) • 가로 및 교차로의 서비스 수준 분석결과
교통시설물 이용실태	• 철도, 터미널, 공항, 항만 등 주요 교통유발시설의 1일 및 첨두시 발생 · 도착 통행량

1.6. 수송력

(1) 개 요

수송력이란 승객이나 화물을 실어 나르는 능력이다. 철도에서는 수송력을 수송 효과성 정도인 **수송효율**로 판단하고 있다. 그러나 여객수송 특히 도시철도수송에서는 수송효율보다는 대

중교통 수단으로서 편의성이 매우 중요하므로 운행시격의 합리성 여부로 **수송력**의 **적정여부**를 판단하여야 한다.

(2) 수송력 변화요인

- 차량형식 : 차량의 좌석형태 및 정원
- 열차편성 : 고정편성 · 가변편성(외국에서 일부 경전철에 적용)
- 운행시격 : 열차 운행횟수

(3) 수송력 산출

① 철도에서 수송량과 수송력은 다음과 같이 표시하고 있다.
- 수송량 : 여객은 승차인원, 화물수송은 Ton
- 수송력 : 열차km 또는 차량km

② **도시철도의 수송력 산출**

도시철도에서는 수송력은 다음과 같이 단위시간 동안 실어 나를 수 있는 인원으로 산출하고 있다. 따라서 수송량이 일정하면 시간당 열차운행 횟수에 의해 정해진다.
- 수송력(명) = 승차인원 × 열차운행 횟수
- 승차인원 : 편성량수 × 1량 평균 정원
- 열차 운행횟수 : 1시간당 열차운행 횟수

(4) 수송력 적용사례

① **수송수요 예측**

서울지하철 5~8호선 교통영향평가서(서울시지하철건설본부)를 근거로 1994년부터 2001년까지 3년 단위로 수송수요를 예측하고, 2010년을 설계목표 년도로 정하여 분야별 기능실 및 설비에 대한 기준 설정을 위하여 분석하였다.

② **수송수요 분석**

지하철 이용 승객은 선별 및 년도 별로 다소 차이가 있으나 전일(全日) 대비 출퇴근 시간대에 시간당 약 12~19% 집중적으로 발생되며, 또한 혼잡도는 도심부 및 환승역 주변에서 최대치를 나타내고 있다.

▶ **2010년 기준 호선별 승차인원 및 혼잡구간**

호선 \ 구분	승 차 인 원 (명)			RH 재차인원 (명)	최 대 혼잡구간
	전일(全日)	RH(1시간)	점유비(%)		
5호선	2,618,791	320,741	12.3	69,588	마포~공덕
6호선	1,634,406	214,434	13.4	53,440	창신~동묘앞
7호선	2,595,910	353,136	13.6	64,232	어린이대공원 ~ 건대입구
8호선	684,413	134,118	19.5	43,496	석촌~잠실

※ 자료출처 : 제2기 서울지하철 운전·운영 보고서

③ **승차기준**

- 혼잡도 : 200%
- 정 원 : 선두차 148명(좌석 48, 입석 100), 중간차 160명(좌석 54, 입석 106)
- 열차조성(연결 량수) : 5·6·7호선 8량, 8호선 6량

1.7. 혼잡도

(1) 개 요

혼잡도는 정해진 공간에 승객이 점유하고 있는 비율을 나타내는 것으로서 도시철도에서는 열차 내의 혼잡도와 정거장 내 혼잡도를 관리하고 있다. 이러한 혼잡도는 편의성 수준 정도를 결정하는 요인이며, 정거장의 시설규모와 열차 운행횟수에 영향을 받는다. 따라서 열차 내의 혼잡도가 정해진 기준 이하가 유지되도록 열차운행스케줄을 설계하여야 한다.

(2) 혼잡도 산출

현재 도시철도 운영기관에서는 혼잡도를 구간·시간대별 총 재차인원을 구한 후 구간·시간대별 운행 열차수로 나누어 산출하고 있다. 즉 시간당 평균값으로 산출하고 있다.

$$\therefore 혼잡도(\%) = \frac{총 재차인원}{열차당 정원} \times 100$$

- 1개 열차 정원(8량 편성 기준) : 1,256명

따라서 교통량이 최대(peak)상태인 RH시간대에 운행하는 일부 열차의 실제 혼잡도가 평균 혼잡도를 초과한다.

만약 특정 열차의 혼잡도가 매일 약 250% 이상(경험값) 지속될 경우에 집중민원이 발생하고, 사회적 문제로 대두되기도 한다.

따라서 운전계획업무 담당자는 열차운행스케줄을 변경하였을 경우에는 반드시 해당 노선 중 가장 혼잡도가 높을 것으로 예상되는 구간, 시간대에 운행하는 열차의 혼잡도가 어느 정도인지 목측(目測)으로 혼잡도를 측정하여야 한다. 혼잡도 측정은 요일별로 교통량이 다르기 때문에 주간단위로 측정하여야 하며, 어느 구간에서, 어느 시간대에, 어느 열차가 가장 혼잡도가 높고, 혼잡도 수준이 어느 정도인지를 정확히 파악하여야 한다. 측정 결과, 지나치게 혼잡도가 높으면 열차운행스케줄을 수정하거나 또는 다음 열차운행스케줄 설계에 반영하여야 한다.

(3) 승강장 등의 혼잡도 적용 수준

국토교통부 고시(제2010-715호)인 「도시철도 정거장 및 환승·편의시설 보완 설계 지침」에 승강장, 내·외부 계단, 환승통로 등에 대한 서비스 수준의 기준이 다음과 같이 명시되어 있다.

▶ 대기공간의 일반적 서비스 수준

서비스 수 준	공간모듈 (m²/인)	평균간격(cm)	밀도(인/m²)	상 태
A	1.3 이상	120 이상	0.8 이하	자유흐름의 영역
B	1.0-1.3	105-120	1.0-0.8	타인을 무리없이 통과 가능
C	0.7-1.0	90-105	1.4-1.0	타인 통과시 불편을 끼침
D	0.3-0.7	60-90	3.3-1.4	타인과의 접촉없이 대기 가능
E	0.2-0.3	600이하	5.0-3.3	타인과의 접촉없이 대기 불가능
F	0.2 이하	꽉찬상태	5.0 이상	타인과 밀착, 심리적 불쾌상태

* 대기공간의 서비스 수준 근거 : John J Fruin이 제시한 이론

도시철도 정거장의 일반적으로 서비스 수준을 위의 표와 같이 A에서 F까지 6단계로 나눌 수 있는데 서비스 수준 A는 가장 좋은 상태, 서비스 수준 F는 가장 나쁜 상태를 의미한다.

투자재원의 효율성과 사회적·경제적인 측면을 고려하여 이용객의 수가 가장 많은 시간대를 기준으로 하여 승강장 및 내·외부 계단의 서비스 수준을 D, 환승통로에서의 서비스 수준을 E로 한다.

(4) 열차의 혼잡도 적용기준

서울지하철 1·2·3·4호선은 혼잡도 230% 기준을 적용하여 건설하였으나, 경제발전 등으로 시민들의 생활이 윤택해짐에 따라 편의성 증대 필요성이 대두되어 5·6·7·8호선은 혼잡도를 완화하여 200% 내외 기준을 적용 건설하였다.

이후 2001년도 서울시에서 「교통정비중기계획」을 수립하면서 도시철도 이용 시민들의 편의성 증대를 목적으로 다음과 같이 혼잡도 기준을 설정하여 운영하고 있다.

- 단기 개선계획 : 2002년부터 혼잡도 180%
- 중기 개선계획 : 2011년부터 혼잡도 170%

열차의 혼잡도를 나타내는 기준은 아래 표와 같다.

▶ **혼잡도별 입석승객 밀도**

혼잡도 (%)	입석 승객 밀도(인/m²)		비 고
	대형전동차(A형)	중형전동차(B형)	
100	2.9	2.9	* 입석승객 밀도
150	5.0	5.3	차량 내 좌석면적을 제외한 입석
200	7.2	7.6	바닥면적에 탑승한 승객의 수를 나
240	9.0	9.5	타내는 것으로서 차량 혼잡도를 가
270	10.3	10.9	늠하는 실제적인 기준치이다.
300	11.6	12.3	

참고로 혼잡도 170% 정도는 대형 전동차 1량을 기준 목측으로 판단 시 차량마다 좌석은 모두 착석해 있으며, 입석은 손잡이를 모두 잡고 좌석 앞 중앙에 3열이 서있고, 각 출입문 부근에 30명 정도 서있는 상태이다.

1.8. 운행시격(Headway)

(1) 개 요

운행시격이란 같은 선로를 주행하는 열차를 대상으로 일정한 지점을 기준으로 앞 열차의 전단부가 통과 후 뒤 열차의 전단부가 통과하는 시간차로서 Headway라고 하며, 쉽게 표현하면 **배차간격**이다.

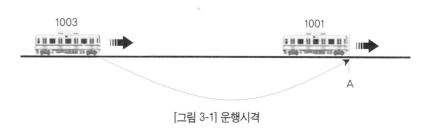

[그림 3-1] 운행시격

(2) 운행시격의 중요성

운행시격 설정은 신중을 기하여야 한다. 만약 불합리하게 설정하면 계획지연, 수송파동, 자원낭비를 가져오는 계획오류가 발생하기 때문이다. 앞에서 열차 운전계획을 "수송수요에 대응하는 합리적인 수송력을 제공하는 경영활동이다."라고 정의하였는데 여기서 합리적이라고 하는 것은 운행시격이 도시철도 운영기관의 설립목적에 부합되고, 효율적인 경영이 되도록 설정하는 것을 의미한다.

특히 법령에 철도사업자는 운행시각표의 공지의무가 부여되어 있기 때문에 불합리한 운행시격 설정을 인지하여도 즉시 수정을 하지 못하는 어려움이 있다.

따라서 운행시격은 계획 수립단계에서부터 합리적으로 설정되도록 반드시 제한성 수용원칙, 수송수요 수용원칙, 효율성 확보원칙 순을 적용하여 설정하여야 한다.

(3) 운행시격의 종류

운행시격은 다음과 같이 구분할 수 있다.

① **최소운행시격**(Minimum Headway)

앞·뒤 열차 간 진행 지시신호에 의하여 정상속도로 운행할 수 있는 최소한의 운행시격이다. 이러한 최소운행시격은 해당 노선의 열차 간격제어 방식, 폐색구간 길이, 차량 성능, 편성 길이, 선로의 구조 등에 의해 결정된다.

따라서 최소운행시격은 건설계획 단계에서 어느 수준으로 할 것인가를 결정하여야 노선의 각종 시스템의 성능수준을 결정할 수 있다. 이러한 사유로 최소운행시격을 **설계시격**이라고도 한다.

그리고 열차계획 수립 시 지연회복 등을 고려하여 최소운행시격보다 약 10초 이상 여유를 두고 열차DIA를 설계하고 있다. 뒤에서 최소운행시격 산출에 대하여 자세히 설명한다.

② **수요시격**(Demand Headway)

수요시격은 수송측면에서 최소운행시격이다. 즉, 발생하는 수송수요에 상응하는 수송력이 제공되도록 열차 배차간격을 설정하는 시격으로서 열차운행스케줄 설계에 가장 기초가 되는 중요한 운행시격이다.

도시철도 수송에서 일일 통행량을 분석해보면, 모든 노선이 공통적으로 목적통행 측면에서 출퇴근 시간대에 점유율이 가장 높다. 이렇게 혼잡도가 가장 높은 시간대를 RH(Rush Hour)라고 하고, 이외 시간대는 NH(Normal Hour)한다.

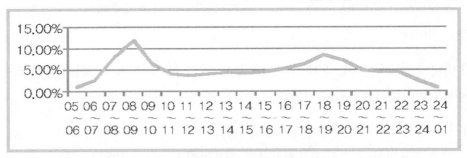

* 서울지하철 8호선 2011년 3월 기준

[그림 3-2] 시간대별 교통량 점유율

※ 출퇴근시간대(RH) 교통량 점유율 총 35.7%

출근(07:00~09:00) 약 20% + 퇴근(18:00~20:00) 약 15.7%

따라서 열차운행스케줄을 설계함에 있어, 교통량이 증가하는 RH시간대에 열차를 집중 배차하여 최대 수송력이 제공될 수 있도록 운행시격을 설정하여야 한다.

그리고 RH시간대 중 출근 시간대에는 교통량이 집중되고, 퇴근 시간대는 교통량이 분산되는 특성이 있으므로 대부분의 운영기관에서는 수요를 반영하여 출근 시간대와 퇴근 시간대의 운행시격을 다르게 설정하여 운영하고 있다.

③ **편의시격**(Convenience Headway)

편의시격은 NH시간대 수요시격을 적용하지 않고, 승객의 편의성을 위해 열차 배차간격을 얼마로 할 것인지를 결정하는 시격이다. 이러한 편의시격을 어느 정도로 할 것인지 결정하는 것은 매우 어렵다. 왜냐하면 경영 효율성 측면에서 보면 RH·NH시간대 모두 수송수요에 비례하는 수송력만 제공하는 것이 경제적이지만, 공공성 측면에서 보면 수송수요와 무관하게 도시의 대중 교통수단으로서 적정한 운행시격을 유지해주어야 하는 책무가 부여되어 있기 때문이다.

특히 최근에는 공기업의 경영실적 결과를 중요시하는 사회적 추세에서 운영비를 줄이는 방법으로 NH시간대에 운행시격을 조금이라도 늘리려는 경향이 있기 때문에 편의시격 설정에 어려움이 많다.

그러나 편의시격이 존재한다는 것은 기업의 효율성 못지않게 대중 교통수단으로서 이용자에게 편의성을 제공하여야 한다는 의미가 담겨져 있는 것이다. 또한 도시철도 운영기관을 대상으로 안전행정부 등에서 실시하는 고객서비스 만족도 평가 항목에 배차간격의 적정성이 포함되어 있는 점 등을 감안하여야 한다.

따라서 NH시간대 운행시격 설정은 수요에 대응하는 수요시격보다는 이용시민에게 제공되는 편의성을 감안하여 합리적 수준의 편의시격으로 설정하여야 한다.

④ **조정시격**(Adjustment Headway)

대부분의 도시철도 노선은 중심구간과 외곽구간이 존재한다. 이러한 조건은 구간별로 교통량의 차이를 유발시킨다. 특히 RH시간대는 구간별 교통량 차이가 더욱 심해지므로 교통량이 가장 많은 구간에 열차가 집중배차 되도록 하는 것이 효과적이다.

그러나 열차는 편성단위로 선로가 있어야 운행할 수 있기 때문에 RH시간대 시작과 동시에 교통량이 가장 많은 구간에 열차가 집중 배차되도록 운행시격을 짧게 하고, RH시간대가 끝남과 동시에 운행시격을 넓게 하는 방식으로 열차운행 스케줄을 운영하기가 어렵다.

따라서 교통량이 가장 많은 구간, 시간대에 열차가 집중배차 되도록 RH시간대 시작 이전과 종료 후에 수송수요와 관계없이 일정 시간동안 열차를 더 많이 배차하여 운행하게 된다.

이렇게 교통량 최대(Peak)시간대, 최대(Peak)구간에 대하여 열차를 집중 배차하여 효과적인 수송을 하기 위해서 수요와 관계없이 열차가 더 많이 운행되도록 설정되는 시격을 조정시격이라고 한다.

이러한 조정시격은 해당 노선의 차량기지 위치와 본선 유치선 위치에 영향을 받지만, 수요와 무관하게 발생하는 운행시격이기 때문에 조정시격이라고 한다.

⑤ **경제시격**(Economy Headway)

도시철도의 수송수요는 통상적으로 계절, 요일, 시간에 따라 변화한다. 따라서 수송수요가 감소하는 경우에 이와 연동하여 수송력이 감소되도록 열차를 투입하는 운행시격을 **경제시격**이라고 한다. 즉, 수송수요 감소에 따라 배차간격을 늘리는 것을 말한다.

실효성 있는 경제시격을 운영하려면 수송수요 변화 시마다 열차의 운행시격을 변경하여야 한다. 그러나 수송수요 변화와 연동하여 운행시격을 변경하면 잦은 열차 운행시각 변경으로 이용자에게 혼란을 안겨주는 문제점이 발생한다. 따라서 수송수요와 연동하여 경제시격을 적용하는 열차운행스케줄을 운영하는 데에는 한계가 있다.

현재 일부 도시철도 운영기관에서는 경제시격 운영을 수요감응형 운행스케줄을 운영한다고 주장하고 있으나 이는 과장된 표현이다.

왜냐하면, 운영기관에서 경제시격을 정기적으로 수송수요가 감소하는 일요일 및 공휴일과 계절별(여름철, 겨울철)에만 적용하고 있으며, 시간적 수송수요 변화에는 수요시격과 편의시격으로 대응하고 있기 때문이다.

⑥ **선형시격**(Track-Type Headway)

선로형태에 의하여 발생하는 운행시격이다. 즉, 선로의 배선 구조와 기능에 의해 제한받는 운행시격을 **선형시격**이라고 한다. 이러한 선형시격이 발생하는 사유는 다음과 같다.
- 일정한 지점에서 2개 노선으로 분기하는 배선 구조
- 차량기지 위치와 유치선 위치   • 종착역에서 회차 경로 경우의 수

따라서 선형시격이 발생하지 않도록 노선 건설계획 단계에서부터 운전계획을 통하여 검토·반영하여야 한다. 그러나 다음의 사유 등으로 불가피하게 선형시격이 존재한다.

- 노선의 건설용지 확보곤란
- 노선의 건설 지형 특수성
- 기능상 노선 중간 위치에서 분기노선 건설
- 기존 노선의 연장 건설에 따른 공사의 한계성

⑦ **정책시격**(Policy Headway)

도시철도 노선은 시민들에게 안전, 신속하고, 편리한 교통수단 제공을 목적으로 건설되지만, 한편으로 도시에 집중된 인구를 외곽으로 분산시키는 기능도 포함되어 있다.

건설 계획단계에서 노선을 선정할 때 여러 가지 요소를 검토·반영하는데 그 중에서 반드시 노선의 기능이 도시발전에 대응할 수 있도록 도시계획과 일치하는지 여부를 검토·반영하여야 한다.

이러한 사유는 건설 후 노선의 기능을 극대화하기 위해서이다. 따라서 열차의 운행시격 설정도 해당 노선의 건설목적에 부합되도록 설정하여야 한다.

즉, 일반적으로 설정하는 편의시격보다 더 짧게 운행시격을 설정하여 승객이 유입되도록 해야 한다. 이렇게 노선의 건설 목적을 달성하기 위해서 편의시격보다 더 짧은 시격으로 설정하는 운행시격을 **정책시격**이라고 한다.

이러한 정책시격의 설정은 외곽 부도심을 경유하는 노선의 개통 초기에 많이 적용하고 있다.

제2절 열차계획

본 절에서는 열차의 속도, 운전곡선도, 열차운행스케줄 설계 등에 대하여 설명한다.

2.1. 열차계획 개요

열차계획은 예측된 수송수요에 대응하는 합리적인 수송력을 창출하여 운용효율을 극대화시키는데 있다. 따라서 승객을 원활하게 수송하기 위해서는 정확한 수송수요, 수요추이, 수요파동 등을 예측할 수 있는 데이터 확보가 선행되어야 하며, 장래의 변화예측 및 지역적 사정과 시간적인 특수성 등을 고려하여 수송수요에 상응하는 수송력을 계획하여야 한다.

이러한 열차계획은 선형 및 전동차 특성 등을 반영하여 운전곡선도를 작성하여 구간별 운전시분, 전력 소모량을 산출한 다음, 산출된 데이터를 기초로 역별 정차시분을 반영하여 노선의 운행소요시간과 표정속도를 산출한다. 그리고 예측된 수송수요에 대응하는 합리적인 운행시격을 결정하여 열차운행스케줄(열차DIA)를 작성한다.

작성된 열차DIA를 근거로 전동차운행표, 열차운전시각표, 기관사근무표를 작성하며, 또한 열차운행 계획상 원활한 열차운행 및 비상대기 전동차 운영을 위한 운전설비계획 검토 등에 활용한다.

2.2. 열차 종류

열차는 본선을 운행할 목적으로 조성된 차량으로서 철도에서는 열차를 수송목적, 운행시기, 속도종별, 열차종별 등으로 다음과 같이 다양하게 구분하고 있다.

(1) 수송목적에 의한 구분

① **영업용 열차 :** 여객열차, 화물열차, 혼합열차
② **업무용 열차 :** 회송열차, 시운전열차, 공사열차, 구원열차

(2) 운행시기에 따른 구분

① 정기열차

계획된 스케줄에 의하여 정기적으로 운행하는 열차

② 부정기 열차

계획된 스케줄에 의하여 운행하거나, 정기적으로 운행하지 않고 필요에 따라 운행되는
열차로서 정해진 운전시각에 의해 운행하는 열차

③ 임시열차

계획된 스케줄없이 필요에 따라 운전시간을 정하거나, 정해진 운전시각없이 실시각으
로 운행하는 열차

(3) 속도종별에 의한 구분

철도에는 여러 종류의 동력차가 있다. 동력차별 연결량 수에 따라 운전속도가 달라지기 때
문에 열차를 속도등급으로 구분하여 운행구간의 사정구배에서 정해진 균형속도를 유지할 수
있도록 동력차별 연결 량 수에 제한기준을 정해놓고 운용하고 있다.

철도에서는 다음과 같이 속도종별을 21종으로 구분 운용하고 있다.

- 고속
- 급갑, 급을, 급병, 급정
- 혼갑, 혼을, 혼병, 혼정
- 특갑, 특을, 특병, 특정
- 보갑, 보을, 보병, 보정
- 화갑, 화을, 화병, 화정

(4) 열차등급에 의한 구분

철도에서 본선을 운행하는 모든 열차를 대상으로 운전취급상 경합 발생 시 취급 우선순위
를 정할 목적으로 다음과 같이 구분하고 있으며, 열차등급 순위는 다음과 같다.(한국철도공사

운전취급시행절차 참조)

①고속열차 ②특별급행여객열차

③급행여객열차 ④보통여객열차

⑤소화물열차 ⑥급행화물열차

⑦화물열차 ⑧공사열차

⑨회송열차 ⑩단행기관차

⑪시운전열차

도시철도 노선의 열차등급 순위는 다음과 같다.

①급행열차 ②일반열차

③공사열차 ④회송열차

⑤시운전열차

참고로 도시철도 운영기관의 운전취급규정에 운전정리의 종류 중 『**종별변경(種別變更)**』이라는 항목이 명시되어 있다. 이러한 종별변경은 다음과 같은 의미를 담고 있다.

철도에서 열차종별(Classification of a Train)은 1963년도에 제정된 「국유철도여객운송규칙」에서 유래한 것으로서 보통여객열차, 급행여객열차, 특별급행여객열차로 구분하고 있다. 이렇게 열차종별을 구분하고 있는 이유는 열차종별에 따라 운임의 차이가 있기 때문에 불가피한 사정으로 운행 도중에 열차종별이 변경되면 여객과 체결된 운송계약 조건이 변경되므로 이에 대한 정확한 기준을 명시할 필요가 있어 운전정리 항목 중 『**종별변경**』을 규정하고 있는 것이다.

그리고 한국철도공사에서는 영업열차에 대하여 운행선로, 운행속도, 정차역 등을 반영하여 KTX, 새마을호, 무궁화, 누리로, ITX 등으로 부르고 있는데 이런 호칭을 『**열차명(列車名)**』이라고 한다. 열차명은 일반인들에게 열차종별을 쉽게 인식, 구별할 수 있도록 하기 위해서 정한 것이다.

2.3. 속도 종류

현대사회에서 시간가치는 매우 중요한 경쟁력이다. 따라서 교통수단의 빠르기인 신속성 정도는 이용자가 해당 교통수단을 선택하는 기준이 되며, 또한 해당 교통수단의 수준을 결정하는 중요한 요소가 된다.

노선의 운행속도는 운전관련 시설·설비의 규모와 기능, 신호시스템의 성능과 운행차량의 성능 등으로 결정된다. 따라서 운전속도 수준(설계속도)은 해당노선의 운전설비의 기능 및 구조를 결정하는 것은 물론 건설 후 시설·설비·차량 등의 점검주기·교체주기 등을 결정하는 핵심 요인이다. 그리고 철도에서 속도는 다음과 같이 구분하고 있다.

① **운전속도**(Running Speed)

열차가 주행하는 속도이며, **운전속도** 또는 **주행속도**라 한다.

② **설계속도**(Design Speed)

해당 선로를 건설할 때 기준이 되는 **상한속도**이다.

신설 및 개량노선에서 다음 사항을 고려하여 속도별 비용과 효과분석을 실시하여 설계속도를 결정한다.

- 건설비, 차량구입비, 운영비 등
- 역간거리 및 해당노선 길이
- 장래 교통수요 등

이러한 설계속도는 도심지, 종점부, 정거장 전·후 구간은 타 구간과 같이 동일한 설계속도를 유지가 어렵거나, 동일한 설계속도를 유지할 때 경제적 효용성이 낮은 경우 구간별로 설계속도를 다르게 정할 수 있다.

③ **최고속도**(Maximum Speed)

차량 및 선로의 조건에 따라 허용되는 열차 운전의 상한속도이다. 최고속도는 설계속도 이하로 결정된다.

④ **평균속도**(Average Speed)

주행한 거리를 정차시간을 제외한 순수 주행한 소요시간으로 나눈 속도

⑤ **지시속도**(Command Speed)

자동폐색식 또는 차내신호폐색식을 사용하는 구간에서 신호기에 현시되는 속도이다. 열차는 반드시 지시속도 이하로 운전을 하여야 한다. **지령속도**라고도 한다.

⑥ **제한속도**(Limit Speed)

선로 및 설비의 조건을 사유로 안전상 특정한 장소, 일정한 구간에 한하여 최고속도 또는 지시속도 이하로 제한하는 속도

⑦ **허용속도**(Permitted Speed)

일정한 구간을 다른 신호 조건 등의 간섭없이 열차가 진행할 수 있는 속도로서 제한속도 범위 내의 속도

⑧ **표정속도**(Scheduled Speed)

해당 노선의 이동 빠르기 정도를 표현하는 속도로서 노선의 총 운행 소요시간(정차시간 포함)을 노선의 거리로 나눈 속도로서, 표정속도는 해당교통 수단의 서비스 수준을 나타내는 지표로 사용된다.

⑨ **균형속도**(Balanced Speed)

열차의 견인력과 열차저항이 서로 균형을 이루어 열차가 등속운전을 할 때의 속도

⑩ **고정속도**(Fixed Speed)

ATO시스템 적용 노선에서 열차를 자동모드로 운전 시 ATO장치가 가·감속 취급을 반복하게 되면 동력용 에너지 소비가 증가된다. 따라서 역간 운행 소요시간 충족 범위 내에서 에너지 절약에 가장 효과적인 속도를 정하여 속도제어에 반영하는데 이렇게 경제적 운전을 목적으로 정한 속도가 고정속도이다.

고정속도 값은 모든 역 구간마다 설정되며, 관제시스템에서 입력한다. 만약 관제센터 ⇄ 현장(신호기계실)간 통신 불량 시에는 현장(Local)에 설정된 값을 사용한다. 그리고 열차 지연으로 회복모드로 속도제어 시에는 고정속도 값을 적용하지 않는다.

⑪ **목표속도**(Target Speed)

ATO시스템 적용노선에서 역을 출발할 때 TWC에서 제공하는 운행방법, 고정속도 정보를 기준으로 ATO가 다음 역까지 운전하는 속도 프로파일(Profile)을 작성하여, 어느 속도까지 추진(Propulsion)을 할 것인지 결정하는 속도이다. ATO운전 제어방법에는 회복모드와 일반모드가 있는데 목표속도를 결정함에 있어 회복모드에서는 고정속도값을 반영하지 않고, 일반모드에서는 고정속도값을 반영한다.

2.4. 운전곡선도(Run Curve Diagram)

(1) 개 요

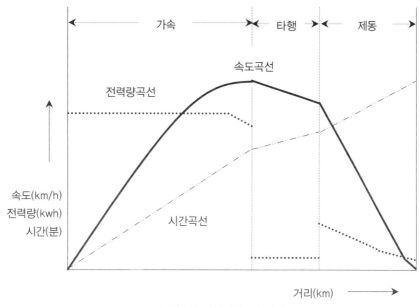

[그림 3-3] 거리기준 운전선도

운전곡선도는 정거장과 정거장 사이를 기점으로 주행패턴을 나타내는 도표(圖表)이다. 즉, 열차의 주행거리, 운전속도, 운전시분, 전력 소비량 등의 상호 관계를 2차원으로 표시한 도표이다. 위 그림과 같이 거리기준 운전곡선도인 경우 운전형태별 **속도곡선**, **전력량곡선**, **시간곡선**으로 구성된다.

(2) 운전곡선도의 종류

운전곡선도는 표시기준 또는 작성방법에 의해 다음과 같이 구분한다.

① 거리기준 운전 곡선도

X축에 거리를 Y축에는 속도·시간·전력량 등을 도시한 운전곡선도이다. 이 곡선도는 열차의 위치 파악이 용이하고, 임의의 지점에서 속도와 그 지점까지의 시간도 알 수 있는 장점이 있어 이용도가 높다. 현재 철도분야에서는 대부분 거리기준 운전곡선도를 작성하여 사용하고 있다.

② **시간기준 운전곡선도**

X축에 시간, Y축은 속도·전력량·거리 등을 도시한 운전곡선도이다. 이 곡선도는 열차의 가속도와 동력 소비량의 산출이 용이하다. 그러나 거리가 면적에 의해 표시되기 때문에 열차의 위치 파악이 어렵고 제반 운전업무의 자료로 이용하기가 불편한 단점이 있다.

③ **직접화법**

가·감속도 곡선을 거리와 속도의 관계를 유도 치환하여 그리는 운전곡선도

④ **간접화법**

작성방법에 의한 분류로서 가감속도 곡선을 기초로 구배별, 속도-거리 곡선을 만들어 구배에 따라 그 부분을 투시하여 그리는 운전곡선도

⑤ **전산작도 운전곡선도**

작성방법에 의한 분류로서 컴퓨터로 작성하는 운전곡선도이다. 종전의 운전계획담당자가 수작업으로 운전곡선도를 작성하여 사용해왔다. 그러나 작업량이 많고 정확성 측면에서 한계가 존재하였다. 이러한 문제점을 보완할 목적으로 철도건설 계획업무를 하는 일부 엔지니어링회사에서 프로그램을 개발하여 컴퓨터를 활용하여 운전곡선도를 작성하고 있는 추세이다.

(3) 운전곡선도 활용

운전곡선도는 다음과 같은 열차운행의 기초 데이터 산출을 목적으로 작성된다.
- 경제적인 주행패턴 결정 자료
- 구간별 소요시분 사정 자료
- 노선의 표정속도 결정(역별 정차시간 반영)
- 최소운행시격 검토 자료
- 종착역 반복시분 사정 자료
- 차량 소요판단 검토 자료
- 노선 건설 및 선로 개량 시 수용조건·설계기준의 검토 자료
- 운전사고 조사 시 참고자료로 활용
- 운전요원의 도상훈련 자료 등

여기서 경제적인 『주행패턴』이라 함은 열차 정시운행 가능범위 내에서 에너지 소비가 가장 적은 운행패턴을 말한다.

2.5. 열차주행성능프로그램(TPS)

(1) 개 요

TPS(Train Performance Simulation)는 역간 운전조건별 합리적인 주행패턴과 정확한 운전시간, 소비 전력량을 구하기 위하여 해당 노선을 운행하는 전동차의 성능, 선로조건, 신호조건 등의 자료를 입력하여 주행 모의시험(Running Simulation)을 하는 소프트웨어(Software)이다.

(2) 입력 데이터(Data)

① **전동차 데이터 :** 차량편성, 차량성능, 차량특성
  - 차량편성 : 열차길이, 동력축수, 열차중량, 단면적 등
  - 차량성능 : 견인력, 제동력, 최고속도, 가/감속도, 하중 등
  - 차량특성 : 주행저항, 효율/역률, 관성중량, 회생제동 등
  - 사용동력 : 전기(AC/DC, 전압)

② **선로조건 데이터 :** 정거장 위치, 각종 선로특성
  - 정거장 : 역명, km Post, 하중(승/하차 승객)
  - 선로특성 : 거리, 구배, 곡선반경, 터널구간, 분기기, 제한속도

③ **신호조건 :** 폐색구간 거리 및 구간별 지령속도, 고정속도

④ **운전조건 :** 운전모드, 역정차시간
  - 운전모드 : 전속운전(all-out), 경제운전(Coasting), 자동운전
  - 역 정차시간

(3) 활용추세

TPS는 결과물의 높은 신뢰성으로 사용이 증가하는 추세이다. 신분당선, 우이~신설 경전철, 부산~김해 경전철, 서울 7호선 연장구간 등에 활용하여 적용하였다. [그림 3-4]는 TPS 결과물의 견본(sample)이다.

구 분	운행거리 (km)	All-out(초)			ATO운전(초)			운전시간사정(초)		
		계	운전	정차	계	운전	정차	계	운전	정차
계	5.57	469.4	389.4	80.0	474.8	394.8	80.0	540.0	420.0	120.0
101→102	0.40	59.0	39.0	20.0	60.2	40.2	20.0	78.0	48.0	30.0
102→103	0.55	65.0	45.0	20.0	66.2	46.2	20.0	77.0	47.0	30.0
103→104	0.41	71.6	51.6	20.0	72.2	52.2	20.0	84.0	54.0	30.0
104→105	3.03	189.2	169.2	20.0	190.4	170.4	20.0	209.0	179.0	30.0
105→106	1.18	84.6	84.6	0.0	85.8	85.8	0.0	92.0	92.0	0.0

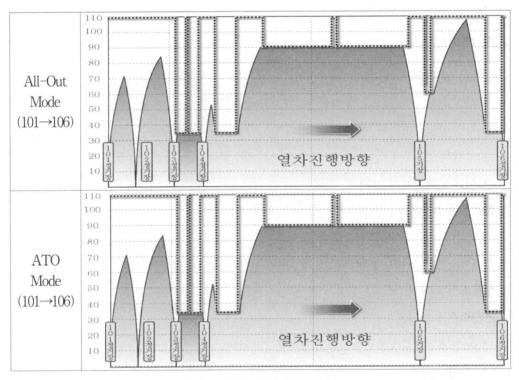

[그림 3-4] TPS 출력 운전선도 샘플

2.6. 역간 운전시간

(1) 개 요

역간 운전시간은 해당노선의 표정속도에 영향을 주는 매우 중요한 요소이다. 역간 운전시간을 적정하게 설정하지 못하고, 부족하게 설정하면 해당구간을 운행하는 모든 열차가 지연운행을 하게 되며, 여유 있게 설정하면 불필요한 저속운전을 하여야 되므로 시간과 에너지를 낭비하게 된다. 따라서 효율적이며, 원활한 열차운행이 되기 위해서는 합리적인 역간 운전시간이 설정되도록 설계되어야 한다.

(2) 운전시간의 사정(査定) 필요성

건설계획 단계에서 작성된 운전곡선도에 의해 운전시간을 산출하여 각종 계획에 활용한다. 그러나 운전곡선도를 기초로 하는 운전시간 산출은 이론적인 자료이므로 실제 열차계획에 적용하는 데는 한계가 있다.

왜냐하면, 노선 건설 시 여러 가지 제약조건 등으로 선로의 형태나 구조를 설계속도에 해당하는 기준치 이하로 건설할 수밖에 없는 사례가 발생하고, 또한 건설 후 운영단계에서도 안전운행을 저해하는 요인 발생과 각종 민원발생 등에 따른 소음, 진동 저감을 목적으로 특정구간에 대하여 설계속도 이하로 속도 제한개소를 운영하기 때문이다.

따라서 정확한 운전시간을 설정하기 위해서는 반드시 운전시간 사정(査定)을 실시하여 열차계획에 반영하여야 한다.

(3) 운전시간 측정

역간 운전시간 측정은 실측에 의한다. 측정대상 운전형태는 해당노선에서 채택하고 있는 기본 운전형태를 기준으로 측정하여야 한다. 예를 들면, 서울지하철 5·6·7·8호선의 경우 기본 운전형태가 자동모드이므로 자동모드 상태에서 측정하여야 한다.

측정방법은 초시계(Stopwatch)를 활용하여 역에서 차량의 바퀴가 구르기 시작하는 시점부터 다음 역에 도착, 바퀴가 멈추기까지 측정한 소요시간으로 한다.

이러한 측정 값은 측정하는 사람 또는 전동차 편성에 따라 약간의 편차가 발생할 수 있으므로 2명 이상이 다른 전동차 편성을 대상으로 5회 이상 측정하여 얻어진 측정값을 비교하여 대표값을 정해야 한다.

대표값 결정 이전에 이론적 근거로 산출된 운전곡선도상의 운전시간과 비교하여 그 차이가 심하면 차이 발생의 원인이 무엇인지 파악하고, 필요시 해당구간에 대하여 재측정을 실시하는 등 합리적인 운전시간이 설정되도록 신중을 기하여야 한다.

(4) 운전시간 설정

역간 운전시간 결정은 실측을 통하여 결정한 대표값에 열차운행제어시스템의 기능이 허용하는 시간구분 단위를 맞추기 위한 조정 값을 더하여 결정한다.

예를 들면, 운영기관의 열차운행제어시스템의 기능상 시간구분 최저단위를 5초 또는 10초 단위로 구분하고 있는데 최저 단위가 5초일 때 측정값이 51초~55초인 경우 조정값 4~0초를 더하여 55초로 하고, 56~60초인 경우에는 조정값 4~0초를 더하여 운전시간을 60초로 설정한다.

아울러 역간 운전시간의 정확성을 기하기 위하여 노선 개통준비 단계인 1단계 시운전기간 중에 모든 역간 운전시간을 설정하고, 반드시 2단계 시운전 기간 동안에는 설정된 운전시간의 적정성 여부에 대한 모니터링을 실시하여 운전시간이 부족하거나, 많게 설정된 구간은 재조정을 실시하여야 한다.

개통 후에도 구간별 운전속도의 변경요인이 발생하였거나, 운행 차종 및 열차운행제어시스템의 변경 등으로 기존의 운전속도에 영향을 미치는 요인이 발생하였을 경우에 해당구간에 대하여 재측정을 실시하여야 하며, 조정값 등으로 수용할 수 있는 범위 이상일 때에는 해당구간의 운전시간을 재설정하여야 한다.

참고로 역간 운전시간 설정과정에 얻어진 각종 데이터와 결과물은 열차계획에 기초가 되는 매우 중요한 자료이므로 필요 시 운전계획 업무에 활용할 수 있도록 영구 보존하여야 한다.

2.7. 정차시간

(1) 개 요

열차가 역에 정차하는 시간은 주로 이용 승객의 승·하차에 필요한 시간을 제공하는 시간이다. 그러나 열차가 정차한 경우에 열차운행에 필요한 부수작업이 가능하기 때문에 철도에서는 정차시간 설정에 승객의 승·하차 소요시간은 물론 기관차의 교체, 연료공급, 용수공급, 승무원 교대 등의 요소를 반영한다.

이러한 정차시간의 영향력을 살펴보면 정차시간이 부족할 경우 승객들의 불만이 발생하고, 승객과 소지품이 출입문에 끼이는 사고가 발생될 우려가 있으며, 특히 열차 지연 시 회복이 불가하다. 그러나 정차시간이 남게 되면 차내 승객에게 지루함을 안겨주고 표정속도가 떨어져 해당 노선의 이동속도가 현저히 저하되므로 역별 정차시간 설정은 신중을 기하여야 한다.

(2) 정차시간 설정

도시철도는 열차가 짧은 간격으로 고밀도 운행하는 특성에 부합하기 위해서 열차의 정차시간을 짧게 하는 것이 표정속도를 높일 수 있어 효율적이다.

그러나 정차시간은 승하차 교통량과 승강장 형태에 따라 결정되므로 무조건 짧게 할 수만은 없으며 다음 요소를 고려하여 설정하여야 한다.

- 승객 승·하차 소요시간
- 자동제어에 필요한 데이터 전송시간
- 여유시간

참고로 일본국철에서 정차시간에 대한 실험결과에 의하면 중형 전동차의 1개 출입문을 기준으로 10명 승차에 고상홈은 7초(0.7초/인) 소요, 저상홈은 15초(1.5초/인) 소요되는 것으로 확인되었다.

이러한 실험을 기반으로 작성된 도시철도의 노선의 정차시간 산출식은 다음과 같다.

$$\therefore \ 정차시간(Td) = \frac{P1 + P2}{(60/Th) \cdot n \cdot N \cdot F \cdot Q} + (출입문개폐시간 + 여유시간)$$

- $P1$: 각 역 시간당 승차인원
- $P2$: 각 역 시간당 하차인원

- $60/Th$: 시간당 열차횟수
- Th : 최소운전시격(분)
- η : 편성 량 수
- N : 차량의 출입문 수
- Q : 불균등 인자(0.5)
- F : 초당 승 · 하차 인원(여름 4.4인/초, 겨울 3.6인/초)

* 출처 : 서울지하철 5호선 기본설계보고서

(3) 정차시간 적용

앞에서 설명한 바와 같이 정차시간 산출식을 적용하여 각역의 정차시간을 설정하는 데에는 별다른 어려움이 없으나, 산출된 정차시간을 적용하는 데는 곤란한 점이 존재한다. 왜냐하면, 정차시간 산출식은 1시간 단위 교통량을 1시간 동안 운행하는 열차 수로 나눈 평균값이므로 1시간 동안에도 시간흐름과 역 특성에 따라 교통량에 많은 변화가 있기 때문이다.

또한 열차 지연 시 회복시간으로 작용하는 여유시간을 정함에 있어 자동(ATO) 운전을 하는 노선의 경우 지연에 대한 회복 가능시간이 정차시간에만 존재하므로 역마다 어느 값 이상의 여유시간을 적용하여야 하는데 역별로 승하차 승객수가 다르기 때문에 모든 역에 여유시간을 일정한 값으로 일괄적용하는 것도 곤란하기 때문이다.

따라서 정차시간 산출식은 건설계획 단계에서 활용하고, 운영단계에서는 서울지하철 1호선부터 적용해온 30초를 기본 정차시간으로 설정하고 있다. 이렇게 30초가 기본 정차시간으로 통용된 이유는 그 동안 30초 정차시간을 적용한 결과, 열차 운행에 별다른 문제점이 발생하지 않은 경험과 열차운행을 제어하는 각종시스템이 기능상 최소 10초 단위인 점 등이 반영된 것이다.

도시철도 운영기관에서는 일반적으로 정차시간을 중전철 노선은 30초, 경전철 노선은 20초를 적용하고 있다.

(4) 정차시간 차등화

노선의 연장거리가 길거나, 부도심 → 도심 → 부도심으로 이어지는 노선의 경우 역별 현격한 교통량 차이가 존재한다. 이런 노선에서 모든 역의 정차시간을 일괄적으로 30초로 적용하는 경우에 승하차 승객이 많은 역에서 정차시간 부족으로 열차지연이 시작되고 이로 인하여 해당 역을 기준으로 후속 열차가 밀집(Jam) 발생되어 계획된 운행간격이 유지되지 못하는 현상이 발생하는 문제점이 있다.

따라서 이와 같은 문제점을 해소하기 위해서 일부 도시철도 운영기관 노선에서는 역별 교통량을 반영하여 정차시간을 기본 역은 30초, 환승 등 교통량이 많은 역은 40초, 한가한 역은 20초로 차등 운영하고 있는 추세이다.

또한 RH시간대에 특정 역에서 승하차로 인한 열차지연과 열차가 밀집되는 현상을 방지하기 위해서 RH시간대에 운행하는 열차에 한하여 정차시간을 좀 더 길게 설정하여 운영하기도 한다. 이런 경우에는 RH시간대에 운행하는 열차는 노선 총 운행 소요시간이 늘어나고 표정속도가 저하되므로 표정속도 저하에 따른 영향 등에 대한 면밀한 검토가 필요하다.

2.8. 운행 소요시간

노선의 운행 소요시간은 해당노선의 빠르기 정도를 나타내는 표정속도를 산출하는데 사용하며, 열차가 동일한 시격으로 운행하는 경우라도 운행 소요시간에 따라 보유 편성수, 에너지 사용량 등이 달라진다. 노선의 운행 소요시간은 모든 역간 운전시분의 합과 시발역 및 종착역의 정차시간을 제외한 모든 역의 정차시간의 합이다.

$$\therefore \text{노선 운행 소요시간} = \text{모든 역간 운전시간} + \text{모든 역 정차시간}$$

2.9. 반복 소요시간

(1) 개 요

도시철도 노선의 형태를 분류하면 순환선(Circle Line)과 왕복선(Straight Line)으로 구분할 수 있다. 순환선은 선로를 내·외선으로 구분하여 열차가 항상 동일한 방향으로 운행되기 때문에 열차의 운전방향 변경이 불필요하므로 반복소요시간이 발생하지 않는다. 다만 열차번호의 소멸과 생성의 기점이 되는 역에서 열차운행스케줄상 새로운 열차번호를 부여 받아 출발하는 시각까지 정차시간이 발생하게 되는데 이러한 시간을 운전계획에서는 **출발 대기시간**으로 분류한다. 왕복선은 열차가 일관성 있는 운행방향을 유지하도록 선로를 상·하선으로 구분하여 사용하기 때문에 열차가 종착역에 도착하면 다시 반대선로의 열차로 투입되기 위해서는 운전방향 변경이 필수적이다. 이렇게 종착역에서 열차스케줄상 다음 열차로 투입하기 위해서 전동차의 운전방향 변경에 소요되는 시간을 **반복소요시간**이라고 하며, 이러한 절차를 **회차**(回車)라고 한다.

(2) 운전설비 및 회차 유형

종착역에는 반드시 회차에 필요한 운전설비가 존재하는데 이러한 회차 설비의 기능 정도는 해당노선에 적용하고 있는 최소운행시격을 수용할 수 있는 규모로 계획되어야 한다.

따라서 종착역에는 다음과 같은 시설 및 설비를 구축하여 회차 경로를 다양화하고 있다.

- 3선식 승강장
- 승강장의 전단부 및 후단부에 시저스 분기기 부설
- 인상선 2선화

종착역의 회차 유형은 다음과 같다.

① **동적회차**(Dynamic turn back)

도착한 열차가 이동하여 반대방향으로 출발이 가능한 선로로 전선(傳線)되기 위해서 회차 선로인 인상선 또는 유치선을 경유하여 회차하는 유형이다. 차량 이동으로 회차가 진행되므로 동적회차라 한다. 그리고 회차 경로가 2개 이상인 경우 선로운용 효율을 위해서 회차 경로를 번갈아 사용한다. 회차에 지정된 선로와 진로를 활용하므로 Pocket turn back이라고도 한다.

② **정적회차**(Stationary turn back)

열차가 이동하지 않고 도착한 위치에서 정차상태로 회차가 진행되므로 **정적회차**라고 한다. 역 구배 배선이 3선식, 단선식 종착역, 또는 2선식(상·하선) 배선 역에서 운전정리상 「도착선 변경」시 이루어지는 회차 방식이다. 도착한 위치에서 전부 운전실에서 후부 운전실로 마스터(Master) 기능(운전실교환)이 절체되기 때문에 회차 소요시간이 짧은 특징을 가지고 있다.

(3) 반복 소요시간 구성 요소

반복 소요시간은 다음과 같은 요인 등으로 구성되며, 시간의 흐름상 동시에 진행되는 요인은 제외하고 누적 산출하여 반영한다. 회차역 반복 소요시간은 회차 경로에 따라 약간의 차이는 있으나 8량 편성 기준 6분 이상을 적용하고 있다.

① **하차시간**

도착 승강장에서 승객의 하차에 소요되는 시간으로서 중전철에서 일반적으로 20초 이상을 반영하고 있다.

② **승차시간**

출발 승강장에서 승객의 승차에 소요되는 시간으로서 중전철에서 일반적으로 20초 이상을 반영하고 있다.

③ **운전자 이동시간**

도착방향 운전실에서 반대편운전실까지 이동소요시간으로서 보행자의 평균 이동속도(4km/h)를 기준으로 전동차 편성 길이에 따라 산출 적용한다. 8량으로 조성된 편성의 경우 약 150초를 부여하고 하고 있다.

$$\therefore \text{운전자 이동 소요시간} : \frac{160m}{4,000m/h} \times 3,600 = 144\text{초}$$

④ **선로전환기 전환시간**

전동차의 이동경로에 부설된 선로전환기의 전환시간으로서 약 10초를 반영한다.

⑤ **운전실 절체시간**

전동차의 전·후 운전실이 절체되는 시간으로서 전동차 회로구성 또는 지상신호시스템과 정보전송 등을 위한 시간이 발생되므로 소요시간이 해당노선을 운행하는 전동차 기능에 따라 차이가 있으나 중전철에서 대부분 10초 정도를 반영하고 있다.

⑥ **여유시간**

지연 도착한 열차로 인하여 반복 투입되는 열차까지 연쇄 지연이 발생하는 것을 차단하는 목적으로 적용되는 시간이다. 특히 ATO로 자동운전을 하는 노선의 경우 역간 운전시간에 열차지연을 수용할 수 있는 여유시간이 포함되어 있지 않으므로 종착역에서의 여유시간 반영은 계획지연을 방지하는 매우 중요한 요소이다.

이러한 여유시간 설정은 운행시간대에 따라 차등 적용한다. RH시간대에는 운행시격이 조밀하기 때문에 즉시 반복열차로 투입되어야 하므로 여유시간을 부여할 만큼 여유가 없다. 따라서 중전철에서 일반적으로 20초 이상을 반영하고 있다.

그러나 NH시간대에는 반복투입에 시간적 여유가 있기 때문에 전동차 운용상 별다른 문제가 없는 범위 내에서 해당시간대의 운행시격을 맞추어 여유시간을 부여한다.

⑦ 전동차 이동시간

전선(傳線)을 위한 이동경로별 소요시간으로서 전동차의 가감속도, 구간별 운전속도, 구간길이 등을 적용 산출하여 반영한다.

(4) 최소운행시격 수용여부 검토

회차 역의 배선구조가 설정한 최소운행시격을 수용하지 못한다면 병목현상이 발생하고, 후속열차가 모두 도미노 지연으로 정상운행을 하지 못하는 결과를 초래한다. 따라서 앞에서 설명한 반복운전시간 산출방식을 적용하여 다음 표를 작성하는 모의시험(Simulation)하여 반복운전의 적정여부를 분석하여야 한다.

열차 번호	① 진로			② 시간			③ 선행열차 시간차이	④ 체류 시간	비고
	도착	경유	출발	도착 시간	경유 도착	출발 시간			
0001									
0003									
0005									
0007									
0009									
0011									
참고사항	① 회차역에 도착하는 열차의 도착선, 경유선, 출발선명을 기록한다. ② 도착시간, 경유지점, 출발지점의 출발하는 시간을 기록한다. 　도착시간 및 출발시간에는 승객 승하차 시간을 반영한다. ③ 선행열차 출발시간과 차이 시간을 기록한다. ④ 도착시간부터 출발시간까지의 총소요시간을 산출 기록한다.								

만약에 회차 역의 운전설비가 설정한 최소운행시격을 수용하지 못하는 경우, 회차할 때 발생하는 운전자의 도착 운전실에서 반대방향 운전실까지 이동시간을 줄이는 방법으로 도착열차의 입환(入換)을 담당하는 운전자를 배치하여 운영하는 방법 또는 시스템(무인회차기능)을 활용하는 방법으로 보완할 수 있다.

2.10. 전동차 이동시간 산출

(1) 개 요

종착역 등에서 전동차 이동시간은 해당 노선의 기본 운전계획 및 조건을 적용하여 다음과 같이 산출한다.

▶ **기본 운전계획 및 조건**

- 신호방식 및 첨두 운행시격 : 자동운전, 4.0분
- 열차편성 : 8량(160m)
- 제한속도 : 35km/h(#10 편개) → ATO운전 32km/h
- 운전설비 : 전단 건넘선, 후단 시저스(Scissors) 설치
- 운전경로 : 하선승강장 ②(하차) → 인상 및 인출 ③
  → 상선승강장 ④(승차) → 발차 ⑤
- 안전 제동거리 확보, 진로개통 시 신호조건에 따라 운전

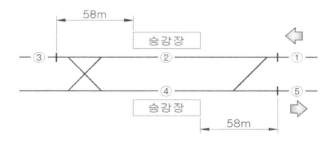

[그림 3-5] 종착역 배선 구조

(2) 인상시간 (② → ③진로) 산출

▶ **속도에 따른 거리 산출**

- 총거리[S] : 218m(인상거리 58m + 차량길이 160m)
- S1(가속 거리) : 47m

$$\therefore S1 = \frac{V^2}{7.2 \times \alpha(\text{가속도})} = \frac{32^2 km/h}{7.2 \times 3.0 km/h/s} \fallingdotseq 47m$$

- S3(감속 거리) : 41m

$$\therefore S3 = \frac{V^2}{7.2 \times d(\text{감속도})} = \frac{32^2 km/h}{7.2 \times 3.5 km/h/s} \fallingdotseq 41m$$

- S2(등속 거리) : 130m

$$\therefore \text{S0-S1-S3}=218m\text{-}47m\text{-}41m=130m$$

▶ **구간별 소요시간 산출**

- T1(가속 시간) : 약 11초

$$\therefore T1 = \sqrt{\frac{7.2 \times S1}{\alpha}} = \sqrt{\frac{7.2 \times 47m}{3.0 km/h/s}} \fallingdotseq 11\text{초}$$

- T2(등속 시간) : 약 15초

$$\therefore T2 = \frac{S2}{V} \times 3.6 = \frac{130m}{32km/h} \times 3.6 \fallingdotseq 15\text{초}$$

- T3(감속 시간) : 약 9초

$$\therefore T3 = \sqrt{\frac{7.2 \times S3}{d}} = \sqrt{\frac{7.2 \times 41m}{3.5 km/h/s}} \fallingdotseq 9\text{초}$$

$$\therefore \text{총소요시간} = T1 + T2 + T3 + \text{연산시간} = 11\text{초}+15\text{초}+9\text{초}+5\text{초}=40\text{초}$$

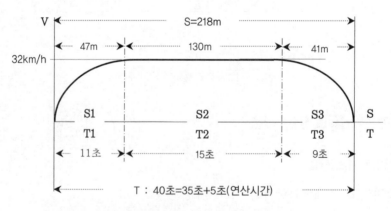

[그림 3-6] 인상구간 거리 및 소요시간

(3) 인출시간(③ → ④진로) 산출

일반적으로 인상시간 동일(총거리[S] 218m 적용) : 40초 적용

(4) 개통시간(④ → ⑤진로) 산출

▶ **속도에 따른 거리 산출**

- 총거리[S] : 218m(인상거리 58m + 차량길이 160m)

- S1(가속 거리) : 82m

$$\therefore S1 = \frac{V^2}{7.2 \times a(가속도)} = \frac{42^2 km/h}{7.2 \times 3.0 km/h/s} \fallingdotseq 82m$$

- S2(등속 거리) : 136m(S-S1=218m-82m)

▶ **구간별 소요시간 산출**

- T1(가속 시간) : 약 14초

$$\therefore T1 = \sqrt{\frac{7.2 \times S1}{\alpha}} = \sqrt{\frac{7.2 \times 82m}{3.0 km/h/s}} \fallingdotseq 14초$$

- T2(등속 시간) : 약 12초

$$\therefore T2 = \frac{S2}{V} \times 3.6 = \frac{136m}{42km/h} \times 3.6 \fallingdotseq 12초$$

$$\therefore 총소요시간 = T1 + T2 + 연산시간 = 14초+12초+5초=31초$$

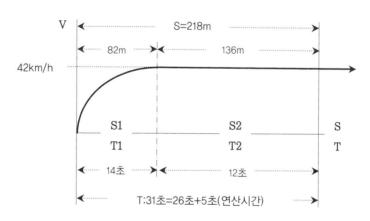

[그림 3-7] 출발(개통)구간 거리 및 소요시간

2.11. 최소운행시격(Minimum Headway) 산출

(1) 개 요

최소운행시격이란 앞·뒤 열차간 간격제어를 위한 감속제동이 필요하지 않는 진행 지시신호에 의해 정상적으로 운행할 수 있는 **최소간격**에 대한 **시간차**이다.

(2) 최소운행시격 결정요인

철도를 건설하고자할 때에는 반드시 건설계획 검토단계에서 해당 노선의 최소운행시격을 어느 수준으로 할 것인지를 결정하여야 한다. 왜냐하면, 최소운행시격의 수준 정도에 따라 건설하고자 하는 시설수준과 설비수준이 달라지므로 결과적으로 건설비용에 막대한 영향을 주기 때문이다. 따라서 노선의 최소운행시격을 결정함에 있어 수송수요에 대응하는 수송력이 제공될 수 있는 범위 내에서 합리적 수준으로 결정되도록 신중을 기하여야 한다.

최소운행시격에 영향을 주는 요인은 다음과 같다.
- 폐색시스템 성능 수준(열차 간격제어 방식)
- 차량 성능(가속도, 감속도 수준)
- 차량 길이
- 정거장 정차시간
- 폐색구간 길이
- 선로 조건(가울기·곡선·선로구조 정도)

(3) 폐색구간 길이

ATC폐색시스템을 채택하고 있는 노선의 경우 폐색구간 길이는 [그림 3-8]와 같이 200m 내외를 표준으로 하고 있다. 그러나 역간 거리, 선형조건 등의 요인에 의하여 약간씩은 가감된다.

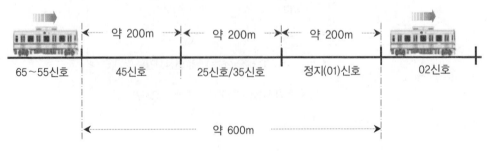

[그림 3-8] 도시철도구간의 폐색구간 거리

만약 폐색구간의 길이가 200m보다 짧거나 긴 구간에 대해서는 [그림 3-9]처럼 진행신호 또는 주의신호에 해당하는 지시속도 현시계열을 다단계 방식으로 운영하여 보완한다.

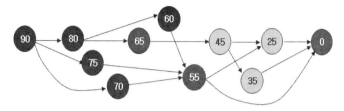

[그림 3-9] 서울지하철 6호선 지시속도 현시계열

따라서 본선을 운전할 때 앞뒤 열차의 간격은 지시속도에 의해서 통제되기 때문에 정상속도로 운행 할 수 있는 간격은 [그림 3-8]과 같이 최소 600m이다. 따라서 600m를 지시속도 45km/h로 주행하여도 소요시간은 약 50초 이내이므로 본선구간에서 최소운행시격 산출은 무의미하다. 참고로 최근 열차운행제어방식은 무선통신을 기반으로 하는 *CBTC시스템으로 발전하는 추세이다.

CBTC시스템은 선행열차의 위치·속도가 후속열차에 전달되므로 후속열차는 선행열차의 정보와 자신의 위치·주행속도를 연산하여 선행열차와의 안전거리를 확보하는 one Point 제동제어방식으로 제어된다. 따라서 폐색구간을 나눌 필요가 없는 이동폐색방식이므로 최소운행시격 산출 시 폐색구간의 길이를 감안하지 않는다.

(4) 최소운행시격 산출

도시철도 노선은 신호시스템에 따라서 조금씩 차이는 있으나 선행열차의 운행위치에 따라 신호시스템에 의하여 자동적으로 지시속도를 제공하는데 선행열차와 간격이 조밀해지면 안전거리 확보를 위해서 진행신호에서 주의신호(45km/h) → 경계신호(35~25km/h) → 정지신호 단계로 지시속도가 현시된다.

따라서 최소운행시격은 선행열차와 거리 간격으로 인하여 운행속도 제한을 받는 병목현상(Jam)이 발생되지 않는 상태를 기준으로 산출하여야 하므로 주의(45)신호 이상의 지시속도를 기준으로 하여야 한다. 그리고 열차가 역에 정차함에 따라 감속·정차·가속으로 소요시간 증가 요인이 발생하므로 노선의 최소운행시격은 역 정차를 기준으로 산출한다. 따라서 [그림

---

*CBTC : Communications Based Train Control

3-10]과 같이 선행 열차인 제1열차가 「가」역에 진입하여 승강장에 정차한 후 승객의 승하차를 마치고 출발한 다음, 후속열차인 제3열차가 정상속도로 「가」정거장에 진입할 수 있는 데까지 소요되는 시간을 산출하여야 한다.

참고로 정거장 구내를 2개 폐색구간으로 분리하는 것은 역 정차시간으로 인한 최소운행시격을 최소화하기 위한 대책이다.

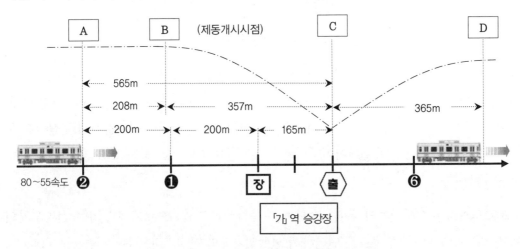

[그림 3-10] 최소운행시격 산출

▶ 전동차 성능 적용 데이터

최소운행시격을 산출하기 위해서 서울지하철 5~8호선에 적용한 전동차 성능 데이터는 다음과 같다.

- 가속도(α) : 2.5km/h/s(0.69m/s2) → 0~80km/h까지 평균 가속도
- 감속도(d) : 2.7km/h/s(0.75m/s2) → ATC장치 보증 감속도
- 소요시간 산출 공주시간 : 3.0초
  (ATC 제동지령 출력 → 추진차단 → 제동 작용까지 소요시간)
- 제동거리 산출 공주시간 : 1.2초(상용제동 공주시간 설계값)
  * 전동차 성능 Data값은 노선의 폐색구간 설계값을 적용한다.

▶ 구간별 소요거리 산출

① A~B까지 거리 : 208m(3개 폐색구간 거리 565m-㉯제동거리)
② B~C까지 거리 : 357m(80km/h→0km/h까지 제동거리)

$$\therefore \ S = 공주거리 + 실제동거리 = (\frac{v}{3.6} \times t) + (\frac{v^2}{7.2 \times d})$$

$$= (\frac{80km/h}{3.6} \times 1.2초) + (\frac{80^2 km/h}{7.2 \times 2.7km/h/s}) = 27m + 330m = 357m$$

③ C지점에서 정차시간

④ C~D까지 거리 : 365m(1폐색구간 거리 + 열차길이)

▶ **구간 거리별 소요시간**

① 구간 A~B까지 208m → 80km/h 주행 소요시간 : 약10초

$$\therefore \ 시간 = \frac{거리}{속도} = (\frac{208m}{80km/h} \times 3.6) = 9.36초$$

② 구간 B~C까지 272m → 80km/h~0km/h 소요시간 : 약 35초

$$\therefore \ 공주시간 : 3초$$

$$\therefore \ 제동시간(t) = \frac{v2 - v1}{d} = \frac{80km/h}{2.7km/h/s} ≒ 30초$$

③ C지점에서 정차시간 : 30초

④ 구간 C~D까지 360m 주행 소요시간 : 약 35초

$$\therefore \ T(가속시간) = \sqrt{\frac{2 \times S}{\alpha}} = \sqrt{\frac{2 \times 365m}{0.69m/s^2}} = 33초$$

$$\therefore \ ㉮ \ 10초 + ㉯ \ 35초 + ㉰ \ 30초 + ㉱ \ 35초 = 총110초$$

그러나 총 소요시간 110초에 여유시간 10초(선로전환기 전환 및 속도코드 전송 등 연산시간 포함)를 합하면 ATC폐색시스템 도입 노선의 최소운행시격(설계시격)은 120초이다.

2.12. 열차번호

(1) 개 요

모든 열차는 열차계획·운행제어 및 통제·운행실적을 정확하게 구분 관리하기 위해서 고유번호를 부여한다. 이러한 열차번호는 기본적으로 1일을 기준으로 운영되며, 열차가 시발하는 역에서 부여하고, 행선지상 최종 목적지에 도착하면 소멸된다.

(2) 부여기준

- 모든 열차마다 각각 다른 번호 부여
- 시발역에서 종착역까지 동일한 열차번호 부여
- 동일노선의 열차번호는 열차 생성 시간적 순서에 의해 순차 부여
- 선로별, 방향이 다른 2개 이상 구간을 운행하는 열차는 시발역을 기준으로 부여
- 운행노선별로 구분할 수 있도록 부여
- 행선지 및 운행방향을 구분할 수 있도록 부여
- 열차등급을 구분할 수 있도록 부여
- 정기 또는 부정기 열차를 구분할 수 있도록 부여

(3) 열차번호의 기능

해당노선의 총 운행횟수를 감안하여 열차번호의 자리수가 결정된다. 도시철도운영기관 대부분 노선마다 1일 열차 운행횟수가 500회 이내이므로 열차번호는 천단위수(****)로 운영하고 있으며 서울특별시도시철도공사에서 운영하고 있는 열차번호의 기능은 다음과 같다.

- 운행노선 : 천자리수로 구분 → 5***, 6***, 7***, 8***
- 영업열차 : 백자리수로 구분 → *001~*899
- 회송열차 : 천자리수로 구분 → *901~*999
- 임시열차 : 천자리수로 구분 → *501~*899
- 행선지 : 백자리수로 구분 → 5001~5499(상일동~방화), 5501~5899(마천~방화)
- 하행열차 : 홀수로 구분 → ***1, ***3, ***5, ***7, ***9
- 상행열차 : 짝수로 구분 → ***2, ***4, ***6, ***8, ***0

그리고 운영기관이 다른 열차가 운행되는 직통운전 노선에서는 소속기관을 구분하기 위해서 해당기관을 상징하는 알파벳 첫 글자를 열차번호 앞에 붙여(K4001열차, S4003열차) 구분하고 있다.

2.13. 열차DIA(Train Diagram)

(1) 개 요

열차DIA는 [그림 3-11]처럼 노선에 대한 1일 모든 열차의 운행스케줄을 한 장의 도표로 나타내는 그래프이다. 이렇게 열차운행스케줄을 한 장의 그래프로 나타내는 것은 시간적 흐름을 기준으로 열차의 이동상태를 거리(역별)로 선으로 표시하여 노선의 모든 열차의 운행상태를 쉽게 알아볼 수 있도록 한 것이다.

- 운행선의 기울기 : 열차의 빠르기
- 운행선의 색 또는 형태 : 열차의 종별
- 운행선의 기울기 변화 : 역 정차 표시
- 운행선의 간격 : 운행시격 차이

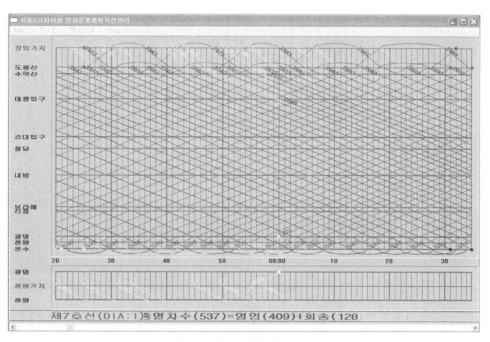

[그림 3-11] 서울지하철 7호선 열차DIA

(2) 열차DIA의 정보

열차DIA를 기본적으로 가로(X)축은 시간기준, 세로(Y)축은 거리(역) 기준으로 표시하며, 열차DIA에는 다음과 같이 많은 정보가 담겨져 있다.

- 정거장간 거리
- 열차종별

- 열차의 운행방향
- 운행시격
- 역별 정차시간
- 입·출고 여부 및 횟수
- 종착역의 반복시간 및 반복열차

- 열차 운행 위치별 운행시각
- 정차역
- 교행위치
- 유치역 및 유치선 진·출입 시각
- 노선에 운행되는 열차의 수

(3) 열차DIA 구분

열차DIA는 가로축의 시간선 기준 또는 열차운행선 표시형태에 따라 구분하고 있다. 가로축의 시간선 단위 기준으로 열차DIA를 구분하게 된 동기는 수작업으로 열차DIA 작성 시 많은 시간과 노력이 필요하기 때문에 사용용도에 적합한 열차DIA를 작성하기 위해서이다.

그러나 최근에는 열차DIA 작성 전용프로그램이 개발되어 컴퓨터로 작성되기 때문에 작업이 한결 수월해졌다. 따라서 열차DIA가 필요 시 언제든지 손쉽게 작성이 가능하므로 열차DIA를 시간선 기준으로 구분하지 않고 있는 추세이다.

또한 대부분의 운영기관에서 사용하고 있는 열차DIA 작성용 프로그램은 시간선 단위 기준값이 1분으로 고정되어 있으나, 최근 개발되는 프로그램은 사용자가 시간선 단위 기준값을 용도에 맞게 변경 설정할 수 있는 기능이 구비되어 있다.

(4) 시간선 기준 열차DIA 종류

시간선 기준 열차DIA의 종류 및 용도는 다음과 같다.

① 1시간DIA

시간선 기준값을 1시간 단위로 작성한 DIA로서 노선 전체의 열차상태를 파악하는 데는 용이하지만 각 역의 열차 운전시각을 정확하게 표시할 수 없다. 따라서 장기계획, 시각개정의 구상, 차량 운용계획 등에 활용된다.

② 10분DIA

시간선 기준값을 10분 단위로 작성된 DIA로서 열차 운행횟수가 많은 노선에서 1시간 단위 열차DIA를 대신하여 같은 목적으로 활용된다.

③ 2분DIA

시간선 기준 값을 2분 단위로 작성된 DIA로서 일반적으로 철도 일반열차 등의 운행계획 수립에 사용되며, 시각개정 작업이나, 임시열차 계획 등 정확한 시간을 표시할 필요가 있을 때 활용된다.

④ 1분DIA

시간선 기준값을 1분 단위로 작성된 DIA로서 열차운행 밀도가 높은 수도권 전철 및 지하철 구간의 운행계획과 열차 운전정리 검토용 등으로 활용된다.

(5) 운행선 기준 열차DIA 종류

운행선 기준의 열차DIA의 종류 및 용도는 다음과 같다.

① Net(망)DIA

열차의 운행선이 교차 표시된 DIA이다. 즉, 동일구간에서 열차등급이 다른 열차가 운행될 때 특정 역에서 후속열차가 선행열차를 대피하는 경우 주행선이 서로 교차하게 표시되므로 운행선의 형태가 배구네트와 같다고 하여 네트 DIA라고 한다.

② 평행DIA

선행열차와 후속열차의 주행선이 중간에서 교차하지 않고 평행을 유지하는 DIA이다. 동일한 속도등급의 열차만 운행되는 도시철도 노선의 열차DIA는 평행DIA에 해당한다.

또한 복선구간에서 열차의 속도등급의 차이가 있는 화물열차와 여객열차가 운행하는 경우에는 열차 간 속도 차이로 인하여 필연적으로 특정 역에서 화물열차가 대피하게 된다. 이러한 대피는 선로용량의 감소요인이 되므로 선로용량을 최대한 활용하기 위해서 화물열차에 정해진 견인정수보다 적게 연결하여 여객열차와 동일한 속도로 운전하도록 운영하고 있는 경우가 있는데 이런 경우 열차운행스케줄을 나타낸 열차DIA의 주행선은 평행이 유지되므로 평행DIA라고 한다.

③ 규격DIA

열차의 운행선이 정해진 일정한 규격으로 표시된 DIA로서 도시철도 노선의 대부분 열차DIA가 이에 해당된다.

철도구간에서는 선로용량이 한계에 도달한 구간에서 속도등급이 다른 열차를 운전할 때 선로용량을 효율적으로 사용할 목적으로 일정하게 1시간 동안 여객열차는 20분 간격으로 3회, 화물열차는 여객열차 사이에 2회 운행하도록 규격을 정해놓고 운영하는 경우가 있다. 이런 열차운행 스케줄인 경우에 주행선이 정해진 규격대로 작성되므로 규격 DIA라고 한다.

2.14. 열차DIA 설계

(1) 개 요

열차DIA 설계는 사실상 열차운행 스케줄을 작성하는 절차이다. 설계 작업은 건설 당시에 제작업체에서 관제시스템과 포함하여 공급되는 TSP(Train Schedule Program)를 활용하여 컴퓨터로 작성한다.

열차DIA 설계는 앞에서 설명한 운전곡선도(Run Curve)를 통해서 산출된 역간 소요시간, 역별 정차시간, 열차별로 시발역 출발시간, 종착역 도착시간을 입력 작성한다.

열차DIA 설계 작업결과는 시간흐름에 따라 모든 열차의 운행선을 나타내는 도표인 「열차 DIA」와 열차마다 역별 운행시각을 확인할 수 있는 「시각표」가 생성된다. 또한 출고에서 입고까지의 전동차의 운행행로를 나타내는 「전동차운행표」가 작성된다.

(2) 열차DIA 설계 시 준수사항

열차DIA 설계 시에는 앞에서 설명한 제한성 수용원칙, 수송수요 수용원칙, 효율성 확보원칙의 순으로 우선순위를 적용하여 수송수요에 대응하는 합리적인 수송력이 제공되도록 설계하여야 한다.

즉, 선로용량 범위 내에서 열차 상호간 지장이 없도록 하고, 수송수요에 적합하며, 짧은 시간의 지연을 수용할 수 있도록 탄력성 있게 다음 사항을 준수하여야 한다.
- 운전계획 수립원칙 준수
- 수송수요에 대응하는 합리적인 수송력 제공
- 열차 상호 지장 방지

- 열차 지연에 대한 탄력성 확보

(3) 열차DIA 설계 시 고려사항

합리적인 열차DIA가 설계되기 위해서는 다음 사항을 사전에 검토 반영하여야 한다.

① 전동차 운용 한계 준수

본선에 투입되는 열차는 보유 편성수를 기준으로 정해진 예비율의 편성수를 제외한 편성수가 투입되도록 설계한다.

② 수요시격 설정

노선에 최대로 많은 열차가 배차되는 RH시간대 수요시격은 해당노선의 최소운행시격에 여유시간을 더하여 설정하여야 한다.

$$\therefore 수요시격 = 최소운행시격 + 여유시간$$

이렇게 여유시간을 더 해주는 이유는 노선의 최소운행시격이 설계시격이므로 최소운행시격이 120초인 노선에서 운행시격을 120초로 설정할 경우에 한개 열차라도 계획된 시간보다 지연이 발생한다면 지연유발 열차부터 병목현상이 발생하여 모든 후속열차가 도미노 지연이 유발되기 때문이다.

특히 출근 RH시간대 승하차 인원이 가장 붐비는 시간대라서 열차의 정차시간이 최소운행시격 산출에 반영된 정차시간(통상 30초적용)을 초과할 경우에는 필연적으로 해당 역부터 병목현상이 발생되어 모든 열차가 지연되고 이러한 지연은 운행시격이 넓어지는 시간대까지 회복되지 못한다.

그리고 매일마다 특정 역에서 특정 열차부터 상습 지연이 발생하는 문제점이 발생한다. 따라서 이러한 문제점이 발생되지 않도록 반드시 운행시격 설정 시 최소운행시격에 합리적인 여유시간을 더해 주어야 한다.

참고로 현재 서울지하철 7호선의 경우 최소운행시격 2분으로 건설되었으나, 여유시격 30초를 더하여 출근 RH시간대 수요시격을 2분30초로 열차DIA를 설계하고 있다.

③ 편의시격 설정

편의시격은 NH시간대 열차의 배차간격을 얼마로 할 것인지를 결정하는 시격이다. 편의시격 설정은 이용자의 편리성 측면과 경영 효율성 측면이 경합되기 때문에 시격 결정이 매우 어렵다. 따라서 편의시격을 설정할 때 다음 사항을 검토·반영하여 합리적인 시격이 설정되도록 하여야 한다.

- 대중 교통수단의 기능 유지
- 환승노선의 운행시격
- 해당 노선이 속하는 도시의 교통수단별 교통량 점유율
- 해당 노선이 속하는 도시의 교통량의 목적별 통행량 점유율
- 해당 노선 중심구간의 지상부 주요노선 버스 배차간격

참고로 현재 대부분 서울시 지하철 노선에서 편의시격은 시계내구간은 10분 이하, 시계외구간은 10분 이상으로 설정하여 운영하고 있다.

④ 효과적인 집중배차

수송수요가 가장 많은 출근 RH시간대에 노선에서 혼잡도가 가장 높은 구간에 열차가 집중배차될 수 있도록 설계한다.

⑤ 운행 간격 균형유지

영업시간 중에는 노선에 운행하는 열차가 가급적 전 구간에 걸쳐 균일한 간격을 유지하면서 운행되도록 설계한다.

특히 야간에 본선 유치 전동차를 효과적으로 배치하여 영업개시 후 빠른 시간 내 또는 영업 종료시간 전까지 전 구간에 열차가 균형있게 운행되도록 설계한다.

⑥ 합리적인 첫차·막차 배차

첫차와 막차의 운행시간 결정은 계획된 영업개시 및 종료시간을 준수하는 범위 내에서 환승역마다 타 노선의 연계수송을 고려하여 배차되도록 한다.

여러 환승역이 존재하는 노선의 경우 노선별 운행개시 및 종료시간, 환승방면의 거리, 다른 교통수단의 유무 등을 감안하여 조화롭게 설계한다.

⑦ **환승노선과 운행시격 유지**

운행시격은 가급적 환승노선의 운행시격과 일치되도록 설정하여야 한다. 특히 RH시간대에 2개 열차의 환승 승객이 1개 열차로 환승하는 수송파동이 발생되지 않도록 설계한다. 여기서 여러 환승역이 존재하는 노선의 경우 운행시격의 조화는 교통량이 많은 주요 노선의 환승역을 우선으로 한다.

⑧ **주요 역의 승객동선 혼잡도 완화**

노선의 역별 혼잡도 순으로 반영하여 해당 역에 상·하행 열차가 가급적 동시에 정차하지 않도록 설계하여 승강장과 환승통로의 혼잡완화는 물론 승강설비에 부하가 가중되지 않도록 설계한다.

⑨ **입·출고 전동차 편성의 균형유지**

매일 차량기지에서 출고하는 편성수와 입고하는 편성수가 동일하도록 설계한다. 또한 차량기지가 2개 이상 존재하는 노선의 경우 각각의 차량기지별로 출고 편성수와 입고 편성수가 일치하도록 설계한다.

⑩ **전동차 본선 체류시간 한계 준수**

본선에서 주박한 전동차는 본선 체류가 연속되지 않고 다음날 입고되고, 가급적 오전 중에 입고가 될 수 있도록 설계한다.

⑪ **차량운용의 유연성 제공**

차량 운용의 유연성을 제공하기 위하여 일부 편성은 출고 후 짧은 시간을 운행하고 입고하도록 설계한다.

⑫ **종착역에서 반복 투입시간 충족**

열차가 종착역 도착 후 일부는 회송으로 차량기지로 입고되고, 대부분의 전동차는 본선 영업열차로 투입된다.

이렇게 종착역에서 다시 열차로 투입되는 것을 반복투입이라고 하는데 열차가 종착역 도착 후 다른 열차로 투입되기까지의 시간설정은 해당 종착역의 배선 기능을 반영하여 반복 소요시간 이상이 되도록 설계한다.

(4) 열차DIA 작성 흐름표(Flowchart)

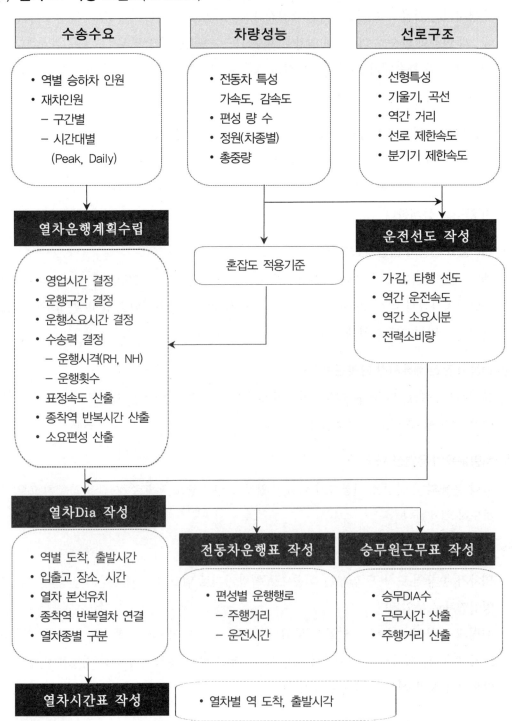

수송수요	차량성능	선로구조
• 역별 승하차 인원 • 재차인원 – 구간별 – 시간대별 (Peak, Daily)	• 전동차 특성 가속도, 감속도 • 편성 량 수 • 정원(차종별) • 총중량	• 선형특성 • 기울기, 곡선 • 역간 거리 • 선로 제한속도 • 분기기 제한속도

열차운행계획수립

혼잡도 적용기준

운전선도 작성

• 영업시간 결정
• 운행구간 결정
• 운행소요시간 결정
• 수송력 결정
 – 운행시격(RH, NH)
 – 운행횟수
• 표정속도 산출
• 종착역 반복시간 산출
• 소요편성 산출

• 가감, 타행 선도
• 역간 운전속도
• 역간 소요시분
• 전력소비량

열차Dia 작성

전동차운행표 작성

승무원근무표 작성

• 역별 도착, 출발시간
• 입출고 장소, 시간
• 열차 본선유치
• 종착역 반복열차 연결
• 열차종별 구분

• 편성별 운행행로
 – 주행거리
 – 운전시간

• 승무DIA수
• 근무시간 산출
• 주행거리 산출

열차시간표 작성

• 열차별 역 도착, 출발시각

제3절 차량계획

본 절에서는 운전계획을 바탕으로 해당노선의 차종선택, 보유량 수, 차량의 운용 등의 차량계획에 대하여 설명한다.

3.1. 차종선택

(1) 개 요

교통수단의 3요소의 하나인 운반구에 해당하는 차량은 해당노선에 대한 안전수준은 물론 고급화 정도, 편의수준 등 노선의 가치를 평가하는 중요한 요소이다. 이러한 차종선택은 건설계획 단계에서 검토하는데 건설비와 운영비에 막대한 영향을 미치므로 기본적으로 해당노선의 특성인 다음사항을 반영하여 결정한다.

- 철도종류 : 고속철도, 일반철도, 도시철도 등
- 수송목적 : 통근용, 여행용, 단거리, 장거리 등
- 수송수요 : 수송수요에 대응하는 수송력(편성 연결 량 수)
- 시설특성 : 선로의 구조, 노선의 길이, 차량기지의 규모 등

(2) 차종선택

도시철도 운영기관의 차종선택은 1차로 예측된 수송수요에 부합하는 수송력 제공이 가능한 「**차량 규모**」를 검토하고, 2차로 검토된 수송력 제공이 가능한 범위에 상응하는 「**성능수준**」을 검토하여 차종을 선정하고 있다.

▶ **차량규모 선정 시 고려사항**
- 개통 단계별, 최종 개통 목표년도 최대 혼잡구간 첨두시 통과인원

- 차종별 승차인원을 수용하는 객실면적(량, 편성 단위별)
- 수용 가능한 시설범위 내의 운전계획상 편성당 최대 수송력
- 해당노선의 혼잡도 기준

▶ **성능수준 선정 시 고려사항**

- 차량의 제작비
- 차량의 유지비용
- 차량의 정비 및 관리 인력 운영
- 에너지 사용 효율
- 해당노선의 자동화 목표 수준
- 차량의 유지관리 기술 확보
- 신호 · 통신 · 열차운행통제시스템과 인터페이스 기능
- 차량의 안전성, 쾌적성, 편의성 등
- 국내외 도시철도기관의 적용 사례
- 이용주민의 문화특성

(3) 차량 확보

철도차량은 구매자 요구에 의해 제작되므로 제작기간이 소요되기 때문에 구매 즉시 차량이 반입되지 않는 특성이 있다. 또한 제작 후 법령에 규정된 형식 · 성능시험을 실시하여 통과하여야 하므로 상당시일이 소요된다. 따라서 노선 건설계획 검토단계에서 차량의 반입시기를 정확하게 결정하고, 결정된 반입시기에 차량이 반입될 수 있도록 신중히 검토하여야 한다.

아울러 단계적으로 개통하는 노선, 그리고 수송수요 증가로 수송력 증강이 필요하거나, 노선의 개량으로 증차가 필요한 경우에도, 필요한 시기에 신조 전동차가 반입될 수 있도록 증차계획에 반입 소요기간을 반영하여야 한다.

3.2. 편성 연결량수

전동차 편성의 연결량 수는 건설계획 단계에서 결정된다. 연결량 수의 결정에 가장 중요한 영향을 주는 요소는 해당 노선의 수송수요이다.

열차는 안전을 위해 항상 일정한 간격유지가 필수적이다. 노선마다 열차운행통제시스템의

기능에 따라 앞·뒤 열차간 최소한의 간격유지 기준인 최소운행시격이 존재하며, 열차는 최소 운행시격 이내로 배차할 수 없다.

따라서 수송수요에 대응하는 수송력을 제공하기 위해서는 열차운행의 안전이 보장되는 운행시격(최소운행시격+여유시간)을 기준으로 열차가 1회 운행 시 얼마 정도의 수송력을 제공하여야 수송수요를 감당할 수 있는지를 산출하여 편성을 조성하는 연결량 수를 몇 량(4량, 6량, 8량, 10량)으로 할 것인지를 결정하여야 한다.

이렇게 결정된 편성의 연결량 수는 다음 같은 영향을 미친다.
- 정거장의 승강장 길이
- 열차의 안전거리
- 궤도의 점유 시간(각종 운행소요시간 산출 적용)

아울러 현재까지 우리나라의 모든 운영기관의 전동차 편성은 고정 상태(고정편성)로 운영하고 있다.

3.3. 보유 편성수 산출

(1) 개 요

전동차는 적정한 편성수를 보유하여야 한다. 보유 편성수를 과다하게 책정하면 차량기지의 유치선 추가 건설 및 유지관리에 필요한 소요인력 증가로 건설비용과 운영비용이 증가되고, 과소하게 책정하였을 경우에는 수송수요에 대응하는 수송력 제공이 불가하여 원활한 영업활동에 지장이 초래된다. 따라서 건설계획 단계에서 적정한 보유 편성수가 책정되도록 신중을 기하여야 한다.

(2) 전동차 보유 편성수 등 산출

전동차의 보유 편성수는 다음 요소에 의해 결정된다.
- 운행시격(최소운행시격 기준)
- 표정시분(표정속도)
- 종착역 반복시간의 장단

- 예비율

건설계획 단계에서 보유 편성수 산출 검토 시 노선이 일정기간을 두고 단계별 건설되는 경우에는 보유 편성수의 책정도 개통 단계별로 반입되도록 계획을 수립하여야 한다. 그리고 신규 노선에서는 새로운 시스템과 신조 전동차를 운용하게 되므로 안정단계까지 상당기간 차량고장이 빈발하므로 예비 전동차의 활용이 증가된다.

따라서 단계별로 개통되는 노선의 경우 개통단계에서 예비율은 최종 예비율보다 높은 예비율을 적용하여 책정한다. 단, 최종 건설년도에 기준 예비율을 초과하지 않는 범위 내로 책정하여야 한다.

전동차 보유 편성수 산출 기본식은 다음과 같다.

$$\therefore \text{보유 편성수}(N) = \frac{(T+t) \times 2}{P} + \text{예비율}$$

> - T : 표정시분(분)
> - t : 양단역의 회차시분(분)
> - P : 최소 운행시격(분)

(3) 소요 편성수 산출

실무에서는 소요 편성수를 산출할 때 앞에서 설명한 보유 편성수 산출식을 바탕으로 산출할 수 없다. 그 이유는 다음과 같다.
- 상·하선의 집중 배차시간 적용 차이
- 운행 소요시간과 최소운행시격의 적용시간 범위 차이
- 종착역의 배선구조에 따라 반복시간 차이

따라서 운영기관에서 실무적으로 전동차의 소요 편성수를 산출할 때에는 다음과 같은 기준으로 산출한다.
- 상·하선으로 구분하여 투입되는 소요 편성수를 산출, 합한다.
- 운행 소요시간 기준 최소운행시격 적용 점유비율을 반영한다.
- 산출 편성수가 소수점 이하인 경우 정수로 올림처리 한다.

다음 식은 서울지하철 5 · 6호선의 소요 편성수의 산출식이다.

▶ **5호선 소요편성수 산출**

① **상행 소요 편성수**

- 소요시분 : 93.5분(표정시분 86분 + 방화역 반복시분 7.5분)
- 운행시격 : 2.5분 → 7.5분간 운행, 3분 → 86분간 운행
- 소요편성 : $\dfrac{적용시분}{운행시격} = (\dfrac{7.5}{2.5} + \dfrac{86}{3}) = (3 + 28.7) = 32$편성

② **하행 소요 편성수**

- 소요시분 : 94.5분(표정시분 86분 + 마천 · 상일 반복시분 8.5분)
- 운행시격 : 2.5분 → 10분간 운행, 3분 → 84.5분간 운행
- 소요편성 : $\dfrac{적용시분}{운행시격} = (\dfrac{10}{2.5} + \dfrac{84.5}{3}) = (4 + 28.2) = 33$편성

  ⇒ 총 소요 편성수 : 65편성(상행 32편성 + 하행 33편성)

▶ **6호선 소요 편성수 산출**

6호선은 노선 한쪽 끝단이 회차가 발생하지 않는 루프선이므로 상 · 하행을 구분하지 않고 산출한다.

- 소요시분 : 134분(표정시분 127분 + 봉화산 반복시분 7분)
- 운행시격 : 4분 → 60분간 운행, 4.5분 → 27분간 운행, 5분 → 47분간 운행
- 소요편성 : $\dfrac{적용시분}{운행시격} = (\dfrac{60}{4} + \dfrac{27}{4.5} + \dfrac{47}{5}) = (15 + 6 + 9.4) = 31$편성

  ⇒ 총 소요편성수 : 31편성

(4) 예비율

전동차는 본선에 투입되어 운행되는 편성, 정비에 소요되는 편성, 운행중 고장 발생 시에 전동차를 교체할 수 있는 비상대기용 편성도 필요하다. 여기서 본선 운용 편성수 이외 전동차를 예비편성이라고 하며, 이러한 예비편성은 검사(정비)예비 및 운용예비로 구분된다. 도시철도 운영기관의 전동차 예비율은 건설계획 단계에서 검토한다. 서울지하철 5 · 6 · 7 · 8호선 기

본설계보고서에 의하면 예비율은 12%를 적용하였다. 이렇게 예비율을 12%로 정한 것은 일본과 철도의 적용사례를 종합해볼 때 10~15% 정도인 점과 여기에 차량의 검사주기와 차량고장 발생률 등을 감안하여 정한 것이다.

다음 표는 서울도시철도공사의 노선별 운행시격 및 전동차 보유편성수이다.

▶ **서울도시철도 운행시격 및 보유편성**

구 분	운행시격(분)		전동차 보유 및 운용현황			
	RH	NH	보유	운용	예비	예비율
총계	2.5~4.5	6.0~8.0	207(1,616)	178(1,392)	29(224)	–
5호선	3.0	6.0	76(608)	67(536)	9(72)	11.8%
6호선	3.5	7.0	41(328)	33(264)	8(64)	19.5%
7호선	2.5	6.0	70(560)	62(496)	8(64)	11.4%
8호선	4.5	8.0	20(120)	16(96)	4(24)	20.0%
비 고	편성당 연결 차량수 : 5~7호선 8량, 8호선 6량					

* 2013년 9월 기준

그러나 전동차 예비율을 일률적으로 몇 %로 정하는 것은, 편성수의 소요가 많은 노선은 예비 편성수가 적정 편성수를 초과 산출되고, 편성수의 소요가 적은 노선은 예비 편성수가 적정 편성수에 못 미치게 산출되는 불합리한 측면이 있다.

따라서 다음과 같은 기준에 따라 예비 편성수를 산출하는 것이 합리적이다.

- 해당노선에 도입된 전동차 특성을 반영하여, 월 단위 이상의 검사(정비)에 소요되는 편성수
- 차량기지별 1일 최대 집중배차되는 출근 RH시간대에 계획된 출고 차량의 고장발생 시 교체출고에 필요한 편성수
- 본선 비상대기전동차를 배치할 계획인 노선의 경우 비상대기전동차운영에 필요한 편성수

3.4. 비상대기 전동차 운용

(1) 개 요

운행중인 열차 중 어느 한 개 열차라도 차량고장 등의 사유로 정상 운행을 하지 못하면 해당열차를 기준으로 후속열차들이 밀집되어 계획된 간격을 유지하지 못하게 된다. 이와 같은 상황이 지속되면 노선 전체에 지연 영향이 파급되어 모든 열차가 비정상 운행을 하게 되고 결과적으로 수송파동으로 확대된다.

따라서 신속히 다른 차량을 투입하여 고장차가 존재하는 근접 구간을 제외하고 나머지 구간은 정상운행 상태를 유지하도록 운영기관마다 본선 유치선 등에 비상대기 전동차를 운용하고 있다.

(2) 운용사례

비상대기 전동차의 운용기준은 관련법령 및 규정에 명시되어 있는 것이 아니다. 운행 장애 발생 시 이용승객의 불편을 최소화하기 위한 운영기관의 경영방침에 의해서 결정된다. 기존 노선의 비상대기 전동차의 운용사례를 살펴보면, 노선의 특성상 차량기지 소재위치 등을 고려하여 노선의 혼잡구간이 시작되는 역 또는 노선의 중간지점 정도의 유치선이 부설된 역에 비상대기 전동차를 배치하고 있으며, 또한 RH시간대에만 배치하거나, 전일 배치하는 등 운영기관마다 비상대기 전동차의 운용기준이 약간씩 다르다.

(3) 합리적인 운용기준

경험적 기준에 의하면 비상대기 전동차의 운용은 다음과 같은 경우에 검토하여 반영하는 것이 합리적인 차량계획이라고 할 수 있다.
- 노선의 연장길이 35km 이상 노선
- 노선의 길이가 35Km 이하인 경우 차량기지가 노선 끝부분 한 쪽에 위치하여 혼잡구간 또는 반대편 방향 운행 대체 전동차 투입에 30분 이상 소요되는 노선

여기서 노선의 연장길이를 35km 이상으로 정한 것은, 대부분 중전철 도시철도 노선의 표정속도가 35km/h 정도이므로 노선의 중간지점 등 어느 곳에도 30분 이내에 예비전동차 투입이 가능하기 때문이다.

3.5. 차량 운용

(1) 개 요

차량의 운용은 본선에 운행되는 전동차를 효율적으로 배차하는 것으로서 보유 전동차의 운행거리가 가급적 균등하게 이루어지도록 배차하여야 한다.

모든 운영기관에서는 전동차가 일정거리를 주행했거나, 일정기간이 경과하면 각종 검사를 실시하도록 규정하고 있다. 따라서 연간, 월간 전동차 운용계획에 의하여 각종 검사가 시행될 수 있도록 전동차를 효과적으로 운용하여야 한다.

이렇게 효과적으로 전동차를 운용하기 위해서는 다음과 같은 기준을 반영하는 것이 바람직하다.
- 열차계획에 대응하는 경제적인 차량 사용계획 수립 운용
- 전동차 운행표 작성 관리(출고에서 입고까지의 운행경로)
- 열차계획에 대응하는 차량의 검수 및 정비계획 반영
  (검사 및 정비 가능한 예비차량 편성수 관리)
- 열차계획상 일정기간 이내 차량기지로 입고기회 제공

(2) 차량 운용률

차량 운용률이란 1일의 열차운행에 투입된 모든 편성수(정기, 부정기, 임시)와 총 보유 편성수에 대한 비율로서 차량의 검사작업량 정도를 파악하기 위한 자료로 활용하는 간편한 기준치이다.

$$\therefore \ 차량운용률(\%) = \frac{운행\ 편성수}{총\ 보유\ 편성수} \times 100$$

(3) 전동차 운행표

열차DIA가 작성되면 매 열차마다 차량의 충당과 운용을 한눈에 알아볼 수 있도록 전동차 운행표가 작성된다. 전동차 운행표는 출고에서 운행 후 다시 입고까지의 계획된 운행경로를 나타나는 도표로서 어느 기지 또는 주박지에서 출고하여 어떤 열차에 충당되며, 몇 시간을 운

행하고, 얼마를 주행(km)하고, 어느 차량기지(주박지)로 입고하는지를 나타내는 운행 행로표이다. 이러한 전동차 운행표는 출고에서 입고까지 작성되기 때문에 전동차 운행표 하나마다 전동차 한 개 편성이 투입되는 것이다.

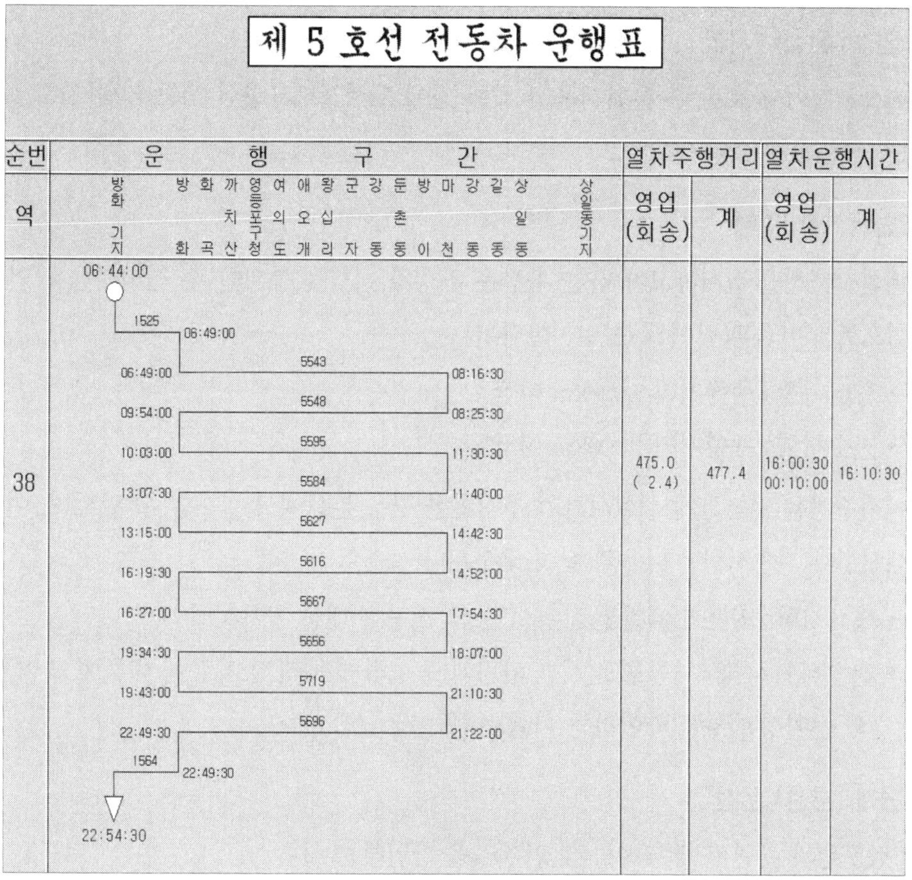

제 5 호선 전동차 운행표
순번
운행구간
열차주행거리
열차운행시간
역
방화기지
방화
화곡
까치산
영등포구청
여의도
애오개
왕십리
군자
강동
둔촌동
방이
마천
강동
길동
상일동
상일동기지
영업 (회송)
계
영업 (회송)
계
38
06:44:00
1525
06:49:00
06:49:00
5543
08:16:30
5548
09:54:00
08:25:30
5595
10:03:00
11:30:30
5584
13:07:30
11:40:00
5627
13:15:00
14:42:30
5616
16:19:30
14:52:00
5667
16:27:00
17:54:30
5656
19:34:30
18:07:00
5719
19:43:00
21:10:30
5696
22:49:30
21:22:00
1564
22:49:30
22:54:30
475.0
(2.4)
477.4
16:00:30
00:10:00
16:10:30

[그림 3-12] 전동차 운행표 샘플

3.6. 신규 전동차 성능시험 절차

신규 제작된 도시철도차량은 도시철도법령에 의거 국토교통부에서 인증하는 성능시험기관에서 실시하는 제반 시험을 완료하여야 영업열차로 투입할 수 있다.

이러한 성능시험에 대한 세부사항은 국토교통부 고시인 「도시철도차량의 성능시험에 관한 기준」에 명시되어 있으며 시험절차 및 내용은 다음과 같다.

① **1단계 : 구성품 시험**

도시철도차량의 구성품을 차량에 장착하기 전에 구성품에 대한 성능 및 안전성을 확인하는 시험

② **2단계 : 완성차 시험**

제작공정이 완료된 후 본선시운전 시행 전에 도시철도차량의 성능 및 안전성을 확인하는 시험

③ **3단계 : 예비주행**

본선시운전을 실시하고자 하는 차량은 완성차 시험을 통과한 후 신뢰성을 확인하는 시험으로서 다음과 같이 구분 실시한다.

- 형식시험 : 주행거리 5,000km 이상
- 전수시험 : 주행거리 1,000km 이상

예비주행을 시험선에서 실시하기 부적합한 경우 본선에서 실시할 수 있으며, 여기서 형식시험과 전수시험은 다음과 같이 구분된다.

- 형식시험 : 최초로 제작된 차량의 형식, 성능에 대한 평가시험
- 전수시험 : 형식시험을 실시한 차량과 동일하게 제작된 차량에 대하여 형식 및 성능의 동일성 여부를 확인하는 시험

④ **4단계 : 본선시운전**

차량운행과 관련된 제반 성능 및 안전성을 확인하는 시험

제4절 운전설비 계획

본 절에서는 배선계획, 배선형식, 유효장, 과주여유거리 등에 대하여 설명한다.

4.1. 개 요

　지하철 건설계획 시 가장 먼저 노선의 규모 및 편리성을 어느 정도의 수준으로 건설할 것인지 건설목표 및 기본조건을 정한다. 따라서 노선의 건설목표 및 기본 운영조건을 바탕으로 예측된 수송수요를 수용할 수 있는 운전설비 계획이 검토되어야만 해당 노선의 건설목표를 달성할 수 있다.

　참고로 서울특별시 도시철도공사에서 운영하는 5 · 6 · 7 · 8호선의 건설목표 및 기본조건은 다음과 같다.

▶ **서울지하철** 5 · 6 · 7 · 8**호선 건설목표 및 기본조건**

건설목표	기본 운영조건
열차운행 ATC/ATO에 의한 자동운전을 기본으로 하고, 무인운전이 가능한 설비로 구축한다. • 속도향상과 고밀도 운전 • 안전도와 효율성 향상 • 승차감 향상 • 운전보안설비의 현대화	• 표준궤간 : 1,435mm • 최대 기울기 : ±35 ‰ 이내 • 승강장 최소곡선 반경 400m 이상 • 열차 운전방향 : 우측 운전 • 최소운행시격 　− 5 · 7호선 : 2.0분 　− 6 · 8호선 : 2.5분 • 표정속도 　− 5 · 7 · 8호선: 35km/h 　− 6호선 : 31.1km/h

4.2. 운전설비계획 검토기준

열차계획은 각종 운전설비의 기능 허용 한계범위 내에서 수립되어야 하는 필연적 조건이 존재한다. 만약 운전설비가 계획된 운전취급상 기능을 수용할 수 없다면, 운행중단 또는 정해진 시간에 운행하지 못하는 계획지연이 발생한다. 따라서 운전설비 계획은 다음 사항이 검토되어야 한다.

- 수용성
- 경제성
- 예비성 또는 장래성

여기서 수용성은 건설계획 단계에서 정한 기본 운영조건을 수용할 수 있도록 해당 역에 부여된 기능을 말한다.

참고로 배선계획을 검토하다 보면 어느 항목을 우선순위로 할 것인지 결정이 곤란한 경우가 많다. 그러나 최근에는 대부분의 도시철도 노선이 민간자본으로 건설되고 있고, 해당 노선의 건설 타당성 결정여부에 막대한 영향을 미치는 비용 편익을 감안하여야 하므로 수용성이 확보된다면, 예비성 보다는 경제성을 우선하고 있는 추세이다.

4.3. 배선계획

(1) 개 요

배선계획은 열차 또는 차량 운행에 기초가 되는 계획이며 운전설비계획의 핵심사항이다. 여유 있는 배선은 다양한 운행경로 제공이 가능하므로 운영측면에서는 매우 유리하다. 그러나 건설용지의 수용한계, 건설비용의 제한 등이 존재하므로 건설측면, 운영측면 모두를 고려하는 합리적인 검토가 필요하다.

따라서 배선계획은 노선의 평면 및 종단 선형계획을 상호 밀접하게 검토하는 것이 바람직하다. 이러한 배선계획은 본선과 차량기지 배선계획으로 구분할 수 있다.

참고로 서울지하철 5 · 6 · 7 · 8호선 건설계획 시 기본 배선계획의 기준은 다음과 같다.

- 구간별 통과인원을 고려한 반복운전 설비 : 10km 내외

- 야간유치 및 고장차 대피선 : 5~8km
- 모터카(Motor Car) 유치 및 현업분소 설비 : 10km 내외
- 차량 반입 및 타 노선과 연결 : 1개소 이상
- 종착역은 운행시격(수요시격) 수용 가능한 3선 승강장으로 건설

⑵ 본선 배선계획

본선 배선계획은 열차운행에 유용성이 있도록 어느 위치(정거장)에 어느 형식으로 도착선, 대피선, 유치선, 인상선, 건넘선, 연결선, 분기선 등을 부설할 것인지를, 그리고 분기개소에 어느 형식의 분기기를 설치할 것인지 검토하는 계획이다.

본선 배선계획은 노선의 총 연장거리를 대상으로 검토하여야 하고, 개통 후 노선의 확장여부까지 반영하여 검토하여야 한다.

또한 단계적으로 건설되는 노선의 경우 건설계획에 맞추어 무리없는 열차운행이 이루어 질 수 있도록 노선의 중간 역(단계별 개통 시 마다 종점역이 되는 역)에서 계획된 운행시격을 수용할 수 있는 회차경로가 확보되도록 검토하여야 하며, 전 구간 개통 이후 열차운행에 미치는 영향까지 충분한 검토가 이루어져야 한다.

본선 선로의 종류별 기능은 다음과 같다.

선로 종류	기 능
유치선	• 전동차 야간 본선 유치(주박) • 고장열차 대피 • 비상대기 전동차 유치
철도장비 유치선	• 전기 및 신호 모터카 유치 • 각종 궤도 검측장비 유치 • 토목분야 모터카 및 기타 장비 유치
건넘선	• 비상시 열차운행 진로 활용 • 야간 철도장비 이동경로로 활용
인상선	• 종착역에서 회차에 활용
안전측선	• 정지위치 진과 시 대향열차와 충돌 방지

그리고 본선 배선계획을 검토함에 있어 고려하여야 할 사항은 다음과 같다.

- 해당 노선의 건설공법 적용성 및 경제성
- 평면 및 종단선형과의 부합성
- 영업 연장거리 규모 및 단계별 개통계획
- 기존 노선 및 향후 개통 노선과의 연계수송
- 지역특성 및 역세권 현황에 따른 승강장 형태
- 차량 반입 및 반출계획(타 노선과 연결선 확보)
- 수송수요에 상응하는 열차 운행계획(차량편성, 운행시격)
- 구간별 수송수요 특성을 반영한 구간 반복운행 여부
- 설정된 운행시격을 수용할 수 있는 종착역 회차설비
- 야간 전동차 유치개소
- 고장차량 유치대피 설비
- 각종 운행 장애 발생 시 운행중지 구간 최소화(비상운행 대책)
- 운행 차량의 제동성능을 반영한 안전거리 및 과주 여유거리
- 철도운행 장비의 작업 및 이동 효율성, 유치용량
- 이종(異種) 열차종별 운행 시 운행경로의 제한성 해소(대피선)
- 열차 동력용 전력의 절감 대책

(3) 차량기지 배선계획

차량기지는 해당노선을 운행하는 전동차 운용 및 승무원 운용의 거점시설로서 그 기능은 다음과 같다.

- 유치기능
- 검사 및 정비기능(전삭기능 포함)
- 세척기능
- 승무원 운용 거점 기능

이러한 차량기지 배선계획은 보유차량을 효율적으로 검사 및 정비를 하고, 유치가 가능하도록 각종 용도별 선로를 적정 수만큼 부설하고, 본선운행 열차가 원활하게 입출고가 이루어지도록 입출고선의 부설을 검토하는 계획이다.

차량기지는 본선과 다르게 많은 용도의 선로와 분기기 등이 부설되는 특징이 있다. 따라서

건설 이후에 효율적인 운영이 가능하도록 분기기를 구성하는 선로전환기, 크로싱(crossing) 등의 형식 및 부설기준을 표준화하고, 단계별 개통으로 추가소요 전동차를 점차적으로 반입하는 경우에는 반입시기에 맞추어 또는 사전에 배선이 부설되도록 계획하여 유치선 부족으로 인한 문제점이 발생되지 않도록 신중을 기하여야 한다.

차량기지 배선계획 시 고려하여야 할 사항은 다음과 같다.
- 해당 노선의 건설공법 적용성 및 경제성
- 평면 및 종단 선형과의 부합성
- 해당 노선의 운행차량의 입출고 위치 적정성
- 비상 입출고 경로 확보(여건 허락 시 입출고선 이중화)
- 보유차량의 정비, 세척, 유치기능 능력 확보
- 입출고 열차와 입환(이동, 전선) 차량과 운행경로 지장 최소화
- 입출고 열차에 지장이 없도록 유치선 이동차량은 경로 독립화
- 검사선으로 입고하는 열차가 자동세척기를 경유하도록 경로 구성
- 유치선에서 전선입환없이 직접 출고가 가능한 경로 확보
- 시험선 확보(본선 운행속도로 ATC/ATO장치 기능 확인)
- 각종 철도장비의 정비 및 유치능력 확보
- 편성 조성 및 분리 등 작업이 가능한 공간 확보
- 필요시 전동차 및 철도운행 장비 반출입 경로 확보
- 차량 중정비 관련 선로의 독립화
- 향후 노선 및 전동차 보유편성 증가에 대비한 확장성

4.4. 분기기 부설 계획

(1) 개 요

열차운행 경로를 변경하는 역할을 담당하는 분기기는 배선을 효과적으로 활용하게 하는 역할을 담당한다. 따라서 배선을 효과적으로 사용하기 위해서는 분기기를 적정한 위치에 부설하여야 한다.

(2) 검토내용

분기기는 열차운행 측면에서는 효과적이지만, 안전측면에서 보면 최대 취약 개소에 해당한다. 또한 유지관리 업무를 유발하는 요인으로 작용한다. 그러므로 분기기를 부설할 때는 다음 사항을 신중히 검토하여야 한다.

- 분기기 부설 위치
- 분기기의 형식(양개, 편개, 시저스 등)
- 분기기 규모 및 크로싱입사각
- 분기기 전환장치 종류
- 크로싱 형식(고정, 가동)

(3) 사 례

대부분 도시철도 노선에서는 열차고장 또는 장애 발생 시 복구시간을 단축하고 효율적으로 관리하기 위해서 분기기를 가급적 승강장 가까이 설치하고 있으며, 최소운행시격 수용이 가능하고 해당 선로의 이용 정도를 감안하여 다음과 같이 분기기를 부설하고 있다.

- 분기기 형식은 해당 선로의 용도에 따라 선택 적용
- 분기기 규모(크로싱 입사각)
  - 열차 도착선, 출발선에 부설된 분기기 : #10, #12
  - 사용빈도가 많은 건넘선 분기기 : #10
  - 사용빈도가 적은 비상용 건넘선 분기기 : #8
  - 야간 전동차 유치, 모터카 유치선 분기기 : #8
- 전기식 선로전환기
- 고정 크로싱 채택(일부 경전철에서 가동 크로싱 채택)

4.5. 정거장 배선

(1) 개 요

본선 배선계획은 대부분 정거장 배선계획이다. 도시철도 노선은 철도노선과 다르게 열차종별이 여객열차로 한정적이기 때문에 비교적 배선계획이 간단한 편이다.

본선의 선로 종류별 기능 및 일반역과 운전역의 배선은 다음과 같다.

(2) 일반역 배선형식

도시철도 노선의 선로형식은 복선으로 부설하는 것을 원칙으로 하고 있다. 다만, 해당노선을 건설하는 시·도지사가 특별한 사정으로 인하여 단선으로 부설하겠다고 건설 기본계획에 포함하여 국토교통부 승인을 받은 경우에만 단선으로 부설할 수 있다.

따라서 운전역에 해당하지 않는 일반역의 배선은 [그림 3-13, 14]와 같이 상하 본선 2선을 기본으로 승강장을 부설하고 있다.

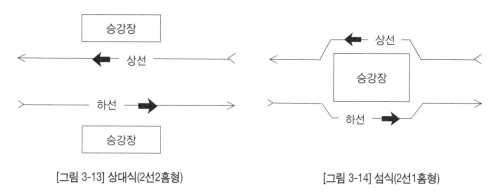

[그림 3-13] 상대식(2선2홈형)   [그림 3-14] 섬식(2선1홈형)

(3) 승강장 형식

승강장은 형식에 따라 **상대식** 또는 **섬식**으로 구분한다. 모든 역의 승강장 형식을 동일한 형태로 건설하는 것이 이용승객 또는 운전자에게 승·하차 방향과 출입문 취급방향에 대한 혼동을 방지할 수 있고, 시설의 표준화로 건설 및 유지관리가 용이하므로 효과적이다.

그러나 다음 사항 등으로 섬식 또는 상대식으로 건설된다.
- 해당역의 기능에 적합한 운전설비 부설
- 환승동선의 연결성
- 정거장 부지의 공간 확보 및 지질여건 등

일반적으로 섬식은 이용 승객이 많은 도심부, 시·종점 정거장 및 유치선에 근접한 정거장, 지질조건 등 여건상 2개 본선이 병렬 설치되는 구간에 설치되고, 상대식은 주로 외곽역, 중간역에 많이 설치된다.

4.6. 운전역(연동역)의 배선 기능

운전역은 다음의 기능 확보를 목적으로 배선을 계획한다.

- 상 · 하선을 건널 수 있는 기능
- 대피 또는 유치 기능
- 회차 기능
- 차량기지의 입출고 기능
- 행선지 분기 또는 병합 기능
- 철도운행 장비 유치
- 타 노선과 연결 기능

위와 같은 기능 중 1개 기능만 구비한 운전역도 있지만, 운전설비가 집중화되면 유지관리 및 인력운영 측면에서 효율적이므로 대부분의 운전역은 운전취급상 2개 이상 기능을 구비하도록 배선계획을 하고 있다.

그리고 중요한 것은 운전역에 어떤 형태의 배선을 부설하더라도 반드시 운전취급상 부여된 기능이 발휘 될 수 있는 형태의 배선이 되도록 부설해야 한다는 것이다.

예를 들면 운전취급상 회차 기능을 확보한 운전역의 배선이 해당노선의 수요측면의 최소운행시격을 수용할 수 있도록 계획되어야만 정상적인 열차운행이 가능하기 때문이다.

4.7. 배선형태별 특성

도시철도 노선의 운전역에 부설하여 운영하고 있는 배선형태별 특성은 다음과 같다.

(1) 건넘선형

건넘선은 가장 기초적인 배선형태이다. 건넘선 1조를 단독으로 부설하였기 때문에 2개의 진로(① → ②, ② → ①)를 구성할 수 있다. 그러나 2개의 진로 모두 대향열차 방향인 역방향으로 진로가 구성되므로 열차 운전에 상용하는 선로를 사용하지 않는다. 이러한 건넘선은 복선 구간에서 선로 또는 신호시스템 장애발생 등으로 불가피하게 단선운전이 필요할 경우에 사용할 목적으로 부설하고 있다. 때문에 이러한 건넘선을 **비상용 분기**라고도 한다.

이와 같이 건넘선을 활용하여 폐색방식을 변경하고 열차를 단선운전 시킬 때 건넘선의 형태상 승강장에서 열차 출발방향을 기준으로 전방에 부설된 진로(②→①)만 활용이 가능하다.

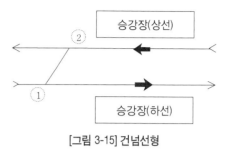

[그림 3-15] 건넘선형

한편 건넘선은 대부분 열차운행 종료 후 철도장비의 이동진로로 사용하고 부설 위치상 사용이 필요치 않을 경우 건넘선 부설개소에 인력을 배치하지 않고, 유지보수 기회 유발을 경감하기 위해서 키볼트 등으로 쇄정 해놓기도 한다.

(2) 시저스(Scissors)형

건넘선 2조를 동일한 위치에서 교차시킨 분기기이다. 그 형상이 가위 형태와 같기 때문에 시저스라고 한다.

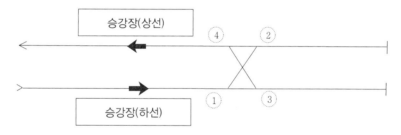

[그림 3-16] 시저스(Scissors)형

기본적으로 [그림 3-16]과 같이 3개의 진로(①→③, ①→②, ③→④, 역방향②→④진로 제외) 구성이 가능하다. 따라서 진로취급 경우의 수가 많기 때문에 대부분 회차가 발생하는 종단역 또는 중간 유치역 등에 부설한다.

시저스 분기기의 특성을 보면, 공간을 적게 차지한다. 그러나 구조상 분기기의 리드부와 텅레일을 길게 할 수 없기 때문에 크로싱 입사각이 큰 철차번호 #8번, #10번을 주로 사용하므로 분기기 통과속도가 낮은 단점이 있다. 이러한 시저스는 부설위치에 따라 다음과 같이 세분류한다.

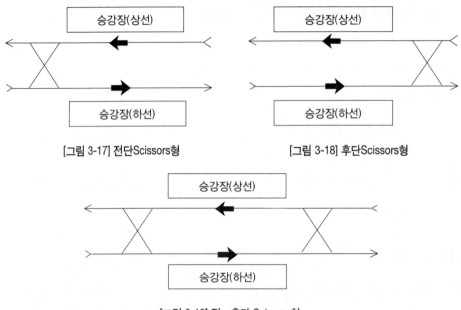

[그림 3-17] 전단Scissors형

[그림 3-18] 후단Scissors형

[그림 3-19] 전 · 후단 Scissors형

① **전단시저스(Scissors)형**

도시철도 노선의 정거장 승강장은 도착 및 출발용 구분하여 고정 운영하는 것을 원칙으로 하고 있다. 종단역 전단에 부설된 시저스는 위치상 도착열차에 대한 진로 제공이 가능하므로 상·하선 승강장으로 모두 도착취급이 가능하다. 그러나 반드시 도착한 승강장에서 출발이 가능하다.

따라서 종단역의 전단에 시저스 부설시 열차의 도착, 출발 승강장 구분 사용이 불가하고, 동일한 선로에서만 착발하므로 약 5분 이하의 운행시격을 수용하지 못하는 특성이 있다. 이러한 특성 때문에 종단역의 운전설비로는 부적합하다.

다만, 단계별 개통하는 노선에서 개통 이후 불필요한 운전설비를 부설하지 않기 위해서 운행시격이 최소 5분이상이고, 잠정적으로 한 개 승강장만을 승하차 전용으로 사용하는 조건으로 한시적으로 종단역의 운전설비로 사용하는 경우도 있다.

또한 노선 중간에 있는 유치역에 전단, 후단 구분없이 시저스 단독으로 부설되어 있는 경우 철도장비에 대한 운전취급상 다진로(多進路) 취급이 가능하여 유용하지만, 열차는 우측 운행을 하기 때문에 열차 운전취급 유용성에는 한계가 있다. 따라서 노선 중간에 있는 유치역 등에는 시저스를 단독으로 부설하지 않고 유치선과 함께 부설하여 그 효용성을 극대화하고 있다.

② **후단시저스(Scissors)형**

종단역 후단에 부설된 시저스는 열차가 도착 후 승객이 하차한 다음 회차하는 열차에 대한 진로를 제공하므로 승강장 구분 사용원칙을 충족할 수 있고, [그림 3-20]과 같이 최대 4개 열차를 수용할 수 있다.

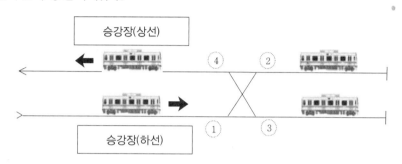

[그림 3-20] 후단Scissors형

이러한 특성으로 전단시저스형과 비교 시 회차에 매우 유용하므로 회차가 발생하는 종단역에 주로 부설하고 있다.

그러나 후단에 부설된 시저스에 장애가 발생하거나, 회차 도중 인상선으로 진입한 열차가 고장으로 움직이지 못하게 되면 하선에 도착한 열차가 인상선으로 진입하지 못하고, 하선승강장에서 상선으로 출발하지 못하므로 결국에는 열차운행이 중단되는 결과를 초래하게 된다. 따라서 종단역 회차설비로 완벽하다고 할 수 없다.

③ **전 · 후단시저스(Scissors)형**

전단시저스형과 후단시저스형을 합한 형태로서 운전취급상 전 · 후단시저스의 문제점을 해소하는 장점이 있다. 역 진출입 열차 및 인상선 진출입 열차에 대한 다양한 진로취급 경우의 수를 활용할 수 있어 운전취급에 매우 유리하다. 주로 종단역에 부설하여 사용하고 있으며, 현재 종착역인 서울시지하철 4호선 당고개역과 5호선 마천역 등에 부설 사용되고 있다.

그러나 많은 운전설비의 부설은 건설비 증가, 유지보수 기회유발 및 분기기로 인한 결선부 발생, 소음발생 등의 취약점으로 인하여 열차주행에 악영향을 미치는 문제점이 있다. 이러한 문제점의 대안으로 진로취급 경우의 수는 다소 떨어지지만 [그림 3-21]과 같이 승강장 전단에 건넘선(하선 → 상선 연결)을 부설하고, 승강장 후단에 시저스를 부설하는 배선형태를 채택하기도 한다.

이렇게 전단에 시저스 대신에 건넘선을 부설하여도 후단에 설치된 운전설비의 장애발생 시에 ①→②진로 취급이 가능하기 때문에 역에 도착하는 열차를 상선승강장으로 도착시키고, 상선에서 출발시킬 수 있어 운행이 중단되는 사례가 발생하지 않는다.

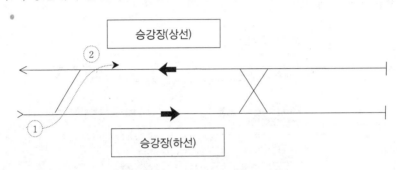

[그림 3-21] 전단건넘선·후단Scissors형

따라서 승강장 전단에 여러 사유로 시저스의 부설이 불가하거나, 경제성 관점에서 전단건넘선 · 후단시저스형을 부설하여 사용하기도 한다.

(3) Y선형

Y선형은 서울지하철 1호선 서울역과 청량리역에 부설되어 있다. 회차 소요시간은 열차의 길이, 선로전환기 통과속도 등에 따라 차이가 있으나 약 5분 정도 소요된다.

서울지하철 1호선을 운행하는 열차중 서울역과 청량리역을 시발역 또는 종착역으로 하는 구간운행 열차는 한정적이다.

따라서 모든 열차가 서울역 또는 청량리역에서 회차를 하는 것이 아니므로 Y선형으로도 충분히 1호선의 최소운행시격인 2.5분을 수용할 수 있기 때문에 부설한 것이다.

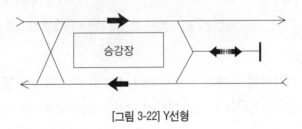

[그림 3-22] Y선형

이러한 Y선형은 공간을 적게 차지하는 장점이 있고, 구간운행 열차를 운용하는 노선의 중간에 위치한 운전역의 회차 설비로 유용하다. 그러나 최소운행시격이 5분 이하인 노선에서는 최소운행시격을 수용할 수 없기 때문에 종단역의 운전설비로는 부적합하다.

여기서 [그림 3-22]의 열차운행 방향이 다른 배선형과 다르게 반대방향으로 표시된 것은 도시철도 노선 중 유일하게 서울지하철 1호선 서울역~청량리역 구간만 좌측 선로를 운행하기 때문이다.

(4) 중선형

상·하선 선로 중간에 유치선이 위치하여 중선형이라고 한다. 이러한 중선형은 Y선형과 동일하게 중간에 위치한 회차역 또는 유치역의 운전설비로 유용한 배선이다.

그러나 Y선형과 다르게 유치선 끝부분에 하선을 연결하는 건넘선이 부설되어 있기 때문에 유치선에 있는 차량을 하선(점선 방향)으로 운행할 필요가 있을 때 승강장 방향으로 이동 후 운전실을 교환하여 하선으로 운행하여야 하는 절차를 생략하고 바로 하선으로 출발이 가능한 구조이다.

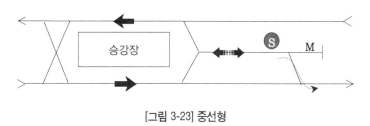

[그림 3-23] 중선형

따라서 중선형은 Y선형보다 한 단계 진보한 선형이다. 특히 차막이선 M위치에 유치된 철도장비가 중선(인상선)에 유치한 차량의 이동 없이 하선으로 운행이 가능하고, 작업을 마치고 원래의 유치장소로 되돌아 올 수 있는 장점이 있다.

이러한 중선형 배선은 운전취급상 상당히 유용하므로 서울지하철 5호선 화곡역, 군자역과 7호선 태릉입구역 등에 부설되는 등 많이 보급되고 있는 추세이다.

⑸ 중선양개형

중선양개형은 주박, 고장차 대피, 차량유치 등 모든 유치선 기능과 구간운행 열차에 대한 회차기능 제공이 가능한 다목적 배선이다.

진로는 열차운행 순방향으로 4개(①→②, ③→⑤, ④→③, ②→⑥)의 진로 제공이 가능하다. 그리고 양쪽 끝단이 열차진로를 구성할 수 있도록 개방되어 있어 상선, 하선 양방향에서 유치선 진·출입이 가능하므로 유치선에 진출입 시 운행방향을 맞추기 위한 입환이 발생하지 않고, 대향열차에 대한 방호가 필요치 않는 구조이다.

따라서 본선 운행열차의 지장을 최소화하는 배선형태로서 운전취급 상 매우 유용하다. 그러나 공간을 많이 차지하는 단점이 있다.

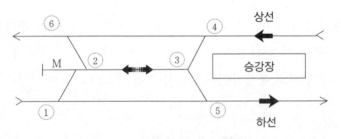

[그림 3-24] 중선양개형

이러한 중선양개형의 장점 때문에 최근에는 부설이 증가되는 추세이며 서울지하철 7호선 보라매역~신풍역 구간, 6호선 공덕~대흥역 구간에 부설되어 있다. 그리고 종단선형 허용 시 동일선상 2개 편성이 유치(주박) 후에도 입환없이 상선 또는 하선으로 진출할 수 있기 때문에 중선의 길이를 역과 역 사이로 연장하여 부설하여 사용하기도 한다.

참고로 순방향은 열차의 운행방향과 동일한 방향이며, 역방향은 대향열차와 마주보는 방향을 말한다. 따라서 [그림 3-24]에서 ②→①진로, ③→④진로는 역방향 진로이다. 이러한 역방향 진로는 사고, 장애 등으로 부득이한 경우를 제외하고 열차의 진로로 취급하지 않는다.

⑹ 측선형

측선형은 주박, 고장차량 대피 등 차량의 유치를 목적으로 부설되는 배선구조이다. 서울지하철 5호선 왕십리역과 7호선 건대입구역에 부설되어 있다.

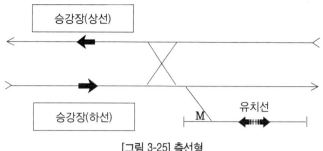

[그림 3-25] 측선형

측선형은 상선에 도착한 열차를 유치하거나, 유치 후 본선으로 진입할 때 대향열차에 대한 방호가 요구되므로 운용효율이 떨어진다. 따라서 운전취급 측면에서는 불리하나 공간을 적게 차지하므로 토목시공 측면에서는 유리한 특성이 있다.

그러나 동일 노선에 연속하여 측선형 유치선을 부설할 경우에 운전취급상 어려움이 발생하므로 이를 피해야 한다. 그리고 유치선 진·출입 열차의 진로와 무관하게 유치선 M위치에 철도장비를 유치할 수 있는 장점이 있다.

(7) 3선2홈형

3선2홈형은 주박, 고장차 대피, 차량유치, 회차 등 제반 기능을 갖춘 다목적 배선이며, 운행시격 2분을 수용할 수 있어 제2기 서울지하철 건설시 도입된 배선형태이다. 노선 중간의 운전역에 부설되는 A형과 종단 운전역에 부설되는 B형으로 구분된다.

① 3선2홈A형

이 배선형태는 상본선, 중선, 하본선으로 구성되어 있다. Y선형 배선은 안고 있는 방향에서만 진출입이 가능하지만 3선2홈형은 상·하선 어느 선로에서도 중선으로 진출입이 가능하다.

특히 비상 전동차를 유치해 놓고 있다가 본선으로 충당할 사유 발생 시 상·하선 구분없이 즉시 투입할 수 있고, 완급행 운행 시 대피도 가능하며, 종단역의 회차 기능을 제외한 본선 운전역의 제반 기능을 수용할 수 있으므로 운전취급상 매우 유용한 장점이 있다. 이러한 장점 때문에 최근에 노선의 중간 운전역의 배선형식으로 채택하여 부설하고 있다.

반면에 승강장이 일반역과 섬식으로 2개이지만, 중선에서 착발하는 열차에 승차할 수 있는 기능을 갖추어야 되므로 PSD 등 승차관련 시설 및 설비가 2배로 증가되고, 정거장의 폭이 넓어져 공사비용이 많이 드는 단점이 있다.

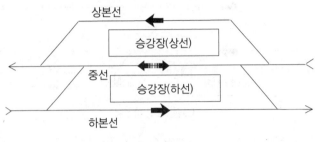

[그림 3-26] 3선2홈A형

현재 3선2홈A형 배선은 서울지하철 6호선 상월곡역과 7호선 청담역, 수락산역 등에 부설되어 있다.

② 3선2홈B형

이 배선형은 인상선 추가 부설을 제외하고는 3선2홈A형과 동일하다. 따라서 장단점도 동일하다. 대부분의 노선 종단역은 차량기지와 연결되어 있으며, 이러한 종단역은 입출고 열차에 대한 운전취급과 도착 후 반대선으로 운행되는 열차에 대한 회차 운전취급이 발생한다.

종단역에서 중선에 도착한 경우에는 그 자리에서 운전실 교환 후 반복열차로 출발할 수 있지만, 하본선에 도착한 열차는 인상선을 경유하여 상본선이나 중선으로 회차하는 전선(轉線)절차를 거쳐야 반대방향으로 운전이 가능하다. 따라서 입출고 열차와 도착 후 전선이 필요한 회차 열차간 운행진로가 가급적 지장받지 않도록 회차 운전취급에 필요한 인상선을 부설한 것이다.

그리고 정거장 구내에만 최소 4대 열차를 유치할 수 있으며 어느 한 분기기에서 장애가 발생하더라도 다른 진로를 구성하여 응급 운행을 할 수 있는 조건이 갖추어져

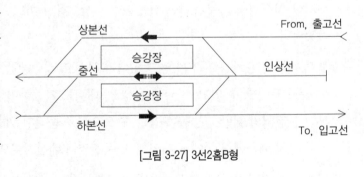

[그림 3-27] 3선2홈B형

종단역 운전설비로서 가장 유용한 형태라고 할 수 있다.

(8) 4선2홈형

4선2홈형은 동일방향 열차에 대하여 진·출입하는 선로가 각각 2개씩 4선으로 되어 있으며, 승강장은 상·하선 구분하여 같은 운행방향 끼리 함께 사용하는 2개의 승강장으로 구성된다. 완행열차와 급행열차 즉, 속도종별이 다른 열차를 운행하는 노선에서 대피역으로 매우 유용한 배선이다.

이 형식은 회차 운전취급을 제외하고, 대피, 유치 등 대부분의 운전취급 기능을 수용할 수 있다. 그러나 이 형식은 공간을 많이 차지하므로 건설비가 많이 소요된다. 특히 정거장 규모가 커지기 때문에 고가인 노선의 경우 도시 미관을 해치는 등의 단점이 있다.

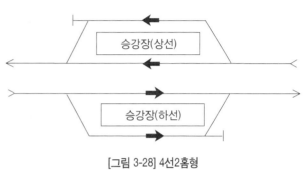

[그림 3-28] 4선2홈형

따라서 완·급행열차를 운행하는 노선에서 완·급행 운행비율에 따라 대피가 발생하는 역에 한하여 4선2홈형 또는 3선2홈형으로 건설하고, 이 외역은 일반역의 배선형태인 2선1홈형(섬식) 또는 2선2홈형(상대식)으로 건설한다.

4선2홈형은 [그림 3-28]과 같이 상·하 본선을 연결하는 선이 없는 기본형인 4선2홈형이 있고, [그림 3-29]와 같이 전·후단부 기능상 필요한 개소에 상하 본선을 연결하는 건넘선을 부설한 형태와 [그림 3-30]과 같이 시저스를 부설하여 회차 운전취급까지 수용이 가능한 응용형이 있다.

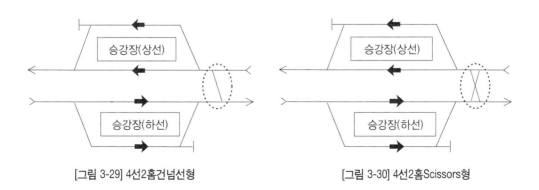

[그림 3-29] 4선2홈건넘선형   [그림 3-30] 4선2홈Scissors형

⑼ 행선지 분기역

서울지하철 5호선은 방화역 ↔ 강동역 ↔ 상일동역·마천역으로 운행하는 노선이다. 강동역에서 상일동, 마천 방면으로 행선지가 분기된다. [그림 3-31]는 강동역 배선 구조이다.

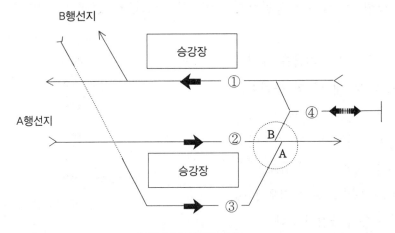

[그림 3-31] 분기역 배선

이렇게 행선지가 분기되는 역의 배선계획 검토 시 다음 사항을 고려하여야 한다.
- 가급적 동일한 승강장에서 환승이 가능하도록 할 것.
- 양방향 진입 선로는 열차의 도착선을 구분할 것.
- 양방향 진입 선로는 동시 진입이 가능하도록 할 것.
- 양방향 모두 입출고 등의 회송운행이 가능하도록 할 것.
- 차량기지가 없는 행선지에 필요한 주박유치선을 확보 할 것.

행선지 분기역의 운전설비는 기본적 운전취급 기능은 물론, 행선지가 분기되고, 합쳐지기 때문에 발생할 수밖에 없는 열차운전 취급상 지장을 최소화되도록 하고, 특히 각종 운행 장애 발생 시 다른 행선지에 미치는 영향도 최소화되도록 계획되어야 한다.

이러한 조건들로 인하여 행선지 분기역의 운전설비 규모는 노선의 운전역 중 가장 큰 규모이며, 부설되어 있는 많은 설비에 대한 유지관리가 용이하도록 현업소가 배치된다.

참고로 효율적인 운전취급을 위해서는 [그림 3-31]의 ◯ 부분의 A선로가 B선로 안쪽으로 부설되어야 ③─④진로 취급이 가능하다.

그러나 건설 당시 특별한 사정으로 [그림 3-31]과 같이 ③→④진로를 취급할 수 없도록 건설되었다. 이러한 배선구조는 결과적으로 B행선지 방향에서 A행선지 방향으로 진로가 연결되지 않기 때문에 B행선지 방향에서 운행하는 차량이 A행선지 방향으로 이동할 수 없는 문제점이 있다.

따라서 이를 보완하기 위해서 B행선지 방향의 둔촌역에서 A행선지 방향의 길동역을 연결하는 연결선으로 부설하여 입고를 위한 회송차량 운행 경로로 사용하고 있다.

4.8. 유효장(有效長)

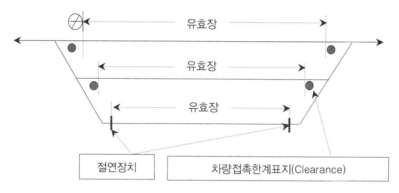

[그림 3-32] 유효장

열차 또는 차량이 인접선을 지장하지 않고 안전하게 정지 또는 유치할 수 있는 선로의 길이를 **유효장**이라고 한다. 이러한 유효장은 [그림 3-32]와 같이 차량접촉한계표 상호간의 거리이며, 출발 신호기가 설치된 선로에서는 출발 신호기까지의 거리이다. 또한 무절연 궤도의 경우 궤도 구분기준 특성상 *사전단락 또는 **사후단락 구간을 포함한다.

---

*사전단락(Pre Shunt) : 열차가 궤도회로 경계지점을 통과 시 순간 무코드가 발생한다. 이러한 순간 무코드 현상에 의해서 열차 운행에 지장을 주지 않기 위해서 열차가 궤도회로의 경계지점 전방 약 12m 구간에 진입하면 다음 궤도회로가 미리 낙해(소자)되어 다음 궤도회로 구간의 속도코드를 제공하는 기능.
**사후단락(Post Shunt) : 사전단락의 반대개념의 기능으로서 고밀도 열차 운전 시 열차 추돌방지를 목적으로 경계궤도를 벗어날 때 일정구간에서 계속 낙하상태를 유지하는 기능.

4.9. 과주여유거리

(1) 개 요

과주여유거리는 운전자가 제동체결 취급시기를 놓쳤을 경우에 제동거리 부족으로 인한 사고 발생을 방지하기 위하여 정지위치 지점 전방으로부터 일정거리 이상을 확보하는 거리이다.

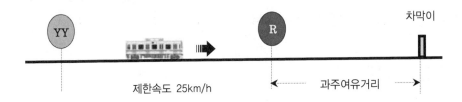

[그림 3-33] 과주여유거리

과주여유거리는 다음의 경우에 부설하고 있다.

- 대향열차와 충돌할 우려가 있는 경우
- 인접선 열차와 접촉할 우려가 있는 경우
- 종단 선로의 차막이를 돌파할 우려가 있는 경우

(2) 과주여유거리 산출

과주여유거리는 안전 측면에 필수적인 시설이지만, 상시 사용하는 선로가 아니므로 경제적 측면에서 비효율적이다. 따라서 과주여유거리를 검토함에 있어 신중을 기하여야 한다.

과주여유거리는 다음 요소의 영향을 받는다.

- 해당 노선의 진행을 지시하는 최저 지시속도
- 운행 차량의 공주시간
- 운행 차량의 감속도

과주여유거리를 산출할 때 속도기준은 도시철도 노선의 신호체계상 진행을 지시하는 최저 지시속도가 경계신호이므로 25km/h이다. 그러나 전동차 속도계의 ±2km/h의 오차를 반영하여야 하므로 27km/h를 적용한다. 그리고 감속도는 열차가 정지신호 인식 시 ATC장치가 보증하는 2.7Km/h/s를 적용한다.

공주거리는 최악 조건을 가정해야 하므로 열차운전 시 가속상태에서 정지 신호를 인식하고 상용만제동(FSB) 효과가 작용하기까지의 소요시간 3초를 적용한다.

　이렇게 3초를 적용하는 것은 전동차 성능시험 표본추출(Sampling)결과 [그림 3-34]과 같이 제동력이 발생하기까지 약 2.26초가 소요되는데 전동차 성능에 따라 차이가 있을 수 있으므로 3초를 적용하고 있다.

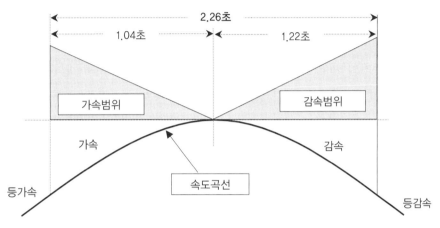

[그림 3-34] 가속에서 제동체결까지 소요시간

위의 적용기준 값을 과주여유거리 산출식에 대입한다.

$$\therefore \ 과주여유거리(S) = 공주거리 + 제동거리$$

$$= \frac{V \times t}{3.6} + \frac{V^2}{7.2 \times (d \pm \dfrac{i}{31})} \ (m)$$

$$= \frac{27 \times 3.0}{3.6} + \frac{27^2}{7.2 \times 2.7} = 23 + 38 = 61m$$

　산출된 과주여유거리는 61m이다. 그러나 선로 기울기(역 구내 3‰ 이하)와 제동거리에 영향을 주는 점착계수 등의 변화요인을 감안하지 아니한 산출값이다. 따라서 도시철도에서 과주여유거리 설정은 통상 관례를 적용하여 지시속도 25km/h 구간에서 70m를 적용하고 있다.

　그리고 서울지하철 5~8호선의 경우 열차 ATO운전패턴에 맞게 정차위치까지 승차감있게 정차할 수 있도록 하였으며, 그리고 만약 과주 정차 시 열차를 보호하기 위해 과주여유거리 범위 내에 있는 진로에 대하여 **사전쇄정**(Pre-lock) 기능을 적용하고 있다.

(3) 차량기지에서 과주여유거리

차량기지에는 유치선 등 많은 선로가 부설되는데 모든 선로마다 과주여유거리를 충분하게 부설한다면, 차량기지의 면적 증가, 설비 추가 소요 등으로 경제적 측면에서 매우 비효율적이기 때문에 차량기지 유치선 등은 본선과 달리 충분한 과주여유거리를 반영하지 않는다.

그러나 안전제동거리 확보대책으로 [그림 3-35]와 같이 차막이로부터 일정한 위치에서 속도와 무관하게 무조건 정지신호(01코드)를 송출하는 기능을 활용하여 제동취급 실기(失機)로 인한 차막이 돌파사고를 방지하고 있다.

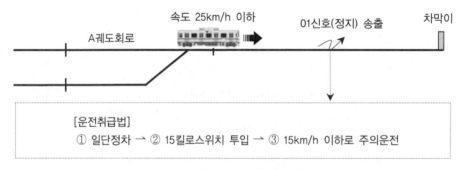

[그림 3-35] 차량기지 유치선 안전대책

선로의 종단인 차막이를 향하여 운전하는 차량이 마지막 구분 진로를 진입 시 즉, [그림 3-35]의 A궤도회로가 여자(勵磁)되면 지상신호장치에서 정지신호(01코드)가 송출되어 자동으로 차량을 정차시킨다.

정차 후 다시 이동하려면 운전자가 ****15킬로스위치**를 취급하여야 운전이 가능하다. 그리고 운전속도가 15km/h를 초과하면 즉시 제동이 체결된다.

---

*사전쇄정(Pre-Lock, 또는 Over-Lock)
승강장에서 전방의 진로개통표시기까지 안전한 제동거리가 확보되지 않은 개소에서 과주정차에 대한 안전한 제동거리를 확보하기 위해서 정차지점 전방 정지신호 현시하고 있는 진로개통표시기 내방의 선로전환기를 정위상태로 쇄정하고, ATO운전패턴에 맞는 속도코드를 송출하여 열차를 승강장까지 안전하게 도착시키고 있다. 이렇게 과주여유거리가 부족한 경우에 차량을 안전하게 도착시키기 위해서 사전에 선로전환기를 쇄정하므로 사전쇄정이라 한다. 그리고 쇄정된 선로환기는 열차가 승강장 2개 궤도를 점유하고 20초 후에 해정되어 진로제어를 가능하게 한다. 일부 노선에서는 Pre-Lock을 Over-Lock이라 한다.
**15킬로스위치
지상에서 신호가 제공되지 않거나 정지신호일 때 운전자가 취급하면 차상ATC장치에서 가상으로 15키로 신호를 제공하는 스위치

이와같이 차량기지에서는 시스템으로 안전한 거리에서 일단 정차시켜 운전자에게 경각심을 고취하고, 나머지 짧은 거리는 운전자에게 위임하는 방법으로 과주여주거리의 기능을 대신하고 있다. 그리고 차량기지 유치선 등에는 충분한 과주여유거리를 부설하지 않고 건설하므로 사규 또는 작업절차서 등으로 차막이선 운전취급 절차를 자세히 명시하여 운전자에게 안전운전의 책무를 부여하고 있다.

제5절 승무계획(인력운영계획)

본 절에서는 인력운영 산출 기준 및 승무계획에 대하여 설명한다.

5.1. 개 요

도시철도를 건설·운영 하고자 하는 시·도지사는 「도시철도기본계획」을 수립하여 국토교통부에 제출하여야 한다. 동 계획서에는 해당 도시교통권역의 특성·교통현황 및 장래의 교통수요 예측은 물론 「운영인력에 대한 수급계획」을 포함하여야 하므로 「도시철도기본계획」 수립단계에서 반드시 소요인력 산출이 선행되어야 한다.

이러한 소요인력을 산출함에 있어, 시설 및 설비의 규모와 기능 수준, 그리고 업무량에 영향을 주는 운전계획이 반영되어야 합리적인 산출이 가능하기 때문에 건설계획 단계에서는 운전계획 담당분야에서 소요인원 및 운영비 등의 산출을 전담하고 있다.

그리고 철도시스템은 운영과 기술이 결합된 종합시스템으로서 안전운행을 위해서는 철도시스템에 대한 운영경험과 기술력의 노하우가 필요한 전문분야이다.

따라서 대부분의 도시철도 운영기관은 분야별 업무를 전문화하고, 효과적으로 조직을 관리하기 위해서 역무분야, 승무분야, 차량분야, 기술분야(전기·설비·신호·통신), 시설분야(토목, 건축), 지원분야 등으로 직종을 구분하여 운영하고 있다.

이러한 직종별 소요인력 산출방식은 대부분 집단근무를 하기 때문에 대동소이하다. 그러나 승무분야의 경우 개인별 근무가 이루어지고, 관습적 근무기준 등이 존재하고 있어 이를 정확히 이해하여야만 합리적인 소요인력을 산출할 수 있으므로 승무원의 소요인원 산출 및 운영에 근간이 되는 승무계획을 중심으로 설명하고자 한다.

5.2. 소요인원 산출시 고려사항

인력운영계획에서 가장 중요한 것은 소요인원 책정이다. 소요인원 산출시 고려할 사항은 다음과 같다.

- 시설 및 설비의 규모
- 시설의 현대화 및 설비의 자동화 정도
- 열차운행 횟수(운행시간) 정도
- 서비스 제공 방식
- 관리주체 운영방식(직영, 위탁운영 등)
- 조직 운영방식(의사결정 단계, 주 사무소 위치 등)
- 근무제도(근무형태 등)

위와 같은 고려사항을 반영하여 소요인원을 산출하는 절차는 다음과 같다.

첫째, 시설 및 설비의 규모와 열차운행 횟수 등을 기초로 업무 발생량을 분석하고, 분석된 업무량 대비 1인당 표준작업량을 결정하여 필요한 인원을 산출한다.

둘째, 운영에 필요한 기구를 정하고, 기구별 인원을 세분 배치하여 증가되는 인원을 반영한다.

셋째, 분야별로 적용하는 근무형태에 따라 발생하는 소요인원을 반영한다.

이러한 절차에 의해 산출된 인원에 대한 적정성 판단은 km당 인원 수(인원/거리) 비율을 산출하여 운영방식이 비슷한 조건의 타 운영기관과 비교 해본다.

5.3. 양성계획

철도업무는 앞에서 언급한 바와 같이 철도시스템에 대한 기술력 보유는 물론 운영경험을 통한 노하우가 필요한 전문분야이다. 따라서 일반적인 기술을 보유하고 있다고 해서 즉시 철도업무를 원활하게 수행할 수 있는 것은 아니다. 그러므로 운영인력에 대한 수급계획의 검토단계에서 종사자의 양성계획도 함께 검토되어야 한다.

종사자의 양성계획은 직종별로 구분하고, 직종별로 합동근무, 단독근무 등의 업무특성을 감안하여 양성교육기간을 정하여야 한다.

그리고 관계법령에 실무수습기간 등 양성기간이 명시된 직종은 해당 법령을 반영하여 양성계획을 수립하여야 한다. 아울러 신규직원에 대한 양성교육을 담당하고 원활한 개통업무 추진을 위하여 관련분야 철도업무 유경험자 확보계획을 포함하여야 한다.

특히 철도운전업무종사자의 경우 철도차량운전면허소지자 및 운전업무경험자 등 유용인력에 한계가 있기 때문에 개통계획에 차질이 없도록 사전에 면밀한 인력확보 및 양성계획에 대한 검토가 필요하다.

5.4. 승무계획

승무계획이란 철도차량운전자의 운영 및 관리 등으로 발생하는 다음과 같은 업무계획을 말한다.

- 승무원 소요인력 산출에 관한 업무
- 승무원 운용(승무근무표 작성, 교번운용 등)에 관한 업무
- 열차 안전운행에 필요한 승무적합성 검사 및 운전정보제공 업무
- 승무원 업무수행에 필요한 교육에 관한업무
- 승무원의 운용 기구에 대한 관리업무 등

(1) 승무원 직무특성

승무계획을 효과적, 합리적으로 수립하기 위해서는 승무원의 직무특성을 잘 이해하고, 노선의 운행특성과 운행차량에 관한 지식이 풍부하여야 하며, 아울러 노동관계 법령을 잘 알고 있어야 한다. 승무계획 수립 또는 승무원 관련 제도를 검토할 때 감안해야 하는 승무원의 직무특성은 다음과 같다.

① 고도의 집중력과 성실성이 요구된다.

승무원은 여객수송 최일선에서 열차 운전을 담당하는 직무를 수행하므로 어떠한 조건에서도 안전하게 수송할 책임이 부여되어 있다. 특히 1회 승무 시 2~3시간 정도를 혼자서 근무하고, 열차가 운행하는 동적(動的)상태에서 근무를 하므로 지속적으로 운전업무에 집중하여야 한다. 따라서 승무 중에는 제반 불리한 여건과 관계없이 고도의 집중력과 책무를 성실히 수행하는 자세가 요구된다.

② **준법성이 요구된다.**

승무원은 열차 운행시각에 맞추어 근무가 이루어지므로 통상 근무자와 달리 출퇴근 시간, 근무 장소, 교대시간이 매일매일 다르다. 또한 공휴일에 근무하고 평일에 쉬는 등 불규칙적인 근무를 한다. 그리고 매일 변화되는 제반 운전조건에 대하여 반드시 관계규정에서 정한 대로 운전취급절차를 실천하여야 한다.

따라서 승무원은 불규칙적인 근무주기에도 출퇴근 시간을 준수하고, 승무 중에는 감독자 유무와 관계없이 관계규정과 지시사항을 반드시 실천하고, 준수하는 높은 준법정신을 갖추고 있어야 한다.

③ **정확한 판단과 응급조치할 수 있는 제반 철도지식이 요구된다.**

승무원은 앞서 말한 바와 같이 동적(動的)상태에서 단독으로 업무를 수행한다. 그러므로 직무수행 중 각종 이례상황 발생 또는 각종 운행 장애 요인이 발생하였을 때 상황이 확대되지 않도록 혼자서 안전하게 적절한 초동조치를 하여야 한다. 따라서 승무원은 각종 상황발생 시 침착하게 유효한 초동조치를 할 수 있는 철도시스템 전반에 대한 지식이 요구된다.

(2) 승무원 근무조건

서울지하철의 대표적인 운영기관 중 지방투자기관인 도시철도공사와 민간운영주체인 메트로 9호선의 승무원 근무형태 및 근로조건 등은 다음과 같다.

※ 2012년 12월 기준

구 분	도시철도공사	메트로 9호선
급여제도	직급 · 호봉제	연봉제
근무형태	교번제(9조 5교대)	비숙박 교번제(3조2교대)
근무주기	9일	21일
월간 근무일수	23.1일(비번 6.7일 포함)	20.3일(비숙박)
월간 휴일수(년간)	7.25일(87일)	10.1일(121.2일)

구 분	도시철도공사	Metro 9Line
월 평균 근로시간	168h	165h
평균 운전시간	4.7h/Dia	5.6h/Dia
평균 대기시간	3.0h/Dia	연속운전 제한시간 주간 4h, 야간 3h
근무시간 제한	최대 12h	최소 6h, 최대 13h
*탄력적근로시간 단위	1개월 단위	3개월 단위
승무원근무표작성기준	노 · 사 협의로 결정	심의위원회 구성 · 운영

(3) 승무원의 근무형태

근무형태는 일반적으로 근무방식, 교대주기, 근무주기 등에 따라 다음과 같이 구분한다.

구 분	근무형태	비 고
통상 근무	일 근	근무시간(09:00~18:00), 휴일 : 토 · 일 · 공휴일 – 2시간 범위 내에서 출퇴근 시간 조정 가능
	변형일근	휴일을 지정하는 일근제
교대 근무	교대제	일정한 주기에 맞추어 정한 교번순서에 의하여 순환근무하는 형태로써 1일 교대주기 또는 근무주기에 따라 구분한다. – 교대주기 : 3조 2교대제, 9조 5교대제 – 근무주기 : 6일주기, 9일주기, 15일주기, 21일주기
교번근무	교번제	지정된 교번 순서에 의해서 근무

승무원 근무형태중 어떤 근무형태를 도입 운영할지라도 승무원은 출근하면 몇 DIA를 승무할 것인지 사전에 정해져 있기 때문에 승무원 출퇴근 시간은 개인별로 다르다.

그리고 비숙박제는 야간근무 후 비번 일이 발생하지 않고 일정시간 경과 후 다시 출근하는 제도이므로 교번제, 교대제 모두 적용이 가능하다. 참고로 서울지하철 9호선 운영주식회사에서는 승무원 근무형태를 비숙박 21일 주기를 운영하고 있다.

---

*탄력적 근로시간제 : 근로시간의 배치를 탄력적으로 운용하는 근로 시간제로써 일정한 기간 단위로 그 기간 내 총 근로시간이 법정근로시간 이내인 경우 그 기간 내 어느 주 또는 어느 날의 근로시간이 법정(기준)근로시간을 초과하더라도 처벌이나 가산임금 지급 대상이 되지 않는 근로시간제

(4) 근무형태별 특성

① 통상근무제의 특성

통상근무제는 통상근무시간 외의 시간대에 운행하는 열차에 대한 사업을 담당할 인원이 필요하기 때문에 통상근무를 할 수 있는 인원은 제한적이며 다음과 같은 특성을 가지고 있다.

- 가장 일반적인 근무형태로서 교대근무를 기피하는 승무원에 대한 욕구충족 등이 가능하다.(대학원 등 학업 및 규칙적인 취미활동 등의 기회 부여)
- 공·휴일 열차운행 사업량 축소분에 해당하는 인원만큼 휴일제공이 가능하므로 인력운영에 효율적이다.
- 통상근무자 해당 인원만큼 비번 인원이 발생하지 않으므로 인력운영에 효율적이다.

② 교대제 특성

- 인력소요는 사업량에 비례한다.
- 휴일 열차운행 축소에 비례한 인력축소 운영이 제한적이다.
- 출퇴근 시간 범위 제한 등으로 야간근무 비율이 높다.
- 승무원의 월 누적 근로시간이 균일하게 발생한다.
- 승무개시 전후 불필요한 대기시간이 발생한다.
- 승무원 개인별 근무실적 관리가 간소화 된다.
- 승무원에 대한 밀착 지도감독이 가능하다.
- 근무시간 중 각종 교육실시 및 지시사항 전달이 용이하다.
- 근무조 그룹화로 직장 공동체 의식 조성에 유리하다.

③ 교번제의 특성

- 인력소요는 사업량에 비례한다.
- 다양한 근무주기 선택이 가능하다.
- 휴일 열차운행 축소에 비례한 인력 축소운영이 제한적이다.
- 출퇴근 시간범위 확대로 야간근무 비율 축소가 가능하다.
- 승무원 개인별 월 누적 근로시간 차이가 발생한다.
- 승무개시 전·후 불필요한 대기시간 발생이 축소된다.

- 개인별 근무실적 관리 등 운전관리 행정업무가 증가한다.
- 개별적 근무에 따른 직장 공동체 의식 조성에 불리하다.

(5) 교번제(交番制)

승무원은 열차운행에 맞추어 근무하여야 하기 때문에 개인별 단독으로 근무를 한다. 따라서 승무원 개인별 근무일정을 나타내는 표찰을 운영하고 있는데 이 표찰을 **교번**이라고 한다.

교번에는 승무행로를 나타내는 기관사근무표 번호, 비번, 휴무, 대기 등의 교번이 있다. 이러한 교번을 월간 정해진 근무일수·휴일수기본 근로시간만큼 근무하도록 일정한 순서로 배열해 놓고 승무원 개개인이 교번순서에 따라 순환하면서 근무하기 때문에 교번제라고 한다. 교번제란 용어는 일본 강점기 시대에 도입된 일본식 철도 용어이다. 원래 교번은 탄광에서 갱으로 들어간 작업자가 누구이며 몇 명이 들어갔는지 파악하기 위해서 갱도로 들어갈 때 본인은 자기 이름이 적힌 표찰을 옆으로 걸쳐 놓도록 하는 데 작업 행태에서 유래되었다. 따라서 승무원의 근무형태가 교대제에 해당되므로 교본제보다는 근무조 편성 및 교대횟수의 뜻이 포함된 「3조 2교대제」 또는 기본 근무주기가 표현되는 「9일주기 교대제」라는 용어를 사용하는 것이 바람직하다.

5.5. 승무원근무표

(1) 개 요

승무원근무표는 1일 운행되는 모든 열차운행스케줄을 승무원 1명씩 운행을 담당하도록 나누어 놓은 표이다. 즉, 승무원 개개인의 1일 근무스케줄이다. 이러한 승무원근무표를 승무DIA 또는 사업DIA라고 부르기도 한다. 승무DIA는 주간DIA와 야간DIA로 구분되며, 승무DIA마다 1, 2, 3,....순으로 고유번호를 부여하여 사용한다.

(2) 승무DIA 작성

승무DIA는 다음과 같은 경우에 작성한다.
- 열차운행스케줄 변경 시
- 승무원 근무제도 변경 시

- 승무원 교대장소 변경 시
- 근로기준(근무일수, 근무시간 등) 변경 시

대부분은 열차운행스케줄 변경으로 승무DIA를 작성하고 있다.

(3) 근무시간 구성

승무DIA는 승무원 1명이 담당하는 사업량으로서 승무DIA마다 출퇴근 시간과 총 근무시간이 다르다. 1일 근무 시 평균 2~3회 승무하도록 작성하고 있으며, 승무DIA의 근무시간 구성은 다음과 같다.

- 운전시간 : 직접 열차를 운전하는 시간
- 대기시간 : 승무를 마치고 다음 승무 시까지 대기하는 시간
- 편승시간 : 열차를 운전하기 위해서 교대장소까지 이동하는 시간
- 감시시간 : 유치선 등에서 열차를 감시하는 시간
- 교육시간 : 교육시간(교번에 의한 교육을 실시하는 경우)
- 준비시간 : 출근시간부터 최초열차 승무 전까지 시간
- 정리시간 : 일일사업 종료 후부터 퇴근시간까지 시간
- 심야시간 : 22:00~다음날 06:00사이에 실제 근무한 시간

아래 그림은 승무원근무표 샘플이다.

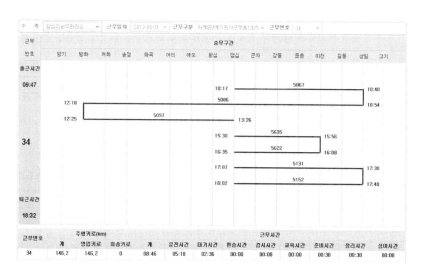

[그림 3-36] 승무원근무표(주간DIA)

5.6. 승무DIA 작성기준

(1) 개 요

승무DIA의 내용은 승무원의 근로조건에 직접적인 영향을 주고, 소요인력산출에 기초가 된다. 따라서 승무DIA 내용이 승무원의 근로조건이 되기 때문에 각 운영기관마다 노·사간 협의하여 승무DIA 작성기준을 정해놓고 승무DIA를 작성하고 있다.

(2) 승무DIA 작성기준 도입 유래

1987년도에 사회적으로 민주화 운동이 봇물처럼 일어났다. 이와 더불어 노동운동이 활성화되었고, 이러한 사회적 분위기에 힘입어 서울시지하철공사(현 서울메트로)에 노동조합이 설립되었다. 설립된 노동조합에서 가장 먼저 일반직과 기능직에 대한 차별 철폐와 근로조건 개선 요구를 하였다.

그러나 근로조건 개선사항이 노·사간 합의되지 못하여 1989. 3. 16. 전면파업이 단행되었다. 따라서 1989. 3. 29. 중앙노동위원회에서 그 당시의 노동쟁의조정법 제30조 제2호를 적용 "근무형태변경과 보수제도 개선" 사항에 대하여 정원 증원, 근무형태 및 월간 근무일수, 근무시간, 법정수당 지급시간, 그리고 다음과 같은 승무분야와 관계되는 사항에 대하여 중재(안)를 제정하였다.

▶ **승무원 관련 중앙노동위원회 근로조건 중재안**
- 승무원의 1근무당 근무시간을 평균 11시간 10분에서 9시간 50분으로 한다. 단축내역은 출근준비 10분, 정리 10분, 출고점검 35분(하회점검 생략), 운전시간 평균 25분을 현행 근무시간에서 각각 단축한 것으로 한다.
- 중간대기시간은 현행과 같이 1근무당 평균 3시간으로 한다.
- 승무수당 지급에 따른 승무횟수는 제한하지 아니한다.
- 승무 근무자는 년 1회 정밀 신체검사를 실시하되, 검진항목은 관계법 규정에 불구하고, 노·사간 협의하여 따로 정한다.
- 비상대기시간 중 실제 대기시간은 근무시간으로 인정한다.

이러한 중앙노동위원회의 승무분야 관련 중재안에 대하여 세부사항을 결정하기 위해 서울 지하철노동조합 승무지부에서 수차례 노·사간 운전분과 실무협의회를 개최하여 마침내 1989. 11. 18. 우리나라에서 최초로 「승무원 근무다이아 작성기준」을 수립, 1989. 12. 1.부터 적용 하기로 협의하였다. 그 당시에 협의된 기준은 다음과 같다.

▶ **승무원 근무다이아 작성기준**
- 1근무 다이아당 평균 운전시간은 4시간 45분으로 한다.
- 1근무 다이아당 평균 주행키로는 150㎞로 한다.
- 1근무당 1회에 한하여 중간대기시간을 설정한다.
- 120㎞ 미만의 경사업은 일근다이아로 작성한다.
- 연속 야간교번은 운용하지 않는다.
- 교번운용 관계사항은 소속별 노사협의 시행한다.
- 출퇴근시간 기준은,
  - 일근다이아의 최초 출근시간은 06시 30분을 기준으로 하고 다이아 작성상 부득이한 경우는 예외로 하되 06시 이전 출근다이아는 작성하지 않는다.
  - 일근다이아의 최종 퇴근시간 및 야간다이아의 최초 출근과 최종퇴근시간은 일근다이 아 출근시간과 연계하여 작성하되 노·사 공동 참여 하에 협의 작성한다.
  - 열차운행의 호선별 전면 변경 등으로 승무원 근무다이아 변경사유가 발생 시는 출퇴 근시간을 재협의 조정 시행한다.

(3) 승무DIA 작성기준

노·사간 협의를 대상 주요 승무DIA 작성기준은 다음과 같다.
- 근무일수 및 휴일 수
- 승무DIA당 평균 운전시간
- 승무DIA당 최대 운전시간
- 승무DIA당 평균 대기시간
- 출·퇴근시간 제한

5.6.1. 근무일수 및 휴일수

(1) 개 요

승무원은 교번에 의한 개별적 근로가 이루어지므로 근로관계법령에 정해진 근로자의 월간 근로일수와 휴일수를 초과하지 않도록 근무일수와 휴일수를 정하는 것이다.

(2) 영 향

승무원의 월간 근무일수는 소요인원 산출에 영향을 주는 직접적인 요소이다. 또한 월간 근무일수를 정하는 것이지만, 주간근무와 야간근무 횟수를 결정하는 요인으로 작용한다.

예를 들면, 월간 근무일수 18일, 휴일 5일로 협의하였을 경우에 근무일수 18일, 휴일 5일을 합하면 총 23일이 된다. 월 30일인 경우 23일을 제외하고 남는 7일이 비번에 해당된다. 결과적으로 월18일 근무일수 중 주간근무가 11일, 야간근무가 7일이 된다.

따라서 월간 근무일수와 휴일수 기준은 주간근무와 야간근무의 비율이 포함된 협의내용이다. 그리고 소요인원 산출할 때 숙박(宿泊)제인 경우 주간DIA는 승무원 1명이 소요되고, 야간DIA는 다음날 비번을 발생하므로 승무원 2명이 소요되기 때문에 월간 근무일수중 주간근무일수, 야간근무일수를 정확히 할 필요가 있다.

(3) 사 례

서울특별시 도시철도공사는 2013년 5월 현재 월간 근무일수 16.4일, 휴일 7.25일(연간 87일) 기준이며, 근무주기는 다음 표와 같이 9일 주기로 순환하면서 근무를 한다.

9일 주기로 순환근무 시 1개월에 6~7일의 휴일이 제공될 수 있다. 이러한 근무주기에 의해 휴일 제공일수는 연간 최대 82일만 가능하다. 따라서 근무주기로 휴일제공이 불가한 휴일 수만큼 월간 근무계획 수립 시 근무일을 휴일로 지정하여 연간 87일 휴일을 부여한다.

▶ 9일주기 근무순서

순서(일)	1	2	3	4	5	6	7	8	9	10	11	12	13	14	15	16	17	18
근 무	주간	주간	야간	비번	휴일	주간	야간	비번	휴무	주간	주간	야간	비번	휴일	주간	야간	비번	휴일

5.6.2. 평균 운전시간

(1) 개 요

승무DIA당 평균 운전시간을 얼마로 할 것인지를 정하는 기준이다. 즉, 승무원이 1일 근무시 담당하여야 할 운전시간을 정하는 기준이다.

(2) 영 향

승무DIA당 평균 운전시간은 승무원 소요인력 산출에 가장 큰 영향을 미치는 요소이다. 1일 운행하는 모든 열차의 운행시간을 평균 운전시간으로 나누면 승무DIA의 숫자가 된다. 이렇게 산출된 수만큼 승무DIA의 수가 결정되고, 승무DIA수는 결과적으로 1일 열차운행을 담당하는 필수 소요인원이 된다.

$$\therefore 승무DIA수 = \frac{노선의\ 총운전시간}{평균\ 운전시간}$$

(3) 사 례

1989년도에 최초로 서울지하철공사노동조합의 요구에 의하여 노·사간 협의한 승무DIA 작성기준으로 정하면서 승무DIA당 평균 운전시간이 4시간 45분으로 정해졌다. 이렇게 평균 운전시간이 4시간 45분으로 정해진 사유는 그 당시에 순환선인 서울시지하철 2호선 성수~성수(48.8km, 운전시간 87분)구간 사업을 담당하는 성수승무관리소와 구로승무관리소의 승무DIA 대부분은 순환선을 4회 또는 3회를 승무하였는데, 승무원들이 3회를 승무하는 운전시간 약 4시간45분(교대시간 포함) 승무DIA를 가장 선호하였고 이를 반영하여 승무DIA당 평균 운전시간이 4시간 45분으로 정해지게 되었다.

이후부터 도시철도 운영기관에서는 관례적으로 승무DIA 작성기준을 정하면서 승무DIA당 평균 운전시간 4시간 45분 또는 4.7시간으로 정하고 있으며, 최근 신규노선의 운영기관에서는 DIA당 평균 운전시간을 5.0시간 이상으로 정하고 있는 추세이다.

이러한 DIA당 평균 운전시간에 대해서 노동조합 측에서는 "적정하다" 또는 "많다", 사용자 측에서는 "적다"라고 상반된 주장이 끊이지 않고 있다. 이렇게 상반된 주장을 하고 있는 것은 승무원의 직무분석을 통한 합리적인 방법으로 DIA당 평균 운전시간을 정하지 않았기 때문에 객관성 부족에 기인된 것이다.

5.6.3. 최대 운전시간

(1) 개 요

승무DIA당 최대 운전시간을 제한하는 기준이다. 즉, 승무원에게 1일 근무시 과다하지 않는 적정한 운전시간을 부여하여 안전운행을 도모하고자 정하는 기준이다. 대부분의 운영기관에서는 최대 운전시간을 6시간 이하로 정하고 있다.

(2) 영 향

최대운전시간 기준은 승무DIA 작성 시 승무구간의 노선길이 즉, 소요 운전시간에 따라 승무 DIA당 승무횟수에 영향을 준다.

예들 들면, 교대장소를 기준으로 1회 왕복운전에 3시간이 넘게 소요되는 승무구간인 경우 전반사업과 후반사업으로 나누어 2회를 승무하면 운전시간이 6시간이 넘게 된다. 따라서 2회를 승무하는 승무DIA를 작성할 수가 없다. 대안으로 승무원의 교대장소를 추가로 운영하여 3~4회 승무하도록 DIA를 작성한다.

그리고 승무DIA의 승무횟수와 운전시간은 가급적 균등하게 작성하는 것이 안전운행과 인력운영에 효과적이다. 예를 들면, 똑같이 하루를 근무하는데 제1DIA를 승무하는 A직원은 운전시간이 3시간이고, 제2DIA를 승무하는 B직원은 운전시간이 6시간이라고 한다면, A직원과 B직원은 노동 강도 면에서 현격한 차이가 있는 것이다. 또한 운전시간이 많이 설정된 승무DIA의 근무를 기피하는 경향도 발생한다.

이러한 현상은 업무량을 효과적으로 적정하게 배분하지 못한 결과인 것이다. 따라서 노선의 총 소요 운전시간을 감안하여 1일 근무 시 2~3회 승무를 하면서 협의된 평균 운전시간이 발생할 수 있도록 승무원의 교대장소를 적정한 위치에 선정하는 것이 안전운행 및 인력운영 측면에서 매우 중요하다.

참고로 외국 등에서 운전자의 건강 및 집중도를 유지하기위해서 1회 운전시간을 가급적 2시간 이내로 운영하고 있다.

(3) 사 례

승무DIA의 승무횟수와 담당하는 운전시간이 가급적 균등하게 작성되기 위해서는 승무원 교대장소의 위치가 중요한 요인이다. 서울시도시철도공사는 개통 시 노선 종단지점에 건설된 승무관리소 위치(승무원 교대장소)로 인하여 승무DIA별 승무횟수와 운전시간이 불균형하게 작성되었다.

이러한 문제점을 해소하기 위하여 개통 이후 5호선 운행을 담당하는 승무관리소는 고덕역에서 답십리역으로, 7호선 운행을 담당하는 승무관리소는 도봉산역에서 어린이대공원역으로 해당 승무구간의 약 2/3 지점으로 옮겼다.

이와 같은 사례에서 보듯이 노선 건설시 해당 노선의 운행 소요시간을 반영하여 승무횟수는 평균 2~3회를 하면서 협의된 승무DIA당 평균 운전시간으로 승무DIA가 작성될 수 있도록 적정한 위치에 승무관리소가 건설되도록 신중한 검토가 필요하다.

5.6.4. 평균 대기시간

(1) 개 요

대기시간은 1회 승무를 마치고, 차기 승무 전까지 기다리는 시간을 말한다. 이러한 대기시간에는 근로기준법에 부여하도록 정해진 휴게시간이 포함되어 있다(근로시간이 4시간인 경우 30분 이상, 8시간인 경우 1시간 이상). 참고로 근로기준법에 의해 부여하는 휴게시간은 근로시간으로 불인정되는 시간이다.

(2) 영 향

승무DIA를 작성하다 보면 대기시간이 주간DIA는 1시간~3시간, 야간DIA는 3시간~6시간 범위로 작성된다.

대기시간은 소요인원 산출에 영향을 미치지 않는다. 따라서 승무DIA당 평균 대기시간을 길게 정하는 것이 승무원에게 유리한 것만은 아니다. 왜냐하면, 평균 대기시간의 기준은 1차 승무 후 다음 승무 시까지 여유시간을 보장해주는 역할을 하지만, 반면에 노·사간에 정한 평균 대기시간을 맞추기 위해 불필요하게 대기시간을 길게 설정하여 승무DIA의 총근무시간이(근무시작부터 종료까지의 시간) 길어지게 된다.

즉, 평균 대기시간 확보를 위해서 총 근무시간이 9시간인 승무DIA가 있고, 총 근무시간이 11시간인 승무DIA가 있게 된다.

결과적으로 승무DIA 1개가 똑같이 1일 근무일수 임에도 승무DIA에 따라 회사에 체류하는 시간이 각각 다르고, 불필요하게 회사에 체류하는 시간이 길어지면 승무원에게는 구속되어 있는 시간이 늘어나는 것이고, 회사에도 불필요한 관리비용이 증가된다.

따라서 승무DIA 작성기준 중 소요인원 산출에 영향을 주는 월간 근무일수와 승무DIA당 평균 운전시간 기준이 정해지므로 승무DIA당 평균 대기시간을 몇 시간으로 정할 필요없고, 「승무 후 다음 승무 시까지 최소 얼마 이상 대기시간을 확보한다.」로 정하는 것이 DIA당 평균 대기시간을 맞추기 위해서 불합리하게 대기시간이 길게 설정된 승무DIA를 작성할 필요가 없게 되므로 노·사 모두에게 유리하다.

(3) 사 례

대부분의 도시철도 운영기관에서 승무DIA당 평균 대기시간을 3시간 이상으로 정하고 있다. 이렇게 평균 대기시간을 정한 것은 1차 승무를 마치고 2차 승무 시까지 여유시간을 확보와 시간외 근로시간을 일 단위 기준으로 산출하여 1일 8시간을 초과하는 근로시간에 대하여 시간외 근로수당을 지급하였던 1990년대에 시간외수당을 받기 위해서 노동조합의 주장에 의해서 정해지기 시작하였다.

그러나 근로기준법에 휴게시간은 근로시간에 포함하지 않고, 또한 정해진 기간 단위에 총 근로시간이 법정근로시간 이내인 경우 어느 날의 근로시간이 법정기준의 근로시간을 초과하더라도 초과근무 수당을 지급하지 않아도 되는 탄력적 근로시간제가 도입되었다.

따라서 승무DIA당 평균 대기시간 기준은 승무원에게 별다른 혜택이 없고 오히려 승무DIA별 총근무시간 불균형 발생, 불필요한 체류시간 증가 등의 요인으로만 작용한다.

5.6.5. 출퇴근시간 제한

(1) 개 요

승무원의 근무시간은 열차운행과 함께 진행되므로 어떠한 근무형태를 운영하여도 개인별로 출퇴근이 이루어진다. 따라서 너무 이른 시간 또는 늦은 시간에 출퇴근이 발생하지 않도록 그 범위를 정하는 기준이다.

(2) 영 향

출퇴근시간 제한은 사업량(운전시간)의 불균형과 평균 이상의 승무횟수의 승무DIA 작성을 유발한다. 승무DIA 작성 시 승무DIA의 총 숫자, 주야간 DIA의 비율, 고정된 교대장소 등의 제한요인으로 인하여 승무DIA별로 사업량을 균일하게 배분하는 데에는 어려움이 있다.

여기에 추가로 출퇴근시간 제한기준까지 반영하여 승무DIA를 작성하다보면 다음과 같이 사업량을 균일하게 배분하지 못하는 현상이 발생한다.

- 주간DIA의 후반사업에 배분 가능한 사업량을 야간DIA의 전반사업에 배분
- 주간DIA의 전반사업에 배분 가능한 사업량을 야간DIA의 후반사업에 배분

또한 사업량이 적게 배분된 승무DIA에 자투리 사업량을 배분함으로써 어떤 DIA의 승무횟수가 증가하기도 한다. 이렇게 출퇴근시간 제한기준은 승무원들이 선호하지 않는 승무횟수가 평균보다 많거나, 사업량 배분이 기형적인 승무DIA 작성 원인으로 작용한다.

(3) 사 례

출퇴근시간 제한기준은 서울시 지하철 운영기관인 서울메트로와 도시철도공사 등에서 주간DIA는 06:30 ～ 22:00까지, 야간DIA는 17:00부터 다음날 10:00까지로 정하고 있다. 이러한 제한기준은 야간근무 후 다음날을 비번으로 인정하는 숙박제에서는 적용이 가능하지만, 비숙박제에서는 불필요한 기준이다.

승무DIA를 작성한 경험에 의하면, 승무DIA 작성이란 1일 24시간의 총 사업량을 승무DIA별로 배분하는 것이다. 그러므로 1일 총 사업량 중 22:00이후부터 06:30이전까지 점유하는 사업량에 해당하는 비율만큼 주간DIA와 야간DIA의 비율을 운영하면 자연스럽게 출퇴근시간을 제

한하는 효과가 발생한다. 따라서 출퇴근시간의 제한기준을 정할 필요가 없다.

5.7. 근무계획

(1) 개 요

근로자의 근무일과 휴일, 출퇴근 시간은 계획적이며 사전에 예고되어야 한다. 통상 근무자는 요일에 따라 정해진 출퇴근시간에 맞추어 근무를 하고, 교대 근무자는 정해진 근무주기와 출퇴근 시간에 맞추어 근무를 하기 때문에 근무일, 출퇴근시간, 휴일이 계획적이며 예고되어 있는 것이다.

그러나 교번에 의하여 근무하는 승무원은 사전에 자신의 근무일, 출퇴근시간, 휴일 등을 인지할 수 없다. 따라서 반드시 승무원 개인별 근무일, 출퇴근시간, 휴일을 지정하는 근무계획을 수립하여 해당 월 개시 5일전까지 공지하는 것이 원칙이다.

참고로 승무원은 자신의 근무일, 담당하는 승무DIA번호, 휴일이 교번순서라고 인식하는 경향이 있다. 그러나 교번순서는 근무계획 수립을 위한 기초자료일 뿐이고, 승무원에 대한 근무일, 담당하는 승무DIA번호, 휴일은 근무계획으로 지정하는 것이다.

(2) 교번운영

작성된 주간 · 야간DIA, 휴일(S), 대기(예비인원 해당) 등의 교번을 정하여 근무제도의 주기에 맞추어 교번을 배열한다. 예를 들면, 근무주기가 9일 주기인 경우 다음과 같이 교번을 배열한다.

[주간→주간→야간→비번→휴무→주간→야간→비번→휴일.... 순]

이러한 교번구성 결과는 승무원의 월간 누적 근로시간에 영향을 미친다. 따라서 승무DIA의 배열 순서를 정함에 있어 특정구간에 근무시간이 많은 중사업DIA가 집중되지 않도록 하고, 승무원들이 근무를 기피하는 주박DIA 등이 연속 배치되지 않도록 구성하여야 한다.

특히 교번을 배열함에 있어 반드시 근로기준법에 정해져 있는 주 단위 최대 허용 근로시간인 52시간을 초과하지 않도록 배열하여야 한다.

(3) 근무계획 수립 시 고려사항

근무계획을 수립함에 있어 노·사간 협의된 월간 근무일수, 휴일수, 누적 근로시간 범위 내에서 승무원 개개인의 근무실적이 균등하게 발생하게 수립되도록 노력하여야 한다.

왜냐하면 승무원의 개인별 월 근무일수 차이는 누적근로시간 차이를 발생시킨다. 이러한 차이로 인하여 월간 누적근로시간이 기본 근로시간보다 부족한 경우에 급여를 삭감할 수 없으나, 기본 근무시간을 초과하는 경우에는 반드시 시간외근로수당을 지급하여야 하므로 동일한 인원으로 운영을 하여도 근무계획 수립여부에 따라 인건비가 추가로 소요되기 때문이다.

(4) 근무계획수립 기간단위

승무원의 근무계획은 반드시 월 단위로 수립하여야 한다. 왜냐하면, 근로대가인 급여 지급체계와 동일한 기간으로 근무실적을 관리하는 것이 원칙이기 때문이다.

또한 개별적으로 순환 근무하는 교번제의 특성상 아무리 교번순서를 짜임새 있게 잘 배열 구성하여도 승무원 개개인의 월간 근무일수, 휴일수, 누적 근로시간의 차이가 발생하므로 이러한 개인별 근무실적의 차이에 대하여 다음 달에 즉시 조정하여 승무원들이 근무량을 공평하게 부담하게 할 수 있기 때문이다.

5.8. 승무분야 소요인원 산출

(1) 개 요

승무분야의 소요인원 산출방식은 과거에는 근로기준법을 준수하지 않아도 별다른 법적 처벌을 받지 않았고, 또한 근로자들의 저항이 없었기 때문에 운용경험을 바탕으로 보유 전동차 편성수 기준을 적용하여 편성당 4.38명으로 산출하였다. 그리고 승무원 부족 시에는 충원보다는 휴일을 제공하지 않고 한 번 더 승무를 시키거나, 야간근무 후 비번없이 연속 야간근무를 시키는 불합리한 방법으로 해결하곤 하였다.

이러한 편성을 기준으로 하는 개략적인 소요인원 산출방식은 결과적으로 승무인력 수급계획에 차질을 유발하므로 정확한 소요인력을 산출하기 위해서는 다음과 같은 기초사항을 반영하여야 한다.

- 사업량(총 운전시간)
- 적용 근무형태
- 법령에 정해진 각종 근로기준

또한 승무분야에는 담당직무가 다른 그룹이 존재하며, 경우에 따라 근무형태를 다르게 운영한다. 따라서 다음과 같이 담당직무 그룹별로 구분하여 각각 소요인원을 산출하여야 한다.

- 본선승무원 : 본선열차 승무를 담당하는 실동 운전자
- 운용승무원 : 승무관리소에서 주로 교번운영을 담당하는 운전자
- 구내승무원 : 차량기지 등에서 구내운전을 담당하는 운전자

⑵ 본선승무원 소요인원 산출

본선 승무원의 소요인원 산출식은 다음과 같다.

$$\therefore 총 소요인원 = 승무DIA수 + 비번인원 + 예비인원 + 휴일인원$$

① 승무DIA수

승무DIA수는 노선의 총 운전시간을 노·사간 협의된 Dia당 평균 운전시간으로 나눈 수이다.

$$\therefore 승무DIA수 = \frac{총운전시간}{Dia당 평균운전시간}$$

예를 들면, 총 노선의 총 운전시간이 720시간, DIA당 평균 운전시간이 4.7시간인 경우 153.19이므로 승무DIA수는 154개가 된다.

② 비번인원

비번인원은 야간근무 후 비번을 부여하는 숙박제를 운영하는 경우에 해당하는 소요인원이다. 숙박제를 적용하는 사업장에서 1근무 주기에 주야간 근무비율에 맞추어 주간 DIA, 야간DIA의 비율을 정하고 있다.

예를 들면, 숙박 9조5교대제의 1근무 주기인 9일 동안 주간근무 3일, 야간근무 2일인 경우 주간DIA와 야간DIA의 비율을 3:2로 정하고 있다. 즉, 주간DIA와 야간DIA의 비율은 3:2이므로 산출된 승무DIA수가 총 90개일 경우, 주간DIA 60개, 야간DIA 30개가 된다. 따

라서 비번인원은 야간DIA수에 해당하는 30명을 적용하여야 한다.

$$\therefore \text{비번인원} = \text{야간DIA수}$$

참고로 산출된 승무DIA수 중, 주간DIA와 야간DIA의 점유비를 가장 합리적인 방법으로 정하는 방법은 시간대별 사업량의 점유비로 정하는 것이다.

예를 들면, 1일 총 운전시간 중 22:00부터 06:00까지 사이에 점유하는 운전시간 비율로 정하는 것이다.

특히 비번을 부여하지 않는 비숙박제를 적용하는 사업장에서는 출퇴근 시간범위 기준 등 제한요인이 없기 때문에 야간근무시간대에 해당하는 운전시간 점유비율에 맞추어 주간, 야간DIA 수의 비율을 정하는 것이 승무원과 사용자 모두에게 유리하다.

③ **예비인원(예비율)**

근로자에게는 법령에 정해진 각종 휴가 및 병가가 발생하고 또한 직무수행에 필요한 교육을 실시하여야 한다. 이러한 사유로 인하여 승무원은 항상 일정 인원만큼 유고인원이 발생하기 때문에 이를 대신하여 승무할 인원과 그리고 영업상 또는 운영상 불가피하게 발생하는 각종 임시열차의 운전을 담당할 수 있는 인원이 필요하므로 예비인원을 책정하여야 한다.

만약 예비인원을 책정해놓지 않으면 유고인원만큼 열차운전을 담당하는 승무원이 없게 된다. 그러나 열차는 반드시 운행되어야 하기 때문에 승무원에게 당연히 제공하여야 할 휴일을 제공하지 못하게 된다.

승무원에게 휴일을 제공하지 않고 승무에 충당하는 대무(代務)는 법령에 정한 사용자의 의무를 다하지 못하는 결과이며, 안전운행측면에서 바람직하지 않다. 따라서 승무원 소요인원 산출 시 반드시 적정한 예비인원을 산출 반영하여야 한다.

예비인원을 산출할 때 연간 평균 및 최대 유고율이 어느 정도인지를 파악하고 적용하는 것이 원칙이다. 그러나 유고율은 많은 변동성이 존재하고, 교육시기 변경 등으로 조정이 가능하기 때문에 운영기관에서는 관례적으로 적용하고 있는 예비율을 적용하여 예비인원을 산출하고 있다.

승무원 예비율 적용기준은 운영기관의 경영특성에 따라 다음과 같이 약간씩 차이가 있

다.(2012년 12월 기준)

- 서울메트로, 서울시도시철도공사 : 예비율 10% 이하
- 서울9호선운영(주) : 예비율 7% 이하

예비인원은 다음 식과 같이 산출한다.

$$\therefore \text{예비인원} = (\text{승무DIA 수} + \text{비번인원}) \times \text{예비율}(10\%)$$

이렇게 산출된 예비인원은 대기교번 또는 별도의 근무조로 편성 운영하며, 정해진 순서에 의해서 유고인원 발생으로 공석이 된 교번을 충당하고, 임시열차 운행사업 등에 충당된다.

④ **휴일인원**

근로자에게는 근로기준법에 정해진 법정 공휴일을 제공하여야 한다. 그러나 열차는 평일, 휴일 관계없이 매일 열차가 운행되기 때문에 승무원은 토·일요일과 공휴일을 휴일로 할 수 없다. 따라서 승무원의 휴일은 노·사간 협의하여 연간 또는 월간 휴일을 며칠로 할 것인지를 정하고, 정해진 휴일수가 제공되도록 교번에 휴일(S)근무표를 삽입하여 순환하면서 휴일을 제공하고 있다.

이렇게 본선 승무원에게 제공되어야 하는 휴일수에 해당하는 인원만큼 소요인원에 반영하여야 하므로 휴일인원을 다음 식과 같이 산출한다.

$$\therefore \text{휴일인원} = (\text{승무DIA수} + \text{비번인원} + \text{예비인원}) \times \frac{\text{제공 휴일수}}{365\text{일}}$$

그리고 휴일인원을 산출함에 있어 모든 인원에게 휴일이 제공되어야 하기 때문에 휴일인원은 소수점 이하 인원이 산출될 때까지 반복 산출하여 합한 인원을 적용하여야 한다.

(3) 운용승무원 소요인원 산출

운용승무원의 담당직무는 승무원의 근무계획·교번운용·근무실적 등을 작성하며, 필요시 임시열차 운전 등 본선열차 운전에 충당된다.

또한 승무적합성검사와 승무관계 업무지시를 담당하는 승무관리책임자(차장급)의 업무를 보좌하거나 유고시 대행 역할을 한다.

따라서 운용승무원 소요인원 산출 시 다음과 같은 요소를 반영해야 한다.
- 운용 노선의 사업량 규모(승무원 수, 영업거리 등)
- 운용승무원의 적용 근무형태
- 승무관리책임자의 운영방식
- 승무원의 교대장소 운영개소

⑷ 구내승무원 소요인원 산출

구내승무원의 담당직무는 차량기지에 상주하면서 검사고와 유치선으로 이동하는 차량과 시험선 운행차량을 운전한다. 또한 사유 발생 시 차량기지에서 출고열차의 운전을 담당하며, 필요시 종착역에서 회차지원업무 등을 수행한다.

구내승무원의 소요인원은 과거에는 관례에 의하여 전동차 2.54편성당 1명 기준을 적용하여 산출하였으나, 이와 같은 산출방식은 비합리적이다. 따라서 구내승무원 소요인원 산출은 다음과 같은 요소를 반영하여 산출한다.
- 해당 차량기지의 입환량 및 시운전 발생 정도
- 작업자 안전을 위한 최소 근무인원
- 구내승무원의 적용 근무형태
- 승무원의 교대장소 운영개소

현재 서울특별시도시철도공사를 제외하고 모든 운영기관은 구내운전 업무를 아웃소싱하여 용역회사 직원이 담당하고 있다.

제4장

도시철도 관제시스템

제1절 관제시스템 일반

본 절에서는 관제시스템의 정의, 변천과정 및 기본적 구성요소, 주요 기능 등에 관하여 설명한다.

1.1. 관제시스템 정의

관제(管制)의 사전적 의미는 "관리(管理)하여 통제(統制)한다." 이다. 즉, 「관제」란, 일정한 방침이나 목적에 따라 행위를 제한하거나 제약하도록 지휘 감독하는 일을 말한다. 그리고 「시스템」이란, "하나의 공통적인 목적을 수행하기 위해 조직화된 요소들의 집합체"이다.

따라서 「도시철도 관제시스템」이란, '도시철도의 노선에 운행하는 열차를 안전하고 효율적으로 그리고 이용 승객이 편리하도록 운행시킬 목적으로 감시 · 제어 · 통제하는데 활용되는 설비와 그 직무를 담당하는 직원'이라 할 수 있다.

또한 「철도안전법」제2조에 관제업무를 "철도차량의 운행을 집중 제어 · 통제 · 감시하는 업무"로 정의하고 있다. 따라서 철도차량의 운행을 집중 제어 · 통제 · 감시하는 업무를 담당하는 사람을 「철도관제사」라고 할 수 있다.

1.2. 관제시스템의 발전

철도 관제시스템은 교통량 증가 및 전자 · 정보통신기술 발전과 더불어 다음과 같이 변천해 오고 있다.

[그림 4-1] 관제시스템 변천

(1) BOX형 통제시스템

열차 운행횟수가 많지 않고, 철도 신호 및 통신분야의 기술이 발전되지 않았던 과거 시절에는 정거장에서 열차의 교행 · 대피 · 폐색취급 등의 각종 운전취급을 하였으며, 정거장에는 이러한 운전취급업무를 전담하는 운전원(現, Local 관제원)이 배치되어 있었다.

열차운행 통제절차는 일정한 장소에 근무하는 운전사령(現, 관제사)이 각 정거장의 운전원으로부터 사령전화로 열차 운행정보를 취득하고, 취득한 운행정보를 종합하여 계획 운행스케줄과 비교하여 운전취급에 관한 의사를 결정하였다. 그리고 결정된 운전취급사항은 해당 정거장 운전원에게 취급하도록 지시 · 명령을 하는 방식으로 열차운행을 통제하였으며, 관제설비는 사령전화, 운행스케줄 사본, 명령사항 기록판 등 이었다.

이렇게 운전사령이 정해진 장소에서 각 정거장으로부터 운행정보를 보고 받고, 다시 열차운행 통제에 관한 운전 지시 · 명령을 전달하는 형태로 진행되었으므로 **BOX형 통제시스템**이라 한 것이다.

이러한 BOX형 통제시스템은 운전사령이 열차운행 통제에 관한 의사 결정에 필요한 운행정보 수집 및 운전취급을 직접 하지 않고 운전원을 경유하기 때문에 운전취급에 관한 의사결정, 처리절차가 분리되어 있어 열차운행 통제의 정확성, 신속성, 효율성 저하로 선로용량 수용이 극히 낮았다. 그리고 사람이 모든 운전취급을 하기 때문에 인적오류에 의한 사고발생 개연성이 높아 안전에 취약하였다.

(2) 열차집중제어시스템(CTC, Centralized Traffic Control)

경제발달과 더불어 이동 인구가 증가함에 따라 철도 노선에 정거장의 수와 열차운행 횟수가 많아졌고, 그리고 운행속도가 높아졌다. 따라서 노선에 운행하고 있는 모든 열차에 대한 운행정보를 한 곳에서 파악할 수 있고, 노선 내 모든 정거장에 부설된 선로전환기를 원격제어하여 열차운행 진로 및 신호를 취급할 수 있는 안전하고, 신속하고, 효율적인 열차운행 제어시스템 도입이 필요하게 되었다.

이러한 시대적 요구에 따라 관제사가 한 장소에서 노선에 운행중인 모든 열차의 운행상태를 직접 확인하면서 운행진로 및 신호를 제어할 수 있는 **CTC(열차집중제어시스템)**이 도입되기 시작하였다.

CTC시스템은 1927년에 미국 뉴욕의 센츄럴 철도 노선(63km)에 구간에 최초로 도입되었으며, 우리나라에는 1968년에 중앙선 망우~봉양 구간(148km)에 도입되었다. CTC시스템은 종전의 BOX형 통제시스템과 달리 정해진 장소에서 관제사가 실시간으로 열차운행 정보를 직접 파악하고, 운행에 필요한 진로 및 신호 취급을 할 수 있는 기능을 갖추었기 때문에 열차운행 통제의 신속성, 정확성, 효율성 등이 일정 수준 이상 향상되었다.

그러나 많은 부분의 운전취급을 사람이 취급하기 때문에 여전히 인적오류에 의한 사고발생 개연성이 존재하고, 또한 도시철도 노선처럼 열차가 분(分)단위 간격으로 운행되는 대용량의 선로용량 수용에는 한계가 존재하였다. 따라서 도시철도 노선에는 더 높은 안전성과 효율성이 발휘되는 고도화된 기능을 구비한 관제시스템이 요구되었다.

(3) 열차종합제어시스템(TTC, Total Traffic Control System)

CTC시스템 도입초기에는 중앙관제실(Control Center)에 열차운행정보가 표출되고, 표출되는 정보를 바탕으로 관제사가 역마다 설치된 선로전환기를 원격제어하여 열차의 진로를 취급하는 등 중앙에서 집중제어에 필요한 기능만 발휘되었다.

그러나 차츰 발달된 전자·통신기술이 철도신호분야 기술에 접목되면서 CTC시스템은 운행스케줄에 의한 자동제어가 가능하고, 더 효율적으로 안전하게 열차운행을 제어할 수 있도록 기능이 고도화됨에 따라 도시철도 노선의 관제시스템으로 자리 잡기 시작하였다.

또한 관제실에서 열차운행과 관련된 모든 설비를 제어하고 효과적으로 감시하면서 통제할 수 있도록 *SCADA시스템과 각종 통신장치 등이 관제시스템에 포함되어 구축되었다. 이렇게 관제시스템은 고기능이 발휘되는 CTC시스템, SCADA시스템, 그리고 열차운행 감시 및 통제업무를 효과적으로 수행할 수 있는 각종 통신설비가 포함된 종합시스템으로 발전하였다.

이러한 고도화된 기능을 갖춘 종합시스템을 기존의 CTC시스템과 구분하기 위해서 **TTC(열차종합제어시스템)**이라 부르게 되었다.

TTC시스템은 열차운행 원격제어가 가능한 CTC시스템을 기본으로, SCADA시스템, 무선전화장치, 영상제어장치, 행선안내장치, 원격방송장치, 재난정보공유장치 등으로 구성된 종합적인 관제시스템이다.

TTC시스템은 열차운행 제어 및 통제의 신속성, 정확성, 안전성, 효율성을 모두 갖춘 기능이 고도화된 관제시스템이라 할 수 있다.

참고로 유럽, 미국 등에서는 TTC시스템을 ALS 또는 ATS시스템이라 부른다. 최근 경전철 등 도입으로 시스템의 용어는 제작사 및 운영기관의 요청에 따라 관제시스템 명칭을 명명하게 되는데 철도 기술 흐름으로 볼 때 크게 아래와 같이 분류할 수 있다.

구 분	용 어	적 용	기 본 기 능
CTC	Centralized Traffic Control	일반 철도	각 지역 관제실에 분산 배치되어 있는 관제설비를 한곳으로 통합, 광범위한 구간 내 운행하는 다수의 열차를 종합관제실에서 원격제어 및 일괄 통제하는 시스템. 초창기에는 CTC 기능에 자동개념이 포함되지 않은 수동원격제어에서 최근 시스템의 발전으로 자동원격제어로 발전함.
PRC	Programmed Route Control	일반 철도	CTC와 TTC의 중간개념의 시스템으로서, 프로그램에 의해 진로제어가 가능한 시스템.
TTC	Total Traffic Control	도시 철도	각종 컴퓨터에 의해 노선에 운행중인 모든 열차에 대한 감시 및 제어를 하는 시스템으로서, 운행스케줄에 의한 자동제어를 기본으로 하는 시스템이며, 하위 기능으로 CTC 기능이 발휘되는 시스템.

---

*SCADA시스템 : Supervisory Control And Data Acquisition System 약어로서 전력계통 원격 감시, 제어 및 자료취득 시스템

구 분	용 어	적 용	기 본 기 능
ATS (ALS)	Automatic Train(Line) Supervision	공항 철도	폐색시스템이 차내연산방식(Distace to go) 또는 CBTC으로 발전함에 따라 열차운행상태 감시 및 계획 운행패턴을 유지하기 위한 열차운행명령에 대한 적절한 통제 실행하는 시스템으로서, 운행스케줄 관리와 열차 자동 감시 및 현장 자동장치에 대한 감시·통제기능을 구비한 시스템.
OCC	Operation Center Control	신분당선, 의정부, 용인 경전철	전력/통신/설비/신호의 각 분야별 시스템 컴퓨터를 설치하여 OCC컴퓨터로부터 관련 정보를 제공받아 자체 데이터베이스를 구축하여 운영 및 유지보수업무를 수행하는 시스템으로서 열차상태 정보전송. 실시간 감시, 원격제어 기능을 구비함.(열차운행, 회차, 주박 등 자동실행)

(4) TTC시스템의 발전

도시철도 관제시스템은 건설기간이 장기간 소요되는 철도 건설의 특성과 지방자체단체의 재정 여건상 단계별·호선별로 시차를 두고 건설되었기 때문에 같은 운영기관에서 운영하는 노선임에도 노선별로 관제시스템 공급업체가 달라서 각각 다른 모델로 구축되었다. 또한 철도 문화에 존재하는 직종별(역무, 운전, 차량, 전기·신호·기계설비·통신·토목 등) 업무처리 관행이 관제시스템에도 반영되어 분야별로 분리되어 구축되었다.

이러한 결과는 관제시스템 모델 다양화로 유지보수용 예비품 부족 및 장애발생시 대응력 저하 등으로 유지관리 효율성을 떨어뜨리고, 시스템의 기능 확장 시 고비용의 원인이 되는 문제점을 안겨주고 있다. 따라서 이러한 문제점을 해소하기 위하여 관제시스템 개량 시 통합관제시스템으로 구축하고 있는 추세이다.

통합관제시스템은 공간적·기능적 측면을 통합하여 시스템을 구축하는 것으로서 분야별(신호·전기·기계설비)로 분리되어 있는 시스템을 하나의 장소에서 업무를 수행할 수 있도록 공간을 통합하고, 또한 필요한 분야가 유기적으로 관제업무를 수행할 수 있도록 기능을 통합하는 것이다. 그리고 최첨단 정보통신 및 컴퓨터 기술을 활용하여 다음과 같은 방향으로 구축되고 있다.

① 이용자 보호 및 운영 효율화를 위한 중앙 집중화

- 열차 객실 모니터링

- 각종 기능실 및 승강장 등에 대한 화재감시 시스템
- 각종 설비(환기, 배수펌프, 승강설비 등) 감시 · 제어 기능 통합

② **다양한 원격제어 기능 구비**
- 전동차 기동 원격제어 → PANTO 상승 · 하강 제어 등
- 열차운전 자동 · 수동제어 → 정위치 정차, 퇴행 등
- 각종 안내 데이터 자동 인터페이스 → 객실, 승강장, 대합실 등
- 무인운전(DTO, UTO) 기능 활성화
  - DTO : Driverless Train Operation(무인운전이나 안전요원 탑승)
  - UTO : Unattended Train Operation(완전 무인운전)

③ **사용자 위주의 편의성 확보**
- 범용의 H/W, S/W 사용 및 장비별 취급절차 표준화
- 사용자 중심의 인체공학적 설계 및 인테리어 등

④ **시스템 신뢰도 향상**
- 해킹을 대비한 보안성 강화
- 시스템 신뢰도 향상을 위한 다중계 구조 설계
- 자기 진단 기능
- 가용성 및 확장성 수용할 수 있도록 설계

그러나 이러한 통합관제시스템 도입이 관제사에게 순기능만 제공되는 것은 아니다. 시스템 기능이 복잡하고 다양해질수록 사용자의 책임이 커지기 때문에 각종 사고 발생 시 관제시스템의 운용절차, 적정취급유무, 조치의 적정성 등의 책임이 뒤따르게 된다. 이를 해결하기 위해서 취급기능 단순화 및 항공 관제사와 같이 차원 높은 교육을 주기적으로 실시하여야 하는데 철도 운영기관별 인력 효율화 및 슬림화로 여건이 어려운 것이 현실이다.

결과적으로 통합관제시스템은 공간적 · 기능적 통합구현을 통해 관제업무 효율화 및 고도화로 안전운행 및 고객서비스 향상에 목적이 있으나, 철도관제업무의 고유기능 상실과 업무량 증가 등으로 관제역량 미달 및 관제사 보직 기피현상 등 부작용이 발생할 수 있으므로 시스템 구축 및 제도보완 등 신중한 검토가 필요한 실정이다.

지난 2012. 10. 27. 서울지하철 7호선 온수역~부평구청역간 9개역 연장구간이 개통되면서 새롭게 구축된 7호선용 TTC시스템은 열차관제, 전력관제, 여객관제 등이 공간적으로 통합되었고, 기능적으로는 운행제어컴퓨터와 SCADA시스템의 제어컴퓨터 상호간 Double-take 솔루션을 이용한 이중화 통합 서버(Server)형으로 구축되었다.

1.3. TTC시스템 개요

(1) 개 요

도시철도 운영기관들의 TTC시스템은 제작사와 구축 시기가 다르고 또한 노선의 기능이 다르기 때문에 시스템을 구성하고 있는 설비, 기능, 용어 등이 차이가 있다. 그러나 기본적 사항은 대동소이하므로 TTC시스템에 대한 이해를 돕기 위해서 개요부분에 대해서 설명한다.

(2) TTC시스템 정의

TTC시스템이란 각종 컴퓨터장치와 통신장치 등을 종합적으로 활용하여 열차운행을 안전하고, 효율적으로 감시·제어·통제할 수 있도록 지원하는 열차운행관리시스템이다. 광의적 의미로는 열차운행관리 및 운수수입, 수송자료 집계 등의 수송업무관리까지 처리하는 종합적인 교통시스템이라는 의미가 담겨져 있다. 그러나 우리나라 철도분야에서는 TTC시스템을 **열차종합제어장치**로 통용 사용하고 있다.

(3) TTC시스템의 기본 구성 요소

TTC시스템을 구성하고 있는 기본 구성요소는 [그림 4-2]와 같다.
- 대형표시반(Large Display Panel)
- 제어탁(Console)
- 운행계획관리컴퓨터(Management Support Computer)
- 열차제어컴퓨터(Train Control Computer)
- 인터페이스 장치(Input/Output Controller)
- 각종 주변 시스템 및 하위 시스템

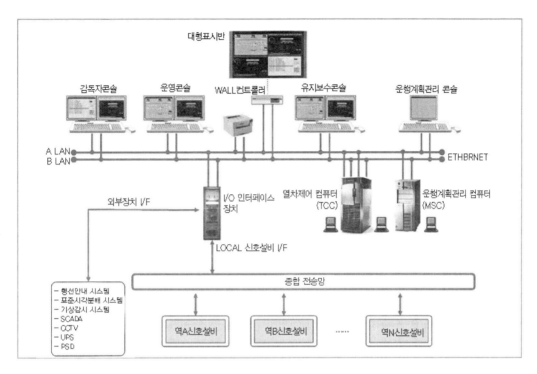

[그림 4-2] TTC시스템 기본 구성도

위 [그림 4-2] 대형표시반은 모니터형(DLP)이며, Wall Controller장치는 영상 및 그래픽 입력 소스를 *DLP모니터에 연결하여 주는 장치이다.

(4) TTC시스템 기본 기능

도시철도 운영기관의 TTC시스템 기능은 약간씩 차이는 있으나 기본적인 기능은 다음과 같다.

① **사용자 인터페이스 기능**

관제시스템과 사용자간 정보를 공유하고, 사용자의 각종 취급명령을 수용하는 기능으로서 실시간 열차의 운행정보 제공 및 열차운행 제어를 위한 각종 제어취급 명령이 실행된다.

② **열차 식별 기능**

열차가 차량기지와 본선의 경계지점을 진출입할 때 식별하며, 노선에 운행중인 열차의 고유번호와 운행위치 정보를 지속적으로 추적하여 실시간 운행정보 제공 및 진로제어

---

*DLP : Digital Light Processing(디지털 광학기술)

등에 반영하고, 필요 시 차상장치와 인터페이스를 통해 열차번호를 수정할 수 있다.

③ 자동 진로설정 기능

계획된 운행스케줄에 의하여 자동으로 운행열차의 진로를 제어하고, 열차가 종착역 도착 시 반복 투입을 위한 회차 경로도 자동으로 제어한다.

④ 자동 운행간격 조정 및 열차속도 설정 기능

운행중인 열차마다 열차번호와 운행위치를 연속적으로 추적하므로 계획된 운행스케줄에 의하여 어느 열차가 어느 장소에서 몇 시에 이동할 것인가를 결정하여 운행간격을 제어한다. 그리고 자동운전 노선의 최근 TTC시스템은 역 정차시간, 역간 주행속도 제어 기능이 발휘된다.

⑤ 역 정차 기능

열차는 계획된 운행스케줄에 따라 운행하므로 각 정거장에 설정된 시간동안 역에 정차를 시킨다. 그리고 필요 시 특정 역에 대한 통과 기능 및 변경된 정차시간을 설정할 수 있다. 이러한 기능은 급행열차와 일반열차가 혼합 운행하는 노선에서 필요한 기능이다.

⑥ 열차운행 자동제어 제한 기능

관제사의 수동취급에 의한 열차정차, 진로취소, 진로변경, 승강장 대기 등을 가능하게 하고, 특정구간에 대한 속도제한 및 진로설정이 불가능하도록 블록(Block)을 폐쇄하고 또한 시스템을 정지 및 대기하도록 설정하는 기능이다.

⑦ 정보 서비스 기능

시스템 자체진단, 경보 및 고장정보를 제공한다. 그리고 제어정보를 기록하고, 각종 열차운행 실적 및 수송실적을 분석할 수 있도록 필요한 모든 정보를 지속적으로 데이터 베이스(Data Base)에 저장관리하며, 저장된 정보는 일정기간 보관한다.

1.4. 관제시스템 일반적 설계기준

관제시스템은 열차 정시 및 안전운행에 중대한 영향이 미치는 설비이다. 그리고 각종 열차 운행 실적이 정확하게 처리되고 기록이 유지되는 신뢰성이 보장되어야 한다. 따라서 관제시스템은 다음과 같은 기능이 확보되도록 설계하여야 한다.

이와 같은 관제시스템의 일반적 설계기준을 설명하는 것은 철도관제사는 관제시스템을 취급하는 사용자이므로 관제시스템의 설계기준을 잘 알고 있어야만 시스템을 효과적으로 사용할 수 있고, 또한 관제시스템 장애발생 시 시스템 특성 등을 반영하여 관제업무를 원활하게 수행할 수 있기 때문이다.

(1) Fail-Safe 기능 확보

취급자의 오류 또는 기기의 고장(Failure)이 발생하여도 항상 안전 측으로 동작하도록 설계하여야 한다.

(2) 시스템 이중화(Back-Up System) 구성

감시 및 제어의 연속성을 갖기 위해서는 장치의 고장에 대비하여 중요한 장치는 Back-Up으로 동작되도록 이중계로 구축하여야 한다.

(3) 인간-기계의 시스템화(Man-Machine Interface)

중요한 열차운행에 관한 모든 업무는 기계가 처리하고, 인간은 기계를 감시할 수 있는 시스템으로 설계되어야 한다. 즉, 장치의 조작은 인간의 두뇌에 의한 복잡한 계산이나 어떤 판단에 의한 취급을 하지 않도록 하고 단순한 조작으로 처리하도록 설계하여야 한다.

(4) 결함극복 기능 확보

자동화된 관제설비는 조작자의 실수로부터는 자유롭지만, 반면에 자동화를 담당하는 컴퓨터 등 기술적 시스템은 외적인 정보결여에 기인된 오류발생 가능성을 배제할 수가 없다. 따라서 결함극복을 위하여 다음과 같은 기능이 발휘되도록 설계하여야 한다.

① **결함회피**(Fault Avoidance)

높은 신뢰성을 갖는 부품을 선정하고 시스템 개발과정에서 섬세한 설계로 고장발생 확률을 줄이도록 설계하여야 한다.

② **결함 마스킹**(Fault Masking)

오류가 시스템의 정보구조 속으로 들어가는 것을 방지하도록 정보처리 절차를 설계하여야 한다. 예를 들면 시스템이 데이터를 사용하기 전에 기억장치의 데이터를 확인 정정하도록 하는 것이다.

③ **결함허용**(Fault Tolerance)

시스템에 고장발생 시 모든 기능이 정지되지 않고 성능 저하는 있더라도 동작을 지속할 수 있도록 설계하여야 한다.

(5) 보수의 용이성 확보

시스템에 고장발생 시 신속히 대응하도록 고장 검지, 확인, 위치 선정의 시간을 최소화할 수 있고, 복구시간이 짧도록 설계하여야 한다.

(6) 시스템의 확장성 확보

장래 노선 신설 또는 연장 등에 대비하여 필요한 용량이 충분하도록 확장성을 고려하여 설계하여야 한다.

제2절 서울도시철도공사 TTC시스템

본 절에서는 서울특별시 도시철도공사의 TTC시스템 구성요소 중 열차운행 제어를 담당하는 장치별 주요 기능에 대하여 설명한다.

2.1. 관련 용어

약 어	용 어	원 어
ADJ	인접역 제어	Adjacent Station
ARS	자동진로설정	Automatic Route Set
ATC	자동열차제어	Automatic Train Control
ATO	자동열차운영	Automatic Train Operation
ATP	자동열차보호	Automatic Train Protection
CA	중앙자동제어	Center Auto
CDTS	중앙정보전송장치	Center Data Transmission System
CM	중앙수동제어(기능키)	Center Manual
CMU	입출력제어장치	CTC Main Unit
CONSOLE	표시 및 제어장치	CONSOLE
CTC	열차집중제어	Centralized Traffic Control
CV	관제수동제어	Center VDU
D/L	열차출발예고표시	Dwell Light
DIA	열차운행곡선	Diagram
DLP	디지탈광학기술	Digital Light Processing
DTS	정보전송장치	Data Transmission System
EMS	열차비상정지	Emergency Stop
F/K	기능키 장치	Function key
FL	연속진로	Fleeting
GDI	접지검지표시	Ground Detector Indication
GEN	제니시스장치	Genisys
I/O	입출력제어기	Input/Output Controller

약 어	용 어	원 어
LS	제어기 역화면	Line Station
LCTC	현장열차제어 컴퓨터	Local Centralized Traffic Control
LDP	대형표시반	Large Display Panel
LDTS	현장정보전송장치	Local Data Transmission System
LOC	현장(역)제어	Local Control
MLK	전자연동장치	Micro Lock
MSC	운행관리컴퓨터	Management Support Computer
OCS	신호취급실 컴퓨터	Operator Control System
PF	상용주파수	Power Frequency
PO	전원	Power
PSD	승강장안전문	Platform Screen Door
SC	현장 열차제어 컴퓨터	Signal Computer
SCADA	원격전력제어장치	Supervisor Control And Data Acquisition
SCAMS	현장설비 통합장치	S-Comprehensive Analyiys Management System
SCU	분배제어장치	Switching Control Unit
SLI	신호기 램프 고장	Signal Lamp Indication
SO	감속제어	Slow Order
TCC	열차운행제어컴퓨터	Train Control Computer
TDE	행선안내표시기	Train Destination Equipment
TNI	열차번호표시기	Train Number Indication
TSR	감속제어	Temporary Speed Restriction
TTC	종합열차제어장치	Total Traffic Control
TWC	열차↔현장간 통신장치	Train To Wayside Communication
UPS	무정정전원장치	Uninterruptible Power Supply
USN	유비쿼터스 센서 네트워크	Ubiquitous Sensor Network
VDU	모니터장치	Visual Display Unit
VPI	전자연동장치	Vital Process Interlocking
WC	DLP 제어장치	Wall Controller

2.2. TTC시스템 구성

　서울지하철 5호선 TTC시스템의 설비중 열차운행 제어를 담당하는 장치는 [그림 4-3]과 같이 운행관리컴퓨터(MSC), 열차운행제어컴퓨터(TCC), 입출력제어기(I/O), 중앙정보전송장치(CDTS), 대형표시반(LDP), 제어탁(Console), 기타 주변장치 등으로 구성되어 있다.

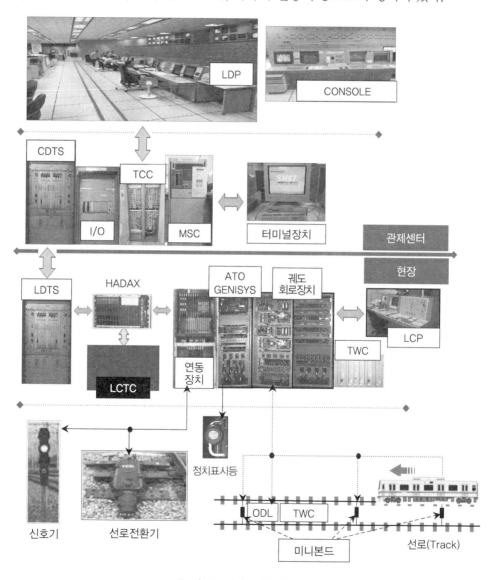

[그림 4-3] 열차운행제어 이해도

2.3. 열차운행 제어

열차운행 제어는 계획된 운행스케줄에 의해서 자동으로 진로를 제어하고 신호를 현시하는 자동제어를 원칙으로 한다. 열차운행 자동제어는 운행관리컴퓨터(MSC)에 저장된 운행스케줄을 기본 정보로 한다.

감독자용 Console인 Supervisor탁에 설치된 제어기에 설정된 날짜와 영업개시 정보에 맞추어 MSC에 저장된 여러 개의 운행스케줄 중 평일과 휴일 등을 구분하여 당일 적용하고자 하는 운행스케줄이 열차운행제어컴퓨터(TCC)와 현장제어컴퓨터(LCTC)에 로딩한다.

TCC와 LCTC에 Loading된 운행스케줄 정보를 기본으로 열차운행 자동제어가 수행된다. 운행스케줄 정보와 열차가 궤도를 점유하면 해당 열차정보(열차번호, 시간 등)를 비교하여 일치한 경우 운행스케줄에 입력된 운행경로에 따라 진로를 설정하고 신호를 제공한다.

이렇게 자동으로 진로설정 및 신호제공을 통해 계획된 운행스케줄에 맞춰 열차운행이 이루어지며, 노선에 운행중인 모든 열차를 대상으로 열차번호 순서에 따라 순차적으로 열차운행을 제어한다.

TCC의 운행스케줄은 LCTC에 평일 또는 휴일에 맞춰 계획된 운행스케줄을 매일 전송하고 또한 매일 영업종료 후 LCTC에 보관중인 열차운행 실적을 전송받아 MSC에 날짜별로 보관하게 된다. 그리고 열차운행 과정에서 이례적인 상황이 발생한 경우 해당열차의 당일 운행스케줄을 변경하거나, 계획된 운행스케줄을 무시하고 관제사의 수동취급으로 운행시간 변경 또는 진로를 제어할 수 있다. 또한 필요시 계획된 운행스케줄을 삭제하거나 새롭게 운행스케줄을 생성하여 임시열차를 운행할 수도 있다.

이러한 관제사의 취급에 의한 운행스케줄 변경 또는 수동제어 명령은 입출력장치(I/O) 및 정보전송장치(CDTS ⇄ LDTS)를 통해서 실시간으로 LCTC에 전달되어 열차운행제어에 적용된다. 그리고 역별 열차의 도착시각·출발시각·출입문 개폐·궤도점유상태 등 열차운행 관련 각종 정보는 실시간으로 정보전송장치와 I/O장치를 통해서 관제센터 내의 LDP에 현시된다. 따라서 관제사는 LDP에 표시되는 정보를 보면서 감시·제어·통제업무를 수행한다.

2.4. 장치별 주요기능

TTC시스템 중 열차운행 제어를 담당하는 주요장치의 기능은 다음과 같다.

(1) 운행관리컴퓨터(MSC, Management Support Computer)

열차의 운행스케줄을 작성, 저장, 수정할 수 있는 장치이다. 운행스케줄은 평일, 공휴일 등으로 구분하여 각각 작성하여 저장·보관한다. 그리고 열차운행 결과인 각종 운행실적을 보관하며, 운행실적을 수합하여 통계처리가 가능하도록 지원하는 기능을 담당하는 장치이다.

열차운행에 관련된 역별 회차진로, 승강장 정보, 정차시간 등 시발역에서 종착역까지 운행경로 및 운행스케줄이 저장되며, 열차운행계획 변경 시에는 보관 중인 운행스케줄을 활용하여 변경된 열차운행계획에 맞는 열차별 운행스케줄을 생성하고 생성된 모든 열차의 종착역 회차진로와 연결 열차번호를 입력하면 계획된 일일 운행스케줄을 완성하게 된다. 주요 기능은 다음과 같다.

- 운행스케줄 작성, 조회, 수정 및 출력
- 운행실적 통계 및 출력
- TCC로 운행스케줄 전송
- 운행시작 및 종료 업무처리
- 운행스케줄 종류별 구분 보관

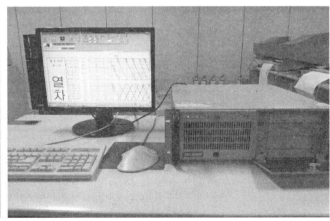

(a) MSC

(b) MSC 단말기

[그림 4-4] 운행관리컴퓨터 및 단말기

(2) 열차운행제어 컴퓨터(TCC, Train Control Computer)

열차운행제어를 담당하는 컴퓨터이다. MSC로부터 운행스케줄을 전송받아 보관하고 있으며, 열차운행을 위해 평일, 토요일, 공휴일로 구분하여 해당 일에 맞는 열차운행스케줄을 자체적으로 로딩하고, 매일 영업종료 후 로딩된 운행스케줄을 현장컴퓨터(LCTC)로 전송하여 다음날의 열차운행제어에 대비한다. 이 장치는 열차운행을 제어하는 중요한 역할을 하는 장치이므로 이중계로 구성되어 한 개의 장치에 고장이 발생하여도 예비장치가 기능을 수행하므로 시스템이 정지하지 않고 계속 작동할 수 있다.

이러한 TCC는 운행스케줄에 따른 현장 신호제어 기능을 완벽히 수행하여 열차운행 자동제어가 가능하도록 프로세서로 구현되어 있으며, 열차운행과 관련된 모든 상황을 종합적으로 감시, 제어하는 역할을 담당하는 컴퓨터로서 주요 기능은 다음과 같다.

- 현장 신호장치 제어상태 표시
- 열차운행 상태 표시(궤도 점유상태 및 열차번호 이동)
- 자동 진로설정
- 제어기 취급에 의한 수동 제어명령 수행
- 자동운전에 필요한 각종정보 송수신
- 승객 안내정보를 위한 운행스케줄 및 열차 운행정보 전송
- 운행스케줄 및 운행실적 등의 보관 전송
- LDP에 전차선 가압정보 제공

| 5호선용 TCC | 7호선용 TCC |

[그림 4-5] 열차운행제어컴퓨터

(3) 입출력제어기(I/O장치, Input/Output Controller)

TTC시스템은 여러 장치들로 구성되어 있으며, 각 장치들은 각각의 고유기능을 수행한다. 장치별로 각각의 구동 프로세서가 정보를 처리하여 열차운행을 제어하기 위한 각종 제어명령과 제어 결과인 운행 실적 등 수많은 데이터들을 송수신하여야 한다. 따라서 입출력제어기는 관제시스템을 구성하는 장치간 데이터 송수신 인터페이스 역할을 담당한다.

정보전송장치(CDTS)에서 수신 받은 데이터와 TCC가 제어하는 정보를 관제시스템간 사용 가능하도록 RS232 ↔ RS485 상호 변환하여 각각의 장치가 고유의 기능을 수행할 수 있도록 데이터 송수신하는 매개체 역할을 하는 장치로서 TCC와 CDTS, TNI(열차번호표시기), 표준시간, 전차선 급·단전정보, 프린터 등과 연결되어 있다.

이러한 입출력제어기를 I/O장치 또는 CMU(CTC Main Unit)로 부르고 있고, 최근 구축된 통합서버형 관제시스템은 TCP/IP 통신을 사용하므로 별도의 I/O장치가 없는 것이 특징이다.

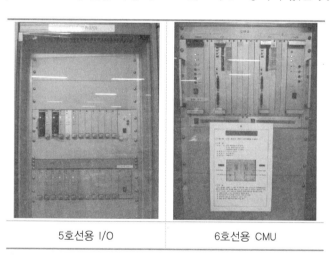

| 5호선용 I/O | 6호선용 CMU |

[그림 4-6] 입출력제어기

(4) 정보전송장치(DTS, Data Transmission System)

정보전송장치는 중앙장치(CDTS)와 현장장치(LDTS)가 있으며, 관제설비와 현장설비간 열차운행 제어에 필요한 열차운행 정보와 각종 제어취급 명령의 송수신을 담당하는 장치이다. 현장의 열차별 진로설정 및 궤도점유 정보 등의 열차운행 정보가 실시각으로 LDTS를 통해 CDTS를 경유하여 TCC로 전송된다.

그리고 TCC로부터 송출되는 각종 제어정보를 CDTS를 통해 LDTS를 경유 현장 신호시스템에 전달한다.

이러한 기능을 수행하는 CDTS 및 LDTS는 일정한 구간별로 나누어 통신을 담당하므로 노선 길이에 비례하여 구축되는 수가 달라진다. 서울지하철 5호선의(52.3km, 51역)경우 3 ~ 4개 역 구간을 1대의 LDTS가 담당하고, LDTS 9대는 1대의 CDTS에 연결되도록 구축되어 있어 총 LDTS 26대, CDTS 3대로 구성되어 있다.

| 5호선용 CDTS | 6호선용 CDTS | 7호선용 Router |

[그림 4-7] 중앙정보전송장치

서울지하철 7호선의 경우는 CDTS가 없는 것이 특징이다. 이는 정보통신 기술발달로 정보처리 소자의 대용량화와 강력한 정보처리 프로세서의 보급으로 TCP/IP 통신방식을 채택하였기 때문이다. 따라서 기존 구간은 LDTS 총 25대를 사용하고, 새롭게 건설된 연장구간은 지역 Router를 사용하여 관제센터에 설치되어 있는 한 대의 중앙 Router를 경유 TCC와 연결되어 정보를 송수신 한다.

(5) 대형표시반(LDP, Large Display Panel)

LDP는 관제업무를 효과적으로 수행할 수 있도록 노선의 모든 열차의 운행정보와 각종 설비 상태 등을 실시간으로 표시해주는 장치이다. 즉, 관제사에게 현장정보를 제공하는 주요기능을 담당하는 장치로서 노선별로 설치된다.

LDP는 진로구성, 신호현시 상태는 물론 노선에서 운행중인 모든 열차의 진행에 따라 열차별 각각의 궤도 점유상태와 열차번호가 실시간으로 표시되므로 노선에서 운행중인 열차의 전반적인 운행상황을 관제사가 쉽게 확인할 수 있다.

그리고 관제시스템 및 현장 신호장치에서 장애가 발생한 경우 신속하게 시스템 이상을 인지할 수 있도록 해당 장치의 고장정보를 표시해주며, 전차선 가압여부, 시발역 출발예정 열차의 열차번호와 출발시각 정보 등을 표시한다.

이러한 LDP는 종전에는 모두 모자이크(Mosaic)형으로 구축되었으나 최근에는 모니터형으로 구축되고 있는 추세이다. 모자이크형 LDP는 열차운행 상태를 관제사가 쉽게 판단 할 수 있도록 현장 배선구조와 동일하게 상·하선 선로구분을 표현하기 위해서 다량의 작은 타일을 끼워 맞춘 형식으로서 각종 정보표시는 각각의 모자이크 소자에 부착된 LED를 활용하고, 열차번호 등 숫자 표시는 7Segment LED를 사용하여 표시하였다.

반면 모니터형 LDP는 램프에서 발생한 빛을 휠을 통해 확대 투사하는 방식인 DLP방식의 대형모니터(70인치) 여러 장을 연결 설치하였다. 이러한 모니터형 LDP는 다양한 Graphic Display 및 색상 사용이 가능하므로 선로 구조 변경 시 적용성이 용이하고 표시정보를 여러가지 색상으로 구분하여 표시할 수 있는 장점이 있어 새롭게 구축되는 관제시스템은 모두 모니터형 LDP로 설치하고 있는 추세이다.

| 5호선용 LDP(모자이크형) | 7호선용 LDP(모니터형) |

[그림 4-8] 대형표시반

(6) 제어탁(Console)

제어탁은 관제사가 관제업무를 효과적으로 수행할 수 있도록 관제업무 수행에 필요한 제어기(Workstation), 비상제어용 기능키, 무선전화기, 영상장치제어기, 집중전화기 등을 설치한 Desk로서 콘솔이라고 한다.

제어탁은 다음과 같이 사용용도에 따라 기능이 다른 3개 종류를 구분된다.

- 관제사용 제어탁(Normal Console)
- 감독자용 제어탁(Supervisor Console)
- 유지보수자용 제어탁(Maintenance Console)

이렇게 제어탁의 종류가 다른 것은 제어탁별 용도와 부여된 제어권한에 따른 기능 차이를 두어 효과적으로 제어 및 통제, 관리하기 위해서이다.

그리고 관제사용 제어탁은 관제사 1명이 통상 약 15~20km(15~20개역)을 담당하므로 노선의 길이에 따라 적정한 Set가 배치되고, 감독자용 제어탁은 노선마다 1Set가 배치된다. 그리고 시스템 장애 시 장애원인 등을 파악할 수 있도록 유지보수자용 콘솔 1Set가 배치되며 제어 기능은 없다.

| 5호선용 제어탁 | 7호선용 제어탁 |

[그림 4-9] 제어탁

제3절 관제용 설비 및 운행스케줄 입력

본 절에서는 관제사가 취급하는 각종 관제용 설비에 대한 구조 및 기능과 운행스케줄 입력 절차 등을 설명한다.

3.1 대형표시반(LDP, Large Display Panel)

(1) 개 요

LDP는 감시업무를 원활하게 수행 할 수 있도록 [그림 4-10]과 같이 관제실 전면에 설치되어 있다. LDP는 노선 전구간의 선로 배선을 상·하선으로 구분하고, 모든 역과 승강장 구조 표시를 바탕으로 실시간 열차의 운행위치, 진로제어 및 신호현시 상태, 관제시스템 및 현장 신호장치 상태, 선로전환기 상태, 열차번호 표시창, Line-Up창, Slow Order 표시, 전차선 급단전 상태 등 관제업무 수행에 필요한 많은 정보를 제공하는 기능을 한다. 따라서 관제사는 LDP를 통해서 제공되는 각종 정보를 바탕으로 제어 및 통제업무를 수행하므로 LDP에 어떤 정보가 어떤 형식으로 제공되는지 눈을 감고도 머리에 떠오를 정도로 익숙해져야 한다.

| 5호선용 LDP(모자이크형) | 7호선용 LDP(모니터형) |

[그림 4-10] 대형표시반(LDP)

이러한 LDP는 과거에는 모두 모자이크형으로 설치되었으나, 신설되는 관제시스템은 모니터형으로 설치되고 있다. 따라서 서울지하철 5호선용 모자이크형과 7호선용 모니터형을 대상으로 설명한다.

참고로 모니터형 LDP는 다양한 그래픽 표시와 색상 사용이 가능하기 때문에 더 많은 정보를 다양하게 표시할 수 있는 장점이 있으나, 관제사들이 계속 모니터를 주시하여야 하므로 눈이 쉽게 피로해지는 단점이 있다.

(2) 역명 및 신호설비상태 표시등

서울지하철 5호선용 모자이크형 LDP 상단에는 각 역명과 역별 지정번호가 기록되어 있다. 역별 지정번호는 모든 분야의 시스템 제어에 사용하는 고유번호이다. 그리고 역명 상단에 태극마크는 환승역이라는 표시이며, 또한 역사 화재 발생 시 통제업무에 반영하도록 고심도 역인 경우 역명표시 위에 역삼각형 표시가 부착되어 있다.

그리고 역명 표시 아래에는 「신호설비상태 표시등」이 있다. 이 표시등은 열차제어 모드 상태와 현장 신호장치의 상태를 표시 해준다.

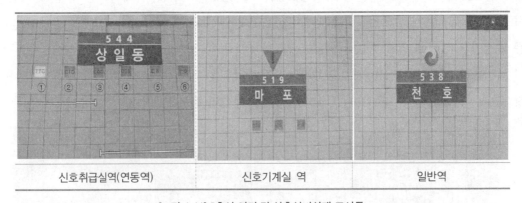

| 신호취급실역(연동역) | 신호기계실 역 | 일반역 |

[그림 4-11] 5호선 역명 및 신호설비상태 표시등

선로전환기가 부설되어 있는 신호취급실이 있는 역에는 6개의 표시등(TTC, CTC, LOC, DTS, ES, PO)이 있고, 선로전환기가 부설되어 있지 않고 신호기계실만 있는 역은 3개의 표시등(DTS, ES, PO)이 있으며, 신호기계실이 없는 나머지 역의 역명 아래에는 표시등이 없다.

「신호설비상태 표시등」의 각각의 기능은 다음과 같다.

① TTC : TTC에 의해서 자동모드로 열차운행제어 상태임을 나타내는 표시등

② CTC : TTC에 의해서 수동모드로 열차운행제어 상태임을 나타내는 표시등

③ LOC : 현장에 있는 LCTC에 의해서 열차운행제어 상태임을 나타내는 표시등

　※ 위 제어모드 표시등은 현재 제어중인 모드 한 개 등만 황색으로 표시된다.

④ DTS : 현장의 LDTS 고장 표시등이며, 해당구간 LDTS 고장발생시 표시된다.

⑤ ES : 관제사가 비상정지 기능을 취급하였을 때 점등 표시된다. 관제사가 필요시 ES를 취급하면 해당 구간 지시속도가 송출되지 않는 무코드 현상 발생으로, 운행중인 열차는 ATC장치에 의해서 비상정차 된다.

⑥ PO : 현장기계실의 AC전원공급 고장 표시등이며, 전원장치가 1계에서 2계로 절체 또는 고장 시 표시된다.

서울지하철 7호선 모니터형 LDP는 역명, 역별 지정번호, 환승역 표시 등은 5호선과 동일하나, [그림 4-12]와 같이 제어모드 표시 및 현장 신호설비상태에 대해서는 더 많은 다양한 정보를 표시한다.

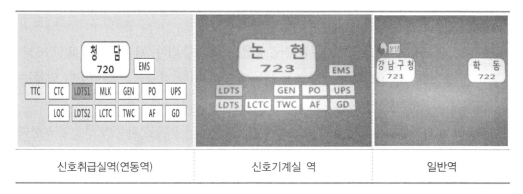

| 신호취급실역(연동역) | 신호기계실 역 | 일반역 |

[그림 4-12] 7호선 역명 및 신호설비상태 표시등

① TTC : TTC에 의해서 자동모드로 열차운행제어 상태임을 나타내는 표시등

② CTC : TTC에 의해서 수동모드로 열차운행제어 상태임을 나타내는 표시등

③ LOC : 현장에 있는 LCTC에 의해서 열차운행제어 상태임을 나타내는 표시등

　※ 위 제어모드 표시등은 현재 제어중인 모드 한 개 등만 황색으로 표시된다.

④ · ⑤ LDTS : 현장의 LDTS(Local Data Transmission System) 고장 시 적색 표시됨.

⑥ **MLK** : 현장에 있는 전자연동장치(Micro Lock)이며, 선로전환기, 신호기, ODL, PSM 등을 제어한다. 이중계로 구성되어 있으며, 1계에서 2계로 절체 되거나 또는 고장 시 적색으로 표시된다.

⑦ **LCTC** : 현장 신호기계실의 LCTC 고장 시에 표시된다.

⑧ **GEN** : 현장에 있는 제어정보 송수신장치(Genysis)이며, LDTS로부터 받은 정보를 전자연동장치, ATC/TWC, 제어표시반으로 분배하여 주는 장치이다. 이중계로 구성되어 있으며, 1계에서 2계로 절체가 되면 적색으로 표시된다.

⑨ **TWC** : 현장 궤도에 설치된 TWC 루프코일로 열차정보 및 제어정보를 무선 송수신하는 장치로서 고장 발생 시 적색으로 표시된다.

⑩ **PO** : Power Off, 현장기계실의 AC전원공급장치가 1계에서 2계로 절체 또는 고장 시 표시된다.

⑪ **AF** : Audio Frequency, ATC정보를 반송주파수에 실어 보내는 현장장치(AF800)가 1계에서 2계로 절체 시 또는 고장 발생 시 적색으로 표시된다.

⑫ **UPS** : Uninterrupted Power Supply. 정전으로 기계실에 일반전원 공급이 차단되어 축전지를 이용하여 비상전원을 공급하고 있을 때에 적색으로 표시됨.

⑬ **GD** : 신호기계실 장치에서 접지발생 시 표시

⑭ **EMS** : 관제사가 비상정지 기능을 취급하였을 때 점등된다. 관제사가 필요시 ES를 취급하면 해당구간 지시속도가 송출되지 않는 무코드 현상 발생으로 운행중인 열차는 ATC 장치에 의해서 비상정차 된다.

⑮ **환승역 표시** : 태극마크는 환승역 표시이며, 숫자 또는 문자로 환승 노선을 표시한다.

(3) 궤도 표시판

호선별 전구간의 궤도를 궤도번호순으로 순차 나열하였으며, 궤도표시는 평상시 소등상태이나, 진로가 구성되었을 시 해당 궤도를 황색으로, 궤도점유 및 고장 등으로 궤도가 낙하되었을 시에는 적색으로 현시된다.

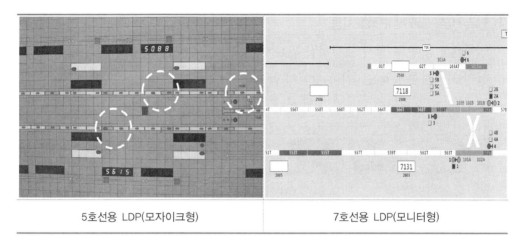

| 5호선용 LDP(모자이크형) | 7호선용 LDP(모니터형) |

[그림 4-13] 궤도표시 · 열차운행 위치표시 · 열차번호창

(4) 열차번호 표시

열차가 이동하는 궤도는 적색으로 표시되고, 열차운행 위치별 어느 열차가 운행하고 있는지 알 수 있도록 이동하는 열차의 열차번호를 해당 열차번호표시창에 표시해 준다. 각 정거장 사이에는 보통 3~4개의 열차번호표시창이 배열되어 있으며 운행중인 열차의 이동과 함께 운행 위치에 상응하는 열차번호표시창에 해당 열차번호가 표시된다.

(5) 진로 관계 표시

진로를 구성하고 있는 정보는 다음과 같이 표시된다.

① 신호표시자

진로 설정 요구 시에 관계진로에 대한 ▶표시자에 녹색으로 현시된다.

② 진로개통

표시기 신호표시자의 ▶표시가 녹색으로 현시 된 후 진로가 설정되고 개통방향이 정상이면├─●(진로개통표시자)에 녹색이 현시된다. 진로의 전방에 위치하며 각각에 지정된 번호가 있다.

③ 진로구성등

├─●에 녹색으로 현시되고, 관계진로의 궤도표시가 황색으로 현시된다.

④ **연속진로(Fleeting) 구성표시등**

진로개통 방향을 상시 고정시킬 필요가 있을 때 관제사가 운행제어기에서 ●(적색)을 설정하면, LDP에 ●표시자에 황색이 현시된다.

연속진로를 설정하면 열차가 통과 한 후 동일 방향으로 계속해서 진로 구성이 유지된다.

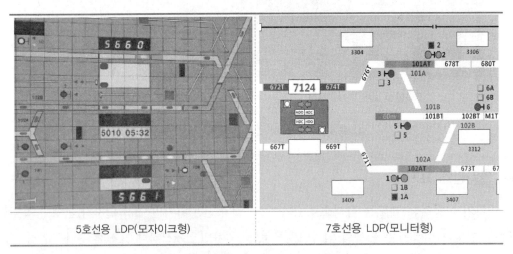

5호선용 LDP(모자이크형)	7호선용 LDP(모니터형)

[그림 4-14] 진로관련 표시 · Fleeting 설정 표시

(6) Dwell Lamp 표시

정차시분 알림등으로서 평상시는 흰색이며, 열차가 승강장에 도착하여 현장의 Dwell Light 가 점등되면 표시창에 등황색등이 현시된다.

(7) 선로전환기 상태표시

선로전환기 부설 정거장에 한하여 선로전환기의 개통상태를 다음과 같이 표시한다.

- N(Normal) : 정위표시(녹색등 점등)
- D(Disturb) : 불일치표시(적색등 점등)
- R(Reverse) : 반위표시(황색등 점등)

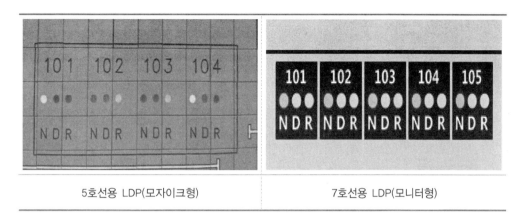

| 5호선용 LDP(모자이크형) | 7호선용 LDP(모니터형) |

[그림 4-15] 선로전환기 상태 표시등

(8) Slow Order 표시

현장 신호관계자가 관제사에게 승인을 받은 후 현장 신호기계실의 속도신호 관련 PCB 기판을 뒤집어 끼우면 해당 구간의 지시속도는 ATC 신호체계를 무시하고 25km/h로 송출하여 열차 운행속도를 제한한다.

평상시에는 무표시로 있던 Slow Order Line이 PCB 기판을 뒤집어 끼우면 [그림 4-16]의 원표시 부분처럼 적색으로 표시된다. 상·하선으로 구분되며 이는 궤도회로의 이상 발생이나 기타 사유로 열차 운행중인 선로에서의 작업 또는 특별히 속도를 낮추어서 운행하여야 할 경우에 사용하는 기능이다.

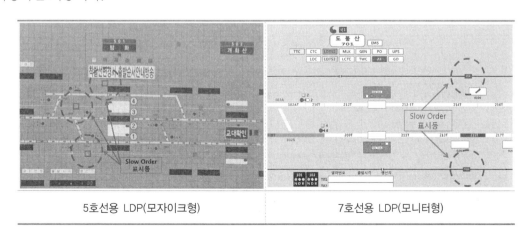

| 5호선용 LDP(모자이크형) | 7호선용 LDP(모니터형) |

[그림 4-16] Slow Order 취급 표시등

(9) 라인업 창

출고열차 또는 회차열차의 운행순서에 따라 열차번호와 출발시간, 그리고 종착역을 표시하는 표시창으로서 Entry Line Up창과 Turn Back Line Up창이 있다.

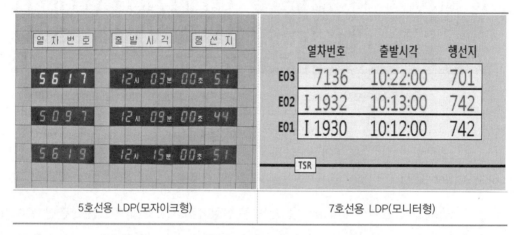

5호선용 LDP(모자이크형)	7호선용 LDP(모니터형)

[그림 4-17] 라인업 창

(10) SCADA 및 선로심도 표시

LDP 제일 하단에 변전소 담당구간별로 상·하선으로 구분하여 전차선 가압상태를 표시해 주는 장치이다. 가압된 상태에서는 황색(또는 적색)라인이 표시되고 정전 시에는 소등(또는 녹색으로 표시)된다. 표출정보 처리지연으로 인해 실제 단전이 되었으나 몇 초 동안은 가압상태로 유지되어 실시각 정보현시가 지연되는 경향이 있다.

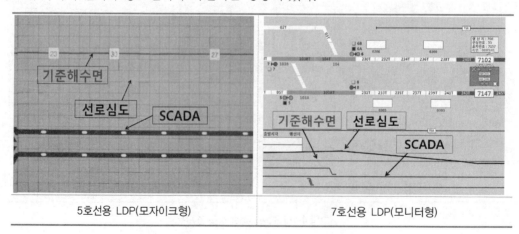

5호선용 LDP(모자이크형)	7호선용 LDP(모니터형)

[그림 4-18] SCADA 및 선로 심도 표시

3.2. 제어탁(Consol)

관제업무를 수행하는 Desk인 제어탁은 사용 용도에 따라 다음과 같은 종류를 구분된다.

- 관제사용 제어탁(Normal Console)
- 감독자용 제어탁(Supervisor Console)
- 유지보수자용 제어탁(maintenance Console)

운영기관에서는 통상적으로 관제사용 제어탁을 「**제어탁**」이라 부르고 감독자용 제어탁은 「**슈퍼탁**」이라고 부른다. 이러한 제어탁 종류마다 기능이 차이가 있고 제어탁에 설치되어 있는 설비는 다르나, 대표적인 제어탁인 관제사용 제어탁에는 [그림4-19]와 같이 설비들이 구성되어 있다.

| ① 제어기(Work Station) | ② 기능키 | ③ 무선전화기 |
| ④ 영상장치제어기 | ⑤ 집중전화기 | ⑥ DTS상태표시기 |

[그림 4-19] 관제사용 제어탁 구성

그리고 제어탁 종류별 설치되어 있는 기기 현황은 다음과 같다.

설 비	관제사용	감독자용	유지보수자용
제어기	○	○	○
기능키	○	×	×
무선전화기	○	○	×
영상장치제어기	○	○	×
DTS상태표시기	○	×	○
집중전화기	○	○	○

3.3 제어기(Work Station)

(1) 개 요

제어탁에 설치되어 있는 제어기는 관계자들이 TCC의 작동상태를 GUI(Graphic User Interface) 환경에서 확인하면서 제어취급을 할 수 있도록 모니터와 키보드, 마우스, 프린터로 구성된 장치이다. 노선별로 운영체계 및 화면 구성은 조금씩 다르다. 또한 모니터의 명칭도 역 단위로 화면이 현시되기 때문에 LS(Line Station)라고 하고, 일부 노선에서는 VDU(Visual Display Unit)라고도 한다.

그리고 일부 운영기관에서는 제어기를 모니터의 명칭을 사용하여 LS라고 부르고 있으나, 제어기는 기능상 TCC 운영을 위한 입력·출력·표시장치로 구성되어 있는 이용자를 위한 단말장치이므로 워크스테이션(Work Station)에 해당하는 장치이다. 따라서 열차운행제어컴퓨터를 제어하는 역할을 하므로 명칭을 「제어기」라고 부르는 것이 가장 합리적이라고 판단된다.

(2) 구 성

제어기의 모니터는 아래 [그림 4-20]과 같다.

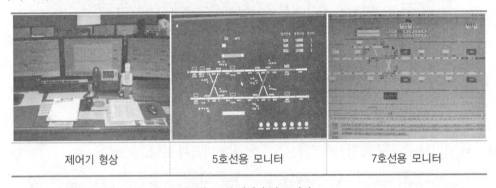

| 제어기 형상 | 5호선용 모니터 | 7호선용 모니터 |

[그림 4-20] 제어기 및 모니터

제어기는 모니터, 키보드, 마우스로 구성되어 있다. 관제사가 모니터를 보면서 입력장치인 키보드 또는 마우스를 사용하여 제어명령을 입력한다. 이렇게 관제사가 취급한 제어명령이 TCC에 입력되면, 현장제어 또는 운행실적 현시 등의 각종 기능이 수행된다. 그리고 단축키를 사용하여 어떤 화면에서도 바로 원하는 화면으로 전환이 가능하게 해주는 기능이 있다.

(3) 기 능

제어기마다 고유번호가 지정되어 있다. 그리고 제어탁마다 제어기가 설치되어 있으므로 중복 진로취급 등과 같은 제어오류 발생을 방지하기 위해서 사용자 등록 및 제어탁별 제어영역 범위를 지정하는 기능이 구비되어 있다.

그리고 「관제사용 제어기」와 「감독자용 제어기」는 기능에 차이가 있다. 즉, 진로 설정·취소, 연속신호 제어, 열차번호 제어취급 등 개별적인 열차운행 제어취급은 1개소에만 취급되어야 혼동이 없고 안전이 확보되기 때문에 「관제사용 제어기」에서만 취급이 가능하고 「감독자용 제어기」에서는 취급을 할 수 없다.

제어기로 제어취급 할 수 있는 기능은 아래 표와 같으며, 비고란에 「관제사용 제어기」에 있는 기능은 (N)으로 표시하였으며, 「감독자용 제어기」에 있는 기능은 (S)로 표시하였다.

▶ **제어기의 제어기능**

기　능	설　　명	비 고
· 역상태	모니터에 선택 역의 배선상태를 현시하는 기능	(N), (S)
· 진로설정	해당 역의 진로를 설정하는 기능	(N)
· 진로취소	해당 역의 설정된 진로를 취소하는 기능	(N)
· 선로전환기 취급	해당 선로전환기를 정위/반위로 취급하는 기능	(N)
· 연속신호 ON	해당 진로에 대한 Fleeting 설정하는 기능	(N)
· 연속신호 OFF	해당 진로에 설정된 Fleeting 해제하는 기능	(N)
· 정차시간 제어	해당 역의 열차 정차시간 제어하는 기능	(N)
· 열차번호 제어	해당 열차의 열차번호 추가, 삭제, 이동 기능	(N)
· 비상정지 설정	운행중인 열차를 비상정차 시키는 기능	(N)
· 제어모드 설정	연동역의 제어모드 설정하는 기능	(N)
· 기기작업중 설정	궤도, 신호기의 작업상태 표시하는 기능	(N)
· 회복운전	지연열차 회복모드 부여하는 기능	(N)
· 정상운전	회복모드 취소 기능	(N)
· 무인운전 허가	무인운전 요청을 승인하는 기능	(N)
· 무인운전 거부	무인운전 승인요청을 거부하는 기능	(N)
· 무인운전 허가상태	무인운전 허가조회, 승인, 취소 확인 기능	(N)
· 자동간격조정 가능	무인운전시 각 열차간격을 자동조절하는 기능	(N)

기 능	설 명	비 고
· 자동간격조정 불가	무인운전시 자동간격조정 기능 취소하는 기능	(N)
· 운휴지정	해당 열차의 운행을 취소하는 기능	(N),(S)
· 운전지정	운휴지정 열차의 운전을 지정하는 기능	(N),(S)
· 시각변경	해당 열차의 운행시각 변경하는 기능	(N),(S)
· 연결 열번 변경	반복 운행열차의 link 변경하는 기능	(N),(S)
· 진로변경	해당 열차의 진로를 변경하는 기능	(N),(S)
· 운행형태 변경	해당 열차의 영업/회송으로 변경하는 기능	(N),(S)
· 순서변경	해당 열차의 운행순서 변경하는 기능	(N),(S)
· 고정운행속도	구간별 고정운행속도 설정하는 기능	(N),(S)
· 진로시간제어	진로 제어시간 설정하는 기능	(N),(S)
· 기지출고표시시간	출고 열차번호 표시시간 설정하는 기능	(N),(S)
· DIA COPY	임시열차를 운전경로로 생성하는 기능	(N),(S)
· 열차정리	해당 열차 이전의 운행계획 삭제하는 기능	(N),(S)
· 정보정리	해당 열차 정보표시창에서 삭제하는 기능	(N),(S)
· 열차별 실적조회	열차별 운행실적을 조회하는 기능	(N),(S)
· 역별 실적조회	역별 열차운행실적을 조회하는 기능	(N),(S)
· 그래프 조회	열차운행계획, 실적을 그래프로 조회하는 기능	(N),(S)
· 지연열차 조회	지연열차만 조회하는 기능	(N),(S)
· 지연시간	지연기준 시각을 설정하는 기능	(N),(S)
· 도착순서 조회	운전취급역의 도착순서를 조회하는 기능	(N),(S)
· 열차DIA	열차별 운행계획을 조회하는 기능	(N)
· 역DIA	역별 운행계획을 조회하는 기능	(N)
· GRAPH	열차운행계획을 그래프로 조회하는 기능	(N)
· TTC기기상태	TTC의 기기 운용 상태를 확인하는 기능	(N),(S)
· 전차선가압	전차선 가압상태 표시해주는 기능	(N),(S)
· 경고메시지 알림	모든 경고메시지 조회하는 기능	(N),(S)
· 경고메시지	경고메시지 시스템 이상 메시지 조회 기능	(N),(S)
· 경고음	신호장애시 경고음 발생 기능	(N),(S)
· 기록	열차운행에 대한 기록을 설정하는 기능	(N),(S)
· 사용자 안내	필요한 매세지 및 경보를 조회하는 기능	(N),(S)
· DIA선택	운행스케줄 선택하는 기능	(S)
· 운행종료	열차운행계획 종료하는 기능	(S)

3.4. 기능키(Function Key)

(1) 개 요

기능키는 열차제어컴퓨터(TCC) 또는 제어기 고장 시 응급으로 수동버튼을 취급하여 진로제어, 비상정지 취급 등을 할 수 있는 장치이다.

이러한 기능키는 관제사용 제어탁에만 설치되어 있다. 또한 일부 노선의 관제시스템에는 기능키가 설치되어 있지 않다. 이런 경우에는 TCC 또는 운행제어기 고장 발생 시 기능키에 의하지 않고 즉시 현장제어로 열차운행을 제어한다.

(2) 구 조

기능키는 [그림 4-21]과 같이 오른쪽의 「역 선택」 버튼그룹과 왼쪽의 「CTC제어 Key 선택」 버튼그룹으로 구분된다.

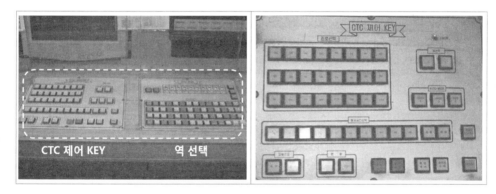

[그림 4-21] 5호선용 기능키

사용법은 역을 먼저 선택한 다음, CTC Control Key 그룹에서 원하는 버튼(신호진로, 정차시간, 계선택, AUTO TURN, 자동진로, 운영모드 등)을 선택 후 실행 또는 취소 버튼을 누르면 취급버튼에 따라 현장시스템이 제어된다.

(3) 기 능

기능키의 취급명령은 TCC를 경유하지 않고 CDTS를 거쳐 LDTS로 전달되기 때문에 빠르게 현장 신호장치로 제어명령이 전달되어 즉시 실행이 이루어진다.

그리고 열차운행 제어모드를 CTC로 전환 후 취급해야만 기능이 발휘되므로 평상시 사용하지 않고, 선로전환기의 긴급해정이 필요한 경우나 운행중인 열차를 비상정지 시킬 필요가 있을 경우 유용하게 사용한다.

기능키로 제어취급을 할 수 있는 기능은 다음과 같다.

기　능	설　　　명	비고
· 운영모드 선택	연동역의 제어모드를 선택하는 기능	
· 진로설정	해당 역의 진로를 설정하는 기능	
· 진로취소	해당 역의 설정된 진로를 취소하는 기능	
· 자동진로 설정	해당 진로에 대한 Fleeting 설정하는 기능	
· 자동진로 해제	해당 진로에 설정된 Fleeting 해제하는 기능	
· 비상정지 설정	운행중인 열차를 비상정차 시키는 기능	
· 비상정지 해제	비상정지 기능을 해제하는 기능	
· 정차시간 선택	정차시간 제어 기능	
· 중앙제어 요청	제어모드를 센터로 변경 요청하는 기능	
· 표시자 삭제	진로표시자를 삭제하는 기능	

3.5. 무선전화기

(1) 개 요

관제사와 이동국(열차) 또는 기지국(신호취급실)간 관제업무 수행에 필요한 정보를 교환하는 통신장치로서 광대역 주파수를 사용하는 유도통신방식의 무선전화기 또는 TRS를 사용한다. 여기에서는 무선전화기 기능에 대하여 설명한다.

(2) 무선전화기 형상

[그림 4-22] 무선전화기

(3) 기 능

무선전화장치는 다음과 같은 기능을 구비하고 있으며, 관제사가 필요에 따라 사용하고자 하는 기능을 선택하여 적절히 사용한다.

① **개별**(Individual)**통화**

이동국(열차) 또는 기지국(신호취급실 등)과 통화하고자 할 때 해당 그룹을 선택 후 해당 이동국 또는 기지국 번호를 선택하여 통화를 한다. 일반전화와 같이 양방향 통신을 할 수 있다.

② **그룹**(Group)**통화**

설정된 일정구간 또는 노선 전구간의 이동국 등과 통화하고자 할 때 해당 Zone을 선택하여 사용하며, 일반전화와 같이 양방향 통신이 가능하다. 이러한 그룹통화는 다수의 이동국을 대상으로 각종 운전정보를 전달할 때 유용하게 사용할 수 있는 기능이며, 노선 전구간을 선택하는 그룹통화를 「All Call」이라고 한다.

③ **비상통화**

이동국 등에서 비상통화 요청 시 호출한 이동국 번호가 관제실 무선전화장치에 현시되고, 관제사가 해당 Zone을 선택하면 비상통화를 요청한 이동국과 통화로가 구성되어 통화를 할 수 있다. 이때 관제사가 다른 이동국과 통화 중이면 비상통화를 요청한 이동국과 관제사간 3자 통화가 된다.

④ **객실방송(Broad Cast)**

관제사가 운행중인 열차의 객실로 직접 방송을 할 때 사용하는 기능이다. 이러한 객실방송 기능은 1인 승무구간에서 운전자가 응급조치 등으로 운전실을 벗어나는 사유가 발생하였을 때 또는 무인운전구간에서 관제사가 필요에 따라 승객안내를 하고자할 때 사용하는 기능이다.

⑤ **통화 Monitor 기능**

다른 제어탁에서 이동국 또는 기지국과의 통화내용을 모니터 하고자 할 때 사용하는 기능이다.

⑥ **통화시간 제한 기능(Limit ON/OFF)**

관제사는 다수의 열차(이동국)를 상대하므로 특정 이동국과 장시간 통화를 제한하기 위한 기능이다. 관제사가 Limit ON시켜 놓으면 이동국과 통화시간이 3분을 초과하는 경우 자동으로 통화가 차단된다.

3.6. 영상장치제어기

(1) 개 요

도시철도는 역사 내 발생하는 각종 상황에 신속하게 대응하고, 열차의 출입문 취급을 지원하며, 중요 상황에 대한 영상자료를 확보하기 위하여 역사 중요 시설물 및 승강장에 카메라를 설치하여 역무실, 승강장모니터, 종합관제센터에 실시간으로 영상을 제공하는 영상장치가 구축되어 있다. 이러한 영상장치를 구성하고 있는 구성품 중 관제사가 관제업무 수행 중 필요한 장소(각 역 승강장 및 카메라가 설치된 위치)를 선택하여 볼 수 있는 장치가 「영상장치제어기」이다.

(2) 시스템 구성

관제실에는 LDP 전면 상단부에 2열로 많은 소형(20인치 이하) 모니터가 설치되어 있다. 이 모니터는 열차가 역에 진입 시 자동으로 해당 승강장 화면이 현시되어 관제사에게 승강장 상황에 대한 영상정보를 제공한다. 이러한 모니터는 일부 노선에만 설치되어 있다.

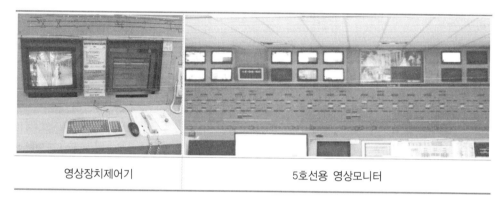

| 영상장치제어기 | 5호선용 영상모니터 |

[그림 4-23] 영상장치제어기 및 영상모니터

그리고 LDP 전면 중앙에 대형 모니터(50인치 또는 70인치)가 1대 이상 설치되어 있다. 이 대형 모니터는 관제사가 영상장치제어기로 선택한 역의 장소에 해당하는 영상이 현시된다. 평상시 대형 모니터에는 관제사의 집중감시가 필요한 장소의 영상이 현시하도록 제어하고, 각종 상황발생시 상황발생 장소의 영상을 현시하도록 제어하여 상황 현장을 보면서 통제를 한다.

(3) 기 능

영상장치제어기를 작동시키기 위해서는 기본화면에서 등록자명과 비밀번호를 입력하여야 하고 부팅이 완료되면 사용이 가능해진다.

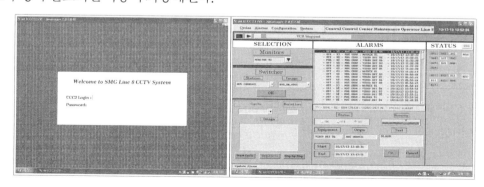

[그림 4-24] 영상장치제어기 초기화면 및 제어화면

영상장치제어기에서 모니터를 지정할 수 있도록 모니터마다 고유의 번호가 지정되어 있다. 모니터에는 영상장치제어기에서 선택한 영상을 현시한다. 슈퍼탁의 영상장치제어기에서는 모든 역의 영상을 볼 수 있도록 권한이 부여되어 있으며, 일반 제어탁의 영상장치제어기에서는 해당 제어탁의 감시구역에 해당하는 역의 영상을 볼 수 있다.

영상장치제어기 기능은 다음과 같다.

① **모니터 선택기능**

모니터 번호목록에서 사용하고자 하는 모니터를 선택한다.

② **정거장 및 위치 선택기능**

제어탁별로 설정된 정거장 목록에서 보고자 하는 정거장을 선택한다. 그리고 해당 정거장에 설치된 카메라 목록중에서 영상으로 보고자 하는 카메라 하나를 선택하면 해당 카메라에 비치는 영상이 선택한 모니터에 현시된다.

③ **현시 영상 순환**(Cycle)**기능**

운영자가 여러 장소를 효과적으로 감시하고자할 때 사용하는 기능으로서 시스템 Cycle 만들기 기능을 활용하여 보고자 하는 여러 개의 카메라를 선택하고 표출시간을 입력하여 사용 시 선택된 카메라들의 영상이 자동으로 반복 현시된다.

④ **녹화기능**

필요 시 선택하여 녹화가 가능하다. 이 기능은 감독자용 제어기에서만 사용이 가능한 기능이다.

3.7. 집중전화장치

(1) 개 요

집중전화장치란 관제사가 신속히 편리하게 사용할 수 있도록 모든 전화를 한 장비로 묶어 놓은 장치이다. 지정된 셀(스크린 영역)을 누르면 설정된 그룹에 따라 상대방을 호출하게 된다. 통화자 선택은 개별 또는 단축버튼에 연결된 각 그룹별 스크린을 터치하면 신호음이 들리면서 호출을 할 수 있고 상대방이 응답 시 통화로가 구성되어 통화가 이루어지며 통화내용은 모두 녹음이 된다.

(2) 장치구성

집중전화기는 사용을 안 할 때는 화면 스크린 셀이 무 표시이나 사용 선택 시 녹색, 다른 곳에서 사용 중인 호출번호가 있을 때는 적색으로 현시 된다. 상당시간 사용하지 않고 있을 때에는 화면보호 기능이 작동되며 송수화기를 들면 화면보호 기능이 중지된다.

다음과 같이 송수화용 핸드셋 및 모니터로 구성되어 있다.

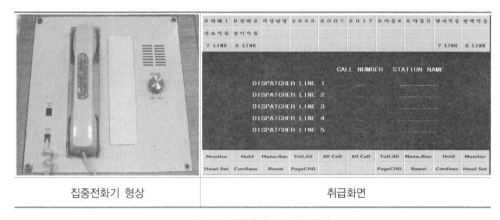

| 집중전화기 형상 | 취급화면 |

[그림 4-25] 집중전화기 및 취급화면

(3) 기 능

일반전화, 구내전화, 그룹호출, 전용회선 전화 모두 사용이 가능하다. 셀을 터치하면 설정된 내용에 따라 번호선택 대화상자가 나타난다. 대화상자 내의 번호를 터치해주면 신호음이 들리고 통화 가능상태가 되며, 다음과 같은 기능을 구비하고 있다.

① 기능셀

집중전화기의 기능선택 버튼이다.

② Monitor

다른 탁에서 통화하는 내용을 듣고자 할 때에 터치를 하면 송수화기 옆의 스피커를 통해 들을 수 있다.

③ Hold

걸려온 전화를 다른 탁에서 받게 하고자 할 때에 터치하면 통화대기상태를 유지하며 상대방에게는 음악을 보내준다.

④ Manu. REC

자동전화의 여러 번호 중에서 하나의 전화 회선만을 사용하고자 할 때에 선택한다.

⑤ Totl. ALL

신호취급실, 정거장 등 연결된 전체 회선을 동시에 호출할 때 사용한다.

⑥ All Call

선택한 관제전화 각 그룹에 연결된 전체 회선을 동시에 호출할 때 사용한다.

⑦ Head SET

유선전화 사용 시 선택한다.

⑧ Cordless

무선전화 사용 시 선택한다. 상시 ON되어 있어야 한다.

⑨ Reset

사용하려던 전화 상태를 처음 상태로 되돌릴 때에 선택한다.

⑩ Page. CHG

화면 절체 시에 선택한다. 관제전화 그룹에서 통화하고 있는 상대방이 어느 회선인지
(예, 어느 역인지 등) 모를 때에 선택하면 화면이 처음화면으로 바뀌어 Dispatcher Line
에 통화상대자를 표시하여 주며, 다시 터치하면 현재의 화면으로 바뀐다.

3.8. 원격방송장치

(1) 개 요

승객에게 열차 이용 관련 각종 정보 또는 홍보 등을 전달할 수 있도록 관제센터에서 전 역
사에 안내방송을 하는 장치이다. 특히 각종 상황발생으로 열차가 비정상 운행이 될 때 이용 승
객에게 열차운행 관련 정보제공에 유용하게 활용되는 설비이다.

⑵ 구 성

방송장치이므로 각종 방송기능을 선택 제어할 수 있는 컴퓨터와 마이크로 구성되어 있으며 호선별 원격방송장치 제어화면은 [그림 4-26]과 같다.

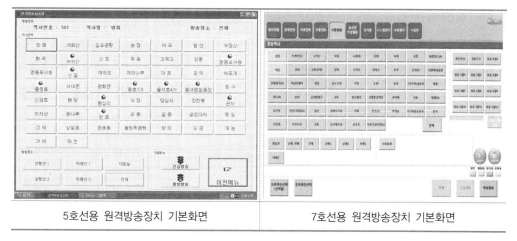

| 5호선용 원격방송장치 기본화면 | 7호선용 원격방송장치 기본화면 |

[그림 4-26] 원격방송장치 제어화면

⑶ 기능 및 취급법

전체역 방송, 그룹별 방송, 개별역으로 구분하여 방송할 수 있는 기능이 있으므로 제어 화면에서 필요에 따라 방송하고자 하는 구간을 적절히 설정하여 원하는 구간에 방송할 수 있다.

3.9. 재난정보 공유시스템

⑴ 개 요

본선 및 역사 기능실 등에서 화재발생 또는 집수정에서 고수위 상황 발생 시 해당 정보를 실시간으로 관제실에 표시하여 모든 분야의 관제사가 동시에 상황을 인지하고 합동으로 대응 조치 할 수 있도록 통제업무를 지원하는 설비이다.

⑵ 동작절차 및 사용법

① 터널 및 역사의 기능실마다 화재감지기가 설치되어 있고, 또한 각역 배수펌프실 내의 집수정에는 고수위감기지가 설치되어 있다.

② 화재감지기에 화재발생이 감지되거나, 고수위감지기에 기준이상 고수위가 되면 센서가 동작하여 신호를 발생시킨다.

③ 발생된 신호는 디지털 전송설비 등의 통신장치를 경유하여 관제센터 기계설비 자동제어 장치에 입력된다.

④ 기계설비 자동제어장치에 입력된 정보는 게이트웨이(Gateway)를 경유 재난정보공유장치 네트워크(Network)에 전달되고, 다시 각 관제실에 설치된 모니터에 경보음이 울리면서 「00역 하선 승강장 화재발생」 또는 「00역 종점 집수정 고수위발생」 경보를 표시해준다.

⑤ 관제사는 모니터에 재난정보가 표출되면 즉시 표출정보에 해당하는 통제조치를 실시한다.

⑥ 상황확인이 되면 관제사가 「경보확인」 아이콘(🛎)을 클릭하면 경보음이 정지된다.

(3) 시스템 구성

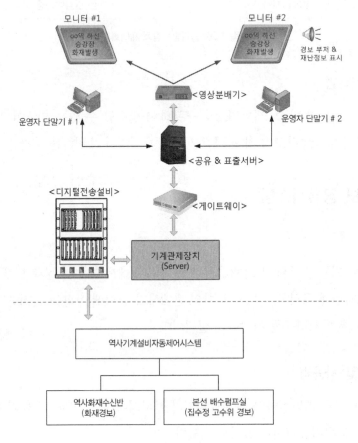

[그림 4-27] 시스템 구성

3.10. 운행스케줄 입력

(1) 개 요

모든 대중 교통수단은 사전에 운행스케줄(열차DIA)이 결정되어 이용자에게 공고되어야 한다. 따라서 모든 운영기관은 사전에 운행스케줄을 수립하여 공지하고 있다. 이러한 운행스케줄은 평일, 휴일, 계절별로 구분 운영하고 있으며, 운행스케줄 변경이 필요할 때마다 운전계획 담당부서에서 계획을 수립하여 운행스케줄을 설계한다.

TTC시스템에 의해서 열차운행이 자동제어 되기 위해서는 운행관리컴퓨터(MSC)에 운행스케줄이 저장되어 있어야 하므로 관제사는 운행스케줄이 개정될 때마다 MSC에 운행스케줄을 입력하여야 하며, 입력되는 운행스케줄 정보를 기준으로 TCC에 의해 자동으로 열차의 진로를 제어하고 또한 각종 이용안내 관련 정보가 표출되기 때문에 운행스케줄 입력 작업에 신중을 기하여야 한다.

(2) 운행스케줄 입력정보

TCC에 의해서 열차운행 자동제어가 이루어지기 위해서 MSC에 각각의 열차마다 다음과 같은 정보를 입력하여야 한다.

- 역별 도착 및 출발시각
- 역별 정차시분
- 역별 승하차 방향(자동 안내방송과 안내표시기 표출정보로 활용)
- 도착 및 출발 진로(운전 역에 한함)
- 운행 Type(입고, 출고, 주박, 영업, 회송열차)
- 종착역 및 회차진로
- 출고에서 입고까지 열차번호 변경지점에서 해당 열차번호
- 기타 열차운행과 관련된 일체의 정보

(3) 입력절차 및 주의사항

운행스케줄 입력 작업 전, 해당 운행스케줄을 MSC 저장장치의 몇 번 방(Directory)에 입력할 것인지 검토하여야 한다.

참고로 7호선의 MSC 저장장치에는 10개의 방과 각각의 방에는 평일·휴일·특정일 등을 포함하고 있으므로 현재 사용 중인 운행스케줄이 몇 번 방에 있는지, 기타 별도로 보관하고 있는 중요한 운행스케줄이 몇 번 방에 있는지를 확인하여 필요한 운행스케줄 자료가 손실되지 않도록 하여야 한다.

운행스케줄 입력 작업은 MSC의 편집메뉴에서 관제사가 수작업으로 모든 열차에 대한 역별 도착시각, 출발시각, 정차시간 등의 기준정보와 종착역 도착 승강장, 회차경로에 대한 진로, 반복투입 연결 열차번호 등에 대한 정보를 입력하여야 하는데 수작업에 많은 시간이 소요되고 입력 시 오류가 발생할 수 있다.

따라서 대부분의 운영기관에서는 이러한 문제점 해소대책으로 운행스케줄에 담겨져 있는 기준정보를 그대로 활용할 수 있도록 운행스케줄의 데이터 형식을 MSC가 수용할 수 있는 데이터형식으로 변환하는 Converting 과정을 거쳐 입력한다. 그리고 입력 후에 기준정보 이외의 정보를 수정하는 방식으로 운행스케줄 입력 작업을 실시하고 있다.

그러나 최근에 구축되고 있는 MSC는 운행스케줄 설계 프로그램에서 작성한 Data를 그대로 수용할 수 있는 기능을 갖추고 있기 때문에 Converting 과정 없이 설계된 운행스케줄을 바로 저장하고, 저장 후 해당 Data를 활성화시켜, 기준정보 이외 정보를 수정하여 저장하는 방식으로 운행스케줄 입력 작업을 실시하고 있다.

운행스케줄 입력방법은 MSC 기능에 따라 차이가 있으나 운행스케줄 입력 절차에 대한 이해를 돕기 위해서 가장 최근에 구축된 서울지하철 7호선용 TTC시스템의 입력절차에 대하여 설명한다.

① 운전계획부서에서 작성한 운행스케줄 파일을 7호선 MSC의 임의의 디렉토리를 만들어 복사한다.
② [그림 4-28]과 같이 열차운행계획 편집기를 실행하여 디렉토리에 복사한 운행스케줄을 Load 시킨다.

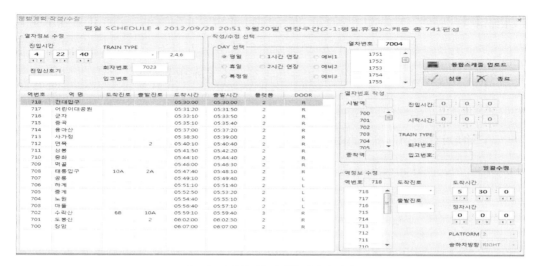

[그림 4-28] 열차운행계획 편집기 화면

③ **수정작업을 실시한다.**

운전계획부서에서 작성된 운행스케줄은 MSC의 열차운행 기준정보가 적용되어 있으므로 운행스케줄을 입력할 때에는 모든 열차에 대하여 운행타입, 회차 후 연결될 열차번호, 중간역 운행진로와 승강장 정보 및 주박열차의 도착역 진출입과 회차진로 등에 대한 수정작업을 하여야 한다. [그림 4-29]는 7호선 기준정보의 일부를 나타낸 그림이다.

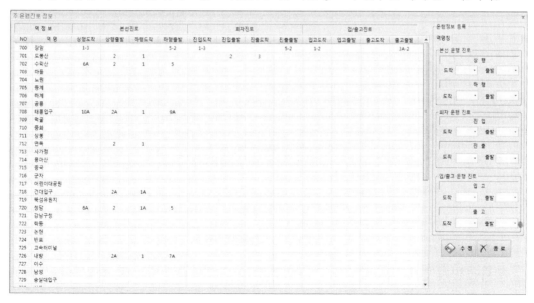

[그림 4-29] 7호선 역별 기준정보 화면

최초 작성된 운행스케줄에는 중간역 회차열차나 주박열차를 제외하고는 표준 정보에 의해 동일한 진로로 작성되어 있다. 따라서 먼저 종착역의 회차 계획을 수립하여 다음과 같이 종착역 회차진로와 승강장 위치 등을 해당 열차별로 각각 수정하여야 한다.

이를 위한 작업순서는 다음과 같다.

- 기준정보 확인수정 : 운행타입, 진로, 승강장 위치, 출입문 방향
- 회송열차 일괄수정 : 운행타입, 진로
- 주박열차 : 운행타입, 진로, 승강장 위치, 출입문 방향
- 출고열차 : 운행타입, 진로
- 출고-연결열차 : 운행타입, 진로, 승강장 위치, 출입문 방향
- 입고열차 : 운행타입, 진로
- 입고-연결열차 : 운행타입, 진로, 승강장 위치, 출입문 방향
- 영업열차 : 착발선 확인수정

④ 수정한 열차운행스케줄을 저장(Backup)한다.

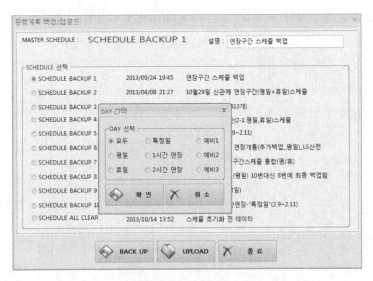

[그림 4-30] 스케줄 백업 화면

다른 방의 열차운행스케줄이 손실되지 않도록 백업하고자 하는 방을 정확히 확인, 선택하여 저장한다.

제4절 관제업무

본 절에서는 철도차량의 운행을 집중 감시·제어·통제하는 관제업무에 대한 기준, 절차, 방법 등에 대하여 설명한다.

4.1. 관제업무 법적 근거

(1) 철도안전법 제4조(국가 등의 책무) 제②항

철도운영자 및 철도시설관리자(이하 "철도운영자등"이라 한다)는 철도운영이나 철도시설관리를 할 때에는 법령에서 정하는 바에 따라 철도안전을 위하여 필요한 조치를 하고, 국가나 지방자치단체가 시행하는 철도안전시책에 적극 협조하여야 한다.

(2) 도시철도운전규칙 제5조(안전조치 및 유지보수 등) 제①항

도시철도경영자는 열차 등을 안전하게 운전할 수 있도록 필요한 조치를 하여야 한다.

(3) 도시철도운전규칙 제35조(운전정리)

도시철도경영자는 운전사고·운전장애 등으로 열차를 정상적으로 운전할 수 없을 때에는 열차의 종류·행선·접속 등을 고려하여 열차가 정상운전이 되도록 운전정리를 하여야 한다.

4.2. 관제사 임무 및 책무

관제사는 시민생활에 밀접한 영향을 주는 사회 기반시설인 도시철도의 열차운행을 관리하는 업무를 수행한다. 따라서 모든 열차가 안전운행 및 정시운행 목적을 달성할 수 있도록 관제사에게는 다음과 같이 열차운행 「**제어권**」과 각종 상황에 대한 「**통제권**」이 부여되어 있다.

- 열차 운행상태 감시 및 운행에 필요한 정보 제공
- 열차운행 제어취급
- 열차 비정상 운행 또는 비정상 운행이 우려될 때 정상화를 위한 운전정리
- 각종 상황발생 시 승객 안전 및 열차 안전을 위해 필요한 대응조치 및 조치지시
- 운행선로 지장 또는 지장이 우려되는 각종 작업 및 철도장비 운행 승인 및 허가
- 고객 서비스 관련 필요한 조치지시 및 정보제공

이와 같이 관제사에게 부여된 열차운행 「제어권」 및 「통제권」은 승객 안전 및 열차 정상운행에 미치는 영향이 매우 크다.

만약 열차운행중 사고가 발생한다면, 대중 교통수단인 도시철도의 특성상 다수의 사상자가 발생할 우려가 있고, 지연 운행되면 많은 사람들이 시간적 피해를 입게 되기 때문에 관제사는 업무처리와 관련된 모든 행위는 책임으로부터 자유로울 수 없다. 따라서 관제사는 자신에게 부여된 권한에 상응하는 책임이 부여되어 있음을 인식하고, 항상 책임감을 갖고 관계 법령과 사규에 정해진 대로 성실히 관제업무를 수행하여야 한다.

4.3. 관제업무 처리기준

앞에서 설명한 바와 같이 관제업무는 열차의 정시운행 및 안전운행에 중대한 영향을 미친다. 따라서 관제업무를 수행함에 있어 운전정리에 관한 의사결정, 각종 상황에 대한 대응조치, 승인, 허가 등의 통제를 할 때에는 다음의 법령·사규·매뉴얼을 근거로 하여야 한다.
- 철도안전법, 철도안전법시행령, 철도안전법시행규칙
- 철도사업법, 철도사업법시행령, 철도사업법시행규칙
- 도시철도법, 도시철도법시행령, 도시철도운전규칙
- 해당기관의 안전관리규정
- 해당기관의 운전 관계 사규(규정·내규·예규)
- 해당기관의 관제 관계 사규(규정·내규·예규)
- 해당기관의 운전취급 관련 각종 지시

- 감독기관의 승인을 득한 표준처리절차서('SOP)
  - 위기대응 실무 매뉴얼
  - 지진 · 재난 현장조치 행동매뉴얼
  - 위기대응 표준처리절차
  - 현장조치 행동 매뉴얼

4.4. 관제사 담당업무

관제사의 담당업무는 해당 운영기관의 직제규정에 따라 정해진다. 따라서 법령에 정하는 관제업무는 동일하나, 그 밖의 업무는 약간의 차이가 있을 수 있다. 관제사가 어떤 업무를 담당하고 처리하는지를 설명하기 위해서 서울지하철 5 · 6 · 7 · 8호선을 운영하는 서울특별시 도시철도공사의 관제사 담당업무를 설명한다.

(1) 운행준비 점검사항

- 적용 운행스케줄 확인(평일, 토 · 휴일, 특별휴일)
- 관제시스템의 상태 및 기능 확인
- 무선전화기 상태 및 기능 확인
- 집중전화장치 상태 및 기능 확인
- 영상장치제어기 상태 및 기능 확인

(2) 분야별 열차운행 준비상태 확인

- 열차운행선 지장 유무 확인(철도장비 운행 완료 등)
- 분야별 시스템 기능 정상 여부 확인
- 열차운행 준비상태 확인(관리역, 승무관리소, 차량관리소, 신호취급실 등)
- 전차선 급전요청
- 급전결과 수신
- 급전결과 통보(관리역, 차량관리소, 승무관리소, 신호취급실)

---

* SOP : Standard Operating Procedure

- 주박열차 운행준비 지시
- 열차운행 준비상태 확인

(3) 현장 신호장치 기능 확인

- 선로전환기 동작상태 확인
- 진로 및 신호 정상 현시상태 확인
- 신호취급실 설비 정상 동작상태 확인
- 신호취급실 이상 유무 확인

(4) 본선주박 전동차의 운행 준비상태 확인

- 열차무선전화기 상태 확인
- 기동여부 및 차량상태 확인
- 전동방지 해제 확인

(5) 전차선 급단전 통제

- 모든 분야 이상 유무 확인 후 전차선 급전 요구
- 본선 급전완료 후 본선주박 전동차에 통보
- 영업종료 후 전차선 단전 요구
- 전차선 단전 후 현장 통보

(6) 입출고 열차 통제

- 열차 무선전화기 기능 확인
- 출고열차 운전보안장치(ATC/ATO) 기능 확인
- 출고열차 기능 이상 유무 확인
- 당일 열차운행 관련 정보전달

(7) 본선 운행열차 정보제공 및 운행통제

- 열차운행 관련 정보 제공

- 고객서비스 관련사항 정보제공
- 안전운행 확보를 위한 업무독려
- 운전모드 승인(자동모드 이외 모드)
- 열차운행 상태 감시 및 필요시 수동제어
- 이상기후(폭설, 폭우, 폭풍)시 연장운행에 따른 운행 통제
- 특정일(설날, 추석 등) 연장운행 시 운행 통제
- 각종 상황발생시 정시·안전운행을 위한 필요한 조치
- 운전정리(운전명령 발령)

(8) 각종 상황·운행장애·사고 발생 시 대응조치

- 발생 위치, 내용, 규모 파악
- 관계자에게 상황전파
- 초동 대응조치(운행통제, 조치지시, 구호기관 신고)
- 응급조치 지시
- 관계자 출동 지시 및 필요시 비상 복구장비 출동 지시
- 필요시 인력 지원 지시
- 열차 간격조정 및 운전정리 실시

(9) 선로지장 승인 및 작업완료 확인

- 열차운행중 긴급히 선로 내 출입 사유 발생 시 승인·통제
- 출입 승인구간 열차운행 통제 실시(서행, 안전조치 지시)
- 철도장비 운행계획 및 일반작업 작업계획 조정 승인
- 철도장비 운행구간 폐색취급 및 운행 허가
- 각종 선로지장 승인사항 작업완료 여부 확인

(10) 운행실적 관리 및 장표류 정비

- 열차운행표 및 열차운행실적 작성
- 전동차 운행번호 기재

- 열차별 회차 순서 기재
- 각 호선 첫차, 막차 등 환승열차 데이터 정비
- 주박지 표기 등 변경된 운행계획과 관련한 기타 장표류 정비

(11) 운행변경에 따른 스케줄 관리

- 열차별 운행진로 입력
- 열차별 역 도착 승강장 입력
- 열차별 역 출입문 개폐방향 입력
- 열차별 역 정차시분 입력
- 열차운행 등급(영업, 회송) 입력
- 열차운행스케줄 검색 및 출력

(12) 교육훈련

- 열차운행 수동제어 훈련
- 열차운행 현장취급(Local Control) 훈련
- 무선전화기 또는 *TRS 다자간 통화 훈련
- 현장 폐색전화기 연동훈련
- 비상복구훈련
- 관제역량 강화훈련(모의사고 훈련 등)
- 철도안전교육 및 실기훈련

---

* TRS : Trunked Radio System

4.5. 감시업무

(1) 개 요

감시(監視)업무는 어떤 대상을 통제하기 위해 주의력을 가지고 지켜보는 것을 말한다. 따라서 관제사의 감시업무는 열차를 효과적으로 제어·통제하여 정상운행 목적을 달성하기 위해서 열차·차량·승객 및 각종 관제용 설비 등에 대하여 주의력을 가지고 관찰하고, 또한 열차운전자를 대상으로 안전운행 독려활동을 하는 행위이다.

(2) 감시용 설비

관제사는 대형표시반(LDP)을 통해서 담당구역에 대한 실시간 열차운행 상황 및 진로구성 상태 등을 감시한다. 그리고 무선전화기를 통하여 운전자 등으로부터 각종 상황을 보고받고, 필요한 지시·명령 등을 하며, 운행에 필요한 정보를 제공한다. 이렇게 감시업무 수행 중 상황 발생을 인지하거나, 정보가 접수되면 영상장치 모니터에 해당 장소의 화면을 활성화시켜 현장 상황을 보면서 통제를 실시한다.

이와 같이 관제사의 감시업무에는 주로 LDP, 무선전화기, 영상장치제어기 등을 사용한다. 따라서 관제사는 감시업무를 차질 없이 수행하기 위해서 "아는 것만큼 보인다."는 말이 있듯이 감시용 설비에 대한 구조 및 기능을 잘 알고 있어야 한다.

특히 감시업무에 가장 많이 활용되는 LDP에 어떤 정보가 제공되고 해당 정보는 어느 위치에 어떤 방식으로 현시되고, 어느 경우에 경보가 울리는지 등 눈을 감고도 머리에 떠오를 정도로 LDP에 대한 기능을 익혀야 한다.

도시철도 운영기관마다 시스템을 구성하는 설비에 따라 약간씩 차이는 있으나 관제사의 감시업무에 활용되는 주요설비는 다음과 같다.

① **대형표시반**(LDP)

열차운행정보, 진로구성 상태, 운행제어모드 상태, 신호시스템 상태, 시종착역 출고열차의 계획시간, 전차선 급전상태 등

② **제어기**(Workstation) **모니터**

역 단위 열차운행정보, 진로구성 상태, 운행제어모드, 운행스케줄, 해당일 운행실적 등

③ 영상장치 모니터

영상장치제어기를 활용하여 주요역 승강장 및 상황 발생장소 영상정보

④ 무선전화기

열차 또는 현장 직원과의 통신을 통한 각종 정보

⑤ 재난정보 공유시스템

본선 및 역사에서 화재발생 또는 집수정 고수위 현상 발생 시 해당 장소와 현상표시, 경보발생

⑥ 기타 각종 경보장치(선로전환기 불일치, 승객경보장치)

비정상 또는 이례상황 발생에 대한 정보

위의 설비는 관제사 감시업무에 활용하는 기본적 설비이다. 최근에 구축되는 관제시스템은 효과적으로 감시업무를 수행할 수 있도록 다양한 최신설비가 도입되고 있는 추세이다. 예를 들면, 서울지하철 7호선의 경우 승객이 객실비상인터폰을 취급할 경우 해당 객실의 화면을 관제실 감시용 모니터에 자동으로 Pop-Up되게 하여 객실 내의 상황을 보면서 통제할 수 있도록 전동차 객실에 CCTV가 설치되어 있다.

(3) 감시방법

각종 상황은 예고 없이 발생한다. 언제 어느 장소에서 어떠한 내용의 상황이 발생할지 모르기 때문에 관제사는 항시 상황발생에 대비한 성실한 자세로 감시업무에 집중하여야 한다. 이러한 관제사의 성실한 감시업무는 상황발생 전조증상을 인지할 수 있으므로 상황발생 즉시 **발생위치(장소), 내용, 규모**를 정확하게 파악할 수 있고, 그 영향까지 예측할 수 있다. 따라서 상황발생시 통제대상(열차), 통제범위(구간)를 정확히 판단하여 효과적인 통제를 할 수 있게 해준다.

역 또는 열차를 기준으로 관제사가 감시할 사항은 다음과 같다.

① 시발역

차량상태, 행선지 적합여부, 진로 적합여부, 승객 승차상태, 출발시간 등

② **종착역**

도착시간, 하차승객 동태, 차량상태, 승무원 및 감시자 동태, 회차 진로 및 경로 적합여부, 반복사용 계획 등

③ **행사역**

수송파동 정도, 승객 승하차 상태, 열차감시자의 동태, 출발시간(탄력운영 가능), 필요시 무정차 통과 조치여부 등

④ **첫 열차**

차량상태, 운전모드 적정여부, 열차감시자의 동태, 출발시간, 정상운행 여부 등

⑤ **마지막 열차**

도착시간, 열차감시자의 동태, 이동진로 확인, 차량상태, 차량운용계획 등

⑥ **본선유치**(주박) **도착열차**

도착시간, 열차감시자의 동태, 이동진로 확인, 차량상태(축전지 전압), 충당 열차계획, 전동방지 조치 및 전동차 쇄정상태 여부, 전동차 기동용 핸들(또는 Key) 보관 장소 및 승무원 대기 장소 등

⑦ **본선유치**(주박) **출발열차**

차량상태(축전지 전압), 정상 기동여부, 전동방지 해정여부, 주차제동 완해여부, 운행행로 설정 적정여부, 출발시간, 운전모드 적정여부 등

⑧ **지연열차**

운행상태, 승객 승하차 동태, 차량상태, 앞뒤 열차의 간격 등

⑨ **열차 등급 또는 종별변경 장소**

운전모드 적정여부, 출발시간, 승객 취급여부 등

⑩ **운전모드 변경개소**

적용 폐색방식, 출발시간, 운전모드 적정여부, 앞·뒤 열차의 간격, 운전자 및 열차감시자의 동태 등

⑪ **비상운행기능 사용 승인 열차**

운행상태, 운행진로, 앞·뒤 열차의 간격상태, 운전자 및 열차감시자의 동태 등

⑫ **운행경로 변경열차**

변경 경로의 운행진로, 운행관련 정보 인지여부, 운행시각, 행선지 설정여부, 정차역 확인 전달, 승무원 교대 여부 등

⑬ **인접노선과 환승 첫 열차 및 마지막 열차**

연락수송 가능여부, 불가피할 경우 대책 등

⑭ **고장차량**

운행상태, 승객의 승·하차 상태, 앞뒤 열차의 간격, 운전자 및 열차감시자의 동태 등

⑮ **선로출입 승인구간**

출입 인원, 작업 개시 및 종료시간, 지장 정도, 감시자 배치여부, 해당구간 운행열차 운전자의 작업사항 인지여부 등

(4) 안전운행 독려활동

안전운행 독려활동은 유인운전을 하는 노선에서 관제사가 무선전화기를 활용하여 열차 운전자의 주의력이 환기되도록 열차운행과 관련된 정보 등을 멘트 하는 것으로서 감시업무에 해당한다.

도시철도 노선에서 안전운행 독려활동이 필요한 사유는 다음과 같다.

현재 유인운전중인 도시철도 노선은 1인 또는 2인 승무를 하고 있다. 2인 승무를 하는 노선도 전·후 운전실로 나뉘므로 운전실에는 승무원 1명이 근무를 한다. 그리고 극히 일부 구간을 제외하고 대부분 지하구간이다.

이와 같이 혼자서 열차를 운전하고, 연속해서 지하구간을 운행하기 때문에 승무 개시 후 일정시간이 경과하면 운전자의 집중력이 급격히 떨어져 운전취급 시 확인 결여 또는 오취급 등으로 각종 사고발생 가능성이 높아진다. 따라서 운전자의 인적오류에 의한 사고발생을 예방하기 위해서 취약시간대에 관제사가 무선전화기로 승무원에게 다양한 멘트를 제공하여 안전운

행을 독려하는 것이다. 그리고 안전운행 독려는 항상 같은 내용으로 멘트를 하는 경우 식상하여 그 효과를 기대할 수 없으므로 관제사는 계절, 시간, 기후, 장애 발생 경향 등이 반영된 다양하고 짧은 내용의 멘트 소재를 개발하여 활용하여야 한다.

4.6. 제어업무

(1) 개 요

제어는 기계나 설비가 목적에 알맞은 동작을 하도록 조절하는 것을 말한다. 관제업무에서 제어란, 관제사가 열차 등을 정상적으로 안전하게 운행하도록 관제시스템을 취급하는 일체의 행위이다. 따라서 관제사는 관제업무용 제어설비의 기능을 잘 알고, 취급법이 숙달되어 있어야 열차운행 제어업무를 원활하게 수행할 수 있다.

▶ **참고사항**

각종 관제용 설비에 대한 취급법은 이론으로 학습하기보다 직접 취급해보는 실습을 통해서 학습하는 것이 매우 효과적이다. 그리고 운영기관마다 관제용 제어설비가 약간씩 다르기 때문에 어느 설비를 기준으로 취급법을 설명할 것인지 애매하다.

따라서 관제용 제어설비에 대한 취급법은 해당 운영기관에서 실시하는 양성교육 과정의 실무수습 단계에서 배우기로 하고, 여기에서는 기능 위주로 설명한다.

(2) **열차운행 제어모드**

열차운행 제어모드는 제어방식 및 개소에 따라 다음과 같이 구분하며 운행제어기에서 모드를 설정한다.

① **자동제어**(Automatic Control)

TTC시스템에 의해 저장된 운행스케줄에 의한 열차운행 제어

② **수동제어**(Manual Control)

관제센터에서 관제사의 수동취급으로 열차운행 제어

③ **현장제어**(Local Control)

현장 Local CTC에 기록된 운행스케줄 또는 Local관제원의 수동취급에 의한 열차운행 제어

(3) 제어설비

관제사가 취급하는 제어설비는 직접 열차운행을 제어하는 설비와 각종 상황을 통제하기 위한 정보취득 또는 정보전달용으로 사용하는 통신용 설비로 구분된다. 그리고 이러한 관제용 제어설비 대부분은 관제업무를 용이하게 수행할 수 있도록 Desk에 그룹화 시켜 놓고 운용하고 있다. 관제용 제어설비를 그룹화 해놓은 책상을 「Console」또는 「제어탁」이라 한다.

제어설비별 주요 기능은 다음과 같다.

구분	제어설비	주요기능
열차운행제어설비	제어기 (Workstation)	관제사가 취급하는 핵심 제어설비로서 열차번호, 진로 설정·취소, 비상정지, 제어모드 등을 제어한다.
	기능키 (Function Key)	제어기 사용 불능 시 응급 사용하는 백업용 제어기로서 진로 설정·취소, 비상정지, 제어모드 등을 제어할 수 있다.
통신용설비	무선전화기	열차운행 관련 관계자간 의사전달용 통신설비로서 운행중인 열차의 차내방송이 가능하다.일부 노선에서는 TRS를 사용한다.
	영상장치제어기	각 역의 승강장, 대합실, 승강기 등 주요개소에 대한 감시 및 확인용 영상설비.
	집중전화기	주요 구호기관(112, 119) 및 관할 역, 관제업무와 관련된 주요부서의 전화번호를 집중화 시켜놓고, 관제사가 필요시 단축키 취급으로 신속 정확하게 상대방과 통화할 수 있는 전화장치
	원격방송장치	관제센터에서 원격으로 각 역사에 육성방송을 할 수 있는 방송장치로서 필요에 따라 특정 역, 구간별, 노선 전체로 구분 설정하여 방송을 할 수 있다.

(4) 열차운행 제어 기능

관제시스템의 구조 및 기능에 따라 제어절차 또는 방식은 차이가 있을 수 있다. 그러나 모든 관제시스템은 결과적으로 열차를 안전하게 그리고 효율적으로 운행시킬 목적으로 지상신호설비와 인터페이스를 통해서 제어가 이루어진다.

관제시스템의 열차운행 제어 기능은 안전운행에 직접적인 영향을 주는 핵심(Vital) 기능과 운행통제의 효율성을 목적으로 하는 비핵심(Non Vital) 기능으로 구분할 수 있다. 여기서 Vital 기능은 열차의 진로확보와 열차 간 안전거리를 유지해주는 기능으로서 폐색확보 기능에 해당

한다. 따라서 Vital 기능은 모든 관제시스템마다 발휘되지만, Non Vital 기능은 관제시스템 종류에 따라 발휘되지 않는 시스템도 있을 수 있다.

관제시스템의 열차운행 제어 기능은 다음과 같다.

① **진로제어**(Route Control)

열차의 운행진로를 제어하는 즉, 선로전환기를 제어하는 기능이다. 자동제어 시에는 TTC시스템에 저장된 운행스케줄에 의해서 열차번호와 해당 열차의 궤도점유 정보를 기준으로 진로를 제어한다. 수동제어 시에는 관제사가 운행제어기 또는 기능키로 해당 선로전환기 또는 해당 진로를 취급하여 진로를 제어한다.

이러한 진로제어 기능은 열차안전에 직접적인 영향을 주는 Vital기능이며, 선로전환기 동작 시에는 쇄정 · 연동기능이 작용된다.

② **간격제어**(Space Control)

앞 열차와 항상 안전거리를 유지하도록 간격을 제어하는 기능이다. 즉 운행스케줄에 따라 열차가 진행할 진로에 안전거리가 확보되었을 때, 선로전환기가 제어되고 또한 앞 열차와 거리간격에 비례하여 지시속도를 단계별로 저속에서 고속으로 현시해주는 기능이다. 이러한 간격제어 기능은 열차 안전에 직접적인 영향을 주는 Vital 기능에 해당하며, 선로전환기 동작, 지시속도 송출 절차에 쇄정 · 연동기능이 작용된다.

③ **시각제어**(Timing Control)

운전취급업무는 열차가 운행됨에 따라 발생하고 처리되므로 열차는 계획된 시각에 운행하는 것이 가장 안전하다.

따라서 운전역(연동역) 등에서 모든 열차가 계획된 시각에 운행하도록 진로가 구성되고, 앞 열차와 충분한 거리간격이 확보된 상태라도 열차가 출발할 수 있는 지시속도를 제공하지 않고, 운행스케줄에 설정된 출발시각이 임박(20초 前 또는 30초 前)하여야 출발하도록 지시속도를 제공하는 기능이다.

이러한 시각제어는 안전보다는 효율적인 운행통제를 위한 기능이므로 Non Vital 기능에 해당한다. 따라서 필요에 따라 관제사가 시각제어 기능을 무효화 할 수 있다.

④ **순서제어**(Order Control)

안전 확보 측면에서 열차가 계획된 시각에 운행하는 요소도 중요하지만 정해진 순서에 의해서 운행하는 요소도 중요하다. 순서제어란 동일방향으로 2개 이상 출발선이 있는 역에서 출발열차에 대한 진로제어를 운행스케줄에 정해진 순서대로 제어하는 기능이다.

이러한 순서제어는 안전보다는 효율적인 운행통제를 위한 기능이므로 Non Vital 기능에 해당한다. 따라서 순서변경 사유 발생 시 관제사가 수동으로 진로 및 신호를 제어하여 열차의 출발순서를 변경할 수 있다.

⑤ **위치제어**(Position Control)

위치제어란 앞 열차와 안전거리 간격이 확보된 상태에서 지시속도를 제공할 수 있는 요건을 충족하여도 진행을 지시하는 지시속도를 제공하지 않고, 전·후 열차가 운행스케줄상 계획된 위치에 있을 때 진행을 지시하는 지시속도를 제공하는 기능이다.

위치제어 기능은 신호시스템 기능으로 운행스케줄상 계획된 간격대로 전·후 열차의 간격이 유지되도록 통제가 가능하기 때문에 항상 정해진 간격유지로 승객의 분산승차, 회생전력 사용 극대화, Peak전력 관리에 매우 유용하게 활용되는 기능이다.

따라서 위치제어 기능은 안전운행보다는 효율적인 운행통제를 위한 Non Vital 기능이며, 필요에 따라 관제사가 사용여부를 선택할 수 있는 기능을 구비하여야 한다.

이러한 위치제어 기능은 무인운전방식 또는 이동폐색방식을 채택하고 있는 노선의 관제시스템에는 구비되어 있으나 기존 ATC폐색방식을 운영하는 노선의 관제시스템은 구비되어 있지 않다.

참고로 위치제어 기능의 유용성은 다음과 같다.

도시철도 노선의 최소운행시격은 교통량 Peak 시간대에 발생하는 수송수요를 흡수할 수 있도록 건설되어 있다. 그리고 RH시간대에는 최소운행시격의 허용 범위 내에서 최대한 운행간격을 조밀하게 운행을 한다. 이렇게 많은 열차가 운행중 어느 열차가 특정 역에서 승하차 요인으로 또는 상황 발생으로 정차시간이 추가 소요될 경우에 해당 열차를 기준으로 많은 후속열차들이 정해진 운행간격(정간격)을 유지하지 못하게 된다.

이와 같이 운행간격이 흐트러지면 최초 지연을 유발한 열차는 시간이 경과할수록 승차인원이 증가하여 수송파동으로 지연이 누적되고, 많은 후속열차들도 도미노 지연이 발생한다. 결과적으로 노선에 모든 열차가 지연운행을 하게 된다.

이렇게 노선에 운행중인 모든 열차에 미치는 지연영향을 차단하기 위해서 위치제어 기능이 없는 노선에서는 관제사가 무선전화기로 운전자에게 "00역에서 00초 추가정차" 지시를 하는 인위적인 방법으로 열차 정간격을 유지하는 통제를 한다.

그러나 관제사의 지시에 의한 정차시간 조정으로 정간격을 유지하는 것보다 관제시스템의 기능으로 정간격을 유지하는 것이 훨씬 효과적이다. 그리고 앞 열차가 다음 역을 출발한 조건에서 후속열차를 역에서 출발하도록 지시속도를 제공하면 각종 상황발생시 열차가 터널 내에 정차하는 상황이 발생되지 않는다.

4.7. 통제업무

(1) 개 요

통제란 "일정한 방침이나 목적에 따라 행위를 제한하거나 제약하는 것"이다. 따라서 관제사의 통제행위는 철도차량의 안전운행과 정상운행을 위해서 열차운행 관리 및 관계자의 행위를 제한하거나 또는 조치하도록 지시하는 행위로써 그 수단으로는 **지시 · 명령 · 승인(또는 허가) · 열차방호 · 상황전파** 등이 있다. 관제사는 이러한 통제업무를 원활하게 수행할 수 있도록 관제역량 강화를 위한 꾸준한 노력이 필요하다.

(2) 통제업무의 특성

관제사의 통제업무는 위치가 다른 장소에 일어난 일에 대하여 그리고 시간흐름에 따라 위치와 상태를 달리하는 동적상태의 열차 및 승객을 대상으로 한다. 따라서 관제사가 수행하는 통제업무는 다음과 같은 특성을 갖고 있다.

- 관제사의 통제대상은 시간 흐름에 따라 변화된다.
- 관제사의 통제의사 결정은 검토자 없이 결정된다.
- 관제사의 통제결과는 상황 진압에 중대한 영향을 미친다.
- 관제사의 통제오류는 상황 확대 또는 제2차 사고로 발전된다.
- 관제사의 모든 통제행위는 기록(녹음, 취급기록 등)으로 남는다.
- 관제사의 통제결과는 민 · 형사상 책임소재로 발전될 수 있다.

(3) 통제수단

관제사가 시행하는 통제수단은 다음과 같이 구분할 수 있으며 수단별 사용 목적은 다음과 같다.

① **지시**(指示)

열차 정시 및 안전운행에 필요한 사항 또는 승객의 안전 및 서비스 제공에 필요한 사항 등을 관계자에게 확인시키거나 또는 조치를 하도록 하고자 할 때 시행한다.

② **명령**(命令)

관제사가 열차 정상운행을 위해서 시행하는 운전정리 중 안전상 위험요인이 많거나 또는 승객에게 불편을 주는 영향이 큰 중요한 운전정리를 하고자 할 때 시행한다.

③ **승인**(承認) **및 허가**(許可)

열차 운행에 지장이 우려되거나, 지장을 주는 작업 등을 실시하도록 지시할 때 또는 불안전한 조건임에도 불가피하게 본선개통을 위해서 조건을 붙여 운전시키고자 할 때 시행한다.

④ **열차방호**

예기치 않는 사고 또는 재해 발생으로 열차운행에 위험이 우려 되는 경우 관계 열차를 신속히 정차시키고자 할 때 시행한다.

⑤ **상황전파**(狀況傳播)

열차운행 지장 또는 안전운행에 저해가 우려되는 상황이 발생하였을 때 해당 내용을 전파하여 관계자들이 부여된 임무에 따라 자발적으로 대응조치 하도록 할 때 시행한다.

(4) 통제업무 표준화

① **개 요**

노선의 길이에 따라 다를 수 있으나 통제업무는 항상 2인 이상이 수행한다. 그리고 모든 상황은 장소, 조건, 형태 등이 다르게 발생하고 진행된다. 따라서 관제사들이 책임감을 갖고 혼란 없이 일사불란하게 일관성 있는 통제를 실시할 수 있도록 통제절차 등을 표준화하여 통제업무에 활용하여야 한다.

② **표준화 필요성**

- 집단적 통제 능력향상으로 통제역량 극대화
- 중요 통제사항에 대한 책임성 강화로 통제오류 예방
- 개인별 역할 지정 · 분담으로 지시 중복 또는 누락 방지
- 일관성 있는 통제조치로 통제오류 예방
- 통제결과에 대한 분석용이

③ **통제업무 표준화 절차**

통제업무 표준화는 안전하고, 효과적인 통제체계를 구축하기 위해서 다음과 같이 단계별로 관제사 개인별 역할 분담 및 조치 기준·절차를 Case화하고, 이를 통제업무에 유용하게 활용할 수 있도록 정기적으로 숙달훈련을 실시하는 것이다.

⇨ 통제 개인별 임무 및 통제권 지정

- 관제사 개인별 임무지정 → 혼란방지
- 직위에 상응하는 통제권 지정 → 통제명령 책임성 확보

⇨ 통제조치 기준 Case화

- 통제의사 결정 용이 및 일관성 있는 통제실시
- Case적용 우선순위 : ① 안전성 ② 편의성 ③ 효율성

⇨ 상황별 SOP 작성 활용

- 법령, 규정과 일치화 및 실효성 확보
- 각종 통제업무에 유용하게 활용할 수 있도록 작성

⇨ 정기적으로 숙달훈련 실시

- 조치기준 및 상황별 SOP 활용 숙달훈련 실시
- 각종 모의사고 훈련(시나리오에 의한 훈련) 정례화

㉮ 1단계 : 개인별 임무 및 통제권 지정

상황통제 시 누가-무엇(Who-What)을 할 것인지를 정하는 기준이다. 즉, 통제 시 혼란을 방지하고 통제사항 누락을 방지하기 위해서 개인별 담당임무를 지정하고, 중요한 통제 명령에 대하여 책임성을 확보하기 위해서 직위별 통제권한을 지정하는 절차이다.

담당임무 지정은 통제업무 수행 시 필수적으로 이행하여야 하는 기본업무와 상황에 따라 발생하는 특별한 업무 등 모든 업무를 중요도와 업무량 등을 반영하여 통제에 참여할 수 있는 최소인원을 기준으로 관제사마다 균등하게 분담되도록 지정한다.

그리고 직위별 통제권 지정은 통제사항별 위험도 정도에 따라 직위별로 발령할 수 있는 권한을 부여한다. 예들 들면, 안전운행과 직결되는 「운행중지」통제권은 모든 관제사가 발령할 수 있도록 하고, 사고발생 개연성이 있는 「운행개시」·「퇴행운전」등의 통제권은 관제사 중 감독자 직위(과장급 이상)에 있는 관제사가 발령 할 수 있도록 통제권을 지정하여야 한다.

㉯ 2단계 : 상황통제 조치 기준 Case화

상황통제 시 조치 기준을 어떻게(How) 할 것인가를 정하는 기준이다. 이러한 조치기준 Case화는 조치 의사결정을 용이하게 해주고, 일관성 있는 통제를 할 수 있게 해준다.

예를 들면, 운행도중 차량고장이 발생한 경우 어느 상태에서 도중에 회송조치를 할 것인지, 얼마정도 지연 시 운임을 반환할 것인지, 어떤 상태에서 고압배선 계통변경을 할 것인지 등의 기준을 정하는 것이다. 그리고 이러한 상황별 조치기준을 정할 때에는 안전성 → 편의성 → 효율성 순으로 우선순위를 적용하여 Case화 하여야 한다.

㉰ 3단계 : SOP(Standard Operating Procedure) 작성·활용

관제사가 상황통제 시 가장 안전하고, 효과적인 방법으로 대응할 수 있는 표준절차를 정하는 것이다.

관계법령에 도시철도 운영자는 직무 분야별로 상황별 SOP 작성·활용 의무가 부여되어 있다. 따라서 모든 운영기관마다 상황별 SOP를 작성하여 감독기관의 승인을 받아 사용하고 있다.

SOP는 관계 법령 및 사규에서 정한 조치기준 및 준수사항 등과 일치되면서 실효성 있게 작성하여야 한다.

이와 같이 SOP는 사전에 충분한 검토를 거쳐 작성되었으므로 통제업무를 수행할 때 SOP대로 통제를 하는 것이 가장 안전하고 효과적인 통제를 할 수 있는 것이다.

㉣ 4단계 : 숙달훈련 실시

단계별 표준화된 통제업무 기준을 언제든지 유용하게 활용할 수 있도록 숙달훈련(Skill Training)을 실시하여야 한다. 상황별 조치기준 Case화 및 SOP를 사전에 작성하는 목적은 상황발생시 활용하기 위한 것이지만, 한편으로는 충분한 검토를 거쳐 작성된 조치기준과 SOP를 가지고 숙달훈련을 실시하는 목적도 포함되어 있는 것이다.

따라서 관제사는 정기적으로 모의사고훈련 등을 실시하여 부여된 통제임무와 통제권을 상황에 적합하게 활용할 수 있도록 조치기준 적용 및 SOP 활용능력을 배양하는 등 개인별 또는 집단적 통제역량 강화에 최선을 다하여야 한다.

(5) 통제요건 및 통제원칙

① 통제요건

관제사의 통제대상은 시간 흐름에 따라 상태를 달리하는 동적상태의 열차 및 승객을 대상으로 하기 때문에 통제행위가 효과를 발휘하기 위해서는 통제요건이 충족되어야 한다. 통제요건이란 통제대상을 정확히 선정하고, 적합한 시기에 관계 규정에 정해진 대로 통제업무를 수행하는 것이다.

▸ **통제요건**
- 대상 적합성(對象 適合性)
- 적시성(適時性)
- 준규성(遵規性)

② 통제3원칙 준수

앞에서 설명한 통제요건이 충족되어도, 통제효과가 발휘되기 위해서는 다음과 같은 통제3원칙이 함께 이행되어야 한다.

▸ **통제3원칙**
- 정확한 판단
- 명확한 의사전달
- 조치기준 준수

㉮ 정확한 판단 필요성

어떤 행동을 하기 위해서는 가장 먼저 정확한 판단이 선행되어야 바른 행동을 할 수 있는 것과 같이 관제사가 상황을 통제함에 있어 최우선적으로 해당 상황의 개요에 해당하는 발생위치(열차), 내용, 규모 등에 대한 정확한 판단이 선행되어야 한다.

만약 관제사가 해당 상황에 대한 내용, 규모를 정확히 판단하지 못하면 상황과 무관한 실효성 없는 지시·명령을 할 수밖에 없게 된다. 이런 경우 오히려 상황을 진압하기보다는 상황을 확대시키거나 제2차 상황을 유발시키는 결과를 초래할 수 있다.

따라서 관제사는 상황이 발생하였을 때에는 최우선으로 해당 상황의 발생위치, 내용, 규모 등을 정확히 판단하기 위해서 다음과 같은 근무자세 유지와 통제역량 강화 노력이 필요하다.
- 성실한 자세로 감시업무 집중
- 발생상황에 대한 정보 취득
- 지정된 임무 및 통제권 준수
- 통제역량 강화

㉯ 명확한 의사전달 필요성

관제사의 통제업무는 대부분 말(言)로써 관계자(상대방)에게 무엇을 어떻게 하라는 형태로 진행된다.

따라서 관제사는 지시·명령을 함에 구체적으로 무엇을 어떻게 하라고 하는지 상대방이 잘 알아듣고 이행할 수 있도록 명확하게 지시를 하여야 한다. 특히 상대방이 지시·명령 내용을 수용할 수 있도록 지시를 하는 시기를 잘 선택하는 등 명확한 지시를 하기 위해서는 다음 사항을 준수하여야 한다.
- 정확한 용어 사용
- 지시내용 명료화
- 의사전달 시기 적합

㉰ 조치기준 준수 필요성

도시철도는 대중 교통수단이다. 따라서 사고 발생 시 경우에 따라 많은 사상자가 발생하는 참사로 발전될 수 있다. 그리고 철도에서 일어나는 각종 상황은 천차만별이다.

운영기관에서는 각종 상황발생에 대비하여 사전에 각종 사규 또는 통제 표준절차서(SOP)를 정하여 사용하고 있다.

이러한 사규 및 SOP의 조치기준은 인명보호, 제2차사고 발생방지, 재산피해 최소화, 본선개통 순으로 가장 안전하고, 효과적인 통제절차를 정해 놓은 것이다. 따라서 관제사는 통제업무를 수행할 때 반드시 관계규정을 준수하고 SOP의 조치기준을 준수하여야 한다.

③ 효과적인 통제를 위한 지시 · 명령 방법

관제사의 모든 통제대상은 앞에서 언급한 바와 같이 관제사가 근무하지 않는 다른 장소에서 일어나는 상황에 대해서 통제한다. 그리고 상황을 통제할 때 말(言語)로 지시 · 명령(이하 지시라 한다)을 한다. 따라서 실효성 있는 효과적인 통제를 실시하기 위해서는 기본적으로 직접 눈으로 보지 않고 각종 수집된 정보와 지식을 바탕으로 상황에 필요한 지시를 할 수 있는 충분한 지식을 갖추어야 한다.

또한 상대방에게 지시내용을 정확하게 전달할 수 있도록 평소에 Voice Training을 하는 등 지시능력 배양에 노력하고, 다음과 같은 지시 방법에 대한 요령을 실천하여야 한다.

㉠ 지정된 임무 및 통제권을 준수한다.

노선의 길이에 따라 다르지만 노선별로 1~3명의 관제사가 담당구역을 나누어 관제업무를 수행한다. 또한 운영기관마다 약간은 차이가 있을 수 있으나 기본적으로 안전을 기준으로 중요도에 따라 관제사 직위별로 통제권이 구분 부여되어 있다. 따라서 상황이 발생하면 관제사 개인별 부여된 담당구역과 통제권을 준수하여 정확한 판단과 일관성 있는 통제를 하여야 한다.

예를 들면, 각종 상황이 발생하였을 때 모든 관제사가 너도 나도 현장과 통화를 시도하고, 지시를 하고 또는 발생한 상황과 무관한 사안에 대하여 통화를 시도한다면, 정작 상황발생 현장과 통화를 할 수 없을 뿐만 아니라 주변이 소란스러워 발생한 상황에 대한 정확한 내용을 파악할 수 없다.

따라서 상황이 발생하면 해당구역을 담당하는 관제사가 상황발생 현장과 무선통화 또는 유선통화를 하여 상황에 대한 자세한 내용을 보고 받고 정확한 판단을 할 수 있도록 통신망 사용을 보장해주어야 한다. 그리고 상황발생 현장에 불필요하게 중복 지시하거나 또는 지시사항이 누락되지 않도록 관제사 개인별 부여된 담당구역 및 통제권을 준수하여 일사불란한 통제를 실시하여야 한다.

㉯ 정확한 용어를 사용한다.

용어란 "전문분야에서 일정한 개념을 나타내기 위하여 사용하는 말."이다. 이러한 용어는 관제사가 지시를 할 때 조치대상을 지칭하는 주어 또는 목적어로 사용된다. 따라서 통제 시 원활한 의사소통을 위해서는 반드시 정확한 용어를 사용하여야 한다.

정확한 용어를 사용할 필요성을 살펴보면, 만약 열차화재가 발생하였는데 "지하철에 화재가 발생하였다"라고 "열차"를 "지하철"이라는 용어로 사용할 경우 상대방이 열차화재인지, 역사화재인지 정확하게 판단하지 못할 수 있기 때문에 재차 의사소통을 시도하거나, 아니면 A라는 사람은 역사화재가 발생한 것으로, B라는 사람은 열차화재가 발생하는 것으로 각각 다르게 판단할 수 있다.

이러한 부정확한 용어 사용은 결과적으로 관계자간 원활한 의사소통을 방해하고, 이로 인하여 대응조치 지연 또는 조치대상 선정오류를 유발시키는 원인으로 작용한다.

따라서 관제사는 지시를 할 때에는 관계 법령 또는 사규에 정의되어 있는 정확한 용어 사용을 원칙으로 하고, 그 외 용어는 해당 조직 내에서 통용되고 있는 관습용어를 사용한다. 만약 불가피하게 애매한 용어를 사용할 때에는 해당 용어 앞에 수식어를 붙여 상대방과 의사소통에 오류가 발생하지 않도록 하여야 한다.

㉰ 유용한 지시를 한다.

관제사의 상황에 맞지 않는 부적합한 지시는 통제오류를 발생시키는 근본원인이 된다. 따라서 상황이 발생하면 내용을 잘 알지 못하면서 무조건 선개입(先介入)하여 적당하게 어설픈 지시를 하지 말고, 현장으로부터 보고되는 내용 또는 각종 정보를 취득하여 해당 상황의 내용과 규모 등을 정확히 판단한 다음에 이를 바탕으로 유용한 지시를 하여야 한다.

그리고 관제사가 현장으로부터 보고되는 내용을 기반으로 유용한 지시를 하기 위해서는 다음 사항에 대하여 충분한 지식을 갖추어야 한다.

- 전동차 : 구조 및 기능, 응급 조치법, 비상운행 취급법 등
- 신호장치 : 경계구간, 각종 기능 및 취급법, 연동도표 등
- 선로 : 배선구조, 제한속도, 유치선 길이, 기울기, 곡선 등
- 전차선 : 보호장치 기능, 구분개소 위치, 구간별 급전범위 등

- 역사구조 : 승강장 형태, 대피로, 심도, 각종 승강설비 현황 등
- 기타 시설 및 설비 : 설비의 기능, 설치위치, 담당구역 등

이 외에도 제반 시설 및 설비의 부설 위치, 구조, 기능, 특이사항에 대한 지식을 습득하는 등 우수한 관제역량을 갖추도록 노력하여야 한다.

㉣ 명확한 지시를 한다.

상대방에게 지시를 함에 있어 이것도 저것도 아닌 불명확하고 복잡한 지시는 상대방에게 혼란을 주게 된다.

따라서 지시를 함에 있어 상대방이 지시내용을 잘 알아듣고 이행할 수 있도록 사투리 또는 은어 등을 사용하지 않는다. 그리고 한 번에 많은 내용의 지시를 하지 말고 간단하게 '무엇을 어떻게 하라'는 식으로 명확한 지시를 하여야 한다. 또한 지시사항을 말할 때 상대방에게 지시사항에 대한 실천성(實踐性) 또는 필요시 위급성(危急性) 등이 전달될 수 있도록 다음과 같이 지시를 한다.

- 표준어를 사용한다.
- 지시할 내용을 정리하여 간단하게 지시한다.
- 지시 음량의 크기 및 속도를 적절하게 조정한다.

㉤ 정당한 지시를 한다.

지시란 상대방에게 어떤 일을 일러서 시키는 것이다. 결과적으로 말(言)로써 상대방을 움직이는 것이다. 상대방에게 시키는 일이 잘 이행되기 위해서는 지시자의 지시내용이 상대방에게 신뢰를 받아야 한다.

관제사의 지시내용이 상대방에게 신뢰를 받기 위해서는 무엇보다도 앞에서 언급한 유용한 지시를 하는 것이 최우선이다. 그러나 다음 사항을 준수하는 지시를 할 때 신뢰도가 더욱 더 증가한다.

- 지시가 난발되지 않도록 불필요한 지시를 하지 않는다.
- 사적(私敵) 내용의 지시를 하지 않는다.
- 나쁜 감정을 일으키는 강압적인 지시를 하지 않는다.
- 지시내용 변경 시 변경사유를 전달한다.

4.8. 운전정리

(1) 개 요

운전정리란 각종 사유로 열차운행에 지장이 우려되거나 또는 지장이 발생하였을 때 관제사가 열차운전에 관한 지시 · 명령권을 활용하여 열차운행이 정상화되도록 시행하는 통제조치이다.

이러한 운전정리는 관제사의 통제행위 업무 중 가장 많은 비중을 차지한다. 따라서 관제사는 상황발생시 해당 상황에 적합한 운전정리 항목을 선택 시행하여야 하고, 해당 운전정리가 미치는 영향이 어느 정도인지, 어떤 후속 조치를 하여야 하는지 등에 대하여 정확하게 이해하고 있어야 효과적인 통제를 수행할 수 있다.

(2) 운전정리 종류

도시철도 노선에서 시행하고 있는 운전정리의 종류는 다음과 같다.

- 운전순서변경
- 운행변경
- 운전시각변경
- 착발선변경
- 반복변경
- 종별변경
- 단선운전
- 합병운전
- 퇴행운전
- 추진운전
- 차량교환
- 임시열차운행
- 운행취소
- 임시서행

이와 같이 운전정리 항목을 종류별로 명확하게 구분 해놓은 것은 관제사가 통제업무에 많이 사용하는 지시 · 명령사항에 대하여 항목별로 정확한 의미를 부여하여 통제업무를 수행할 때 의사결정 및 의사전달을 용이하게 하고, 통제결과를 효과적으로 관리하기 위해서이다.

여기서 의사전달의 용이성을 살펴보면, 관제사가 주로 사용하는 통제용어에 대하여 미리 이것이 어떤 지시 · 명령이라고 규범적으로 정해 놓으면, 관제사가 운전정리를 실시할 때 모든 관계자들이 현재 관제사가 어떠한 항목의 운전정리를 실시하므로 현장에서는 무슨 조치를 하여야 하는지를 쉽게 판단할 수 있는 것이다. 즉, 운전정리가 필요한 상황이 발생하였을 때 모든 관계자들이 해당 상황의 내용과 조치할 사항에 대한 판단을 유리하게 해준다.

⑶ 지시 및 운전명령의 구분

국어사전에 지시란 "어떤 일을 일러서 시킴"이며, 명령이란 "하도록 시키다."로 정의되어 있다. "지시"와 "명령" 모두 상대방에게 무엇을 하도록 시키는 의미가 포함되어 있고, "지시"의 광의적 의미에는 명령도 포함되는 것으로 볼 수 있다.

그러나 관념적으로 보면, "지시"보다는 "명령"이 반드시 이것을 하라는 강력한 실천 의미가 담겨져 있다. 따라서 군대 같이 상명하복이 필수적인 조직에서 "지시"보다는 "명령"이라는 용어를 많이 사용한다. 또한 일반 조직에서도 인사에 대한 결정은 반드시 시행한다는 의미를 전달하기 위해서 "인사명령"으로 표현하고 있다.

그리고 조직 내에서 무엇을 하라는 지시사항에 대한 의사결정 및 시행절차는 기본적으로 「① 기안 → ② 검토 → ③ 결재 → ④ 시행」 단계로 처리된다.

그러나 관제사가 시행하는 각종 지시·명령은 시간적 흐름에 변화되는 상황에 대한 대응조치를 하는 수단이기 때문에 적합한 시기에 신속하게 시행하도록 ① 기안 → ② 검토 → ③ 결재 단계가 생략된다. 즉, 관제사에게는 상황이 발생하면 해당 상황에 적합한 어떤 조치를 할 것인지를 즉시 결정하고, 결정한 사항을 바로바로 현장에서 조치하도록 지시·명령을 할 수 있는 권한이 부여되어 있는 것이다.

따라서 관제사가 시행하는 운전정리의 항목 중 승객에게 미치는 영향이 크고, 사고 발생 개연성이 높은 항목에 대하여 명령 시행자의 책임성을 명확히 하고, 수명자는 반드시 실천하라는 실천성(實踐性)을 강조하기 위해서 "지시"라고 하지 않고 "명령"이라고 하는 것이다.

또한 운전명령을 시행할 때에는 중요한 명령임을 강조하고, 사후에 책임소재를 명확히 하기 위해서 「운전명령 번호·운전명령 사항(내용)·관계자 직·성명」을 기록, 유지하도록 하고 있다.

▶ **운전명령으로 시행하여야 하는 운전정리**

- 운행변경
- 종별변경
- 단선운전
- 합병운전
- 퇴행운전
- 추진운전
- 운행취소
- 임시열차운행
- 임시서행

(4) 정규 · 임시 운전명령의 구분

열차운행에 관한 지시를 하는 운전명령은 정규운전명령과 임시운전명령으로 구분된다. 정규운전명령은 현재 적용하고 있는 운행스케줄 계획이 변경되는 사유 또는 운행을 제한하여야 하는 사유가 시간적으로 여유 있게 발생 하였을 때에 운전계획업무를 담당하는 부서에서 문서 · 사내전산망 또는 모사전송기(FAX) 등으로 시행하는 운전명령이다.

임시운전명령은 각종 상황 발생으로 승객불편 최소화 및 열차운행 정상화가 필요하여 관제사가 무선전화기 · 관제전화 · 사내전산망 · 모사전송기 등으로 실시간 시행하는 운전명령이다.

그리고 임시운전명령은 모든 운전정리의 종류를 시행할 수 있으나, 정규운전명령으로는 시간적 여유를 가지고 문서 등으로 시행하므로 운전정리 종류 중 계획적으로 사유가 발생할 수 있는 「임시열차운행」 · 「운전시각변경」 · 「임시서행」을 시행할 수 있다.

(5) 운전정리 종류별 시행시기 및 방법

① 운전순서변경

운전순서변경이란 운행스케줄에 계획된 순서에 의하지 아니하고 열차번호 변경 없이 운행순서를 변경하는 통제조치이다.

이러한 순서변경의 운전정리는 종착역 또는 2개 노선 이상이 합쳐지는 운전역 등에서 열차지연 사유가 발생하였을 때, 또는 열차의 종착역 행선지가 다른 열차가 운행하는 노선에서 열차운행 정상화 또는 승객 불편 감소에 유리하다고 판단될 때 시행한다.

관제사가 순서변경의 운전정리를 시행할 경우, 만약 행선지가 다른 열차 순서변경을 하였을 때에는 순서변경을 한 다음 역부터 운행스케줄 계획대로 A방면행 열차가 도착하지 않고, B방면행 열차가 도착되므로 이용 승객들에게 혼란이 발생한다.

따라서 관제사는 관계직원에게 순서변경 사실을 통보하여 충분한 안내를 할 수 있도록 조치하여야 하고, 각 역의 행선안내 장치에 제공되는 정보가 순서변경 결과대로 바르게 현시되는지 등을 확인하여야 하며, 또한 순서변경으로 인하여 종착역 등에서 반복열차 투입 계획의 지장 유무를 판단하여 후속 조치를 하여야 한다.

② 운행변경

운행변경이란 특별한 사정으로 운행도중에 운행스케줄에 계획된 종착역까지 운행하지 않고 운행경로를 바꾸거나, 운행을 중단시키는 통제조치이다. 즉, A방면과 B방면으로 분기가 있는 노선에서 계획상 A방면으로 운행하는 열차를 B방면으로 경로를 변경하거나, 또는 영업열차로 운행중 계획된 종착역까지 운행하지 않고 중간에서 회송열차로 운행시키는 조치로서 열차번호 변경이 수반된다.

이러한 운행변경의 운전정리는 다음과 같은 경우에 승객불편을 최소화 하고, 또는 운행 중인 열차의 정상운행에 유리하다고 판단될 때 시행한다.

- 열차사고, 운행장애 등으로 일부 구간의 선로 사용이 불가한 때
- 전차선, 전력계통 장애로 일부 구간의 선로 사용이 불가한 때
- 이상 기후 및 침수 등으로 일부 구간의 선로 사용이 불가한 때
- 차량고장으로 지연이 누적되어 후속 열차에 도미노 지연이 발생할 때

운행변경의 운전정리는 내용적으로 계획된 열차운행이 중간에서 취소되거나 경로가 바뀌므로 승객에게 불편이 발생하는 통제행위이다.

따라서 불가피한 경우를 제외하고 사전에 충분한 승객안내가 실시될 수 있도록 통제조치를 하여야 하고, 또한 승객의 불편이 최소화 되도록 운행변경 장소(역) 선택에 신중을 기하여야 한다.

그리고 가능한 경우 운행이 취소된 열차를 대체하는 임시열차를 투입하거나 또는 특발(일정한 역부터 운행변경 열차를 대신하여 영업열차로 투입하는 조치) 등의 통제조치를 하여야 한다. 또한 앞·뒤 열차의 간격을 적정하게 조정하여 승객이 특정 열차로 집중 승차하지 않고 분산되도록 통제를 실시하여야 한다.

아울러 관제사가 운행변경 장소(역)를 선택할 때 환승역 위치, 나머지 운행구간에 대한 열차운행 빈도, 승하차 예상 인원 등을 고려하여 결정하여야 한다.

③ 운전시각변경

임시열차를 제외한 모든 열차의 운행시각은 사전에 정해져 있다. 이렇게 사전에 운행시각이 정해져 있는 것은 열차가 운행할 때 직·간접적으로 많은 일들이 수반되므로 모든

관계자들이 열차가 운행되는 때(시각)에 대한 정보를 공유하기 위해서이다. 그리고 운영자에게는 열차 운행시각에 대한 공고 의무가 부여되어 있기 때문이다.

사정상 운행스케줄에 계획된 운행시각을 앞당기거나 늦추는 통제를 운전시각변경이라 한다. 운전시각을 변경하는 운전정리는 승객 수송을 위한 수송측면의 사유발생 또는 시설·설비의 공사, 장애 등으로 운영측면의 사유발생으로 불가피할 때 시행한다.

열차의 운전시각을 변경함에 있어, 계획시간보다 앞당기는 것을 조상운전(繰上運轉), 늦추는 것을 조하운전(繰下運轉)이라 한다. 이는 일본식 용어이다. 최근에는 일부 운영기관에서 우리말로 순화하여 당김운전, 늦춤운전으로 용어를 사용하기도 한다.

이러한 조상운전·조하운전의 의미에는 출발역부터 도착역까지 모두 시간이 변경되는 의미가 포함되어 있다. 그리고 운전정리 항목에 해당하지 않지만 관제사가 사용하는 통제사항 중 조발(早發)이 있다. 이러한 조발은 조상운전과 다르게 출발시간만 계획시간보다 앞당기고, 도착역 시간은 계획시간과 동일하게 통제하고자 할 때 사용하는 통제사항이다.

참고로 조발과 반대 개념인 지발(遲發)통제(계획시간보다 지연출발하고 도착역에는 계획시각에 도착)는 하지 않는다. 왜냐하면 사전에 충분한 검토를 거쳐 역간 소요 운전시간이 설정되었는데 지발 통제를 할 경우, 도착역에 계획시각에 도착하기 위해서는 불가피하게 역간 운전 시 정해진 속도를 초과하는 과속운전을 하여야 하기 때문이다.

④ **착발선변경**

모든 열차는 정차하는 역에 출발 또는 도착하는 선로가 사전에 지정되어 있다. 이렇게 열차의 착발선을 사전에 지정 운용하는 것은 승객의 승·하차 위치가 계획적으로 운영되어야 승객들이 안전하고 편리하기 때문이다.

또한 TTC시스템에 의하여 열차운행이 자동제어 되기 위해서는 선로가 2개 이상인 경우에는 어느 열차가 어느 선로에 도착하고, 어느 선로에서 출발하며, 어느 경로로 회차할 것인지 사전에 TTC시스템에 입력되어 있어야 하기 때문이다. 따라서 모든 열차는 사전에 지정된 선로에 도착·출발하고, 지정된 경로로 운행하는 것이 원칙이다.

착발선변경이란 사정상 열차를 계획된 선로에서 착발시키지 않고 다른 선로를 이용하는 통제조치이다. 이러한 착발선 변경의 운전정리는 도착과 출발이 계획된 선로에 지장을 주는 선로전환기 장애, 신호장치 고장, 차량고장, 기타 지장물 방치 등으로 해당 선로를 사용할 수 없는 경우와 또는 종착역 도착 후 반대방면 열차로 투입이 계획되어 있는 열차가 지연 도착될 때 반복열차의 지연을 최소화하기 위해 시행한다.

착발선을 변경하는 운전정리를 시행할 때에는 반드시 해당 열차의 운행진로를 수동으로 취급하므로 진로취급에 신중을 기하여야 한다. 그리고 열차 출입문 열림 방향 변경, 승하차 승강장 변경 등으로 이용에 혼란이 발생하므로 승객의 안전과 불편 최소화를 위하여 사전에 해당 열차의 운전자 및 해당 역 근무자에게 착발선 변경 내용을 통보하여 필요한 조치를 하도록 통제를 실시하여야 한다.

⑤ **반복변경**

모든 열차는 사전에 계획된 운행스케줄에 따라 운행된다. 이러한 운행스케줄은 한 편성의 전동차가 출고에서 입고까지 한 사이클(Cycle)로 운용된다. 따라서 열차가 종착역에 도착한 다음 다시 몇 열차로(영업 또는 회송 입고 등) 충당할 것인지 하는 반복투입이 정해져 있다.

반복변경이란 종착역 도착 후 사정상 운행스케줄에 정해져 있는 반복투입 계획과 다르게 다른 열차로 투입시키는 통제조치이다.

반복변경의 운전정리는 지연운행, 차량고장, 기타 등의 사유로 운행스케줄에 계획된 열차가 시발역부터 정해진 시각에 출발하지 못하거나, 예상될 때 열차운행 정상화를 위해서 시행한다. 따라서 반복변경은 열차의 종착역에서만 발생하며 계획된 전동차 운용(기운용) 변경이 수반된다.

그리고 반복변경의 운전정리를 시행할 때에는 전동차 운용이 변경되므로 그 내용을 차량관리소에 통보해 주고, 특히 해당 전동차가 언제 출고했고, 언제 입고가 가능한지 등을 파악하여 규정된 점검주기를 초과하여 운행하지 않도록 후속조치를 취하여야 한다.

⑥ **종별변경**

종별변경이란, 정해진 열차종별을 변경하는 통제사항이다. 예를 들면 급행열차가 운행 중에 특별한 사정으로 일반(완행)열차로 종별을 변경하는 통제조치이다. 철도구간에서 열차종별(列車種別, Classification of a Train)은 보통여객열차, 급행여객열차, 특별급행여객열차로 구분하고 있다.

이렇게 열차를 종별로 구분하고 있는 이유는 열차종별에 따라 운임이 다르기 때문이다. 그러므로 운행중 특별한 사정으로 열차종별을 변경하였을 경우 승객과 운송계약이 변경되므로 운임정산 요인이 발생하고 또한 계획된 정차역, 도착시간이 달라지는 등 파급효과가 크므로 운전정리의 항목 중 종별변경이 정해져 있는 것이다.

따라서 관제사는 종별변경의 운전정리를 시행하고자 할 때에는 의사결정에 신중을 기하여야 한다. 이러한 종별변경의 운전정리는 계획되어 있는 전·후 열차가 불가피한 사유로 운행이 취소되거나, 운송약관에 정해진 운임반환 기준 시간을 초과하는 지연이 발생하였을 경우 등에 한하여 시행한다.

현재 서울지하철 9호선을 제외하고 도시철도 노선에는 철도 노선의 보통 여객열차에 해당하는 일반열차만 운행하고 있으므로 종별변경에 해당하는 운전정리는 발생하지 않는다. 그러나 만약 도시철도 노선에 급행열차와 일반열차가 혼용 운행된다면 사유발생 시 종별변경의 운전정리를 시행할 수 있다. 이런 경우에는 급행열차를 일반열차로 종별변경은 가능하지만 일반열차를 급행열차로 종별변경은 할 수 없다. 왜냐하면 일반열차가 급행열차로 운행되면 일반열차에 승차한 승객들이 승차하면서 하차하고자 했던 역에 하차할 수 없는 사례가 발생하기 때문이다.

참고로 도시철도 운영기관에서는 현재 영업열차로 운행중 차량고장 등으로 지연이 누적되는 경우 후속 열차의 도미노 지연을 방지하기 위해서 승객을 하차시키고 회송운행 조치하는 운전정리를 하고 있다.

이러한 운전정리를 일부기관에서는 종별변경으로 적용하고 있다. 그러나 이런 경우는 종별변경이 아니고 운행변경에 해당한다. 그 이유는 회송열차는 열차종별 구분에 포함되지 않고, 운전취급의 우선순위를 정하기 위해서 구분하는 열차등급 구분에 포함되기 때문이다.

도시철도 및 철도구간에서 구분하고 있는 열차등급(列車等級, Grade of a Train)은 본선을 운행하는 열차의 계급으로서 표와 같다.

도시철도	철도구간			
① 급행열차	① 특별급행여객열차			
② 일반열차	② 급행여객열차			
③ 공사열차	③ 보통여객열차			
④ 회송열차	④ 소화물열차	⑤ 급행화물열차	⑥ 화물열차	
⑤ 시운전열차	⑦ 공사열차	⑧ 회송열차	⑨ 단행기관차	⑩ 시운전열차

⑦ **단선운전**

단선 선로는 상·하행 열차가 동시에 운행되어야 하므로 충돌사고 발생 개연성이 존재하므로 도시철도 노선은 복선으로 건설하도록 규정되어 있다.(다만 불가피할 경우 국토교통부장관 승인 시 예외) 그리고 각종 열차운행 관련 설비도 복선 운행에 맞게 부설되어 있다.

그러나 복선 선로 중 불가피한 사정으로 한 개 선로를 사용하지 못할 경우에 일시적으로 다른 한 개 선로를 사용하여 상·하행 열차를 운행시키는 통제조치가 단선운전이다. 이러한 단선운전의 운전정리는 상·하선 선로 중 한 개의 선로를 열차운행에 사용하지 못하는 탈선사고 또는 선로파손, 전차선 단선 등의 장애가 발생하였을 때 시행한다.

단선운전을 시행하면 상·하행 열차가 같은 선로를 사용하기 때문에 사고발생 개연성이 높다. 따라서 단선운전의 운전정리를 할 때에는 안전을 확보하기 위하여 폐색방식 변경은 물론 운행속도 제한 등 여러 가지 제한요인이 발생한다.

또한 기존의 열차 운행방향과 반대방향으로 운행되는 열차의 경우 승차위치 변경, 승강장스크린도어(Platform Screen Door)가 설치된 노선인 경우에는 정차위치를 일치시켜야 하는 등의 많은 위험성과 불편 요인이 존재한다. 따라서 도시철도 노선에서 단선운전은 승객을 운송하기 위해서가 아니라 본선 개통이 필요한 경우에 시행하는 통제조치이다.

왜냐하면, 도심구간을 운행하는 도시철도 노선은 여건상 항상 인접한 거리에 도로 교통수단이 존재하므로 위험한 단선운전 통제를 하는 것보다 운임을 반환해주고 도로 교통수단을 이용하도록 통제조치를 하는 것이 안전하고 합리적이기 때문이다.

⑧ **합병운전**

용산역 → 여수행 열차, 용산역 → 목포행 열차가 있다면 용산역에서 익산역까지는 운행

경로가 같다. 이런 경우에 선로 사용횟수를 줄이기 위해서 익산역까지는 두개 열차를 연결, 하나의 편성으로 운행할 수 있다. 이렇게 2개 열차(각각의 고유 열차번호 부여)를 하나의 편성으로 연결하여 운전하는 형태를 합병운전이라고 한다. 이런 경우는 운행스케줄로 정해진 계획 합병운전이다.

운전정리의 종류중 합병운전이란, 운행 도중에 사정상 불가피하게 각각의 열차번호를 가진 두개의 열차를 연결하여 하나의 편성으로 운행시키는 통제조치이다. 합병운전의 운전정리는 지연운행, 차량고장 등의 상황이 발생하였을 때 승객의 불편 최소화를 목적으로 열차 운행횟수를 축소하여, 개통대기 등의 지연요소 해소를 위해서 또는 본선 개통을 위해서 시행한다.

그리고 도시철도 노선의 승강장은 그 길이가 한 개 편성이 정차하였을 때 승하차가 가능하도록 건설되어 있으므로 운행횟수 축소를 위해서 합병운전을 할 수 없다. 다만, 자력으로 움직이지 못하는 차량고장이 발생하였을 때 고장차를 구원할 때 합병운전을 시행한다.

그러나 합병운전의 운전정리를 시행할 때에는 열차의 길이가 승강장 길이를 초과하여 영업열차로 운행하지 못하므로 합병운전을 하기 위해서 출발하는 열차인 경우 출발 전에 모든 승객을 하차시켜야 하며, 고장열차의 승객은 합병운전 후 최근 역에 도착하여 정지위치를 일치시켜 승객이 안전하게 하차하도록 통제를 하여야 한다.

⑨ **퇴행운전**

퇴행운전이란 열차가 진행하던 방향의 반대방향으로 운전하는 경우를 말한다. 이러한 퇴행운전은 열차가 원래 운행하던 방향과 다르게 반대방향으로 운행하기 때문에 많은 위험요인이 존재한다. 따라서 「도시철도운전규칙」에 다음의 경우에 한하여 퇴행운전을 할 수 있도록 명시하고 있는 등 엄격히 퇴행운전을 제한하고 있다.

- 선로나 열차에 고장이 발생한 경우
- 공사열차나 구원열차를 운전하는 경우
- 차량을 결합 · 해체하거나 차선을 바꾸는 경우
- 구내운전을 하는 경우
- 시설 또는 차량의 시험을 위하여 시험운전을 하는 경우

• 그 밖에 특별한 사유가 있는 경우

이와 같은 사유로 운행중인 열차를 퇴행 운전시키는 운전정리를 할 때에는 반드시 퇴행 운행을 하고자 하는 구간을 정확히 설정하고, 설정된 구간에 다른 열차가 없는지 지장유무를 확인하여, 진로를 확보한 다음에 퇴행을 하도록 지시하여야 한다.

그리고 필요시 관계직원으로 하여금 유도조치(퇴행하는 방향의 운전실에 승차)를 하도록 하고, 관계 규정에 정해진 제한속도를 준수하도록 지시하여 안전 확보를 위한 제반 통제조치를 빠짐없이 실시하여야 한다.

부득이한 사정으로 승객이 승차한 열차를 퇴행운전 시킬 때에는 반드시 퇴행구간에 대한 진로확보는 물론 해당 열차에 승차하고 있는 승객에게 충분한 안내를 실시하여 동요가 발생하지 않도록 하고, 최근 역에 도착 후 승객을 하차시키는 통제를 하여야 한다.

⑩ **추진운전**

추진운전이란 열차운행 방향과 무관하게 운전실을 최전부로 하지 않고 운전하는 경우를 말한다.

추진운전은 운전자가 전방을 주시하지 못하고 운전하므로 퇴행운전을 할 때와 같이 많은 위험요인이 존재한다. 따라서 「도시철도운전규칙」에 추진운전을 할 수 있는 경우는 퇴행운전과 동일한 경우로 명시되어 있다. 이러한 추진운전의 운전정리를 시행할 때에는 퇴행운전을 시행할 때와 같은 통제조치를 이행하여야 한다.

참고로 도시철도 노선에서 선행열차가 차량고장으로 움직이지 못하여 후속열차로 구원할 경우에는 합병운전과 추진운전에 해당한다. 이렇게 2개 이상의 운전정리 항목에 해당하는 통제를 할 경우에는 위험도가 높은 항목의 운전정리의 준수사항을 적용하여 필요한 통제조치를 하여야 한다. 특히 제한속도는 최저속도를 적용한다.

⑪ **차량교환**

차량교환이란 운행스케줄상 제0000열차로 운행하도록 계획된 차량운용을 사정상 변경하는 것을 말한다.

이러한 차량교환 운전정리는 지연을 유발하는 차량고장이 발생하였거나, 예상될 때 지연방지를 위해서 또는 전동차의 검사 및 정비 주기 조정 등의 변경사유가 발생되었을 때 원활한 차량운용계획을 위해서 시행한다.

차량교환의 운전정리는 대부분 종착역에서 이루어지므로 승객불편을 유발되지 않는다. 그러나 노선 중간역서 시행하는 경우에는 승객들이 옮겨 타는 불편이 발생하므로 사전에 충분한 안내를 실시하여야 한다.

차량교환을 내용적으로 보면, 운행중인 차량을 교환하기 위해서 별도의 차량을 출고시켜 교환하는 것이다. 그러나 차량교환 사유가 발생하였을 때 종착역 등에 차량기지로 입고가 계획된 차량이 있을 경우에 신속하게 교환할 수 있는 이점(利點)이 있어 입고가 계획된 차량을 입고하지 않고 교환차량으로 사용한다.

이렇게 종착역 등에서 입고예정 차량을 교환차량으로 사용하는 경우 종착역에서 계획된 반복투입이 변경된 것이므로 반복변경으로 볼 수도 있으나 그렇지 않다. 왜냐하면, 계획상 여객열차로 반복투입이 계획된 차량을 반복변경 하는 것이 아니고, 통제 목적상 차량교환을 위한 것이기 때문이다. 따라서 모두 차량교환으로 분류하고 관리하여야 한다.

⑫ **임시열차운행**

임시열차운행이란 사정상 운행스케줄 계획에 없는 열차를 운행시키는 통제사항이다. 임시열차운행은 특별수송, 연장운행, 주요 행사개최 등 수송측면에서 추가로 열차 운행사유가 발생하였을 때 시행한다. 또는 각종 공사에 필요한 공사열차 운행, 운행변경, 차량기지간 이동, 시운전 사유 등의 운영측면에서 운행사유가 발생하였을 때 시행한다.

임시열차운행은 운행스케줄 계획에 없는 열차가 운행되므로 노선에는 평상시와 다른 운행여건이 조성된다. 따라서 임시열차운행으로 발생하는 직·간접적인 업무들이 정상적으로 처리될 수 있도록 사전에 모든 관계자들에게 임시열차의 운행사실을 인지시켜야 한다.

그리고 임시열차의 운행시각은 정규운전명령에 의하는 경우 대부분 출발시각 및 도착시각이 사전에 명시된다. 그러나 관제사가 시행하는 임시운전명령에 의한 임시열차는 현시각 운전을 기본으로 한다.

⑬ **운행취소**

운행최소란 사정상 운행스케줄에 계획되어 있는 열차의 운행을 취소하는 통제사항이다. 이러한 운행최소의 운전정리는 다음과 같은 경우에 시행한다.

- 열차사고 및 운행장애 등으로 선로사용이 불가한 때
- 이상 기후 및 침수 등으로 선로사용이 불가한 때
- 차량고장이 발생하였으나 대체 차량을 투입할 수 없을 때
- 열차가 분 단위 시격으로 운행되는 노선에서 지연누적이 심하여 정해진 영업시간 범위 내에 계획된 열차운행이 불가할 경우
- 화물열차의 경우 수송물량이 없을 때

위와 같은 사유로 불가피하게 열차운행을 취소하는 운전정리를 할 때에는 열차운행과 관련된 업무를 담당하는 모든 관계자들에게 그 내용을 통보하여야 한다. 그리고 철도구간에서 도시 간을 운행하는 영업열차에 대한 운행취소는 중대한 영향이 발생되므로 함부로 운행취소의 통제조치를 할 수 없다.

그러나 도시철도 노선은 많은 횟수의 열차가 운행되기 때문에 비교적 가볍게 운행취소를 결정할 수 있다. 다만 운행취소로 인한 행선지(종착역)에 대한 운행 열차 순서변경, 운행취소에 따른 영향 등을 감안하여 결정하여야 하고, 불가피할 경우에 후속조치를 하여야 한다.

참고로 운행취소란, 운행스케줄상에 계획된 열차가 시발역부터 종착역까지 운행을 하지 않는 경우가 해당된다. 이와 달리 운행도중에 운행이 취소되는 경우는 운행변경에 해당한다. 그러나 영업 주행거리 관리상 구분이 필요로 하는 경우에는 「구간 운행취소」로 관리하기도 한다.

⑭ **임시서행**

모든 선로는 구조·기능 등에 따라 운행할 수 있는 속도가 정해져 있다. 이렇게 정해진 속도 이하로 운행하여야만 안전운행이 보장된다. 그러나 사정상 안전운행을 위하여 일시적으로 정해진 속도보다 더 낮은 속도로 열차를 운행시키는 통제사항이 임시서행이다.

이러한 임시서행의 운전정리는 선로상태 변화로 레일 갱환 및 각종 보수작업 등의 사유가 발생하였을 때 시행한다. 또한 열차운행과 관련하여 각종 설비가 비정상 상태에서 정

해진 속도로 운행할 경우 안전운행에 지장이 우려될 때 시행한다. 임시서행 통제 시 서행 속도 및 서행기간에 대한 결정은 시설 또는 설비를 관리하는 부서의 요구에 의해서 정해진다.

임시서행의 운전명령은 레일 갱환작업 등과 같이 계획에 의해 이루어지는 사안에 대해서는 정규운전명령으로 발령되며, 현장 사정에 의해서 긴급히 서행이 필요할 때에는 임시운전명령으로 발령한다.

이러한 임시서행의 운전정리를 시행할 때에는 운전자 등 관계자에게 정확한 서행구간 및 서행 속도를 인지시키기 위해서 임시신호기가 사용된다. 그러나 긴박한 사정으로 관제사가 임시운전명령으로 시행할 때에는 즉시 임시신호기를 설치할 수 없기 때문에, 우선 해당구간을 운행하는 모든 열차가 서행구간 및 서행속도를 준수하도록 무선전화기 등을 활용하여 임시서행 하도록 지시를 하고, 이외 별도로 서행구간과 속도를 쉽게 인지할 수 있는 조치 등을 강구하여야 한다.

참고로 자동(ATO)운전을 하는 노선에서 임시서행을 할 때에는 자동운전이 불가하므로, 서행구간이 포함된 역간 구간은 수동운전을 하여야 한다. 다만 TTC시스템 기능에 「운전속도 제한기능」이 구비되어 있을 때에는 관제사가 임시서행에 해당하는 제한속도를 설정할 수 있으므로 임시서행이 포함된 구간도 자동운전 또는 무인운전을 할 수 있다.

4.9. 승인 및 허가

(1) 개 요

승인 또는 허가는 열차운행을 지장 또는 지장이 우려되는 작업을 실시하도록 하거나 또한 불안전한 상태임에도 부득이 하게 본선개통을 위해서 조건을 붙여 최대한 안전하게 운행하도록 통제할 때 사용하는 지시이다. 그러므로 관제사는 승인 또는 허가를 지시할 때에는 반드시 관계규정에 정해진 준수사항을 실천하여야 한다.

여기서 승인과 허가의 사전적 의미를 살펴보면 각각 다음과 같다.
- 승인(承認) : 어떤 사실에 대하여 정당하다고 인정함.
- 허가(許可) : 어떤 행동이나 일을 할 수 있게 함.

따라서 선로지장 작업계획에 대하여 관제사가 작업계획이 정당한지를 확인한 후 해당 작업을 시행할 수 있다고 지시할 때에는 「승인」으로 표현하여야 한다.

그리고 불가피한 사정으로 퇴행운전, 비연동운전, 15킬로스위치 등을 하도록 지시할 때에는 "어떤 사실에 대하여 정당하다고 인정" 하는 것이 아니고, 본선개통을 위하여 불가피하게 조건을 붙여 비상운행을 하도록 지시하는 것이므로 "어떤 행동이나 일을 할 수 있게" 하는 「허가」로 표현하여야 한다.

(2) 승인 및 허가 대상 업무

관제사가 지시하는 승인 및 허가 대상 업무는 다음과 같다.
- 선로지장 작업계획 및 철도장비의 운행계획 → 승인
- 선로지장 작업개시 및 철도장비 운행 개시 → 허가
- 운행선로 출입이 필요한 각종 작업 → 허가
- 열차운행과 관련 있는 설비의 기능 중지 및 절체 작업 → 승인
- 현장에서 신호취급 및 전력계통 운용 → 승인
- 운전방식 변경 → 승인(비상모드 운행은 허가)
- 본선개통을 위한 불안전한 상태에서 비상운행 지시 → 허가

⑶ 선로지장 작업 및 철도장비 운행 통제절차

선로지장 작업 및 철도장비 운행 통제절차는 도시철도 운영기관마다 업무분장 기준에 따라 업무처리 주체가 다를 수 있다. 그러나 안전 확보를 위해서 모든 운영기관이 다음과 같이 2단계로 시행하고 있다.

① 1단계 : **작업계획 및 운행계획 승인**
- 접 수 : 선로지장 작업계획, 철도장비 운행계획
- 검 토 : 작업구간·장비 운행구간 중복여부 및 우선순위 등
- 승 인 : 작업계획 및 운행계획에 대한 승인

② 2단계 : **선로 출입허가 및 철도장비 운행개시 허가**
- 현장에서 선로출입 및 장비운행 허가 요청(관계자 → 관제사)
- 선로 출입개시 및 운행개시 허가
  - 작업구간 또는 운행구간 설정 및 지장유무 확인
  - 장비운행 허가 시 운행진로 확보
  - 운행 허가 지시(운전허가증 발행 등)
  - 작업 진행현황 및 철도장비의 운행상태 감시

⑷ 선로지장 작업 등 통제 시 확인 및 준수사항

선로에 지장을 주는 작업은 직접적인 영향 또는 간접적인 영향 정도와 관계없이 열차운행에 지장이 없는 범위 내에서 승인 또는 허가하여야 하며 반드시 다음 사항을 확인하여야 한다.
- 운행선로의 지장 정도
- 운행선로의 지장 범위(구간 및 시간)
- 작업 내용, 작업 인원, 작업 완료 예정시간
- 다른 작업과 중복 여부
- 승인한 작업 종료 후 열차운행에 미치는 영향

도시철도의 선로는 대부분 지하 또는 고가로 건설되므로 운전자의 전도주시와 작업자의 대피가 용이하지 않다. 따라서 열차운행중에는 원칙적으로 선로 출입을 금하고 있다. 다만 본선

개통을 위한 부득이한 경우에 한하여 선로 출입이 가능하다.

그리고 사정상 불가피하게 열차운행중 간접적인 영향을 주는 각종 작업을 실시하도록 승인한 경우에도, 작업중 언제든지 열차운행에 지장 줄 수 있는 상황으로 발전될 수 있으므로, 승인한 작업구간 및 작업시간 등을 준수하도록 통제하고 또한 해당구간을 운행하는 열차의 운전자에게 작업사실을 전달하여 반드시 주의운전을 하도록 엄격한 통제를 하여야 한다.

(5) 비상운행 통제 시 확인 및 주의사항

불가피한 사정으로 본선개통을 위하여 불안전한 상태에서 비상운행을 허가할 때에 승객의 안전에 불안전한 요인이 있는 경우에는 불가피한 경우를 제외하고 승객을 하차시켜야 하며, 다음 사항을 확인하고 비상운행을 허가하여야 한다.

- 비상운행을 시키고자 하는 구간
- 승객의 안전에 미치는 영향
- 비상운행 구간의 위험요인
- 비상운행에 따른 제한 요소
- 비상운행에 따른 선 · 후행 열차의 지장정도

그리고 관제사는 불가피한 사정으로 비상운행을 허가할 때에는 관계자들이 규정으로 정해진 해당 불안전한 상태의 보완책을 준수하도록 독려하고, 관계 열차에 대한 감시를 철저히 하여야 한다.

참고로 관제사가 본선 개통을 위해 비상운행을 허가하는 사례는 다음과 같다.

- 폐색준용법으로 열차를 운행시킬 때
- 정지신호 현시 구간 및 무신호 구간에 진입 시킬 때
- 고장열차가 구원열차 출발 후 이동할 때
- 퇴행운전 또는 추진운전을 시킬 때
- 출입문 고장에 따른 비연동 취급으로 운행시킬 때

4.10. 열차방호

(1) 개 요

방호(防護)의 의미는 "위험 따위를 막아서 보호함" 이다. 따라서 열차방호란, 예기치 않은 사고 또는 재해발생 등으로 열차운행에 위험이 우려되는 경우 관계 열차를 신속히 정지시키고자 할 때 시행하는 통제조치이다.

(2) 관제사의 열차방호

도시철도 노선은 지하구간 또는 고가구간이 대부분이고, 열차운행 빈도가 높기 때문에 열차방호를 할 때 공간적 또는 시간적 제한 요인이 존재하고 위험이 따른다. 또한 관제사가 무선전화기로 해당 노선 전 구간에 운행중인 모든 열차에 대한 통제가 가능하다. 특히 관제시스템 기능을 활용하여 특정 구간에 운행중인 열차에 대한 비상정지 취급이 가능하므로 관제사가 직접 열차방호를 실시하는 것이 신속하고 효과적이다.

이러한 도시철도 노선의 열차방호 특성을 반영하여 도시철도 운영기관 관제사에게는 직접적인 열차방호 임무가 부여되어 있다. 따라서 관제사는 열차방호 사유가 발생하였을 때 지체없이 신속하게 무선전화기 또는 필요시 관제시스템의 비상정차 기능을 활용하여 열차방호를 실시하여야 한다.

(3) 열차방호 종류 및 시행방법

앞에서 설명한 도시철도 노선의 열차방호 특성으로 도시철도 노선의 열차방호는 철도구간과 다르게 열차방호의 종류와 방법이 비교적 간단하며, 열차방호의 종류별 방법 및 시기는 다음과 같다.

① 제1종 방호

정차지점에서 그 외방으로부터 200m 이상의 거리에 정지수신호를 현시한다. 전(全)차량 탈선 등으로 궤도회로를 단락하지 못할 때는 단락기구로 궤도회로 단락한다. 그리고 다음의 경우에는 제1종 방호를 하여야 한다.
- 탈선, 전복 등으로 인접선로를 지장하는 상황이 발생하였을 때

- 선로 또는 전차선로의 고장 및 장애발생으로 급히 열차를 정차시킬 사유가 발생하였을 때

② 제2종 방호

방호할 열차의 뒤쪽 또는 앞쪽에 접근하는 열차가 확인하기 쉬운 지점에 정지수신호를 현시한다. 다만, 야간 또는 지하구간에서는 전조등을 깜박이는 것으로 대신할 수 있다. 그리고 다음의 경우 제2종 방호를 하여야 한다.

- 정거장과 정거장 사이에 정차한 열차를 구원하기 위해서 구원열차를 운전시킬 때
- 정거장과 정거장 사이에 정차한 공사열차가 있는 상황에서 다른 공사열차를 운전시킬 때

위의 경우 제3종 방호가 이루어진 것이 확인되면 방호를 생략할 수 있다.

- 대용폐색방식에 의해서 운전하는 열차가 정거장 외에서 사고 등으로 정차하였을 때 (단, 지도표를 휴대한 열차는 생략가능)

③ 제3종 방호

관제사가 무선전화기로 지장 개소로 접근하는 열차에 대한 정지명령을 한다.

4.11. 상황전파

(1) 개 요

관제사의 상황전파는 해당 노선에서 발생한 상황에 대한 정보를 가급적 많은 관계자들이 공유하여 자발적 · 협력적 대응체계를 구축하기 위한 관제사의 통제행위이다.

(2) 상황전파 필요성

철도는 다양한 시스템으로 운영되고 있다. 그리고 사업장이 역 단위로 널리 분포되어 있다. 따라서 상황이 발생하면 모든 관계 직원이 상황발생정보를 공유하여 주어진 임무에 따라 자발적으로 대응하는 것이 효과적이다.

예를 들면, 전차선 장애로 열차운행이 중단된 상황이 발생하였을 때 모든 관계직원이 상황

발생 정보를 공유하면 자발적으로 열차운전 및 승객안내 업무 등에 반영할 수 있다. 그리고 무엇보다도 관제사의 지휘권 밖에 있는 관계자들도 응급복구에 참여가 가능하다.

따라서 상황전파도 중요한 통제수단의 하나임을 인식하고 상황전파를 소홀히 하는 일이 없도록 하여야 한다.

참고로 철도에서 각종 상황이 발생하면 현장 관계자들은 가장 먼저 관제사에게 보고하도록 대응절차가 정해져 있는 것은 상황이 발생하면 관제사를 통해서 모든 관계자에게 상황이 전파되어 능동적인 대응조치가 이루어지는 체계를 구축하기 위해서이다.

(3) 상황전파 내용 및 수단

관제사가 상황을 전파할 때 장황하지 않게 간단한 내용으로 전파하여야 한다. 그러나 간단한 내용을 구실로 정확한 내용이 전달되지 않는 일이 없도록 다음의 내용이 포함되어야 한다.

- 상황종류
- 발생장소
- 지장정도
- 복구 예정시간 등

그리고 상황전파 수단은 상황전파 대상 범위에 따라서 가장 효과적인 수단이 무엇인지 판단하여 무선전화기, 집중전화기, 문자메시지 등을 선택하여 활용하고, 필요시 사내전산망을 활용한다.

이러한 상황전파는 한번으로 끝나는 것이 아니고, 모든 관계자들이 상황진행 정도에 따라 적절히 대응 할 수 있도록 중간에 적절한 횟수로 진행내용을 전파하고, 상황 종료 시에도 상황이 종료되었음을 전파하여야 한다.

4.12. 상황보고

(1) 개 요

상황보고는 열차운행과 관련하여 발생한 각종 사건·사고를 대내 보고계통 및 대외 감독기관에 보고하는 것으로서 다음의 원칙을 준수하여야 한다.

▶ **상황보고 원칙**
- 사실성(事實性) 원칙 : 사실대로 보고하여야 한다.

- 적시성(適時性) 원칙 : 보고시기에 맞게 보고하여야 한다.
- 적합성(適合性) 원칙 : 보고내용 및 보고대상이 누락되지 않도록 또는 불필요한 보고가
  되지 않도록 한다.

(2) 상황보고 기능

상황보고는 다음과 같은 기능이 발휘될 수 있도록 작성 보고하여야 한다.

정보제공기능	행위보존기능	원인규명기능
상황발생 사실 전달	조치절차 기록유지	초기상황 기록유지

(3) 관련 근거

상황보고 의무 근거는 다음과 같다.

- 철도안전법 제61조(철도사고 등 보고)
- 철도안전법 시행령 제57조(국토교통부장관에게 즉시보고 하여야 하는 철도사고)
- 철도안전법 시행규칙 제86조(철도사고 등의 보고)
- 철도사고 등의 보고에 관한 지침(국통교통부 고시 2008-130호)
- 운영기관 사규
  - 안전관리규정
  - 운전취급규정 및 관제업무운영규정 등
  - 사고 및 장애보고 조사처리규정

(4) 보고대상

대외 감독기관 및 대내 보고계통에 상황보고를 하여야 하는 보고대상 사건·사고는 다음과
같다.

▶ 대외 감독기관
- 열차의 충돌·탈선사고
- 철도차량 또는 열차에서 화재가 발생하여 운행중지시킨 사고
- 철도차량 또는 열차운행과 관련하여 3인 이상 사상자가 발생한 사고

- 철도차량 또는 열차운행과 관련하여 5천만원 이상 재산피해가 발생한 사고

▶ **대내 보고계통**

- 대외 감독기관에 상황보고를 하였을 때
- 철도사고가 발생하였을 때
- 10분 이상 지연되는 운행장애가 발생하였을 때
- 운영기관 자체 열차지연 분석대상에 포함되는 상황이 발생한 때
- 언론보도가 예상되는 열차운행 상황 및 영업 관련 사건·사고가 발생한 때
- 다수의 이용승객 또는 시민으로부터 민원이 제기될 우려가 있는 상황이 발생한 때
- 시민 또는 직원이 철도교통사고, 철도안전사고 및 운행장애 등을 예방한 상황이 발생한 때
- 관계자의 규정위반 등으로 피해발생 또는 승객에게 불편을 주는 상황이 발생한 때
- 그 밖에 안전운행을 위해 원인규명 또는 대책수립이 필요하다고 판단되는 상황이 발생한 때

(5) 상황보고 종류

상황보고 종류 및 종류별 보고내용, 보고수단 등은 다음과 같다.

구 분	보고내용	보고수단	보고주체
(1차) 발생보고	• 발생일시 및 장소 • 상황내용 및 피해정도 ※ 사고발생 정보제공	• 문자메세지 • 유·무선 통신	관제사
(2차) 즉시보고	• 발생일시 및 장소 • 발생경위 • 피해정도 및 사고 원인 • 복구계획	지정된 서식 (운영기관에 지정하여 사용함)	관제사
(3차) 초기보고	• 발생일시 및 장소 • 발생경위 • 피해정도 및 사고원인 • 복구계획	국토교통부에서 지정한 서식	조사담당 부서

(6) 상황보고 작성법

관제사가 작성하여 대외 감독기관에 보고하는 상황보고서에는 다음 사항이 포함되도록 철도안전법 시행규칙에 명시되어 있다.

- 사고발생 일시 및 장소
- 사상자 등 피해상황
- 사고발생 경위
- 사고수습 및 복구계획 등

이러한 기준의 내용을 빠짐없이 정확하게 보고하기 위해서 상황보고서는 육하원칙에 의해 작성하여야 한다.

따라서 운영기관마다 상황보고서를 용이하게 작성할 수 있도록 서식을 지정하여 운영하고 있으므로 지정된 서식에 맞추어 항목별로 다음을 참고하여 작성한다.

① **제목** : 광의적 원인 또는 결론을 기재한다.

② **일시**(When) : 월, 일, 요일, 시간을 기재한다.

③ **장소**(Where) : 정확한 위치(역, 구간, 키로정, 몇 층)를 기재한다.

④ **관계자**(Who) : 관계 직원 또는 열차번호를 기재한다.

⑤ **발생경위**(무엇이-What, 왜-Why, 어떻게-How)

- 상황보고의 핵심사항임, 간단하고 명료하게 작성한다.
- 상황이 전개된 시간적 순서에 의해 작성한다.
- 추상적인 표현이나 형용사를 사용하지 않는다.
- 누구나 내용을 이해할 수 있도록 전문용어는 풀어쓴다.(수식어 또는 필요시 주석을 활용한다.)
- 관용구 및 은어 등을 사용하지 않는다.
- 복잡, 중요한 사항은 문단을 구분 작성한다.

⑥ **조치사항** : 상황 전개 단계별 조치행위를 기록한다.

- 조치과정별 행위를 시간적 순서에 의해 기록한다.
- 변명이나, 허위사실을 기록하지 않는다.

⑦ **피해정도** : 인적 · 물적 피해사항, 지연시간 등을 기재한다.

⑧ **원인** : 상황보고 전까지 확인된 원인을 기재한다.

- 정확한 원인이 확인되지 않을 때에는 000추정 또는 확인 중으로 기재한다.

⑨ **복구계획** : 복구완료 여부를 기재한다.

- 복구중인 경우 복구 예정시간 및 복구 작업에 영향을 미치는 중요한 사항 등을 기재한다.

⑩ **기타사항**

- 한글 맞춤법 및 외래어 표기법 준수
- 기호는 한국공업표준(KS), 단위는 국제단위계(SI) 사용
- 문서 처리절차 준수(수신처 기재, 결재권자 결재후 배포)

제5절 관제분야 현장 매뉴얼 및 사고사례

본 절에서는 서울특별시 도시철도공사의 관제분야 주요 상황대응 표준절차서(SOP) 및 사고사례를 설명한다.

5.1. 관제분야 주요 매뉴얼

▶ 상황 종류

- 승강장 정차 중 열차화재
- 역사 화재
- 열차 추돌
- 대규모 정전(Black Out)
- 선로 내 사람 추락
- 선로 침수
- 승강장안전문(PSD) 고장
- 객실 비상인터폰 동작
- 비상제동 완해불능
- 터널 내 운행중 열차화재
- 열차 탈선
- 전차선 정전
- 선로전환기 고장
- 사상 사고
- 레일 절손
- 역사 내 폭발물 발견
- 역행 불능
- 구원운전

(1) 승강장 정차 중 열차화재

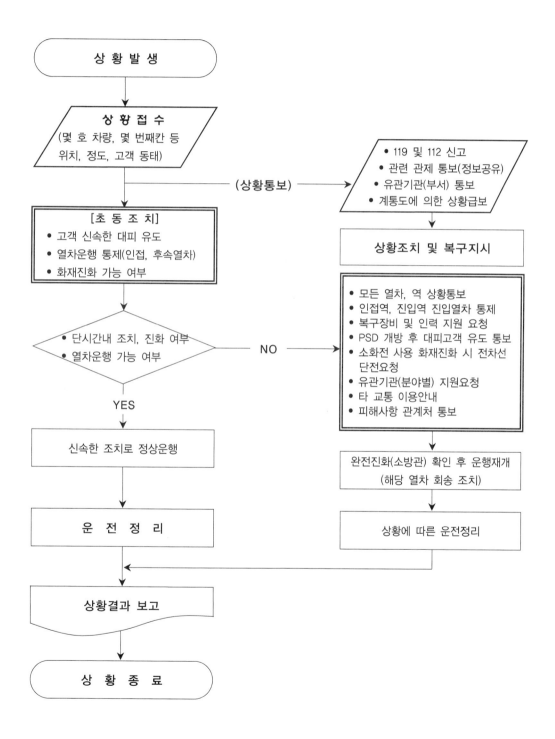

(2) 터널 내 운행중 열차화재

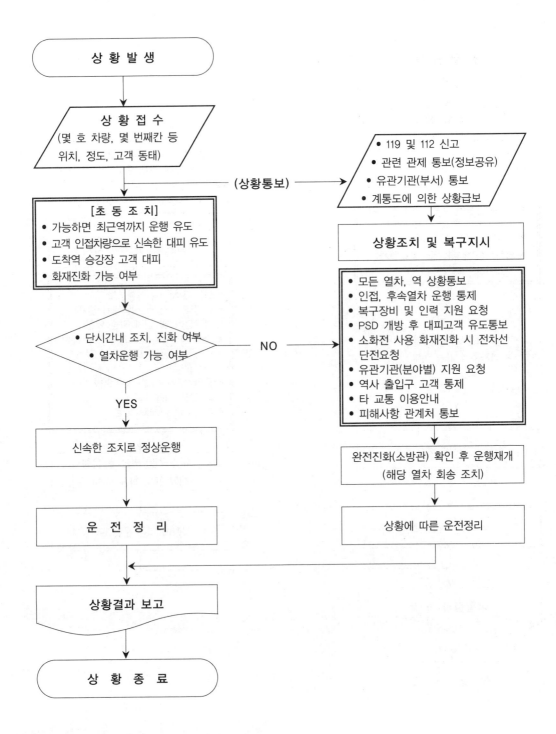

(3) 역사 화재

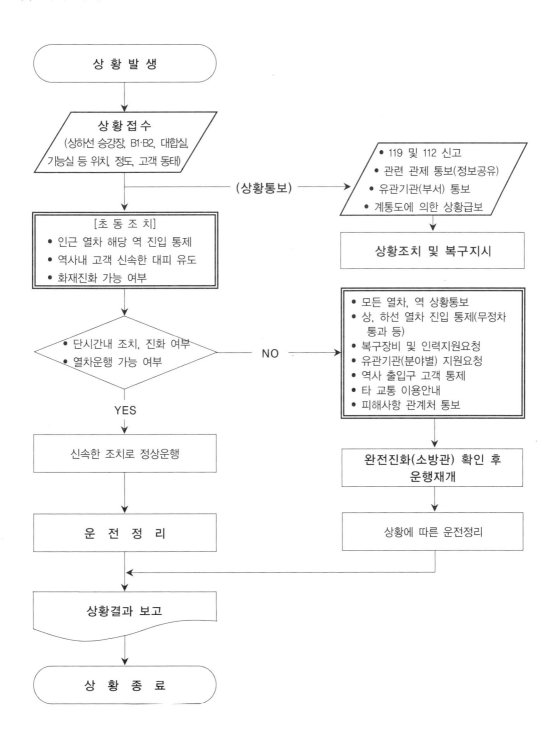

(4) 열차 탈선

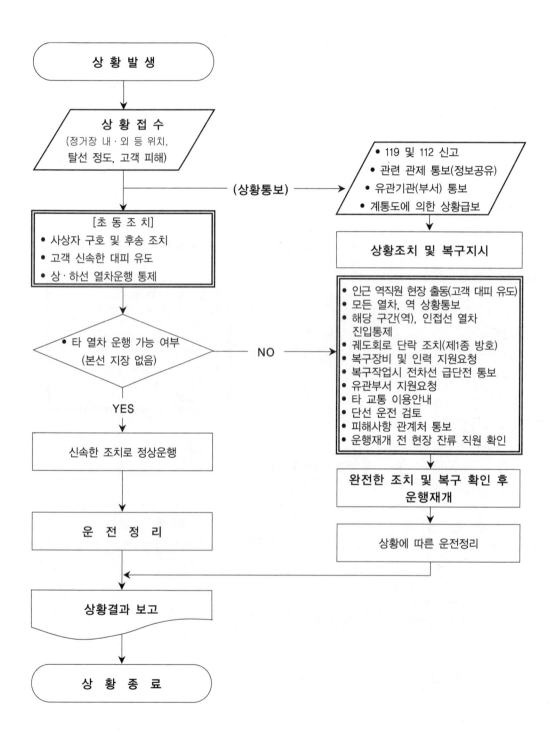

(5) 열차 추돌

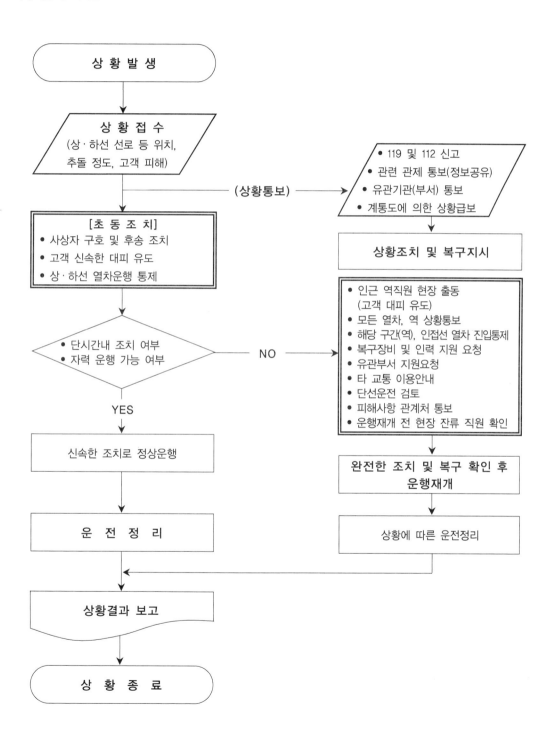

(6) 전차선 정전

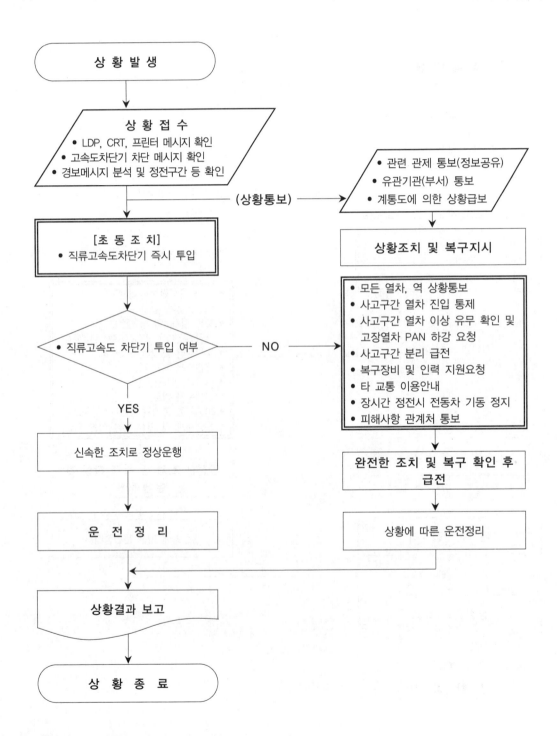

(7) 대규모 정전(Black Out)

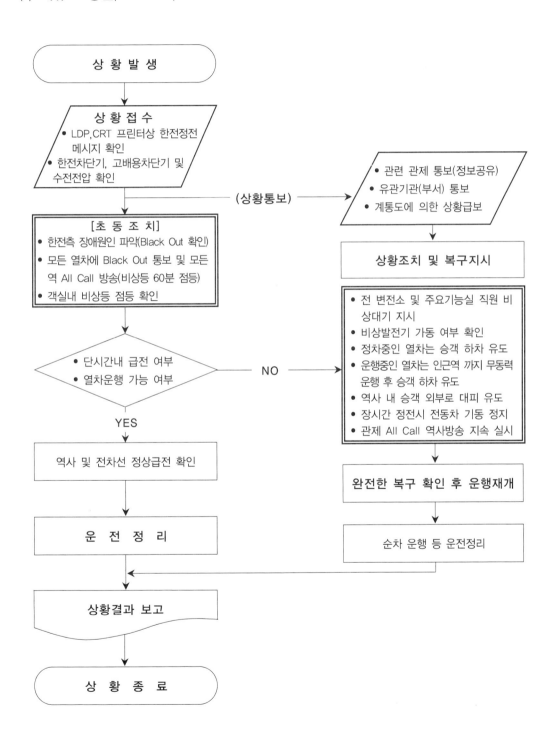

⑻ 선로전환기 고장

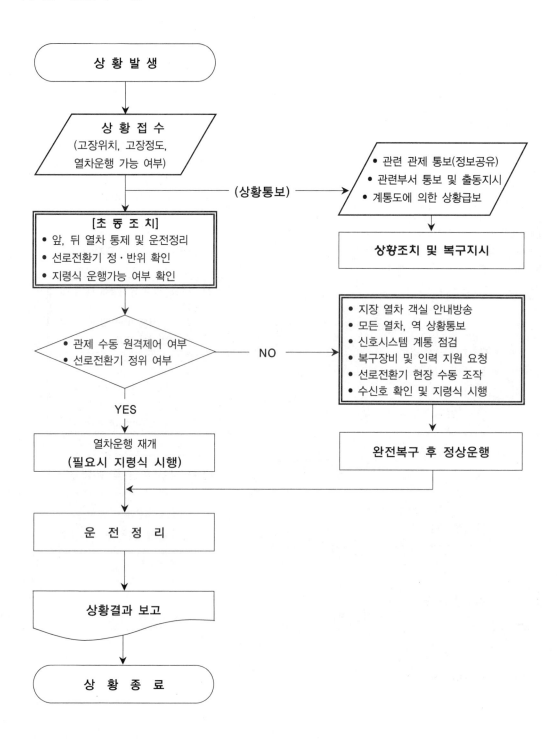

(9) 선로내 사람 추락

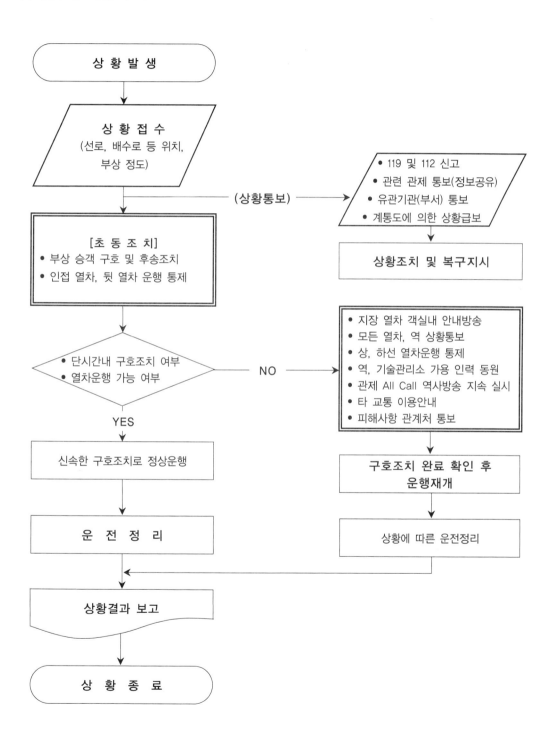

(10) 사상 사고

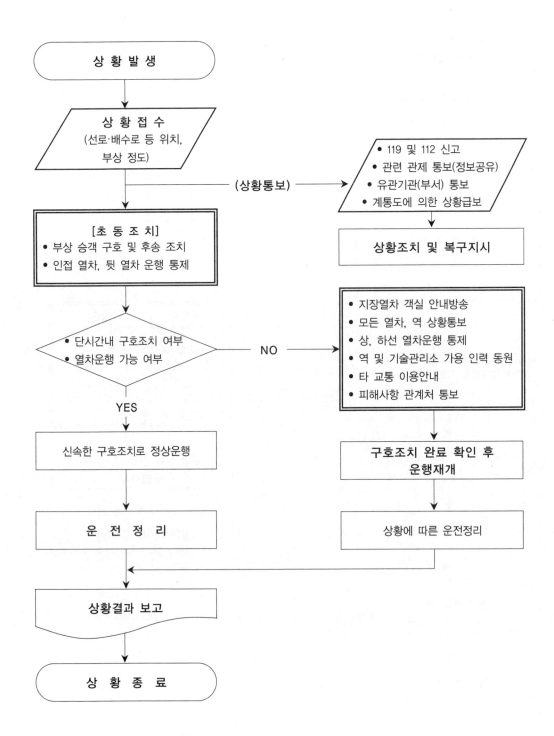

(11) 선로 침수

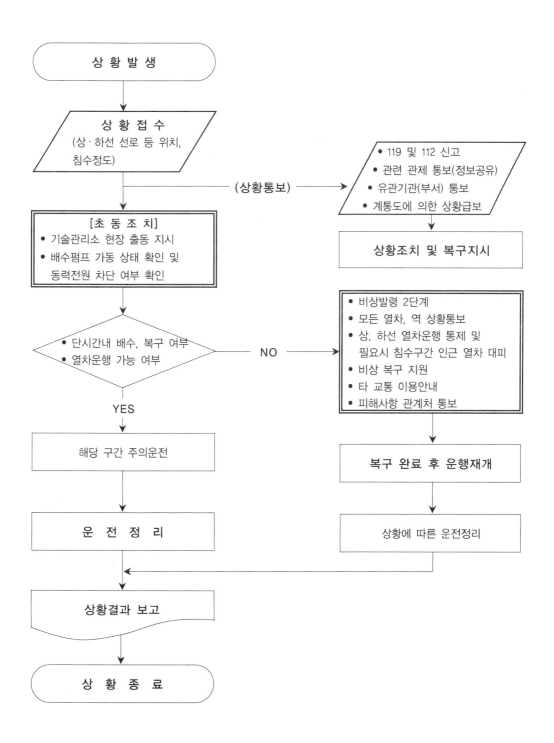

(12) 레일 절손

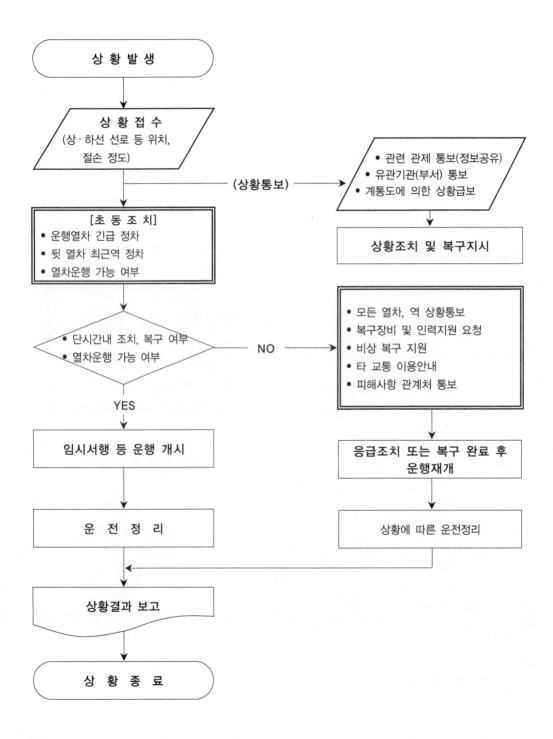

(13) 승강장안전문(PSD) 고장

자체고장, 일부열림 등으로 승강장 전방 궤도에 정지코드 송출로 열차가 승강장 전방에 정차한 상황임.

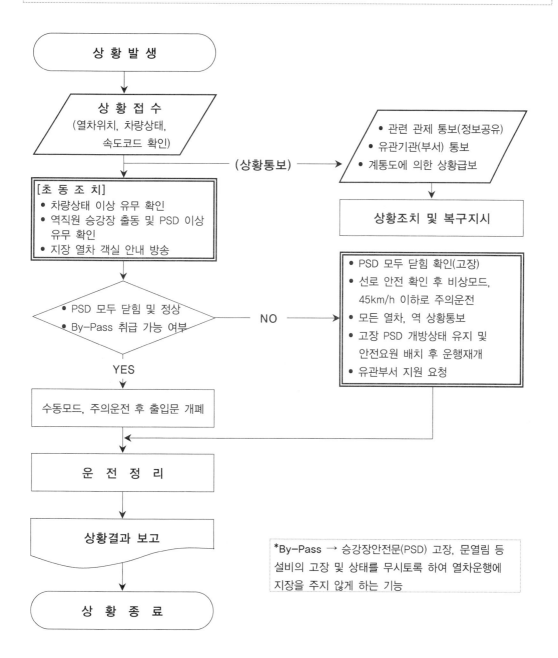

*By-Pass → 승강장안전문(PSD) 고장, 문열림 등 설비의 고장 및 상태를 무시토록 하여 열차운행에 지장을 주지 않게 하는 기능

(14) 역사 내 폭발물 발견

[핵심 조치사항]
- 해당 역사에 열차 도착 금지 및 모든 열차는 인근 역사에 정지
  → 사건이 해결될 때가지 운행중단 또는 통과운행
- 폭발물 위치, 폭발위력 감안 해당 및 인근 역사 여객 대피

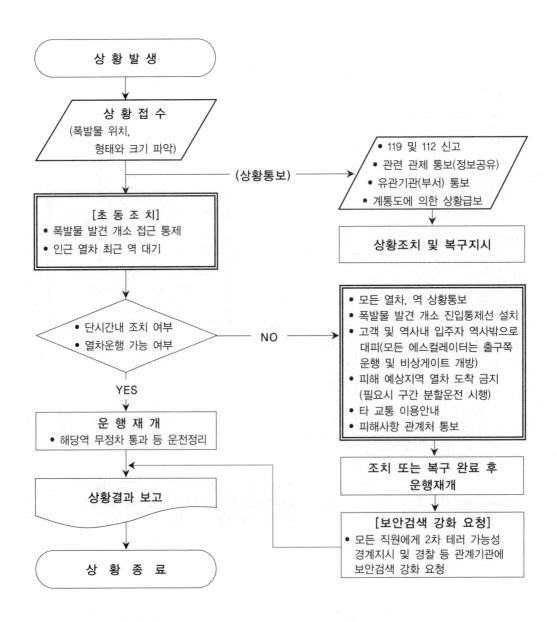

(15) 객실 비상인터폰 동작

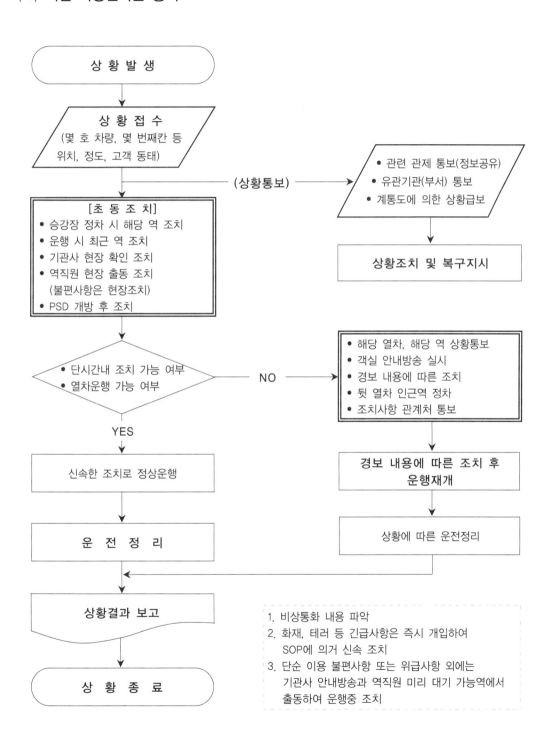

(16) 역행 불능

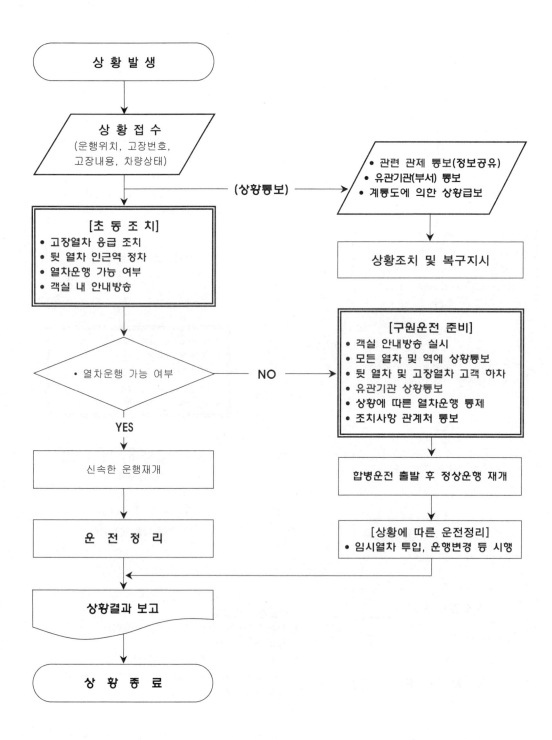

(17) 비상제동 완해 불능

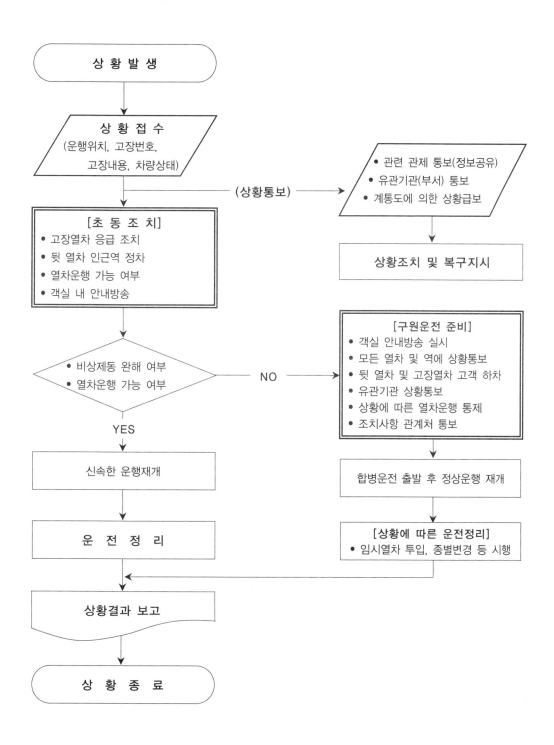

(18) 구원운전

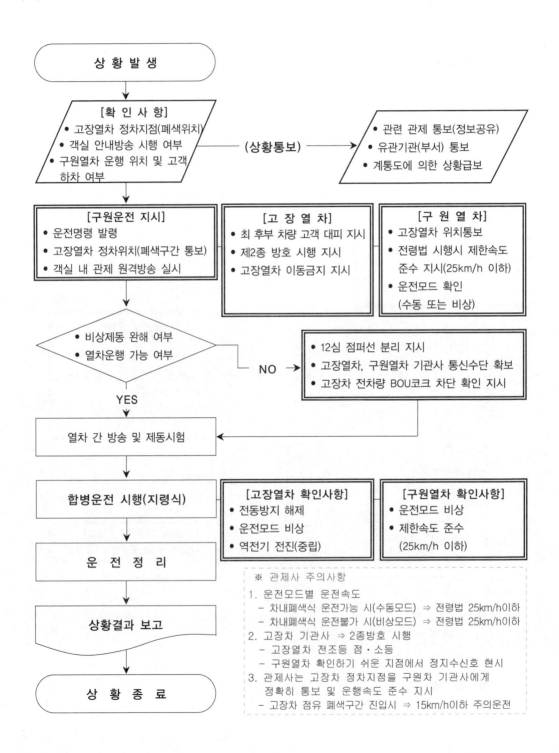

5.2. 통제오류에 의한 사고사례

(1) 개 요

철도에서 발생하는 운행장애 및 열차사고는 대부분 관계 시스템의 고장 및 관계 직원의 인적오류에 기인한다. 이러한 원인으로 발생한 각종 운행장애 및 철도사고로 열차운행이 비정상 상태가 되면, 해당 상황을 진압하고 열차운행 정상화를 위해서 관제사가 개입하여 통제를 하게 되는데, 통제행위를 하는 과정에서 경우에 따라 통제오류로 인하여 오히려 상황을 확대시키거나 제2차 사고로 발전되는 사례가 발생한다.

따라서 관제사는 통제행위를 할 때 통제오류가 발생하지 않도록 앞에서 설명한 통제요건이 충족될 수 있도록 반드시 통제3원칙을 준수하여야 한다.

다음의 사고사례 설명 자료는 관제사의 통제행위 중요성을 강조하기 위해서 사고원인 보다는 관제사의 통제오류 관점에서 문제점 및 방지대책을 설명하였으니 참고하기 바란다.

(2) 상황규모 판단오류 및 통제역량 미숙 사례

① 사고개요

- 사고종별 : 열차화재
- 발생일시 : 2003. 2. 18.(화) 09:55
- 발생장소 : 대구지하철 1호선 중앙로역 구내
- 관계열차 : 제1079열차, 제1080열차
- 피해사항 : 사망 192명, 중경상 147명, 전동차 12량 및 1역 전소
- 사고원인 : 정신 병력자의 방화

② 발생경위

㉮ 제1079열차가 중앙로 진입 시 전부로부터 두번 째 객실에 승차하고 있던 방화 용의자가 소지하고 있던 가방(인화물질이 담긴 프라스틱 용기가 들어 있었음)에 휴대용 라이터로 불을 붙인 후 객실 바닥에 던지고 빠져 나감.

㉯ 열차에 화재가 발생하였고, 다른 차량으로 확산 발전됨.

㉰ 때 마침 상선 승강장으로 진입하는 제1080열차에 불이 옮겨 붙어 제1080열차도 화재

가 발생함.

㉣ 제1079열차 운전자와 관제사간 무선기 통화기록에 의하면 화재의 규모 및 승객 대피 유도, 인접열차 통제에 대한 내용보다는 전동차 기동을 정지할 것인지, 그대로 유지할 것인지에 대한 대화만 계속됨.

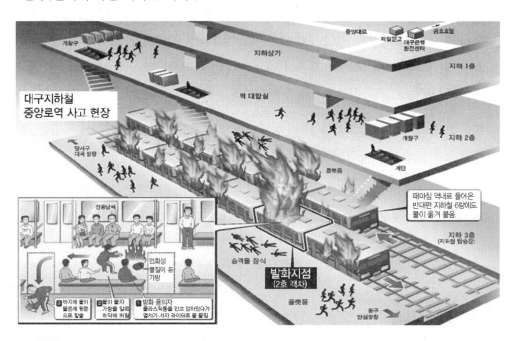

③ 통제상 문제점

- 상황발생 초기에 화재규모 판단 오류
- 인접 선로에 운행열차에 대한 통제 미실시
- 승객 대피유도에 대한 체계적인 대책 및 절차 미수립

④ 대 책

- 관제역량 강화로 상황발생시 정확한 규모 판단
- 열차·역사 화재발생시 인접선 열차 및 후속열차 운행중지 또는 통과 조치
- 인명보호를 최우선(승객대피 유도 지시)으로 하는 통제 실시
- 중요 상황에 대한 SOP 숙지, 통제업무에 활용

⑶ 운전정리 정보 미공유 및 열차방호 미이행 오류 사례

① 사고개요

- 사고종별 : 열차 충돌(접촉)에 의한 탈선
- 발생일시 : 2013. 8. 31(토) 07:14
- 발생장소 : 경부선 대구역 구내
- 관계열차 : KTX 제4012열차, 101열차, 무궁화 제1204열차
- 피해사항 : KTX 8량 탈선, 전기기관차 1량 탈선
- 사고원인 : 무궁화호 열차 운전자의 신호위반

② 발생경위

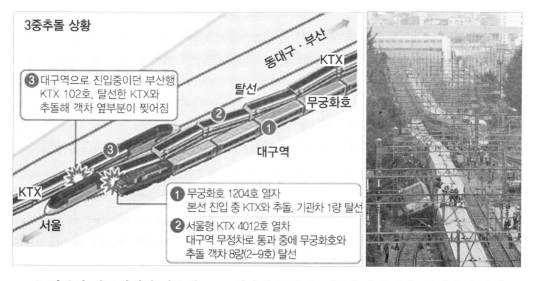

㉠ 경부선 대구역에서 서울행 KTX 열차의 통과진로 구성 상태에서 부본선에 있던 무궁화호 열차가 출발신호를 오인하고 출발함.

㉡ 대구역의 "무궁화 열차 정차하라"는 무선통화 내용을 들은 서울행 KTX열차가 비상제동을 체결함. 그러나 감속된 상태로 본선을 통과 중 무궁화호 열차가 전부 동력차부터 10량 째까지 차량 측면에 접촉하여 8량이 탈선되면서 하행선을 지장하고 정차함.

㉢ 때마침 하행선으로 운행하던 부산행 KTX열차가 탈선된 서울행 KTX열차에 접촉하여 2차 사고가 발생함.

③ 통제상 문제점

- Local 관제원이 운전정리(대피)사항을 무궁화호 열차 운전자에게 통보하지 아니함.
- 인접선로를 지장하는 사고가 발생하였음에도 신속하게 열차방호를 실시하지 아니함.

④ 방지대책

- 운전정리를 시행할 때 관계자에게 통보하여 정보 공유
- 인접선을 지장하는 상황 발생 시 신속한 방호조치(1종 방호)

⑷ 불명확한 용어사용 및 운행재개 시 중요사항 미확인 사례

① 사고개요

- 사고종별 : 열차화재
- 발생일시 : 2005. 1. 3.(월) 07:14
- 발생장소 : 서울지하철 7호선 철산역 ~ 온수역
- 관계열차 : 제7017열차
- 피해사항 : 전동차 3량 전소
- 사고원인 : 사회 불만자에 의한 방화

② 발생경위

- ㉮ 온수행 제7017열차가 가리봉을 출발하여 운전 중, 전부로부터 7번째 객실에 승차한 승객의 방화로 열차화재가 발생함.
- ㉯ 열차가 철산역에 도착하자 화재가 발생한 차량의 승객들은 대피하였으며, 이 과정에서 일부 승객이 객실비상인터폰 및 출입문 개방코크를 취급하고 대피함.
- ㉰ 대피한 승객들이 역사 밖으로 나가면서 "지하철 불났다"라고 미화원에게 신고하였고, 미화원은 신고 받은 사항을 역무원에게 전달하였고, 역무원은 관제사에게 "지하철 불났다"는 신고를 받았다고 보고함.
- ㉱ 제7017열차 운전자와 관제사는 객실비상인터폰 및 출입문 개방코크 취급에 대한 조치를 하던 중 역무원의 "지하철 불났다"는 보고와 승강장에 연기가 가득 찬 것을 보고, 역 구내에 화재가 발생한 것으로 판단하고 출입문 비연동 취급으로 다음 역으로 열차를 출발시킴.

㉮ 다음 역인 광명사거리역에 도착 후에 운전자와 관제사는 열차에 화재가 발생한 것을 확인하고, 잔류승객을 대피시키고 화재진화 완료 후 빈차로 출발함.

㉯ 빈차로 회송 도중, 화재 잔재 불씨가 재발화되어 온수역 유치선에 유치 후 확산된 화재를 출동한 소방대원이 진압함.

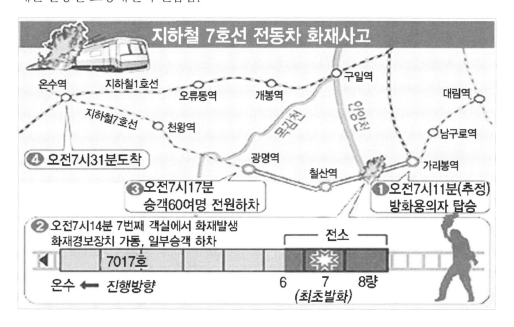

③ 통제상 문제점

- 관계자간 "지하철 불났다"는 불명확한 용어사용으로 열차화재를 역사 승강장 화재로 판단오류
- 승객의 객실비상인터폰 및 출입문 개방콕크 취급에 대한 후속조치 소홀(취급사유를 정확히 확인하지 않음)
- 화재 진화 후 운행 재개 시 완전소화 여부 미확인으로 재발화

④ 방지대책

- 보고, 지시, 명령 시 정확한 용어사용(불명확한 용어는 재확인)
- 승객의 이상 행동에 대한 사유 확인 철저
- 열차운행 재개 시 핵심 중요사항 확인 후 운행재개

(5) 구원열차에 대한 통제오류 사례

① 사고개요

- 사고종별 : 열차추돌
- 발생일시 : 2012. 11. 22(목) 08:20
- 발생장소 : 부산지하철 3호선 배산역~물만골역
- 관계열차 : 제3038열차, 제3040열차
- 피해사항 : 대차 탈선 및 연결기 5량 파손, 9시간 40분간 운행중단
- 사고원인 : 제한속도 위반

② 발생경위

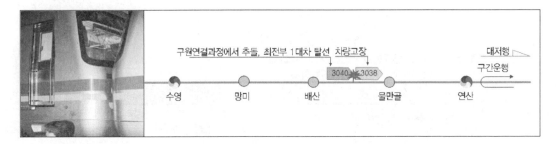

- ㉮ 배산역을 출발한 제3038열차가 차량고장으로 물만골역 100m 전방에서 정차함.
- ㉯ 후속열차(제3040열차)가 제3038열차를 구원하기 위하여 접근 중 속도를 줄이지 못하고 약 35km/h 속도로 고장차와 추돌함.

③ 통제상 문제점

- 구원운전 통제시 폐색구간의 경계(사고현장) 불명확하게 운영
- 관제사의 정확한 고장열차 위치 통보 누락

④ 방지대책

- 구원열차 기관사에게 고장열차 정차지점을 명확히 통보
- 전령법으로 운행하는 열차에 대한 감시 철저
- 전령법 및 무폐색 시행시 준수사항 이행

⑹ 통제대상 열차의 운행위치 판단오류 사례

① 사고개요

- 사고종별 : 규정위반
- 발생일시 : 2008. 10. 20(월) 16:14
- 발생장소 : 5호선 강동역 구내 #103 선로전환기(42k888 지점)
- 관계열차 : 제5140열차(565편성), 상일동 → 방화행
- 피해사항 : 선로전환기 파손, 강동 ~ 군자간(상선) 45분간 운행중단
- 사고원인 : 신호 위반

② 발생경위

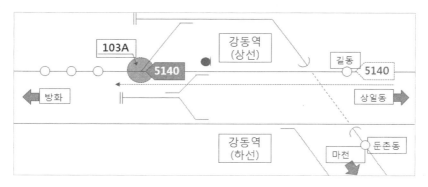

ⓐ 제5140열차 운전자가 강동역 출발신호 정지 및 차내신호가 현시되지 아니하여 출발
하지 못하고 있다고 관제사에게 보고함.

ⓑ 보고를 받은 관제사는 LDP 표시정보 확인결과 제5140 열차가 길동역 외방에 정차해
있으므로 비상운전으로 길동역까지 진입할 것을 지시함.

ⓒ 제5140열차 운전자가 비상모드로 전환하여 강동역을 출발, 2번 진로개통표시기 정지,
#103선로전환기 반위상태에 임에도 이를 무시하고 운행하여 선로전환기가 파손됨.

③ 통제상 문제점

- 통제대상인 제5140열차의 실제 운행위치 확인 오류

  신호시스템 장애로 LDP에 표시되는 열차운행위치 정보가 실제와 일치하지 않음에
  도 이를 통제업무에 반영하지 아니함.

- 관제사와 운전자 간 통화 시 운행정보 내용이 상이함에도 재확인 결여

  제5140열차의 실제 위치가 강동역 승강장이고, 관제사가 인지하고 있는 위치는 길동역 승강장 외방으로서 운전지시 내용 중 관제사와 운전자간 역명이 상이함에도 재확인 하지 아니함.

▶ **사고 당시 LDP 현시상태**

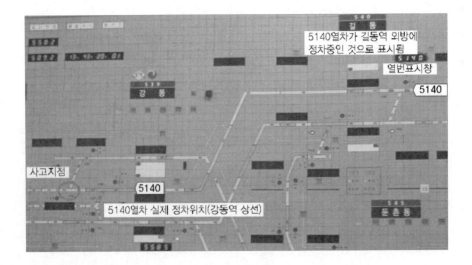

④ **방지대책**

- 통제업무 수행 시 통제대상을 정확히 할 것.
- 운전지시 전달시 장소, 내용, 조치사항 등이 상이 시 재확인.

제5장

도시철도운전규칙 해설

제1절 개 요

도시철도운전규칙은 「도시철도법」 제10조2의 "도시철도 건설 및 운전에 관하여는 국토교통 부령이 정하는 바에 의한다."에 근거하여 국토교통부령으로 제정된 법령으로서 도시철도 운영 기관의 운전취급에 관한 각종 기준과 규제사항을 포괄적으로 규정하고 있는 가장 근간이 되는 최상위 법령이다.

도시철도 운영기관마다 사규로 제정하여 사용하고 있는 운전취급규정도 「도시철도운전규 칙」을 근거하여 제정된 것이므로 「도시철도운전규칙」은 운전업무 수행에 기본이 되는 매우 중요한 법령이다.

따라서 도시철도 운영기관에서 운전업무를 수행하는 종사자라면, 운전취급업무에 관한 최 상위 법령이며 운전업무 수행에 기본이 되는 「도시철도운전규칙」의 내용은 물론 관련 지식을 정확히 알고 있어야 자질을 갖추었다고 평가 받을 수 있으며, 이를 바탕으로 원활하게 운전업 무를 수행할 수 있다.

1.1. 도시철도운전규칙 변천

「도시철도운전규칙」의 변천 과정을 살펴보면, 도시철도 노선이 없는 과거에는 「국유철도 운전규칙」이 운전관련 최상위 법령이었다. 1974년 우리나라 최초로 서울지하철 1호선이 개통 되면서 새로운 도시철도 노선이 운행을 시작하였고, 도시철도 노선은 수송 특성, 구조적 특성, 시스템 특성 등이 국유철도와 다르기 때문에 「국유철도운전규칙」을 적용하는 데는 한계가 있 어 서울지하철 1호선 개통과 함께 「서울특별시지하철운전규칙」이 제정 · 시행되었다. 그리고 1985년도에 부산 지하철이 개통되면서 별도의 「부산지하철운전규칙」이 제정 · 시행되었다.

이렇게 도시철도 운영기관마다 각각 다른 운전취급에 관한 법령을 사용하였으며, 이후 규칙의 명칭만 지하철에서 도시철도로 변경하여(서울특별시지하철운전규칙 → 서울특별시도시철도운전규칙) 사용되어 왔다.

이후 1990년대 중반부터 서울지하철 5·6·7·8호선이 순차적으로 개통되면서 신규 노선에 대한 특성이 반영된 운전취급 관련 법령 제정이 필요하게 되었고, 또한 그 당시 각 지자체마다 도시철도의 건설이 활발하게 논의되었다.

따라서 도시철도 운영기관마다 운전규칙을 제정하여 관리하는 것보다 모든 도시철도운영기관에 적용 가능한 통합된 운전규칙을 제정하여 관리하는 것이 더 효율적이기 때문에 최초로 1995년도에 전국의 모든 도시철도 운영기관에 적용하는 「도시철도운전규칙」을 건설교통부령으로 제정하게 되었다.

제정된 「도시철도운전규칙」은 「서울특별시도시철도운전규칙」과 「부산도시철도운전규칙」을 통합하고, 선로 등을 신설·이설(移設)한 경우에는 충분한 기간 동안 시운전을 하도록 기준을 명시하는 등 기존 규칙의 운영상 나타난 일부 문제점과 미비점을 보완하는 내용으로 제정되어 2013년 현재까지 시행되어 오고 있으며, 그동안 다음과 같이 3차례 개정되었다.

- 1차 개정 : 2005년, 개정 사유 → 타법 개정
- 2차 개정 : 2006년, 개정 사유 → 타법 개정
- 3차 개정 : 2010.08.09.(시행일 기준) 개정 사유 → 내용 보완

최근 개정된 3차 개정은 무인운전을 하는 경전철 도입에 대비하여 무인운전에 대한 법적근거를 신설하였고, 노면전차의 시계운전, 안전운전을 위한 준수사항 등을 규정하였으며, 또한 어려운 용어를 쉬운 용어로 바꾸고, 길고 복잡한 문장의 체계 등을 간결하게 정비하는 등 법령의 내용 보완을 목적으로 개정·시행되었다.

제2절 총 칙

본 절에서는 총칙에 해당하는 각 조의 조문에 대하여 설명한다.

2.1. 제정근거 및 목적

(1) 내 용

이 규칙은 도시철도법 제10조의 2의 규정에 의하여 도시철도의 운전과 차량 및 시설의 유지·보존에 관하여 필요한 사항을 정하여 도시철도의 안전운전을 도모함을 목적으로 한다.

(2) 해 설

「도시철도운전규칙」은 「도시철도법」제10조의 2 "도시철도 건설 및 운전에 관하여는 국토교통부령이 정하는 바에 의한다."에 근거하여 열차 및 차량의 안전한 운행을 도모하기 위한 기준, 규제사항 및 시설 유지·보존에 필요한 사항을 규정한 법령이다.

그리고 「도시철도운전규칙」이 국토교통부령으로 제정된 것은 국회에서 제정하는 특별법에 해당하는 「도시철도법」내용 중 운전에 관한사항을 상세하게 명시하여 제정할 경우 개정사유 발생 시마다 국회의 의결을 거쳐야 하므로 비효율적이어서 세부적인 규제기준, 제한 사항 등은 철도에 관한 업무를 관장하는 장관에게 그 권한을 위임한 것이다.

2.2. 적용 범위

(1) 내 용

도시철도의 운전에 관하여 이 규칙에서 정하지 아니한 사항이나 도시교통권역별로 상이한 사항은 법령의 범위 안에서 도시철도경영자가 따로 정할 수 있다.

(2) 해 설

우리나라의 모든 운영기관의 열차 및 차량의 안전운행에 필요한 사항 등을 「도시철도운전규칙」으로만 규제하는 데는 한계가 있다. 왜냐하면 각 운영기관마다 시설·설비의 규모 및 기능과 특성 등이 차이가 있고 이로 인하여 약간씩 운영방식이 다르기 때문이다.

따라서 「도시철도운전규칙」에는 포괄적 내용만을 규정하고, 각각의 운영기관에서는 경영자 책임 하에 해당 노선의 운영특성, 시스템 특성 등을 반영하여 「도시철도운전규칙」에 정해진 범위 내에서 규정되지 아니한 사항과 운전취급상 안전 확보를 위하여 추가하여야 할 세부적 기준 및 규제 등에 대하여 사규(운전취급규정 또는 운전취급절차서)로 제정·시행하는 것이 합리적이고, 효율적이기 때문에 도시철도 경영자에게 권한과 책임을 위임한 것이다.

2.3. 용어의 정의

(1) 내 용

이 규칙에서 사용하는 용어의 정의는 다음과 같다.

(2) 해 설

용어란 전문분야에서 일정한 개념을 나타내기 위해서 사용하는 말이다. 특히 철도분야에서 사용하는 용어는 사회에서 사용하지 않는 용어가 많다. 따라서 법령내용에 기준과 규제사항으로 사용하는 용어가 정확하게 정의되어 있지 않는다면 관계자 간 원활한 의사소통에 지장이 있고, 특히 해석상 오류가 발생할 우려가 있기 때문에 「도시철도운전규칙」에서는 용어에 대한 그 뜻을 명확히 하고, 규정내용에 자주 사용되는 용어에 대한 표현을 일원화하기 위해서 용어의 정의를 명시한 것이다.

그러므로 운영기관에서는 운전취급에 관련된 용어를 정함에 있어 운전취급과 관련된 최상위 법령인 「도시철도운전규칙」에 규정된 용어를 사용하는 것이 원칙이다. 왜냐하면, 용어는 사회적 통념이 바탕이 될 때 의사소통을 원활하게 할 수 있으며, 법령에 사용되는 용어는 관습에 의해 사회적 통념이 형성된 용어가 사용되기 때문이다.

2.3.1. 정거장

(1) 정 의

정거장이란 여객의 승차·하차, 열차의 편성, 차량의 입환(入換) 등을 위한 장소를 말한다.

(2) 해 설

국어사전에 정거장(停車場)은 "버스나 열차가 일정하게 머무르도록 정하여진 장소 또는 승객이 타고 내리거나 화물을 싣거나 내리는 곳"으로, 역(驛)은 "열차가 출발과 도착하는 곳"으로 정의되어 있다. 운영기관의 직원들은 정거장 또는 역으로 혼용 사용하고 있으나, 통상적으로 외부적 요인을 표현할 때 **역**, 내부적 요인을 표현할 때 **정거장**으로 사용하고 있다.

법령에 정거장을 명시하고 있는 것은 정거장을 안과 밖을 구분하여 운행구간의 경계지점, 시설의 기술적 기준, 작업의 범위, 종사자의 책임범위 등을 명확히 구분하기 위해서이다.

2.3.2. 선 로

(1) 정 의

선로란 궤도 및 이를 지지하는 공작물을 말하며, 열차의 운전에 상용되는 본선과 그 외의 측선으로 구분된다.

(2) 개 요

선로라 함은 열차 및 차량이 운행하는 통로의 총칭을 말한다. 즉 선로의 의미는 열차 및 차량을 운전하기 위한 통로로써 열차 등의 운전에 필요한 일체의 시설 및 설비를 말하는 것이다.

따라서 선로를 협의적으로 보면 노반·궤도·교량·터널·고가교 등이며, 광의적으로 보면 역 시설 및 설비·신호설비·전차선로까지 포함된다.

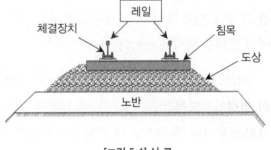

[그림 5-1] 선 로

(3) 노선(선로)의 명칭

한국철도공사 노선은 이동 축을 기준으로 경부선, 호남선, 중앙선 등으로 정하고 있다. 그러나 도시철도의 노선명은 해당노선의 건설순서에 따라 1·2·3·4·5··· 순으로 부여하고 있고, 경전철 노선명은 해당노선의 종점 지명을 붙여서 부여하거나 노선의 이동방향을 붙여 부여하고 있다.

그리고 도시철도 선로의 노선명은 운영기관이 다를 경우에도 노선의 명칭을 일관성 있게 구분하기 위해서 해당 도시교통권역을 관할하는 시·도지사가 정하여 국토교통부 장관의 승인을 받도록 되어 있다.

참고로 현재 서울지역에서 건설 중이거나 건설예정인 경전철의 노선별 명칭은 다음과 같다.

- 우이선(11.4km) : 신설동~정릉~우이~방학역
- 동북선(12.3km) : 왕십리~미아삼거리~중계동~상계역
- 면목선(9.1km) : 청량리~전농사거리~신내동
- 서부선(12.1km) : 새절~신촌역~여의도~노량진~장승배기
- 신림선(7.8km) : 여의도~보라매~신림동~서울대앞

(4) 선로의 등급

철도의 선로는 다양한 노선과 여러 종류의 차량이 운행되므로 해당 선로의 최고속도 및 최저속도를 정하기 위하여 관계법령에 곡선 및 기울기 등 선형(線形) 등을 기준으로 1급선·2급선·3급선·4급선으로 구분하고 있다.

그러나 도시철도의 선로는 동일 차종인 전동차만 운행하므로 철도와 달리 등급으로 구분하지 않고 선로건설 기준에 대하여 「도시철도건설규칙」또는 필요에 따라 해당 지방자치단체장이 「도시철도건설기준에 관한 규칙」으로 정하도록 되어 있다.

(5) 선로의 형식

도시철도 본선의 선로 형식은 열차가 상·하선으로 구분 운행하여 충돌사고 요인이 존재하지 않도록 복선 건설을 원칙으로 하고 있다.

다만, 특수한 구간을 사정상 단선으로 건설하고자 할 때에는 해당 도시철도를 건설하는 시·도지사가 「도시철도기본계획서」에 단선 건설사유를 명시하여 국토교통부 장관의 승인을 받으면 단선으로 건설이 가능하다.

참고로 서울지하철 1~9호선의 선로형식은 모두 복선이지만 6호선 일부구간(응암역→응암역, 6.6km)은 단선으로 건설되었다. 그러나 이 구간은 상·하행 열차를 혼용으로 운행하지 않고, 응암 → 불광 → 연신내 → 응암 방향으로 한 방향으로만 운행하고 있으며, 이 구간을 Loop선이라고 부른다.

(6) 선로의 구분

선로를 활용도, 운행방향, 기능 등으로 다음과 같이 분류한다.

① 활용도에 의한 구분

- 본선 : 열차운전에 상용하는 선로
- 측선 : 본선 이외의 선로

선로를 본선과 측선으로 구분하는 것은 선로의 사용빈도에 따라 중요도의 정도를 구분하여 안전하고, 효과적으로 관리하기 위해서이다. 따라서 본선은 측선과 다르게 선로의 각종 기술적 기준, 유지관리 기준, 신호시스템 기능이 고도화 되어 있다.

② 운행방향에 의한 구분

선로의 운행방향 구분은 열차의 통제 일관성 및 종사자간 의사전달 용이성을 목적으로 구분하고 있다. 따라서 모든 본선 선로를 상선·하선으로 구분하고 있으며, 서울지하철 2호선 같은 순환선은 내선·외선으로 구분하고 있다.

이러한 상·하선의 구분은 열차번호는 물론 각종설비의 번호 부여에도 적용하며, 하선은 끝자리 숫자를 홀수, 상선은 끝자리 숫자를 짝수로 부여한다.

- 하선 열차번호 : 0001, 0003, 0005, 0007, 0009, 0011, …
- 상선 열차번호 : 0002, 0004, 0006, 0008, 0010, 0012,…

그리고 상·하선의 구분 기준은 한국철도공사의 경우 서울역을 기준하여 서울역에서 다른 방면(역)으로 운행되는 선로를 하선이라 하고, 다른 방면(역)에서 서울역 방면으로 운행하는 선로를 상선이라 한다.

서울지하철의 경우 해당 노선의 주된 차량기지를 기준으로, 또는 수도권 지역과 연결되는 노선의 경우에는 서울시를 기준으로 다른 방면으로 운행하는 선로를 하선이라 하고, 기준방면으로 운행하는 선로를 상선으로 구분한다.

③ **기능에 의한 구분**
- 정거장 : 도착 · 출발선, 유치선, 인상선, 검사선
- 차량기지 : 검사선, 유치선, 청소선, 삭정선, 피트선 등

[선로명 기호]
- 일상 검사선 : D(Daily)
- 월상 검사선 : M(Month)
- 유치선 : S(Storage)
- 청소선 : C(Clean)
- 물청소선 : W(Wash)
- 모터카 유치선 : MC(Motor Car)
- 인상선 : U(Utility)
- 피트선 : PT(Ash Pit)

참고로 피트선은 증기기관차의 석탄재를 떨어내기 위하여 궤도 하부의 궤간 내에 약 80cm 정도의 깊이로 파인 선로 구조에서 유래되어 피트선이라고 한다. 전동차 차량기지에 피트선이 있는 이유는 전동차 하부의 쇳가루, 먼지 등 오염물질을 압축공기로 떨어내기 위해서 부설되어 있다.

2.3.3. 열차 및 차량

(1) 정 의

① **열차**란 본선에서 운전할 목적으로 편성되어 열차번호를 부여받은 차량을 말한다.
② **차량**이란 선로에서 운전하는 열차 외의 전동차 · 궤도시험차 · 전기시험차 등을 말한다.

(2) 해 설

본선에는 항상 많은 열차가 운행되며, 각각의 열차는 운행시각 및 운행위치가 다르고, 운행 진로가 정해져 있다. 따라서 본선 운행 중인 모든 열차가 계획된 운행 스케줄대로 안전하게 운행하기 위해서는 연속적으로 위치 추적이 이루어져 통제 범위에 있어야 하므로 모든 열차는

각각의 고유번호를 부여하여야 한다.

이렇게 차량이 본선을 운행하기 위해서는 반드시 고유번호를 지정 받아야 하기 때문에 고유번호 부여 여부가 열차와 차량을 구분하는 기준이 된다.

도시철도 열차번호는 대부분 천 단위(0000)를 사용하고 있으며, 단위별 부여되는 숫자를 활용하여 운행노선, 행선지, 열차종별, 운행순서, 운행방향 등이 구분되도록 내부방침을 정하여 열차번호를 부여하고 있다.

(3) 차량의 범위

도시철도에서 차량이라 함은 선로 위를 구동하는 모든 물체를 말한다. 즉, 차량의 용도, 형태, 관리 소속 등에 무관하게 앞에서 설명한 열차 외에는 모두 차량에 해당한다.

따라서 그 어떤 차량도 선로 위를 운전할 때에는 법령에 명시된 기준을 준수하고 규제를 받아야 하는 것이다.

2.3.4. 운전보안장치

(1) 정 의

운전보안장치란 열차 등의 안전운전을 확보하기 위한 장치로서 폐색장치, 신호장치, 연동장치, 선로전환장치, 경보장치, 열차자동정지장치, 열차자동제어장치, 열차자동운전장치, 열차종합제어장치 등을 말한다.

(2) 해 설

운전보안장치는 열차 등의 안전운행을 지원하는 장치이다. 「도시철도운전규칙」에 운전보안장치를 명시하고 있는 것은 열차 안전운행을 지원하는 장치가 비정상 기능일 경우 안전운행에 중대한 영향을 미치기 때문에 항상 정상 기능이 유지되도록 관리기준을 명시하고 또한 비정상 기능일 경우에 대한 효과적인 대응책을 명시하기 위해서이다.

이러한 운전보안장치는 종전에는 기계장치로 구성되어 있어 각각 장치별로 구분이 가능하였으나, 현재의 운전보안장치는 기술발달로 대부분 전자화되면서 폐색장치와 신호장치 및 연동장치가 시스템으로 그룹화되었다. 따라서 운전보안장치 기능을 정확하게 이해하기 위해서는 장치의 개별적 기능보다는 장치 간 인터페이스(Interface) 기능과 시스템(System) 개념으로 접근할 필요가 있다.

2.3.5. 폐색(Block)

(1) 정 의

폐색(閉塞)이란 선로의 일정구간에 둘 이상의 열차를 동시에 운전시키지 아니하는 것을 말한다.

(2) 해 설

폐색이란 정해진 구간에 1개 열차만이 운행하도록 구간을 나누고, 나누어진 구간을 닫고(閉), 막았다(塞)하여 폐색(閉塞)이라고 한다.

철도차량은 도로교통의 자동차와 달리 운행진로가 제한되어 있고 제동거리가 길다. 따라서 선로를 구간으로 나누고, 나누어진 구간에 설비 등을 활용하여 다른 열차 또는 차량이 없음을 확인하고 확인된 구간에 한하여 열차를 진입시키는 것을 폐색이라고 한다.

2.3.6. 전차선로

(1) 정 의

전차선로란 전차선 및 이를 지지하는 인공구조물을 말한다.

(2) 해 설

도시철도 운행차량은 모두 전기에너지를 사용하는 전동차이다. 이렇게 동력원으로 전기에너지를 사용하는 것은 전기에너지가 도시철도의 구조적 특성에 적합한 친환경적 에너지이고, 활용측면에서도 효율적이기 때문이다.

따라서 움직이는 열차에 연속적으로 전기에너지를 공급하기 위해서는 필연적으로 선로에 전기를 공급하는 설비가 부설되어야 한다. 열차에 전기에너지를 공급하기 위한 전차선 등 제반 설비를 전차선로라 한다.

2.3.7. 운전사고 및 운전장애

(1) 정 의

① **운전사고**란 열차 등의 운전으로 인하여 사상자(死傷者)가 발생하거나 도시철도시설이 파손된 것을 말한다.

② **운전장애**란 열차 등의 운전으로 인하여 그 열차 등의 운전에 지장을 주는 것 중 운전사고에 해당하지 아니하는 것을 말한다.

(2) 해 설

교통수단의 최대사명은 안전이다. 따라서 안전운행을 하기 위해서는 필수적으로 운전업무와 관련하여 발생된 사고 또는 장애에 대하여 그 원인을 분석하고 대책을 수립하여 운전업무에 반영하여야 한다.

그러므로 각 운영기관마다 사고에 대한 분류 및 보고기준을 규정한 사규와 사고조사 전담기구를 운영하고 있으며, 정해진 기준에 해당하는 사고발생 시 조사를 실시, 사고원인 규명 및 대책을 수립하여 업무에 반영하도록 조치하는 등의 안전 활동을 하고 있다.

2.3.8. 철도사고의 분류

(1) 개 요

「도시철도운전규칙」에는 열차운전 등으로 인한 사고 및 장애를 운전사고로 명시하고 있으나, 「철도안전법시행규칙」 제86조 제3항에 의한 국토교통부 지침인 「철도사고 등의 보고에 관한 지침」에는 철도사고를 「철도교통사고」와 「철도안전사고」로 분류하고 있으며 각각 해당 사고의 종류는 다음과 같다.

(2) 철도교통사고

① 열차충돌사고

열차가 다른 열차(철도차량) 또는 장애물과 충돌하거나 접촉한 사고

② 열차탈선사고

열차를 구성하는 철도차량의 차륜이 궤도를 이탈하여 탈선한 사고

③ 열차화재사고

열차에서 화재가 발생하여 사상자가 발생하거나 열차의 운행을 중지한 사고

④ 기타 열차사고

열차에서 위해물품이 누출되거나 폭발하는 등으로 사상자 또는 재산피해가 발생한 사고

⑤ 건널목사고

「건널목개량촉진법」제2조의 규정에 의한 건널목에서 열차 또는 철도차량과 도로를 통행하는 자동차(동력을 가진 모든 차량을 포함한다)와 충돌하거나 접촉한 사고

⑥ 철도교통사상사고

열차사고에 해당되는 사고를 동반하지 않고 열차 또는 철도차량의 운행으로 여객, 공중, 직원이 사망하거나 부상을 당한 사고

◆ 위 사고 중 ① 열차충돌사고, ② 열차탈선사고, ③ 열차화재사고, ④ 기타 열차사고를 열차사고라 한다.

(3) 철도안전사고

철도안전사고는 철도교통사고에 해당되지 아니한 사고로서 철도운영 및 철도시설관리와 관련하여 인명의 사상이나 물건의 손괴가 발생한 다음의 사고를 말한다.

① 철도화재사고

역사, 기계실 등 철도시설 또는 철도차량에서 발생한 화재

② 철도시설파손사고

교량, 터널, 선로 또는 신호 및 전기설비 등 철도시설이 손괴된 사고

③ **철도안전사상사고**

철도화재사고, 철도시설파손사고를 동반하지 않고 대합실, 승강장, 선로 등 철도시설에서 추락, 감전, 충격 등으로 여객, 공중, 직원의 사상이 발생한 사고

④ **기타 철도안전사고**

①, ②, ③ 에 해당되지 않는 사고

(4) 사상자 판단기준

① **사망자** : 사고로 인하여 72시간 이내에 사망한 자

② **중상자** : 사고로 인하여 3주일 이상의 치료를 요하는 부상을 입은 자와 신체활동부분을 상실하거나 혹은 그 기능을 영구적으로 상실한 자

③ **경상자** : 사고로 인하여 1일 이상 3주 미만의 치료를 요하는 부상을 입은 자

2.3.9. 운행장애

(1) 개 요

「도시철도운전규칙」에는 열차운전 등으로 인한 장애를 **운전장애**로 명시되어 있으나, 「철도안전법시행규칙」제86조 제3항에 의한 국토교통부 지침인 「철도사고 등의 보고에 관한 지침」에는 **운행장애**로 명시하고 있다.

그리고 운행장애는 철도사고에 해당되지 아니하는 것으로서 인명사상이나 재산피해가 발생하지 않고 열차운행에 지장을 초래한 것으로서 그 종류는 다음과 같으며, 운행장애를 「위험사건」과 「지연운행」으로 분류하고 있다.

(2) 운행장애의 종류

① **차량탈선**

철도차량의 차륜이 궤도를 이탈하여 탈선하였을 때

② **차량파손**

철도차량이 충돌 또는 접촉으로 파손되었을 때

③ **차량화재**

열차 또는 철도차량에서 화재가 발생하였을 때

④ **열차분리**

열차운행 중 열차의 조성작업과 관련없이 열차를 구성하는 철도차량 간의 연결이 분리되었을 때

⑤ **차량구름**

열차 또는 철도차량이 주정차하는 정거장(신호장·신호소·간이역·기지를 포함한다)에서 열차 또는 철도차량이 정거장 외로 굴렀을 때

⑥ **규정위반**

신호·폐색취급위반, 이선진입, 정지위치 어김 등 안전운행을 저해하는 규정위반의 취급을 하여 열차운행에 지장이 초래되었을 때

⑦ **선로장애**

선로시설의 고장, 파손 및 변형 등의 결함이나 선로상의 장애물로 인하여 열차운행에 지장이 초래되었을 때

⑧ **급전장애**

전기설비의 고장, 파손 및 변형 등의 결함이나 외부충격 및 이물질 접촉 등으로 정전 또는 전압강하 등의 급전지장이 발생되어 열차운행에 지장이 초래되었을 때

⑨ **신호장애**

신호장치의 고장, 파손 및 변형 등의 결함으로 인하여 열차운행에 지장이 초래되었을 때

⑩ **차량고장**

철도차량의 고장으로 열차운행에 지장이 초래되었을 때

⑪ **열차방해**

선로점거 등 고의적으로 열차운행을 방해하여 열차운행에 지장이 초래되었을 때

⑫ **기타장애**

앞에 설명한 장애에 해당되지 않은 장애

(3) 위험사건

위험사건이란 운행장애 중 철도사고로 발전될 잠재적 가능성이 높은 다음의 사태를 말한다.

① 운행허가를 받지 않은 구간을 운행할 목적으로 열차가 주행한 사태

② 열차가 운행하고자 하는 진로에 지장이 있음에도 불구하고 당해 열차에 진행을 지시하는 신호가 현시된 사태

③ 열차가 정지신호를 지나쳐 다른 열차 또는 철도차량의 진로를 지장한 사태

④ 열차 또는 철도차량이 역과 역사이로 굴러간 사태

⑤ 열차운행을 중지하고 공사 또는 보수작업을 시행하는 구간으로 열차가 주행한 사태

⑥ 철도차량이 본선에서 탈선하였거나 측선에서 탈선한 철도차량이 본선을 지장하는 사태

⑦ 열차의 안전운행에 지장을 초래하는 선로, 신호장치 등 철도시설의 고장, 파손 등이 발생한 사태

⑧ 열차의 안전운행에 지장을 미치는 주행장치, 제동장치 등 철도차량의 고장, 파손 등이 발생한 사태

⑨ 열차 또는 철도차량에서 화약류 등 위험물이 누출된 사태

(4) 지연운행

지연운행이란 다음 기준 초과 시 운행장애로 관리한다.

① 고속열차 및 전동열차 : 10분 이상

② 일반 여객열차 : 20분 이상

③ 화물열차 및 기타열차 : 40분 이상

철도에서 지연운행을 엄격히 관리하는 이유는 시민에게 공지된 시각대로 운행하는 정시성을 확보하기 위함이며, 또한 모든 열차는 사전에 계획된 운행 스케줄대로 운행하여야 안전운행에 유리하기 때문이다.

2.3.10. 노면전차(路面電車)

(1) 정 의

노면전차란 도로면의 궤도를 이용하여 운행되는 열차를 말한다.

(2) 해 설

도로상에 부설된 레일을 따라 전기에너지를 동력으로 움직이는 차량을 노면전차 또는 시가전차(市街電車)라 한다. 노면전차는 18세기 말에 도입되어 19세기 전반기까지 세계 각국의 많은 도시에서 대중교통수단으로 채택하였으나, 산업발달로 자동차 운행이 증가되면서 자동차에 비하여 운행통로의 제한성, 유연성 한계 등으로 도시교통의 운행흐름을 방해하게 되어 점점 폐지되었다.

그러나 노면전차는 철도 교통수단 중 접근성이 가장 우수하고, 전기 에너지 사용으로 환경 친화적인 장점 때문에 그 필요성이 인정되면서 첨단기술과 첨단시설을 갖춘 새로운 노면전차가 다시 등장하고 있는 추세이다.

따라서 국가에서 노면전차의 운전에 관한 기준 및 규제에 필요한 사항을 법령으로 제정하여 관리할 필요성이 대두되어 「도시철도운전규칙」에 노면전차에 대한 정의가 포함된 것이다.

2.3.11. 무인운전

(1) 내 용

무인운전이란 사람이 열차 안에서 직접 운전하지 아니하고 관제실에서의 원격조종에 따라 열차가 자동으로 운행되는 방식을 말한다.

(2) 해 설

현대사회는 상상을 초월하는 전자 및 통신기술의 발달로 산업분야에 기술혁명을 가져왔다. 철도산업 전 분야에도 최첨단의 기술이 도입되었고 현재도 도입 중에 있다.

이렇게 고도화된 기술이 열차운행제어시스템(관제시스템, 지상신호시스템, 차상시스템)에 적용되어 철도차량을 운전자의 개입 없이 열차운행제어시스템에 의해서 운행하는 무인운전(Driverless) 도입이 시작되었다. 그러나 무인운전은 유인운전에 비하여 안전성이 취약하기 때문에 열차운행제어시스템의 기능으로 안전성을 확보하면서 무인운전을 할 수 있는 법령근거를 마련하기 위하여 명시한 것이다.

아울러 법령으로 도시철도차량의 운전방식 및 운전형태를 다음과 같이 분류할 수 있다.

① **운전방식에 의한 분류**

- 유인운전 : 운전자가 탑승상태로 운행
- 무인운전 : 운전자가 탑승하지 않는 상태로 운행

② **운전형태에 의한 분류**

- 무인모드 : 운전자 탑승상태에서 시스템에 의한 운행
- 자동모드 : 출발 시 운전자 개입, 이후부터 시스템에 의한 운행
- 수동모드 : 운전자의 기기조작에 의한 운행
- 기지모드 : 운전자의 기기조작에 의한 운행(속도 제한)
- 비상모드 : 차상 폐색장치의 기능을 차단하고 수동으로 운행

2.3.12. 시계운전

(1) 정 의

시계운전(視界運轉)이란 사람의 육안에 의존하여 운전하는 것을 말한다.

(2) 해 설

「도시철도운전규칙」에 시계운전이 명시된 것은 노면전차 운행에 대한 규제 필요성 때문이다. 노면전차는 접근성을 유지하기 위해서 도심 중심부에서 자동차 등 다른 교통수단과 통로 구분없이 운행을 한다.

따라서 선로를 운행하는 다른 철도차량에 적용하는 폐색시스템의 적용이 불가하므로 시계운전에 대한 기준을 명시한 것이다. 이러한 시계운전은 노면전차에만 적용되는 운전방식이다.

2.4. 직원 교육

(1) 내 용

① 도시철도운영자는 도시철도의 안전과 관련된 업무에 종사하는 직원에 대하여 적성검사와 정해진 교육을 하여 도시철도 운전 지식과 기능을 습득한 것을 확인한 후 해당업무에 종사하도록 하여야 한다. 다만, 해당 업무와 관련이 있는 자격을 갖춘 사람에 대해서는

적성검사나 교육의 전부 또는 일부를 면제할 수 있다.

② 도시철도운영자는 소속직원의 자질 향상을 위하여 적절한 국내연수 또는 국외연수 교육을 실시할 수 있다.

(2) 해 설

운영기관 종사자의 업무지식 미달, 취급미숙 등으로 인한 사고발생 요인을 제거하기 위해서 철도운영자로 하여금 법령으로 정해진 자격증 취득여부와 업무수행요건(실무수습 및 평가)을 갖춘 자에게만 업무를 부여하도록 명시한 것이다.

또한 어느 업무에 종사하는 직원을 대상으로 적성검사를 할 것인지, 정해진 교육·훈련을 실시하고, 그 습득정도를 확인할 지는 각각의 운영기관 내부방침에 따라 운영하였으나 2006년 「철도안전법」 시행 이후부터는 철도안전법령에 규정된 기준을 적용하고 있다.

(3) 적성검사 대상자(철도안전법 제23조, 시행령 제21조)

- 운전업무종사자
- 관제업무종사자
- 정거장에서 철도신호기·선로전환기 및 조작판 등을 취급하는 업무를 수행하는 자

(4) 실무수습 및 평가 대상자

① **철도차량운전업무종사자** : 소정의 교육이수, 면허취득, 실무수습 실시
② **관제업무종사자** : 소정의 교육이수 및 실무수습 실시

2.5. 안전조치 및 유지보수

(1) 내 용

① 도시철도운영자는 열차 등을 안전하게 운전할 수 있도록 필요한 조치를 하여야 한다.
② 도시철도운영자는 재해를 예방하고 안전성을 확보하기 위하여 「시설물의 안전관리에 관한 특별법」에 따라 도시철도시설의 안전점검 등 안전조치를 하여야 한다.

(2) 해 설

모든 교통수단의 최대사명은 안전이다. 그러므로 열차 및 차량의 안전 확보를 위해서 종사자들의 인적오류에 의한 사고가 발생되지 않도록 제도 또는 시스템으로 관리하도록 도시철도 운영자에게 포괄적 책무를 부여한 것이다. 예를 들어 운전자를 대상으로 열차 탑승 전에 승무 적합성검사를 실시하는 것도 운영자에게 부여된 안전 확보 책무에 기인한 것이다.

또한 안전을 확보하기 위해서 인적오류 예방도 필요하지만, 제반 시설 및 설비의 정상상태 유지도 필수 이행사항이다. 따라서 시설물의 구조적 결함 등의 원인으로 발생하는 대형 참사를 예방하기 위하여 제정된 「시설물의 안전관리에 관한 특별법」에 의거하여 도시철도시설에 대한 안전점검 등 안전조치를 하도록 명시한 것이다.

2.6. 응급복구용 기구 및 자재 등의 정비

(1) 내 용

도시철도운영자는 차량, 선로, 전력설비, 운전보안장치, 그 밖에 열차운전을 위한 시설에 재해·고장·운전사고 또는 운전장애가 발생할 경우에 대비하여 응급복구에 필요한 기구 및 자재를 항상 적당한 장소에 보관하고 정비하여야 한다.

(2) 해 설

철도의 시설물 및 설비는 규모가 크고, 철도에만 한정 사용되는 특성을 가지고 있다. 특히 대부분의 각종 시설 및 설비의 자재는 시장에서 쉽게 구입할 수 있도록 유통되는 것이 아니라 주문·생산하기 때문에 필요시 즉시 구입이 어려운 것은 물론, 중량품이라 구입 후 필요한 장소까지 운반하는데도 어려움이 따른다.

따라서 이러한 특성으로 재해, 사고, 장애발생 시 복구시간이 장시간 소요되는 문제점이 발생할 수 있기 때문에 보완대책으로 응급복구용 기구와 자재 등을 항상 적당한 장소에 보관하고 정상기능을 유지하도록 명시한 것이다.

현재 운영기관에서는 운영노선의 특성, 시스템의 특성을 반영하여 분야별로 응급복구용 기기, 자재의 수량 및 비치장소 등을 내부방침으로 정하여 운영하고 있다.

2.7. 안전운전계획의 수립 등

(1) 내 용

도시철도운영자는 안전운전과 이용승객의 편의 증진을 위하여 장기·단기계획을 수립하여 시행하여야 한다.

(2) 해 설

도시철도는 시민생활의 한 부분을 차지하는 중요한 사회 기반시설이다. 또한 운전, 차량, 역무, 기술 등 여러분야로 구성되어 운영되고 있다. 이러한 도시철도가 항상 안전하게 정상적으로 운영되기 위해서는 종합적인 안전계획이 수립되어 계획적으로 안전관리가 시행되어야 하므로 운영자에게 안전운전계획을 수립하도록 명시한 것이다.

또한 「철도안전법」에도 운영자는 안전계획을 수립하여 국토교통부의 승인을 받도록 구체적으로 명시되어 있다.

(3) 철도안전종합계획(철도안전법)

모든 운영기관에서는 당해 사업장 특성을 반영한 「종합안전시행계획」을 다음과 같이 수립·시행하고 있다.
① **철도안전종합계획** : 5년마다 국토교통부에서 수립
② **종합안전시행계획** : 매년마다 각 운영기관에서 수립

운영자는 다음 연도의 시행계획을 매년 10월말까지 국토교통부장관에게 제출하여야 하고, 전년도 시행계획의 추진실적을 매년 2월말까지 국토교통부장관에게 제출하여야 한다.

국토교통부장관은 이러한 다음 연도의 시행계획이 철도종합안전계획에 위반되거나 철도안전종합계획의 원활한 추진을 위하여 그 보완이 필요하다고 인정되는 때에는 운영자 등에게 시행계획의 수정을 요청할 수 있으며, 수정 요청을 받은 운영자 등은 특별한 사유가 없는 한 이를 시행계획에 반영하여야 한다.

2.8. 신설구간 시운전

(1) 내 용

도시철도운영자는 선로·전차선로 또는 운전보안장치를 신설·이설(移設) 또는 개조한 경우 그 설치상태 또는 운전체계의 점검과 종사자의 업무숙달을 위하여 정상운전을 하기 전에 60일 이상 시험운전을 하여야 한다. 다만, 이미 운영하고 있는 구간을 확장·이설 또는 개조한 경우에는 관계 전문가의 안전진단을 거쳐 시험운전 기간을 줄일 수 있다.

(2) 해 설

철도노선을 새로 건설하거나, 기존노선을 개량하거나, 기존노선에서 연장하는 경우 열차운행에 영향을 미치는 모든 시스템의 안전성을 검증하고, 종사자들이 업무숙달 후 영업운전을 하여야 안전운행이 보장되므로 신설구간은 반드시 60일 이상 시운전을 하도록 명시한 것이다.

다만, 이미 운영하고 있는 구간을 확장·이설 또는 개조한 경우 60일 이상 시운전을 하는 것이 비효율적이므로 전문가의 안전진단을 거쳐 시운전 기간을 줄일 수 있도록 하였다.

(3) 시운전

현재 운영기관에서 개통노선에 대한 시운전은 일반적으로 1, 2단계로 구분하여 실시하고 있다. 그러나 1단계, 2단계 시운전 기간에 대한 명확한 기준이 없기 때문에 개통을 하는 운영기관에서 전반적인 여건을 감안 내부방침으로 각 단계별로 기간을 정하여 시행하고 있다.

단계	구 분	운행시간 범위	비 고
1단계	기술 시운전	09:00~18:00	• 시설물 검증시험 • 운행적합성 확인
2단계	영업 시운전	05:30~24:00	• 열차운행체계 점검 • 종사자의 업무숙달

제3절 선로 및 설비의 보전

본 절에서는 열차 및 차량 운전에 밀접한 영향을 주는 시설 및 설비에 대하여 알아본다.

3.1. 선로의 보전

(1) 내 용

선로는 열차 등이 도시철도운영자가 정하는 속도(이하 '지정속도'라 한다)로 안전하게 운전할 수 있는 상태로 보전(保全)하여야 한다.

(2) 해 설

교통수단의 3요소는 통로 · 운반 · 동력이며 선로(線路)는 그 중 통로에 해당한다. 따라서 통로 역할을 담당하는 선로는 매우 중요한 철도시설이다. 이러한 선로가 비정상적일 경우 안전운행은 물론 열차 운행이 불가하기 때문에 선로를 열차가 안전하게 운전할 수 있는 상태로 보전하도록 운영자에게 유지관리의 책임을 명시한 것이다.

3.2. 선로의 점검 및 정비

(1) 내 용

① 선로는 매일 한번 이상 순회점검 하여야 하며, 필요한 경우에는 정비하여야 한다.
② 선로는 정기적으로 안전점검을 하여 안전운전에 지장이 없도록 유지 · 보수하여야 한다.

(2) 해 설

① 순회점검

앞에서 언급한 바와 같이 선로는 열차운행의 가부 결정과 안전운행을 보장하는 중요한 시설이므로 선로를 차단하고 작업하는 경우를 제외하고는 항상 정상상태를 유지하여야한다. 따라서 선로가 항상 정상상태를 유지하기 위해서는 매일 빠짐없이 순회점검을 하도록 명시한 것이다.

운영기관에서는 매일 도보 또는 핸드카 등을 활용하여 선로 점검을 실시하고 있다. 선로 순회점검은 육안으로 확인할 수 있는 장애물 방치여부와 선로의 구성품(레일, 침목, 도상, 부속품 및 분기기 상태)에 대한 정상여부를 확인하는 방식으로 실시하고 있으며, 열차 운전실에 탑승하여 선로의 진동, 소음, 충격발생 여부 등에 대한 순회점검을 실시하고 있다.

② 정기 안전점검

법령으로 선로에 대한 정기 안전점검을 실시하여 유지·보수하도록 명시한 것은 운영기관에서 내부규정으로 운영을 담당하는 선로의 특성을 반영하여 주간·월간·연간으로 구분하여 점검항목을 정하고, 점검주기별로 정해진 점검항목에 대하여 점검을 실시하도록 하고자 하는 것이다.

따라서 운영기관에서 실시하는 정기 안전점검은 선로의 전반적인 기능을 점검하는 절차로서 정기적으로 안전점검을 실시하여 선로의 형태, 마모상태는 물론 허용범위 내의 궤간, 수평맞춤, 면맞춤, 줄맞춤, 평면성 등이 정상인지 확인하여 정비기준 초과 시 보수를 시행하고 있다.

③ 선로의 정비 기준

각 운영기관마다, 선로의 기술적 사항에 대하여 정비기준과 정비목표를 내부규정으로 정하여 관리하고 있다.

참고로 서울도시철도공사의 선로 정비기준 등은 다음과 같다.

▶ **궤도의 정비기준 및 정비목표**

궤도의 정비기준 및 정비목표는 본선과 측선으로 구분하며, 분기기는 별도기준으로 관리하고 있다. 여기서 정비기준은 우선보수치수와 계획보수치수로 구분되어 있어 정해진 치수 이상을 초과하면 우선보수를 실시하고 계획보수치수를 초과 시에는 사전에 계획된 보수일정에 따라 보수를 실시하고 있다. 보수를 할 때에는 규정된 정비목표치수 범위 내로 정비를 하고 있다.

► **레일의 교환**

선로는 두부(頭部)의 마모정도 및 열차의 통과 톤수를 기준으로 수명을 정하고, 선로와 운전상태, 재료수급과 공사시기 등을 고려하여 다음과 같이 교환하고 있다.

레일두부의 최대마모	60kg 레일	본선	직마모 13mm	편마모 15mm
		측선	직마모 15mm	편마모 18mm
	50kg 레일	본선	직마모 12mm	편마모 13mm
		측선	직마모 15mm	편마모 18mm
누적통과톤수	60kg 레일	6억톤		
	50kg 레일	5억톤		

3.3. 공사 후 선로의 사용

(1) 내 용

선로를 신설 · 개조 또는 이설하거나 일시적으로 사용을 중지한 경우에는 이를 검사하고 시험운전을 하기 전까지 사용할 수 없다. 다만, 경미한 정도의 개조를 한 경우에는 그러하지 아니하다.

(2) 해 설

모든 선로는 그 구조와 기능에 적합한 최고속도가 존재한다. 열차가 정해진 최고속도로 원활하게 주행하기 위해서는 반드시 해당구간 선로의 구조와 기능에 영향을 주는 기술적 요소들이 정확하게 반영되었는지를 확인하여야 한다.

따라서 선로를 신설 · 개조 또는 이설하였을 때에는 선로형태, 캔트, 확대궤간 및 캔트와 확대궤간의 *체감(遞減) 등의 기술적 요소가 정확하게 설정되었는지 검사를 하고, 열차를 이용한 시운전도 실시하도록 명시한 것이다. 다만, 선로 사용의 효율성 확보를 위하여 경미한 개조 시에는 검사만 하고 시운전은 생략하도록 하였다.

---

* 체감(遞減) : 등수에 따라서 차례로 줄여가는 것

3.4. 선로의 구조

열차의 운전속도를 결정하는 선로의 구조에 해당하는 기술사항에 대하여 설명한다.

3.4.1. 궤간(Track Gage)

(1) 개 요

궤간이란 상대편 레일간 거리를 말한다. 도시철도 구간에서는 레일의 맨 위쪽 부분(단면부)에서 14mm 아래지점에 위치한 양쪽 Rail 간 최단거리를 기준으로, 철도공사에서는 16mm 아래 지점의 최단거리를 기준으로 하고 있다.

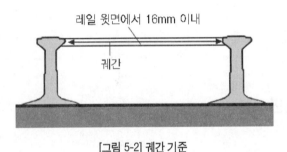

[그림 5-2] 궤간 기준

(2) 궤간의 종류

궤간은 해당 노선 운행차량의 차축간 거리와 밀접한 관계를 갖고 있다. 우리나라에서 건설되는 도시철도는 표준궤간으로 설치되도록 도시철도건설규칙에 규정되어 있다.

① **표준궤간**(Standard Gauge) : 1,435mm
② **광궤간**(Broad Gauge) : 1,435mm 이상
③ **협궤간**(Narrow Gauge) : 762mm ~ 1,435mm

광궤는 협궤에 비하여 대형 철도차량이 운행될 수 있기 때문에 수송력을 증대시키고 운전속도를 향상시킬 수 있으며 안전도도 높다. 그러나 건설비와 유지관리 비용이 많이 드는 단점이 있다.

(3) 궤간의 공차

차륜의 플랜지(Flange)가 마모되고, 궤간이 정해진 치수를 넘게 되면 차량 주행 중 탈선이

발생할 우려가 있기 때문에 궤간의 공차 한계를 관계법령으로 엄격히 제한하고 있으며 도시철도 궤간에 허용되는 공차는 다음과 같다.

① **크로싱**(Crossing)**의 경우** : +3mm, −2mm

② **기타의 경우** : +10mm, −2mm

③ 확대궤간 적용되는 구간에서 위의 허용공차를 가산하여 30mm를 초과하여서는 아니 된다.

3.4.2. 확대 궤간(Slack)

(1) 개 요

확대궤간은 정해진 표준궤간보다 궤간의 넓이를 확대시키는 것으로서 도시철도의 확대궤간은 곡선부 내측 레일에 두도록 되어 있다.

(2) 확대궤간 설정기준

도시철도 선로의 확대궤간은 25mm 이하로 제한하도록 도시철도건설규칙에 정해져 있다. 이러한 확대궤간은 곡선반경 800m 이하에서 적용하며 다음과 같이 산출한다.

$$\therefore \ 확대궤간 \ S(mm) = 2{,}250/R(m) \qquad \bullet \ R : 곡선반경$$

그리고 확대궤간은 다음과 같이 체감을 한다.

- 완화곡선이 있는 경우 완화곡선의 전체 거리
- 완화곡선이 없는 경우 해당곡선의 캔트(Cant) 체감거리와 동일하며, 캔트를 두지 않을 경우 원곡선의 시·종점으로부터 5m이상 거리
- 반경이 서로 다른 곡선이 접속하는 경우에는 반경이 큰 곡선 안에서 확대궤간의 차이를 위의 기준에 준하여 체감한다.

(3) 확대궤간 필요성

선로에 확대궤간이 필요한 이유는 자동차는 전·후 차축이 개별로 구성되어 있으나 철도차량은 자동차와 달리 2개 차축을 고정하여 1개 대차로 구성되어 있으므로 즉, 직사각형 형태의 대차(2개 차축 고정) 진행을 한다. 그리고 차륜에는 플랜지(Flange)가 있다.

이렇게 직사각형 형태의 대차가 곡선부의 원형형태 궤간을 통과하게 되면 차륜의 플랜지가 레일 안쪽에 꽉 끼게 되어 곡선부를 통과하지 못하므로 곡선부의 궤간을 약간 확대시켜 차륜 플랜지 부분과 레일측면과 여유를 두어 곡선부를 원활하게 통과할 수 있도록 곡선부 궤간에 한하여 확대하는 것이다.

3.4.3. 캔트(Cant)

(1) 개 요

열차가 곡선부를 진행할 때에는 원심력이 발생하여 차량이 바깥쪽으로 쏠리면서, 승차감이 좋지 않으며, 아울러 차량의 중량과 횡압이 외측레일에 작용하여 궤도에 부담을 주게 된다.

이러한 원심력을 경감시키기 위해서 곡선부에 바깥쪽의 레일 높이를 안쪽 레일보다 높게 부설하는 것을 **캔트**라고 한다.

(2) 캔트 부설기준

도시철도에서 캔트 크기는 최대의 160mm를 초과하지 않는 범위에서 곡선의 반경, 열차 운행속도 등을 고려하여 시·도지사가 정하도록 되어 있다.

분기부에 부대하는 곡선의 경우에는 캔트를 두지 않으며 다음 식에 의해 산출한다.

$$\therefore \text{캔트}(C) = 11.8\frac{V^2}{R} - C'$$

- C : 설정캔트(mm)
- V : 열차 최고속도(km/h)
- R : 곡선반경(m)
- C' : 캔트 부족량(mm)

(3) 캔트 체감

- 완화곡선이 있는 경우 완화곡선의 전체의 거리
- 완화곡선이 없는 경우 설정된 캔트 값(표준캔트)의 600배 이상의 거리
- 복심곡선의 경우 반경이 큰 곡선 상에서 캔트차 600배 이상의 거리
- 부득이한 경우 표준캔트의 450배 이상 거리(시·도지사가 정하는 경우)

3.4.4. 곡선(Curve)

(1) 개 요

선로의 곡선부는 속도제한, 소음발생, 유지보수의 횟수 증가 등으로 철도운영상 비효율적인 요소이다. 그러나 도시철도는 수요 발생 중심으로, 그리고 부지 매입의 어려움으로 인하여 대부분의 노선이 도로의 지하나 도로 위의 고가로 또는 하천 부지 등에 건설되기 때문에 곡선이 많이 발생한다.

도시철도구간 선로의 곡선반경은 선로의 구간 및 기능 등에 따라 각각 그 크기를 달리할 수 있으며, 선로별 곡선반경의 크기는 시·도지사가 정하도록 규정되어 있다. 이러한 곡선은 반경(Radius)을 기준으로 R로 표시하고, 크기는 미터(m)로 표시한다.

(2) 곡선의 종류

① **단곡선**(Simple Curve) : 일반적인 곡선
② **복심곡선**(Compound Curve) : 반경이 다른 곡선이 연결된 곡선
③ **반향곡선**(Reverse Curve) : 연속하여 방향이 다른 두 개의 곡선
④ **완화곡선**(Transition Curve) : 직선부와 곡선부 연결지점에 삽입하는 곡선
⑤ **종곡선**(Vertical Curve) : 선로의 기울기 변화지점에 삽입되는 곡선

(3) 최소 곡선반경

선로를 건설할 때 불가피하게 반경이 작은 곡선을 설치하여야 되는 경우가 발생한다.

▶ **서울시 최소 곡선반경 기준**

구 분		1호선	2호선	1·2호선 외 선로
본선 (정거장 외)	일 반	160m	180m	250m
	부득이 한 경우	135m	140m	180m
정거장 내 본선		400m	400m	400m
측선	일 반	120m	120m	120m
	부득이 한 경우	–	–	90m
분기부대		145m	145m	150m

따라서 해당노선의 궤간, 열차속도, 운행차량의 고정축간 거리 등을 감안하여 사전에 개소별로 반경이 가장 작은 곡선을 얼마로 할 것인지를 결정하여 건설하고 있다.

이렇게 반경이 가장 작은 곡선을 **최소 곡선반경**이라고 하며, 서울시 도시철도 노선의 최소 곡선반경 기준은 앞의 표와 같다.

3.4.5. 기울기(구배)

(1) 개 요

선로의 기울기는 열차운행 측면에서 보면 견인력과 제동거리 등에 막대한 영향을 미치므로 가급적 평탄하게 선로가 건설되어야 한다. 그러나 도시철도의 선로는 지형상 발생하는 종단선형과 지하구간의 배수기능 확보 등으로 선로 기울기가 필연적으로 존재한다.

이러한 기울기는 형태에 따라 상구배와 하구배로 나누고 있고, 크기는 천분율인 ‰(Permill)로 표시하고 있다.

수평거리 1,000m에 대한 고저차가 10m인 경우 10/1000이므로 10‰로 표시하며, 상구배 +10‰, 하구배 -10‰로 표시한다.

(2) 기울기의 제한

도시철도 선로의 기울기는 다음과 같이 제한하고 있다.
　　① 정거장 밖의 본선구간의 선로 : 35‰ 이내
　　② 정거장 안의 본선구간의 선로 : 8‰ 이내
　　　단, 차량을 분리 · 연결 또는 유치로 사용되는 선로 : 3‰ 이내
　　③ 측선의 경우 : 3‰ 이내
　　　단, 차량을 유치하지 않는 측선 : 45‰ 이내

곡선부에 기울기가 있는 선로의 경우 열차운행 시 저항값이 증가되어 최대 기울기 한도인 35‰ 기울기보다 더 큰 저항으로 작용하므로 이런 경우를 방지하기 위해서 정거장 밖의 본선구간에 곡선과 기울기가 복합된 선로의 기울기 산정은 곡선보정을 한 기울기를 한도로 정하고 있다.

(3) 종곡선(縱曲線)

열차가 선로의 기울기가 변화되는 지점을 통과할 때에는 좌굴현상 발생으로 승차감을 해치고 심하면 탈선의 우려가 있기 때문에 이러한 문제점을 방지할 목적으로 선로의 기울기가 변하는 지점에 곡선을 삽입하는데 이렇게 삽입되는 곡선을 **종곡선**이라고 한다.

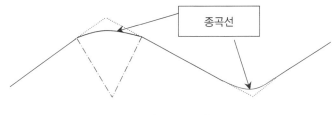

[그림 5-3] 종곡선

종곡선은 횡단면적으로 표현하면 Y축 곡선이다. 도시철도 선로의 종곡선의 삽입기준은 인접 기울기 변화가 5‰를 초과하는 개소에 반경 3,000m 이상의 종곡선을 삽입하도록 규정되어 있다.

3.5. 전력설비의 보전

(1) 내 용

전력설비는 열차 등이 지정속도로 안전하게 운전할 수 있는 상태로 보전하여야 한다.

(2) 해 설

전동차는 전기에너지를 사용하므로 이동중에도 반드시 에너지가 공급되어야 한다. 차량의 이동중 운행방향 급변, 진동 발생 시에도 전동차에 계속 전력이 공급되기 위해서는 고도화된 기술이 필요하다.

또한 전기철도에서 전차선로의 구조와 성능은 열차속도를 제한하는 요인으로 작용하므로 열차의 운전속도를 상승시키기 위해서는 차량, 선로는 물론 전차선로에 관한 기술사항도 함께 검토되어야 한다. 따라서 도시철도의 전력설비는 해당 노선의 설계속도에 적합한 구조와 성능이 구비되도록 건설되었기 때문에 본래의 상태와 성능이 제대로 발휘되어 열차가 지정된 속도로 안전하게 운행할 수 있도록 운영자에게 관리 책임을 명시한 것이다.

3.6. 전차선로의 점검

(1) 내 용

전차선로는 매일 한 번 이상 순회점검을 하여야 한다.

(2) 해 설

전차선로는 열차운행의 가·부를 결정하는 중요한 설비이다. 따라서 열차가 운행되지 않는 시간대를 제외하고는 항상 정상상태를 유지해야 하므로 매일 빠짐없이 순회점점을 하도록 명시한 것이다.

따라서 운영기관에서는 순회점검을 통해 육안으로 전차선로 구성품의 정상상태 여부를 확인하고 이상발견 시 정도에 따라 일상보수, 응급보수, 계획보수를 실시하고 있다.

이러한 전차선로의 순회점검은 운영기관마다 약간씩 차이가 있으나, 서울도시철도공사의 경우 차량기지 내의 전차선로는 매일 1회 이상 도보로 순회점검을 실시하고, 본선구간의 전차선로는 *터널모니터링시스템을 활용하여 매일 점검을 실시하고 있다.

기타 사유로 터널모니터링시스템을 통한 점검이 불가할 경우 모터카를 이용하여 점검을 실시하고 있으며, 모터카 운행이 불가할 경우에는 도보 순회점검 또는 열차에 승차하여 순회점검을 하고 있다.

3.7. 전력설비의 검사

(1) 내 용

전력설비의 각 부분은 도시철도운영자가 정하는 주기에 따라 검사를 하고 안전운전에 지장이 없도록 정비하여야 한다.

---

*터널모니터링시스템(Tunnel Monitering System)
　터널 내 궤도, 레일, 전차선, 벽체 등 시설물 점검을 심야시간대 도보점검을 주간 정밀분석점검으로 대체하기 위해 전동차에 고해상도 영상카메라, 진동·소음 센서를 장착하여 운행 중 촬영한 영상, 소음, 진동 데이터를 수집분석하는 시스템.

(2) 해 설

전차선로는 열차운행에 중대한 영향을 주는 설비이므로 항상 정상상태를 유지하도록 관리되어야 한다.

이렇게 본래의 상태와 성능이 유지되기 위해서는 반드시 정기적인 검사가 실시되어야 하므로 운영자가 해당 노선의 전력설비의 특성을 감안하여 점검주기와 점검항목을 정하여 검사를 실시하도록 명시한 것이다.

따라서 운영기관에서는 사규로「전기시설물 점검 및 검사규정」을 제정하여 검사주기를 1개월, 3개월, 6개월, 1년, 2년, 3년으로 정하고 검사주기별 검사항목을 정하여 정기검사를 실시하고 있으며, 상위 검사항목에는 하위 검사항목이 포함되어 있기 때문에 상위검사를 실시하면 하위검사를 생략하고 있다.

참고로 **점검**이란 설비의 상태 및 성능을 확인하고 장애조치 및 장애 예방조치를 하는 것이며, **검사**라 함은 시설물의 기능상태, 열화정도, 변화 상태를 조사하는 것을 말한다.

3.8. 공사 후 전력설비의 사용

(1) 내 용

전력설비를 신설·이설·개조 또는 수리하거나 일시적으로 사용을 중지한 경우에는 이를 검사하고 시험운전을 하기 전에는 사용할 수 없다. 다만, 경미한 정도의 개조 또는 수리를 한 경우에는 그러하지 아니하다.

(2) 해 설

모든 노선에는 열차가 안전하게 운행할 수 있도록 열차운행에 영향을 미치는 요소들에 대하여 기준이 되는 구조와 성능이 정해져 있다.

따라서 열차운행에 영향을 주는 시설이나 설비를 신설·이설·개조 또는 수리하거나 일시적으로 사용을 중지한 경우에는 반드시 이를 검사하여 정해진 구조와 성능이 발휘되도록 기술적인 사항이 반영되었는지를 확인하는 절차를 거치도록 명시한 것이다. 다만, 업무의 효율성 확보를 위하여 경미한 개조 또는 수리 시에는 검사를 생략하도록 하였다.

(3) 전기철도 구분

도시철도차량 운전자라면 열차 정상운행에 중대한 영향을 주는 전차선로의 구조와 구성품에 대한 기능에 대한 기본사항을 잘 알고 있어야 하므로 이에 대하여 설명한다.

우리나라에서 전기철도를 다음과 같이 구분한다.

① 전원에 의한 구분

- 직류식 : 750V, 1,500V
- 교류식 : 25,000V, 60Hz

② 전력 공급방식에 의한 구분

- 가공전차선(架空電車線) 방식

  전기철도의 궤조 상공에 조형물을 가설하여 전동차에 전기를 공급하는 방식
- 제3궤조 방식(Third Rail System)

  가공 전차선로가 아니고 도전율이 큰 레일을 주행레일에 평행 부설하여 전동차에 전기를 공급하는 방식

(4) 전기방식

도시철도(중전철)에서 사용하고 있는 부분별 전기방식은 다음과 같다.

① **전차선로** : DC 1,500V 가공선식

② **고압 배전선** : AC 3상 6,600V 또는 22,900V

③ **선로 내 조명 및 동력시설** : AC 100V 또는 200V~400V

④ **신호용 배전선** : AC 100V~400V

(5) 전차선로 부설 기준

전차선의 가선방식, 높이, 편차 등은 열차의 종류, 설치장소, 지역 여건 등을 고려하여 시·도지사가 정하도록 되어 있으며, 서울지하철 5·6·7·8호선은 다음과 같이 정하고 있다.

① 전차선 가공방식

- 지상부 : 카테나리 조가식
- 지하부 : 강체가선식 또는 카테나리 직접 조가식

② **전차선 높이**

레일 윗면을 기준으로 하며, 차량기지, 개구부 등 부득이한 경우 제외한다.

- 지상부 : 5,000mm 이상, 5,400mm 이하
- 지하부 : 4,250mm 이상

③ **전차선 편차(편위)**

레일 두부 상면에 수직인 궤도중심으로부터 좌, 우 각각 250mm 이내

④ **가공전차선의 레일 면에 대한 기울기**

- 본선 : 3/1,000 이하, 부득이 한 경우 5/1,000 이하
- 측선 : 10/1,000 이하, 부득이 한 경우 15/1,000 이하

(6) 전력계통 기능

전력계통의 기본 기능 구비사항은 다음과 같다.

- 공급전력은 당해 도시철도를 관할하는 변전소로부터 공급
- 조명, 동력용 고압 배전선은 2회선 이상으로 구성
- 지상부 전차선은 별도의 급전선을 설치하고, 구간별로 급전(給電)
- 지하부 전차선은 강체가선식 또는 카테나리 조가선이 급전선 겸용
- 지하선로에 예비전원 설비 또는 2중계 이상의 공급선로 설치
- 급전선의 차단설비는 신속히 사고전류를 검지 및 차단기능 보유
- 전체적인 전력계통의 집중 제어 · 감시 기능 구비
- 전차선에서 누설 전류에 의하여 케이블, 지중관로(금속제), 선로구조물 등의 전식방지 설비를 구축

3.9. 통신설비의 보전

(1) 내 용

통신설비는 항상 통신할 수 있는 상태로 보전하여야 한다.

(2) 해 설

도시철도에서 통신설비는 직원 간 열차운행과 관련된 의사소통은 물론 운행중인 열차에 각종 상황이 발생하였을 때 기관사와 관제사간 상황전파, 조치지시 등의 의사소통이 가능하도록 항상 정상기능을 유지하여야 한다.

또한 고도화된 정보통신 기술이 열차운행통제시스템에 활용되어 본선에 운행중인 모든 열차가 계획된 스케줄을 기준으로 운행 제어되고, 통제되므로 열차운행통제시스템과 열차 및 현장설비 간 정보를 전달(Data Communication)하는 기능을 담당하는 통신설비도 항상 정상상태를 유지하여야 한다.

따라서 통신설비는 열차 운행에 직·간접적 영향을 미치므로 운영자에게 통신설비가 본래의 상태와 성능이 발휘되도록 관리 책임을 명시한 것이다.

(3) 도시철도 통신시스템 종류

도시철도에서 운영되고 있는 통신설비는 운영기관마다 도입 시기 및 제작사가 각각 다르기 때문에 기능면에서 차이가 있지만 역할 면에서는 대동소이하다. 따라서 도시철도 통신시스템의 이해를 돕기 위해서 서울도시철도공사의 통신설비 중 열차운전과 관계되는 통신설비를 간단하게 소개한다.

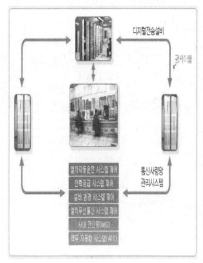

(디지털전송장치)

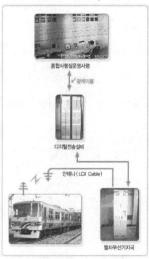

(열차무선설비)

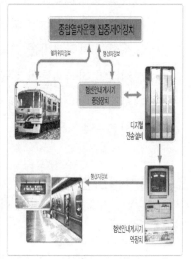

(행선안내장치)

[그림 5-4] 각종 통신설비

① **디지털전송설비**(Digital Transmission System)

열차 자동운전 등 컴퓨터를 활용한 열차운행통제에 필요한 각종 데이터 전송을 목적으로 구축된 통신망으로서 데이터 전송의 안전성, 신속성 확보를 위하여 2중계로 구축된 독립적 광통신망이다.

디지털전송설비로 전송되는 데이터는 다음과 같다.

- 열차자동운전시스템 운영에 필요한 신호 데이터
- 전력공급시스템 데이터
- 기관사와 관제사간 무선통신 데이터
- 역사 내 환경 유지에 필요한 설비제어 데이터
- 역무자동화 데이터 등

② **열차무선설비**(Train Radio System)

열차에 탑승한 기관사와 종합관제센터 관제사간 통신하는 장치로서 열차 운전실에 설치된 무선통신장치, 터널에 포설된 안테나(LCX Cable), 일정한 간격으로 설치된 기지국으로 구성된 무선통신장치.

③ **행선안내게시장치**

승객에게 열차행선지 등 각종 정보를 제공하기 위하여 종합열차운행집중제어장치에 입력된 열차운행스케줄과 열차위치 정보를 활용하여 실제 열차의 운행위치와 행선지를 시각적으로 표출하는 장치.

④ **자동방송장치**

승객의 안전과 편리를 제공하기 위하여 열차운행정보에 따라 행선지 등의 정보를 송출하는 장치이며, 외국인 승객을 위한 자동 영문방송을 포함하여 역사 내 각종 안내방송 및 화재 등 긴급 상황발생 시의 경보를 방송하는 장치.

⑤ **화상전송설비**(Video Transmission System)

승객의 안전사고 예방 및 이동 상황을 파악하여 적의의 서비스 제공을 목적으로 승강장 등 역사 내 중요한 시설물 위치에 카메라를 설치하고, 종합관제센터, 역무실, 승강장 모니터에 실시간으로 각종 영상을 전송, 표출하는 장치.

(4) 도시철도 통신설비의 설치 기준

「도시철도건설규칙」에 규정된 도시철도의 통신설비 설치기준은 다음과 같다.

- 통신설비는 열차의 운행과 시설물의 운용 및 유지관리에 지장이 없도록 설치하여야 한다.
- 무선통신설비는 승무원 · 역무원 · 보수원 · 관제업무종사자간 양방향통신을 할 수 있고, 도시철도 관련 업무에 종사한 자와 경찰서 · 소방서 · 의료기관 등 외부 재난 관련 기관과도 양방향통신을 할 수 있도록 설치하여야 한다.
- 관제실과 역무실에는 승강장 · 대합실 등 안전이 취약한 장소의 상황을 화상을 통하여 실시간으로 감시할 수 있는 설비를 설치하여야 한다.
- 역무실에는 화재경보가 감지된 지역을 화상으로 나타낼 수 있는 설비를 설치하여야 한다.
- 운전실에는 차량이 승강장에 진입하여 정차한 후 출발할 때까지의 승강장 상황을 화상을 통하여 실시간으로 감시할 수 있는 설비를 설치하여야 한다.
- 승강장에는 승객이 역무실과 양방향 통화를 할 수 있는 비상 통신장치를 승강장 바닥에서 1.5m 높이로 3개소 이상 장소에 분산하여 설치하여야 한다.
- 무선통신설비를 이용한 음성통화내용은 녹음장치에 녹음하여 1월 이상, 화상기록은 녹화장치에 녹화하여 1주일 이상 각각 보관하여야 한다.

3.10. 통신설비의 검사 및 사용

(1) 내 용

① 통신설비의 각 부분은 일정한 주기에 따라 검사를 하고 안전운전에 지장이 없도록 정비하여야 한다.

② 신설 · 이설 · 개조 또는 수리한 통신설비는 검사하여 기능을 확인하기 전에는 사용할 수 없다.

(2) 해 설

열차운행에 직 · 간접적 영향을 주는 통신설비가 항상 정상기능을 유지하도록 하기 위해서 운영자에게 검사주기를 정하여 정기검사를 실시하도록 명시하였고, 아울러 신설·이설·개조 또는 수리한 통신설비가 기능이상으로 본래의 역할을 못하는 사례를 예방하기 위해 정상적 기능발휘 여부를 확인하는 검사를 시행한 후 사용하도록 명시한 것이다.

따라서 운영기관에서는 각각의 통신설비의 특성을 감안하여 다음과 같이 일상점검, 정기점검, 임시검사로 구분하여 통신설비를 관리하고 있다.

① **일상점검** : 매일 통신설비의 운영 상태를 점검하는 것
② **정기점검** : 통신설비의 성능확인, 장애조치, 장애예방조치 등을 실시하는 점검으로서 주간, 3개월, 6개월, 1년 단위로 구분하여 시행한다.
③ **임시검사** : 통신설비의 일부 또는 전부를 검사할 필요가 있을 때 실시하는 검사

3.11. 운전보안장치의 보전

(1) 내 용

운전보안장치는 완전한 상태로 보전하여야 한다.

(2) 해 설

고도화된 정보통신 기술이 철도분야의 운전보안장치에 도입되면서 운전보안장치의 기능 향상으로 열차에 운전자 1명이 승차하여 운전과 승객 승하차 확인 등의 업무를 동시에 수행하는 1인 근무체계가 도입되었고, 나아가 경전철 노선에는 무인운전이 도입되고 있는 추세이다. 이러한 운전보안장치의 역할은 열차의 안전운행을 보장하는 절대적인 시스템이다.

예를 들어 폐색장치, 신호장치가 비정상일 경우 열차의 운행진로에 대한 정확성과 안전거리를 보장하지 못하고, 연동장치가 고장일 때에는 열차운행에 제공되는 진로와 신호에 대한 신뢰성이 보장되지 못하기 때문이다.

만약 열차운행이 시스템적으로 안전성, 신뢰성을 보장 받지 못하게 되면 열차는 정해진 속도로 운전을 할 수 없을 뿐만 아니라 계획된 운행 스케줄대로 운행통제가 불가하므로 안전·신속·정확이라는 교통수단의 사명을 달성할 수 없게 된다.

따라서 이를 방지하기 위하여 운영자에게 모든 운전보안장치가 본래의 상태와 성능이 발휘

되도록 관리 책임을 명시한 것이다.

한편 운영기관에서는 항상 운전보안장치의 기능이 발휘되는 상태에서 열차가 운행되도록 하기 위해서 운전자 등이 임의로 ATC장치(차상장치)의 기능을 차단하지 못하도록 차상장치의 프레임을 납으로 봉인을 하거나, 또는 운전보안장치의 기능을 무효화시키는 비상모드로 변경할 때에도 관제사의 승인을 받도록 제도를 운영하고 있는 등 엄격하게 관리하고 있다.

3.12. 운전보안장치의 검사 및 사용

(1) 내 용

① 운전보안장치의 각 부분은 일정한 주기에 따라 검사를 하고 안전운전에 지장이 없도록 정비하여야 한다.
② 신설 · 이설 · 개조 또는 수리한 운전보안장치는 검사하여 기능을 확인하기 전에는 사용할 수 없다.

(2) 해 설

운전보안장치는 앞에서 설명한 바와 같이 열차의 안전운행에 중대한 영향을 주는 중요한 설비이다. 그러므로 항상 정상상태를 유지할 수 있도록 정기적으로 검사를 실시하고, 아울러 신설 · 이설 · 개조 또는 수리를 하였을 때에도 검사를 실시하여 본래의 기능을 확인하도록 명시한 것이다.

이러한 운전보안장치는 차상장치와 지상장치로 구분할 수 있고, 일반적으로 지상에 설치된 설비는 신호분야에서, 차상에 설치된 설비는 차량분야에서 유지관리를 담당하고 있다. 그러나 ATC장치 및 ATO장치 등은 차상장치와 지상장치 간 데이터 인터페이스를 통해 기능이 발휘되므로 정비가 끝난 다음에는 반드시 인터페이스 상태를 검사하고 있다.

3.13. 물품유치 금지

(1) 내 용

차량 운전에 지장이 없도록 궤도상에 설정한 건축한계 안에는 열차 및 차량 외의 다른 물건을 둘 수 없다. 다만, 열차를 운전하지 아니하는 시간에 작업을 하는 경우에는 그러하지 아니하다.

(2) 해 설

철도의 통로는 도로교통의 통로와 달리 제한적이다. 또한 운전자가 진행하는 전방 통로를 볼 수 있는 전도 주시에 한계가 있다.

따라서 차량이 다니는 통로에는 운행을 지장하는 물건을 두지 못하도록 명시하였다. 그러나 열차가 운행하지 않는 시간대에는 시설물 유지보수 작업을 해야 하므로 예외사항으로 명시한 것이다. 그리고 철도에서 열차 및 차량의 운행을 지장하는 작업을 **선로차단작업**이라고 하고, 선로차단 작업을 할 때에는 열차운행 통제를 담당하는 관제사의 승인을 받은 후 시행하고 있다.

(3) 건축한계

① 개 요

도시철도에는 차량의 흔들림이나 선로의 비틀림 등을 고려하여 차량의 안전운행에 필요한 공간을 두어야 하는데 이러한 공간을 **건축한계**라고 한다. 건축한계 내에는 건물이나 그 밖의 시설을 설치할 수 없다.

② 건축한계의 기준

직선구간의 건축한계는 해당노선 운행차량의 크기에 따라 달라진다. 따라서 직선구간의 건축한계는 해당 시·도지사가 정하도록 되어 있다.

곡선구간의 건축한계는 해당구간의 캔트의 크기에 따라 기울이게 하여야 하며, 직선구간의 건축한계는 궤도중심의 각 측(側)에서 일정한 치수 이상으로 확대하고 그 범위는 곡선반경 등을 고려하여 시·도지사가 정한다.

이러한 확대치수는 완화곡선에 따라 체감하여야 한다. 다만, 완화곡선의 길이가 20m 이하인 경우 또는 완화곡선이 없는 경우는 원곡선 끝으로부터 20m 이상의 거리에서, 원곡선이 복심곡선인 경우 확대치수의 차는 반경이 큰 곡선으로부터 20m 이상의 거리에서 체감하여야 한다.

③ 건축한계 적용의 예외

건축한계를 적용함에 있어 가공전차선 및 그 현수장치는 선로 보수 등의 작업에 필요한 일시적인 시설로서 열차의 안전운행에 지장이 없는 경우에는 예외로 한다.

3.14. 선로 등 검사에 관한 기록보존

(1) 내 용

선로·전력설비·통신설비 또는 운전보안장치의 검사를 하였을 때에는 검사자의 성명·검사상태 및 검사일시 등을 기록하여 일정기간 보존하여야 한다.

(2) 해 설

앞에서 설명한 바와 같이 선로·전력설비·통신설비·운전보안장치는 열차운행 가·부 결정은 물론 안전운행에 중대한 영향을 준다. 이러한 설비의 관리 및 정비에 대한 책임을 명확하게 하기 위하여 검사 관계사항을 반드시 기록하고 일정기간을 보관하도록 명시한 것이다.

따라서 운영기관에서는 내부규정으로 설비마다 특성을 반영하여 검사일시, 검사자, 검사항목, 검사결과 등을 기록하는 검사표 서식을 제정하고 보존기간도 규정으로 정하여 운영하고 있다.

그리고 대부분의 운영기관에서는 업무 효율화를 위하여 검사표 기록 및 보관이 전산화되어 있으며, 검사기록 등은 사고 발생 시 원인규명은 물론 책임소재를 파악하는 자료로 활용한다.

3.15. 열차 등의 보전

(1) 내 용

열차 등은 안전하게 운전할 수 있는 상태로 보전하여야 한다.

(2) 해 설

모든 교통수단은 운반구가 있고, 그 운반구를 운반할 동력과 통로가 있어야 한다. 도시철도의 교통수단에서 운반구는 열차 즉, 차량이다. 이러한 차량이 정상상태를 유지하여야 교통수단으로서 본연의 기능을 확보할 수 있기 때문에 열차 등은 안전하게 운행할 수 있는 상태로 보전하도록 명시한 것이다.

따라서 차량(전동차)은 검사 또는 정비중인 경우를 제외하고 정차 중이거나 정거장 및 차량기지 측선에 유치중인 상태에도 항상 열차로 운행이 가능한 상태로 보전하도록 하는 것이다.

3.16. 차량의 검사 및 시험운전

(1) 내 용

① 제작 · 개조 · 수선 또는 분해검사를 한 차량과 일시적으로 사용을 중지한 차량은 검사하고 시험운전을 하기 전에는 사용할 수 없다. 다만, 경미한 정도의 개조 또는 수선을 한 경우에는 그러하지 아니하다.

② 차량의 각 부분은 일정한 기간 또는 주행거리를 기준으로 하여 그 상태와 작용에 대한 검사와 분해검사를 하여야 한다.

③ 제1항 및 제2항에 따른 검사를 할 때 차량의 전기장치에 대해서는 절연저항시험 및 절연내력시험을 하여야 한다.

(2) 해 설

철도 설비 중 차량은 운반구에 해당하는 중요성 때문에 다른 철도설비와는 구별되게 별도의 조항으로 관리기준을 명시하고 있으며, 또한 차량의 제작 · 개조 · 수선, 분해 검사한 차량과 일시 사용중지한 차량은 성능확인 절차를 거친 후 열차로 투입하도록 명시한 것이다.

따라서 제작, 개조, 수선한 차량 등은 국토교통부 고시인 「도시철도차량의 성능시험에 관한 기준」 에 의거 성능시험을 실시하고 있으며, 사용기간 또는 주행거리를 기준으로 하는 검사 및 분해조립의 기준은 운영기관 내부규정으로 정하여 관리하고 있다.

(3) 성능검사

도시철도차량에 대한 성능검사는 「도시철도차량의 성능시험에 관한기준」에 의거 시행되고 있으며 절차 및 내용은 다음과 같다.

① **구성품 시험(1단계)**

구성품을 차량에 설치하기 전 성능 및 안전성을 확인하는 시험

② **완성차 시험(2단계)**

제작공정이 완료된 후 본선 시운전을 시행하기 전에 성능 및 안전성을 확인하는 시험

③ **예비주행(3단계)**

- 완성차 시험을 통과한 후 신뢰성 확인 시험으로서 다음과 같이 구분 실시한다.
  - 형식시험 : 주행거리 5,000km 이상
  - 전수시험 : 주행거리 1,000km 이상
- 예비주행을 시험선에서 실시하기가 적합하지 않을 경우 본선에서 실시할 수 있다.

④ **본선 시운전(4단계)**

차량운행과 관련된 성능 및 안전성을 확인하는 시험

(4) 전동차 검사 및 분해

도시철도 운영기관에서는 보유하고 있는 전동차의 특성을 반영하여 다음과 같이 점검주기를 운영하고 있다.

구 분	경 정 비				중 정 비	
검사종류	출고기동	운행점검	5일검사	4개월검사	4년검사	20년검사
검사주기	출고시	입고시	5일	4개월	4년	20년
주행거리	–	–	–	4만km	40만km	–
점검항목	정상기동 여부 확인	25항목	411항목	785항목	1,470항목	

3.17. 편성차량의 검사

(1) 내 용

열차로 편성한 차량의 각 부분은 검사하여 안전운전에 지장이 없도록 하여야 한다.

(2) 해 설

열차는 운전실에 있는 운전자의 제어명령(각종 기기취급)에 의해 각 차량에 장착된 기기들이 동시에 제어되는 원격제어 방식을 채택하고 있다. 따라서 차량을 1량으로 구분하여 검사를 실시할 경우에는 원격제어 기능과 인터페이스 기능을 확인할 수 없기 때문에 열차로 편성한 차량의 각 부분을 검사하도록 명시한 것이다.

운영기관에서는 차량에 대한 모든 검사 및 정비 후에는 최종적으로 편성상태에서 정상기능 작동여부를 확인하고 있으며, 검사의 종류에 따라 본선 또는 차량기지 내의 시험선에서 시운전까지 하고 있다.

3.18. 검사 및 시험의 기록

(1) 내 용

도시철도운전규칙 제24조 및 제25조에 따라 검사 또는 시험을 하였을 때에는 검사 종류, 검사자의 성명, 검사 상태 및 검사일 등을 기록하여 일정 기간 보존하여야 한다.

(2) 해 설

도시철도 운행차량에 대한 각종 검사 · 시험 결과 기록 및 검사자 등에 관한 기록을 일정기간 관리하도록 하는 것은 전동차 관리의 책임성 강화 및 효율화를 도모하고, 나아가 고장발생 시 고장추적이 용이하도록 하기 위해 명시한 것이다.

따라서 운영기관에서는 편성별로 「전동차 이력부」를 작성하여 관리하고 있으며, 전동차 운용 및 검사와 관련된 기록의 보존기간을 사규로 정하여 관리하고 있고, 아울러 고장추적이 용이하도록 고장발생 전동차의 고장내용 및 수리내역 등을 기록하여 관리하고 있다.

참고로 서울도시철도공사의 전동차 관련 기록 보존기간은 다음과 같다.
- 고객만족점검 · 기동검사 : 해당 연도 말부터 3년
- 품질보증검사 : 해당 연도 말부터 3년
- 신뢰성검사 : 해당 연도 말부터 4년
- 주요검사·보전검사·종합검사 : 폐차 후 2년

- 임시검사 특별검사 : 폐차 후 2년
- 차륜 교환 검사 기록 : 폐차 후 2년
- 차륜 삭정기록 : 폐차 후 2년
- 전동차 이력 : 폐차 후 2년
- 인수 검사표 : 인수 일로부터 6년

제4절 운 전

본 절에서는 운전취급의 일반사항에 대하여 설명한다.

4.1. 열차의 편성

(1) 내 용

열차는 차량의 특성 및 선로 구간의 시설 상태 등을 고려하여 안전운전에 지장이 없도록 편성하여야 한다.

(2) 해 설

도시철도에 운행되는 열차는 자력으로 이동하고, 각종 서비스 장치가 정상작동이 가능하도록 편성되어야 한다. 특히 열차는 이동통로 역할을 하는 선로의 시설규모에 적합하게 편성되어야 안전하게 운전을 할 수 있기 때문에 열차는 차량의 특성과 운행하는 구간의 시설특성을 반영하여 편성하도록 명시한 것이다.

여기서 **차량의 특성**이란 계획된 정상속도 유지와 고장 발생 시 자력으로 운행할 수 있는 동력 발생이 가능한 최소 단위(Unit)를 의미하는 것이다.

또한 **선로구간의 시설상태 등**이란 운행하는 구간에 대한 정거장의 승강장 길이, 최대 기울기 등을 의미하는 것으로서 승강장의 시설규모에 적합하지 않게 열차가 편성될 경우에 승객의 안전상 영업열차로 운행이 불가하기 때문인 것이다.

따라서 특별한 사유로 열차를 승강장 길이보다 길게 편성하는 경우에는 영업열차로서 운행이 불가하고, 회송 운행만 가능하다.

4.2. 승강장 시설기준

승강장은 승객의 승·하차가 이루어지는 장소로서 각종 사고 발생 위험이 있는 장소이다. 그러므로 운전업무 수행 시 주의력을 집중해야 하는 매우 중요한 개소이다.

운전자는 이러한 정거장의 승강장에 대한 시설기준 및 안전시설에 대하여 숙지하고 있어야 업무를 제대로 수행할 수 있으므로 승강장의 시설기준 및 안전시설에 대하여 설명한다.

(1) 승강장 건설기준

- 열차 정차시 여유 및 전동차 앞·뒤 부분의 방향표시 확인 여유거리 등을 고려하여 열차의 길이에 5m를 더한 길이로 한다.
- 승강장 단부에 환승통로나 계단이 있는 경우에는 해당 단부에서 별도로 6m를 연장한다.
- 상대식 승강장은 4.0m를 최소 폭으로 한다.

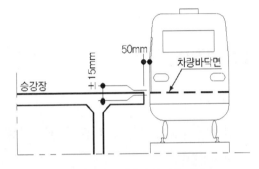

[그림 5-5] 승강장과 차량의 간격

- 섬식(島式) 승강장은 8.0m를 최소 폭으로 한다.
- 승강장 시·종점부 등 승객의 이용이 적은 부분과 유효길이 이상의 연장부에서는 승강장 폭을 여건에 따라 최소 폭 이하로 좁힐 수 있다.
- 승강장 연단부로부터 1.5m 이내에는 기둥 등의 구조물 설치를 금지한다.
- 승강장 연단은 차량한계로부터 50mm의 간격을 띄어 설치한다.
- 곡선 승강장은 곡선에 의한 치수를 가산하여 설치한다.
- 곡선 승강장에서는 승강장의 연단과 차량 간의 간격이 최소인 위치에 장애인의 탑승위치를 표시한다.
- 승강장의 연단은 레일의 윗면으로부터 1,135mm 높이에 설치하는 것을 표준으로 한다.
- 승강장 마감높이는 승강장면과 차량바닥면간의 차가 ±15mm 이내가 되도록 한다.

(2) 승강장 안전시설

- 승객의 안전사고를 방지하기 위하여 안전펜스 또는 스크린도어를 설치하여야 한다.
- 차량과 승강장 연단의 간격이 10cm가 넘는 부분에는 승객의 실족 사고를 방지하는 안전발판 등의 설비를 설치하여야 한다.
- 실시간 확인이 가능한 『**영상감시장치**』를 설치하여 승객 안전사고에 대비한다.

(3) 스크린도어 설치기준

- 승강장 연단에서 스크린도어 출입문까지의 거리는 10cm 이내로 한다. 단, 다음의 경우에는 10cm 이상으로 할 수 있다.
  - 승강장의 구조가 곡선인 경우
  - 스크린도어 제어용 설비와 모니터가 설치되는 승강장의 양끝지역
  - 도시철도의 여객운송차량과 화물운송차량을 함께 운용하는 선로 구간
- 전동차와 스크린도어 사이에 승객의 끼임을 감지하여 승무원과 역무원에게 인지시킬 수 있는 경보장치를 설치한다.
- 재질은 관계법령에 적합한 불연재를 사용한다.
- 화재발생 등 비상상황 발생 시 손으로 출입문을 열 수 있도록 한다.
- 승강장의 구조와 승강장의 바닥구조물의 강도를 고려하여 설치한다.

4.3. 열차의 비상제동 거리

(1) 내 용

열차의 비상제동거리는 600m 이하로 하여야 한다.

(2) 해 설

열차는 위치 이동이 목적이므로 앞으로 진행하는 기능이 중요하지만, 정해진 위치에 정차하는 제동기능이 없이는 진행이 불가하다. 전동차의 기능도 제동기능과 가속기능 중 제동기능이 우선하도록 설계되어 있다. 열차는 제동력 확보가 중요하기 때문에 열차의 제동력은 어떠한 조건 상태에서도 제동거리가 600m 이하가 되도록 명시한 것이다.

현재 운영기관에서 운행 중인 모든 전동차의 최고속도인 100km/h에서 비상제동 감속도 4.5km/h/s를 적용 시 제동거리는 약 336m로서 법령 기준에 만족하는 제동성능을 보유하고 있다(경전철 전동차 표준규격 비상제동 감속도 4.68km/h/s)

본 법령에서 열차의 비상제동거리를 전동차의 제동장치 성능보다 훨씬 긴 600m 이하로 정한 근거는 1995년에 「도시철도운전규칙」제정할 때, 「국유철도운전규칙」의 "열차의 비상제동거리 600m 이하로 한다."는 기준을 인용하였기 때문인 것으로 판단된다.

한편, 현재 시행중인 「철도차량운전규칙」에는 제동력 확보에 대하여 철도공사 구간에는 여러 종류의 열차를 운행하는 특성을 반영하여 비상제동 거리 몇 미터 이하로 명시하지 않고 "열차는 선로의 굴곡정도 및 운전속도에 따라 충분한 제동능력을 갖추어야 한다." 라고 명시하고 있다.

4.4. 열차의 제동장치

(1) 내 용

열차에 편성되는 각 차량에는 제동력이 균일하게 작용하고 분리 시에 자동으로 정차할 수 있는 제동장치를 구비하여야 한다.

(2) 해 설

열차는 2대 이상 차량을 조합한 편성으로 운행된다. 따라서 열차가 진행 운동중일 때에 열차에 연결된 차량은 같은 속도로 운동하므로 차량의 운동에너지($F = 1/2 \cdot m \cdot v^2$)도 동일하다고 할 수 있다.(중량 차이는 다른 기능으로 보완)

그러므로 동일한 힘으로 운동하는 차량을 감속 또는 정지 시키고자 제동을 체결할 때 연결된 차량에 균일한 제동력이 작용하지 않으면 충격이 발생되며, 그 정도가 심하면 분리되는 경우도 발생한다. 따라서 이를 방지하기 위하여 균일한 제동력이 작용하도록 명시한 것이다.

또한 열차로 연결된 차량이 운행중 분리되었을 때 자동적으로 제동이 체결되지 않으면 분리된 차량은 움직이던 관성력이 없어질 때까지 진행운동을 계속하고, 선로의 기울기가 존재하는 구간에서는 중력에 의하여 자유자재로 굴러다녀 사고가 발생될 수 있기 때문에 이를 방지하고자 차량이 분리되면 자동으로 제동이 체결되는 기능을 구비하도록 명시한 것이다.

따라서 전동차의 제동장치는 전기신호를 이용하여 모든 차량이 동시에 제동이 체결되는 기능과 제동 요구 값에 비례하는 제동력을 발생하는 기능을 갖추고 있다. 또한 독립된 전기회로를 구성하여 항상 전원을 공급하고 있다가 열차가 분리되면 전기회로가 차단되므로 자동적으로 비상제동이 체결되는 안전루프(Safety Loop)를 활용, 법령 기준에 명시된 기능을 발휘되도록 설계되어 있다.

4.5. 열차의 제동장치 시험

(1) 내 용

열차를 편성하거나 편성을 변경할 때에는 운전하기 전에 제동장치의 기능을 시험하여야 한다.

(2) 해 설

열차의 제동기능 확보는 열차운행 시 생명선과 같은 존재이다. 그러므로 제동장치의 기능 변경사유가 발생하였을 경우 움직이기 전에 반드시 제동기능을 확인하여 제동력을 보유하도록 제동장치의 기능시험을 법령으로 명시한 것이다.

따라서 운영기관에서는 전동차 편성을 해체하거나 재결합하는 중정비를 실시할 때 제동시험기를 활용하여 부품시험, 완성품시험, 현차시험, 시운전 순으로 제동장치의 기능시험을 하고 있다.

또한 운전자는 다음과 같은 경우 운전 개시 전에 제동 기능시험을 하도록 사규로 규정하여 운영하고 있다.
- 기지 등의 장소에서 출고점검을 할 때
- 본선을 운전중 차량을 교환하였을 때
- 운전실을 교환하였을 때(자동운전은 예외)
- 차량고장으로 다른 차량과 합병하였을 때
- 특정구간을 운전하거나 입환 차량으로 특히 지정하였을 때
- 제동기능이 이상 있다고 판단하였을 때

4.6. 열차 등의 운전

(1) 내 용

① 열차 등의 운전은 열차 등의 종류에 따라 「철도안전법」 제10조제1항에 따른 운전면허를 소지한 사람이 하여야 한다. 다만, 제32조의2에 따른 무인운전의 경우에는 그러하지 아니하다.

② 차량은 열차에 함께 편성되기 전에는 정거장 외의 본선을 운전할 수 없다. 다만, 차량을 결합·해체하거나 차선을 바꾸는 경우 또는 그 밖에 특별한 사유가 있는 경우에는 그러하지 아니하다.

(2) 해 설

본 조항은 열차 운전은 무자격자가 아닌 철도안전법령에 규정된 법정 자격을 보유한 적임자가 운전하도록 명시한 것이다. 또한 부득이한 편성 조성작업 시를 제외하고는 열차로서 정상기능 발휘가 가능한 편성으로 조성된 상태에서만 본선을 운전하도록 명시한 것이다.

따라서 도시철도 차량인 전동차는 제2종 전기차량운전면허를 보유한 자만이 운전업무 수행이 가능하고, 아울러 운영기관에서는 사규에 "정거장 외 본선은 입환 시를 제외하고는 열차로 조성한 경우에만 운전할 수 있다." 라고 정하여 운영하고 있다.

4.7. 무인운전시의 안전 확보 등

(1) 내 용

도시철도운영자가 열차를 무인운전으로 운행하려는 경우에는 다음 각 항의 사항을 준수하여야 한다.

① 관제실에서 열차의 운행상태를 실시간으로 감시 및 조치할 수 있을 것.

② 열차 내의 간이운전대에는 승객이 임의로 다룰 수 없도록 잠금장치가 설치되어 있을 것.

③ 간이운전대의 개방이나 운전모드의 변경은 관제실의 사전 승인을 받을 것.

④ 운전모드를 변경하여 수동운전을 하려는 경우에는 관제실과의 통신에 이상이 없음을 먼저 확인할 것.

⑤ 승차·하차 시 승객의 안전 감시나 시스템 고장 등 긴급 상황에 대한 신속한 대처를 위하여 필요한 경우에는 열차와 정거장 등에 안전요원을 배치하거나 안전요원이 순회하도록 할 것.

⑥ 무인운전이 적용되는 구간과 무인운전이 적용되지 아니하는 구간의 경계 구역에서의 운전모드 전환을 안전하게 하기 위한 규정을 마련해 놓을 것.

⑦ 열차 운행중 다음의 긴급 상황이 발생하는 경우 승객의 안전을 확보하기 위한 조치 규정을 마련해 놓을 것.

　가. 열차에 고장이나 화재가 발생하는 경우

　나. 선로 안에서 사람이나 장애물이 발견된 경우

　다. 그 밖에 승객의 안전에 위험한 상황이 발생하는 경우

(2) 해 설

고도화된 컴퓨터와 최첨단 정보통신 기술이 철도기술에 접목 활용되면서 열차를 무인운전하는 시대가 시작되었다.

무인운전을 하기 위해서는 기본적으로 지상설비와 차상설비 간 무인운전에 필요한 데이터를 연속적으로 주고받는 인터페이스가 이루어져야만 무인운전이 가능하다. 따라서 무인운전은 독립된 노선과 단일 차종이 운행되는 노선에 도입이 효과적이다.

최근 도시철도 노선, 특히 경전철 노선에 무인운전이 활발하게 도입되고 있는 추세이다. 그러나 무인운전은 열차에 운전자가 탑승하지 않으므로 열차 운행 중 안전운행을 저해하는 각종 상황이 발생하면 즉시 대처할 수 없는 문제점이 있다.

따라서 무인운전 활성화에 대비하여 무인운전을 하는 열차에 대한 안전 확보를 목적으로 무인운전시스템에 대한 기준을 다음과 같이 명시 한 것이다.

• 관제실에서 열차의 운행상태를 실시간으로 감시, 조치 기능 확보

• 비상 수동운전을 대비한 간이운전대는 잠금장치 설치

• 간이운전대 사용 등 운전모드의 변경에 대한 통제 기준

• 수동운전 시 관제실과의 통신망 확보

• 승객의 안전감시 및 시스템 고장 시 신속 대응을 위한 안전요원 배치

- 무인운전 적용 구간과 미적용 구간에서 운전취급절차 수립
- 열차 운행 중 각종 비상상황에 대비한 비상대응 절차 수립

4.8. 열차의 운전위치

(1) 내 용

열차는 맨 앞의 차량에서 운전하여야 한다. 다만, 추진운전, 퇴행운전 또는 무인운전을 하는 경우에는 그러하지 아니하다.

(2) 해 설

열차는 전방진로에 대한 이상 유무를 확인하면서 운전하는 운전형태가 가장 안전하므로 원칙적으로 맨 앞의 차량에서 운전하도록 명시한 것이다.

다만, 부득이한 경우인 추진운전, 퇴행운전 등은 예외로 하였다. 이런 경우에는 전방진로를 확인하지 못하기 때문에 운영기관에서는 사규로 관제사의 승인을 받아야 하고, 운전속도를 25km/h(퇴행은 15km/h) 이하로 제한하고 있으며, 감시자를 승차시켜 전방진로를 확인하여 운전자에게 정보를 제공하거나 위험한 상황발생 시 비상정차시키는 역할을 하도록 규제를 하고 있다.

여기서 추진운전의 용어는 철도의 기본적 운전형태가 운전실이 있는 기관차를 맨 앞에 연결하여 끌고 가는 견인(牽引) 형태이나, 기관차를 맨 앞으로 하지 않고 중간이나 뒤에 연결할 경우에는 밀고 가는 형태가 되므로 이런 경우를 추진(推進)운전이라고 한 것이다.

4.9. 열차의 운전시각

(1) 내 용

열차는 도시철도운영자가 정하는 열차시각표에 따라 운전하여야 한다. 다만 운전사고, 운전장애 등 특별한 사유가 있는 경우에는 그러하지 아니하다.

(2) 해 설

교통의 3요소는 이용자, 교통수단, 교통시설로 구분된다. 이러한 교통의 3요소가 균형관계를 유지할 때 교통의 기능을 제대로 발휘 할 수 있다. 여기서 이용자와 교통수단과의 균형적 관계란, 안전성 · 정시성 · 편리성 등을 의미한다고 볼 수 있다.

모든 교통수단은 사전에 정해진 시각에 운전하는 정시성 유지가 중요한 기능이기 때문에 운전사고 등 부득이한 경우를 제외하고는 정시운행 확보를 위해 최선을 다하도록 명시 한 것이다.

하루에 두세 차례 운행하며 이용자가 극히 소수인 오지 노선을 운행하는 버스도 사전에 운전시각이 정해져 있는 것처럼 정기적으로 운행하는 모든 교통수단은 운전시각이 정해져 있어야 한다.

4.10. 운전정리

(1) 내 용

도시철도운영자는 운전사고, 운전장애 등으로 열차를 정상적으로 운전할 수 없을 때에는 열차의 종류, 도착지, 접속 등을 고려하여 열차가 정상운전이 되도록 운전정리를 하여야 한다.

(2) 해 설

운전정리란 열차운행 통제를 담당하는 관제사가 열차가 정상 운행하도록 운전에 관한 명령과 지시를 하는 행위를 말하며, 관제사와 운전자, 역무원 등 철도종사자에게 비정상 운행 사유가 발생하면 즉시 운전정리를 이행하는 책임을 부여하기 위해서 명시한 것이다.

운영기관에서 시행하고 있는 주요 운전정리의 종류는 다음과 같다.

① **순서변경** : 열차번호 변경없이 정해진 운행순서 변경
② **운행변경** : 열차의 계획된 운행 행선지 변경
③ **운전시각 변경** : 정해진 운전시각을 변경
④ **착발선 변경** : 정해진 도착선과 출발선을 변경
⑤ **반복변경** : 종착역 도착 후 정해진 반복열차로 충당하지 않고 변경

⑥ **종별변경** : 열차의 종별(급행열차 → 완행열차 등)을 변경

⑦ **단선운전** : 특별한 사유로 복선운전구간에서 1개 선로로만 운전

⑧ **합병운전** : 2개 열차를 하나로 연결하여 운전

⑨ **퇴행운전** : 열차가 진행하는 방향의 반대방향으로 운전

⑩ **추진운전** : 운전실을 최전부로 하지 않고 운전

⑪ **차량교환** : 열차로 운행이 지정된 차량을 다른 차량으로 변경

⑫ **임시열차 운전** : 계획된 운행스케줄 없이 운행하는 열차

⑬ **운행취소** : 계획된 열차운행 취소

⑭ **임시서행** : 정상속도를 일시적으로 낮추어 운행

4.11. 운전 진로

(1) 내 용

① 열차의 운전방향을 구별하여 운전하는 한 쌍의 선로에서 열차의 운전 진로는 우측으로 한다. 다만, 좌측으로 운전하는 기존의 선로에 직통으로 연결하여 운전하는 경우에는 좌측으로 할 수 있다.

② 다음 각 호의 어느 하나에 해당하는 경우에는 제1항에도 불구하고 운전 진로를 달리할 수 있다.

   1. 선로 또는 열차에 고장이 발생하여 퇴행운전을 하는 경우

   2. 구원열차(救援列車)나 공사열차(工事列車)를 운전하는 경우

   3. 차량을 결합·해체하거나 차선을 바꾸는 경우

   4. 구내운전(構內運轉)을 하는 경우

   5. 시험운전을 하는 경우

   6. 운전사고 등으로 인하여 일시적으로 단선운전(單線運轉)을 하는 경우

   7. 그 밖에 특별한 사유가 있는 경우

(2) 해 설

우리나라 철도의 시작은 일제 강점기 시대에 일본에 의해 건설·운영된 역사를 가지고 있

다. 이로 인하여 철도분야에는 일본의 철도에서 유입된 각종 제도와 용어가 많이 사용되고 있으며, 운전진로도 일본식을 채택하여 좌측선로를 원칙으로 하고 있다. 그러나 도시철도의 운전진로는 철도와 다르게 우측을 원칙으로 하고 있다. 도시철도 노선의 운전진로를 우측으로 정한 것은 도로교통수단과 동일한 운전방향을 정하는 것이 이용자에게 편리하고, 유리하다고 판단하여 서울지하철 2호선부터 우측으로 정한 것이다.

따라서 철도구간과 직통운전을 하는 노선의 경우 동일방향으로 운전하는 열차는 관할구간이 변경되는 역 사이에서 운전진로를 바꾸기 위해서 선로가 교차하는 문제가 발생되므로 "기존 노선과 직통 운전하는 경우에는 좌측으로 할 수 있다." 라는 예외를 둔 것이다.

여기서 서울지하철 4호선을 살펴보면, 서울메트로 담당구간은 우측선로를, 철도공사 담당구간은 좌측선로를 운전하기 때문에 관할구간 경계 역인 남태령역(서울메트로)과 선바위역(철도공사) 간에서 좌·우측 선로가 입체 교차하고 있는 실정이다. 이러한 선로의 입체 교차는 노선 건설비가 추가 소요되고, 운영상 비효율적인 문제점이 존재하므로 감사원의 지적에 의하여 4호선 건설이후부터 선로가 입체 교차되지 않도록 건설주체 간 의견을 조정하여 운전진로를 결정하도록 제도가 마련되었다.

따라서 서울지하철 4호선보다 늦게 건설된 3호선 연장구간인 북단 지축~대화 구간의 운전진로는 철도공사 담당구간이지만 우측이다. 이러한 현실을 반영하여 「철도차량운전규칙」에는 열차의 운전진로에 대한 원칙을 명시하지 아니하고 "철도운영자 등은 상행선·하행선 등으로 노선이 구분되는 선로의 경우에는 열차의 운전방향을 미리 지정하여야 한다."로 명시하게 되었다.

아울러 법령으로 선로의 열차운전 진로를 구분 명시하고 있는 것은 선로를 건설할 때부터 먼저 열차운전 진로를 정해 놓아야 신호설비, 승강장 설비 등을 열차 운전진로에 맞도록 건설할 수 있기 때문이다.

4.12. 폐색구간

(1) 내 용

① 본선은 폐색구간으로 분할하여야 한다. 다만, 정거장 안의 본선은 그러하지 아니하다.

② 폐색구간에서는 둘 이상의 열차를 동시에 운전할 수 없다. 다만, 다음 각 호의 어느 하나에 해당하는 경우에는 그러하지 아니하다.

    1. 고장 난 열차가 있는 폐색구간에서 구원열차를 운전하는 경우

    2. 선로 불통으로 폐색구간에서 공사열차를 운전하는 경우

    3. 다른 열차의 차선 바꾸기 지시에 따라 차선을 바꾸기 위하여 운전하는 경우

    4. 하나의 열차를 분할하여 운전하는 경우

(2) 해 설

폐색은 정해진 구간에 1개 열차만 운전하기 위해서 해당 구간에 다른 열차의 유무를 확인한 다음 그 구간에 열차의 진입을 허용하는 것이다. 즉, 폐색의 본질은 정해진 구간에 대한 통제 수단이다.

여기서 정해진 구간이 바로 **폐색구간**이며, 본선을 폐색구간으로 나누지 아니하면 폐색절차가 성립되지 않기 때문에 폐색에 의한 방법으로 열차를 통제하기 위해서 본선을 폐색구간으로 분할하도록 명시한 것이다. 다만, 정거장 안의 본선은 입환 등이 발생되므로 입환신호, 장내신호, 출발신호 등으로 통제를 할 수 있기 때문에 예외로 하였다.

그리고 폐색구간에 1개 열차만 운전하는 것이 원칙이나 본선 개통이 필요한 부득이한 경우에는 2개 열차를 운행하도록 명시하고 있으며, 이 경우에는 반드시 속도제한 또는 전호에 의한 유도운전 등의 보완대책이 동시에 이루어져야 한다.

4.13. 추진운전과 퇴행운전

(1) 내 용

① 열차는 추진운전이나 퇴행운전을 하여서는 아니 된다. 다만, 다음 각 호의 어느 하나에 해당하는 경우에는 그러하지 아니하다.

    1. 선로나 열차에 고장이 발생한 경우

    2. 공사열차나 구원열차를 운전하는 경우

    3. 차량을 결합 · 해체하거나 차선을 바꾸는 경우

4. 구내운전을 하는 경우

5. 시설 또는 차량의 시험을 위하여 시험운전을 하는 경우

6. 그 밖에 특별한 사유가 있는 경우

② 노면전차를 퇴행운전으로 하는 경우에는 주변 차량 및 보행자들의 안전을 확보하기 위한 대책을 마련하여야 한다.

(2) 해 설

열차 운전은 운전자가 전방을 주시하면서 정해진 진로를 따라 운전하는 것이 가장 안전하므로 부득이한 경우를 제외하고는 추진운전과 퇴행운전을 하지 않도록 명시한 것이다. 그러나 긴급히 본선을 개통할 부득이한 사유가 있거나 영업을 하지 않는 상태에서 추진운전이나 퇴행운전이 필요할 경우는 예외로 하고 있다.

따라서 운전자는 어느 경우에 추진운전 또는 퇴행운전을 할 수 있는지 잘 알고 있어야 하고, 이렇게 운전을 할 때 속도제한 등의 보완책이 무엇인지도 알고 있어야 한다.

여기서 **퇴행운전**은 열차가 정해진 운전방향과 반대 방향으로 운전하는 형태를 말한다. 예를 들면, A역을 떠난 열차가 부득이한 사유로 다시 A역으로 돌아오는 것으로서, 이 때 운전실을 교환하여 운전하는 경우나, 운전실을 교환하지 않고 그대로 운전하는 경우 모두 퇴행운전에 해당한다.

아울러 노면전차는 보행자를 비롯한 다른 교통수단과 혼재되어 운행되므로 퇴행운전을 하는 경우에는 주변 차량과 보행자들에게 위험요인이 발생될 수 있기 때문에 노면전차를 운영하는 기관에서 사규로 퇴행 시 안전 확보대책을 마련하도록 명시한 것이다.

4.14. 열차의 동시출발 및 도착의 금지

(1) 내 용

둘 이상의 열차는 동시에 출발시키거나 도착시켜서는 아니 된다. 다만, 열차의 안전운전에 지장이 없도록 신호 또는 제어설비 등을 완전하게 갖춘 경우에는 그러하지 아니하다.

(2) 해 설

정거장은 상·하선 선로가 있는 단순한 일반역도 있지만, 착발선, 유치선, 인상선 등 여러 용도의 선로가 존재하는 운전취급역이 있으며, 또한 많은 선로가 부설된 차량기지가 있다.

이러한 운전취급역이나 차량기지에서는 열차를 도착, 출발시키는 운전취급을 할 때 상호 접촉, 충돌할 염려가 있으므로 이 경우 2개 열차 이상을 동시에 진·출입 시키지 않도록 명시한 것이다.

그러나 신호시스템의 기능이 정상일 경우에는 열차 진·출입을 통제하는 신호시스템의 각종 쇄정과 연동기능으로 열차의 진로를 안전하게 보장하므로 예외로 한 것이다.

4.15. 정거장 외의 승차·하차금지

(1) 내 용

정거장 외의 본선에서는 승객을 승차·하차시키기 위하여 열차를 정지시킬 수 없다. 다만, 운전사고 등 특별한 사유가 있을 때에는 그러하지 아니하다.

(2) 해 설

선로에는 각종 시설과 설비가 부설되어 있기 때문에 철도종사자들도 보행 시 각별한 주의가 필요하며 위험한 장소이다. 그러므로 승객들은 안전한 승·하차 기능을 구비한 정거장 내의 승강장에서만 승·하차가 가능한 것이다.

따라서 승객의 안전 상 열차에 승차한 승객을 대피시킬 필요가 있는 경우를 제외하고는 정거장 외 장소에서 승객의 승·하차가 불가함을 명시한 것이다.

4.16. 선로의 차단

(1) 내 용

도시철도운영자는 공사나 그 밖의 사유로 선로를 차단할 필요가 있을 때에는 미리 계획을 수립한 후 그 계획에 따라야 한다. 다만, 긴급한 조치가 필요한 경우에는 운전업무를 총괄하는 사람(이하 "관제사"라 한다)의 지시에 따라 선로를 차단할 수 있다.

(2) 해 설

선로차단의 결과는 열차 운행중단을 가져온다. 그러므로 공사 등으로 선로를 차단할 사유가 발생했을 경우에는 열차운행계획을 담당하는 부서와 사전 협의절차를 거쳐 선로를 차단하도록 하고, 열차의 정상운행에 필요한 긴급한 조치를 위하여 선로를 차단하고자 할 때에는 열차운행 통제를 담당하는 관제사의 책임 하에 선로를 차단하도록 명시 한 것이다.

4.17. 열차 등의 정지

(1) 내 용

① 열차 등은 정지신호가 있을 때에는 즉시 정지시켜야 한다.
② 제1항에 따라 정차한 열차 등은 진행을 지시하는 신호가 있을 때까지는 진행할 수 없다. 다만, 특별한 사유가 있는 경우 관제사의 속도제한 및 안전조치에 따라 진행할 수 있다.

(2) 해 설

정지신호 현시(現示)는 해당 신호기가 방호구역에 대한 안전을 보장하지 못한다는 의미이다. 즉, 열차는 운전진로에 정지신호가 현시되어 있으면 반드시 신호기 전방(신호를 정면으로 확인하는 위치)에 정차하여야 한다.

그러나 열차운행 중 신호시스템 장애발생 또는 차량고장으로 정차한 열차가 있는 구간에 구원열차 운행이 필요한 경우 등과 같이 특별한 사유가 있을 때에는 정지신호 현시구간에 열차가 진행하여야 할 필요가 있기 때문에 이 경우에는 속도제한 등의 안전조치 후 진행하도록 명시한 것이다.

따라서 운영기관에서는 불가피하게 정지신호 현시구간에 진입하여야 하는 상황별로 준수사항 및 속도제한을 사규에 명시하여 운영하고 있으며, 이 외의 경우에는 관제사의 지시에 따라 진입하도록 하고 있다.

특히 분기가 있는 구역을 방호하는 신호기에 정지신호가 현시되어 있을 때 운전자 임의로 진입할 경우에는 선로전환기 파손, 이선진입, 탈선 등의 사고가 발생할 우려가 있으므로 반드시 관제사에게 진로의 이상 유무를 확인 받은 다음에 진입하여야 안전운행이 보장된다.

4.18. 열차 등의 서행

(1) 내 용

① 열차 등은 서행신호가 있을 때에는 지정속도 이하로 운전하여야 한다.

② 열차 등이 서행해제신호가 있는 지점을 통과한 후에는 정상속도로 운전할 수 있다.

(2) 해 설

모든 선로는 최고(설계)속도가 정해져 있으며, 신호가 지시하는 지시속도가 있다. 그러나 각종 공사와 선로보수 등의 사유로 정해진 선로의 최고속도보다 낮은 속도로 제한해야할 필요가 있는 경우, 임시로 설치하여 사용하는 신호가 서행신호이다.

따라서 운전자는 서행신호가 있는 구간을 진입할 때에는 지정하는 서행속도 이하로 진입, 운행하여야 한다. 그리고 서행구간이 완료되었음을 표시하는 서행해제신호가 있는 지점을 통과한 후에는 정상속도로 운전을 하여야 한다.

4.19. 열차 등의 진행

(1) 내 용

열차 등은 진행을 지시하는 신호가 있을 때에는 지정속도로 그 표시지점을 지나 다음 신호기까지 진행할 수 있다.

(2) 해 설

진행을 지시하는 신호(진행신호, 주의신호 등)의 운행 허용구간은 다음 신호가 있는 위치까지이며, 운전속도는 해당 신호가 지시하는 속도임을 명시한 것이다. 따라서 운전자는 진행하는 진로에 현시되는 신호에 따라 지시속도 이하로 운전하여야 한다.

또한 운영기관에서는 모든 신호에 대한 **종료지점**을 신호기를 사용하여 나타내지 않고, 선로의 중요성과 기능 등을 감안하여 **열차정지표지** 및 **차량정지표지**로 대신 사용하기도 한다.

이런 경우에는 진행을 지시하는 신호기에 대한 운전 허용구간이 열차정지표지 또는 차량정지표지까지 임을 인식하고 운전하여야 한다.

4.20. 노면전차의 시계운전

(1) 내 용

시계운전을 하는 노면전차의 경우에는 다음 각 호의 사항을 준수하여야 한다.

1. 운전자의 가시거리 범위에서 신호 등 주변상황에 따라 열차를 정지시킬 수 있도록 적정 속도로 운전할 것
2. 앞서가는 열차와 안전거리를 충분히 유지할 것
3. 교차로에서 앞서가는 열차를 따라서 동시에 통과하지 않을 것

(2) 해 설

최근 국외에서 노면전차 운행특성은 도심 중심부에서는 시계운전을 하고, 시 외곽 등에서는 궤도를 철도신호 체계에 의해 운행되는 추세이다.

노면전차가 시계운전을 할 때에는 도로교통수단과 혼재되어 운전하므로 안전거리 확보를 위하여 앞차와 일정거리를 유지하고 저속운전을 하며, 교차로에서는 시계확보를 위하여 앞에 가는 열차와 동시에 통과하지 않도록 명시한 것이다.

따라서 노면전차의 표준규격 감속도가 4.68km/h/s 이상으로서 중량 전동차와 비교하면 매우 높은 우수한 제동성능을 갖추고 있고, 도심 중심부의 운전속도는 약 15km/h 이하(외국 사례)로 운전하는 방식으로 안전거리를 확보하고 있다.

4.21. 차량의 결합·해체 등

(1) 내 용

① 차량을 결합·해체하거나 차량의 차선을 바꿀 때에는 신호에 따라 하여야 한다.
② 본선을 이용하여 차량을 결합·해체하거나 열차 등의 차선을 바꾸는 경우에는 다른 열차 등과의 충돌을 방지하기 위한 안전조치를 하여야 한다.
③ 정거장이 아닌 곳에서 본선을 이용하여 차량을 결합·해체하거나 차선을 바꾸어서는 아니 된다. 다만, 충돌방지 등 안전조치를 하였을 때에는 그러하지 아니하다.

(2) 해 설

차량을 결합·해체하거나 차량의 차선을 바꾸는 작업을 철도에서는 입환(入換)이라고 한다. 입환 시 차량의 운전은 입환신호에 의하거나, 입환신호가 없는 경우에는 전호에 의하도록 한 것이며, 특히 본선을 이용하는 본선 지장입환은 다른 열차와 충돌우려가 있으므로 입환 개시 전에 인접 역에서 출발하는 열차가 없음을 확인하는 안전조치 후에 본선지장 입환을 하도록 명시한 것이다.

따라서 운영기관에서는 차량 입환 시 안전을 확보하기 위하여 협의절차, 운전위치, 입환속도, 입환 개시 전 확인사항, 입환 진로확인, 전호에 의한 입환 등 입환 작업절차와 준수사항 등을 상세하게 사규로 정하여 운영하고 있다.

4.22. 선로전환기의 쇄정 및 정위치 유지

(1) 내 용

① 본선의 선로전환기는 이와 관계있는 신호장치와 연동쇄정(聯動鎖錠)을 하여 사용하여야 한다.
② 선로전환기를 사용한 후에는 지체없이 미리 정하여진 위치에 두어야 한다.
③ 노면전차의 경우 도로에 설치하는 선로전환기는 보행자 안전을 위해 열차가 충분히 접근하였을 때에 작동하여야 하며, 운전자가 선로전환기의 개통 방향을 확인할 수 있어야 한다.

(2) 해 설

선로전환기는 열차의 진로를 바꾸어 주는 역할을 하는 장치이다. 이러한 선로전환기는 열차에 진로의 이상 유무 정보를 제공하는 신호장치와 연동되고, 쇄정되지 않으면 안전운행을 보장하지 못하므로 본선에 부설된 모든 선로전환기는 신호장치와 연동, 쇄정 기능이 작동되는 상태에서 사용하도록 명시한 것이다.

선로전환기는 분기하는 방향을 기준으로 선로의 중요도를 반영하여 항시 위치해두는 위치를 **정위**(定位, normal position)라고 한다. 필요에 따라 취급하는 위치를 **반위**(反位, reverse position)라고 하며, 반위로 사용 후에는 정위로 복귀시켜야 한다.

이러한 이유는 선로전환기가 중요한 선로로 개통되어 있어야 안전도가 높고, 취급횟수가 줄어들어 효율적이기 때문이다.

또한 노면전차용으로 도로에 부설된 선로전환기는 보행자의 안전을 위해 작동시기와 운전자가 개통방향을 쉽게 확인할 수 있는 장치를 하도록 명시한 것이다.

따라서 운영기관에서는 선로전환기와 신호장치간 고신뢰성 연동기능이 발휘되는 신호시스템을 사용하고 있고, 정기적으로 정상기능 발휘여부를 확인 하는 등 엄격하게 관리하고 있으며, 또한 신호취급절차에 대하여 세부적 취급기준을 정하여 운영하고 있다.

외국사례를 보면 노면전차용 선로전환기의 개통방향 표시는 선로전환기의 몸체에 LED를 장착하여 LED등 색깔로 개통방향을 표시하고 있다.

4.23. 분기기

도시철도차량 운전자가 알아야 하는 분기기(分岐器, turnout)의 기초사항에 대하여 설명한다.

(1) 분기기 개요

분기기는 열차 등을 한 궤도에서 다른 궤도로 전환하기 위해서 궤도상에 설치한 설비로서 **포인트부**, **리드부**, **크로싱부**로 구성되어 있다.

포인트부에는 텅(Tongue)레일이 있으며, 이 텅레일이 어느 진로의 기준레일에 붙느냐에 따라 진로가 결정된다.

분기기의 텅레일을 움직이는 장치를 선로전환기 또는 Point라고 하며 수동 또는 전기 선로전환기로 구분된다.

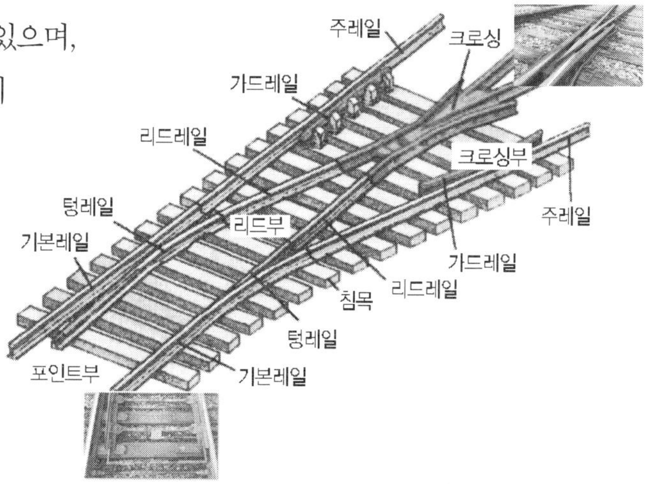

[그림 5-6] 분기기

(2) 분기기 사용형태 구분

열차가 분기기를 통과하는 형태에 따라 안전도가 다르기 때문에 사용형태에 따라 다음과 같이 구분하며, 열차가 선로전환기를 배향운전을 할 때가 더 안전하다.

① **대향(對向)운전** : 오른쪽 그림 A와 같이 열 차가 분기기 전단에서 후단으로 진입할 때

② **배향(背向)운전** : 오른쪽 그림 B와 같이 열 차가 분기기 후단에서 전단으로 진입할 때

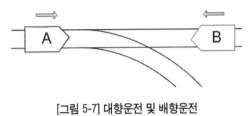

[그림 5-7] 대향운전 및 배향운전

(3) 분기기의 종류

분기기는 배선의 형상, 사용목적, 교차종류 등으로 다양하게 구분하고 있으나 여기에서는 도시철도 운영기관에 많이 부설되어 있는 분기기 종류에 대하여 설명한다.

① **편개 분기기**(Simple Turnout) **:** 직선궤도로부터 좌 또는 우로 한 방향으로만 분기하는 분기기

② **양개 분기기**(Symmetrical Turnout) : 직선궤도로부터 좌·우 양측으로 같은 각도로 벌어지는 분기기로서 주로 기준선과 분기선의 사용조건이 비슷한 경우에 설치된다.

③ **건넘선**(Cross Over) **:** 병행하는 두선의 선로 간에 열차나 차량을 건너가게 하기 위하여 2조의 분기기를 연결시킨 선로를 말한다.

④ **시저스 분기기**(Scissors Turnout) **:** 평행한 2개 선로사이에 2개의 건넘선을 상·하로 교차하여 중복시킨 선로로서 형상이 가위와 같다고 시저스라고 한다.

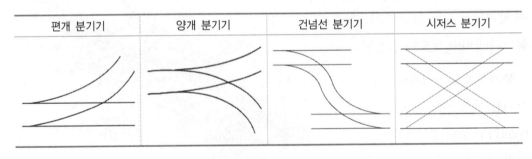

[그림 5-8] 분기기 종류

(4) 크로싱(Crossing)

선로가 교차하는 부분을 크로싱이라고 한다. 크로싱은 노즈 레일(Nose rail)과 윙 레일(Wing rail)로 구성되어 있다. 기준 선로와 리드레일이 교차하는 부분은 *윤연로(*輪緣路)를 확보하려면 주행로에 결선부(缺線部)가 발생된다.

이러한 결선부는 열차 주행에 최대 불안전 요인으로 작용하므로 보완책으로 크로싱 부설개소에는 노즈레일(Nose rail) 반대편의 기준레일 측에 가드 레일(Guard rail)을 부설하고 있다.

노즈 레일(Nose rail)과 가드 레일(Guard rail) 간의 간격을 백게이지(Back gange)라고 하며, 이 백게이지(Back gange)의 간격은 이선진입 방지 및 Nose rail 보호 등에 영향을 준다. 또한 크로싱부의 최대 약점인 결선부를 없도록 Nose rail을 가동되는 가동크로싱(Movable Nose Crossing)을 부설 사용하는 노선이 증가 추세에 있다.(용인 경전철 노선에 부설되어 있음)

[그림 5-9] 크로싱

(5) 분기기 번호(철차번호)

분기기 번호는 크로싱 번호이다. 운영기관에서는 **철차번호**라고도 부른다. 이러한 분기기 번호는 크로싱 입사각의 대소에 따라 결정된다.

이 입사각이 작을수록 열차의 운동방향 변화도 작아지므로 안전하다고 할 수 있다.

분기기의 번호 숫자가 높을수록 입사각이 작

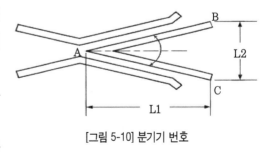

[그림 5-10] 분기기 번호

---

*윤연로(輪緣路) : Flange Way이다. 열차 주행 시 차량의 탈선을 방지하거나 레일의 마모 방지와 건널목 또는 정차장 내의 통로에 있어서 통행인 및 차량의 횡단에 편리하도록 설치한 가드레일과 본선과의 간격을 말한다.

고, 번호 숫자가 낮을수록 입사각이 크다. 따라서 분기기의 제한속도는 분기기의 형상과 분기기 번호로 결정하고 있는 것이다. 분기기 번호는 [그림 5-10]과 같이 정하고 있다.

$$\therefore \frac{L1}{L2} = \frac{12}{1} \text{이면 } \#12\text{번 분기기}$$

4.24. 운전속도

(1) 내 용

① 도시철도운영자는 열차 등의 특성, 선로 및 전차선로의 구조와 강도 등을 고려하여 열차의 운전속도를 정하여야 한다.
② 내리막이나 곡선선로에서는 제동거리 및 열차 등의 안전도를 고려하여 그 속도를 제한하여야 한다.
③ 노면전차의 경우 도로교통과 주행선로를 공유하는 구간에서는 「도로교통법」제17조에 따른 최고속도를 초과하지 않도록 열차의 운전속도를 정하여야 한다.

(2) 해 설

운전속도는 해당 교통수단의 가치를 결정하는 요소이다. 단, 운전속도가 높을수록 안전도가 낮아지는 요인이 존재하므로 운영자에게 해당노선의 운전속도를 정해놓고 관리하고, 위험요인이 있는 개소 또는 구간은 운전속도를 제한하도록 명시한 것이다.

따라서 모든 운영기관에서는 사규로 열차의 운전속도, 신호에 따른 운전속도, 선로형태에 따른 운전속도를 정해놓고 이를 준수하고 있다. 아울러 도로교통과 주행선로를 공유하는 노면전차의 경우에는 「도로교통법」제17조에 의한 자동차 등의 속도 규정을 적용 받도록 명시한 것이다.

여기서 「도로교통법」제17조를 살펴보면 도로의 속도는 안전행정부 장관이 정하도록 되어 있고, 위험방지와 원활한 소통을 위하여 필요시 해당 지역의 지방경찰청장이 정해진 속도를 제한할 수 있다. 그리고 운전자는 정해진 최고속도를 초과하거나 최저속도 이하로 운전할 수 없도록 규정되어 있다.

(3) 운전속도 제한 요인별 목적

운영기관에서 운전속도를 제한하는 요인별 목적은 다음과 같다

요소	항목	목적	비고
선로 형태	분기기 구조	탈선방지, 승차감 향상	구조반영(입사각)
	곡선부 크기	탈선방지, 승차감 향상	곡선반경
	기울기 크기	제동거리 확보	기울기 정도
차량	제동축수 부족	제동거리 확보	제동확보율 반영
통제 형태	폐색방식 변경	안전확보	보안도에 비례
	운전형태 변경	안전확보	추진, 퇴행운전
이상 기후	폭풍	안전확보	속도제한 및 운행중단
	침수	안전확보	
	안개, 폭우	안전확보	주의운전

(4) 요소별 제한 속도

운영기관에서 적용하고 있는 요소별 제한속도 다음과 같다.

① 분기기 제한속도(km/h)

분기기 종류＼크로싱 번호	#8	#10	#12
편개 분기기	25	35	45
양개 분기기	40	50	60

② 곡선 제한속도(km/h)

곡선반경 (m)	140 ~ 149	150 ~ 189	190 ~ 239	240 ~ 269	270 ~ 299	300 ~ 339	340 ~ 389	390 ~ 439	440 ~ 499	500 ~ 799	800 이상
분기에 접속하지 않는 곡선	35	40	50	55	60	65	70	75	80	80	90
분기에 접속하는 곡선	−	25	30	30	30	35	40	45	45	50	−

③ 정거장 구내의 곡선 제한속도

곡선반경 (m)	350~ 429	430~ 529	530~ 629	630~ 729	730~ 829	830~ 949	950~ 1079	1080 이상
속도(km/h)	45	50	55	60	65	70	75	80

④ 하구배 제한속도

기울기(‰)	0~10	11~20	21~25	26~30	31~35
속도(km/h)	90	80	75	70	65

4.25. 속도제한

(1) 내 용

도시철도운영자는 다음 각 호의 어느 하나에 해당하는 경우에는 운전속도를 제한하여야 한다.

  1. 서행신호를 하는 경우
  2. 추진운전이나 퇴행운전을 하는 경우
  3. 차량을 결합·해체하거나 차선을 바꾸는 경우
  4. 쇄정(鎖錠)되지 아니한 선로전환기를 향하여 진행하는 경우
  5. 대용폐색방식으로 운전하는 경우
  6. 자동폐색신호의 정지신호가 있는 지점을 지나서 진행하는 경우
  7. 차내신호의 "0" 신호가 있은 후 진행하는 경우
  8. 감속·주의·경계 등의 신호가 있는 지점을 지나서 진행하는 경우
  9. 그 밖에 안전운전을 위하여 운전속도제한이 필요한 경우

(2) 해 설

열차의 운전속도는 선로형태에 해당하는 곡선부, 기울기, 분기기 외에도 안전운행을 위하여 운전속도를 제한할 필요가 있으므로 도시철도 운영자에게 다음 표에 해당하는 경우에는 속도를 제한하도록 명시한 것이다.

속도제한을 하는 경우	필요성(사유)
① 서행신호를 하는 경우	선로 등 취약
② 추진운전이나 퇴행운전을 하는 경우	안전거리 확보
③ 차량을 결합·해체하거나 차선을 바꾸는 경우	안전속도유지(입환)
④ 쇄정되지 아니한 선로전환기를 향하여 진행하는 경우	보안도 취약
⑤ 대용폐색방식으로 운전하는 경우	보안도 취약
⑥ 정지신호가 있는 지점을 지나서 진행하는 경우	폐색 미확인
⑦ 차내신호의 "0" 신호가 있은 후 진행하는 경우	폐색 미확인
⑧ 감속·주의·경계의 신호가 있는 지점을 진행하는 경우	안전거리 반영
⑨ 그 밖에 안전운전을 위하여 운전속도 제한이 필요한 경우	안전확보(이상기후)

4.26. 차량의 구름 방지

(1) 내 용

① 차량을 선로에 두는 경우에는 저절로 구르지 않도록 필요한 조치를 하여야 한다.

② 동력을 가진 차량을 선로에 두는 경우에는 그 동력으로 움직이는 것을 방지하기 위한 조치를 마련하여야 하며, 동력을 가진 동안에는 차량의 움직임을 감시하여야 한다.

(2) 해 설

인류의 역사를 바꾼 발명품 중 바퀴도 포함된다는 설(設)이 있다. 도시철도 차량 역시 바퀴(Wheel)로 움직인다. 또한 도시철도의 선로는 평탄선도 있지만 기울기가 존재한다. 선로에 기울기가 있을 때 바퀴가 달린 차량은 바람이나 그 밖의 충격 등으로 언제든지 굴러다닐 수 있는 개연성을 가지고 있다. 그리고 만약에 구르게 된다면 사고가 발생하기 때문에 이를 방지하기 위하여 차량을 유치한 경우 구름방지 조치를 하도록 명시한 것이다.

따라서 운영기관에서는 상시 사용이 가능하도록 전동차에 구름방지용 **차륜막이**를 적재 해 놓고 있으며, 유치선에는 **반전식 차륜막이**를 설치하여 필요시 사용하고 있다.

또한 차량을 유치하는 정거장의 선로에 대한 기울기는 3‰ 이내로 제한하여 건설하고 있다. 참고로 1990년대 중반 이후에 제작된 전동차에는 성능이 매우 우수한 주차제동장치가 설치되어 있다. 이러한 주차제동은 압축공기 확보와 무관하게 제동력이 작용될 수 있도록 스프링 장력을 활용하기 때문에 차량 유치 시 주차제동을 체결해 두면 저절로 구르는 사례는 발생하지 않는다.

제5절 폐 색(Block)

본 절에서는 열차 충돌 및 추돌방지 시스템인 폐색방식에 대하여 설명한다.

5.1. 폐색방식의 구분

(1) 내 용

① 열차를 운전하는 경우의 폐색방식은 일상적으로 사용하는 폐색방식(이하 '상용폐색방식'이라 한다)과 폐색장치의 고장이나 그 밖의 사유로 상용폐색방식에 따를 수 없을 때 사용하는 폐색방식(이하 '대용폐색방식'이라 한다)에 따른다.

② 제1항에 따른 폐색방식에 따를 수 없을 때에는 전령법(傳令法)에 따르거나 무폐색운전을 한다.

(2) 해 설

폐색은 열차 충돌 및 추돌을 방지하기 위한 시스템이라고 할 수 있다. 그러나 불가피한 사유로 상용하는 폐색방식을 사용할 수 없을 경우 열차운행의 혼란과 위험이 예상된다.

이러한 폐색의 중요성 때문에 상시 사용하는 **상용폐색방식**과 대체 가능한 **대용폐색방식**, 그리고 폐색방식에 의한 열차운행이 불가한 경우를 대비하여 폐색방식에 준하는 **준용법**을 사전에 정해 놓고 사용하도록 하였으며, 폐색방식 중 보안도가 높은 폐색방식 우선사용 원칙을 명시한 것이다.

따라서 운영기관에서는 사규에 해당노선 설비 특성을 반영한 폐색방식별 폐색종류를 정해 놓고 있으며 폐색방식별로 사용시기, 사용절차, 준수사항 등을 규정하고 엄격하게 준수하고 있다.

(3) 폐색방식의 구분

철도에서 사용하고 있는 폐색방식을 다음과 같이 구분할 수 있다.

① 간격확보 기준에 의한 구분

- 거리 간격법(Space Interval System) : 보안도 우수
- 시간 간격법(Time Interval System) : 보안도 취약

② 폐색구간 운영 기준에 의한 구분

- 고정폐색식(Fixed Block System) : 선로 이용효율 제한적
- 이동폐색식(Moving Block System) : 선로 이용효율 높음

③ 사용 용도에 의한 구분

폐색방식 구분	특 성	보안도
상용(常用)폐색방식	거리 간격법 적용	매우우수
대용(代用)폐색방식	거리 간격법 적용	보통
폐색준용(準用)법	거리 간격법 미적용	취약

5.2. 상용폐색방식

(1) 내 용

상용폐색방식은 자동폐색식 또는 차내신호폐색식에 따른다.

(2) 해 설

모든 운영기관에서 상용폐색방식으로 사용하고 있는 **자동폐색식** 또는 **차내신호폐색식**은 시스템에 의한 *ATP기능이 발휘되는 안전한 폐색방식이다. 따라서 열차운행 통제에 상시 사용하는 상용폐색방식은 자동폐색식 또는 차내신호폐색식을 사용하도록 명시한 것이다.

---

* ATP(Automatic Train Protection)기능 : 열차자동보호 기능

5.3. 자동폐색식

(1) 내 용

자동폐색구간의 장내신호기, 출발신호기 및 폐색신호기에는 다음 각 호의 구분에 따른 신호를 할 수 있는 장치를 갖추어야 한다.

    1. 폐색구간에 열차 등이 있을 때 : 정지신호

    2. 폐색구간에 있는 선로전환기가 올바른 방향으로 되어 있지 아니할 때 또는 분기선 및 교차점에 있는 다른 열차 등이 폐색구간에 지장을 줄 때 : 정지신호

    3. 폐색장치에 고장이 있을 때 : 정지신호

(2) 해 설

자동폐색식은 궤도회로를 활용하여 구분된 폐색구간에 다른 열차 또는 차량의 존재유무와 진로개통 상태를 확인하여 그 결과를 해당구간을 방호하는 신호기에 신호로 현시해주는 시스템이다. 이렇게 폐색수속과 결과 제공절차가 사람의 개입없이 시스템에 의하여 자동적으로 이루어지기 때문에 자동폐색식이라고 하는 것이다.

이러한 자동폐색식에 대하여 최소한의 안전성 확보기준을 분명이 하기 위해서 폐색구간에 열차 또는 차량의 점유, 비정상 진로 설정, 신호장치의 고장 발생 시 반드시 해당 폐색구간을 방호하는 신호기에 정지신호를 현시하도록 명시한 것이다.

아울러 자동폐색식 사용구간에서 폐색구간의 경계는 폐색신호기, 출발신호기, 장내신호기임을 명시하고 있다.

5.4. 차내신호폐색식

(1) 내 용

차내신호폐색식에 따르려는 경우에는 폐색구간에 있는 열차 등의 운전상태를 그 폐색구간에 진입하려는 열차의 운전실에서 알 수 있는 장치를 갖추어야 한다.

(2) 해 설

차내신호폐색식은 자동폐색식과 폐색수속 절차가 동일하나 폐색결과는 지상에 부설된 신호기가 아닌 전동차의 운전실 제어대에 설치된 *ADU에 현시한다. 이렇게 ADU에 현시되는 신호를 **지시속도**(또는 지령속도)라고 한다.

따라서 차내신호폐색식을 사용할 때에는 폐색수속 결과인 지시속도를 반드시 운전실에 현시할 수 있는 기능을 갖추도록 명시한 것이다.

여기서 차내신호폐색식의 특성을 살펴보면, 자동폐색식과 달리 열차가 해당 폐색구간을 진입하여야만 해당 폐색구간의 지시속도가 현시되므로 사전에 진입하고자 하는 구간에 대한 지시속도를 알 수 없다. 그리고 열차의 자동운전 또는 무인운전시스템에서 폐색결과가 열차속도에 반영되기 위해서는 속도제어를 하는 컴퓨터에 지시속도가 입력되어야 하므로 자동운전 및 무인운전 시스템이 도입된 노선은 모두 차내신호폐색식을 사용하고 있다.

5.5. 대용폐색방식

(1) 내 용

대용폐색방식은 다음 각 호의 구분에 따른다.
　　1. 복선운전을 하는 경우 : 지령식 또는 통신식
　　2. 단선운전을 하는 경우 : 지도통신식

(2) 해 설

상용폐색방식을 사용할 수 없는 경우 열차운행시스템에 의해서 열차보호기능(ATP)을 보장받지 못한다. 그러므로 폐색취급 절차의 혼란방지와 열차운행을 위해서는 대용폐색방식 중 어느 폐색식을 사용할 것인지를 사전에 명확하게 정해 놓을 필요가 있다.

따라서 복선운전구간에서는 대용폐색방식으로 지령식과 통신식을 시행하고, 단선운전구간에는 1개 선로에 상·하행 열차가 운행되므로 충돌 위험성까지 내포되어 있어 엄격하게 폐색수속이 이루어지고, 폐색결과를 정확하게 전달하도록 하기 위해서 지도통신식을 시행하도

---

*ADU(Aspect Dispaly Unit) : 상태·속도표시기

록 명시한 것이다.

아울러 대용폐색방식에 해당하는 모든 폐색식은 폐색절차가 시스템에 의해 자동적으로 이루어지지 아니하고 사람(직원)이 개입되므로 인적오류 등 불안전 요인이 내포되어 있기 때문에 보완책으로 열차의 운전속도를 45km/h 이하로 제한하는 것이다.

5.6. 지령식 및 통신식

(1) 내 용

① 폐색장치 및 차내신호장치의 고장으로 열차의 정상적인 운전이 불가능할 때에는 관제사가 폐색구간에 열차의 진입을 지시하는 지령식에 따른다.

② 상용폐색방식 또는 지령식에 따를 수 없을 때에는 폐색구간에 열차를 진입시키려는 역장 또는 소장이 상대 역장 또는 소장 및 관제사와 협의하여 폐색구간에 열차의 진입을 지시하는 통신식에 따른다.

③ 제1항 또는 제2항에 따른 지령식 또는 통신식에 따르는 경우에는 관제사 및 폐색구간 양쪽의 역장 또는 소장은 전용전화기를 설치·운용하여야 한다. 다만, 부득이한 사유로 전용전화기를 설치할 수 없거나 전용전화기에 고장이 발생하였을 때에는 다른 전화기를 이용할 수 있다.

(2) 해 설

① 지령식은 관제사가 폐색수속 주체가 되는 폐색식으로서 관제사가 관제설비(대형표시반 또는 제어기모니터)를 활용하여 열차를 진행시키고자 하는 구간에 다른 열차가 없음을 확인한 후 폐색구간을 정하고, 열차무선으로 해당 열차 운전자에게 운전명령을 하달하여 열차를 폐색구간에 진입시키는 절차로 진행된다. 이렇게 관제사가 운전자에게 지시하는 지령에 의해 폐색이 이루어지므로 **지령식**(指令式)이라고 한다.

이러한 지령식은 관제사가 관제설비를 활용하여 열차를 진입시키고자 하는 구간에 다른 열차 없음을 정확히 알 수 있으므로 폐색구간이 고정화되지 않고, 관제사가 폐색구간을 정할 수 있으며, 열차무선으로 운전자와 직접 통신을 하여 운행을 통제할 수 있는 등의 장점이 있기 때문에 대용폐색방식 중 가장 안전성이 높고 효율적인 폐색방식이다.

따라서 대용폐색방식을 사용하여야 할 사유가 발생하였을 때 가장 먼저 지령식을 사용하도록 명시한 것이다.

② 통신식은 지령식을 사용하지 못하는 경우에 사용하는 폐색식으로서 관제사의 승인 하에 폐색구간 양단 역·소장이 전용전화를 활용하여 열차를 진입시키고자 하는 폐색구간에 다른 열차가 없음을 협의한 후 열차를 진입시키는 절차로 진행된다.

이렇게 역·소장이 전용 전화기인 통신장치를 활용하여 폐색이 이루어지므로 **통신식**(通信式)이라고 한다. 통신식 시행 시 관제사의 승인을 받도록 하는 것은,

- 관제사에게 열차운행 통제권이 부여되어 있고,
- 관제사가 상용폐색방식 또는 지령식 사용 가능 여부를 판단할 수 있고,
- 관제사가 통신식을 시행하고자 하는 폐색구간에 최종 진입한 열차의 위치를 알 수 있기 때문이다.

따라서 통신식을 시행할 때 해당 역·소장은 관제사와 협의하여 폐색구간에 열차 진입을 지시하도록 명시한 것이다.

③ 폐색수속은 열차를 진입시키고자 하는 구간에 다른 열차의 존재 유무를 확인하는 매우 중요한 행위이다.

따라서 폐색수속에 사용하는 전화에 대한 통화의 엄격성 유지 및 상시 통화가 가능하도록 하기 위해서 전용전화기를 설치·운용하도록 한 것이며, 부득이한 사유가 있을 때에 다른 전화기를 이용할 수 있도록 명시한 것이다.

이렇게 폐색수속에 사용하는 전용전화를 폐색전화라고 부르는데 폐색전화기는 전통적으로 제반 악조건 등에서도 사용이 가능한 수동자석식 전화기(일명 깔깔이 전화기)로 설치·운용 하였으나, 최근에는 수동자석식 전화기의 생산 중단으로 일반전화기를 전용회선에 설치하여 폐색전화 용도로만 사용하고 있다.

(3) 대용폐색방식의 구분

구 분	적용구간	폐색구간	폐색수속 주체	운전 허가증
지령식	복선	관제사가 지정	관제사	운전명령번호
통신식	복선	역~역	역·소장	운전지시서
지도통신식	단선	운전역~운전역	역·소장	지도표(지도권)

5.7. 지도통신식

(1) 내 용

① 지도통신식에 따르는 경우에는 지도표 또는 지도권을 발급받은 열차만 해당 폐색구간을 운전할 수 있다.

② 지도표와 지도권은 폐색구간에 열차를 진입시키려는 역장 또는 소장이 상대 역장 또는 소장 및 관제사와 협의하여 발행한다.

③ 역장이나 소장은 같은 방향의 폐색구간으로 진입시키려는 열차가 하나뿐인 경우에는 지도표를 발급하고, 연속하여 둘 이상의 열차를 같은 방향의 폐색구간으로 진입시키려는 경우에는 맨 마지막 열차에 대해서는 지도표를, 나머지 열차에 대해서는 지도권을 발급한다.

④ 지도표와 지도권에는 폐색구간 양쪽의 역 이름 또는 소(所) 이름, 관제사, 명령번호, 열차번호 및 발행일과 시각을 적어야 한다.

⑤ 열차의 기관사는 제3항에 따라 발급받은 지도표 또는 지도권을 폐색구간을 통과한 후 도착지의 역장 또는 소장에게 반납하여야 한다.

(2) 해 설

지도통신식은 단선구간에 사용되는 대용폐색방식으로서 관제사 승인 하에 폐색구간 양단 역·소장이 전용전화로 열차를 진입시키고자 하는 폐색구간에 다른 열차 없음을 확인 후 운전 허가증에 해당하는 지도표(권)를 발행하고, 지도표(권)를 교부 받은 열차에 한하여 폐색구간에 열차를 진입시키는 절차로 진행된다.

지도통신식은 상·하행 열차가 동일 선로를 이용하는 단선운전을 하므로 충돌 위험성이 내포되어 있다. 따라서 보완책으로 폐색구간에 다른 열차가 없음을 나타내는 징표로 지도표(권)를 운전허가증으로 사용하고, 폐색절차에 지도표(권)가 사용되므로 **지도통신식**이라고 하는 것이다.

지도통신식을 시행할 때에는 지도표(권)를 발급 받은 열차만 해당 폐색구간을 운전할 수 있다. 이러한 지도표(권)의 발행은 열차를 진입시키고자 하는 폐색구간에 다른 열차가 없음을 분명하게 확인하기 위해서 관제사 승인 후 폐색구간 양단 역·소장이 협의하여 발행하도록 하였고, 또한 지도권은 지도표를 확보한 역에서만 발행하도록 하고, 연속해서 둘 이상의 열차를 같은 방향의 폐색구간으로 진입시키려는 경우 맨 마지막 열차에게 지도표를 발급하도록 명시하였다. 그리고 운전허가증 발행의 엄격성을 확보하기 위해서 발행 관계자의 소속, 성명, 명령번호, 열차번호, 발행일과 시각을 기록하도록 하였으며, 기관사는 지도표(권)를 폐색구간 상대역에 도착 후 역·소장에게 반납하도록 명시한 것이다.

(3) 지도통신식 시행절차

지도통신식 시행 시 폐색구간 설정은 단선운전을 하므로 열차의 운전진로(좌·우측) 변경이 가능한 선로전환기가 부설된 운전역에서 운전역까지이며 시행절차는 다음과 같다.

① 관제사가 지도통신식 시행 사유를 반영하여 폐색구간을 정한다.

② 폐색구간 양단 역·소장에게 지도통신식을 시행하도록 통보한다.

③ 폐색구간 양단 역·소장 간 협의하여 폐색구간에 열차 없음을 확인 후 폐색구간에 열차를 진입시키고자 하는 역·소장이 지도표를 발행한다.

④ 폐색구간에 진입하는 열차에 지도표를 지급한다.

⑤ 지도표를 수령한 열차는 폐색구간을 진입한다.

⑥ 폐색구간 상대역에 도착한 열차로부터 지도표를 회수한다.

⑦ 발행된 지도표는 해당 폐색구간에 한하여 교호(交互)로 순환 사용한다.

⑧ 지도표 확보한 역에서 연속하여 열차를 폐색구간에 진입시키고자 할 때 지도권을 발행한다.(지도권은 지도표를 확보한 역에서만 발행 가능하며, 1회만 사용한다.)

⑨ 열차 운행계획 변경 등의 사유로 지도표를 재발행하고자 할 때에는 폐색구간 양단 역·소장이 협의하여 기 발행된 지도표를 폐기하고 재발행한다.

5.8. 전령법 시행

(1) 내 용

① 열차 등이 있는 폐색구간에 다른 열차를 운전시킬 때에는 그 열차에 대하여 전령법을 시행한다.

② 제1항에 따른 전령법을 시행할 경우에는 이미 폐색구간에 있는 열차 등은 그 위치를 이동할 수 없다.

(2) 해 설

전령법은 기존 폐색방식과 다르게 폐색구간에 열차가 존재하고 있는 상황에서 열차를 진입시키기 때문에 폐색방식이라고 하지 않고 폐색방식에 준하는 폐색준용법이라고 한다.

따라서 폐색구간에 차량고장 등의 사유로 열차가 존재하는 상황에서 해당 열차를 견인하기 위해 다른 열차를 진입시키고자 할 때에는 전령법을 시행하도록 명시한 것이다.

또한 전령법 시행 중 폐색구간에 정차하고 있는 열차가 그 위치를 이동할 경우에는 먼저 정한 폐색구간이 변경되는 결과를 가져오고, 동일한 폐색구간에 2개 열차가 운행되는 위험한 상황이 발생하기 때문에 이를 방지하고자 이미 폐색구간에 있는 열차는 그 위치를 이동할 수 없도록 명시한 것이다.

이와 같은 전령법은 폐색수속 결과인 운전허가증을 전령자로 하기 때문에 '**전령법**'이라고 하는 것이며, 또한 전령법은 보안도가 매우 취약하므로 규정적으로 운전속도를 25㎞/h 이하로 제한하고 있다.

5.9. 전령자의 선정 등

(1) 내 용

① 전령법을 시행하는 구간에는 한 명의 전령자를 선정하여야 한다.

② 제1항에 따른 전령자는 백색 완장을 착용하여야 한다.

③ 전령법을 시행하는 구간에서는 그 구간의 전령자가 탑승하여야 열차를 운전할 수 있다. 다만, 관제사가 취급하는 경우에는 전령자를 탑승시키지 아니할 수 있다.

(2) 해 설

도시철도 운영기관에서 전령법의 시행주체는 관제사이다. 폐색구간은 사고발생 최근 역에서 사고발생 현장까지이며, 관제사가 열차무선으로 기관사에게 운전명령을 하달하여 사고현장까지 열차를 진입시키는 절차로 시행된다.

이렇게 관제사가 전령법을 시행할 때에는 대형표시반 또는 제어기모니터 등으로 전령법을 시행하고자 하는 구간에 다른 열차(차량) 등의 존재유무 확인이 가능하므로 전령자를 탑승시키지 않아도 됨을 명시한 것이다.

그리고, 열차무선 고장 등 특별한 사유로 관제사가 직접 시행 할 수 없는 경우에는 관제사의 승인을 받아 역·소장이 주체가 되어 전령법을 시행할 수 있다.

이런 경우에는 전령법을 시행하는 폐색구간에 1개 열차만 진입시키기 위해서 해당 구간에 대한 운전허가증 역할을 하는 전령자를 선정, 운영하여야 한다.

따라서 역·소장이 전령법을 시행할 경우에 한하여 전령자 1명을 선정하고, 그 구간에 진입하는 열차는 전령자가 탑승하여야 운전할 수 있도록 하였으며, 열차 운전자를 포함한 관계자들이 전령자임을 인식 할 수 있도록 전령자는 백색완장을 착용하도록 명시한 것이다.

5.10. 무폐색 운전

각종 폐색설비를 통하여 또는 관제사가 양단 역의 직원 간 협의 등을 통하여 폐색구간에 열차의 존재유무를 확인할 수 없는 상황이 발생하였을 경우 무한정 열차 운행을 중단하고 있을 수는 없다. 이런 경우에 본선을 개통하기 위해서 무폐색 운전(일부 운영기관에서는 역간운전)을 시행한다. 이러한 무폐색 운전은 전적으로 진로를 운전자의 확인에 의존하는 것이므로 보안도가 매우 취약하다.

따라서 무폐색 운전 시 속도는 15km/h 이하로 운전하여야 하며, 전방진로에 이상 발견 시 이상 개소 앞에 정차할 수 있도록 각별한 주의력을 가지고 운전하여야 한다.

▶ 폐색방식별 취급절차

폐색방식별 취급절차는 다음과 같다.

구 분	종 류	폐색취급 절차 [① 열차없음 확인 ② 폐색결과]	속도제한 (수속절차)
상 용 폐색방식	자 동 폐색식	① 시스템에 의해 자동으로 확인 ② 폐색결과 지상신호기에 현시	신호조건 (시스템 활용)
	차내신호 폐색식	① 시스템에 의해 자동으로 확인 ② 폐색결과 차내(ADU) 현시	신호조건 (시스템 활용)
대 용 폐색방식	지령식	① 관제사가 TTC시스템 활용 확인 ② 관제사의 운전명령으로 전달	45km/h 이하 (시스템+사람)
	통신식	① 역·소장간 전용통신망으로 확인 ② 수신호(역장의 운전지시서)	45km/h 이하 (시스템+사람)
	지 도 통신식	① 역·소장간 전용통신망으로 확인 ② 운전허가증(지도표, 지도권)수수 　– 단선구간 적용	45km/h 이하 (시스템+사람)
폐 색 준용법	전령법	① 진입할 구간에 열차가 있는 상태 　에서 시행(구원운전 등) ② 관제사 지시 : 운전 명령 　역·소장지시 : 전령자 탑승	25km/h 이하 (시스템+사람)
	무폐색 운 전	시스템 장애 등으로 진입할 구간에 열차 유무를 확인할 수 없을 때 본선 개통 목적으로 운전자 임의로 운행 ※ 운전자에게 모든 책임이 부여	15km/h 이하 (사람)

제6절 신 호(Signal)

본 절에서는 신호, 전호 표지 등에 대하여 설명한다.

6.1. 신호의 종류

(1) 내 용

도시철도의 신호의 종류는 다음 각 호와 같다.

    1. 신호 : 형태 · 색 · 음 등으로 열차 등에 대하여 운전의 조건을 지시하는 것

    2. 전호(傳號) : 형태 · 색 · 음 등으로 직원 상호간에 의사를 표시하는 것

    3. 표지 : 형태 · 색 등으로 물체의 위치 · 방향 · 조건을 표시하는 것

(2) 해 설

도시철도 수송은 근본적으로 승객들에게 위치이동을 제공하는 수단이다. 이러한 위치 이동은 열차를 통해서 이루어지기 때문에 열차는 시간적, 위치적 변화가 계속 진행되는 상태인 것이다.

따라서 열차에 대하여 어떻게 운전할 것인지 하는 운행조건이 제공되고, 열차운행과 관련된 시설 및 설비의 상태에 대한 정보도 제공되어야 하며, 아울러 관계자들이 서로 간에 정보공유는 물론 원활한 의사소통이 이루어져야 한다.

따라서 철도에서는 시간, 위치적으로 변화되는 상태에서 운행조건 제공, 상태정보 제공, 의사소통의 전달 매개체로 형 · 색 · 음 등으로 활용하여, 열차의 운행조건 지시는 **신호**로, 직원 상호간에 의사표시는 **전호**로, 물체의 위치 · 방향 · 조건의 표시는 **표지**로 구분하여 사용하도록 명시한 것이다.

(3) 신호 등의 표시기준

신호의 표시 조건으로는 여러 가지가 있지만, 가장 중요한 것은 정보를 제공받는 관계자들이 신속, 정확하게 인식할 수 있도록 가장 단순하고, 명료하게 전달하는 기능을 갖추어야 한다. 따라서 이러한 기능에 부합되도록 하기 위해서 철도에서는 전달 매개체로 사용하는 형·색·음을 다음과 같은 기준으로 사용하고 있다.

① **형**(形) : 외관상 나타나는 모양, 기호, 특정한 문양 등을 활용하여 정보를 전달하는 방식으로서 정보인식의 효과가 색(色)보다 떨어지므로,
  - 신호에는 보조기능 역할을 담당하는 주신호의 중계신호 또는 진로를 현시하는 진로표시기 등으로 사용하고 있다.
  - 전호에는 열차운행에 조금은 가벼운 영향을 미치는 의사전달 사항을 사용하고 있다.
  - 표지는 물체의 위치·방향·조건 등을 표시해주는 역할을 담당하므로 대부분 열차운행에 참고하는 정보에 해당되고, 물체와 연동되어 고정된 위치를 점유하고 있으므로 대부분 형으로 표시하고 있는 것이다.

② **색**(色) : 가장 강렬하게 인식 시켜주는 효과가 있으므로 중요한 역할을 담당하는 주된 신호로 사용하고 있고, 또한 열차운행 여부를 결정하는 의사를 표시하는 중요한 전호에 색을 사용하고 있다.

③ **음**(音) : 청각을 통하여 정보를 전달하는 수단이므로 정보전달에 공간적, 연속적 한계성 등이 존재하므로 주된 신호로 사용하지 아니하고 신호의 보조수단 또는 경보 기능으로 사용하고 있으며, 음(音)은 특성상 형과 색을 비교 시 비교적 다양한 정보 표현이 가능한 장점이 있기 때문에 직원 간에 의사를 표시하는 전호로 많이 사용되고 있는 것이다.

6.2. 주간 또는 야간의 신호

(1) 내 용

① 주간과 야간의 신호방식을 달리하는 경우에는 일출부터 일몰까지는 주간의 방식, 일몰부터 다음날 일출까지는 야간방식에 따라야 한다. 다만, 일출부터 일몰까지의 사이에 기상상태로 인하여 상당한 거리로부터 주간방식에 따른 신호를 확인하기 곤란할 때에는 야간방식에 따른다.

② 차내신호방식 및 지하구간에서의 신호방식은 야간방식에 따른다.

(2) 해 설

신호는 열차의 운전조건을 지시하는 중요한 역할을 한다. 이러한 신호를 관계자들이 장소를 달리하는 곳에서도 신속, 정확하게 인식하도록 하기 위해서 정보표시를 전기를 이용한 색등식(色燈式) 신호를 사용하고 있다.

따라서 밝기가 달라지는 주간, 야간, 지하구간 등 주변의 여건에 따라 신호를 인식할 수 있는 상태가 변화되지 아니하고 항상 관계자들이 신호를 빨리, 정확하게 인식하도록 하기 위해서 주간 또는 야간, 지하구간의 신호현시 기준을 명시한 것이다.

6.3. 제한신호의 추정

(1) 내 용

① 신호가 필요한 장소에 신호가 없을 때 또는 그 신호가 분명하지 아니할 때에는 정지신호가 있는 것으로 본다.

② 상설신호기 또는 임시신호기의 신호와 수신호가 각각 다를 때에는 열차 등에 가장 많은 제한을 붙인 신호에 따라야 한다. 다만, 사전에 통보가 있었을 때에는 통보된 신호에 따른다.

(2) 해 설

신호는 결과적으로 열차 또는 차량이 정지할 것인지, 진행할 것인지, 진행하면 얼마의 속도로 운전할 것인지 기준을 지시하는 것이다. 즉, 현시되는 신호는 열차를 어떻게 운전하라는 명령(Command)이라고 하여 지시속도(또는 지령속도)라고 한다.

이렇게 신호는 열차운전에 가·부를 결정하는 중요한 역할을 하기 때문에 신호가 현시하지 않는 상태이거나, 어떠한 신호를 나타내는지 불분명 할 경우에는 가장 안전한 정지신호가 현시된 것으로 적용하여야 하고, 또한 여러 종류의 신호가 서로 다르게 현시되었을 때에는 가장 안전하게 제한 받는 신호를 따르도록 명시한 것이다.

그리고 신호시스템에 장애가 발생한 경우에는 수신호로 대체하는데 이러한 경우 신호기에 신호가 현시되고 수신호도 있게 되므로 불가피 하게 두 개의 신호가 현시된다. 이렇게 이종(異種) 신호가 현시되었을 때 가장 제한을 받는 신호에 따르게 되면 수신호를 현시하는 목적을 달성할 수 없기 때문에 사전에 통보되었을 때에는 통보된 신호를 따르도록 명시한 것이다.

6.4. 신호의 겸용금지

(1) 내 용

하나의 신호는 하나의 선로에서 하나의 목적으로 사용되어야 한다. 다만, 진로표시기를 부설한 신호기는 그러하지 아니하다.

(2) 해 설

열차 또는 차량의 선로 진입 가·부를 결정하는 신호는 관계 직원들에게 혼란을 주지 않고 정확하게 인식할 수 있도록 설치, 운용되어야 한다. 따라서 선로마다 독립된 신호기를 설치하여 사용하도록 명시하였고, 다만 공간적 사정 등으로 선로마다 신호기 설치가 불가하여 부득이 하게 한 개의 신호기에 진로표시기를 부설하여 사용하는 경우가 있는데 이러한 경우에는 예외가 가능하도록 명시한 것이다.

6.5. 상설신호기

(1) 내 용

상설신호기는 일정한 장소에서 색등 또는 등열에 의하여 열차 등의 운전조건을 지시하는 신호기를 말한다.

(2) 해 설

신호는 해당구역의 진입 가부를 지시는 역할을 담당하고 있으므로 방호를 담당하는 구역 전방에 설치되어 있으며, 이렇게 일정한 장소에 고정적으로 설치되어 있는 신호기를 상설 신호기라고 명시하였다.

6.6. 상설신호기의 종류

(1) 내 용

상설신호기의 종류와 기능은 다음 각 호와 같다.

1. 주신호기

   가. 차내신호기 : 열차 등의 가장 앞쪽의 운전실에 설치하여 운전조건을 지시하는 신호기

   나. 장내신호기 : 정거장에 진입하려는 열차 등에 대하여 신호기 뒷방향으로의 진입이 가능한지를 지시하는 신호기

   다. 출발신호기 : 정거장에서 출발하려는 열차 등에 대하여 신호기 뒷방향으로의 진입이 가능한지를 지시하는 신호기

   라. 폐색신호기 : 폐색구간에 진입하려는 열차 등에 대하여 운전조건을 지시하는 신호기

   마. 입환신호기 : 차량을 결합·해체하거나 차선을 바꾸려는 차량에 대하여 신호기 뒷방향으로의 진입이 가능한지를 지시하는 신호기

2. 종속신호기

   가. 원방신호기 : 장내신호기 및 폐색신호기에 종속되어 그 신호상태를 예고하는 신호기

   나. 중계신호기 : 주신호기에 종속되어 그 신호상태를 중계하는 신호기

3. 신호부속기

   가. 진로표시기 : 장내신호기, 출발신호기, 진로개통표시기 또는 입환신호기에 부속되어 열차 등에 대하여 그 진로를 표시하는 것

   나. 진로개통표시기 : 차내신호기를 사용하는 본선로의 분기부에 설치하여 진로의 개통 상태를 표시하는 것

(2) 해 설

① 주신호기

방호구역을 가지고 있는 신호기로서 해당 선로에 대한 진입 가부를 결정하는 모든 신호기이다. 따라서 주신호기에 정지신호가 현시된 때에는 운전자 임의로 해당 신호를 지나서 진입할 수 없다.

② 종속신호기

주신호기의 신호 현시상태의 중계역할을 담당하는 신호기이며, 정지신호 현시에도 주신
호기 방호위치까지 진입이 가능하다.

③ 신호부속기

주신호기를 보조하는 신호로서 진로를 표시해주는 설비로 주신호기에 부속되는 기능을
현시해주는 신호기이다. 신호부속기에 진로가 현시되지 않은 경우에는 다른 절차를 거
쳐 정당한 진로 여부를 확인 후 진입할 수 있다.

6.7. 상설신호기의 종류 및 신호 방식

(1) 내 용

상설신호기는 계기 · 색등 또는 등열(燈列)로써 다음 각 호의 방식으로 신호하여야 한다.

1. 주신호기

가. 차내신호기

주간 · 야간별 〳신호의 종류	정지신호	진행신호
주간 및 야간	"0" 속도를 표시	지령속도 표시

나. 장내신호기, 출발신호기 및 폐색신호기

방식	주간 · 야간별 〳신호의 종류	정지 신호	경계 신호	주의 신호	감속 신호	진행 신호
색등식	주간 및 야간	적색등	상하위 등황색등	등황색등	상위는 등황색등 하위는 녹색등	녹색등

다. 입환신호기

방식	주간 · 야간별 〳신호의 종류	정지 신호	진행 신호
색등식	주간 및 야간	적색등	등황색등

2. 종속신호기

가. 원방신호기

방식	신호의 종류 주간·야간별	정지 신호	주신호기가 정지신호를 할 경우	주신호기가 진행을 지시하는 신호를 할 경우
색등식	주간 및 야간	적색등	등황색등	녹색등

나. 중계신호기

방식	신호의 종류 주간·야간별	정지 신호	주신호기가 정지신호를 할 경우	주신호기가 진행을 지시하는 신호를 할 경우
색등식	주간 및 야간	적색등	적색등	녹색등

3. 신호부속기

가. 진로표시기

방식	신호의 종류 주간·야간별	좌측진로	중앙진로	우측진로
색등식	주간 및 야간	흑색바탕에 좌측방향 백색화살표 ◀	흑색바탕에 수직방향 백색화살표 ⬆	흑색바탕에 우측방향 백색 화살표 ➡
문자식	주간 및 야간	4각 흑색바탕에 문자 🄰 🄸		

나. 진로개통표시기

방식	개통방향 주간야간별	진로가 개통되었을 경우		진로가 개통되지 아니한 경우	
색등식	주간 및 야간	등황색등	● ○	적색등	○ ●

(2) 해 설

신호는 정해진 규칙(Rule)을 나타내는 표시장치이다. 그러므로 신호의 종류별로 어떠한 표시를 하며, 표시되는 신호가 어떠한 규제를 하는지 등의 역할이 사전에 정해져 있어야만, 관계자들이 해당 신호기에 현시되는 신호의 의미에 맞게 행동에 옮김으로서 열차 또는 차량 운행의 통제가 가능한 것이다. 따라서 상설신호기 종류별 신호방식을 명시한 것이다.

현재 도시철도 ATC 적용노선의 상설신호기는 차내신호기이므로 상설신호기의 해당 위치에 아래 그림과 같이 경계지점에 표지를 부착 운영하고 있다.

장내신호기경계표지	출발신호기경계표지	폐색신호기경계표지
 장	 출	 1

– 폐색신호기 경계표지의 원내 숫자는 열차의 진행방향을 기준으로 역순(5, 4, 3, 2, 1)으로 표기한다.

[그림 5-11] 상설신호기용 경계표지

6.8. 임시신호기의 설치

(1) 내 용

선로가 일시 정상운전을 하지 못하는 상태일 때에는 그 구역의 앞쪽에 임시신호기를 설치하여야 한다.

(2) 해 설

선로는 선형 또는 구조(기술적 기준)에 따라 운전속도가 사전에 정해져 있으나, 선로의 선형 및 구조가 비정상 상태일 때 또는 보수작업 등으로 인하여 정해진 운전속도로 운전 시 안전을 지장할 우려가 있는 경우에는 해당 개소의 운전속도를 일시적으로 제한하여야 한다.

따라서 이런 경우에는 해당개소 앞에 임시신호기를 설치하여 열차 또는 차량의 운전속도를 제한하도록 임시신호기의 역할을 명시한 것이다.

6.9. 임시신호기의 종류

(1) 내 용

임시신호기의 종류는 다음 각 호와 같다.
1. 서행신호기 : 서행운전을 필요로 하는 구역에 진입하는 열차 등에 대하여 그 구간을 서행할 것을 지시하는 신호기
2. 서행예고신호기 : 서행신호기가 있을 것임을 예고하는 신호기
3. 서행해제신호기 : 서행운전구역을 지나 운전하는 열차 등에 대하여 서행 해제를 지시하는 신호기

(2) 해 설

도시철도에서 열차 및 차량의 운전속도를 일시적으로 제한할 필요가 있을 때 임시신호기를 사용할 수 있도록, 그리고 임시신호기를 사용함에 있어 의사소통 기준을 통일화하여 혼란이 없도록 하기 위해서 임시신호기의 종류를 명시한 것이다.

참고로 무인운전 또는 자동운전 노선에서 일시적으로 일정한 구간의 운전속도를 제한할 사유가 발생하였을 때에는 지상신호시스템 기능으로 해당구간의 지시속도를 변경하지 못할 경우에는 수동운전을 해야만 제한속도 이하로 운전할 수 있기 때문에 이런 경우에 임시신호기가 사용된다.

6.10. 임시신호기의 신호방식

(1) 내 용

① 임시신호기의 형태 · 색 및 신호방식은 다음과 같다.

신호의 종류 주간 · 야간별	서행신호	서행예고신호	서행해제신호
주간	백색 테두리의 황색원판	흑색삼각형 무늬 3개를 그린 3각형판	백색 테두리의 녹색원판
야간	등황색등	흑색삼각형 무늬 3개를 그린 백색등	녹색등

② 임시신호기 표지의 배면(背面)과 배면광(背面光)은 백색으로 하고, 서행신호기에는 지정 속도를 표시하여야 한다.

(2) 해 설

도시철도 운영기관에서 임시로 사용하는 신호기에 대하여 모든 직원이 정보를 공유할 수 있도록 표시기준을 명시한 것이며, 임시신호기 종류별 신호현시 방식은 다음과 같다.

구 분	서행예고신호	서행신호	서행해제신호
주간	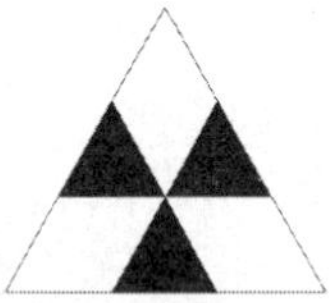	 황색	 녹색
야간	백색등	등황색등	녹색등

[그림 5-12] 서행관계 신호기

6.11. 수신호 방식

(1) 내 용

신호기를 설치하지 아니한 경우 또는 신호기를 사용하지 못할 경우에는 다음 각 호의 방식 으로 수신호를 하여야 한다.

1. 정지신호

가. 주간 : 적색기. 다만, 부득이한 경우에는 두 팔을 높이 들거나 또는 녹색기 외의 물체 를 급격히 흔드는 것으로 대신할 수 있다.

나. 야간 : 적색등. 다만, 부득이한 경우에는 녹색등 외의 등을 급격히 흔드는 것으로 대 신할 수 있다.

2. 진행신호

가. 주간 : 녹색기. 다만, 부득이한 경우에는 한 팔을 높이 드는 것으로 대신할 수 있다.

나. 야간 : 녹색등

3. 서행신호

　　가. 주간 : 적색기와 녹색기를 머리 위로 높이 교차한다. 다만, 부득이한 경우에는 양 팔을 머리 위로 높이 교차하는 것으로 대신할 수 있다.

　　나. 야간: 명멸(明滅)하는 녹색등

(2) 해 설

사람의 손을 활용하여 신호를 현시하므로 수신호(手信號)라고 한다. 수신호는 정해진 개소에 위치하고 있는 신호기를 사용하지 못하는 경우 또는 신호기가 설치되지 아니한 개소에서 신호현시가 필요한 때 사용한다. 따라서 수신호를 사용하여 열차운행 통제가 가능하도록 수신호의 종류와 현시방식(주간 · 야간)을 구분하여 명시한 것이다.

이렇게 수신호의 종류별 현시 방법을 규칙으로 명시한 것은 이례적 상황에서 관계자라면 누구나 수신호를 현시하여 열차 및 차량에 대한 운행통제를 할 수 있도록 하기 위해서이다.

따라서 운전자는 운전 중 수신호가 현시되어 있으면 수신호 현시자, 장소와 관계없이 현시된 수신호를 따라야 한다.

그리고 수신호는 현시방식과 통제기준에 대한 혼란을 방지하기 위해서 정지신호 · 진행신호 · 서행신호 3종만 존재한다.

6.12. 선로 지장 시의 방호

(1) 내 용

선로의 지장으로 인하여 열차 등을 정지시키거나 서행시킬 경우, 임시신호기에 따를 수 없을 때에는 지장지점으로부터 200m 이상의 앞 지점에서 정지수신호를 하여야 한다.

(2) 해 설

선로에 지장이 있을 때에는 해당 선로의 방호를 담당하는 신호기가 정지신호를 현시하여 열차 또는 차량이 진입하지 못하도록 한다.

그러나 다음의 경우에는 해당 선로의 신호기가 방호를 하지 못하므로 선로 지장 시 방호를 위한 정지수신호 현시가 필요하다.

- 정지신호를 현시해 주지 못하는 상태로 선로를 지장하는 경우
- 신호기의 설치지점을 통과 후 열차에 대한 방호가 필요한 경우
- 정지신호가 현시되었지만 선로를 개통하기 위해서 열차가 진입하는 경우

따라서 선로를 지장하는 경우에 후속열차가 미리 정지신호를 인식하여 지장개소 전방에 안전하게 정차하도록 지장개소로부터 200m 이상 앞 지점에 반드시 정지수신호를 현시하도록 명시한 것이다.

선로 지장 시 정지 수신호를 현시하는 것을 「열차방호」라고 하며, 방호방식은 도시철도운영기관마다 약간은 차이가 있으나 터널 내에서 정지수신호를 현시하는 데는 상당한 어려움이 있기 때문에 열차무선을 활용하여 지장개소에 접근하는 열차에게 정지하도록 지시한 경우에는 200m 이상 전방에 정지수신호 현시를 생략할 수 있도록 운영하고 있다.

6.13. 출발전호

(1) 내 용

열차를 출발시키려 할 때에는 출발전호를 하여야 한다. 다만, 승객안전설비를 갖추고 차장을 승무(乘務)시키지 아니한 경우에는 그러하지 아니하다.

(2) 해 설

열차가 승객의 승하차를 목적으로 정차하였으므로 정차한 목적의 완료여부를 확인할 필요가 있고, 또한 열차가 정차하고 있을 때는 정적(靜的)상태라서 위험성이 적으나, 출발하면 동적(動的)상태로 변화되어 위험발생이 시작되므로 열차가 움직이기 전에 출입문의 닫힘 상태 등 열차 주변에 대한 이상 유무를 확인할 필요가 있다.

따라서 차장이 승무하는 열차는 출발전호가 있어야 출발하도록 명시한 것이다. 그러나 차장이 승무하지 않는 열차는 열차후부의 이상 유무를 확인 할 수 있는 CCTV 등의 설비를 구비하여 운전자가 확인한 후 출발하고 있기 때문에 예외로 하였다.

도시철도 운영기관에서는 차장이 승차한 경우 출발전호는 부저음(길게 1회)을 사용하고 있다.

6.14. 기적전호

(1) 내 용

다음 각 호의 어느 하나에 해당하는 경우에는 기적전호(汽笛傳呼)를 하여야 한다.

1. 비상사고가 발생한 경우   2. 위험을 경고할 경우

(2) 해 설

기적전호는 전동차에 장착된 기적의 음을 활용한 전호방식으로서 철도의 업무 특성상 넓은 공간에 분포되어 근무하는 직원들에게 동시에 의사를 전달할 수 있는 장점이 있다. 따라서 기적전호는 다수 관계자들에게 의사를 전달할 필요가 있는 비상사고나 위험발생을 알리는 등의 경고성 전호로 사용하도록 명시한 것이다.

도시철도 운영기관에서는 다음과 같이 기적전호를 사용하고 있다.

전호의 종류	전호의 방식	비고
위험경고 또는 비상사태	●●●●(짧게 수차례 반복)	짧게 : 0.5초
주의를 환기시킬 때	― (보통 1회)	보통 : 약2초
역·차량직원을 부를 때	― ― (보통 2회)	
보선·전기직원을 부를 때	― ― ― (보통 3회)	

6.15. 입환전호

(1) 내 용

입환전호방식은 다음과 같다.

1. 접근전호

   가. 주간 : 녹색기를 좌우로 흔든다. 다만, 부득이한 경우에는 한 팔을 좌우로 움직이는
   것으로 대신할 수 있다.

나. 야간 : 녹색등을 좌우로 흔든다.

2. 퇴거전호

　가. 주간 : 녹색기를 상하로 흔든다. 다만, 부득이한 경우에는 한 팔을 상하로 움직이는
　　　것으로 대신할 수 있다.

　나. 야간 : 녹색등을 상하로 흔든다.

3. 정지전호

　가. 주간 : 적색기를 흔든다. 다만, 부득이한 경우에는 두 팔을 높이 드는 것으로 대신할
　　　수 있다.

　나. 야간 : 적색등을 흔든다.

(2) 해 설

　철도차량은 운전자가 임의로 움직이지 못한다. 왜냐하면 자동차와 달리 운전자가 볼 수 있
는 전방 시야에 한계가 있고, 중량체라서 제동거리가 길기 때문이다. 또한 철도차량은 차량의
연결 등으로 운전실을 맨 앞으로 하지 않고 운전하는 경우가 발생한다.

　따라서 차량의 이동은 신호에 의하거나 신호에 의하지 못하는 경우에는 입환전호에 의하여
이동하여야 안전하므로 차량이동에 필요한 입환전호의 종류별 현시방식을 명시한 것이다. 그
리고 입환전호는 이동하는 차량에 대하여 접근 · 퇴거 · 정지의 신호를 알려주는 역할을 하므
로 연속적으로 현시해주는 것을 원칙으로 하고 있다.

(3) 입환작업 시 전호의 구분

　철도에서 차량 입환작업 시 사용하는 전호는 「입환전호」와 「입환통고전호」로 구분하고
있다. 입환전호는 차량의 이동을 직접적으로 지시하는 오너라(접근), 가거라(퇴거), 정지하라
(정지)는 전호가 해당되며, 입환통고전호는 입환작업 시 어떠한 입환작업을 하겠다는 의사전
달 역할을 하는 연결, 해방, 몇 번선 진입, 돌방 전호 등이 해당된다.

6.16. 표지의 설치

(1) 내 용

도시철도운영자는 열차 등의 안전운전에 지장이 없도록 운전관계표지를 설치하여야 한다.

(2) 해 설

표지는 운전상 필요한 조건제시 및 관계 종사원 또는 공중에게 필요한 정보를 제공해주는 역할을 해주므로 운영기관에서는 이러한 표지를 설치하여 운영하도록 명시한 것이다. 현재 운영기관에서 사용하고 있는 표지의 형상은 약간씩 차이는 있으나 표지 종류별 형상은 [부록1]의 운전 관계 표지 표(도시철도공사에 사용 중인 표지 참조)와 같다.

참고로 표지 중에 「열차표지」가 있다. 열차표지는 모든 관계자들에게 열차라는 것을 주지시키기 위한 심벌(Symbol) 역할을 하는 표지로서 열차의 앞머리를 상징하고 접근을 알리는 역할을 하는 전부표지(백색등)와 열차의 끝을 알리고 후속열차에게 정지신호를 제공하는 역할을 하는 후부표지가 있다.

6.17. 노면전차 신호기의 설계

(1) 내 용

노면전차의 신호기는 다음 각 호의 요건에 맞게 설계하여야 한다.
　　1. 도로교통 신호기와 혼동되지 않을 것
　　2. 크기와 형태가 눈으로 볼 수 있도록 뚜렷하고 분명하게 인식될 것

(2) 해 설

노면전차는 도로교통수단과 도로를 공유하므로 도로교통에 사용되는 신호와 혼동할 우려가 있고, 특히 도로는 독립된 철도노선과는 달리 많은 조명들이 존재하므로 노면전차용 신호로 명확히 인식시킬 수 있는 형태의 신호를 사용하지 않으면 노면전차의 운전자가 정확히 신호를 인식하지 못하는 문제점이 있다.

따라서 이러한 문제점을 보완하기 위해서 노면전차에 대한 신호기의 설계기준을 명시한 것이다.

〈운전 관계 표지〉

서울특별시도시철도공사에 사용하고 있는 운전관계 표지이다.

표 지 명	형 상	비 고
속도제한표지 (본선·측선용)	50	백색 테두리, 황색바탕, 중앙 백색 원내 숫자 표기, 숫자 : 제한속도
속도제한해제표지 (본선·측선용)	○	백색 테두리, 녹색 바탕에 중앙에 백색 원
속도제한표지 (분기부용)	50K/H 300	위 칸 숫자 : 제한속도 아래 칸 숫자 : 제한거리 모서리 검정색 표시 : 제한방향 표시
속도제한해제표지 (분기부용)	✕	백색 바탕에 흑색 삼각형
정차위치표지 (측면용)	8	흑색 바탕, 백색 문자 숫자 : 연결 량 수
정차위치표지 (선로용)	080	백색 바탕, 빨강색 문자 숫자 : 연결 량 수

표 지 명	형 상	비 고
차량정지표지		검정색 바탕, 백색 십자 표시
열차정지표지		백색 바탕, 검정색 십자 표시
차량접촉한계표		위 부분 : 빨강색 반원 아래 부분 : 백색
차막이표지		검정색 바탕, 백색 무늬
거리표지(km)		백색 바탕, 빨강색 숫자 표기 숫자 "13" → 13km
거리표지(m)		백색 바탕, 빨강색 문자 표기 위 문자 : m 표시 아래 문자 : km 표시
선로기울기표지		백색 바탕, 빨강색 문자 표기 화살표 ↑상구배, ↓하구배 숫자 "20.0" → 20‰구배
선로곡선표지	150 40KM/H	백색 바탕, 흑색 문자 표기 위 부분 : 곡선반경 크기 150R 아래 부분 : 제한속도 표시

표 지 명	형 상	비 · 고
정차표시등		원형 형상, 백색 테두리, 검정색 바탕에 녹색 원
장내경계표지	장	사각형 형상, 노란색 테두리, 백색 바탕, 검정색 문자
출발경계표지	출	팔각형 형상, 검정색 테두리, 백색 바탕, 검정색 문자
폐색경계표지	1	사각형 형상, 백색 테두리, 검정색 바탕, 백색 문자 숫자 : 폐색구간 번호
ATC설비구간 경계표지	설	사각형 형상, 검정색 바탕, 백색 문자
ATC비설비구간 경계표지	비	사각형 형상, 검정색 바탕, 백색 문자
ATO시작표지	A B	사각형 형상, 백색 바탕, 검정색 문자
ATO끝남표지	A E	사각형 형상, 백색 바탕, 검정색 문자

표 지 명	형 상	비 고
전차선구분표지		사각형 형상, 백색 바탕, 빨강색 무늬
가선끝남표지		사각형 형상, 백색 바탕, 빨강색 무늬
사구간예고표지		원형 형상, 노란색 바탕, 검정색 2줄 사선
타행표지		원형 형상, 백색 바탕, 검정색 1줄 사선
사구간표지		사각형 형상, 백색 바탕, 검정색 1줄 사선
역행표지		원형 형상, 백색 테두리, 흑색 바탕, 중앙에 백색 원

〈전동차 기기 약어〉

  도시철도운영기관 및 교육기관에서는 전동차의 각종 기기에 대한 명칭을 대부분 약호로 표현하고 있다. 이러한 전동차 기기에 대한 기호는 전동차 제작사에서 정하기 때문에 전동차 종류마다 약간씩 차이가 있다. 그리고 국가마다 문화 차이로 동일한 역할을 하는 기기의 명칭이 다르고 따라서 약호도 다르다.

  예를 들면, 보조전원장치를 우리나라, 일본 등에서 정지형인버터(SIV, Static Inverter)라고 하지만, 스웨덴 ABB사에 제작한 서울5호선을 운행하는 전동차에서는 보조인터버모듈(AIM, Auxiliary Inverter Module)이라고 부르고 있다.

  이러한 전동차의 약호는 기본적으로 「기능 + 구조」, 「역할 + 기능 + 구조」, 「상태 + 구조」등의 Pattern으로 정해진다.

  전동차의 각종 기기에 대한 약어는 다음과 같다.

약 어	영 어	한 글
ACAR	AC AREA Relay	AC계전기
ACArr	AC Arrester	교류피뢰기
AC BOX	Auxiliary Control Box	보조 제어상자
AC con	AC Consent	AC콘센트
AC conN	NFB for "AC Con"	AC콘센트회로차단기
ACC	AC Capacitor	교류충전기
ACL	AC Reactor	교류리액터
ACM	Auxiliary Compressor Motor	보조공기압축기전동기
ACMCS	Auxiliary Compressor Motor Control Switch	보조공기압축기제어스위치

약 어	영 어	한 글
ACMK	Auxiliary Compressor Motor Contactor	보조공기압축기접촉기
ACMLp	Auxiliary Compressor Motor Lamp	보조공기압축기구동지시등
ACMN	NFB for "ACMK"	보조공기압축기접촉기 회로차단기
ACOCR	AC Over Current Relay	교류과전류계전기
ACOCRR	AC Over Current Relay Auxiliary Relay	교류과전류보조계전기
ACCT	AC Current Transformer	교류변류기
ACV	AC Voltage Lamp	교류전압표시등
ACVR	AC Voltage Relay	교류전압계전기
ATCCOS	"ATC" Cut-out Switch	"ATC" 차단스위치
ATCEBR	"ATC" Emergency Brake Relay	"ATC" 비상제동계전기
ATCSBR	"ATC" Service Brake Relay	"ATC" 상용제동계전기
ACVRTR	AC Voltage Relay Time Relay	교류전압시한계전기
ADAN	AC NFB for "AC - DC"	교직절환AC용회로차단기
ADAR	AC Relay for "AC - DC"	교직절환AC용계전기
ADCg	AC-DC Change-Over Switch	교직절환기
ADCm	AC-DC Commuting Switch	교직전환기
ADDN	DC NFB for "AC - DC"	교직절환DC용회로차단기
ADDR	DC Relay for "AC - DC"	교직절환DC용계전기
ADLp	Air Defence Lamp	방공등
ADLpN	Air Defence Lamp	NFB방공등회로차단기
ADLpR	Air Defence Lamp Relay	방공등계전기
ADS	AC-DC Change-Over Command switch	교직절환스위치
ADV	Automatic Drain Valve	자동배수변

약 어	영 어	한 글
AF	Fuse for Auxiliary Circuit	보조회로퓨즈
AFR	Aux, Fuse Relay	보조퓨즈계전기
AGR	Ground Relay for Aux, Circuit	보조회로접지계전기
AK	Axiliary Contactor	보조접촉기
AKR	"AK" Relay	보조접촉기계전기
AMAR	Aux. Machine Applicable Relay	보조기기적용계전기
AMFS	Aux. Machine Fuse	보조기기퓨즈
AMCN	NFB "Aux Machine Control"	보조기기제어회로 차단기
AMN	NFB for "AMA"	보조기기차단기
APR	Air Pressure Relay	주회로기압스위치
APT	Aux. Potential Relay	보조전위계전기
ARf	Aux. Rectifier	보조정류기
ArrOCR	Arrester over current Relay	피뢰기과전류계전기
ASCCN	NFB for ATC/ATS Changer CircuitATC/ATS	절환기회로차단기
ASCN	"NFB" for ATC/ATS ChangerATC/ATS	절환스위치차단기
ASCCON	Anti-Skid Control "NFB"	공전활주방지제어회로차단기
ASiLp	Accident Side Lamp	차측고장지시등
ASF	Aux. Supply Fault Lamp	보조회로고압표시등
AT	Auxiliary Transformer	보조변압기
ATCCgS	ATC/ATS Changer SwitchATC/ATS	절환스위치
ATCFBR	ATC Full Brake RelayATC	만제동계전기
ATCN	NFB for "ATC"ATC	회로차단기
ATCR	"ATC" RealyATC	계전기
ATN	NFB for "Aux. Transformer"	보조변압기회로차단기

약 어	영 어	한 글
ATSCOS	ATS Cut-Out Switch	ATS차단스위치
ATSEBR	ATS Emergenc Brake Relay	ATS비상제동계전기
ATSR	"ATS" Relay	ATS계전기
AV	Application Magnet Valve	제동전자변
ASCN	Anti-Skid Control NFB	공전활주 방지회로 차단기
AVN	NFB for "AV"	제동전자변 회로차단기
B4R	Relay for Brake 4 Step	제동4단계전기
BA	Brake Actuator	제동작용기
Bat	Battery	축전지
BatK	Battery Contactor	축전지접촉기
BatN1,2	NFB. for Battery	축전지회로차단기
Bat V	Battery Charge Voltmaeter	축전지전압계
BCMAR	Compressor By-pass Aux. Relay	공기압축기바이패스보조계전기
BCMK	Compressor By-pass Contactor	공기압축기바이패스접촉기
BCMKTR	Compressor By-Pass Time Relay	공기압축기바이패스시간계전기
BCMN	Compressor By-pass NFB	공기압축기바이패스회로차단기
BEEAR	Aux. Relay for Brake Emer, Extension	제동비상연장보조계전기
BER	Brake Emergency Relay	제동비상계전기
BEER1~5	Brake Emergency Extension Relay 1-5	제동비상연장계전기
BEETR	Time Relay for "BEER"	제동비상연장계전기용 시간 계전기
BEEN	NFB for "BEER"	제동비상연장계전기회로 차단기
BMFR	Blower Motor Fault Relay for Cov./Inv.	주변환장치 전동송풍기고장 계전기
BPRR	Brake Pressure Aux, Relay	제동압력보조계전기
BPS	Brake Pressure Switch	제동압력스위치
BR	Brake Relay	제동계전기

약 어	영 어	한 글
BTUN	NFB for Brake Translating Unit	제동변환장치회로차단기
BTUR	Brake Translating Unit Relay	제동변환장치계전기
BTUAR	Brake Translating Unit Aux. Relay	제동변환장치보조계전기
BV	Brake Valve	제동변
BVRe	Brake Variable Resistor	발전제동가변저항기
BVN1, 2	NFB for Brake Control	제동제어회로차단기
BZ	Buzzer	부저
BzS1~3	Switch "Bz"	부저스위치
BzSN	NFB for "BzS"	부저스위치회로차단기
CADV	"Comp" Automatic Drain Value	공기압축기자동배수변
Cab He3	Cab Heater	운전실히터
Cab HeN	NFB for "Cab He"	운전실히터회로차단기
Cab Lp1	Cab Lamp	운전실등(AC)
Cab Lp2	Cab Lamp	운전실등(DC)
Cab LpN	NFB for "Cab Lp"	운전실등회로차단기
CCOS	Control Changeover Switch	제어회로절환스위치
CCOS	CON/INV Cut Out Switch	주변환기개방스위치
Cab LFF	Cab Line Flow Fan	운전실환풍기
Cab LFFN	Cab Line Flow Fan NFB	운전실환풍기회로차단기
CDR	Brake Current Detector Relay	제동전류감지계전기
CEK	Control Earthing Contactor	접지제어회로접촉기
CF	Condenser Fan	콘덴서팬
CGHR	Change Command of HRDA Car Relay	HRDA전동차계전기변환제어기
CgSR	Change Signal Relay for ATC/ATS	절환신호계전기

약 어	영 어	한 글
CgSRR	Change Signal Aux. Relay	절환신호보조계전기
CHCgS	Cooler. Heater Change Switch	냉난방절환스위치
CHR	Changing Resister for "FC"(DC)	FC충전저항기(직류구간)
CIBM	Conv/Inv Blower Motor	주변환장치송풍기
CIBMN	Conv/Inv Blower Motor NFB	주변환장치송풍기회로차단기
CICN	NFB for CON/INY Control	주변환기제어차단기
CIFR	Conv/Inv Fault Relay	주변환장치고장계전기
CIIL	Catenary Interrup Indicationg Lamp	가선정전표시등
CITR	Catenary Interrup Time Relay	가선정전시한계전기
CIN	Conv/Inv. Control NFB	주변환장치제어회로차단기
CM	Compressor Motor	공기압축기전동기
CMAR	"CM" Auxiliary Relay	공기압축기보조계전기
CMCN	NFB for "CM" Control	공기압축기전동기회로차단기
CMETR	"CM" Extension Time Relay	공기압축기연장시한 계전기
CMFR	"CM" Fault Relay	공기압축기고장계전기
CMG	Compressor Motor Governor	공기압축기조압기
CMGR	"CM" Govemor Relay	공기압축기조압기계전기
CMGN	NFB or "CMG"	공기압축기조압기회로차단기
CMK1,2	Compressor Motor Contector	공기압축기접촉기
CMKN	NFB for "CMK"	공기압축기접촉기회로차단기
CMKTR	"CMK" Time Relay	공기압축기접촉기시한계전기
CMN	"CM" NFB	공기압축기회로차단기
CMOGR	Compressor Motor Over Current	공기압축기과전류계전기
CMTR	"CM" Time Relay	공기압축기 시한계전기
CMTSR	"CMTR" short Relay	공기압축기전동기 시한단락계전기

약 어	영 어	한 글
CMSR	Normal Signal Relay	정상신호계전기
CN1	NFB for Forward	전진회로차단기
CN2	NFB for Reverse	후진회로차단기
CN3	NFB for Powering	역행회로차단기
COR	Cut-out Relay	차단계전기
CpRN	Compulsory Release NFB	강제완해회로차단기
CpRs	Compulsory Release Switch	강제완해스위치
CR	Current Relay	전류계전기
CRe	Charging Resistor for "FC"(AC)	FC충전저항기(교류구간)
CRLp	Compulsory Release Indicationg Lamp	강제완해표시등
CrS1,2	Conductor Switch	출입문스위치
CrSN	NFB for "CrS"	출입문스위치회로차단기
CRV	Compulsory Release Magnet Valve	강제완해전자변
CTR	Converter Control Relay	주변환장치제어계전기
CT1,2	Current Transformer 1,2	변류기
CTU.V.W	Power Control Relay for U.V.W	U.V.W상 변류기
DBS	Dynamic Brake Switch	발전제동스위치
DCLP	DC Voltage Lamp	직류전압표시등
DCK	DC Control Power Contactor	직류제어전원접촉기
DCKTD	DCK Timer (on Delay)	직류제어전원시한접촉기
DcArr	DC Arrestor	직류피뢰기
DCCT	DC Current Transformer	직류변류기
DCCon	DC Consent	직류콘센트
DCpT	DC Potential Transformer	직류계기용변압기
DCVR	DC Voltage Relay	직류전압계전기

약 어	영 어	한 글
DCVRR	DC Voltage Repeat Relay	직류전압계전기반복계전기
CDVRTR	DC Voltage Relay Time Relay	직류전압시한계전기
Def	Defroster	창난방
DefN	NFB for "Def"	창난방회로회로차단기
DHRN	NFB for "OHR"	출입문반감계전기회로차단기
DHS	Door Halt Suitch	출입문반감스위치
DILp1, 2	Door Indicator Lamp	발차지시등
DiLP	Door Interlock Lamp	출입문연동표시등
DILpN	NFB for "DILP"	발차지시등회로차단기
DIR	Door Interlock Relay	출입문연동계전기
DIRS	Door Interlock Relay switch	출입문비연동스위치
DLp1, 2	Door Lamp	출입문차측표시등
DL pN	NFB for "Door Lamp"	출입문차측지시등회로차단기
DMV	Door Magnet Value	출입문전자변
DMVN1, 2	NFB for "DMV"	출입문전자변회로차단기
DSSR	Dead Section Indication Relay	사구간표시계전기
DSSRR	Dead Section Indication Aux-Relay	사구간검지보조계전기
DrR1, 2	Door relay	출입문계전기
DROR	Door re-Open Relay	출입문재개폐 계전기
DROS	Door Re-Open Switch	출입문재개폐스위치
DS1~8	Door Switch	출입문연동스위치
DSD	Drivers Safety Device	운전자안전장치
DSDR	Time Delay Relay for "DSD"	운전자안전장치시간지연계전기
DSSR	Dead Section Indication Relay	사구간검지계전기

약 어	영 어	한 글
EBLp1, 2	Election Brake Lamp	제동지시등
EBAR	Aux-Relay for Emergency Brake	비상제동보조계전기
EBCOS	Emergency Brake Cut-Out Switch	비상제동차단스위치
EBR1, 2	Emergency Brake Relay	비상제동계전기
EBRSR	Emergency Brake Reset Relay	비상제동완해계전기
EBS1, 2	Emergency Brake Switch	비상제동스위치
EBV	Emergency Brake Magnet Vale	비상제동전자변
EBz	Emergency Buzzer	비상부저
EBzN	NFB for "EBz"	비상부저회로차단기
EBzB	Switch "EBz"	비상부저스위치
ELBR	Electric Brake Relay	전기제동계전기
EGCN	NFB for "EGS"	비상접지스위치회로차단기
EF	Evaporator Fan	증발기팬
EGCS	Emergency Grourd Command Switch	비상접지제어스위치
EGS	Emergency Ground Switch	비상접지스위치
EGSR	Emergency Ground Switch Auxiliary Realy	비상접지스위치보조계전기
ELBCOS	Electric Brake Cut-Out Switch	전기제동차단스위치
EOCM	Emergency Operation Control NFB	비상운전제어회로차단기
EOCR	Emergency Over Current Relay	비상과전류계전기
EOD	Electronic Operating Device	전기제동작용장치
EODN	NFB for "EOD"	EOD회로차단기
EON	Emergency Operation NFB	비상운전회로차단기
EOR	Emergency Operation Relay	비상운전계전기
EORN	NFB for "EOR"	비상운전계전기차단기

약 어	영 어	한 글
EOCR	Emergency Over Current Relay	비상과전류계전기
EpanDS	Emergency Pantograph Down Switch	팬터그라프비상하강스위치
ERN	"ERR" NFB	연장급전접촉기리셋회로차단기
ESAR	Extension Supply Aux-Relay	연장급전 보조계전기
ESiLp1, 2	Emergency Side Lamp	비상차측표시등
ESK	Extension Supply Contactor	연장급전접촉기
ESK(C)	Extension Supply Contactor (Close)	연장급전접촉기(닫힘)
ESK(T)	Extension Supply Contactor (Trip)	연장급전접촉기(트립)
ESKN	NFB for "ESK"	연장급전접촉기회로차단기
ESN	Extension Supply NFB	연장급전회로차단기
ESPS	Extension Supply Push-Button Switch	연장급전누름스위치
ESS	Selector Switch for "ESK"	연장급전선택스위치
Fault	Fault	고장표시등
FC	Filter Condenser	정류축전지
FL	Filter Reactor	필터리액터
FLBFM	Reactor Blower Fan Motor	리액터송풍기용전동기
FLBMK	"FL" Blower Motor Contactor	리액터전동송풍기접촉기
FLBMKN	"FL" Blower Motor Contactor NFB	FLBM접촉기회로차단기
FLBMN	"FL" Blower Motor NFB	FLBM회로차단기
FLBMR	FL Blower Motor Relay	FL송풍기계전기
GB	Ground Brush	접지브러쉬
GR	Ground Relay	접지계전기
GS	Ground Switch Box	접지스위치함
GCT	Ground Current Transformer	접지변류기
HB1, 2	High Speed Circuit Breaker	고속도회로차단기

약 어	영 어	한 글
HCR	Head Control Relay	전두차제어계전기
HCRN	NFB for "HCR"	전두차제어계전기회로차단기
HeAN	NFB for AC Heater	교류차단기
HGS	High Tension Ground Switch	고압접지스위치
HLp1, 2	Head Lamp	전조등
HLpN1, 2	NFB for "HLP"	전조등회로차단기
HLpS1	Switch for "HLP"	전조등스위치
HLpDS	Dimming switch for "HLp"	전조등감광스위치
HPS	High Pressure Switch	고압스위치
HSCB	High Speed Circuit Breaker	고속도차단기
HSCB(Lp)	Trouble Lamp for HSCB	고속도차단기고장표시등
HSCBN	NFB for "HSCB"	고속도차단기회로차단기
HV	High Tension Voltmeter	고압전압계
IFR	Inverter Fault Relay	인버터고장 계전기
ILp1~5	Instrument Lamp	운전실계기조명등
IRMN	NFB for Inductive Radio	무선전화장치회로차단기
IRMS	Indictove Radop Switch	무선전화장치스위치
IVCN	NFB for "Inverter Control"	인버터제어회로차단기
IVF	Inverter Fuse	인버터퓨즈
IVHB	Inverter High Speed Circuit Breaker	인버터고속도차단기
IVKR	SIV Contactor Relay	SIV접촉기계전기
IVL	Inverter Reactor	인버터리액터
IVRS(J)	SIV Reset Switch	SIV리셋스위치
K	Contactor	접촉기
KR	"K" Relay	접촉기계전기

약 어	영 어	한 글
KRR	"K" Repeat Relay	접촉기반복계전기
L1	Line Breaker "L1"	차단기
L2	Unit Switch "L2"	유니트스위치 L2
L3	Unit Switch "L3"	유니트스위치 L3
L1FR	L1 Trip Relay	L차단기
L1~3R	L1~3 Control Relay	L1~3제어계전기
LCK	Load Control Contactor	부하제어접촉기
LCAK	Load Control Aux. Contactor	부하제어보조접촉기
LCR	Load Control Relay	부하제어계전기
LCOR	Load Cut Out Relay	부하개방계전기
LCTR	Load Cut Out Timer Relay	부하개방시한계전기
LGS	Low Tension Ground Switch	저압접지스위치
LOCR	Lock Relay for ATC	ATC절환스위치잠금계전기
LpCS	Lamp Control Switch	객실등제어스위치
LPS	Low Pressure Switch	저압스위치
LpK1, 2	Lamp Contactor	객실등접촉기
LpKN	NFB for "LpK"	객실등접촉기회로차단기
LRR	Load Reduction Relay	부하반감계전기
LRRN	NFB for "LRR"	부하반감계전기회로차단기
LS	Line Switch	라인스위치
LSR	Low Speed Relay	저속도계전기
LSBS	Low Speed By-pass Switch	저속도바이패스스위치
LSRs	Low Speed Relay Switch	저속도계전기스위치
LTR1, 2	Line Breaker Time Relay	차단기시한계전기
LVD	Low Voltage Detector	저전압검출기

약 어	영 어	한 글
LVR	Leveling Valve Relay	저전압계전기
LVRR	"LVR" Auxiliary Relay	저전압보조계전기
LVRRe	Resistor "LVR"	저전압보조계전기저항기
MC	Master Controller	주간제어기
MCB	Main Circuit Breaker	주회로차단기
MCBAR	"MCB" Aux-Relay	주회로차단기보조계전기
MCB-C	"MCB" Close	주회로차단기투입전자변
MCBCOR	MCB Cut Out Relay	MCB개방계전기
MCBCS	"MCB" Close Switch	주회로 차단기투입스위치
MCBG	"MCB" Govemer	주회로차단기기압스위치
MCBHR	"MCB" Holding Relay	주회로차단기유지계전기
MCBLp	"MCB" Lamp	주회로차단기표시등
MCBN1, 2	NFB for "MCB"	주회로차단기용회로차단기
MCB off	"MCB" off Lamp	주회로차단기차단지시등
MCB on	"MCB" on Lamp	주회로차단기투입지시등
MCBOR	"MCB" Openating Relay	주회로차단기개방계전기
MCBOS	"MCB" Open Switch	주회로차단기개방스위치
MCBR1,2,3	"MCB" Aux. Relay1, 2, 3	주회로차단기보조계전기
MCBRR	"MCB" Aux-Ralay	주회로차단기보조계전기
MCB-T	"MCB" Trip	주회로차단기차단코일
MCB TR	"MCB" Time Relay	주회로차단기시한계전기
MCN	No-Fuse Breaker "M"	주간제어기회로차단기
MCOR	Master Controller Open Relay	주간제어기
MF	Main Fuse	주퓨즈
MM1~4	Traction Motor	견인전동기

약 어	영 어	한 글
MLp1~2	Marker Lamp	후부표시등
MLpS	Marker Lamp Switch	후부표시등스위치
MLpDS	Dimming Switch for "MLp"	후부표시등조절스위치
MRPS	Main Reservoir Pressure Switch	주공기통압력스위치
MS	Master Switch	주간제어기스위치
MS10, 11	Master Controller Switch	주간제어기스위치
MS	Main Disconnecting Switch	주단로기
MT	Main Trasformer	주변압기
MTAR	Main Transformer Aux-Relay	주변압기보조계전기
MTBFR	"MI" Blower Flow Relay	주변압기전동송풍기계전기
MTBM	"MT" Transformer Blower Motor	주변압기전동송풍기
MTBMK	"MT" Blower Motor Contactor	주변압기전동송풍기접촉기
MTBMN	NFB for "MTBM"	주변압기전동송풍기회로차단기
MTBMR	MTr Blower Motor Relay	주변압기전동송풍기계전기
MTN	"MTr" NFB	주변압기회로차단기
MTON	Main Transformer Oil Pump Motor	주변압기오일펌프전동기
MTOMK	"MT" Oil Pump Motor Contactor	주변압기오일펌프전동기접촉기
MTOMN	NFB for "MTOM"	주변압기오일펌프전동기회로차단기
MTOMR	MTr Oil Pump Motor Relay	주변압기오일펌프전동기계전기
MTThR	Main Transformer Thermal Relay	주변압기온도계전기
MTThRR	"MT" Thermal Repeat Relay	주변압기온도반복계전기
OPR	Open Relay	개방계전기
OVCRf	Over Voltage Discharging Thyristor	과전압방전사이리스터
Oil Th	Oil Temperature Senser	공기압축기유온감지기

약 어	영 어	한 글
PAmp	Power Amplifier	출력증폭기
PAmpN	NFB for "P Amp"	출력증폭기회로차단기
Pan	Pantograph	팬터그라프
PanDN	NFB for "Pan to Down"	팬터그라프하강회로차단기
PanDS	Pantograph Down Switch	팬터그라프하강스위치
PanPS	Pantograph Pressure Switch	팬타그라프압력스위치
PanR	Pantograph Relay	팬터그라프제어계전기
PanUS	Pantograph Up Switch	팬터그라프상승스위치
PanV	Pantigraph Magnet Value	팬터그라프전자변
PanVN	NFB for "pan V"	팬터그라프전자변회로차단기
PAR	Parking Brake Aux. Relay	주차제동보조계전기
PBN	NFB for Parking Brake	주차제동차단기
PBPS	Parking Brake Pressure Switch	주차제동압력스위치
PBS	Parking Brake Switch	주차제동스위치
PECN	"PEC" NFB	공전변환기회로차단기
PLpN	NFB for "Pilot Lamp"	지시등회로차단기
Power Crt	Power Circuit Lamp	역행발전제동지시등
PRR	Power Aux-Relay	속도기록계 제어장치
PS	Power Switch	역행스위치
PT	Potential Transformer	계기용 변압기
RALp	Room Lamp (AC)	객실 AC등
RALpN	NFB for "RALP"	객실 AC등 회로차단기
RDLp	Room Lamp (DC)	객실 DC등
RDLpN	NFB for "RDLp"	객실 DC등 회로차단기
RHE1~16	Room Heater	객실히터

약 어	영 어	한 글
RHeK	Room Heater Contactor	객실히터접촉기
RHeKN	NFB for "RHeK"	객실히터접속기회로 차단기
RHeR	NFB for "RHe"	객실히터회로차단기
RHeRN	NFB for "RHeR"	객실히터계전기회로단기
ReV	Reverser	역전기
RMS	Rescue Mode Selector Switch	구원모드선택스위치
RS	Reset Switch	복귀스위치
RCR	Reset Switch Relay	복귀스위치계전기
RSOS	Rescue Operating Switch	구원운전스위치
RSR	Reset Relay	복귀계전기
RVN	NFB for "RV"	완해전자변회로차단기
RLFF1~5	Room Line Flow Fan	실내환풍기
RLFFK	RLFF Contactor	실내환풍기접촉기
RLFFN	Control VFB for "RLFF"	실내환풍기회로차단기
RLFFK	"RLFF" Contactor	실내환풍기접촉기
RLFS	"RLFF" Switch	실내환풍기스위치
S5	Brake Control Switch	제동제어스위치
SB7R	Relay for Service Brake 7Step	상용제동7단계전기
SCK	Service Control Contector	객실부하 제어접촉기
SC	Speed Control Signal ATC	ATC속도지령신호
SCBN	Security Brake NFB	보안제동회로차단기
SCBS	Security Brake Switch	보안제동스위치
SCBR	Security Brake Relay	보안제동계전기
SCBV	Security Brake Valve	보안제동밸브
SCN	NFB for "Service Control"	객실부하제어회로차단기

약 어	영 어	한 글
SCR	Service Control Relay	객실부하제어계전기
SIR1, 2	Slip Relay	공전감지계전기
SIRR	Slip Relay Auxiliary Relay	공전감지계전기보조계전기
SIV	Static Inverter	정지형인버터
SIV(Lamp)	Static Inverter Operation Lamp	정지형인버터동작표시등
SIVK	Static Inverter Contactor	정지형인버터접촉기
SIVLVD	Static Inverter Low Voltage Detecter	정지형인버터저전압검출기
SIVMFR	"SIV" Major Fault Relay	SIV중고장계전기
SIVSR	"SIV" Starting Relay	SIV기계전기
SIVFR	"SIV" Fault Relay	SIV고장계전기
SqLp	Sequence Test Lamp	회로시험등
SIVSTR	"SIV" Stop Relay	인버터정지계전기
SIVLVTR	"SIV LVD" Time Relay	인버터저전압시한계전기
SIVOCR	"SIV" Over Current Relay	인버터과전류계전기
SRN	NFB for "Speed Recorder"	속도기록계 회로차단기
SYN1, 2	Synchronizing Signal NFB1, 2	동기신호용 회로차단기
TCR	Tail Control Relay	후부차제어계전기
TEST	Test Switch	시험스위치
Th	Themostat	온도조절기
ThR	Thermal Relay	온도계전기
TRCP	Train Radio Control Panel	무전기제어장치
TrESN	Extension Supply Relay for "Tr"	단권변압기연장급전차단기
TrICB	Train Indicator Contol Box	자동행선표시기제어기
TrIF	Train Destination Indicator for Front	정면자동행선표시기
TrIS	Train Destination Indicator for Side	측면자동행선표시기

약 어	영 어	한 글
TrIN	NFB for "Train Indicator"	자동행선표시기회로차단기
TrLP	Train Lamp	행선표시등
TrLpN	NFB for "TrLp"	행선표시등회로차단기
TrNLp	Train Number Lamp	열차번호등
TILp	Time Table Lamp	시간표등
UCO(Lp)	Unit Cut-Out Lamp	유니트차단지시등
UCOR	Unit Cut-Out Relay	유니트차단계전기
UCORR	Unit Cut-Out Repeat Relay	유니트차단반복계전기
UCOR1, 2	Unit Cut-Out Aux-Realy1, 2	유니트차단보조계전기
UFR	Unit Fault Relay	유니트고장계전기
UCOS	Unit Cut-Out Switch	유니트차단스위치
UVD	Unit Voltage Detector	저전압검출기
UCN	Unit Cooler Control NFB	냉방장치회로차단기
UCR	Unit Cooler Relay	냉방장치계전기
UCRN	"UCR" NFB	냉방장치계전기회로차단기
UN	Unit Cooler NFB	냉방장치회로차단기
US	Under Speed Relay in ATC	저속계전기(ATC)
UTD	Unit Cooler Time Device	냉방장치시한장치
V	Volt meter	전압계
VCO(Lp)	Vehicle Cut-Out Lamp	차량차단표시등
VCOS	Vehicle Cut-out Switch	차량차단스위치
VRS	Vehicle Reset Switch	차량완해스위치
VCORR	Vehicle Cut-Out Repeat Relay	차량차단반복계전기
VZ	Zero Velocity Signal in ATC"0"	속도신호(ATC)
VN	NFB for Voltmeter	전압계회로차단기

약 어	영 어	한 글
WTN1, 2	NFB for "Wireless Telephone"	열차무선회로차단기
WTS	Wireless Telephone Switch	열차무선스위치
ZVR	Zero Velocity Relay"0"	속도계전기
YRD	Yard Signal in ATC	ATC 기지신호 계전기

■ ATS회로 / ATC 회로

약 어	영 어	한 글
ABR	ATS Brake Relay	ATS제동계전기
AEMR	ATS E.Brake Relay	ATS비상제동계전기
AEMRR	ATS E.Brake Aux-Relay	ATS비상제동보조계전기
AEST	ATS Excess Speed Relay	초과속도계전기
AEST1,2	ATS AESR Relay	초과속도보조계전기
ASOR1,3	ATS Special Operation Relay	특수운전계전기
ASORR	ASOR Aux-Relay	특수운전보조계전기
ATSN1,3	NFB for "ATS"	ATS회로차단기
BMR	Brake Memory Relay	제동기억계전기
BVR12	Brake Voave Relay	제동변 계전기
CFB	Comparator For Brake	제동비교기
DDTG	Disconnection detector for Tacho Generator	속도발전기단선검지기
FD	Fail Detector	고장검지기
FDR	Fail Detector Relay	고장검지기계전기

약 어	영 어	한 글
FSR(OSR 25SR, 45SR)	Free(0,25,45) Speed Relay	속도계전기
MBR	Memory Breaker Relay	기억차단계전기
NSR	No Signal Relay	무신호계전기
NSRR	NSR Aux-Relay	무신호보조계전기
OSC	Oscilator	발진기
PG	Pattern Generator	패턴발생기
PSP	Power Source PartAC	전원부
PSW, AVR	Power Source Uit A.V.R	자동전압 조정기부 전원장치
RLp	Relay Logic Part	계전기논리부
SBR	Service Brake Relay	상용제동계전기
SCP	Speed Check Part	속도조사부
SD	Stop Detector	정지검지기
SDR	Stop Detecting Relay	정지검지계전기
SOCgS	Shuntiong Operating Change Relay	입환절환스위치
SRR(0, 25, 45)	SR Aux Relay	속도보조계전기(0, 25, 45)
STR	Start Relay	출발계전기
WSC	Wave Shaping Circuit	파형정형회로
3TR	3 Sec Time Relay	3초시한계전기
15KR	15km Relay	15km계전기
15KRR	15km Aux-Relay	15km보조계전기
ADU	Aspect Display Unit	차내신호기
ACK	Brake Acknowledge Relay	제동확인계전기
BA	Brake Assurance Relay	제동력보증계전기
EBR	ATC Emergency Brake Relay	ATC비상제동계전기
SC	Speed Command Relay	속도지령계전기

약 어	영 어	한 글
SS	Stop and Proceed Relay	정지후진행계전기
US	Under Speed Relay	저속도계전기
YARD	Yard Relay	기지계전기
YCR	Yard Cancel Relay	기지취소계전기
VZ	Zero Velocity Relay	정지속도계전기

참고 문헌

1) 『운전이론』(金義一 著), 정문사. 1983

2) 『서울지하철 5호선 기본설계보고서』, 서울특별시지하철건설본부. 1990

3) 『서울지하철 7호선 기본설계보고서』, 서울특별시지하철건설본부. 1991

4) 『서울지하철 8호선 기본설계보고서』, 서울특별시지하철건설본부. 1991

5) 『서울지하철 직교류(VVVF)전동차정비지침서』, 현대정공주식회사. 1993

6) 『서울지하철 6호선 기본설계보고서』, 서울특별시지하철건설본부. 1993

7) 『서울도시철도공사 승무분야 연수원 교재』 1994~2010

8) 『5호선 전차운전지침서』, 서울특별시지하철건설본부. 1995

9) 백남욱 · 장경수 · 김기환, 『세계의 고속철도』, 도서출판 골든벨, 1999

10) 백남욱 · 이상진 『세계의 고속철도와 속도향상 & 자기부상식 철도기술』, 도서출판 골든벨, 2001

11) 백남욱 · 이상진 · 이병송, 『철도의 속도향상』, 도서출판 골든벨, 2001

12) 백남욱 · 장경수, 『철도공학핸드북』, 도서출판 골든벨, 2002

13) 백남욱 · 이상진 · 장경수, 『철도기술총서』, 도서출판 골든벨, 2003

14) 『도시철도기술자료집(10) 열차제어』(하동욱 著), 서울특별시지하철건설본부. 2004

15) 백남욱 · 이상진, 『철도기술용어해설집』, 도서출판 골든벨, 2004

16) 백남욱 · 이상진, 『철도기술소사전』, 도서출판 골든벨, 2005

17) 『철도공학』(李鐘得 박사 著), 노해출판사. 2006.(개정증보판)

18) 백남욱 · 이상진, 『철도관련 큰사전』, 도서출판 골든벨, 2006

19) 백남욱 · 이병송 · 이상진, 『철도대사전』, 도서출판 골든벨, 2007.

20) 백남욱 · 이성혁 · 김정일 · 천민철 · 이병송 · 이상진, 『모노레일과 신교통시스템』, 도서출판 골든벨, 2008

21) 백남욱 · 이성혁 『기차 철도 속이보인다』, 도서출판 골든벨, 2010

22) 『전기동차 구조 및 기능』, 서울메트로 인재개발원. 2011

23) 『철도열차제어이론』(徐石喆 박사 著), 엠그래픽스. 2012

24) 백남욱 · 이성혁 · 이병송 『철도차량 메커니즘 도감』, 도서출판 골든벨, 2012

25) 『최신전차운전이론』(전차운전이론연구회 編), 交友社. 平成4년(제18版 發行)

저자 약력

郭 政 昊

- 전북 정읍 출생
- 이리(익산)공업고등학교 자동차과 졸업
- 서일대학교 자동차공학과 졸업
- 철도청 기관사(청량리기관차사무소)
- 서울특별시지하철공사 기관사 및 교육원 승무분야 교수
- 서울특별시 도시철도공사
  - 인재개발원 승무분야 교수
  - 관제부장, 승무관리소 소장, 운전관리팀장, 운전계획팀장
  - 종합관제센터장
  - 운전처장(現)
- 교통안전공단 철도차량 운전면허시험 출제위원 및 실기평가위원
- 코레일 인재개발원 관제사양성과정 강사
- 우송대학교 디젯아카데미 강사
- 산업인력관리공단 철도분야 특별위원

도시철도 운영총론

초 판 발 행 | 2014년 1월 15일
제판2쇄발행 | 2021년 1월 25일

지 은 이 | 곽 정 호
발 행 인 | 김 길 현
발 행 처 | (주)골든벨
등   록 | 제 1987—000018호   ⓒ 2014 Golden Bell
I S B N | 979—11—85343—18—1
가   격 | 28,000원

이 책을 만든 사람들

교 정 및 교 열 | 이상호   본 문 디 자 인 | 조경미, 김선아, 송경림
제 작 진 행 | 최병석   웹 매 니 지 먼 트 | 안재명, 김경희
오 프 마 케 팅 | 우병춘, 이대권, 이강연   공 급 관 리 | 오민석, 정복순, 김봉식
회 계 관 리 | 이승희, 김경아

㉾ 04316 서울특별시 용산구 245(원효로1가 53-1) 골든벨빌딩 5~6F
● TEL : 도서 주문 및 발송 02-713-4135 / 회계 경리 02-713-4137
        내용 관련 문의 02-713-7452 / 해외 오퍼 및 광고 02-713-7453
● FAX_ 02-718-5510   ● 홈페이지_ www.gbbook.co.kr   ● E-mail_ 7134135@ naver.com